普通高等教育"十一五"国家级规划教材

# 现代数字系统实验及设计（第二版）

XIANDAI SHUZI XITONG SHIYAN JI SHEJI

EXPERIMENTATION

主　编　张　玲　何　伟
副主编　胡又文
参　编　胡国庆　甘　平　林英撑
主　审　曾孝平

重庆大学出版社

## 内容提要

本书为普通高等教育"十一五"国家级规划教材《现代数字系统实验及设计》的修订版。

全书分4篇，共12章。第1篇介绍数字系统的设计方法、设计工具和设计平台，包括 Quartus Ⅱ仿真设计软件的使用、Nios Ⅱ嵌入式系统的开发向导和数字逻辑、FPGA 等器件及实验系统的介绍。第2篇介绍数字电子技术课程的实践环节，包括硬件基础与开放实验、软件仿真实验和基于 EDA 系统的课程设计实践课题。第3、4篇分别介绍 EDA 技术、SOPC 技术两门课程的实验及综合性课程设计实践课题。

本书内容丰富、循序渐进、实践性强，设计工具和实验平台技术先进且实用性好，可供高等院校电子、电气、信息类各专业的本科生、研究生使用，特别适合用作数字电子技术、EDA 技术、SOPC 技术等现代电子技术系列课程的实践教材或参考资料，也可作为一般电子电路设计的工程技术人员的自学参考书。

**图书在版编目(CIP)数据**

现代数字系统实验及设计/张玲，何伟主编.—2版—重庆：重庆大学出版社，2014.9(2023.8 重印)
ISBN 978-7-5624-8590-2

Ⅰ.①现… Ⅱ.①张…②何… Ⅲ.①数字系统—实验—高等学校—教材②数字系统—系统设计—高等学校—教材 Ⅳ.①TP271

中国版本图书馆 CIP 数据核字(2014)第169265号

现代数字系统实验及设计
(第二版)
主 编 张 玲 何 伟
副主编 胡又文
责任编辑：鲁 黎 版式设计：鲁 黎
责任校对：刘雯娜 责任印制：张 策
*
重庆大学出版社出版发行
出版人：陈晓阳
社址：重庆市沙坪坝区大学城西路21号
邮编：401331
电话：(023) 88617190 88617185(中小学)
传真：(023) 88617186 88617166
网址：http://www.cqup.com.cn
邮箱：fxk@cqup.com.cn (营销中心)
全国新华书店经销
POD：重庆新生代彩印技术有限公司
*
开本：787mm×1092mm 1/16 印张：28.25 字数：705千
2014年9月第2版 2023年8月第4次印刷
ISBN 978-7-5624-8590-2 定价：58.00元

---

# 再版前言

《现代数字系统实验及设计》第一版出版以来，现代电子技术迅猛发展，对现代数字系统系列课程体系、实践教学内容、方法、手段提出了新的要求。我们在总结多年课程改革和教学实践经验的基础上，跟踪新器件、新电路、新技术发展，对教材内容作了大幅度的修改和更新。我们在保持原教材“基础、综合、提高”三层次，“硬件、仿真、设计”三环节实验教学体系的基础上，以业界主流 EDA 工具、FPGA 器件为平台更新实验环境，引入嵌入式软核更新实验内容，增加可编程片上系统（SOPC）技术课程实验深化体系改革，力求保证教材体系和内容的先进，体现技术和工具的行业性。修订的主要内容包括：

1.第 1 篇数字系统与设计工具，删除了陈旧的 MAX+plus Ⅱ工具介绍（原第 2 章内容），将 EDA 工具 Quartus Ⅱ 软件升级到 9.0 版本，加强了分析设计功能；增加 Nios Ⅱ 嵌入式系统开发向导内容，为增设 SOPC 技术实验打下基础；采用 Altera 公司的 Cyclone Ⅲ系列 FPGA 更新实验器件，开发 LB0 实验系统改善实验环境，并将实验器件与实验系统（原第 4 篇内容）的介绍并入本章，让读者在本章看到设计工具和实验平台环境的完整性。

2.第 2 篇数字电路实验与设计，在保留第 5 章数字电路经典的基础内容外，增加了第 6 章数字电路开放实验内容，希望通过学生自主开放实验，培养学生独立思考和创新思维能力，提高学习兴趣；第 7 章数字电路仿真实验不仅内容作了整合优化，而且仿真工具采用先进的 Quartus Ⅱ替代了 MAX+plus Ⅱ仿真软件，芯片验证采用 Cyclone Ⅲ 系列 FPGA EP3C10E144C8 替代了早期的 EPF10K20TG144，并且提供了硬件验证环境；第八章综合性数字电路设计课题对设计要求作了较大的调整，设计的软硬件环境更新采用了 Quartus Ⅱ 9.0 和 EDA 硬件平台 LB0 实验开发系统，通过引入嵌入式逻辑分析仪 Signal Tap Ⅱ 功能，提高设计效率。

3.第 3 篇 EDA 技术实验及设计，在第 2 篇软硬件设计环境全面升级的基础上，对第 9 章 EDA 技术基础实验的设置进行了全面更新，对第 10 章综合性 EDA 技术设计课题的设计内容和设计要求进行了调整和拓展；利用方便灵活的硬件平台和功能强大的软件工具增加了设计课题的扩展要求，给读者以更大的想象和发挥的空间,可供优秀的本科学生或研究生进一步深入学习与实践。

4.第4篇 SOPC技术实验与设计,是适应现代电子技术发展,配合现代数字系统系列课程改革,增设SOPC技术课程所对应的实践教学全新的内容。第11章SOPC技术基础实验是配套课程实验内容,第12章综合性SOPC技术设计课题是供综合性设计实践环节选用的内容。SOPC技术先进、实践性强,本篇实验与设计基于LB0实验开发平台并结合Quartus Ⅱ软件与Nios Ⅱ软件完成,可供电子信息专业高年级本科或研究生学习。

本教材由重庆大学通信工程学院组织编写,张玲、何伟担任主编,胡又文担任副主编。其中,张玲负责第1、7章的修订和第3章的编写以及全书的统稿;何伟负责第8、10章的修订;胡又文负责第9章的修订和第11章的编写;林英撑负责第12章和4.3、4.4节的编写,李瑜、任津仪、应卓君三位研究生为12章课题作了大量工作;胡国庆负责第5、6章和4.1、4.2节的修订;甘平负责第2章的修订。LB0实验平台由何伟、林英撑负责开发。

国家级教学名师重庆大学曾孝平教授审阅了全书,提出了很多宝贵的意见和建议。在教材的编写和实验平台的开发过程中得到Altera公司的帮助。教材的出版得到重庆大学国家“十一五”规划教材立项支持。在此,谨向他们以及对原教材提出过批评和建议的读者们表示衷心的感谢!教材的出版也是重庆大学电子技术系列课程全体教师多年教学改革与实践的结果。在此,向所有关心、支持和帮助我们的同仁表示最诚挚的谢意!

教材内容力求跟踪现代电子技术发展,涉及的新器件、新技术、新方法较多。由于我们的能力和水平有限,书中内容定有疏漏、欠妥和错误之处,恳请各届读者一如既往,多加指正,以便今后不断改进。

编 者

2013年10月

# 目录

## 第1篇 数字系统与设计工具



## 第2篇 数字电路实验及设计

## 第3篇 EDA技术实验及设计



## 第4篇 SOPC技术实验及设计

# 第 1 篇 数字系统与设计工具

## 第 1 章 数字系统设计

本章主要介绍数字系统的基本结构、数字系统的各种设计方法、数字系统设计准则、设计步骤和基于大规模可编程逻辑器件实现的 EDA 工程设计流程。学习好本章内容有助于正确理解不同设计方法和不同器件实现的差异,为后续学习打下基础。

### 1.1 数字系统的基本结构

数字系统通常是指一个能独立完成一系列复杂逻辑功能的若干数字电路的集合。数字系统的规模差异很大,它可以是一台十分庞大的体育场馆用的室外 LED 显示屏,一个自动测试或检测系统,一个网络交换设备,一个图像采集系统,或者是常用的数显电子表、数字温度表、抢答器,也可以是一个更大系统中的一个子系统。例如,智能门控系统的指纹识别和控制部分就是一个典型的数字系统,其工作过程为:由图像传感器获取开门者的指纹图像,经时序采样和模数转换得到该图像的数字信号,将该信号送入高速实时数字信号处理系统进行实时图像识别,提取该指纹的各种特征数据,再与数据库中所有合法开门者的指纹特征进行逐一比较后,决定是否开门以及开门的各种控制。如果需要,系统还可以自动记录来者的时间、非法来者的次数、自动进行故障诊断等,这就构成了一个比较复杂的数字系统。

数字系统的基本结构如图1.1.1所示,它将整个系统划分为两个模块或两个子系统:数据处理子系统和控制子系统。

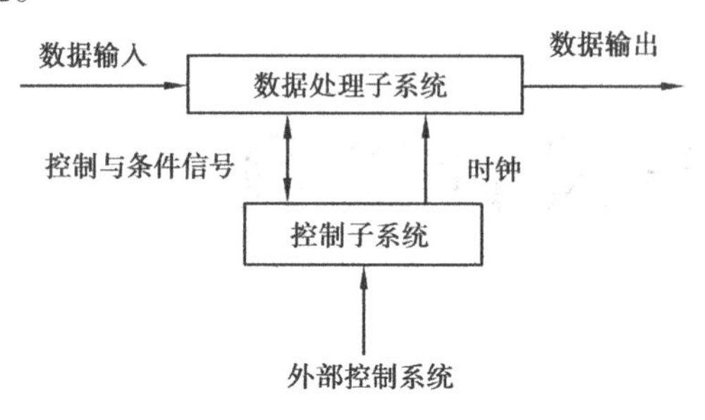


**图1.1.1 数字系统的基本结构**

数据处理子系统主要完成数据的采集、存储、运算和传输,一般由存储器、运算器、数据选择器等功能电路组成。数据处理子系统与外界进行数据交换,在控制子系统(或控制器)发出的控制信号作用下进行数据的存储和运算等操作;数据处理子系统接收由控制器发出的控制信号,同时将自己的操作进程或操作结果作为条件信号传送给控制器。数据处理子系统应当根据数字系统实现的功能或算法进行设计。

控制子系统是执行数字系统算法的核心,并具有记忆功能,因此控制子系统也是时序逻辑系统。控制子系统由组合逻辑电路和触发器组成,它与数据处理子系统共用时钟。控制子系统的输入信号由外部控制信号和数据处理子系统送来的条件信号组成,该系统按照数字系统设计方案要求的算法流程,在时钟信号的控制下进行状态转换,同时产生与状态和条件信号相对应的输出信号控制数据处理子系统的具体操作。控制子系统应当根据数字系统功能及数据处理子系统的需求进行设计。

把数字系统划分成数据处理子系统和控制子系统进行设计,这只是设计过程中采用的一种方法,而不是设计的目的和设计的结果。或许一个设计就是一个片上系统,但它同样可以划分成数据处理子系统和控制子系统,每一子系统还可进一步划分为更小的子系统。对于复杂的数字系统,划分的层次可以有数级。这种划分可以帮助设计者集中精力,有重点地理解和处理特定的逻辑问题和数据处理问题,进而设计出逻辑功能明确的子电路图,从而连接成完整的系统电路图。因此,数字系统的划分应当遵循自然、易于理解的原则。

## 1.2 数字系统的设计方法

数字系统设计有多种方法,主要的方法有模块设计法、MCU设计法、EDA设计法等。

**(1)模块设计法**

模块设计法通常用真值表、卡诺图、布尔方程、状态(转移)表和状态(转移)图来完整描述逻辑电路的功能。这样的描述方式对于输入变量、状态变量和输出函数个数较少、复杂程度不高的小规模数字系统的设计是可行的,但这种方法的设计质量在很大程度上依赖于设计者对逻辑设计的熟悉程度、对通用逻辑器件功能掌握的广度和深度以及设计经验的丰富程度。该方法是将所选各种逻辑功能的电路组装成所要求的数字系统,这种设计方法也称为试凑法。模块设计法是数字系统设计中最原始、受限制最多、效率和效果欠佳的方法,通常适用于完全采用通用的 SSI 或 MSI 器件直接实现的小型低复杂度的数字系统,复杂的数字系统一般难于完全用该方法实现。

需要强调的是尽管该方法比较陈旧,不能设计较复杂的数字系统,但是该方法并不是一无是处,它仍然有着较为广泛的应用。首先,并不是所有的数字系统都是十分复杂的系统。对于较简单的系统如果不计成本地使用 MCU 设计法或 EDA 设计法,则不但不会缩短设计的周期,相反会增加系统设计的时间和产品的成本。因为所设计的系统非常简单,本来只需要一个或几个 SSI 或 MSI 芯片就可快速实现的简单电路,取而代之的是一个并不简单的单片机系统,甚至是一个较复杂的嵌入式系统,或者是一个 FPGA 系统。虽然单片机系统、嵌入式系统或 EDA 系统都有较完善的开发和调试环境,由于人为增加了硬件系统的复杂度,其开发周期无疑较完全无需软件编程和调试的模块法要长,即所谓的“杀鸡焉用牛刀”。其次,模块设计法是学习现代数字系统设计方法的基础。一方面,模块设计法逻辑性和原理性强,通过学习模块设计法可以很好地理解和掌握数字电路的工作原理和动态特性,如果没有很好地掌握模块设计法,也很难真正掌握和灵活运用 EDA 设计法;另一方面,EDA 设计法的最终成果实质上仍然是由若干低层次或更低层次的模块构建而成。

(2) MCU 设计法

复杂的数字系统设计可以采用 MCU 设计法。对于 MCU 的应用,过去几乎不能用 SSI 和 MSI 实现的复杂数字系统在 MCU 的软件设计中可以轻松实现。同时,MCU 的使用使电子系统的智能化水平在广度和深度上产生了质的飞跃。但是用 MCU 设计的系统存在运行速度和可靠性不高的缺点,设计成果移植困难、大规模复杂设计不便于多人协作并行工作。因此,MCU 设计法主要用于对智能化要求较高或需要进行人机对话的应用中。

(3) EDA 设计法

基于 EDA 技术的现代数字系统设计一般采用自顶向下、由粗到细、逐步求精的方法。

自顶向下是指将数字系统的整体逐步分解为各个子系统和模块,若子系统规模较大,则还需将子系统进一步分解为更小的子系统和模块,层层分解,直至整个系统中各子系统关系合理,并便于逻辑电路级的设计和实现为止。采用该方法设计时,高层设计采用功能和接口描述,说明模块的功能和接口;模块功能更详细的描述在下一设计层次说明;最底层的设计才涉及具体的寄存器和逻辑门电路等实现方式的描述。

采用自顶向下的设计方法有以下优点:

1) 自顶向下设计方法是一种模块化设计方法

该方法对设计的描述从上到下逐步由粗略到详细,符合常规的逻辑思维习惯。由于高层设计与器件无关,设计易于在各种集成电路工艺或可编程器件之间移植。

2) 适合多个设计者同时进行设计

随着技术的不断进步,许多设计由一个设计者已无法完成,必须经过多个设计者分工协作完成一项设计的情况越来越多。在这种情况下,应用自顶向下的设计方法便于由多个设计者同时进行设计,对设计任务进行合理分配,用系统工程的方法对设计进行管理。

针对具体的设计,实施自顶向下的设计方法的形式会有所不同,但均需遵循两个原则:逐层分解功能和分层次进行设计。同时,应在各个设计层次上,考虑相应的仿真验证问题。

## 1.3 数字系统的设计准则

进行数字系统设计时,通常需要考虑多方面的条件和要求,如设计的功能和性能要求,元器件的资源分配和设计工具的可实现性,系统的开发费用和成本等。虽然具体设计的条件和要求千差万别,实现的方法也各不相同,但数字系统设计还是具备一些共同的特点和准则。

**(1)分割准则**

自顶向下的设计方法或其他层次化的设计方法,需要对系统功能进行分割,然后用逻辑语言进行描述。分割过程中,若分割过粗,则不易用逻辑语言表达;分割过细,则带来不必要的重复和烦琐。因此,分割的粗细需要根据具体的设计和设计工具而定。掌握分割程度,须遵循以下原则:分割后最底层的逻辑块应适合用逻辑语言进行表达;相似的功能应该设计成共享的基本模块;接口信号尽可能少;同层次的模块之间,在资源和 I/O 分配上,尽可能平衡,以使结构匀称;模快的划分和设计,尽可能做到通用性好,易于移植。

**(2)系统的可观测性**

在系统设计中,应该同时考虑功能检查和性能测试,即系统观测性问题。一些有经验的设计者会自觉地在设计系统的同时设计观测电路(即观测器),指示系统内部的工作状态。

建立观测器,应遵循以下原则:具有系统的关键点信号,如时钟、同步信号和状态信号等;具有代表性的节点和线路上的信号;具备简单的“系统工作是否正常”的判断能力。

**(3)同步和异步电路**

异步电路会造成较大延时和逻辑竞争,容易引起系统的不稳定,而同步电路则是按照统一的时钟工作,稳定性好。因此,在设计时尽可能采用同步电路进行设计,避免使用异步电路。在必须使用异步电路时,应采取措施避免竞争,增加稳定性。

**(4)最优化设计**

由于可编程器件的逻辑资源、连接资源和 I/O 资源有限,器件的速度和性能也是有限的,用器件设计系统的过程相当于求最优解的过程。因此,需要给定两个约束条件:边界条件和最优化目标。

所谓边界条件,是指器件的资源及性能限制。最优化目标有多种,设计中常见的最优化目标有:器件资源利用率最高;系统工作速度最快,即延时最小;布线最容易,即可实现性最好。具体设计中,各个最优化目标间可能会产生冲突,这时应满足设计的主要要求。

**(5)系统设计的艺术**

一个系统的设计,通常需要经过反复的修改、优化才能达到设计的要求。一个好的设计,应该满足“和谐”的基本特征,对数字系统可以根据以下几点作出判断:

设计是否总体上流畅,无拖泥带水的感觉;资源分配、I/O 分配是否合理,是否有任何设计上和性能上的瓶颈,系统结构是否协调;是否具有良好的可观测性;是否易于修改和移植;器件的特点是否能得到充分的发挥。

## 1.4　数字系统的设计步骤

**(1)系统任务分析**

数字系统设计中的第一步是明确系统的任务。在设计任务书中,可用各种方式提出对整个数字系统的逻辑要求,常用的方式有自然语言、逻辑流程图、时序图或几种方法的结合。当系统较大或逻辑关系较复杂时,系统任务(逻辑要求)逻辑的表述和理解都不是一件容易的工作。所以,分析系统的任务必须细致、全面,不能有理解上的偏差和疏漏。

**(2)确定逻辑算法**

实现系统逻辑运算的方法称为逻辑算法,也简称算法。一个数字系统的逻辑运算往往有多种算法,设计者的任务不但是要找出各种算法,还必须比较优劣,取长补短,从而确定最合理的一种。数字系统的算法是逻辑设计的基础,算法不同,则系统的结构也不同,算法是否合理直接影响系统结构的合理性。确定算法是数字系统设计中最具创造性的一环,也是最难的一步。

**(3)建立系统及子系统模型**

当算法明确后,应根据算法构造系统的硬件框架(也称为系统框图),将系统划分为若干个部分,各部分分别承担算法中不同的逻辑操作功能。如果某一部分的规模仍嫌大,则需进一步划分。划分后的各个部分应逻辑功能清楚,规模大小合适,便于进行电路级的设计。

**(4)系统(或模块)逻辑描述**

当系统中各个子系统(指最低层子系统)和模块的逻辑功能和结构确定后,则需采用比较规范的形式来描述系统的逻辑功能。设计方案的描述方法可以有多种,常用的描述方法有方框图、流程图和描述语言等。

对系统的逻辑描述可先采用较粗略的逻辑流程图,再将逻辑流程图逐步细化为详细逻辑流程图,最后将详细逻辑流程图表示成与硬件有对应关系的形式,为下一步的电路级设计提供依据。

**(5)逻辑电路级设计及系统仿真**

电路级设计是指选择合理的器件和连接关系以实现系统逻辑要求。电路级设计的结果常采用两种方式来表达:电路图方式和硬件描述语言方式。EDA 软件允许以这两种方式输入,以便作后续的处理。

当电路设计完成后必须验证设计是否正确。在早期,只能通过搭试硬件电路才能得到设计的结果。目前,数字电路设计的 EDA 软件都具有仿真功能,先通过系统仿真,当系统仿真结果正确后再进行实际电路的测试。由于 EDA 软件仿真验证的结果十分接近实际结果,因此,它可极大地提高电路设计的效率。

**(6)系统的物理实现**

物理实现是指用实际的器件实现数字系统的设计,用仪表测量设计的电路是否符合设计要求。现在的数字系统往往采用大规模和超大规模集成电路,由于器件集成度高、导线密集,故一般在电路设计完成后即设计印刷电路板,在印刷电路板上组装电路进行测试。需要注意的是,印刷电路板本身的物理特性也会影响电路的逻辑关系。

## 1.5 EDA 工程设计流程

对于目标器件为 FPGA 和 CPLD 的 VHDL 设计,其工程设计的基本流程如图 1.5.1 所示,具体说明如下。

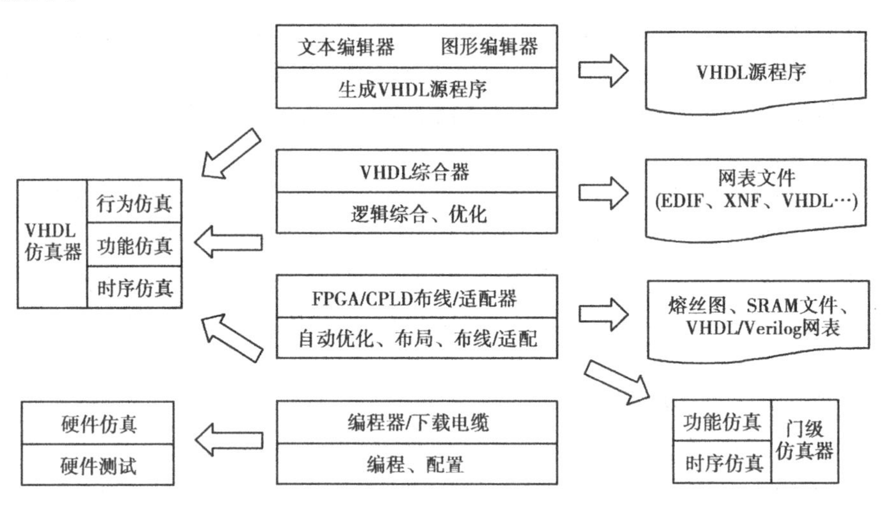


图 1.5.1 EDA 工程设计流程图

**(1)源程序的编辑和编译**

利用 EDA 技术进行一项工程设计,首先需利用 EDA 工具的文本编辑器或图形编辑器将它用文本方式或图形方式表达出来,进行排错编译,变成 VHDL 文件格式,为进一步的逻辑综合作准备。

常用的源程序输入方式有 3 种。

1)原理图输入方式

利用 EDA 工具提供的图形编辑器以原理图的方式进行输入。原理图输入方式比较容易掌握,直观且方便,所画的电路原理图与传统的器件连接方式完全一样,很容易被人接受,而且编辑器中有许多现成的单元器件可以利用,自己也可以根据需要设计元件。然而原理图输入法的优点同时也是它的缺点:

①随着设计规模增大,设计的易读性迅速下降,对于图中密密麻麻的电路连线,极难搞清电路的实际功能。

②一旦完成,电路结构的改变将十分困难,因而几乎没有可再利用的设计模块。

③移植困难、入档困难、交流困难、设计交付困难,因为不可能存在一个标准化的原理图编辑器。

2)状态图输入方式

它是以图形的方式表示状态图进行输入。当填好时钟信号名、状态转换条件、状态机类型等要素后,就可以自动生成 VHDL 程序。这种设计方式简化了状态机的设计,比较流行。

3)VHDL 软件程序的文本方式

它是最一般化、最具普遍性的输入方法,任何支持 VHDL 的 EDA 工具都支持文本方式的编辑和编译。

(2)逻辑综合和优化

要把 VHDL 的软件设计与硬件的可实现性挂钩,则需利用 EDA 软件系统的综合器进行逻辑综合。

综合器的功能就是将设计者在 EDA 平台上完成的 HDL、原理图或状态图形的系统描述,针对给定硬件结构组件进行编译、优化、转换和综合,最终获得门级电路甚至更低层的电路描述文件。由此可见,综合器工作前,必须给定最后实现的硬件结构参数,它的功能就是将软件描述与给定硬件结构用某种网表文件的方式联系起来。显然,综合器是软件描述与硬件实现的一座桥梁。综合过程就是将电路的高级语言描述转换成低级的、可与 FPGA/CPLD 或构成 ASIC 的门阵列基本结构相映射的网表文件。

由于 VHDL 仿真器的行为仿真功能是面向高层次的系统仿真,只能对 VHDL 的系统描述作可行性的评估测试,不针对任何硬件系统,因此,基于这一仿真层次的许多 VHDL 语句不能被综合器所接受。这就是说,这类语句的描述无法在硬件系统中实现(至少是现阶段),这时,综合器不支持的语句在综合过程中将别忽略。综合器对源 VHDL 文件的综合是针对某一 PLD 供应商的产品系列的。因此,综合后的结果是可以为硬件系统所接受,具有硬件可实现性。

(3)目标器件的布线/适配

逻辑综合通过后必须利用适配器将综合后的网表文件针对某一具体的目标器进行逻辑映射操作,其中包括底层器件配置、逻辑分割、逻辑优化、布线与操作,适配完成后可以利用适配所产生的仿真文件作精确的时序仿真。

适配器的功能是将由综合器产生的网表文件配置于指定的目标器件中,产生最终的下载文件,如 JEDEC 格式的文件。适配器所选定的目标器件(FPGA/CPLD 芯片)必须属于原综合器指定的目标器件系列。通常,EDA 软件中的综合器可由专业的第三方 EDA 公司提供,而适配器则需由 FPGA/CPLD 供应商自己提供,因为适配器的适配对象直接与器件结构相对应。

(4)目标器件的编程/下载

如果编译、综合、布线/适配和行为仿真、功能仿真、时序仿真等过程都没有发现问题,即满足原设计的要求,则可以将由 FPGA/CPLD 布线/适配器产生的配置/下载文件通过编程器或下载电缆载入目标芯片 FPGA 或 CPLD 中。

(5)设计过程中的有关仿真

可以先对 VHDL 所描述的内容进行行为仿真,即将 VHDL 设计源程序直接送到 VHDL 仿真器中仿真,这就是所谓的 VHDL 行为仿真。因为此时的仿真只是根据 VHDL 的语义进行的,与具体电路没有关系。此时的仿真中,可以充分利用 VHDL 中的适用于仿真控制的语句及有关的预定义函数和库文件。

在综合之后,VHDL 综合器一般都可以生成一个 VHDL 网表文件。网表文件中描述的电路与生成的 EDIF/XNF 等网表文件一致。VHDL 网表文件采用 VHDL 语法,只是其中的电路描述采用了结构描述方法,即首先描述了最基本的门电路,然后将这些门电路用例化语句连接起来。这样的 VHDL 网表文件再送到 VHDL 仿真器中进行所谓功能仿真,仿真结果与门级仿真器所做的功能仿真的结果基本一致。

需要注意的是,图 1.5.1 中有两个仿真器,一个是 VHDL 仿真器,另一个是门级仿真器。它们都能进行功能仿真和时序仿真。所不同的是仿真用的文件格式不同,即网表文件不同。

这里所谓的网表(Netlist),是特指电路网络,网表文件描述了一个电路网络。目前流行多种网表文件格式,其中最通用的是EDIF格式的网表文件,Xilinx XNF网表文件格式也很流行,不过一般只在使用Xilinx的FPGA/CPLD时才会用到XNF格式。VHDL文件格式也可以用来描述电路网络,即采用VHDL语法描述各级电路互连,称之为VHDL网表。

功能仿真是仅对VHDL描述的逻辑功能进行测试模拟,以了解其实现的功能是否满足原设计的要求,仿真过程不涉及具体器件的硬件特性,如延时特性。时序仿真是接近真实器件运行的仿真,仿真过程中已将器件特性考虑进去了,因而,仿真精度要高得多。但时序仿真的仿真文件必须来自针对具体器件的布线/适配器所产生的仿真文件。综合后所得的EDIF/XNF门级网表文件通常作为FPGA布线器或CPLD适配器的输入文件。通过布线/适配的处理后,布线/适配器将生成一个VHDL网表文件,这个网表文件中包含了较为精确的延时信息,网表文件中描述的电路结构与布线/适配后的结果是一致的。此时,将这个VHDL网表文件送到VHDL仿真器中进行仿真,就可以得到精确的时序仿真结果了。

**(6)硬件仿真/硬件测试**

这里所谓的硬件仿真是针对ASIC设计而言的。在ASIC设计中,比较常用的方法是利用FPGA对系统的设计进行功能检测,通过后再将其VHDL设计以ASIC形式实现;而硬件测试则是针对FPGA或CPLD直接用于应用系统的检测而言的。

硬件仿真和硬件测试的目的,是为了在更真实的环境中检验VHDL设计的运行情况,特别是对于VHDL程序设计上不是十分规范、语义上含有一定歧义的程序。一般的仿真器包括VHDL行为仿真器和VHDL功能仿真器,它们对于同一VHDL设计的“理解”,即仿真模型的产生,与VHDL综合器的“理解”,即综合模型的产生,常常是不一致的。此外,由于目标器件功能的可行性约束,综合器对于设计的“理解”常在有限范围内选择,而VHDL仿真器的“理解”是纯软件行为,其“理解”的选择范围要宽得多,结果这种“理解”的偏差势必导致仿真结果与综合后实现的硬件电路在功能上的不一致。当然,还有许多其他的因素也会产生这种不一致,由此可见,VHDL设计的硬件仿真和硬件测试是十分必要的。

# 第2章 Quartus Ⅱ设计向导

EDA 工具软件也称为 EDA 设计平台,它是现代电子设计的主要手段。因此,掌握优秀的 EDA 工具软件是进行数字系统设计的关键。Quartus Ⅱ软件是众多 EDA 工具软件中十分优秀的一个,它易学、易用、操作方便,尤其适合初学者使用。

本章主要介绍 Quartus Ⅱ软件的主要特性、设计流程、设计方法、仿真和验证。设计输入法主要有图形输入法和文本输入法两种。数字电子技术课程的学习、仿真与实现主要使用图形输入法,其中的库元件如与门、与非门、异或门等与数字电子技术课程中学习的小规模集成电路的电路符合和元件是完全一致的,不仅如此,像三-八译码器 74138、同步 4 为二进制计数器 74161 和移位寄存器 74195 等中规模集成电路在 Quartus Ⅱ的库元件中也同样存在。而 EDA 技术课程由于使用硬件描述语言进行设计则主要使用文本输入法。

## 2.1 Quartus Ⅱ开发软件简介

Quartus Ⅱ是 Altera 公司推出的 CPLD/FPGA 开发工具,提供了完全集成且与电路结构无关的开发包环境。Quartus Ⅱ集成环境包括以下内容:系统级设计、嵌入式软件开发、可编程逻辑器件(PLD)设计、综合、布局和布线、验证和仿真。

Quartus Ⅱ设计软件根据设计者需要提供了一个完整的多平台开发环境,它包含整个 FPGA/CPLD 设计阶段的解决方案。Quartus Ⅱ软件的开发流程如图 2.1.1 所示。

Quartus Ⅱ设计工具完全支持 VHDL,Verilog 的设计流程,其内部嵌有 VHDL,Verilog 逻辑综合器。也可采用第三方的综合工具,如 Leonardo Spectrum,Synplify Pro,FPGA Compiler Ⅱ等,有着更好的综合效果,因此通常建议使用这些工具来完成 VHDL/Verilog 源程序的综合。Quartus Ⅱ可以直接调用这些第三方工具。同样,Quartus Ⅱ具备仿真功能,但也支持第三方的仿真工具,如 ModelSim。此外,Quartus Ⅱ与 MATLAB 和 DSP Builder 结合可以进行基于 FPGA 的 DSP 系统开发,是 DSP 硬件系统实现的关键 EDA 工具。Quartus Ⅱ还可与 SOPC Builder 结合,实现可编程片上系统开发。

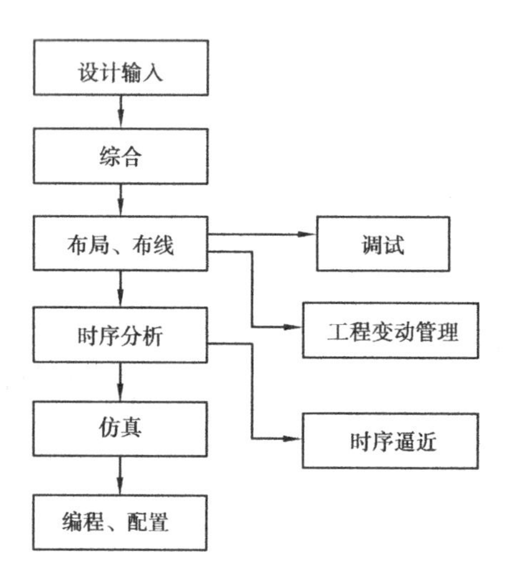


图 2.1.1　Quartus Ⅱ软件开发流程

### 2.1.1　图形用户界面设计流程

Quartus Ⅱ软件提供了完整的、易于操作的图形用户界面，可以完成整个设计流程中的各个阶段。图 2.1.2 所示的是 Quartus Ⅱ图形用户界面提供的设计流程中各个阶段的功能。为了与开发软件一致，图 2.1.2 中保留了设计流程中各阶段图形用户界面提供的英文描述。

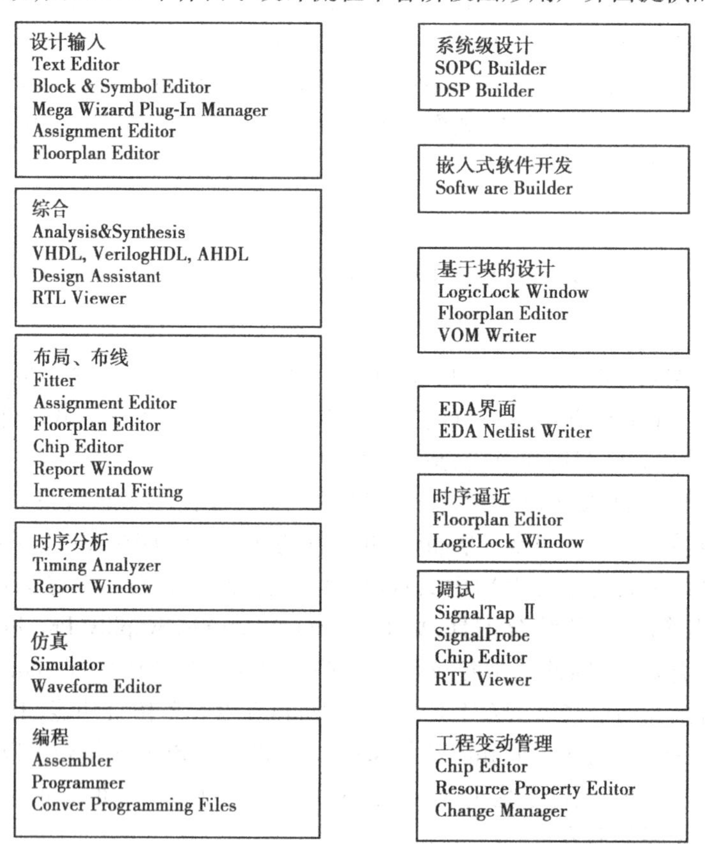


图 2.1.2　Quartus Ⅱ图形用户界面功能

### 2.1.2　EDA 工具设计流程

Quartus Ⅱ软件允许设计者在设计流程中的各个阶段使用熟悉的第三方 EDA 工具,设计者可以在 Quartus Ⅱ图形界面用户或命令行可执行文件中使用这些 EDA 工具。图 2.1.3 显示了使用 EDA 工具的设计流程。

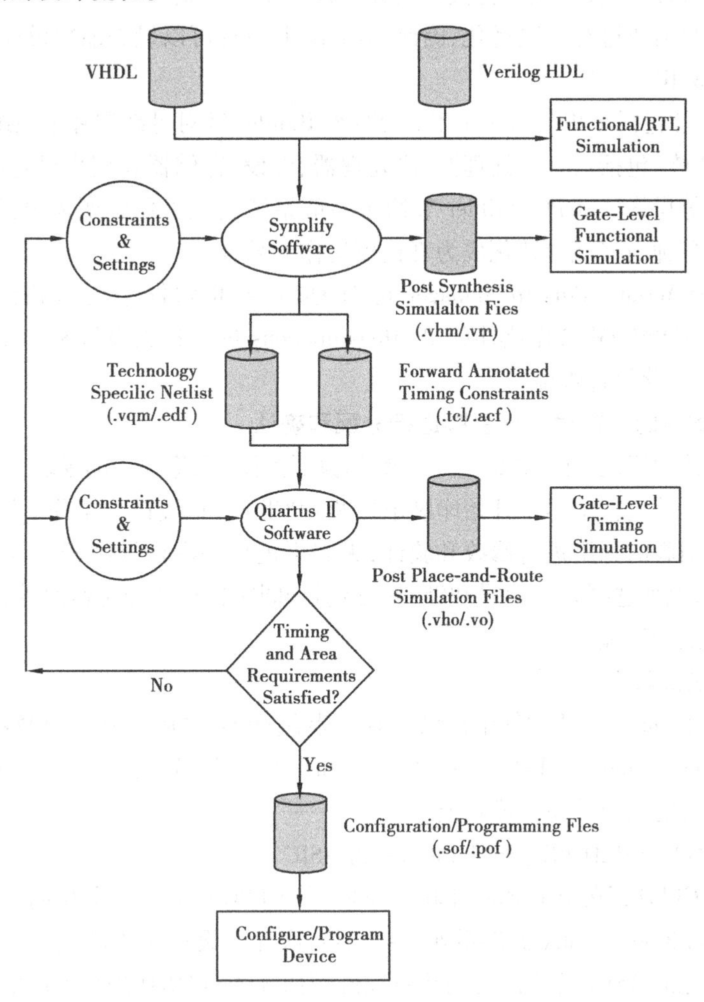


图 2.1.3　EDA 工具设计流程(Synplify 工具为例)

Quartus Ⅱ软件与它所支持的 EDA 工具直接通过 Native Link 技术实现无缝连接,并允许 Quartus Ⅱ软件中自动调用第三方 EDA 工具。

### 2.1.3　Quartus Ⅱ软件的主要设计特性

Altera 技术领先的 Quartus Ⅱ设计软件配合一系列可供客户选择的 IP(Intellectual Property,即知识产权)核,可使设计人员在开发和推出 FPGA/CPLD 和结构化 ASIC 设计的同时,获得无与伦比的设计性能、一流的易用性以及最短的市场推出时间。这是设计人员首次将FPGA 移植到结构化 ASIC 中,能够对移植以后的性能和功耗进行准确的估算。

Quartus Ⅱ软件支持 VHDL 和 Verilog 硬件描述语言的设计输入、基于图形的设计输入以及集成系统设计工具。Quartus Ⅱ软件可以将设计、综合、布局和布线以及系统的验证全部整合到一个无缝的环境中,其中包括与第三方 EDA 工具的接口。

**(1)基于模块的设计方法提高工作效率**

Altera 特别为 Quartus Ⅱ软件用户提供了 LogicLock 基于模块的设计方法,便于用户独立设计和实施各种设计模块,并且在将模块集成到顶层工程时仍可以维持各个模块的性能。由于每一个模块都只需要进行一次优化,因此 LogicLock 流程可以显著缩短设计和验证的周期。

**(2)更快集成 IP**

Quartus Ⅱ软件包括 SOPC Builder 工具,SOPC Builder 针对可编程片上系统(SOPC)的各种应用自动完成 IP 核(包括嵌入式处理器、协处理器、外设、存储器和用户设定的逻辑)的添加、参数设置和连接等操作。SOPC Builder 节约了一般系统集成工作中所需要的大量时间,使设计人员能够在几分钟内将概念转化成为真正可运作的系统。

Altera 的 MegaWizard Plug-In Manager 可对 Quartus Ⅱ软件中所包括的参数化模块库(LPM)或 Altera/AMPP SM 合作伙伴的 IP Megafunctions 进行参数设置和初始化操作,从而节省设计输入时间,优化设计性能。

**(3)在设计周期的早期对 I/O 引脚进行分配和确认**

Quartus Ⅱ软件可以进行预先的 I/O 分配和验证操作(无论顶层的模块是否已经完成),这样就可以在整个设计流程中尽早开始印刷电路板(PCB)的布线设计工作。同样,设计人员可以在任何时间对引脚的分配进行修改和验证,无需再进行一次设计编译。该软件还提供各种分配编辑的功能,例如选择多个信号和针对一组引脚同时进行的分配修改等,所有这些都进一步简化了引脚分配的管理。

**(4)存储器编译器**

用户可以使用 Quartus Ⅱ软件中提供的存储器编译器功能对 Altera FPGA 中的嵌入式存储器进行轻松管理。Quartus Ⅱ软件的 9.0 版本和后续版本都增加了针对 FIFO 和 RAM 读操作的基于现有设置的波形动态生成功能。

**(5)支持 FPGA /CPLD 和基于 HardCopy 的 ASIC**

除了 FPGA/CPLD 以外,Quartus Ⅱ软件还使用与 FPGA 设计完全相同的设计工具、IP 和验证方式支持 HardCopy Stratix 器件系列,在业界首次允许设计工程师通过易用的 FPGA 设计软件来进行结构化的 ASIC 设计,并且能够对设计后的性能和功耗进行准确的估算。

**(6)使用全新的命令行和脚本功能自动化设计流程**

用户可以使用命令行或 Quartus Ⅱ软件中的图形用户界面(GUI)独立运行 Quartus Ⅱ软件中的综合、布局布线、时序分析以及编程等模块。除了提供 Synopsys 设计约束(SDC)的脚本支持以外,Quartus Ⅱ软件中目前还包括了易用的工具命令语言(Tcl)界面,允许用户使用该语言来创建和定制设计流程和满足用户的需求。

**(7)高级教程帮助深入了解 Quartus Ⅱ的功能特性**

Quartus Ⅱ软件提供详细的教程,覆盖从工程创建、普通设计、综合、布局布线到验证等在内的各种设计任务。Quartus Ⅱ软件的 9.0 以及后续版本包括如何将 MAX + PLUS Ⅱ软件工程转换成为 Quartus Ⅱ软件工程的教程。Quartus Ⅱ软件还提供附加的高级教程,帮助技术工程师快速掌握各种最新的器件和设计方法。

## 2.2　Quartus Ⅱ软件的设计过程

Quartus Ⅱ设计软件为设计者提供了一个完善的多平台设计环境,与以往的EDA工具相比,它更适合于设计团队基于模块的层次化设计方法。为了使MAX + PLUS Ⅱ用户很快熟悉Quartus Ⅱ软件的设计环境,在Quartus Ⅱ软件中,设计者可以将Quartus Ⅱ软件的图形用户界面(GUI)的菜单、工具条以及应用窗口设置成MAX + PLUS Ⅱ的显示形式。

图2.2.1给出了Quartus Ⅱ软件的典型设计流程。

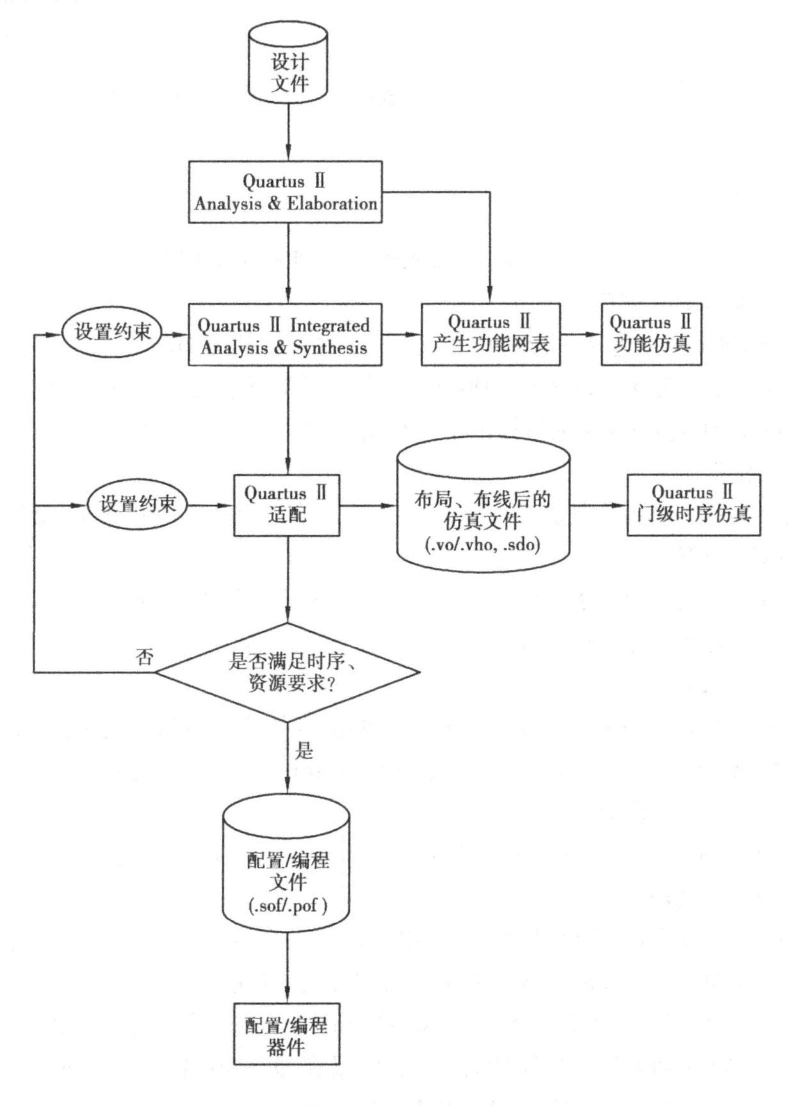


**图2.2.1　Quartus Ⅱ软件的典型设计流程**

如图2.2.2所示为Quartus Ⅱ软件的图形用户界面(GUI)。

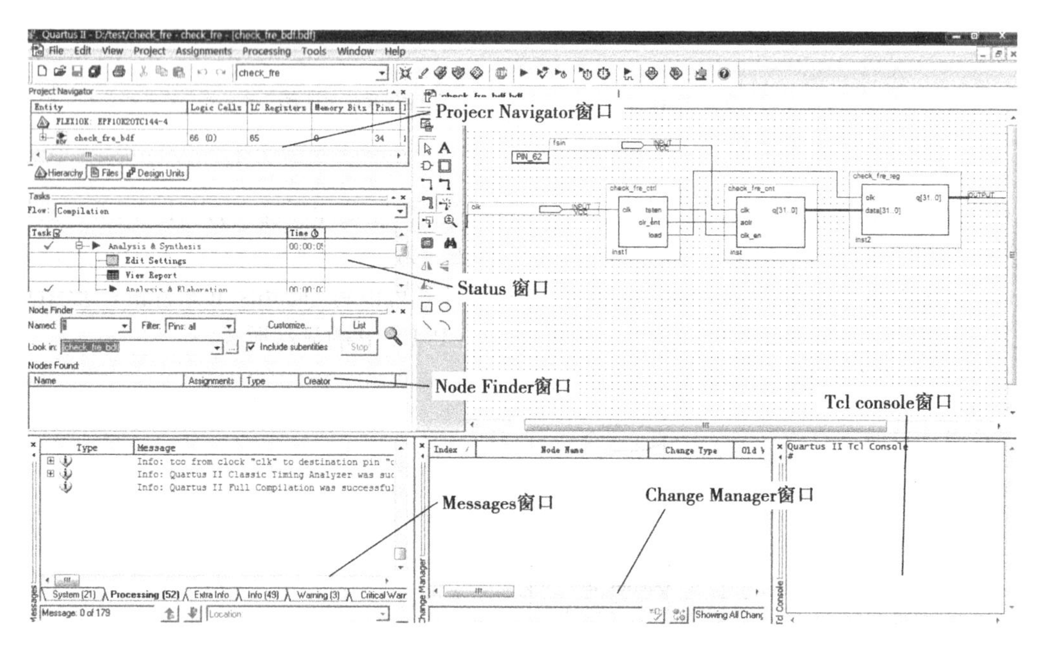


图 2.2.2　Quartus Ⅱ软件的图形用户界面(GUI)

(1)Project Navigator 窗口

Project Navigator 窗口包括 3 个可以相互切换的标签,其中 Hierarchy 标签类似于 MAX + PLUS Ⅱ软件中的层级显示(Hierarchy Display),提供了逻辑单元、寄存器以及存储器位资源使用等信息;Files 和 Design Units 标签提供了工程文件和设计单元的列表。

(2)Status 窗口

Status 窗口显示编译各阶段的进度和逝去时间,类似于 MAX + PLUS Ⅱ的编译窗口。

(3)Node Finder 窗口

Node Finder 窗口提供的功能等效于 MAX + PLUS Ⅱ软件中 Search Node Database 对话框的功能,允许设计者查看存储在工程数据库中的任何节点名。

(4)Message 窗口

Message 窗口类似于 MAX + PLUS Ⅱ软件中的消息处理器窗口,提供详细的编译报告、警告和错误信息。设计者可以根据某个消息定位到 Quartus Ⅱ软件不同窗口中的一个节点。

(5)Change Manager 窗口

利用 Change Manager 窗口可以跟踪在 Chip Editor 中对设计文件进行变更的信息。

(6)Tcl Console 窗口

Tcl Console 窗口在图形用户界面(GUI)中提供了一个可以输入 Tcl 命令或执行 Tcl 脚本文件的控制台,在 MAX + PLUS Ⅱ软件中没有与它等效的功能。

上面介绍的所有窗口均可以在菜单 View→Utility Windows 中进行显示和隐藏切换。

对于熟悉 MAX + PLUS Ⅱ的设计者来说,可以在 Quartus Ⅱ软件中通过下面的设置将 Quartus Ⅱ的图形用户界面显示成 MAX + PLUS Ⅱ的形式:

①选择 Tools→Customize…菜单命令。

②在 Customize 对话框 General 页面的 Look & Feel 栏中选择 MAX + PLUS Ⅱ选项,如图 2.2.3所示。

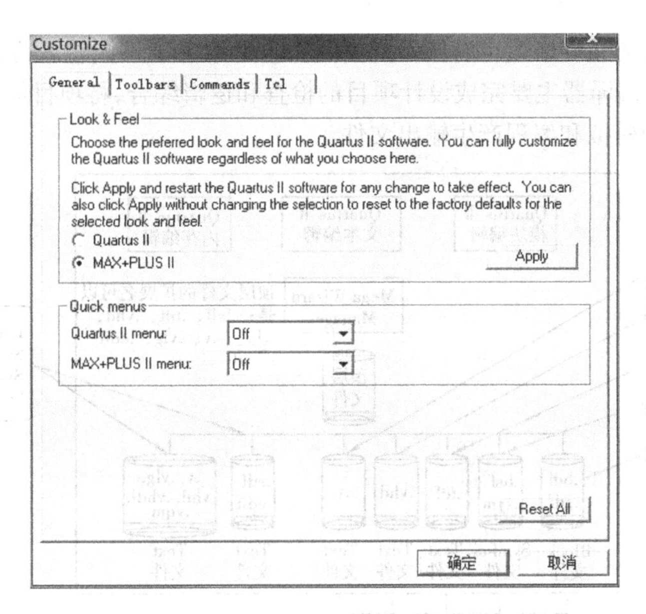


图 2.2.3　Customize 对话框

③点击 Apply 按钮后，重新进入 Quartus Ⅱ软件，则此时的图形用户界面如菜单、快捷键就完全类似于 MAX + PLUS Ⅱ软件，如图 2.2.4 所示。

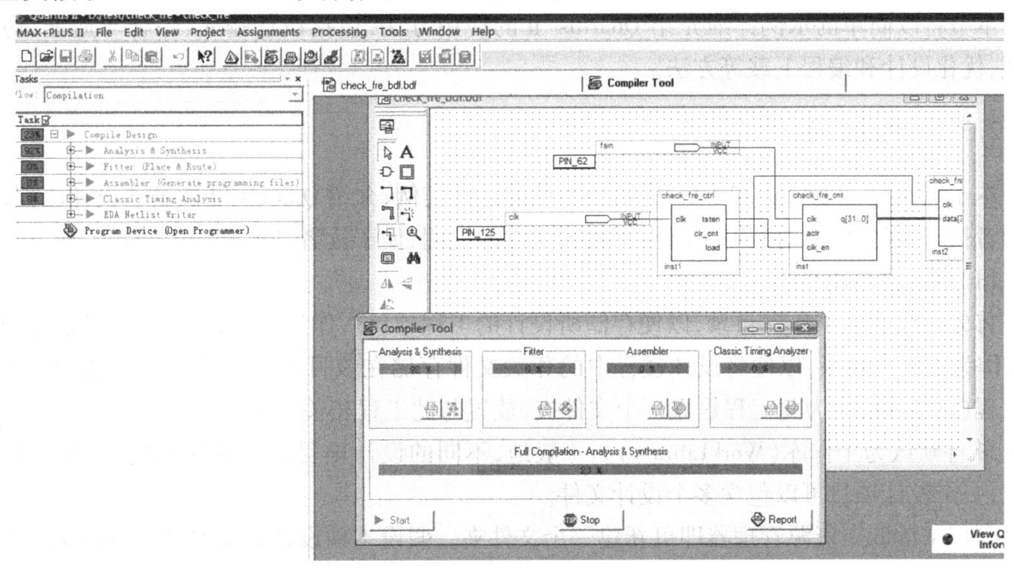


图 2.2.4　Quartus Ⅱ软件的 MAX + PLUS Ⅱ显示形式

## 2.3　设计项目编译综合

Quartus Ⅱ软件的工程文件由所有的设计文件、软件源文件以及完成其他操作所需的相关文件组成，是真正的基于工程管理的系统设计软件。设计文件的输入方法有原理图式的图形输入、文本输入、内存编辑以及由第三方 EDA 工具产生的 EDIF 网表输入、VQM 格式输入等。

输入方法不同,生成的文件格式也有所不同。图 2.3.1 给出了不同输入方法所生成的各种文件格式。Quartus Ⅱ编译器主要完成设计项目的检查和逻辑综合,将项目最终设计结果生成器件的下载文件,并为模拟和编程产生输出文件。

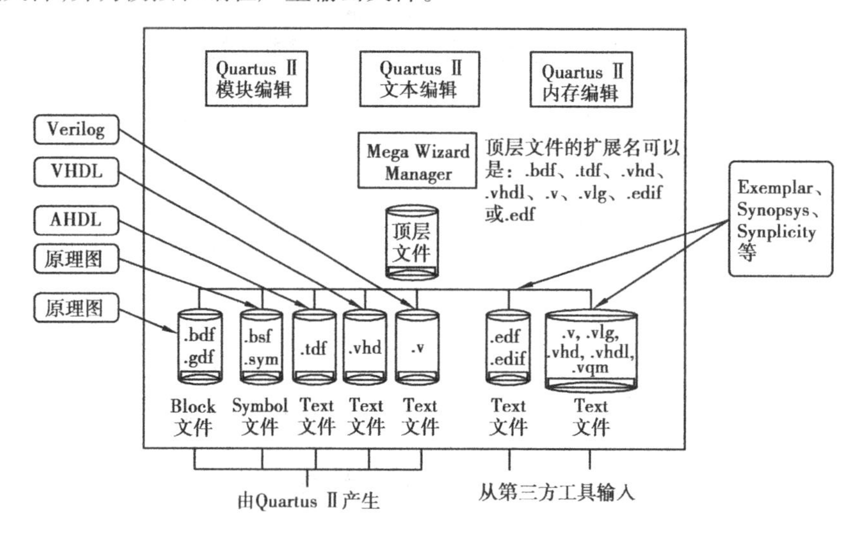


图 2.3.1 设计输入文件

本节将以简单的示例详细介绍 Quartus Ⅱ的使用方法,包括设计输入、综合与适配、仿真测试、优化设计和编程下载等方法。

### 2.3.1 创建工程

本子节通过一个简易 32 位二进制频率计的设计实例,介绍 Quartus Ⅱ的基本设计流程,引导读者快速入门,同时对每一步骤做了较为详细的说明,便于读者理解流程中的各个环节。

**(1)创建工程文件夹**

首先应该建立工作库目录,以便存储所设计的工程项目。作为示例,在此设立目录为 D:\test,作为工作库目录,以便将设计过程中的相关文件存储在该目录中。任何一项设计都是一项工程(project),应为此工程建立一个文件夹,放置与此工程相关的所有文件。此文件夹将被 EDA 软件默认为工作库(WorkLibrary)。一般地,不同的设计项目最好放在不同的文件夹中。注意,一个设计项目可以包含多个设计文件。

利用 Windows 资源管理器即可新建一个文件夹。假设本项设计的文件夹取名为 test,在 D 盘中,路径为 D:\test。注意:文件夹名不用中文。在建立文件夹后就可以将设计文件通过 Quartus Ⅱ的文本编辑器编辑并存盘。

**(2)创建工程项目**

在此要利用"New project Wizard",创建频率计的设计工程,即令 check_fre 为工程,并设定此工程的一些相关信息,如工程名、目标器件、综合器、仿真器等。步骤如下:

1)打开建立新工程管理窗

①选择菜单"File"→"New Project Wizard",弹出 Introduction 窗口,如图 2.3.2 所示。

②直接点击 next 按钮,弹出工程设置对话框,如图 2.3.3 所示。

③点击此框最上一栏右侧的按钮"…",再点击"打开",找到文件夹 D:/test,在第二栏中

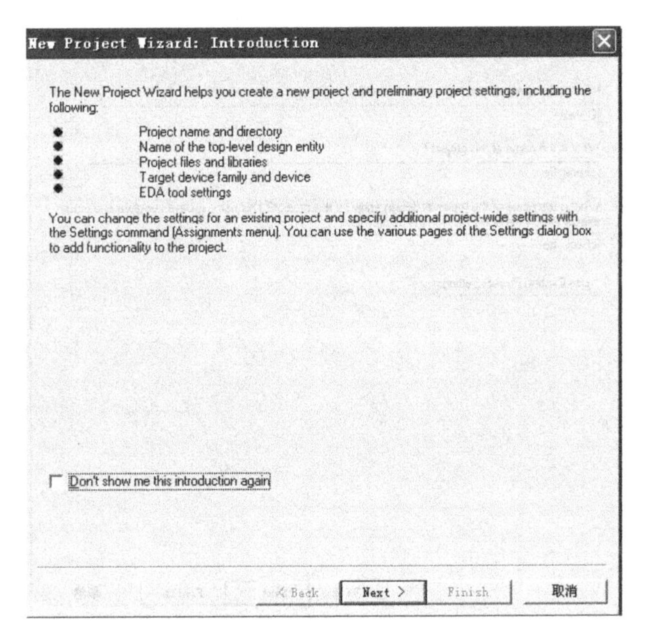


图2.3.2　新建工程项目导入界面

New Project Wizard: Directory, Name, Top-Level Entity [pag...

What is the working directory for this project?

D:\test

What is the name of this project?

What is the name of the top-level design entity for this project? This name is case sensitive and must exactly match the entity name in the design file.

Use Existing Project Settings ...

< Back　Next >　Finish　取消

图2.3.3　利用“New Project Wizard”创建工程

输入工程项目名称check_fre(一般应该设定顶层设计文件为工程),在第三栏中会同时出现与工程项目名称相同的名称check_fre,即出现如图2.3.4所示的设置情况。

其中第一行的D:/test表示工程所在的工作库文件夹;第二行的check_fre表示此项工程的工程名,此工程名可以取任何其他的名字,也可直接用顶层文件的实体名作为工程名,在此就是按这种方式取名;第三行是顶层文件的实体名,这里即为“check_fre”。

2)将设计文件加入工程中

①点击下方的“Next”按钮,弹出“add file”对话框,如图2.3.5所示。

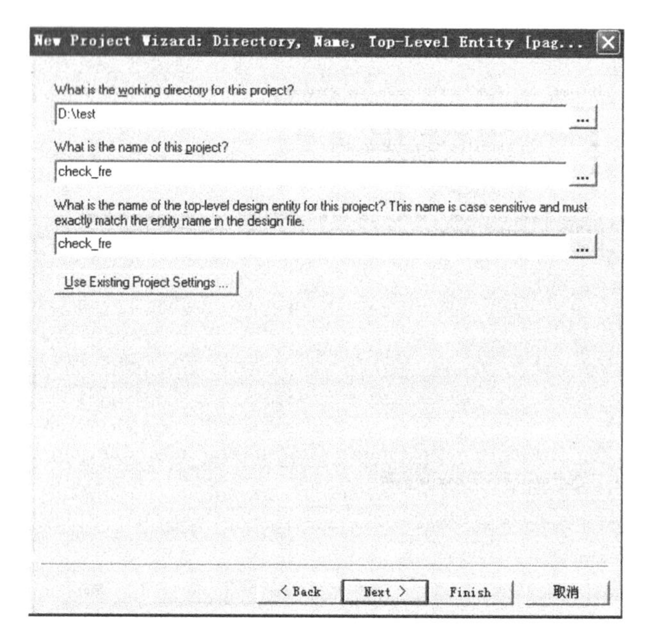


图 2.3.4　输入工程项目名称和顶层文件名称

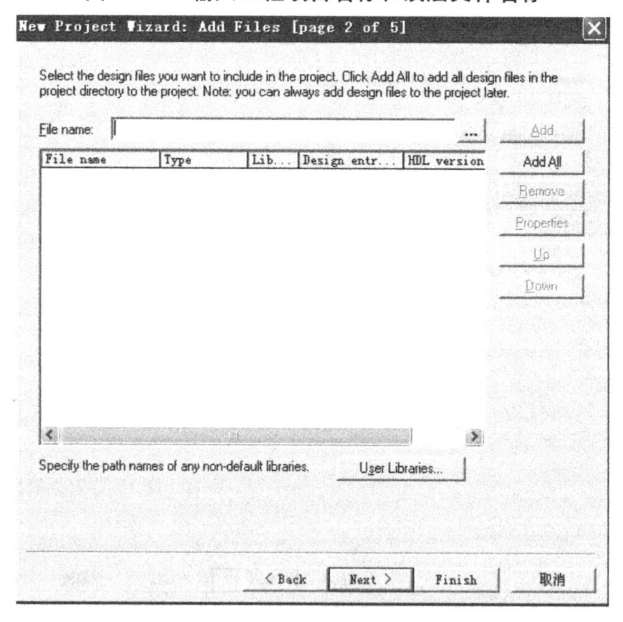


图 2.3.5　将频率计相关文件加入此工程

②接着将频率计所有相关的文件加入此工程,方法有两种:第一种是点击右边的"Add All"按钮,将设定的工程目录中的所有 VHD 文件加入到工程文件栏中;第二种方法是点击"…"按钮,从工程目录中选出相关的 VHDL 文件。

3)选择目标芯片

点击图 2.3.5 中"Next" 按钮,弹出"Family&Device Settings"对话框,选择目标芯片。首先在"Family"栏选芯片系列,在此选"Cyclone Ⅲ"系列;再选择此系列的具体芯片:EP3C10E144C7,如图 2.3.6 所示。

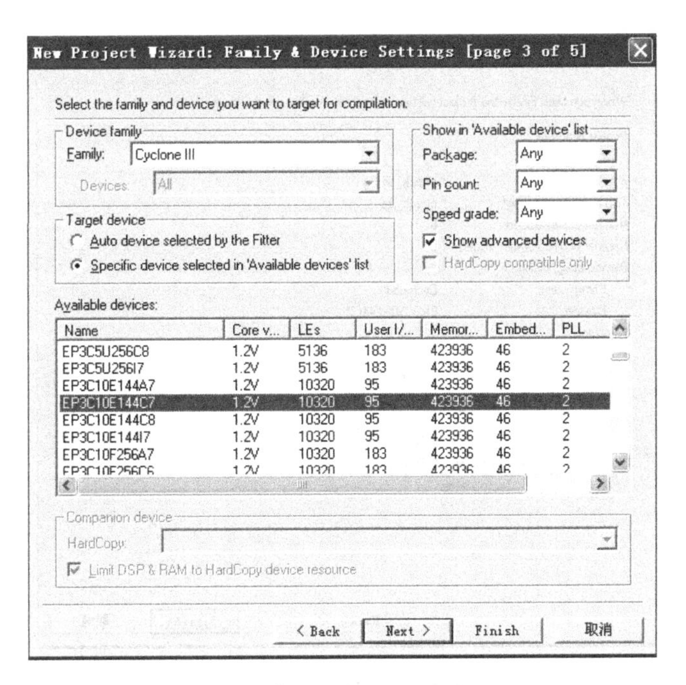


图 2.3.6　选定目标器件

4）选择仿真器和综合器类型

点击图 2.3.6 中“Next”按钮，弹出选择仿真器和综合器类型的窗口。如果都是选择默认就不必在选中复选项，表示都选 Quartus Ⅱ中自带的仿真器和综合器。如图 2.3.7 所示。

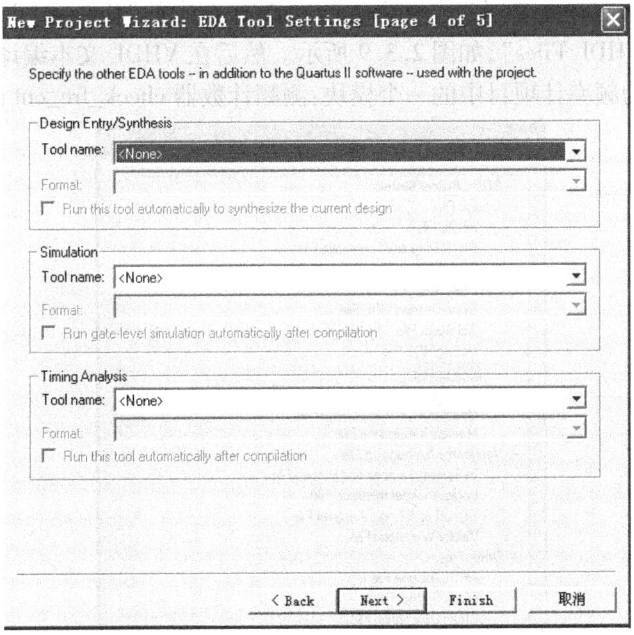

图 2.3.7　选择仿真器和综合器类型的窗口

5）结束设置

点击图 2.3.7“Next”按钮，这时弹出“summary”窗口，按“Finish”键结束工程项目创建。如图 2.3.8 所示。

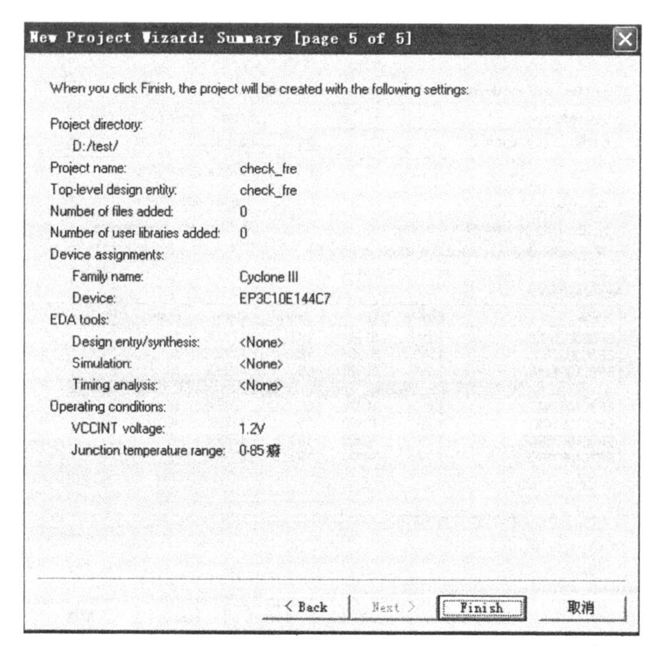


图 2.3.8　项目统计显示

### 2.3.2　HDL 文本设计输入及编译仿真

#### (1)文件输入

打开 Quartus Ⅱ,选择菜单“File”→“New”,在 New 窗中的“Design Files”中选择编译文件的语言类型,选择“VHDL Files”,如图 2.3.9 所示。然后在 VHDL 文本编译窗中可键入示例程序,图 2.3.10 所示为频率计项目中的一个模块:测频计数器 check_fre_cnt 的文本编辑窗口。

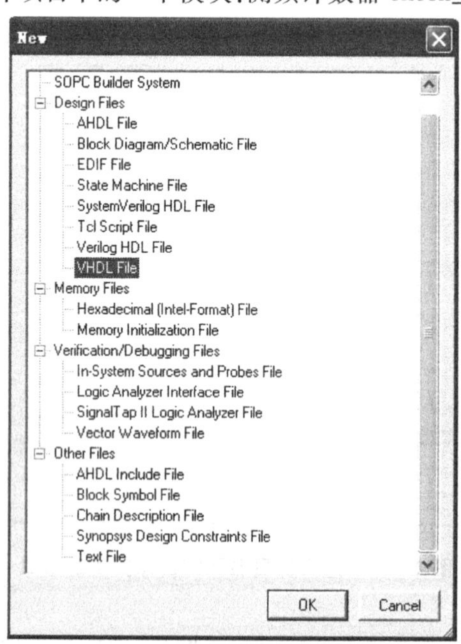


图 2.3.9　选择编辑文件的语言类型

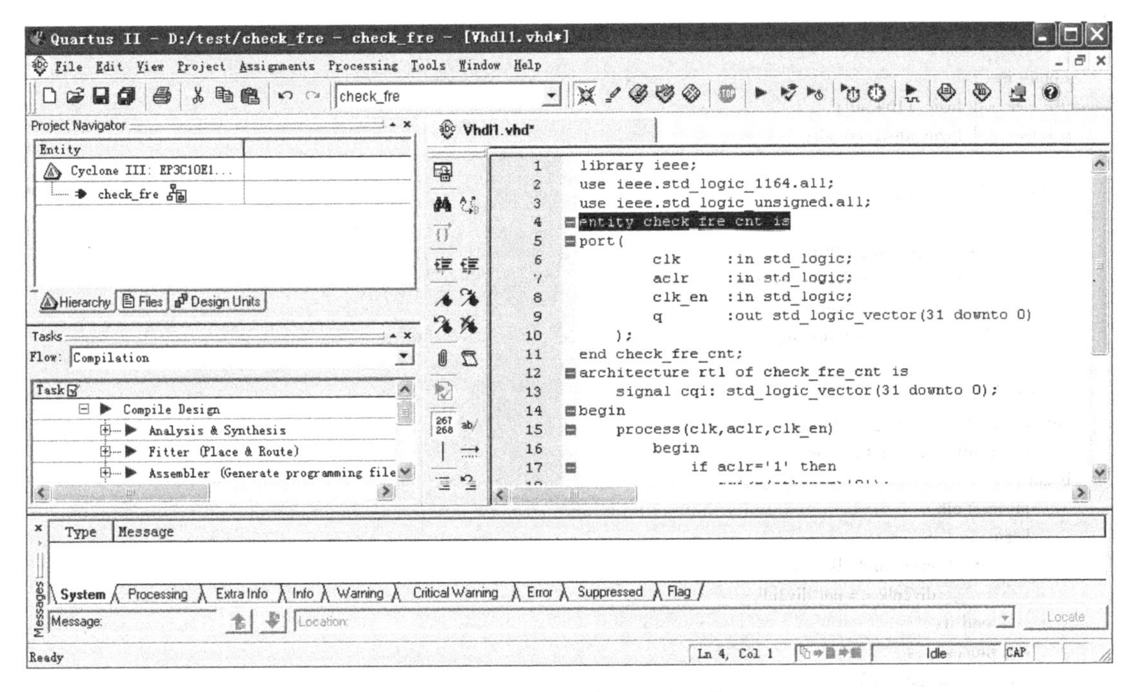


图 2.3.10　编辑输入设计文件

【例 2-1】测频计数器设计 check_fre_cnt. vhd。

注意：文件名与实体名称要相同，文件名的后缀为. vhd。

```
library ieee;
use ieee.std_logic_1164.all;
use ieee.std_logic_unsigned.all;
entity check_fre_cnt is
port(
        clk     :in std_logic;
        aclr    :in std_logic;
        clk_en  :in std_logic;
        q       :out std_logic_vector(31 downto 0)
    );
end check_fre_cnt;
architecture rtl of check_fre_cnt is
    signal cqi:  std_logic_vector(31 downto 0);
begen
    process(clk,aclr,clk_en)
        begin
            if aclr = '1' then
                cqi <= (others => '0');
            elsif clk'event and clk = '1' then
                if clk_en = '1' then
                    cqi <= cqi + '1';
                end if;
            end if;
    end process;
q <= cqi;
end rtl;
```

【例 2-2】测频时序控制设计 check_fre_ctrl. vhd。

```
library ieee;
use ieee. std_logic_1164. all;
use ieee. std_logic_unsigned. all;

entity check_fre_ctrl is
port(
        clk      :in std_logic;
        tsten        :out std_logic;
        clr_cnt  :out std_logic;
        load         :out std_logic
    );
end check_fre_ctrl;
architecture rtl of check_fre_ctrl is
    signal div2clk    :std_logic;
begin
    process(clk)
    begin
        if clk'event and clk = '1' then
            div2clk <= not div2clk;
        end if;
    end process;
    process(clk,div2clk)
    begin
        if clk = '0' and div2clk = '0' then
                clr_cnt <= '1';
        else
            clr_cnt <= '0';
        end if;
    end process;
    load <= not div2clk;
    tsten <= div2clk;
end rtl;
```

【例 2-3】锁存器设计 check_fre_reg. vhd。

```
library ieee;
use ieee. std_logic_1164. all;
entity check_fre_reg is
    port(
            clk         :in std_logic;
            data   :in std_logic_vector(31 downto 0);
            q           :out std_logic_vector(31 downto 0)
        );
end check_fre_reg;
architecture rtl of check_fre_reg is
begin
    process(clk,data)
    begin
        if clk'event and clk = '1' then
            q <= data;
        end if;
    end process;
end rtl;
```

完成文本编辑之后将文件存盘,选择"File"→"Save As",找到已设立的文件夹 D:\test\,存盘文件名应该与实体名一致,即 check_fre_cnt. vhd。至此,文件夹 test 共有 3 个 VHDL 文件:

check_fre_cnt. vhd,check_fre_ctrl. vhd,check_fre_reg. vhd 。

**(2)编译及设置**

在对工程进行编译处理前,必须做好必要的设置。具体步骤如下:

1)选择目标芯片

选择"Assignmemts"菜单中的"Devices"项,在弹出的对话框中选"Device"项。首先选目标芯片EP3C10E144C7(此芯片已在建立工程时选定了),也可以在图2.3.11"Available devices"栏分别用"Package":TQFP;"Pincount":144;"Speed":7,选定芯片。

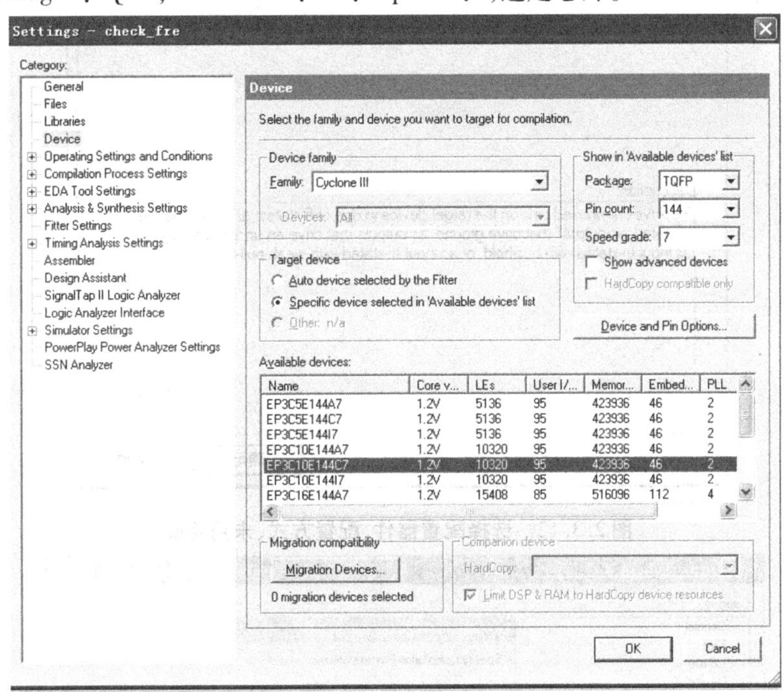


图2.3.11　在设定菜单下选定目标芯片

2)选择目标器件编程配置方式

由图2.3.11中的按钮"Device&Pin Options"弹出器件和管脚选项窗口,首先选择"Configuration"项,在此框的下方有相应的说明。在此可选Configuration方式为Passive Serial,这种方式可以直接由PC机配置,也可由专用配置器件进行配置。配置器件选EPC2。同时在"Unused Pins"处,可根据实际需要选择目标器件闲置引脚的状态,如可选择为输入状态(呈高阻态),或输出状态(呈低电平),或输出不定状态,或不作任何选择。通常在"Unused pins"项中设置不使用的管脚为"As input,tri-stated",如图2.3.12所示。

3)编译模式的选择

由图2.3.11所示的窗口中选择Compilation Process Settings项,在窗口右端可以设置"Early Timing Estimate"和"Incremental…"选项,如图2.3.13所示。图2.3.13中其他选项可以使用其默认的设置。

**(3)编译与编译结果**

Quartus Ⅱ编译器是由一系列处理模块构成的,这些模块负责对设计项目的检错、逻辑综合和结构综合。即将设计项目适配到FPGA/CPLD目标器中,同时产生多种用途的输出文件,如功能和时序仿真文件,器件编程的目标文件等。

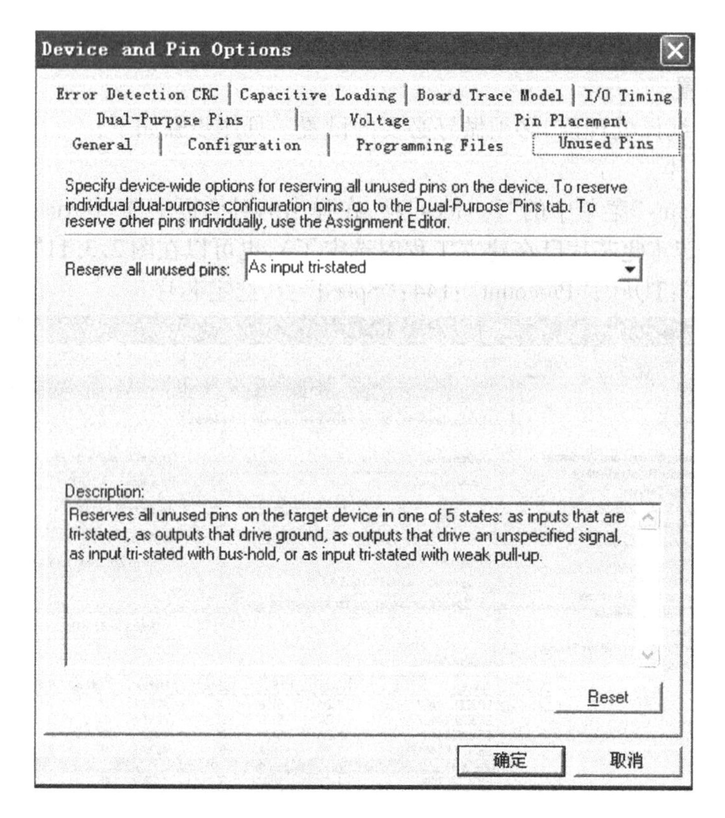


图 2.3.12　选择配置器件、配置方式、未用管脚

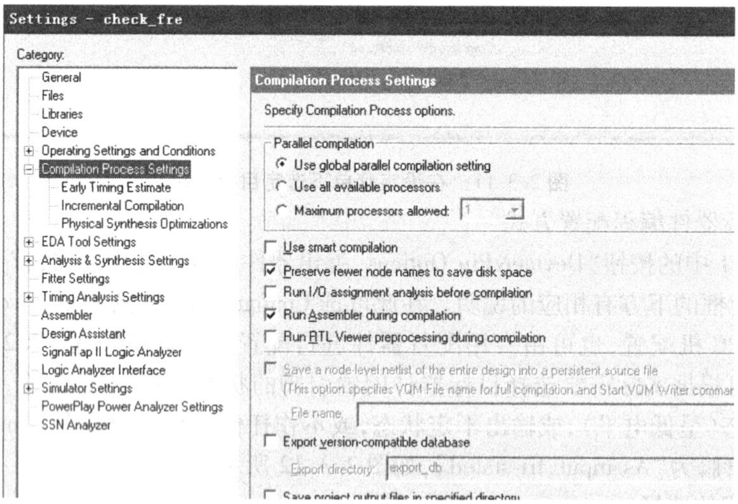

图 2.3.13　选择编译模式

编译器首先从工程设计文件间的层次结构描述中提取信息，包括每个低层次文件中的错误信息，供设计者排除，然后将这些层次构建产生一个结构化的以网表文件表达的电路原理图文件，并把各层次中所有的文件结合成一个数据包，以便更有效地处理。

在编译前，设计者可以通过各种不同的设置方法，指导编译器使用各种不同的综合和适配技术（如时序驱动技术等），以便提高设计项目的工作速度，优化器件的资源利用率。而且在编译过程中以及编译完成后，可以从编译报告窗获得所有相关的详细编译结果，以利于设计者及时调整设计方案。

下面首先对check_fre_cnt. vhd文件进行编译,其基本步骤如下:

第一,选择菜单“File”→“Open”项,从弹出窗口选中check_fre_cnt. vhd并打开这个文件。

第二,选择菜单“Project”→“Set as Top-Level Entity”项,将所打开的文件设置为顶层实体文件。

第三,选择菜单“Processing”→“Start Compilation”项,启动全程编译。也可点击图形编辑框的图标栏中图标▶,启动全程编译。

注意:这里所谓的编译(Compilation)包括Quartus Ⅱ对设计输入的多项处理操作,其中包括排错、数据网表文件提取、逻辑综合、适配、装配文件(仿真文件与编程配置文件)生成,以及基于目标器件的工程时序分析等。如果工程中的文件有错误,在下方的Processing信息栏中会显示出来。如图2.3.14中所示,在check_fre_cnt. vhd文件第14行的“BEGEN”处或附近有语句格式错误,可双击此条文,即弹出check_fre_cnt. vhd文件,在闪动的光标处(或附近)可发现,文件中错将“BEGIN”写成“BEGEN",改正后存盘,再次进行编译,仍选Processing菜单中的“Start Compilation”。

```
Info: Command: quartus_map --import_settings_files=on --export_settings_files=off check_fre -c check_fre
Error: Verilog HDL syntax error at check_fre_cnt.vhd(14) near text "begen";  expecting "begin", or a declaration statement,
Error: Verilog HDL syntax error at check_fre_cnt.vhd(19) near text "elsif";  expecting "end", or "(", or an identifier ("elsif" is a reserved keyword), or ‹
Error: Verilog HDL syntax error at check_fre_cnt.vhd(19) near text "and";  expecting "(", or "'", or "."
Error: Verilog HDL syntax error at check_fre_cnt.vhd(22) near text "if";  expecting ";", or an identifier ("if" is a reserved keyword), or "architecture"
Info: Found 0 design units, including 0 entities, in source file check_fre_cnt.vhd
Info: Found 2 design units, including 1 entities, in source file check_fre_reg.vhd
Info: Found 2 design units, including 1 entities, in source file check_fre_ctrl.vhd
Error: Quartus II Analysis & Synthesis was unsuccessful. 4 errors, 0 warnings
Error: Quartus II Full Compilation was unsuccessful. 4 errors, 0 warnings
```

图2.3.14　检查出文件格式出错

编译结果包括以下内容:

1)阅读编译报告

编译成功后可以看到如图2.3.15所示的界面。此界面的左上角是工程管理窗,在此栏下是编译处理流程,包括数据网表建立、逻辑综合、适配、配置文件装配和时序分析。最下栏是编译处理信息,右栏是编译报告,这可以在Processing菜单项的“Compilation Report”处见到。

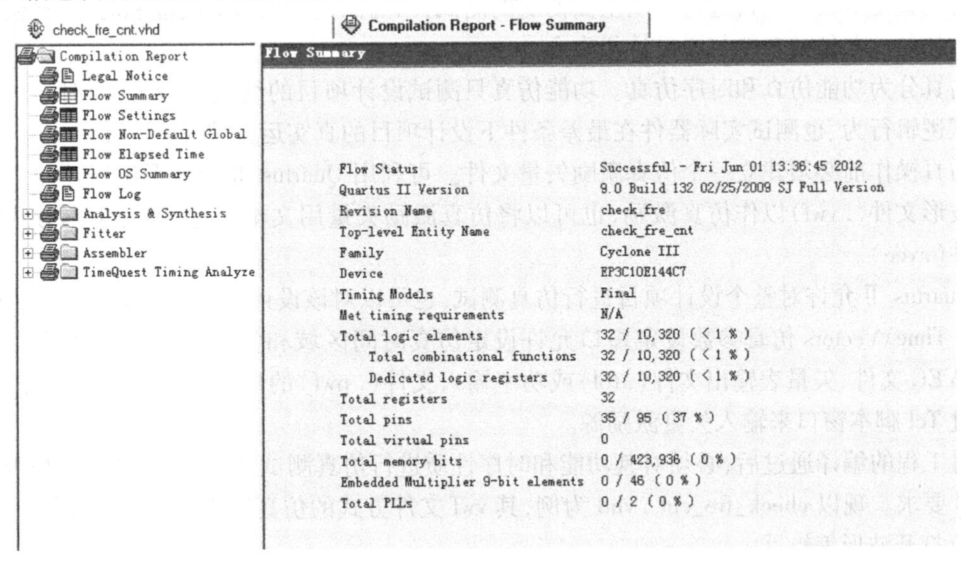


图2.3.15　编译完成后的Quartus Ⅱ管理窗口界面

2)了解工程的时序报告

点击此栏的“Timing Analyses”项左侧的“+”号,可看到 tsu,tco 等时间分析结果。

**(4)创建当前顶层设计实体文件为图形模块**

点击窗口左侧的实体栏中“check_fre_cnt”部分,窗口右侧会弹出 check_fre_cnt. vhd 的程序,如图 2.3.10 所示,选择菜单“File”→“Create/Update”→“Create Symbol Files for Current File”项,如图 2.3.16 所示。此步骤是为图形输入建立相关的库元件符号生成文件为 check_fre_cnt. bsf。

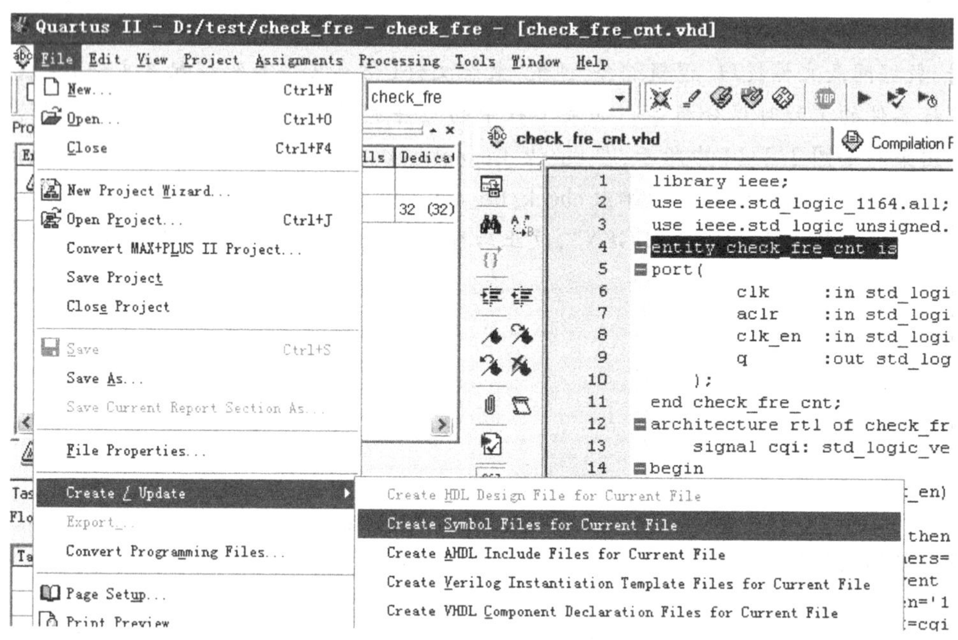


图 2.3.16 为设计实体文件创建图形块

**(5)仿真**

仿真就是对设计项目进行一项全面彻底的测试,以确保设计项目的功能和时序特性,并保证最后的硬件器件的功能与原设计相吻合。

仿真分为功能仿真和时序仿真。功能仿真只测试设计项目的纯逻辑行为,而时序仿真则既测试逻辑行为、也测试实际器件在最差条件下设计项目的真实运行情况。

仿真操作前必须建立一个仿真激励矢量文件。可利用 Quartus Ⅱ的波形编辑器建立一个矢量波形文件(.vwf)以作仿真激励,也可以将仿真激励矢量用文本表达,即为文本方式的矢量文件(.vec)。

Quartus Ⅱ允许对整个设计项目进行仿真测试,也可以对该设计中的任何子模块进行仿真测试。Time\Vectors 仿真参数设定窗口允许设定仿真时间区域和矢量激励源。可以以 VWF 文件、VEC 文件、矢量表输出文件(.tbl)或功率输入文件(.pwf)的形式作为矢量激励源,也可以通过 Tcl 脚本窗口来输入矢量激励源。

对工程的编译通过后,必须对其功能和时序性质进行仿真测试,以了解设计结果是否满足原设计要求。现以 check_fre_cnt . vhd 为例,其 vwf 文件方式的仿真流程的详细步骤如下:

1)打开波形编辑器

选择菜单 File 中的 New 项,在 New 窗口中选“Verification/Debugging Files”中的“Vector

Waveform File”，如图 2.3.17 所示，点击“OK”，即出现空白的波形编辑器，如图 2.3.18 所示。

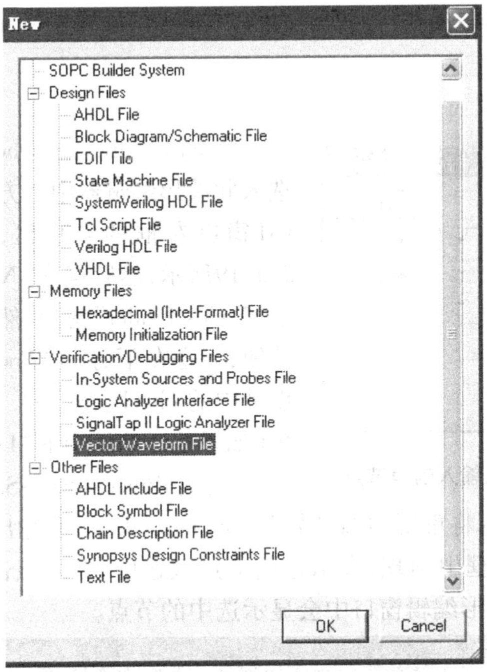

图 2.3.17　创建波形仿真文件

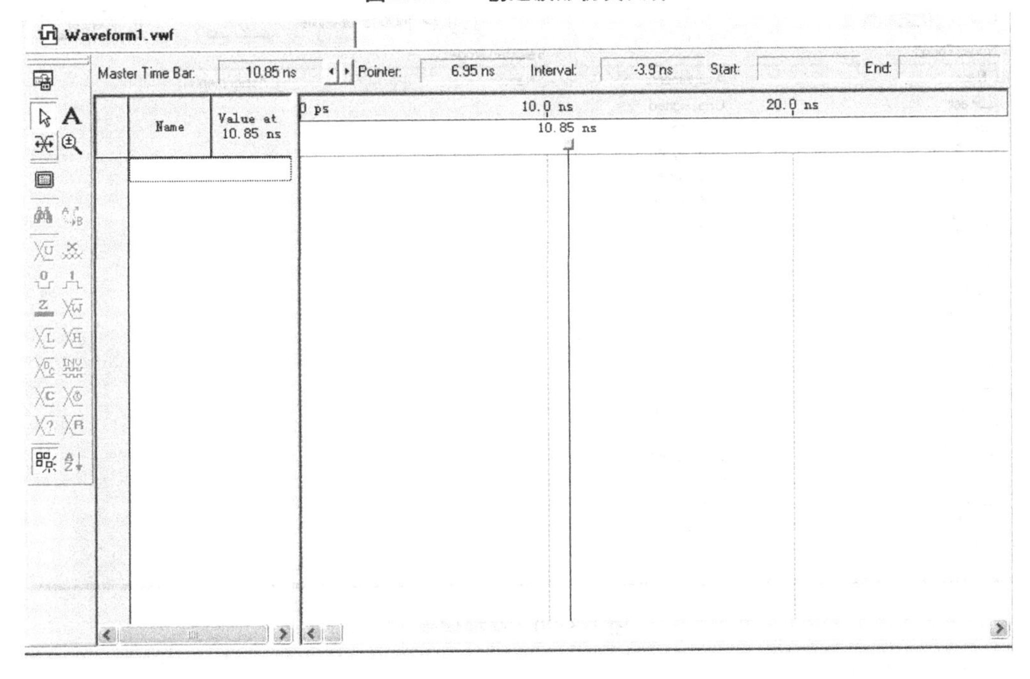


图 2.3.18　波形编辑器

2）设置仿真时阅区域

为了使仿真时间轴设置在一个合理的时间区域上，在 Edit 菜单中选择“End Time”项，在弹出的窗口中的“Time”窗中键入 50，单位选“us”，即整个仿真域的时间设定为 50 微秒，点击“OK”，结束设置。

3）存盘波形文件

选择菜单 File 中的“Save as”，将波形文件以文件名 check_fre_cnt . vwf（默认名）存入文件夹 D：\TEST 中。

4）输入信号节点

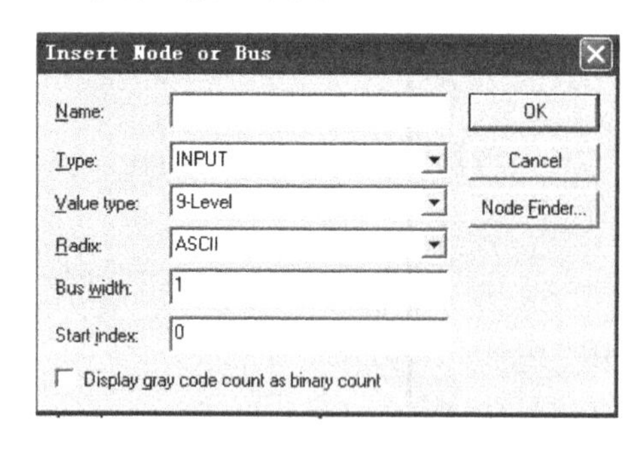


图 2.3.19　向波形编辑器输入信号节点

将 check_fre_cnt. vhd 文件中的端口信号节点选入此波形编辑器中。方法是双击 check_fre_cnt . vwf 窗口左框的空白区，就会弹出对话框，如图 2.3.19所示，然后点击“Nodes Finder”按钮，就会弹出“Nodes Finder”窗口，然后点击窗口右端的“List”按钮，于是在下方的“Nodes Finder”窗口中出现了设计中的 check_fre_cnt. vhd 文件的所有端口引脚名（如果此对话框中的“List”不显示，需要重新编译一次，即选 Processing→Start Compilation，然后再重复以上操作过程）。用鼠标将重要的端口节点 clk，aclr，clk_en 和输出总线信号 q 逐个双击，这些节点就会在该窗口的右框中出现，表示这些节点被选中，然后点击窗口中的“OK”按钮，如图 2.3.20所示。然后在波形编辑窗口中会显示选中的节点。

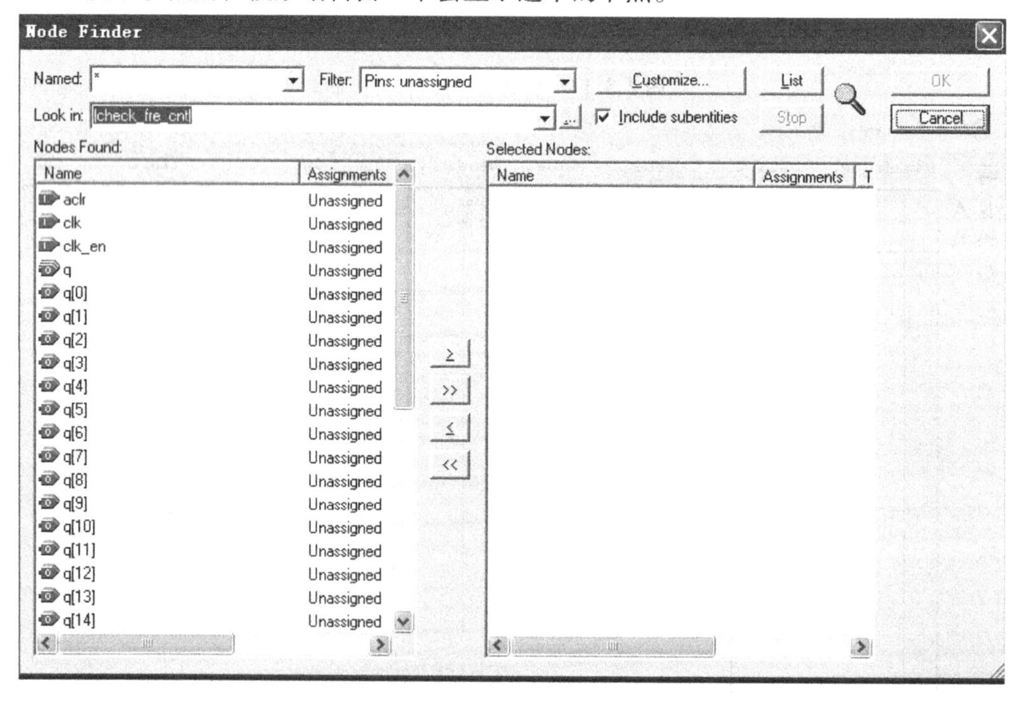


图 2.3.20　选择信号

5）编辑输入波形

点击时钟信号“clk”，再点击左侧的时钟设置键，在 Clock 窗口中设置 clk 的时钟周期为 10ns；点击 aclr 信号，将他置为低电平，即选中 aclr 信号后，点击工具条中的；点击 clk_en 信号，将它置为高电平，即选中 clk_en 信号后，点击工具条中的；然后保存 check_fre_cnt . vwf 文件。如图 2.3.21 所示。

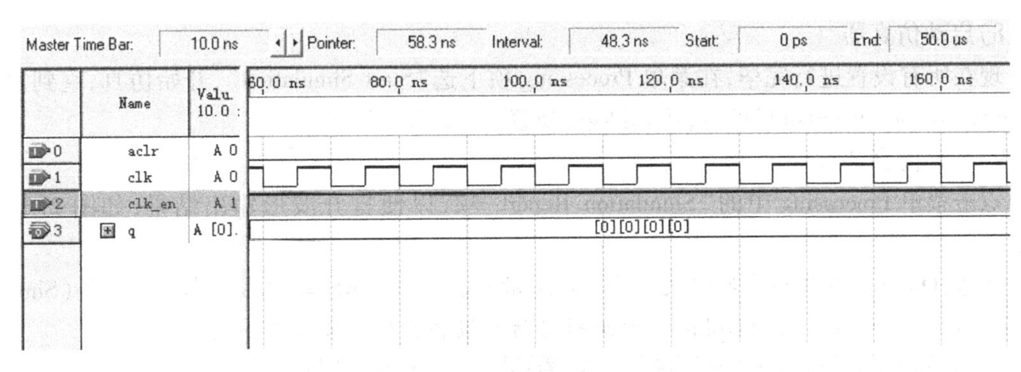


图 2.3.21 编辑输入波形

6)总线数据格式设置

如果点击如图2.3.21所示的输出信号"q"左旁的"+",则将展开此总线中的所有信号;如果双击此"+"号左旁的信号标记,将弹出该信号数据格式设置对话框,在该对话框的"Radix"栏有五种选择:Binary:二进制;Hexadecimal:十六进制;Octal:八进制;Signed Decimal:有符号十进制;Unsigned Decimal:无符号十进制。

通常选择十六进制表达方式比较方便。

7)仿真器参数设置

选择菜单Assignment中的"Settings",在Settings窗的Category下选"Simulator Settings",在"Simulation Mode"中选择仿真模式:时序仿真"Timing"或功能仿真"Functional";在"Simulation input"中选择check_fre_cnt.vwf文件。如图2.3.22所示。

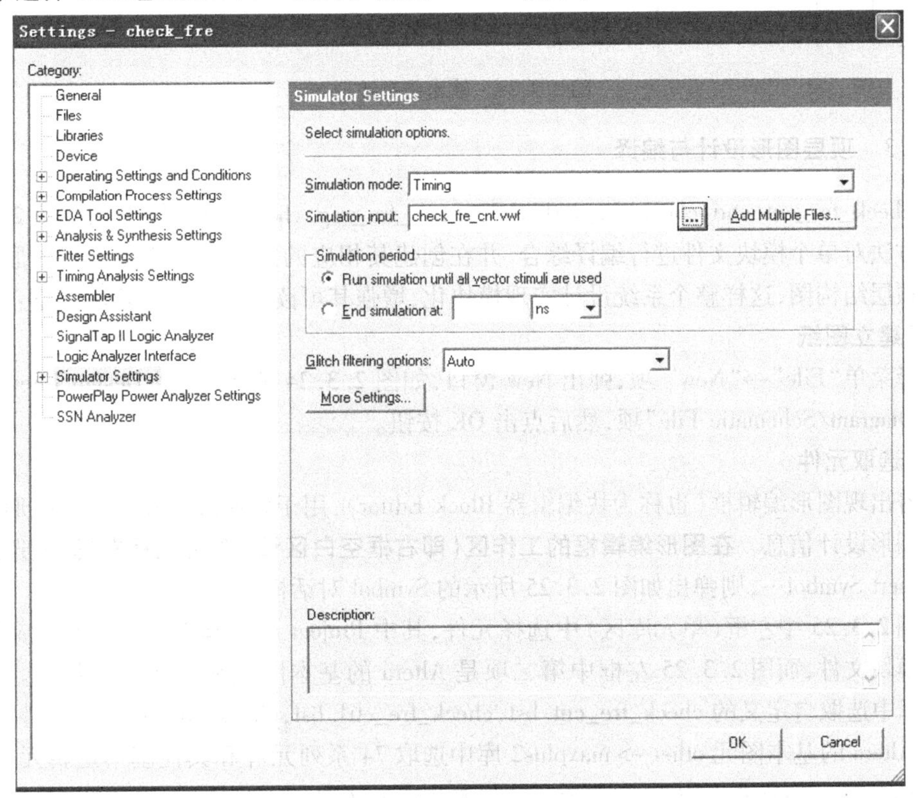


图 2.3.22 仿真器参数设置

8)启动仿真器

现在所有设置进行完毕,在菜单 Processing 项下选"Start Simulation",开始仿真,直到出现"Simulation was successful"窗口,仿真结束,观察仿真结果的正确性。

9)观察仿真结果

点击菜单 Processing 中的"Simulation Report"项,以便打开波形输出结果,如图 2.3.23 所示。

注意:Quartus Ⅱ的仿真波形文件中,波形编辑文件(*.vwf)与波形仿真报告文件(Simulation Report)是分开的,而 Maxplus Ⅱ的编辑与仿真报告波形是合二为一的。

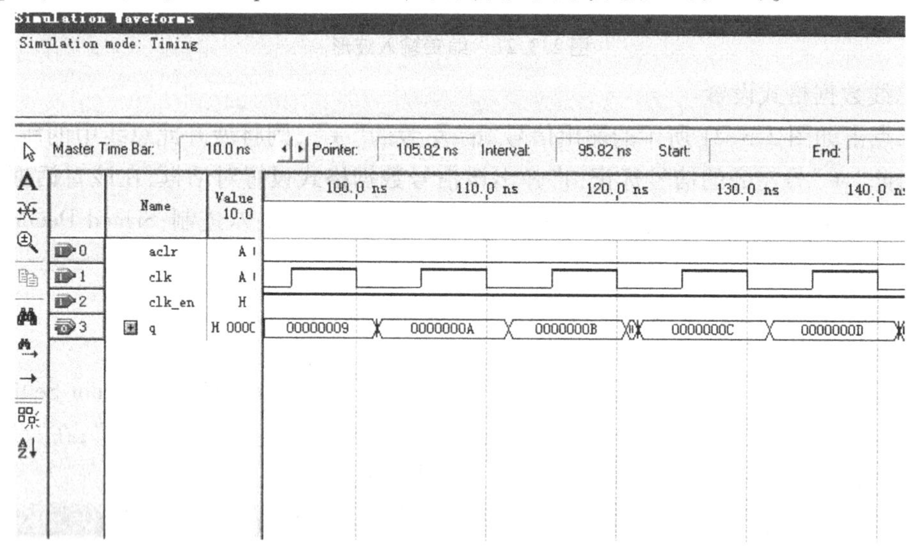


图 2.3.23　输出仿真波形

### 2.3.3　顶层图形设计与编译

将 check_fre_cnt.vhd,check_fre_ctrl.vhd,check_fre_reg.vhd 三个文件分别按照 2.3.2 节介绍的方法对单个模块文件进行编译综合,并在创建其相应的图形元件符号后用图形设计方法设计顶层结构图,这样整个系统设计实现模块化,增强其可读性。其操作步骤如下:

**(1)建立图纸**

选择菜单"File"→"New"项,弹出 New 窗口,如图 2.3.24 所示,选择 Design Files 项中的"Block Diagram/Schematic File"项,然后点击 OK 按钮。

**(2)选取元件**

接着出现图形编辑框(也称为块编辑器 Block Editor),用于以原理图和结构图的形式输入和编辑图形设计信息。**在图形编辑框的工作区(即右框空白区域)双击鼠标左键**,或选择菜单 Edit→Insert Symbol…,则弹出如图 2.3.25 所示的 Symbol 对话框。

从图 2.3.25 中左框(单元库区)中选择元件,其中 Project 库管理着设计者在该文件夹中创建的模块文件,而图 2.3.25 左框中第二项是 Altera 的基本图元和兆功能函数库。现在从 project 库中选取自定义的 check_fre_cnt.bsf,check_fre_ctrl.bsf,check_fre_reg.bsf 元件,同时还可以从 Altera 的基本图元 other -> maxplus2 库中选取 74 系列元件和其他基本逻辑元件,如图 2.3.26 所示,点击 OK 按钮依次将三个元件摆放在图形区中。

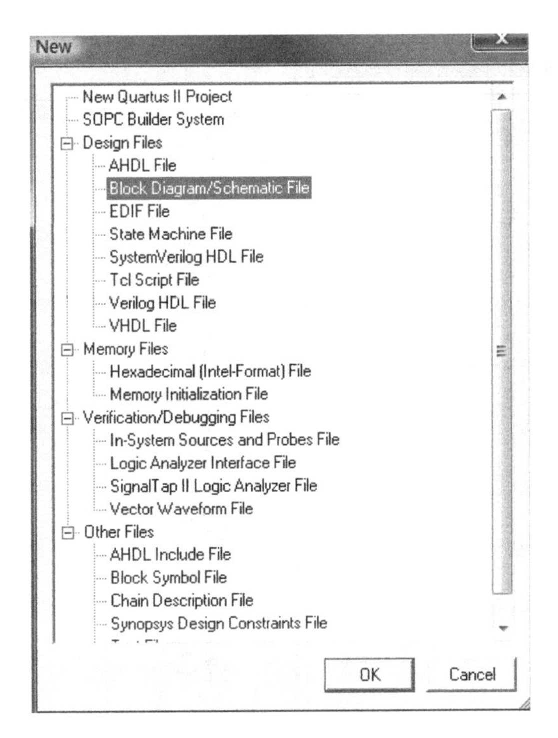


图 2.3.24　新建文件窗口

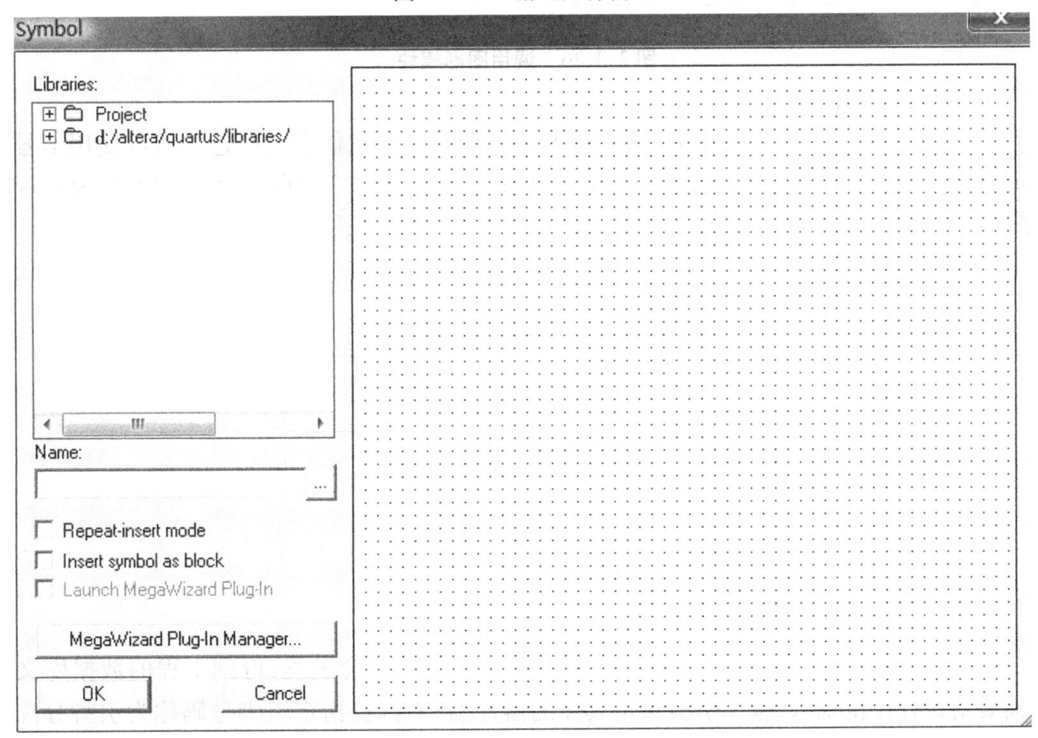


图 2.3.25　图形编辑框

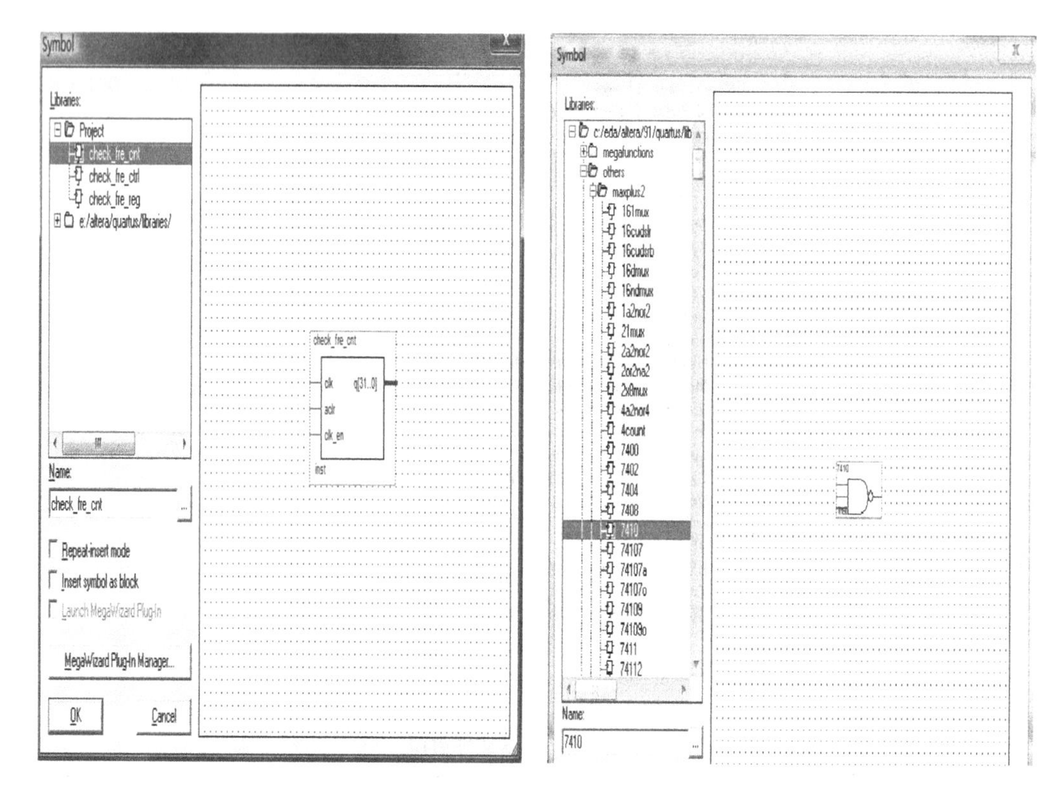


图 2.3.26　调用图形模块

**(3)绘制结构图**

将三个元件摆放在图形区中后,建立图形块间的连线。它们之间的连接可以使用信号线(Node Line),总线(Bus Line)或管道(Conduit Line),如图 2.3.27 所示,将文件保存为 check_fre_bdf. bdf 文件名,进行全编译,参考 2.3.2 节的操作,检查和改正错误。

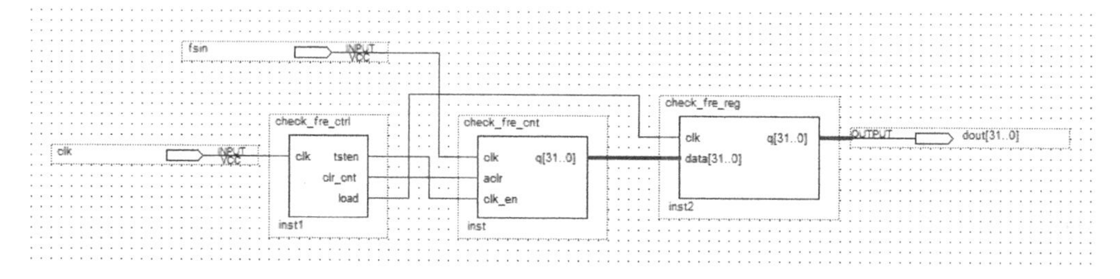


图 2.3.27　绘制原理图

## 2.3.4　引脚分配与编译

在前面选择好一个合适的目标器件,完成设计的分析综合过程,得到工程的数据库文件后,需要对设计中的输入、输出引脚指定具体的器件引脚号码,指定引脚号码称为引脚分配或引脚锁定。

**(1)在分配编辑器(Assignment Editor)中完成引脚分配**

在分配编辑器中完成引脚分配的操作步骤如下:

①选择 Assignments→pins 菜单命令,出现如图 2.3.28 所示的引脚分配界面。

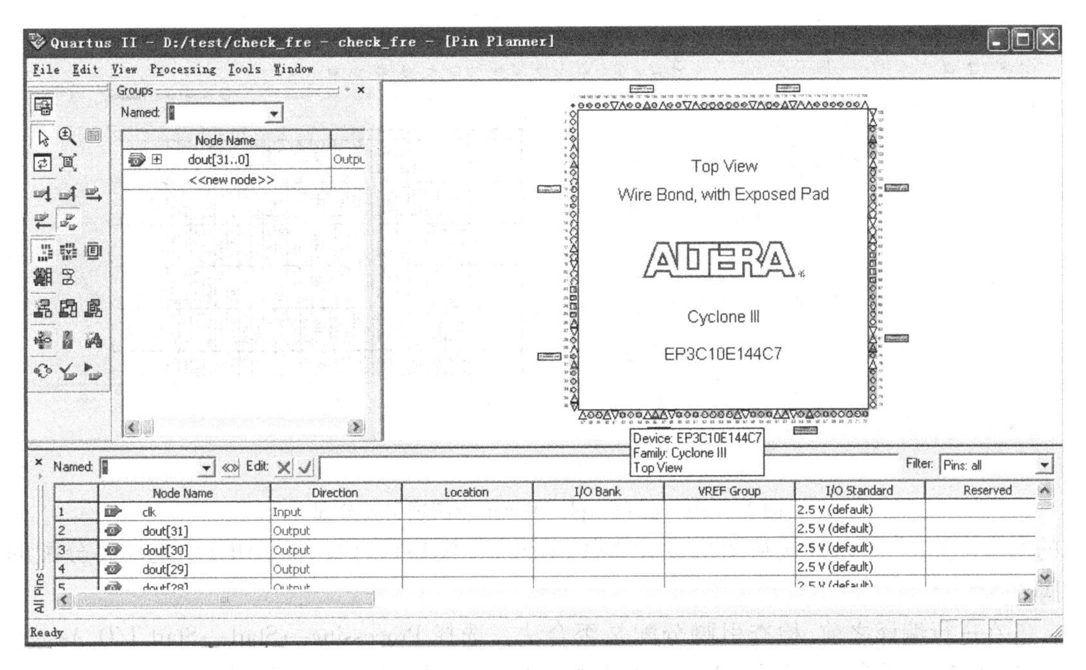

图 2.3.28　Assignment Editor 引脚分配界面

②在 Assignment Editor 的引脚分配界面中，用鼠标左键双击芯片引脚，将弹出包含引脚属性的下拉框，如图 2.3.29 所示，在 Node name 一栏，选取将要分配的引脚名字。

③重复步骤②，完成所有的引脚分配。

④关闭 Assignment Editor 界面，当提示保存分配时，选择“是”保存分配。

⑤在进行编译之前，检查引脚分配是否合法。选择 Processing→Start→Start I/O Assignment Analysis 菜单命令，当提示 I/O 分配分析成功时，点击 OK 按钮关闭提示。

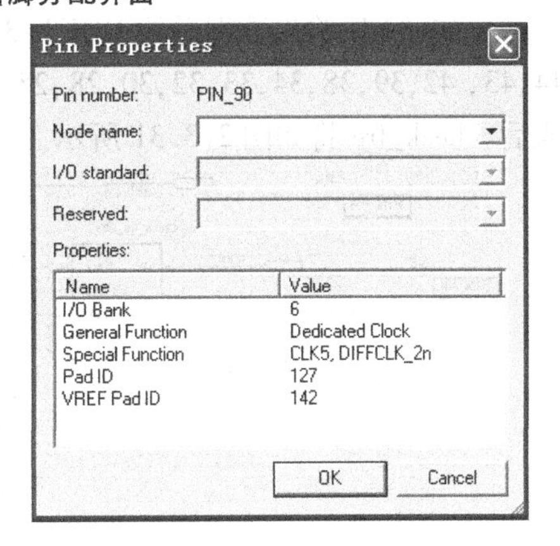

图 2.3.29　引脚属性框图

**(2)在底层图编辑器(Floorplan Editor)中完成引脚分配**

在底层图编辑器中完成引脚分配的操作步骤如下：

①选择 Assignments→Timing Closure Floorplan 菜单命令，将打开时序逼近(Timing Closure)底层图。在 Timing Closure 底层图界面，可以选择 View 菜单中的 Package Top、Package Bottom 或 Interior LABs、Interior Cells 选项，在封装与内部单元之间切换界面的显示方式。

②如果 Node Finder 窗口没有打开，选择 View →Utility Windows → Node Finder 菜单命令，打开 Node Finder 窗口。

③在 Node Finder 窗口的 Named 栏中输入要分配的引脚名或“ * ”，在 Filter 栏中选择 Pins：all 或 Pins：unassigned，点击 List 按钮，在 Nodes Found 栏中将显示所有或未分配的引脚名，如图 2.3.30 所示。

④从 Nodes Found 栏中选择要分配的引脚，用鼠标拖动到 Timing Closure Floorplan 界面相

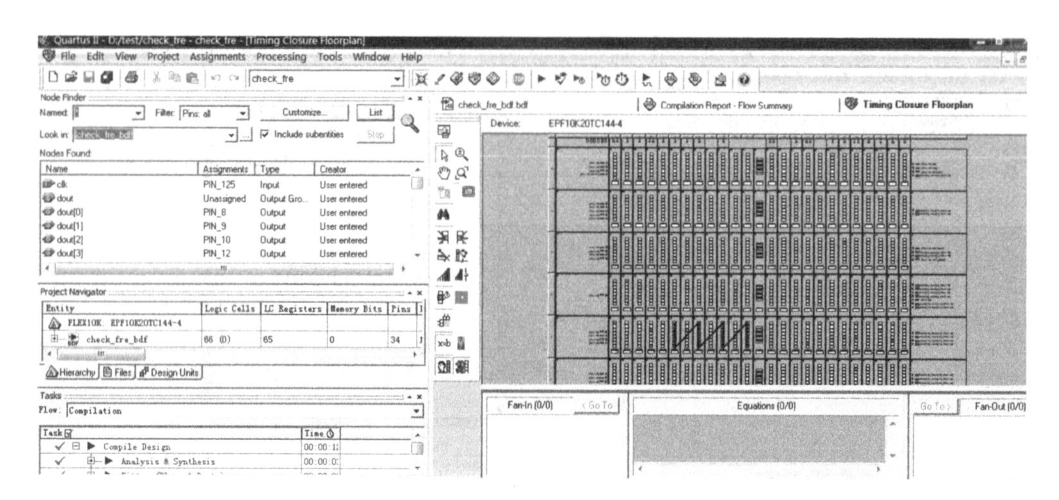

图 2.3.30　在 Floorplan Editor 中实现引脚分配

应的引脚位置,也可以直接从图形设计文件(GDF)或模块设计文件(BDF)中拖动要分配的引脚。

⑤在进行编译之前,检查引脚分配是否合法。选择 Processing→Start→Start I/O Assignment Analysis 菜单命令,当提示 I/O 分配分析成功时,点击 OK 按钮关闭提示。

比如:32 位输出数据总线 DOUT[31..0]:对应的引脚编号为:58,55,54,53,52,51,50,49,44,43, 42,39,38,34,33,32,30,28,25,24,23,22,13,12,11,10,8,6,4,3,2,1。当引脚配置完成后,check_fre 将如图 2.3.31 所示。

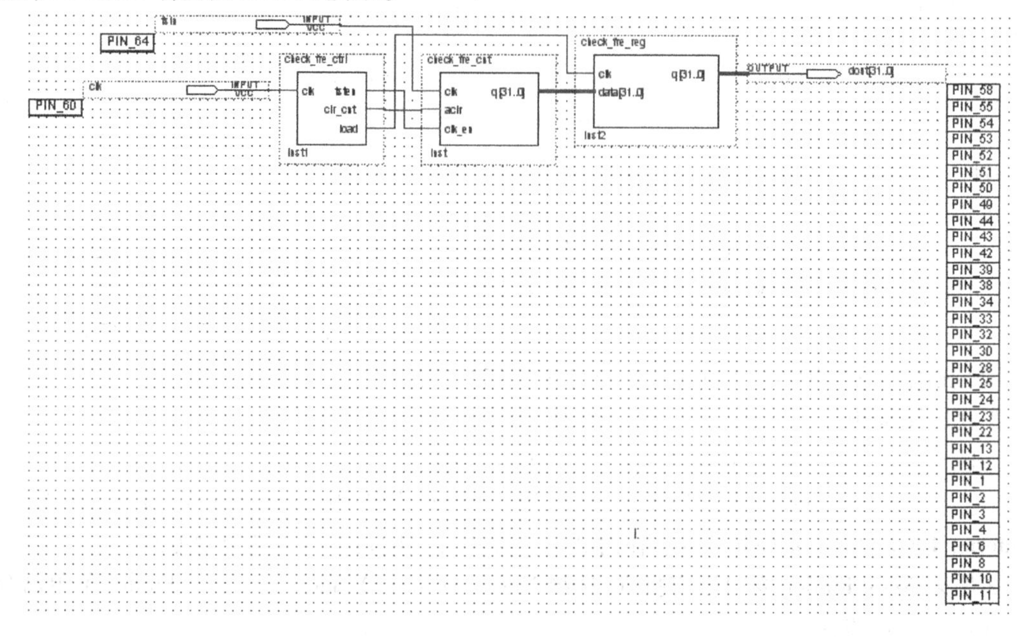

图 2.3.31　check_fre 原理图

将引脚锁定后再编译一次,把引脚信息一同编译到配置文件中,最后就可以把配置文件下载到目标器件中。具体步骤如下:

引脚锁定:假设现在已打开了 check_fre 工程(如果刚打开 Quartus Ⅱ,应在菜单 File 中选“Open Project”项,并点击工程文件“check_fre”,打开此前已开始设计的工程),在菜单 Assignments 中，选“Assignment Editor”项，弹出的对话框如图 2.3.32 所示。

图 2.3.32　选择引脚

为了将 DOUT[0]锁定在第 8 脚上，其方法是先点击"to…"框中的《new》项下拉选择 Node Finder，在 Node Finder 对话框中选择 List，在列出的引脚中选择“dout[0]”，然后鼠标左击 OK 选项，选中“dout [0]”后，然后点击“Assignment Name”，选中“Location”，接下来在“Value”中打出所选的引脚号。以同样方法可以将所有引脚信号锁定在对应的引脚上（见图 2.3.33），关闭对话框。

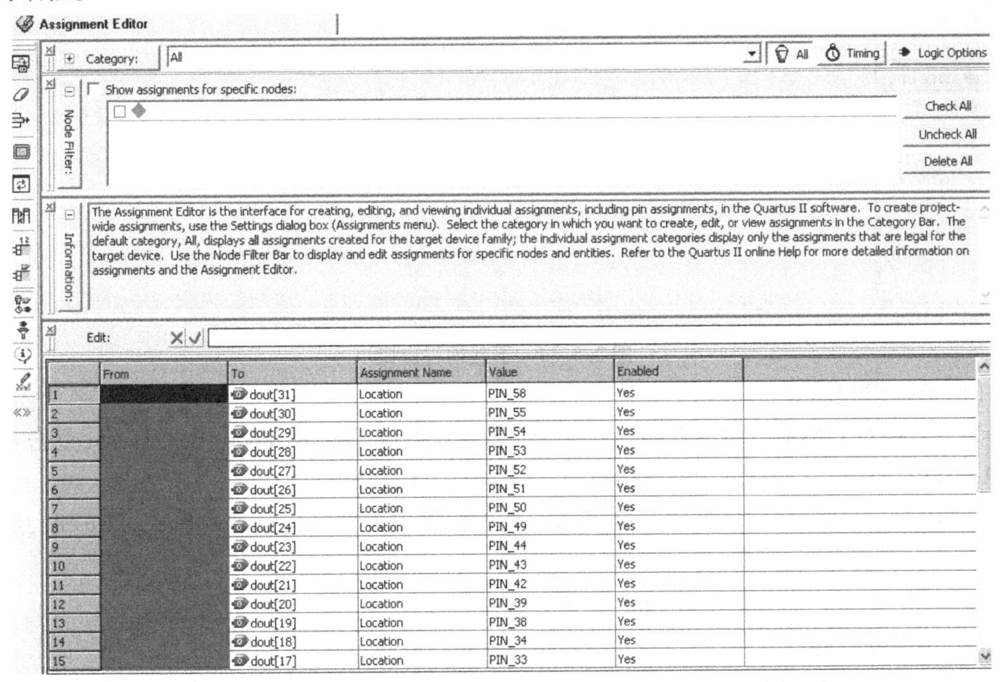

| | From | To | Assignment Name | Value | Enabled |
|---|---|---|---|---|---|
| 1 | | dout[31] | Location | PIN_58 | Yes |
| 2 | | dout[30] | Location | PIN_55 | Yes |
| 3 | | dout[29] | Location | PIN_54 | Yes |
| 4 | | dout[28] | Location | PIN_53 | Yes |
| 5 | | dout[27] | Location | PIN_52 | Yes |
| 6 | | dout[26] | Location | PIN_51 | Yes |
| 7 | | dout[25] | Location | PIN_50 | Yes |
| 8 | | dout[24] | Location | PIN_49 | Yes |
| 9 | | dout[23] | Location | PIN_44 | Yes |
| 10 | | dout[22] | Location | PIN_43 | Yes |
| 11 | | dout[21] | Location | PIN_42 | Yes |
| 12 | | dout[20] | Location | PIN_39 | Yes |
| 13 | | dout[19] | Location | PIN_38 | Yes |
| 14 | | dout[18] | Location | PIN_34 | Yes |
| 15 | | dout[17] | Location | PIN_33 | Yes |

图 2.3.33　锁定引脚

**(3)启动编译**

引脚锁定后，必须再编译一次（Processing→Start Compilation），将引脚锁定信息编译进文件中，按照2.3.2节所描述的可以再进行整个结构图的编译和仿真。

### 2.3.5 器件编程

Quartus Ⅱ软件编程器具有4种编程模式：

- 被动串行模式(Passive Serial mode)；
- JTAG模式；
- 主动串行编程模式(Active Serial Programming mode)；
- 套接字内编程模式(In-Socket Programming mode)。

被动串行模式和JTAG模式可对单个或多个器件进行编程；主动串行编程模式用于单个EPCS4串行配置器件进行编程；套接字内编程模式用于在Altera编程单元(APU)中对单个CPLD器件进行编程和测试。

首先将系统连接好，上电，然后在菜单Tool中，选择"Programmer"，于是弹出如图2.3.34所示的编程窗。

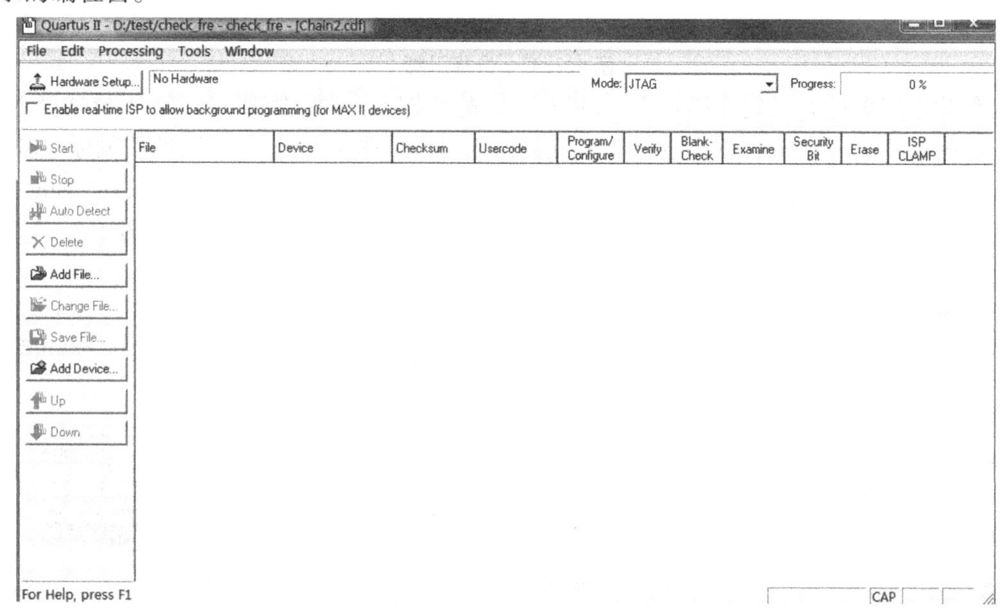


图2.3.34 下载编程窗口

**(1)选择编程模式**

为了直接对FPGA EP3C10E进行配置，在编程窗的编程模式Mode中选JTAG，点击左侧的"Add File"按钮，选择配置文件"Freqtest. sof"，最后点击"Start"。

当"Progress"显示出100%以及在底部的处理栏中出现"Configuration Succeeded"时，编程成功。

注意：如果必要可再次点击"Start"，直至编程成功。

**(2)选择编程器**

在图2.3.34所示的编程窗中，选"Hardware Setup"按钮可设置下载接口的方式，弹出Hardware Setup窗口，如图2.3.35所示。

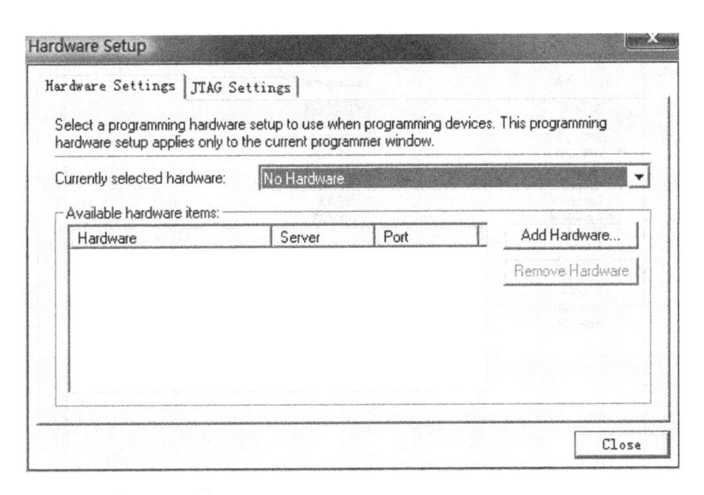


图2.3.35 选择下载硬件模式

**(3)对配置器件编程**

如果要对工程目标器件EP3C10E144C7的配置器件EPCS4进行编程,可选择具有EP3C10E144C7芯片的开发板,并作好跳线设置和选择开发板上的AS编程接口,编程文件选用"check_fre.pof",下载模式选"AS",并分别对文件名右侧的"Progam/Configure""Verify"和"Blank-Check"条目下的小方块打勾,点击"Start"后,即可对EPCS4进行编程。但是某些开发板没有AS接口,因此不能用AS口对EPCS4进行编程,而必须借用JTAG口对EPCS进行间接编程。

为了实现对EPCS的间接编程,首先要将SOF文件转换为JIC文件后再通过JTAG方式烧写,由于LB0实验板没有设计独立的AS接口,故只有通过后者进行烧写。有关EPSC4的其他方面应用详细信息可以访问Altera官方网站查阅相关文档。

1)将SOF文件转化为JIC间接编程文件

在File中点击Convert Programming Files,在弹出窗口中进行以下操作:

- 在Programming file type栏中选择为:JTAG Indirect Configuration File(.jic)。
- 在Configuration device栏中选择配置器件型号:EPCS4。
- 在File name栏键入输出文件名:check_fre.jic。
- 点击Input files to convert栏的Flash Loader。
- 在Input files to convert栏的右侧点击Add Device按钮,此时将弹出器件选择对话框如图2.3.36所示,在其中选择系列和器件型号。这里选择Cyclone Ⅲ的EP3C10后点击OK按钮确定。
- 再点击Input files to convert栏的SOF Data后在右侧单击Add File按钮,在弹出的文件选择对话框中选择SOF文件check_fre.sof。
- 最后点击Generate按钮即可生成编程文件check_fre.jic。

2)下载间接编程文件

在编程器Programmer中选择JTAG模式,添加JTAG间接编程文件check_rfre.jic如图2.3.37所示,并分别对文件名右侧的"Progam/Configure" "Verify"和"Blank-Check"条目下的小方块打勾,点击"Start"后,即可对EPCS4进行编程。

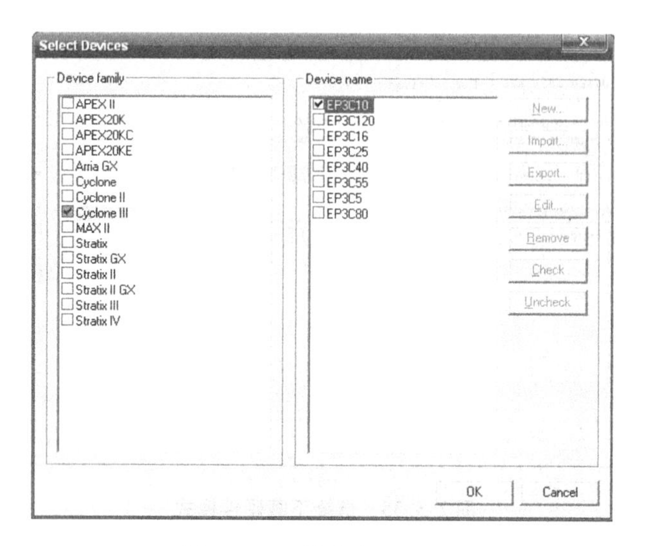


图 2.3.36 **器件选择对话框**

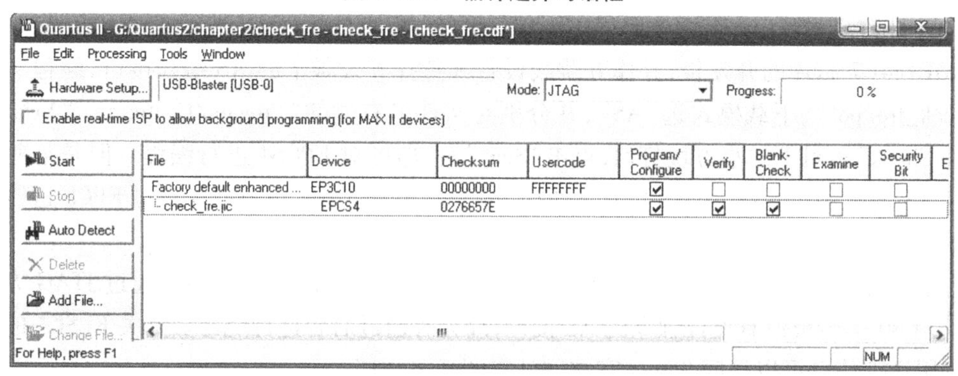


图 2.3.37 **配置器件间接编程**

**(4)保存编程信息**

编程完毕后，如果希望将此次设置的所有结果保存起来，以便能够很快调出进行编程，可以点击“Save as”，将弹出文件存储窗，在这里可以将所有编程和配置条件与文件的信息都存在 Chain Description File(.cdf)文件中(check_fre.cdf)，以后编程只要打开此文件就可以了。

## 2.4 SignalTap Ⅱ 嵌入式逻辑分析仪的使用

随着 FPGA 设计任务复杂性的不断提高，FPGA 设计调试工作的难度也越来越大，在设计验证中投入的时间和花费也会不断增加。为了能让产品更快投入市场，设计者必须尽可能减少设计验证时间，这就需要一套功能强大且容易使用的验证工具。Altera SignalTap Ⅱ 逻辑分析仪可以用来对 Altera FPGA 内部信号状态进行评估，帮助设计者很快发现设计中存在的问题及原因。

Quartus Ⅱ 软件中的 SignalTap Ⅱ 逻辑分析仪是非插入式的，可升级，易于操作且对 Quartus Ⅱ 用户免费。SignalTap Ⅱ 逻辑分析仪允许设计者在设计中用探针的方式探查内部信号状态，帮助设计者调试 FPGA 设计。

SignalTap Ⅱ逻辑分析仪支持下面的器件系列：Stratix Ⅱ，Stratix，Stratix GX，Cyclone Ⅱ，Cyclone，APEX Ⅱ，APEX20KE，APEX20KC，APEX20K，Excalibur 和 Mercury。

### 2.4.1 在设计中嵌入 SignalTap Ⅱ逻辑分析仪

在设计中嵌入 SignalTap Ⅱ逻辑分析仪有两种方法：第一种方法是建立一个 SignalTap Ⅱ文件(.stp)，然后定义 STP 文件的详细内容；第二种方法是用 MegaWizard Plug-In Manager 建立并配置 STP 文件，然后用 MegaWizard 实例化一个 HDL 输出模块。图 2.4.1 给出用这两种方法建立和使用 SignalTap Ⅱ逻辑分析仪的过程。

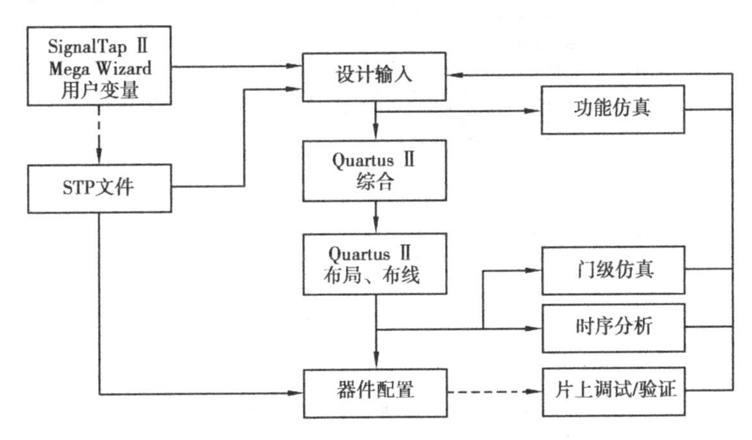


图 2.4.1 SignalTap Ⅱ操作流程

**(1)方法一：使用 STP 文件建立嵌入式逻辑分析仪**

1)创建 STP 文件

STP 文件包括 SignalTap Ⅱ逻辑分析仪设置部分和捕获数据的查看、分析部分。创建 STP 文件时需要注意两个问题：

第一，由于 SignalTap Ⅱ逻辑分析仪不能嵌入到 FLEX10k 系列的 FPGA 芯片中，所以在创建 STP 文件之前必须选择以下系列芯片：Stratix Ⅱ，Stratix，Stratix GX，Cyclone Ⅱ，Cyclone，APEX Ⅱ，APEX20KE，APEX20KC，APEX20K，Excalibur 和 Mercury。此处选用 Cyclone 系列的 EP1C20F400C7 型号，以下所进行的实例和测试均使用该芯片，同时用 SignalTap Ⅱ逻辑分析仪必须是硬件下载和物理调试，只靠软件仿真调试无法实现。

第二，设计中所用实例为 check_fre_ctrl.vhd 文件，信号端口为 clk，tsten，clr_cnt，load，而内部信号 div2clk 无法直接观察，所以可以通过逻辑分析仪测试 div2clk。

创建一个 STP 文件的步骤如下：

①在 Qaurtus Ⅱ软件中，选择 File → New 命令。

②在弹出的 New 对话框中，选择 Verification/Debugging Files 标签页，从中选择 SignalTap Ⅱ Logic Analyzer File，如图 2.4.2 所示。

③点击 OK 按钮确定，一个新的 SignalTap Ⅱ窗口，如图 2.4.3 所示。

上面的操作也可以通过 Tools → SignalTap Ⅱ Logic Analyzer 命令完成，这种方法也可以用来打开一个已经存在的 STP 文件。

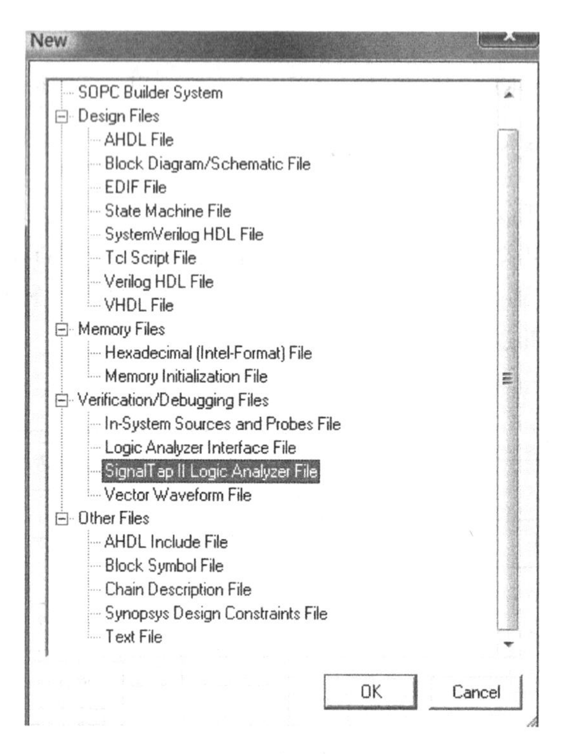


图 2.4.2　新建一个 STP 文件

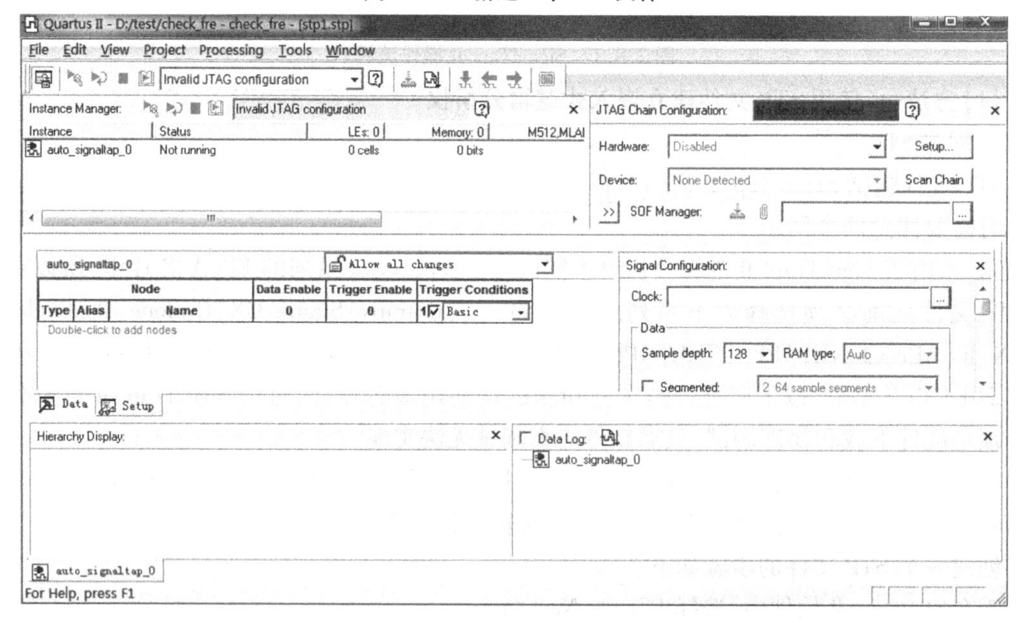


图 2.4.3　SignalTap Ⅱ 窗口

2）设置采集时钟

在使用 SignalTap Ⅱ逻辑分析仪进行数据采集之前，首先应该设置采集时钟。采集时钟在上升沿处采集数据。设计者可以使用设计中的任意信号作为采集时钟，但 Altera 建议最好使用全局时钟，而不要使用门控时钟。使用门控时钟作为采集时钟，有时会得到不能准确反映设计的数据状态。Quartus Ⅱ时序分析结果给出设计的最大采集时钟频率。设置 SignalTap Ⅱ采集时钟的步骤如下：

①在 SignalTap Ⅱ逻辑分析仪窗口选择 Setup 标签页。

②点击 Clock 栏后面的 Browse Node Finder 按钮，打开 Node Finder 对话框。

③在 NodeFinder 对话框中，选择 Filter 列表中 SignalTap Ⅱ：pre-synthesis。

④在 Named 框中，输入作为采样时钟的信号名称；或点击 List 按钮，在 Nodes Found 列表中选择作为采集时钟的信号。

⑤点击 OK 确定。

⑥在 SignalTap Ⅱ窗口中，设置作为采样时钟的信号显示在 Clock 栏中。

用户如果在 SignalTap Ⅱ窗口中没有分配采集时钟，Quartus Ⅱ软件会自动建立一个名为 auto_stp_external_clk 的时钟引脚。在设计中用户必须为这个引脚单独分配一个器件引脚，在用户的印刷电路板(PCB)上必须有一个外部时钟信号驱动该引脚。

3)在 STP 文件中分配信号

在 STP 文件中，可以分配下面两种类型的信号：

①Pre-synthesis：该信号在对设计进行 Analysis&Elaboration 操作以后存在，这些信号表示寄存器传输级(RTL)信号。

在 SignalTap Ⅱ中要分配 Pre-synthesis 信号，应选择 Processing → Start Analysis & Elaboration 命令。对设计进行修改以后，如果要在物理综合之前加入一个新的节点名，使用这项操作特别有用。

②Post-fitting：该信号在对设计进行物理综合优化以及布局、布线操作后存在。

4)分配数据信号

分配数据信号步骤如下：

①首先完成设计的 Analysis&Elaboration 或 Analysis&Synthesis，或全编译过程。

②在 SignalTap Ⅱ逻辑分析仪窗口，点击 Setup 标签页。

③在 STP 窗口的 Setup 标签页中双击鼠标左键，弹出 Node Finder 对话框。

④在 Node Finder 对话框的 Filter 列表中选择 SignalTap Ⅱ：pre-synthesis 或 SignalTap Ⅱ：Post-fitting。

⑤在 Named 框中输入节点名、部分节点名或通配符，点击 List 按钮查找节点。

⑥在 Nodes Found 列表中选择要加入 STP 文件中的节点或总线。

⑦点击“ > ”按钮将选择的节点或总线拷贝到 Selected Nodes 列表中。

⑧点击 OK 按钮，将选择的节点或总线插入 STP 文件，如图 2.4.4 所示。

5)逻辑分析仪触发控制

逻辑分析仪触发控制包括设置触发类型和触发级数。

①触发类型选择 Basic。如果触发类型选择 Basic，在 STP 文件中必须为每个信号设置触发模式(Trigger Pattern)。SignalTap Ⅱ逻辑分析仪中的触发模式包括：Don't Care(无关项触发)，Low(低电平触发)，High(高电平触发)，Falling Edge(下降沿触发)，Rising Edge(上升沿触发)以及 Either Edge(双沿触发)。

当选定触发级数的所有信号的“逻辑与”结果为 TRUE 时，SignalTap Ⅱ逻辑分析仪开始捕捉数据，如图 2.4.5 所示。

②触发类型选择 Advanced。如果触发类型选择 Advanced，则设计者必须为逻辑分析仪建

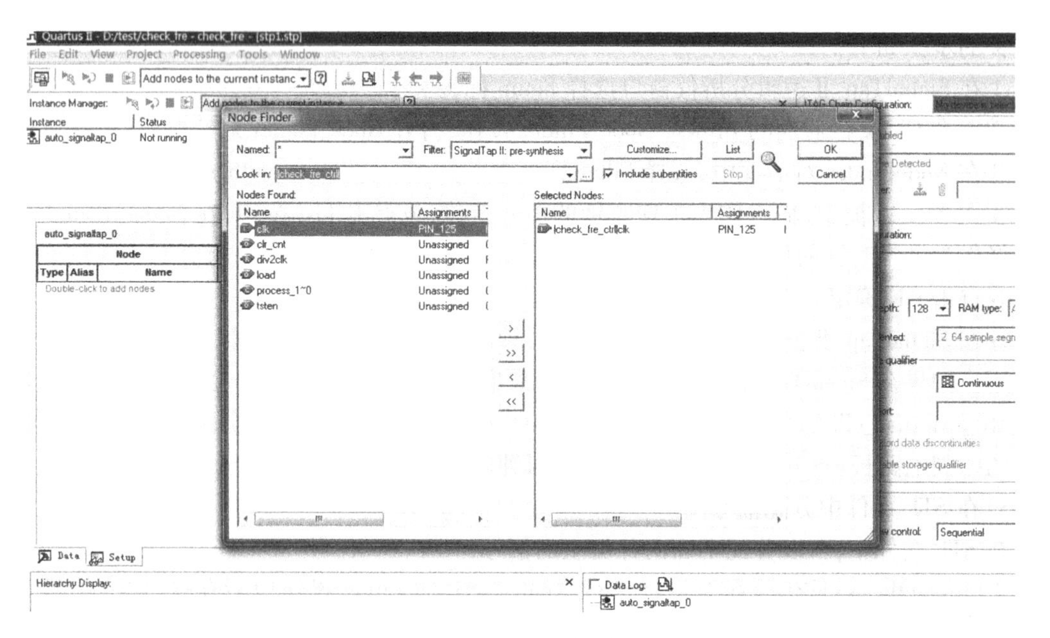


图 2.4.4　分配数据信号

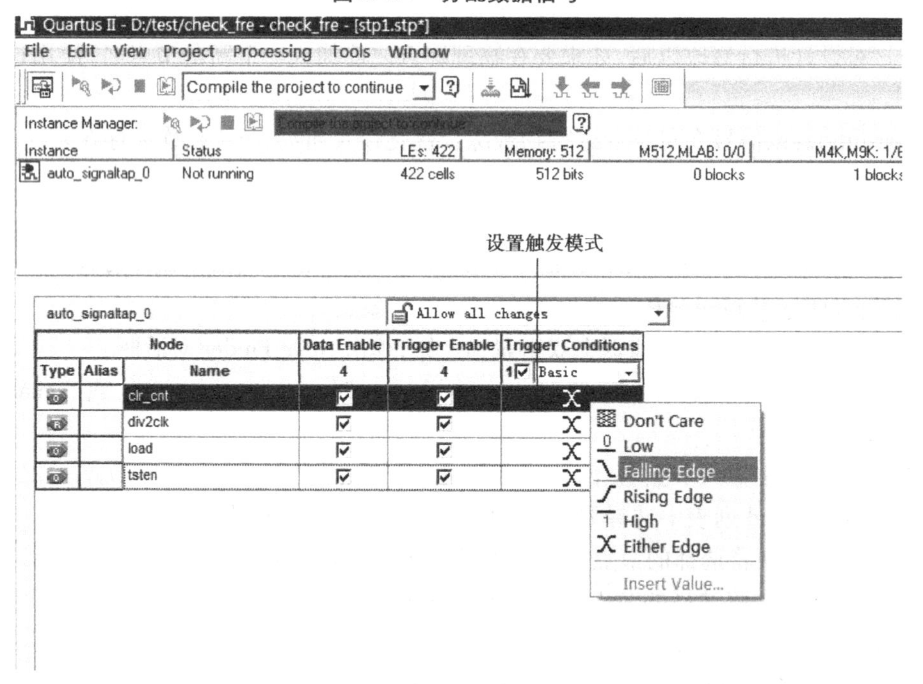


图 2.4.5　设置触发模式

立触发条件表达式。一个逻辑分析仪最重要的特点就是它的触发能力。如果不能很好地为数据捕获建立相应的触发条件,逻辑分析仪就可能无法帮助设计者调试设计。

在 SignalTap Ⅱ逻辑分析仪中,使用如图 2.4.6 所示的高级触发条件编辑器(Advanced Trigger Condition Editor),用户可以在简单的图形界面中建立非常复杂的触发条件。设计者只需要将运算符拖动到触发条件编辑器窗口中,即可建立复杂的触发条件。

③触发级数选择。SignalTap Ⅱ逻辑分析仪的多级触发特性为设计者提供了更精确的触

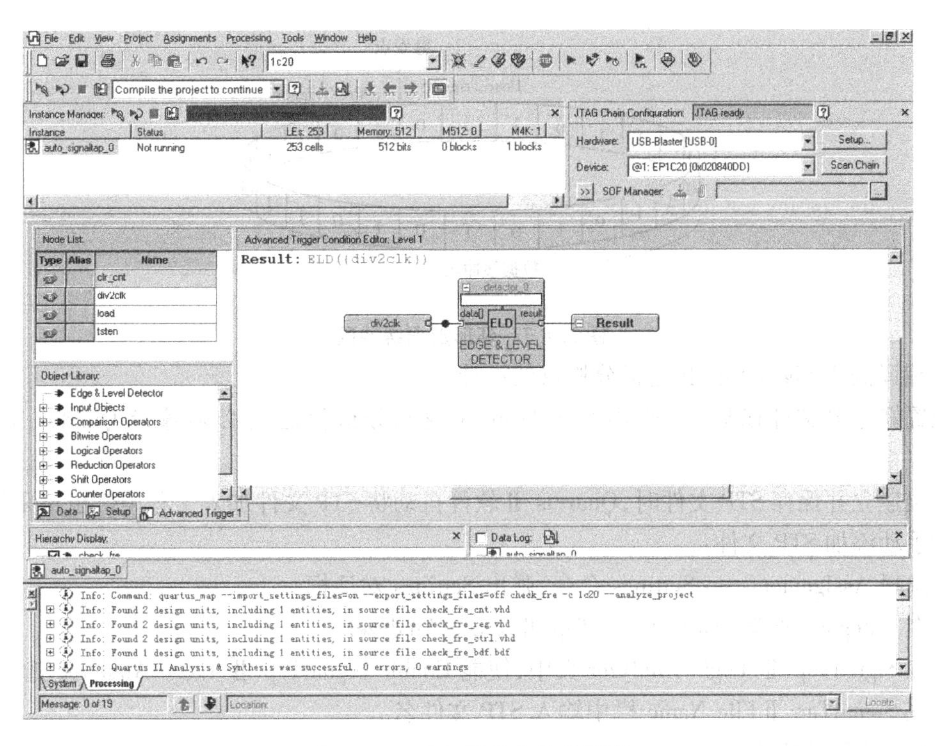


图 2.4.6　**高级触发条件编辑器**

发条件设置功能。在多级触发中，SignalTap Ⅱ逻辑分析仪首先对第一级触发模式进行触发；当第一级触发表达式满足条件，测试结果为 TRUE 时，SignalTap Ⅱ逻辑分析仪对第二级触发表达式进行测试；依次类推，直到所有触发级完成测试，并且最后一级触发条件测试结果为 TRUE 时，SignalTap Ⅱ逻辑分析仪开始捕获信号状态。

在图 2.4.3 的触发级数选择列表中选择触发级数，SignalTap Ⅱ逻辑分析仪最大可以选择触发级数为 10 级。

6）指定采样点数及触发位置

在触发事件开始之前，用户可以指定要观测数据的采样点数，即数据存储深度，以及触发事件发生前后的采样点数。

在 STP 文件窗口的 Data 栏中，在 Sample depth 列表中可以选择逻辑分析仪的采样点数；在 Buffer acquisition mode 栏中，在 Circular 列表中可以选择超前触发数据和延时触发数据之间的比例，其中：

①Pre trigger position：保存触发信号发生之前的信号状态信息（88% 触发前数据，12% 触发后数据）。

②Center trigger position：保存触发信号发生前后的数据信息，各占 50%。

③Post trigger position：保存触发信号发生之后的信号状态信息（12% 触发前数据，88% 触发后数据）。

④Continuous trigger position：连续保存触发采样数据，直到设计者停止采集数据为止。

触发位置设置允许用户指定 SignalTap Ⅱ逻辑分析仪在触发信号发生前后需要捕获的采样点数。采集数据被放置在一个环形数据缓冲区中。在数据采集过程中，新的数据可以替代旧的数据，如图 2.4.7 所示。这个环形数据缓冲区的大小等于用户设置的数据存储深度。

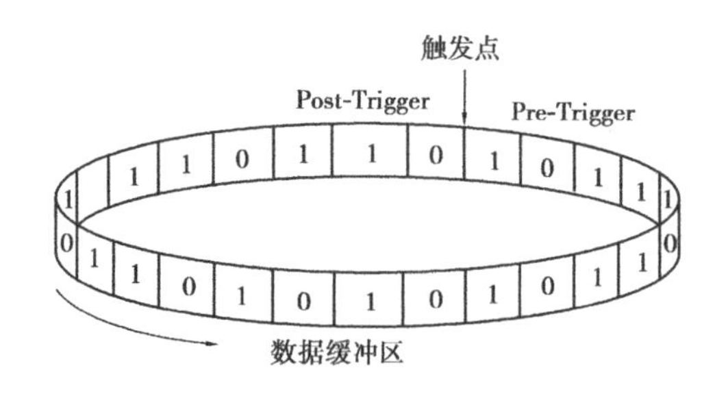


图 2.4.7　环形数据缓冲区

7）编译嵌入 SignalTap Ⅱ逻辑分析仪的设计

配置好 STP 文件以后，在使用 SignalTap Ⅱ逻辑分析仪之前必须编译 Quartus Ⅱ 设计工程。

首次建立并保存 STP 文件时，Quartus Ⅱ软件自动将 STP 文件加入工程中。也可采用下面的步骤手动添加 STP 文件：

①选择 Assignments → Settings 命令，弹出 Settings 对话框。

②在 Category 列表中选择 SignalTap Ⅱ Logic Analyzer。

③在 SignalTap Ⅱ Logic Analyzer 页中，使能 Enable SignalTap Ⅱ Logic Analyzer 选项。

④在 SignalTap Ⅱ File Name 栏中输入 STP 文件名。

⑤点击 OK 按钮确认。

⑥选择 Processing → Start Compilation 命令开始编译。

**（2）方法二：用 MegaWizard Plug-In Manager 建立嵌入式逻辑分析仪**

使用 MegaWizard Plug-In Manager 建立 SignalTap Ⅱ逻辑分析仪不需要建立 STP 文件。MegaWizard Plug-In Manager 生成一个可以在设计中实例化的 HDL 文件。

1）建立 SignalTap Ⅱ逻辑分析仪的 HDL 描述

在 Quartus Ⅱ软件中，执行 SignalTap Ⅱ兆函数（Megafunction）可以很容易地使用 MegaWizard Plug-In Manager 建立 SignalTap Ⅱ逻辑分析仪。步骤如下：

①在 Quartus Ⅱ软件中选择 Tools → MegaWizard Plug-In Manager 命令。

②在弹出的 MegaWizard Plug-In Manager 对话框中选择 Create a new custom megafunction variation 项。

③点击 Next 按钮。

④在弹出的对话框中选择 SignalTap Ⅱ Logic Analyzer，并选择输出文件类型，输入 SignalTap Ⅱ兆函数名，如图 2.4.8 所示。

⑤点击 Next 按钮。

⑥在弹出的下一个对话框中，指定逻辑分析仪的采样深度（Sample depth）、存储器类型（RAM type）、数据输入端口宽度（Dara input port width）、触发输入端口宽度（Trigger input port width）以及触发级数（Trigger levels），如图 2.4.9 所示。

⑦点击 Next 按钮。

⑧通过选择 Basic 或 Advanced 设置每一级触发选项，如图 2.4.10 所示。

⑨点击 Finish 按钮，完成建立 SignalTap Ⅱ逻辑分析仪 HDL 描述的过程。

如果在第⑧步中选择了 Advanced，将弹出如图 2.4.6 所示的高级触发条件编辑器界面。

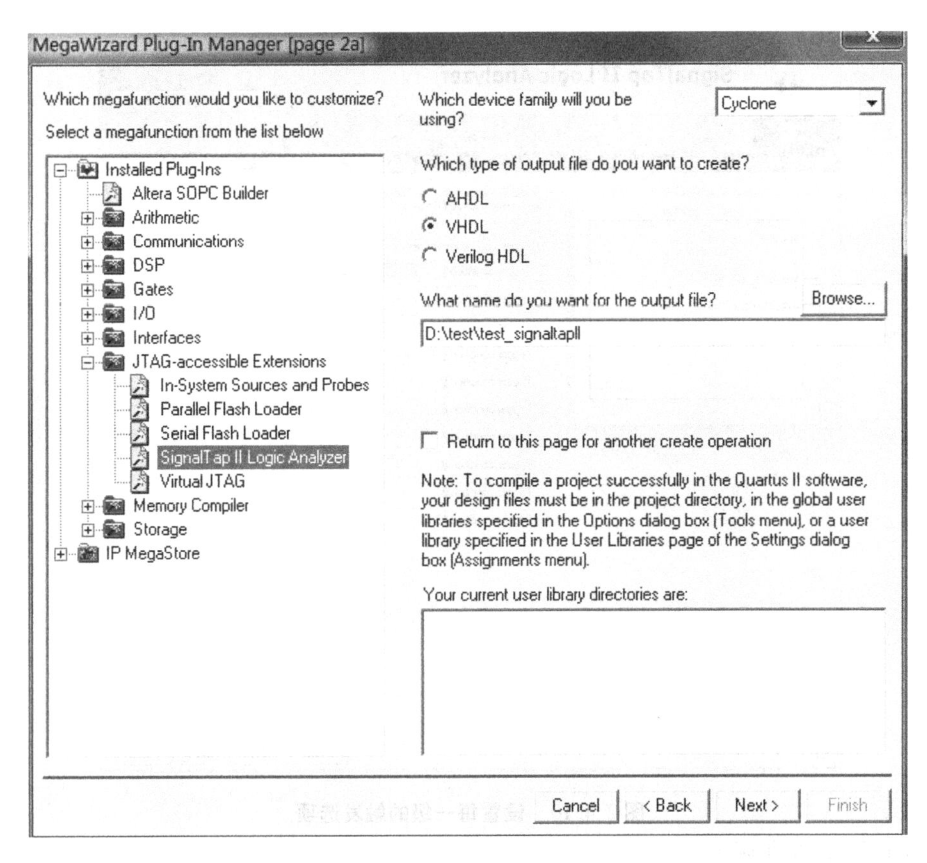


图 2.4.8　建立 SignalTap Ⅱ 逻辑分析仪

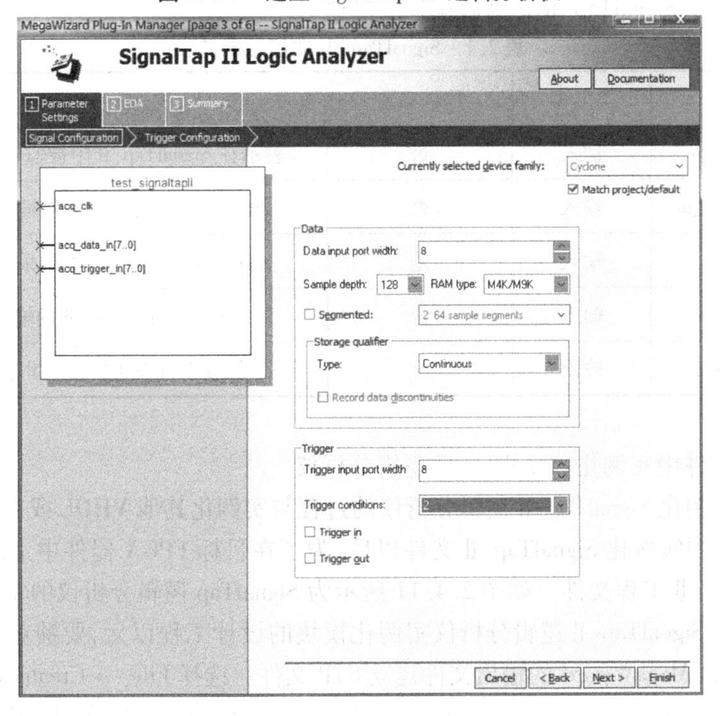


图 2.4.9　设置逻辑分析仪参数

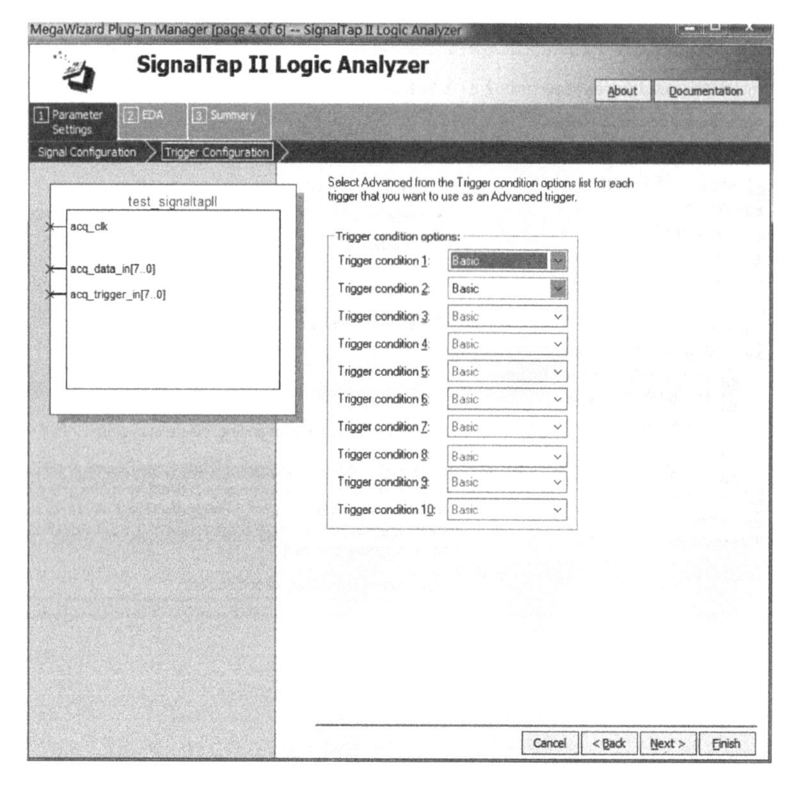


图 2.4.10 **设置每一级的触发选项**

2) SignalTap Ⅱ兆函数端口

表 2.1 给出了 SignalTap Ⅱ兆函数端口的描述。

表 2.1 SignalTap Ⅱ **兆函数端口**

| 端口名 | 类　型 | 是否必要 | 描　述 |
|---|---|---|---|
| Acq_data_in | 输入 | 否 | 表示在 SignalTap Ⅱ中被监听的信号 |
| Acq_trigger_in | 输入 | 否 | 用于触发分析仪的触发输入信号 |
| Acq_clk | 输入 | 是 | SignalTap Ⅱ捕获数据的采样时钟 |
| Trigger_in | 输入 | 否 | 用于触发 SignalTap Ⅱ的输入信号 |
| Trigger_out | 输出 | 否 | 触发事件发生使能输出信号 |

3) 在设计文件中实例化 SignalTap Ⅱ逻辑分析仪

在设计中实例化 SignalTap Ⅱ逻辑分析仪的过程与实例化其他 VHDL 或 Vedlog HDL 兆函数相同。在设计中实例化 SignalTap Ⅱ文件以后，为了在目标 FPGA 器件中适配逻辑分析仪，必须编译 Quartus Ⅱ工程文件。如图 2.4.11 所示为 SignalTap 逻辑分析仪的实例化结果。

编译完加入 SignalTap Ⅱ逻辑分析仪实例化模块的设计工程以后，要捕获并观测数据，必须从 SignalTap Ⅱ MegaWizard 的输出文件建立 STP 文件。选择 File → Create/Update Menu → Create SignalTap Ⅱ File from Design Instance(s) 命令，输入 STP 文件名，则根据 SignalTap Ⅱ MegaWizard 中的设置自动建立并打开 STP 文件。

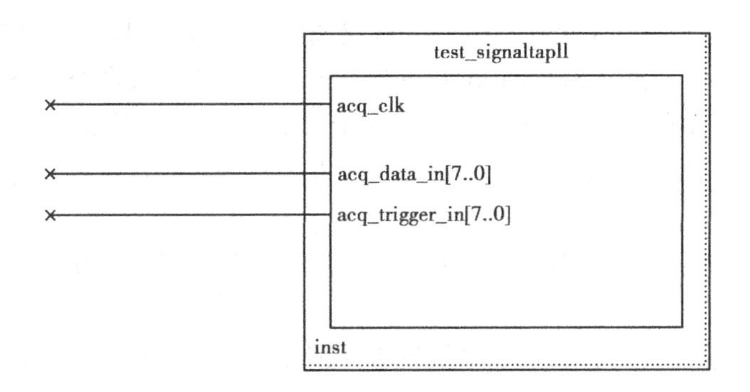


图 2.4.11　SignalTap Ⅱ逻辑分析仪实例化结果

### 2.4.2　SignalTap Ⅱ分析器件编程

在设计中嵌入 SignalTal Ⅱ逻辑分析仪并编译完成以后,打开 STP 文件,完成嵌入 SignalTap Ⅱ逻辑分析仪器件编程的步骤如下:

①在 STP 文件中,在 JTAG Chain 设置部分选择嵌入 SignalTap Ⅱ逻辑分析仪的 SRAM 对象文件(.sof)。

②点击 Scan Chain 按钮。

③在 Device 列表中选择目标器件。

④点击 ProgramDevice 图标进行器件编程,如图 2.4.12 所示。

图 2.4.12　SignalTap Ⅱ逻辑分析仪编程

### 2.4.3　查看 SignalTap Ⅱ采样数据

在 SiganlTap Ⅱ窗口中,选择 Run Analysis 或 AutoRun Analysis 按钮启动 SignalTap Ⅱ逻辑分析仪。当触发条件满足时,SignalTap Ⅱ逻辑分析仪开始捕获数据。

SignalTap Ⅱ工具条上有4个执行逻辑分析仪选项,如图2.4.12左上角所示,其中:

- Run Analysis:单步执行SignalTap Ⅱ逻辑分析仪。即执行该命令后,SignalTap Ⅱ逻辑分析仪等待触发事件,当触发事件发生时开始采集数据,然后停止。
- AutoRun Analysis:执行该命令后,SignalTap Ⅱ逻辑分析仪连续捕获数据,直到用户按下Stop Analysis为止。
- Stop Analysis:停止SignalTap Ⅱ分析。如果触发事件还没有发生,则没有接收数据显示出来。
- ReadData:显示捕获的数据。如果触发事件还没有发生,用户可以点击该按钮查看当前捕获的数据。

SignalTap Ⅱ逻辑分析仪自动将采集数据显示在SignalTap Ⅱ界面的Data标签页中,如图2.4.13所示。

注意:采集到的是实际波形,可以与软件时序仿真波形作对比测试,此处用的时钟频率为50 MHz。

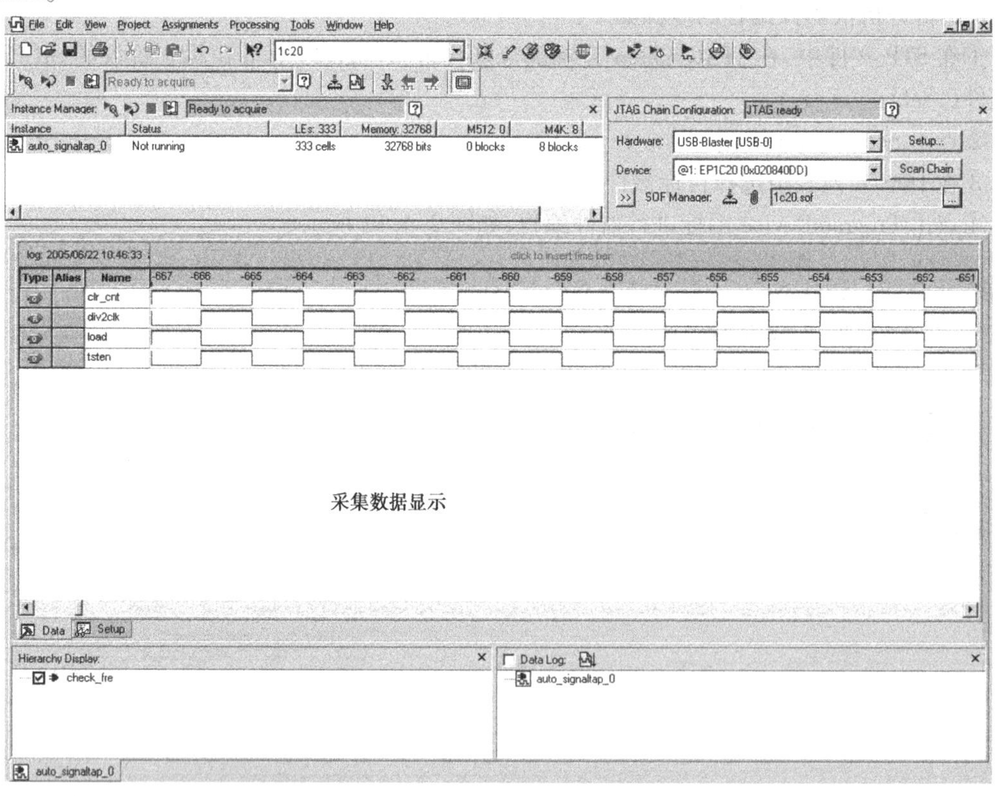


图2.4.13 SignalTap Ⅱ逻辑分析仪采集数据

关于Quartus Ⅱ软件的详尽使用可以参考Altera公司的Quartus Ⅱ Handbook。

# 第3章 Nios Ⅱ嵌入式系统开发向导

本章主要介绍 Nios Ⅱ嵌入式系统的开发流程，以及开发过程中工具软件的使用，包括 Quartus Ⅱ软件中用于搭建基于 Nios Ⅱ嵌入式系统的硬件系统，即 SOPC 系统的 SOPC Builder 工具的基本操作步骤和 Nios Ⅱ嵌入式系统软件开发环境 Nios Ⅱ IDE 软件的基本操作步骤。

## 3.1 Nios Ⅱ嵌入式系统的开发流程

一个完整的 Nios Ⅱ嵌入式系统的开发流程如图 3.1.1 所示。本书将通过 3.2 节和 3.3 节帮助 Nios Ⅱ嵌入式系统开发的初学者快速地学习相关开发工具的使用。

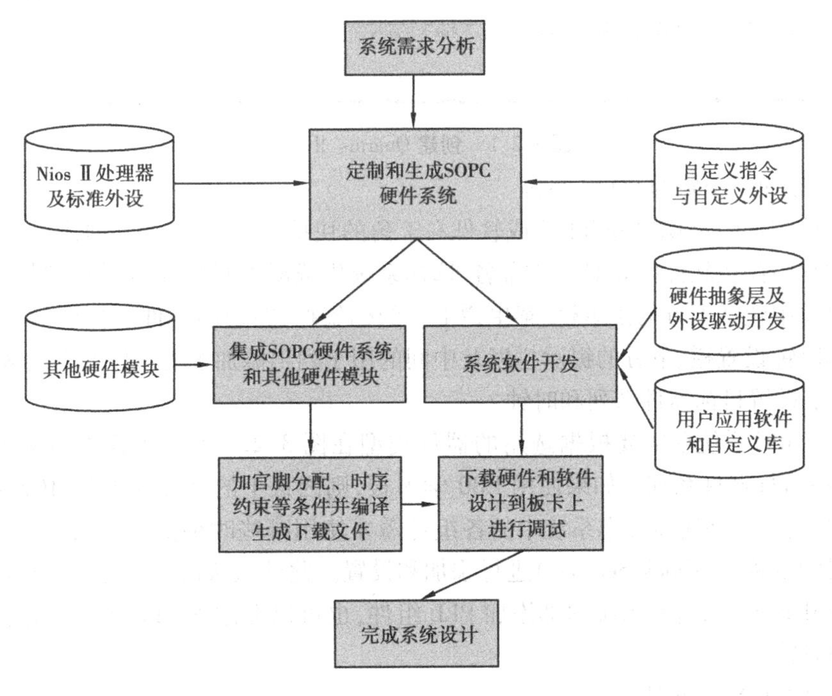


图 3.1.1 Nios Ⅱ嵌入式系统开发流程

## 3.2 Nios Ⅱ嵌入式系统硬件开发

Nios Ⅱ嵌入式系统硬件开发包括使用Quartus Ⅱ软件中的SOPC Builder工具进行SOPC系统定制和其他普通FPGA硬件模块设计。SOPC系统定制过程即用户根据系统需要定制合适的CPU和外设的过程。Nios Ⅱ嵌入式系统具有不同于其他通用CPU的可裁剪特性。Nios Ⅱ嵌入式系统硬件开发基本步骤如下:

步骤一:创建Quartus Ⅱ工程。

创建Quartus Ⅱ工程得到如图3.2.1所示界面。

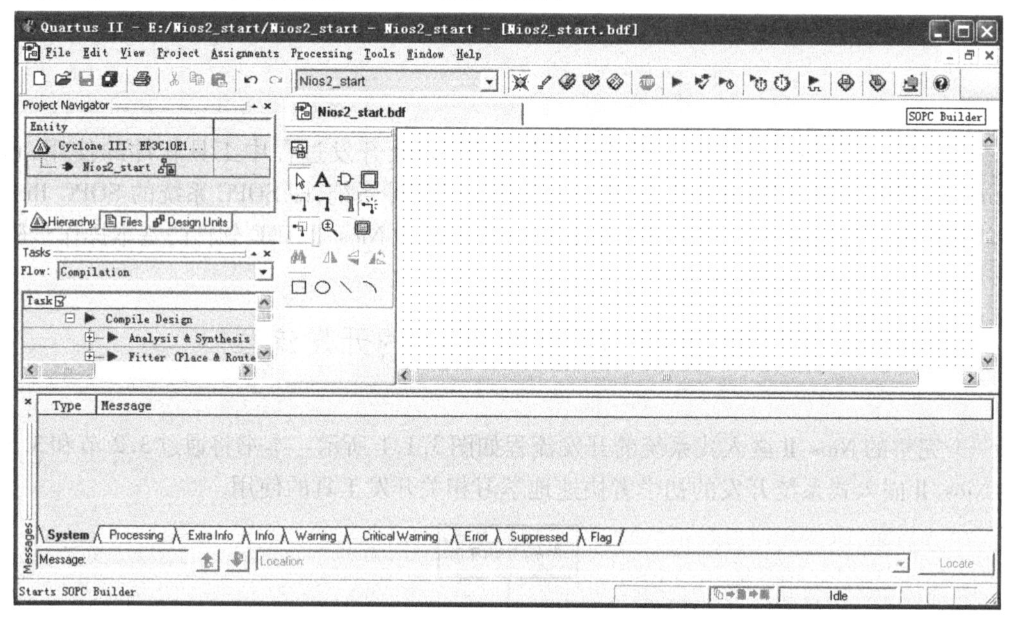


**图3.2.1 创建Quartus Ⅱ工程**

步骤二:创建一个新的SOPC系统。

单击菜单"Tools→SOPC Builder"或软件右上角的快捷按钮" "可以创建一个新的SOPC系统。此过程中需按软件向导对系统命名、选择系统生成时的目标语言后得到如图3.2.2所示界面。界面中包括上方的菜单栏、菜单栏下方的标签栏、左边的组件选择栏、中间的目标器件选择栏和时钟设置栏、下方的提示栏以及中间的用于列出添加了的组件的空白区。

步骤三:设置目标器件系列和时钟。

在搭建SOPC系统前需要根据选用的器件类型在图3.2.2所示界面的目标器件选择栏(Target)选择目标器件系列。如果使用LB0学习板,则因板上的器件为EP3C10E144C7,选择Cyclone Ⅲ系列。另外还需考虑系统中的各组件需要使用哪些时钟信号。然后在图3.2.2所示界面的时钟设置栏(Clock Settings)进行添加和设置。此处默认设置的是一个外部输入名为clk_0的50 MHz时钟,若在系统内部添加PLL组件,也可以在添加PLL组件后选择使用内部PLL产生的时钟。

步骤四:添加Nios Ⅱ处理器。

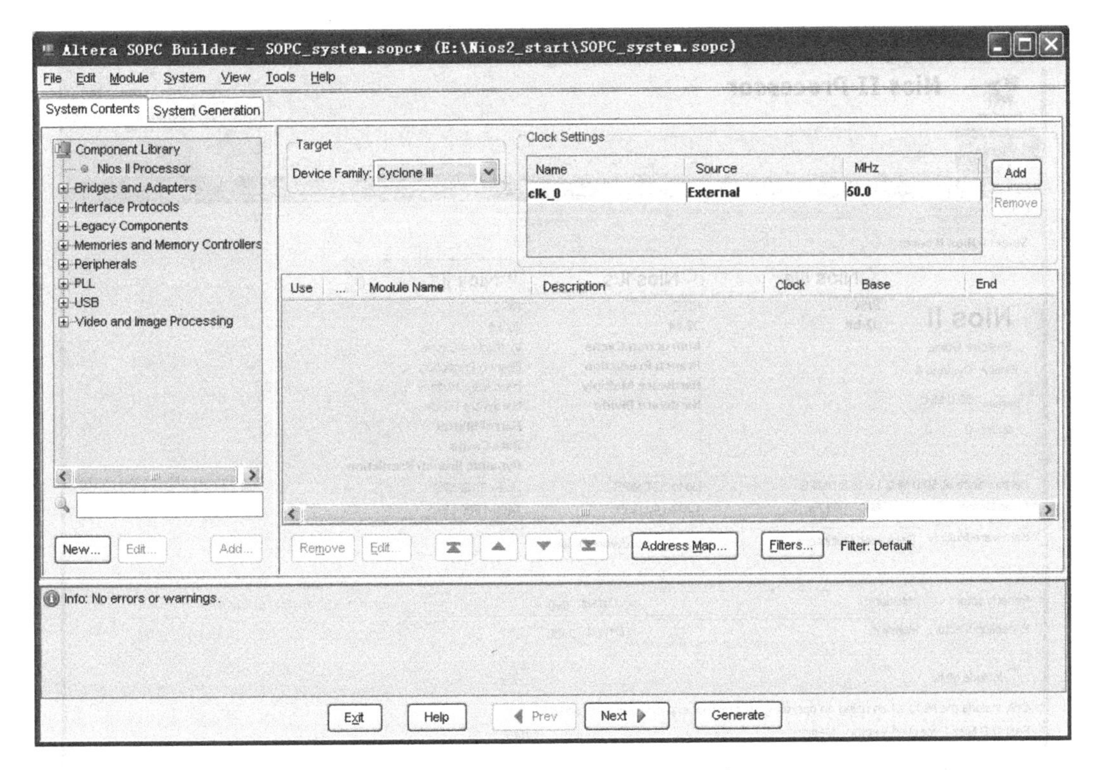


图 3.2.2 创建一个新的 SOPC 系统

在图3.2.2所示界面的组件选择栏中的 Nios Ⅱ Processor 上双击或右键单击后选择添加，出现图3.2.3所示"Core Nios Ⅱ"选项界面，该界面下可进行 Nios Ⅱ 内核相关设置。需注意的是此处的"Reset Vector"和"Exception Vector"设置要在添加了需要的存储器并连接到 Nios Ⅱ 处理器后才能进行选择。通过单击界面右下角"Next"按钮可进入"Cashes and Memory Interfaces""Advanced Features""MMU and MPU Ssttings""JTAG Debug Module""Custom Instructions"选项卡，可根据需要进行相关设置，完成后单击"Finish"按钮完成 Nios Ⅱ 处理器的添加。

步骤五：添加其他必要的组件。

其他必要的组件一般包括：用于 PC 主机与 SOPC 系统通信的"JTAG UART"，系统存储设备或接口等。可选组件列表如图3.2.4所示。用户需要根据系统需要和使用板卡情况进行选择，此处以 LB0 为例添加"On-Chip Memory""EPCS Serial Flash Controller""SDRAM Controller"3个组件。

在组件选择栏中选择"Interface Protocols→Serial→JTAG UART"，双击进入"JTAG UART"设置界面，如图3.2.5所示。通常可按默认设置，需要可进行更改，单击"Finish"按钮完成添加。

在组件选择栏中选择"Memories and Memory Controllers→On-Chip→On-Chip Memory (RAM or ROM)"，双击进入"On-Chip Memory(RAM or ROM)"设置界面，如图3.2.6所示。可根据需要进行存储器类型、大小以及其他选项的设置，单击"Finish"按钮完成添加。

在组件选择栏中选择"Memories and Memory Controllers→Flash→EPCS Serial Flash Controller"，双击进入"EPCS Serial Flash Controller"设置界面，如图3.2.7所示。通常可按默认设置，需要可进行更改，单击"Finish"按钮完成添加。

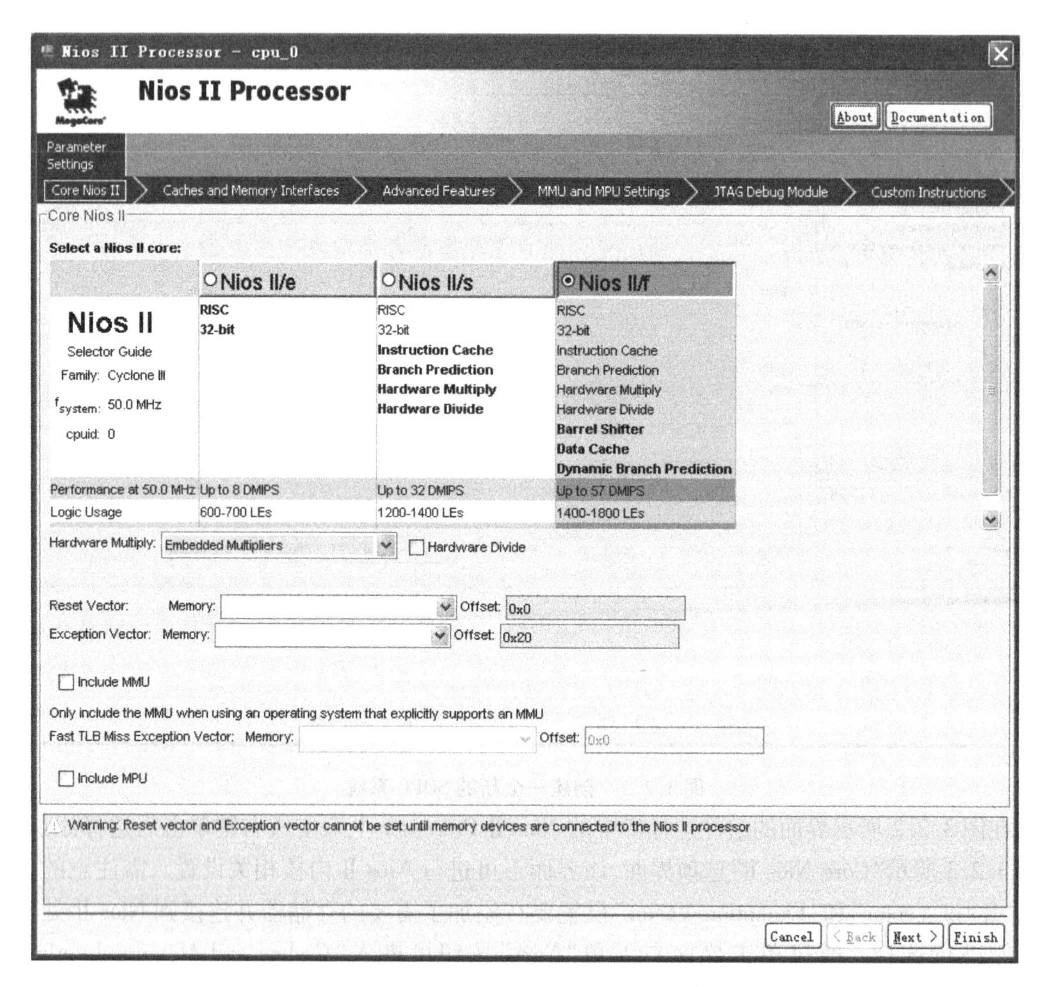


图 3.2.3　Nios Ⅱ处理器“Core Nios Ⅱ”选项

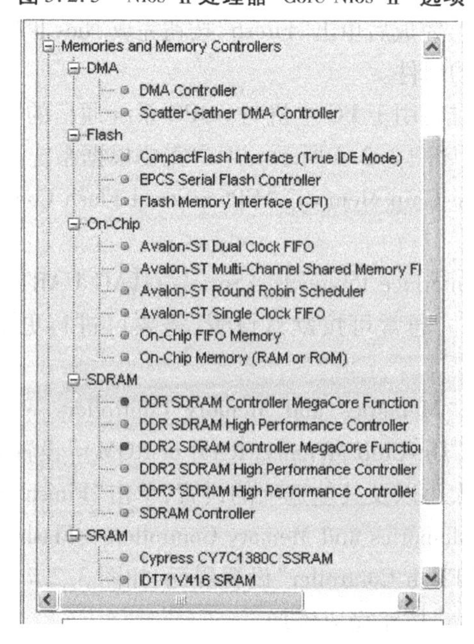


图 3.2.4　可选的存储器和存储器接口组件

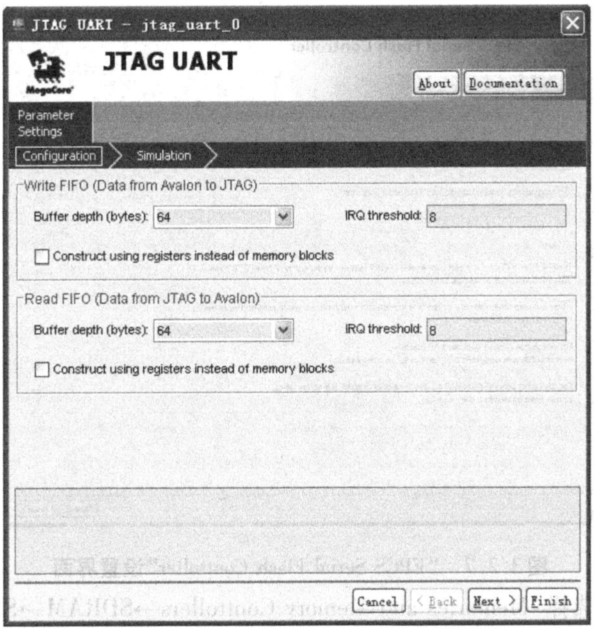

JTAG UART - jtag_uart_0

JTAG UART

About　Documentation

Parameter Settings

Configuration　Simulation

Write FIFO (Data from Avalon to JTAG)

Buffer depth (bytes): 64　IRQ threshold: 8

☐ Construct using registers instead of memory blocks

Read FIFO (Data from JTAG to Avalon)

Buffer depth (bytes): 64　IRQ threshold: 8

☐ Construct using registers instead of memory blocks

Cancel　< Back　Next >　Finish

图 3.2.5　"JTAG UART"设置界面

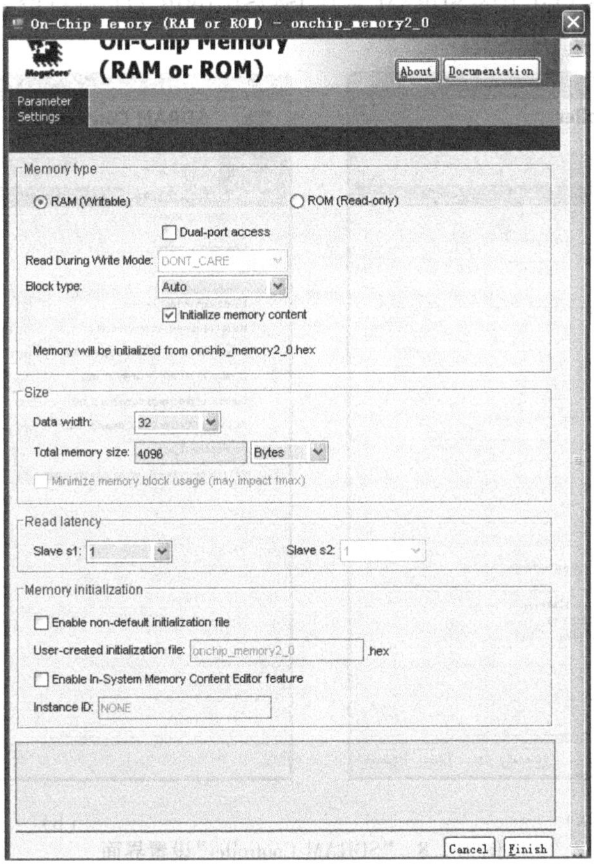

On-Chip Memory (RAM or ROM) - onchip_memory2_0

On-Chip Memory (RAM or ROM)

About　Documentation

Parameter Settings

Memory type

⦿ RAM (Writable)　○ ROM (Read-only)

☐ Dual-port access

Read During Write Mode: DONT_CARE

Block type: Auto

☑ Initialize memory content

Memory will be initialized from onchip_memory2_0.hex

Size

Data width: 32

Total memory size: 4096　Bytes

☐ Minimize memory block usage (may impact fmax)

Read latency

Slave s1: 1　Slave s2: 1

Memory initialization

☐ Enable non-default initialization file

User-created initialization file: onchip_memory2_0 .hex

☐ Enable In-System Memory Content Editor feature

Instance ID: NONE

Cancel　Finish

图 3.2.6　"On-Chip Memory(RAM or ROM)"设置界面

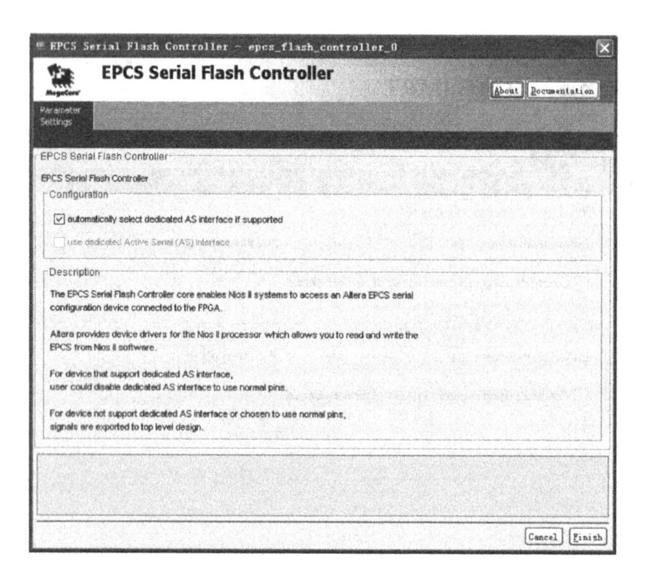


图 3.2.7 "EPCS Serial Flash Controller"设置界面

在组件选择栏中选择"Memories and Memory Controllers→SDRAM→SDRAM Controller",双击进入"SDRAM Controller"设置界面,可根据使用板卡上的芯片进行相应设置,单击"Finish"按钮完成添加,此处按 LB0 上的 SDRAM 芯片 IS42S16160B-7TL 进行设置,设置好参数的两个选项卡如图 3.2.8 所示。

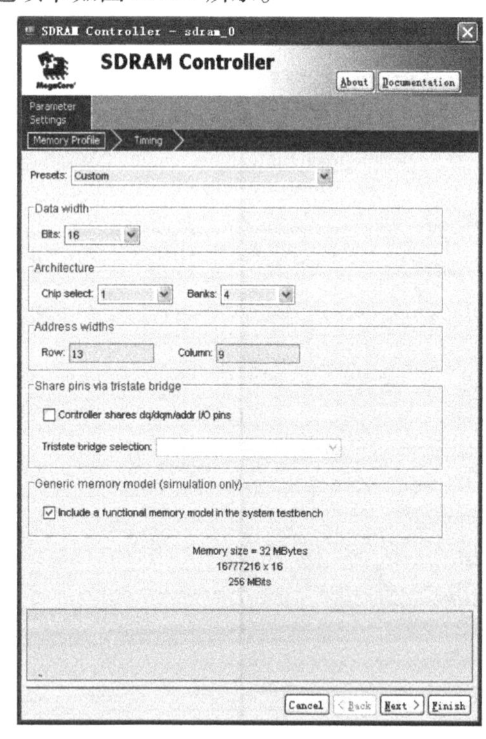


(a)

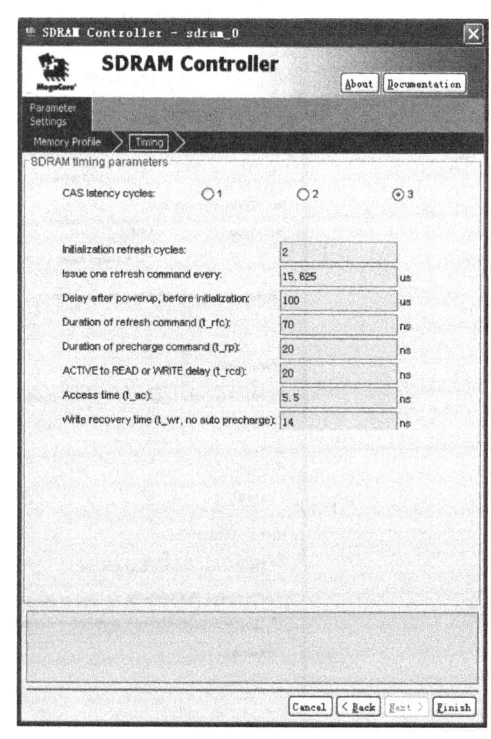


(b)

图 3.2.8 "SDRAM Controller"设置界面

步骤六:添加系统需要的其他标准组件。

根据系统需要可添加其他标准组件,组件选择栏中分门别类的罗列了丰富的组件供用户选择,此处以添加定时器“Interval Timer”和用于按键和LED灯的“PIO(Parallel I/O)”为例进行简单介绍。

在组件选择栏中选择“Peripherals→Microcontroller Peripherals→Interval Timer”,双击进入“Interval Timer”设置界面,如图3.2.9所示。根据需要进行相关设置,单击“Finish”按钮完成添加。

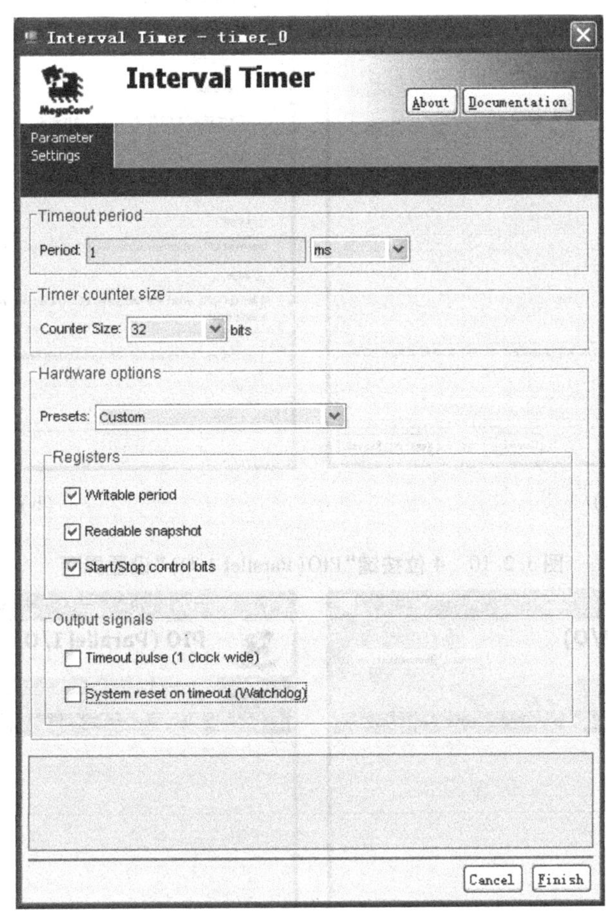


图3.2.9　“Interval Timer”设置界面

在组件选择栏中选择“Peripherals→Microcontroller Peripherals→PIO(Parallel I/O)”,双击进入“PIO(Parallel I/O)”设置界面。此处添加一个4位输入的“PIO(Parallel I/O)”用于4个按键的管理,设置界面如图3.2.10所示,相关设置可根据需要进行调整。另外添加一个8位输出的“PIO(Parallel I/O)”用于8个LED灯的管理,相关设置可根据需要进行调整,设置界面如图3.2.11所示。

步骤七:添加系统需要的用户自定义组件。

当用户需要使用一些非标准的接口或者需要用硬件模块对部分软件进行用户自定义模块或用户自定义指令方式进行硬件加速时可创建用户自定义组件,然后添加使用。用户自定义组件的创建需先根据系统需求设计相应的HDL文件和驱动程序等,然后通过菜单“File→New Component”进入自定义组件创建工具界面,如图3.2.12所示,有关用户自定义组件的详细说明可参考Altera官方相关文档和相关例程。

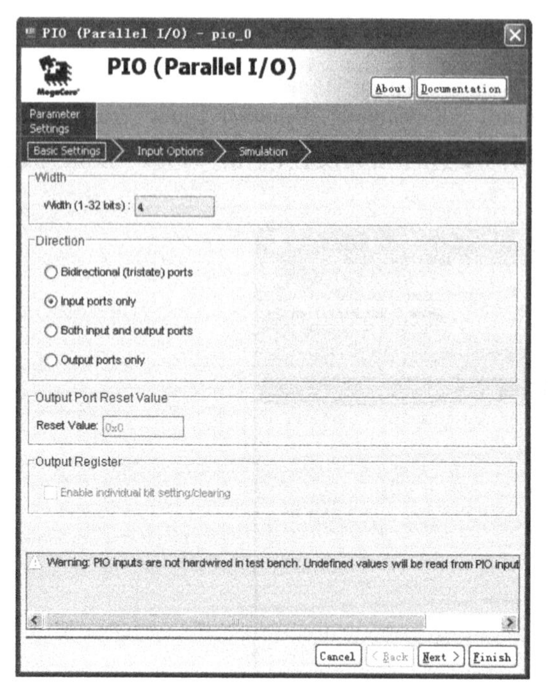


(a)

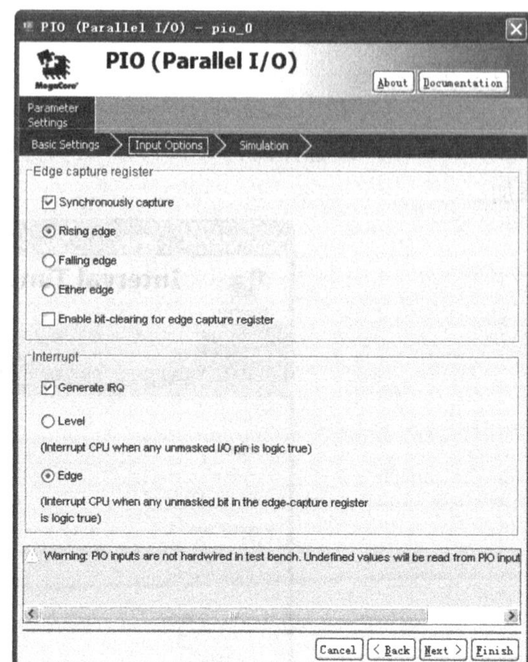


(b)

图 3.2.10　4 位按键“PIO(Parallel I/O)”设置界面

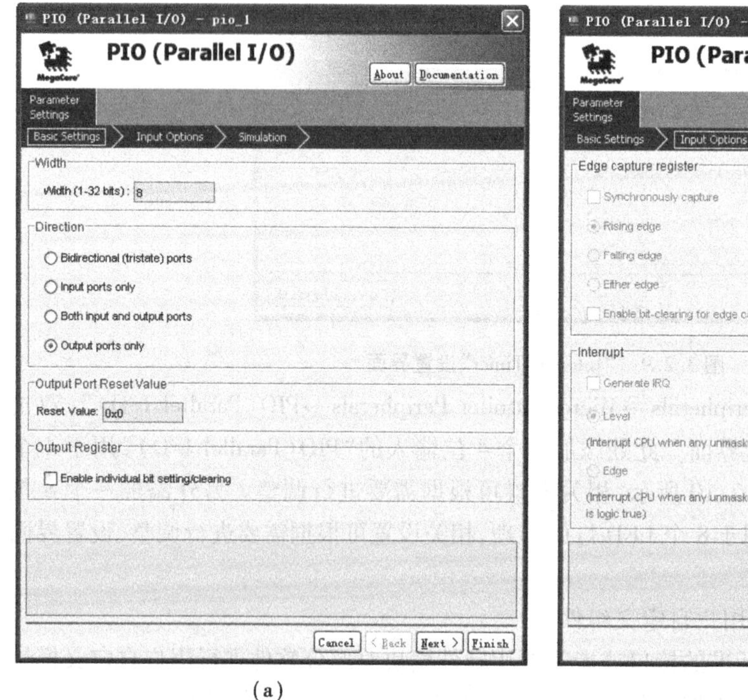


(a)

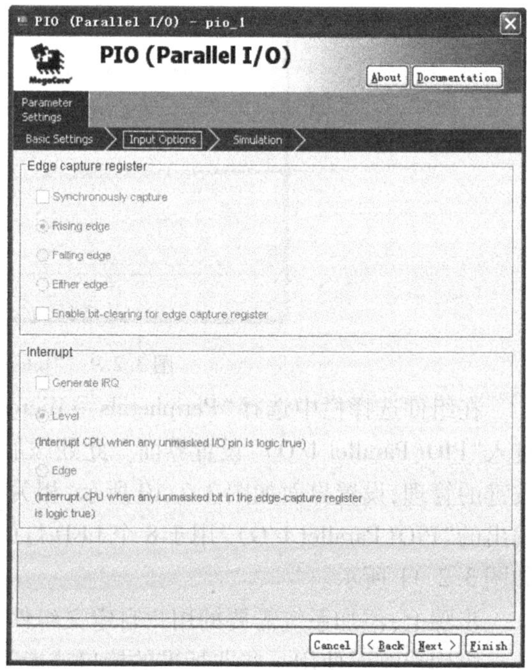


(b)

图 3.2.11　8 位 LED 灯“PIO(Parallel I/O)”设置界面

步骤八:对组件的设置和调整。

完成相关组件添加后需要进行一些设置和调整,如可根据需要调整组件顺序和组件连接关系，对各组件进行重新命名，通过菜单“System→ Auto-Assign Base Addresses”和“System→ Auto-Assign IRQs”对各组件的基地址和中断自行自动调整等，如图3.2.13所示界面。

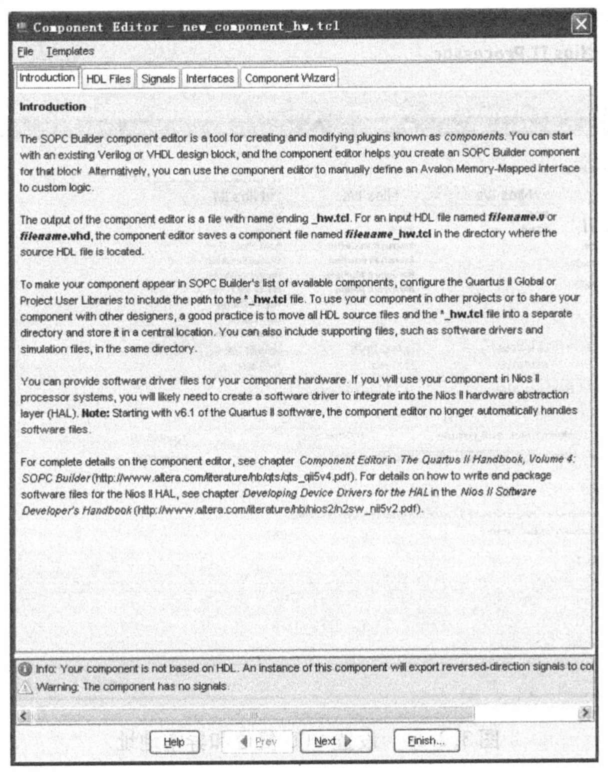


图3.2.12　**用户自定义组件创建界面**

| Use | Con... | Module Name | Description | Clock | Base | End | Tags | IRQ |
|---|---|---|---|---|---|---|---|---|
| ☑ | | ⊟ cpu | Nios II Processor | | | | | |
| | | instruction_master | Avalon Memory Mapped Master | clk_0 | | | | |
| | | data_master | Avalon Memory Mapped Master | | IRQ 0 | IRQ 31 | | |
| | | jtag_debug_module | Avalon Memory Mapped Slave | | 0x04003000 | 0x040037ff | | |
| ☑ | | ⊟ jtag_uart | JTAG UART | | | | | |
| | | avalon_jtag_slave | Avalon Memory Mapped Slave | clk_0 | 0x04004040 | 0x04004047 | | 0 |
| ☑ | | ⊟ onchip_ram | On-Chip Memory (RAM or ROM) | | | | | |
| | | s1 | Avalon Memory Mapped Slave | clk_0 | 0x04001000 | 0x04001fff | | |
| ☑ | | ⊟ epcs_flash_controller | EPCS Serial Flash Controller | | | | | |
| | | epcs_control_port | Avalon Memory Mapped Slave | clk_0 | 0x04003800 | 0x04003fff | | 1 |
| ☑ | | ⊟ sdram_IS42S16160B_7TL | SDRAM Controller | | | | | |
| | | s1 | Avalon Memory Mapped Slave | clk_0 | 0x02000000 | 0x03ffffff | | |
| ☑ | | ⊟ system_timer | Interval Timer | | | | | |
| | | s1 | Avalon Memory Mapped Slave | clk_0 | 0x04004000 | 0x0400401f | | 2 |
| ☑ | | ⊟ pio_key | PIO (Parallel I/O) | | | | | |
| | | s1 | Avalon Memory Mapped Slave | clk_0 | 0x04004020 | 0x0400402f | | 3 |
| ☑ | | ⊟ pio_led | PIO (Parallel I/O) | | | | | |
| | | s1 | Avalon Memory Mapped Slave | clk_0 | 0x04004030 | 0x0400403f | | |

图3.2.13　**构建的SOPC系统组件结构图**

此外，还需对处理器中的“Reset Vector”和“Exception Vector”进行设置，双击添加的Nios Ⅱ处理器进行设置得到如图3.2.14所示界面，在界面中选择用于存储“Reset Vector”和“Exception Vector”的存储器。

步骤九：生成SOPC系统。

经过以上步骤后，一个简单的SOPC系统已经搭建起来，单击“SOPC Builder”界面下方的

"Generate"按钮进行系统生成,若生成过程没有报错,则可在 Quartus Ⅱ工程中调用生成的 SOPC 系统模块,图 3.2.15 为生成的 SOPC 系统模块图。

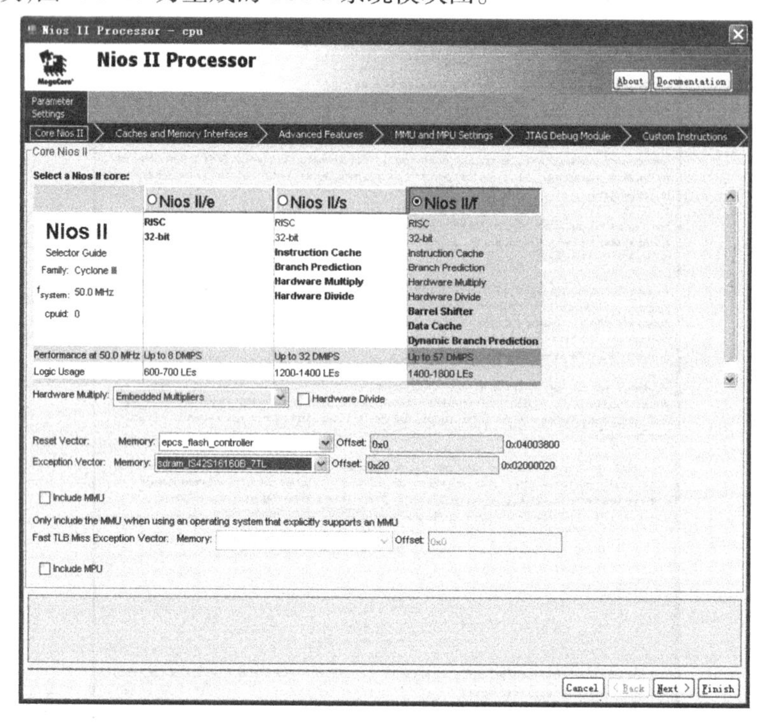


图 3.2.14 设置 CPU 复位和异常地址

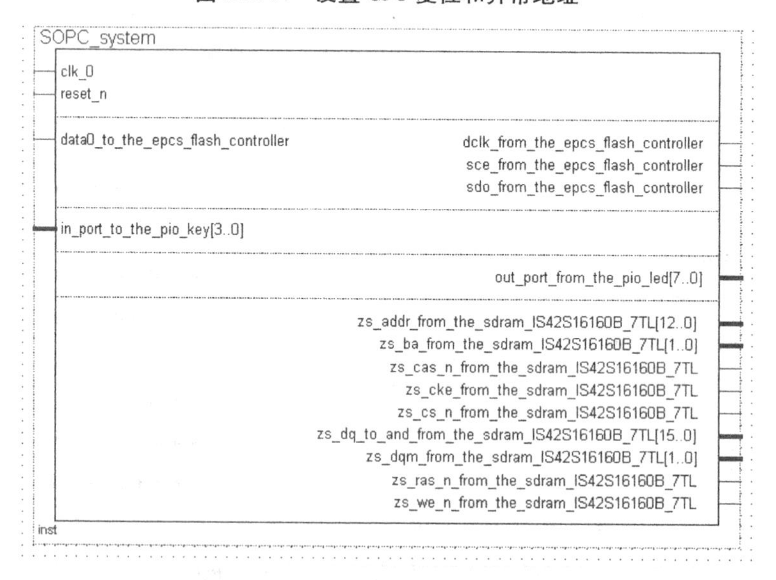


图 3.2.15 生成的 SOPC 系统模块符号

步骤十:集成 SOPC 系统到 Quartus Ⅱ工程。

下面介绍以图形化方式把生成的 SOPC 系统集成到 Quartus Ⅱ工程的过程。先创建一个.bdf 作为顶层文件,双击文件空白处调用生成的 SOPC 系统,然后根据需要添加工程中的其他硬件逻辑模块(此处略去)。由于 SOPC 系统中的 SDRAM 需要一个与系统时钟同频异相的刷新时钟，故需添加一个锁相环模块，可在 Quartus Ⅱ软件界面中菜单项“Tools→MegaWizard Plug-In Manager…”创建一个新的宏模块，然后选择“ALTPLL”按如图3.2.16所示参数进行配置并调用，按图3.2.17所示连接并进行管脚分配及其他约束配置后进行编译。至此，Nios Ⅱ嵌入式系统硬件开发过程介绍完毕。

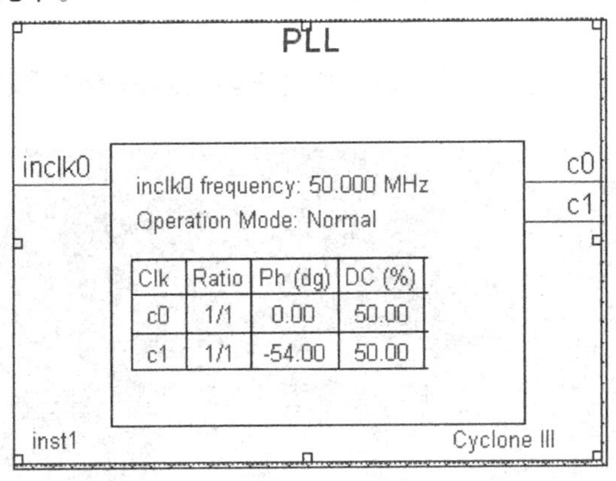


图3.2.16　生成的PLL模块符号

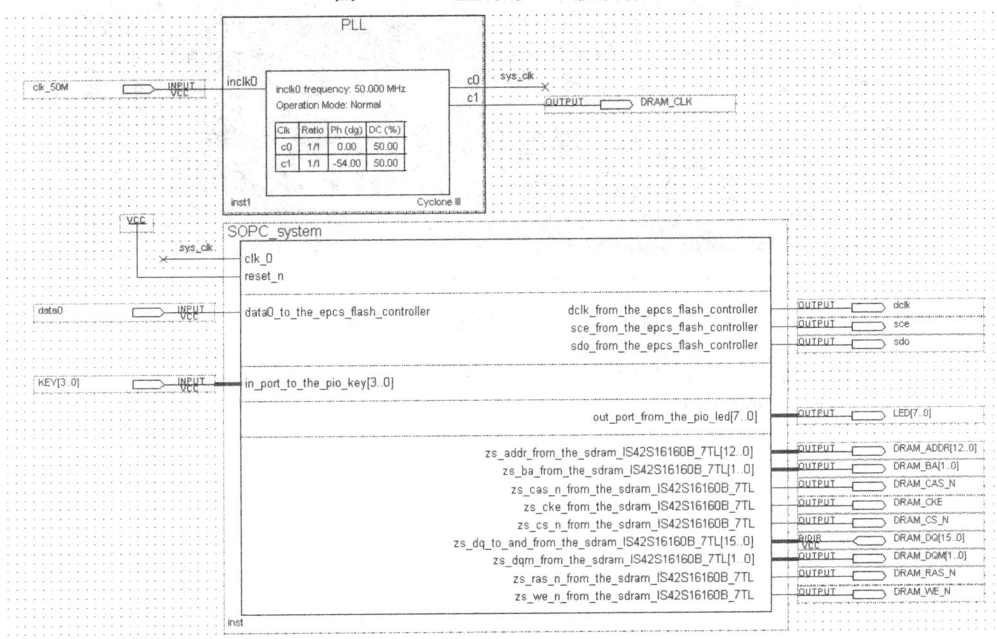


图3.2.17　Quartus Ⅱ工程顶层图

## 3.3　Nios Ⅱ嵌入式系统软件开发

Nios Ⅱ嵌入式系统软件开发在 Nios Ⅱ IDE 环境下进行。下面通过一个简单的实例介绍该开发环境的使用。

步骤一：建立 Nios Ⅱ软件工程。

双击桌面快捷图标或开始菜单中的“Nios Ⅱ9.0 IDE”菜单启动 Nios Ⅱ9.0 IDE 软件，若该软件是安装后第一次使用,将进入如图 3.3.1 所示的欢迎界面,若有历史使用记录将直接进入上次使用的工程。如果当前不需要在该工程中进行工作与编程,可通过软件菜单“File→Switch Workspace”进入如图 3.3.2 所示的工作区选择对话框,选择需要使用的硬件工程所在目录后单击“OK”按钮进入,若所选硬件工程目录无已有 Nios Ⅱ 软件工程,则也会进入如图 3.3.1所示的欢迎界面。

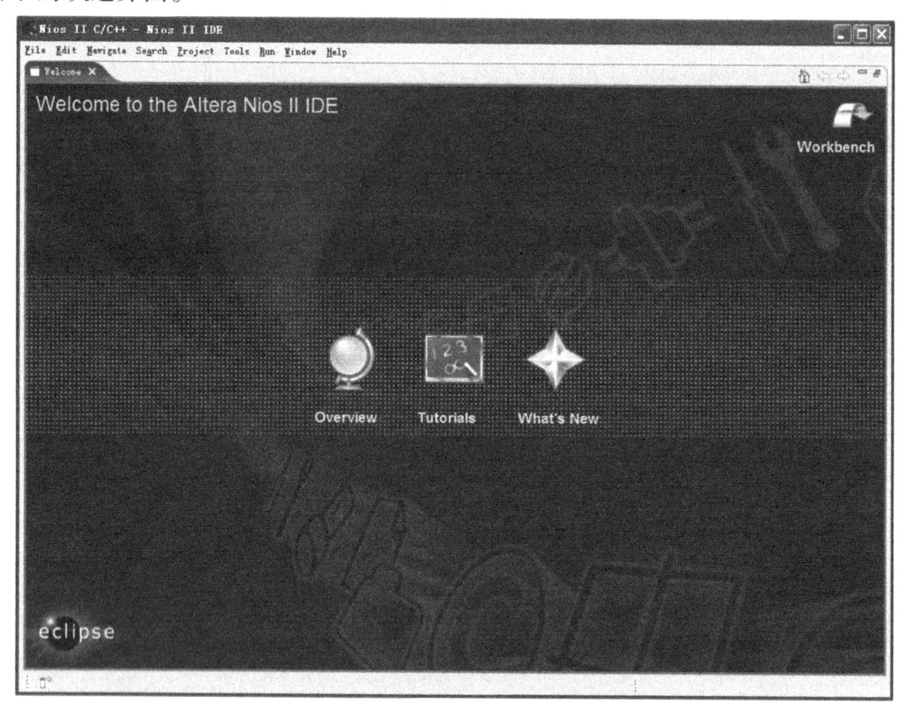


图 3.3.1　Nios Ⅱ IDE 欢迎界面

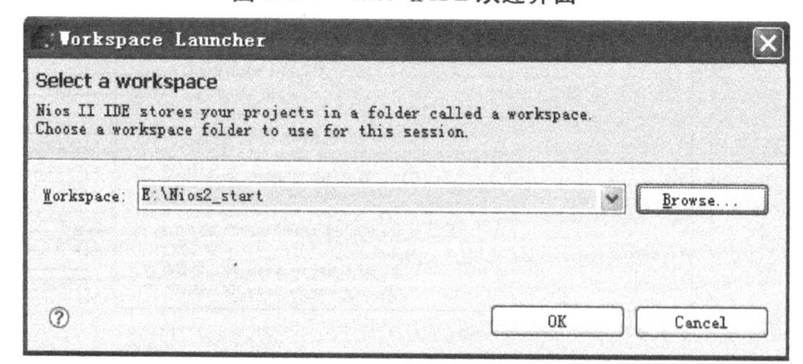


图 3.3.2　工作区选择对话框

通过菜单“File→New→Project…”可进入新建 Nios Ⅱ 软件工程向导,如图 3.3.3 所示。选择“Nios Ⅱ C/C ++ Application”类型后单击“Next”按钮进入图 3.3.4 所示界面,在该界面下进行 Nios Ⅱ 软件工程命名,选择要使用的 SOPC Builder 系统 PTF 文件以及一个软件工程模板,本例直接按图 3.3.4 进行设置。再单击“Next”按钮进入图 3.3.5 所示界面,在没有已有工程系统库的情况下选择“Creat a new system lib…”,然后单击“Finish”按钮进入工程创建过程,完成后得到如图 3.3.6 所示界面。图 3.3.6 中可见完成 Nios Ⅱ 软件工程创建后得到 Altera 组件文件夹“altera components”、工程文件夹“hello_world_0”和工程库文件夹“hello_world_0_syslib”。

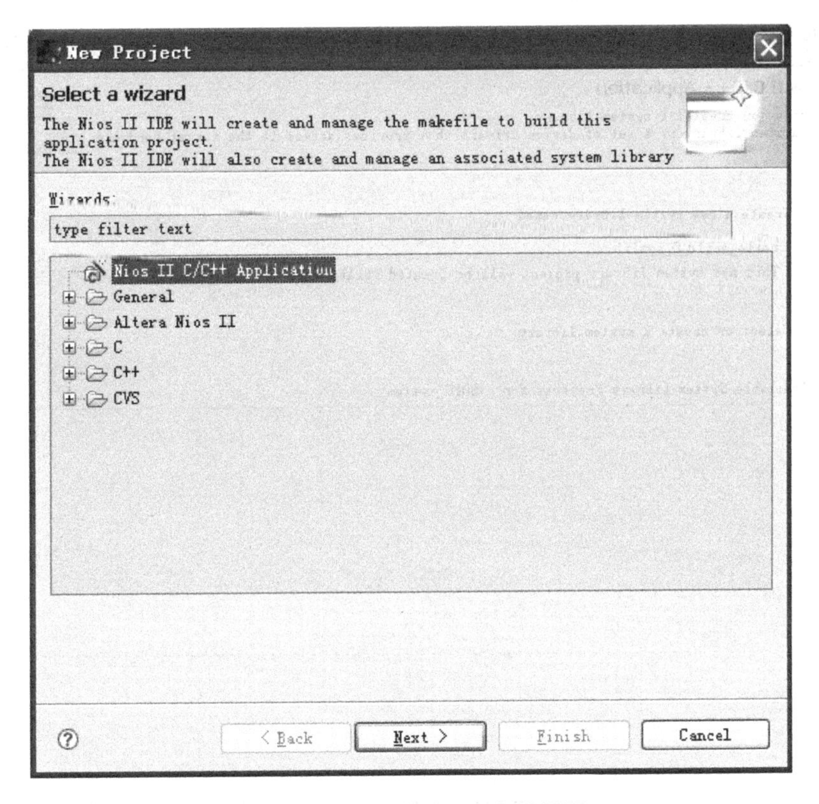


图3.3.3　Nios Ⅱ软件工程向导界面一

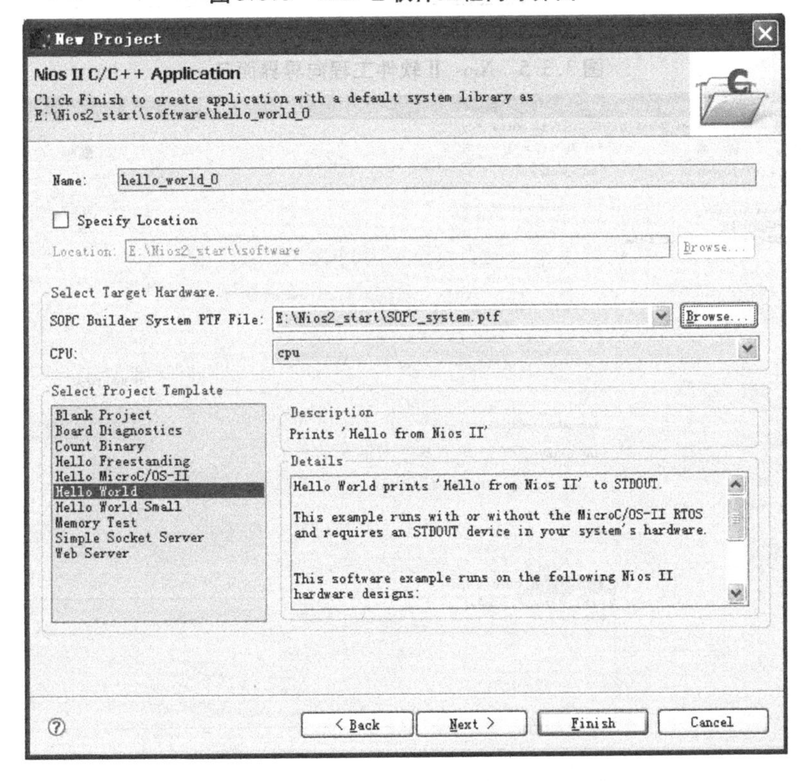


图3.3.4　Nios Ⅱ软件工程向导界面二

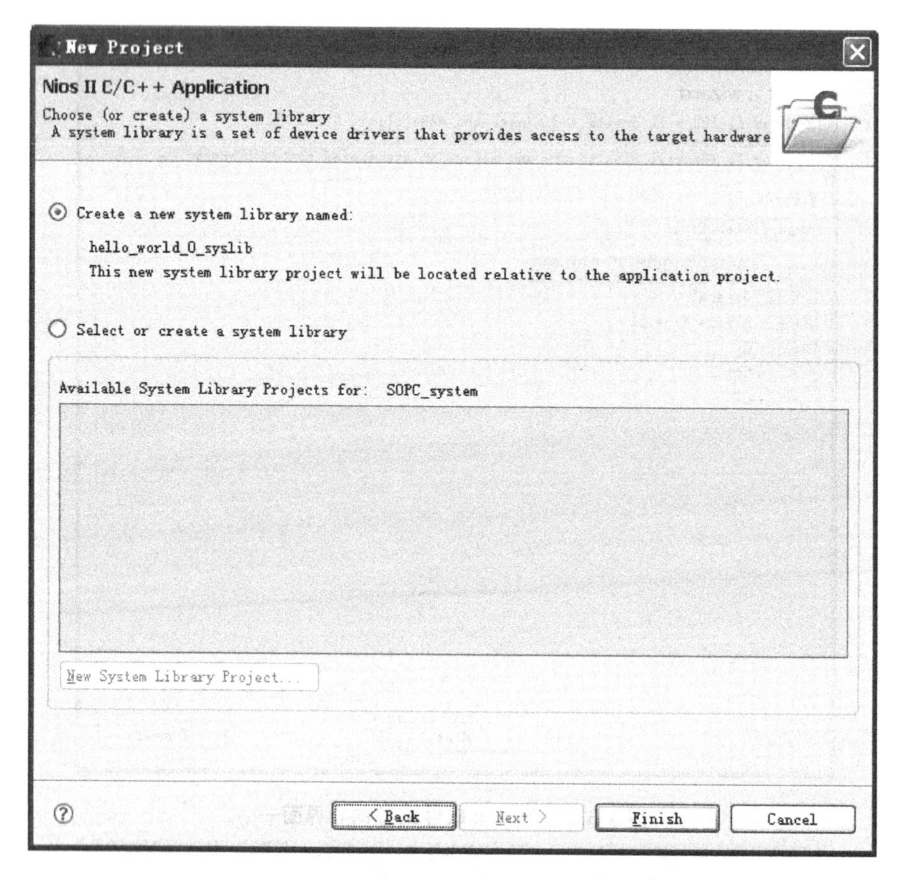


图 3.3.5　Nios Ⅱ软件工程向导界面三

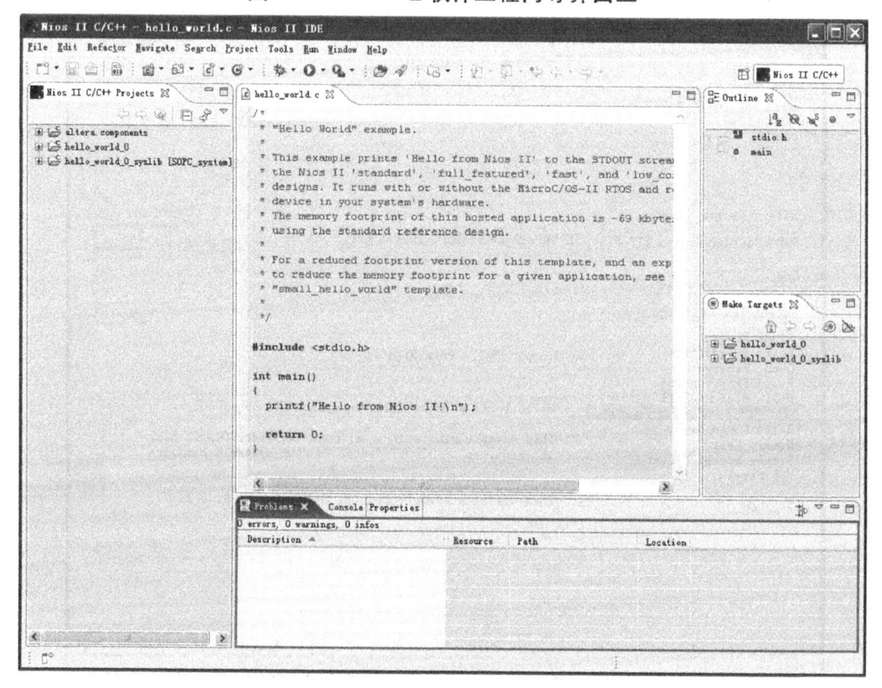


图 3.3.6　创建好的一个 Nios Ⅱ软件工程

步骤二:进行工程属性设置。

通过右键点击图3.3.6中工程管理区域的工程文件夹“hello_world_0”选择“Properties”进入Nios Ⅱ工程属性设置界面,如图3.3.7所示。用户可以根据需要对相关设置进行调整,在程序开发中非常常用的一个选项是程序优化等级,可以在如图3.3.7所示的“C++ Build”栏目中“Configuration Settings”区域的“Tool Settings”选项卡中的“Genaral”页面进行设置,完成后单击“OK”按钮退出。

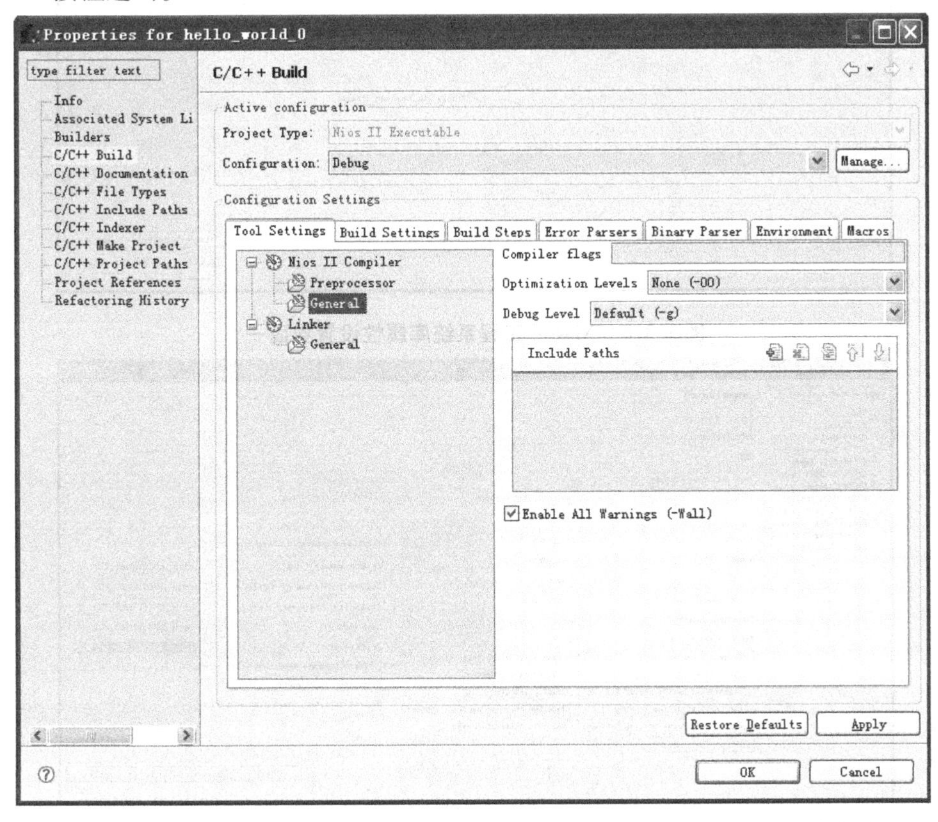


图3.3.7　Nios Ⅱ工程属性设置界面

步骤三:进行工程系统库属性设置。

通过右键点击图3.3.6中工程管理区域的工程文件夹“hello_world_0”选择“System Library Properties”进入Nios Ⅱ工程系统库属性设置界面,与工程属性设置一样也有一个程序优化等级的设置,如图3.3.8所示。另外一个重要的设置界面是如图3.3.9所示的“System Library”栏目设置,可对系统库中是否包含实时操作系统、标准输入输出设备、系统定时器以及程序空间和地址空间等链接脚本选项进行设置。其中,“Modelsim only, nohardware support”复选框选中可使工程可以脱离硬件环境情况下进行软件仿真;“Small C library”复选框选中可精简程序库,减少程序代码量和程序占用的内存空间;“Link Script”区域中的各项存储器设定指定了程序、数据和堆栈等的存放位置,可选择用作系统内存的存储器,此处全部设置为LB0上的SDRAM。

步骤四:编译工程并运行测试。

完成各项设置后可对工程进行编译并运行测试,确定经过前面步骤设计得到的软硬件是否

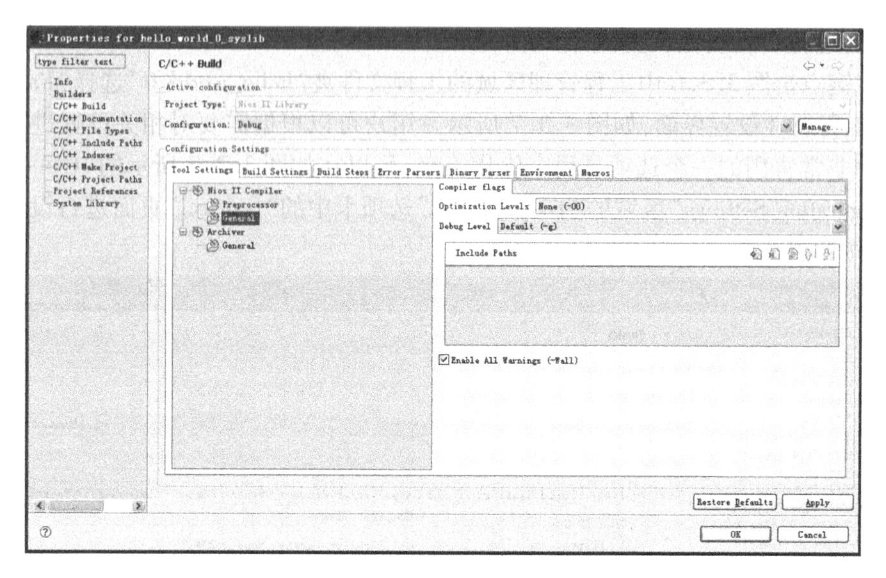


图 3.3.8　Nios Ⅱ工程系统库属性设置界面一

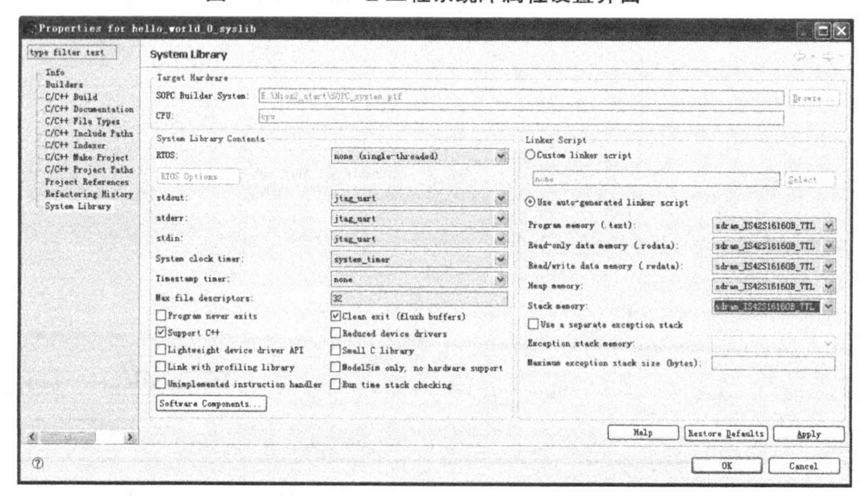


图 3.3.9　Nios Ⅱ工程系统库属性设置界面二

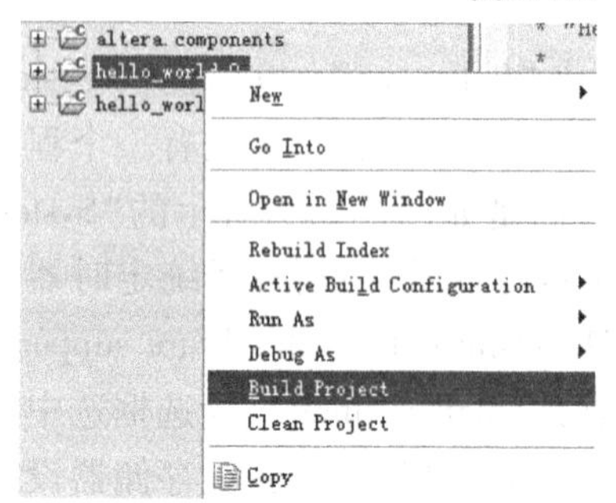


图 3.3.10　工程编译菜单

正常。软件工程编译可按图 3.3.10 所示方式，右键点击工程文件夹选择“Build Project”进行。编译完成无误后，可通过 USB Blaster 连接 PC 机到硬件板卡（LB0），并将硬件板卡上电，然后可通过“Tools→Quartus Ⅱ Programmer…”菜单或在 Quartus Ⅱ 软件环境下调用 Quartus Ⅱ Programmer 工具进行硬件工程下载，如图 3.3.11 所示。最后按图 3.3.12 所示方式，右键点击工程文件夹选择“Run as→Niso Ⅱ Hardware”运行测试工程，若成功可得到如图 3.3.13 界面所示的运行效果。若工程运行中出错可检查步骤二和步骤三中的设置以及通过菜单“Run→Run…”进入如图 3.3.14 所示的工程运行配置选项检查相关设置，特别查看 JTAG 连接是否正常。

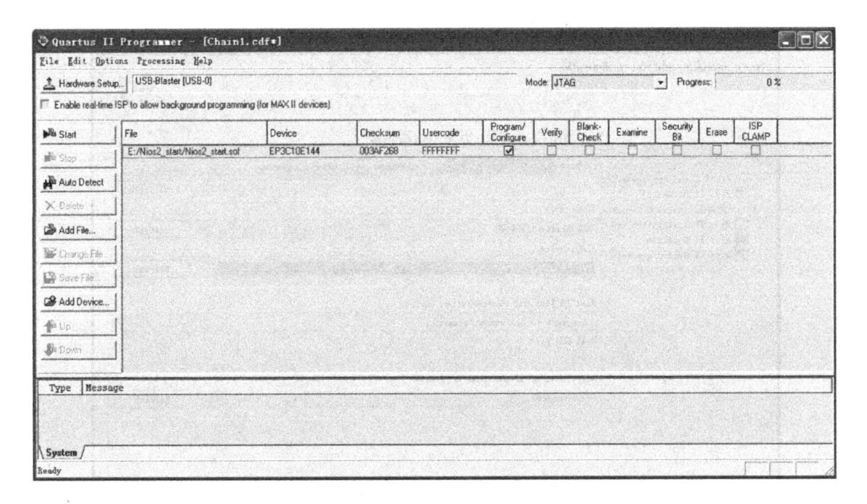


图3.3.11　下载硬件工程

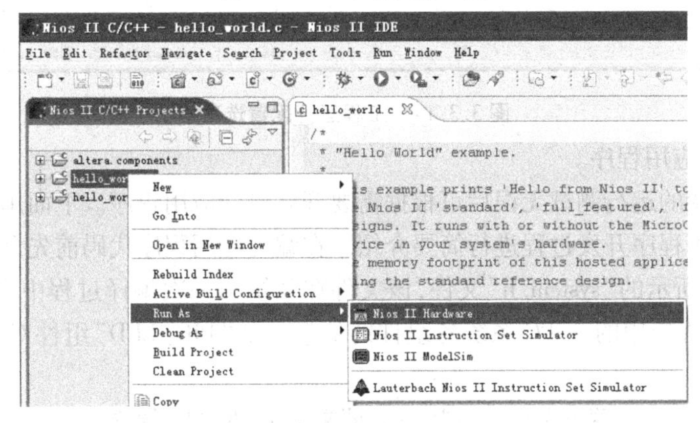


图3.3.12　在硬件上运行工程菜单

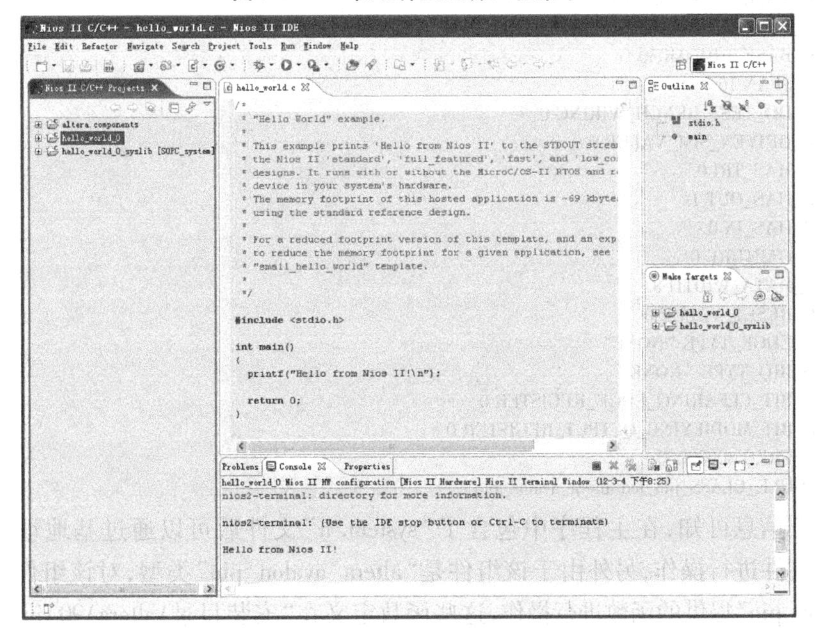


图3.3.13　测试运行效果图

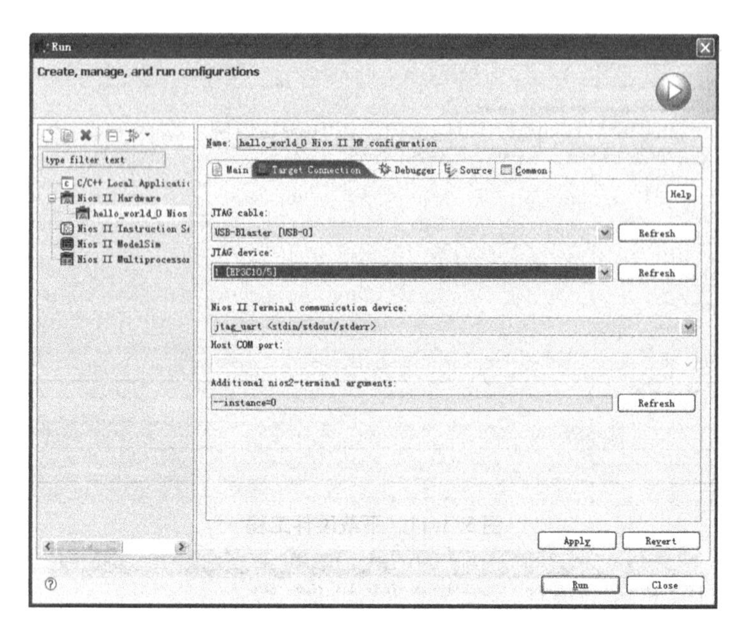


图 3.3.14　工程运行配置选项

步骤五:设计应用程序。

经过上一步骤的运行测试无误后可根据需要开始设计应用程序。下面用设计一个简单的流水灯程序对应用程序开发过程进行简要介绍。在编写应用程序代码前先介绍两个文件。一个是如图 3.3.15 所示的"system. h"文件,该文件在系统第一次编译过程中生成,内部包含了本 Niso Ⅱ软件工程使用的 SOPC 系统各组件的信息。如"PIO_LED"组件对应的信息如程序清单 3.1 所示。

**程序清单 3.1　"system. h"文件中"PIO_LED"信息**

```
#define PIO_LED_NAME "/dev/pio_led"
#define PIO_LED_TYPE "altera_avalon_pio"
#define PIO_LED_BASE 0x04004030
#define PIO_LED_SPAN 16
#define PIO_LED_DO_TEST_BENCH_WIRING 0
#define PIO_LED_DRIVEN_SIM_VALUE 0
#define PIO_LED_HAS_TRI 0
#define PIO_LED_HAS_OUT 1
#define PIO_LED_HAS_IN 0
#define PIO_LED_CAPTURE 0
#define PIO_LED_DATA_WIDTH 8
#define PIO_LED_RESET_VALUE 0
#define PIO_LED_EDGE_TYPE "NONE"
#define PIO_LED_IRQ_TYPE "NONE"
#define PIO_LED_BIT_CLEARING_EDGE_REGISTER 0
#define PIO_LED_BIT_MODIFYING_OUTPUT_REGISTER 0
#define PIO_LED_FREQ 50000000
#define ALT_MODULE_CLASS_pio_led altera_avalon_pio
```

根据以上信息可知,在主程序中包含了"system. h"文件后可以通过基地址"PIO_LED_BASE"对该组件进行操作,另外由于该组件是"altera_avalon_pio"类型,对该组件的操作可用"altera_avalon_pio"提供的函数进行操作,这些函数定义在"安装目录\altera\90\ip\altera\sopc_builder_ip\altera_avalon_pio\inc"目录下的"altera_avalon_pio_regs. h"文件中,文件主要内容如

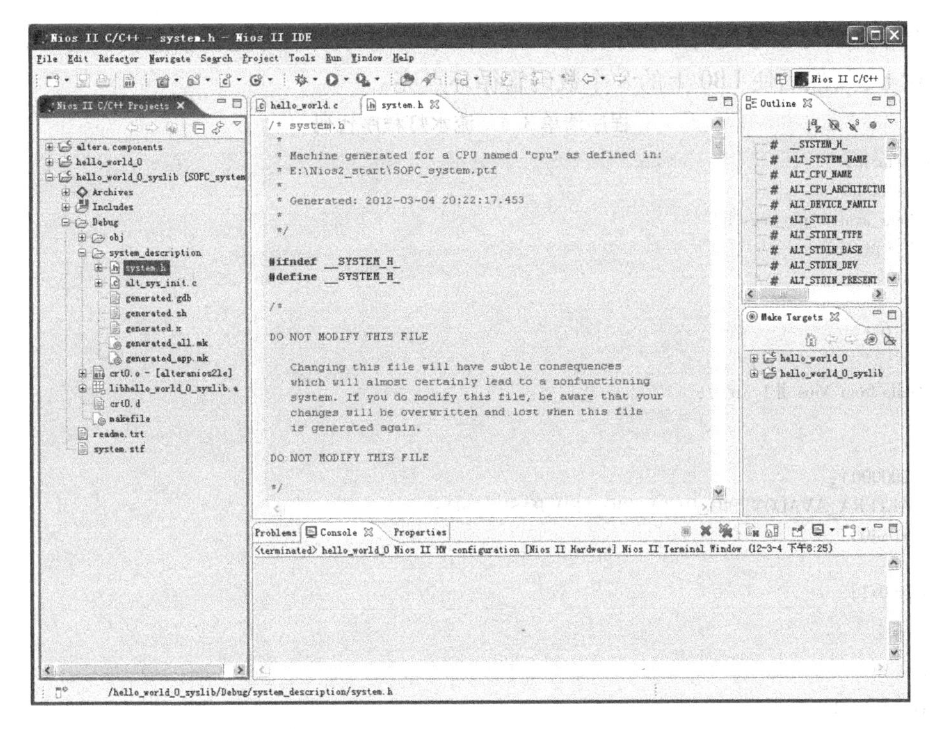

图 3.3.15　工程"system. h"文件界面

程序清单 3.2 所示。通过这些信息就可以知道如何用程序对组件"PIO_LED"进行操作实现板上 LED 灯的控制。其他组件的操作可按同样方式进行,若是自定义组件则需要自己设计如"altera_avalon_pio_regs. h"一样的头文件和驱动程序。

**程序清单 3.2　"altera_avalon_pio_regs. h"文件主要内容**

```
#ifndef __ALTERA_AVALON_PIO_REGS_H__
#define __ALTERA_AVALON_PIO_REGS_H__
#include <io.h>
#define IOADDR_ALTERA_AVALON_PIO_DATA(base)          __IO_CALC_ADDRESS_NATIVE(base, 0)
#define IORD_ALTERA_AVALON_PIO_DATA(base)            IORD(base, 0)
#define IOWR_ALTERA_AVALON_PIO_DATA(base, data)      IOWR(base, 0, data)
#define IOADDR_ALTERA_AVALON_PIO_DIRECTION(base)__IO_CALC_ADDRESS_NATIVE(base, 1)
#define IORD_ALTERA_AVALON_PIO_DIRECTION(base)       IORD(base, 1)
#define IOWR_ALTERA_AVALON_PIO_DIRECTION(base, data)IOWR(base, 1, data)
#define IOADDR_ALTERA_AVALON_PIO_IRQ_MASK(base)      __IO_CALC_ADDRESS_NATIVE(base, 2)
#define IORD_ALTERA_AVALON_PIO_IRQ_MASK(base)        IORD(base, 2)
#define IOWR_ALTERA_AVALON_PIO_IRQ_MASK(base, data)IOWR(base, 2, data)
#define IOADDR_ALTERA_AVALON_PIO_EDGE_CAP(base)      __IO_CALC_ADDRESS_NATIVE(base, 3)
#define IORD_ALTERA_AVALON_PIO_EDGE_CAP(base)        IORD(base, 3)
#define IOWR_ALTERA_AVALON_PIO_EDGE_CAP(base, data)IOWR(base, 3, data)
#define IOADDR_ALTERA_AVALON_PIO_SET_BIT(base)       __IO_CALC_ADDRESS_NATIVE(base, 4)
#define IORD_ALTERA_AVALON_PIO_SET_BITS(base)        IORD(base, 4)
#define IOWR_ALTERA_AVALON_PIO_SET_BITS(base, data)IOWR(base, 4, data)
#define IOADDR_ALTERA_AVALON_PIO_CLEAR_BITS(base)__IO_CALC_ADDRESS_NATIVE(base, 5)
#define IORD_ALTERA_AVALON_PIO_CLEAR_BITS(base)      IORD(base, 5)
#define IOWR_ALTERA_AVALON_PIO_CLEAR_BITS(base, data)IOWR(base, 5, data)
/* Defintions for direction-register operation with bi-directional PIOs */
#define ALTERA_AVALON_PIO_DIRECTION_INPUT  0
#define ALTERA_AVALON_PIO_DIRECTION_OUTPUT 1
#endif /* __ALTERA_AVALON_PIO_REGS_H__ */
```

现设计流水灯程序代码如程序清单3.3。程序的运行效果为先在信息窗口打印出“Hello from Nios Ⅱ!”,然后使LB0上的8个数码管循环点亮。

**程序清单3.3 流水灯程序代码**

```
#include <stdio.h>
#include "system.h"
#include "altera_avalon_pio_regs.h"
#include "alt_types.h"
int main()
{
  alt_u8 led = 0x1;
  int i;
  printf("Hello from Nios Ⅱ! \n");
  while(1)
  {
    usleep(200000);
    IOWR_ALTERA_AVALON_PIO_DATA(PIO_LED_BASE, led);
    if (led > 0x40)
    {
        led = 0x1;
    }
    else
    {
        led = led * 2;
    }
  }
  return 0;
}
```

步骤六:程序仿真和调试。

为方便程序开发,Nios Ⅱ IED环境还提供指令集仿真(Nios Ⅱ Instruction Set Simulator)和在线调试工具(Debug),另外还可以使用Modelsim进行系统仿真。“Nios Ⅱ Instruction Set Simulator”可按图3.3.16方式进入。在线调试工具(Debug)可按图3.3.17方式进行“Debug as→Niso Ⅱ Hardware”或“Debug as→Nios Ⅱ Instruction Set Simulator”两种模式的调试,图3.3.18是进行“Debug as→Niso Ⅱ Hardware”模式调试的界面。“Debug as→Nios Ⅱ Instruction Set Simulator”模式界面类似。调试模式下可以进行单步运行、设置断点等操作。使用Modelsim进行系统仿真的具体过程请参考其他相关资料。

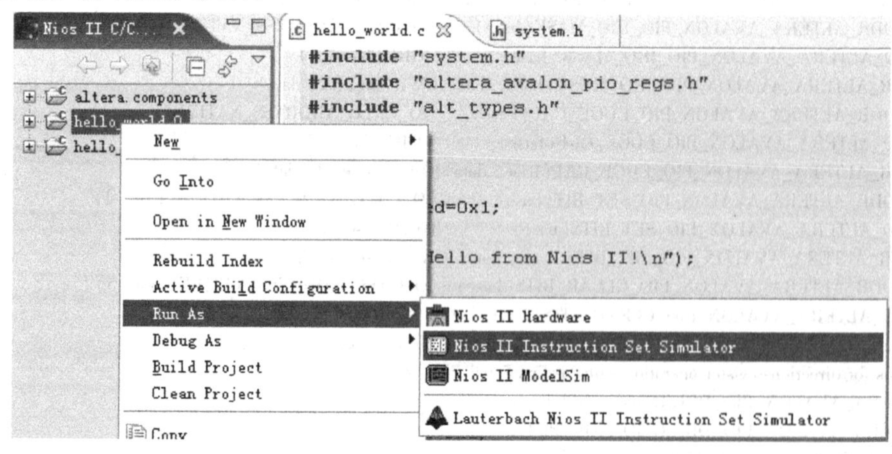


图3.3.16 指令集仿真菜单

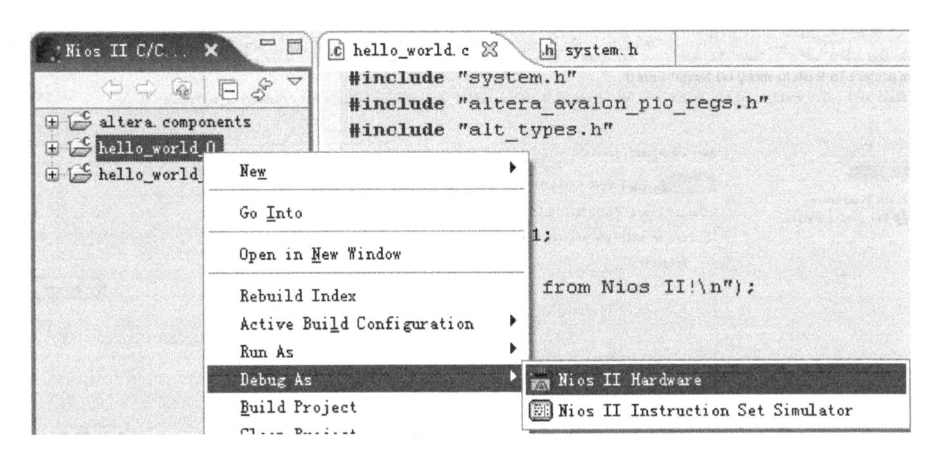


图 3.3.17　Debug 菜单

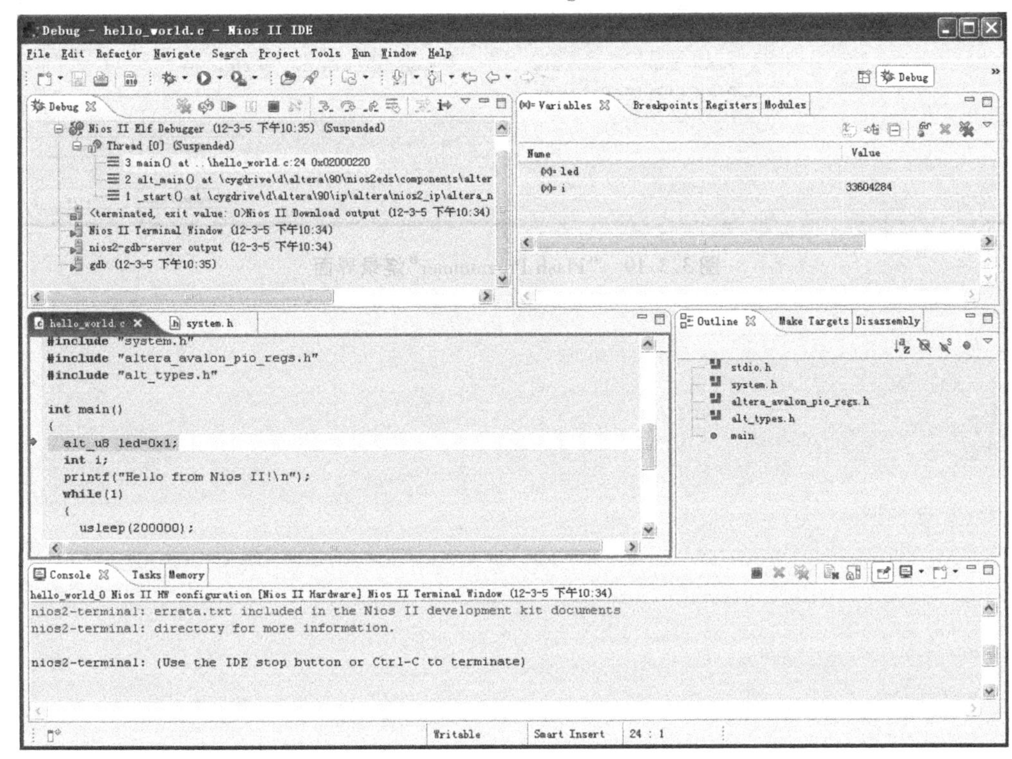


图 3.3.18　“Debug as→Niso Ⅱ Hardware”界面

步骤七:程序烧录。

完成软硬件开发后可使用 Nios Ⅱ IED 中的“Flash Programmer”工具将软件工程目标文件烧录到 Nios Ⅱ处理器设置指定的“Reset Vector” 指向存储器中,硬件烧录到配置芯片中。此处设计的例程软硬件均烧录在 LB0 上的 EPCS 中,故可通过 Nios Ⅱ IED 中菜单“Tools→Flash Programmer…”打开“Flash Programmer”工具,并新建一个 Flash Programmer 配置,按图 3.3.19 所示方式设置,然后单击“Program Flash”按钮进行烧录。烧录完成后,断开下载电缆重新上电进行脱机测试。

至此,Nios Ⅱ嵌入式系统开发过程介绍完毕。

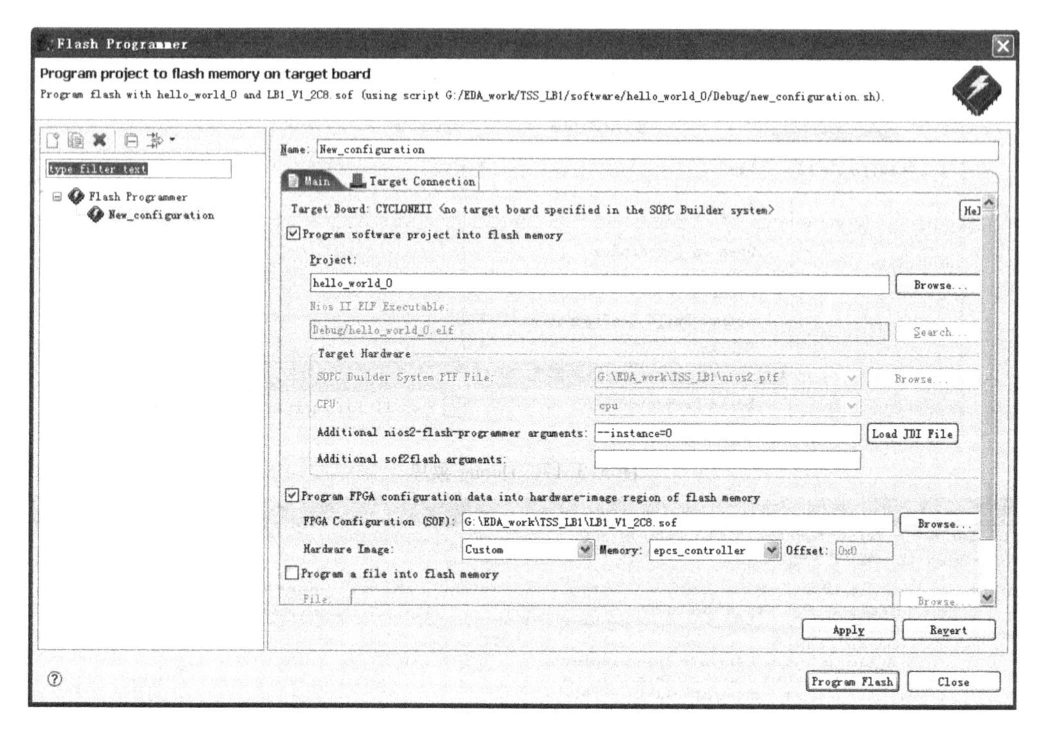


图 3.3.19 “Flash Programmer”烧录界面

# 第4章 实验器件与实验系统

本章主要介绍数字电子技术和EDA技术等课程的实验系统及相关的器件知识,包括用于数字电子技术实验的数字逻辑实验箱、常用中小规模数字逻辑器件、用于数字电子技术、EDA技术和可编程片上系统(SOPC)实验的FPGA器件以及EDA实验系统LB0。

## 4.1 数字逻辑实验箱介绍

SAC-DS4数字逻辑电路实验箱是一种独立的数字电子技术实验箱。它可进行数字电路逻辑设计、脉冲与数字电路和数字电路技术基础等相关课程的各种基础实验和应用实验;还可进行相关课程的课程设计、电子综合设计和学生毕业设计。

### 4.1.1 SAC-DS4实验箱的特点

**(1)通用性大**

本实验箱的主体是由多种多个双列直插座组成的平台,因此它可采用各种不同的TTL、CMOS或其他双列直插式集成元件,连成各种不同规模的实验电路。适应开放型实验、设计型实验、综合性实验、课程设计、毕业设计及科研等要求。

**(2)集成元件利用率高**

在不同的实验电路中,如有相同的集成元件,只需配备一个集成元件就可以完成全部实验,大大地提高了集成元件的利用率。

**(3)结构简单、功能齐全、使用方便**

该机除了可供插各种芯片的主体外,还包括以下各部分:电源、单脉冲源、连续脉冲(固定频率、连续可调)源、高低电平输出、电平显示、数码显示、继电器、电位器、微音器、面包板等,功能非常齐全,几乎不需其他仪器设备。电路的连接上采用可以迭插的锥度插头、插座(是国内的专利产品),使用极为方便,接触牢固、可靠。整机尺寸只有$43\times33\times8\ cm^3$。

### 4.1.2 实验箱的组成

**(1)电源**

采用变压器降压,桥式整流、集成稳压电路。电源原理如图4.1.1所示。接通220 V 50 Hz交流电源后可输出:

①固定+5 V(1.0 A)具有过流(短路)保护即电源灯灭显示,排除故障后自动恢复。

②固定+15 V(0.3 A)具有过流(短路)保护即声音报警,排除故障后自动恢复。

③固定-15 V(0.3 A)具有过流(短路)保护即声音报警,排除故障后自动恢复。

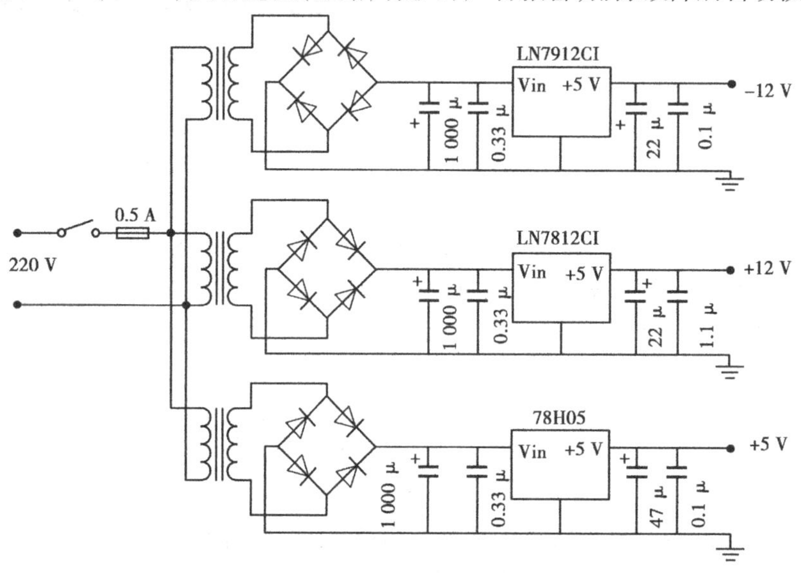


图4.1.1 电源原理图

**(2)单脉冲源**

在仪器的左下方有三组单脉冲源,当按动微动开关时相应的插孔同时输出正负单脉冲,并有指示灯燃亮显示(红灯亮为高电平)释放微动开关时恢复原来状态,其原理如图4.1.2所示。

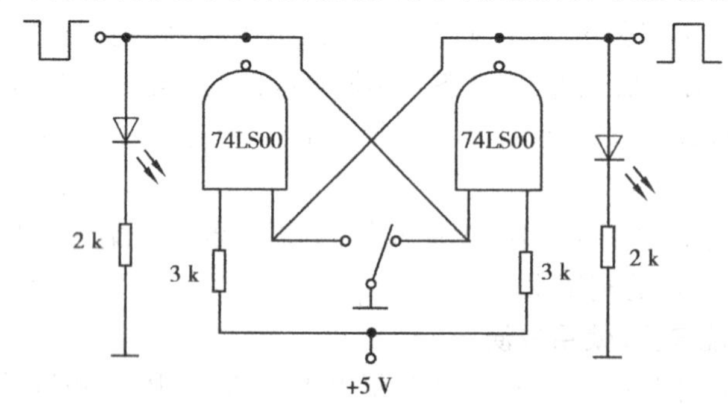


图4.1.2 单脉冲原理电路

**(3)连续脉冲源**

CP脉冲频率由电位器控制,连续可调。由波段开关控制频率分为三个频段:低段1～100 Hz;中段为100 Hz～10 kHz;高段为10～100 kHz。其波形占空比均为50%(方波)。其原理如图4.1.3所示。

另外固定频率的连续脉冲有两组：一组为 1 MHz，另一组为 2 MHz。其原理如图 4.1.4 所示。

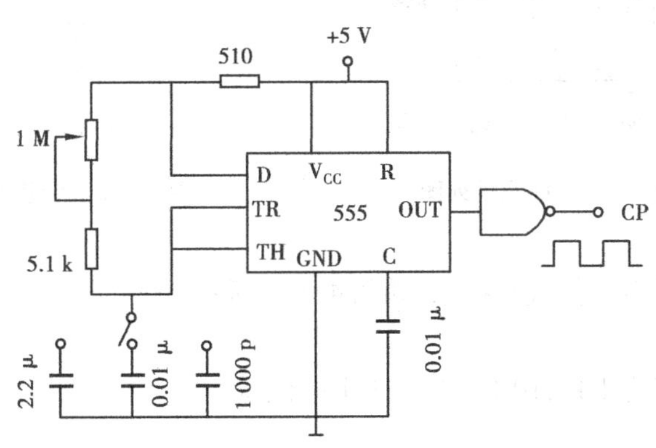


图 4.1.3　CP 脉冲原理电路

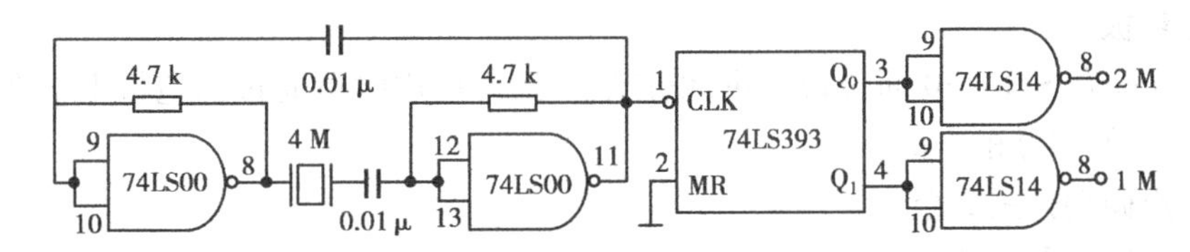


图 4.1.4　固定频率脉冲原理电路

**(4) 电平显示灯组**

仪器的上方有 16 位电平显示灯组，高电平时红灯亮，低电平时红灯灭。

**(5) 电平输出开关组**

在仪器的下部有 16 个高低电平输出插孔，其输出电平由开关控制，开关向上扳，红灯亮时输出 3.5 V 以上的高电平；开关向下扳，红灯不亮输出 0 V 低电平。其原理如图 4.1.5 所示。

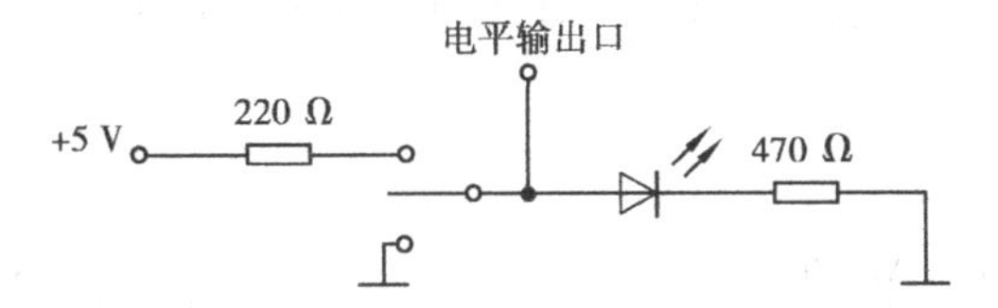


图 4.1.5　高低电平输出原理电路

**(6) 数码显示**

仪器上方设有六个 7 段数码显示，极性可共阴、共阳，由开关控制，数码显示可以通过译码器由 A，B，C，D 输入 1，2，4，8 码（高电平有效），也可以不通过译码器直接控制各段显示。其原理如图 4.1.6 所示。如用单笔显示时必须将译码（74LS48）片子摘下，否则有分流作用影响实验，损坏器件。

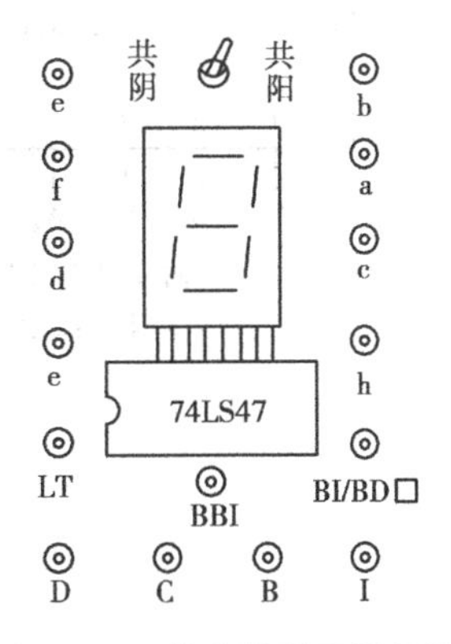


图 4.1.6　数码管显示原理图

**(7) 集成电路插座群**

仪器台板上设置了 IC-8P 插座 2 个；IC-14P 插座 8 个；IC-16P 插座 4 个；IC-20P 插座 2 个；IC-24P 插座 1 个；IC-28P 插座 1 个，如图 4.1.7 所示。插座各脚均与 1 号台阶插座相连，这些芯片之间的连接便可用 1 号（2 号）叠插头线来连接，较方便可靠。

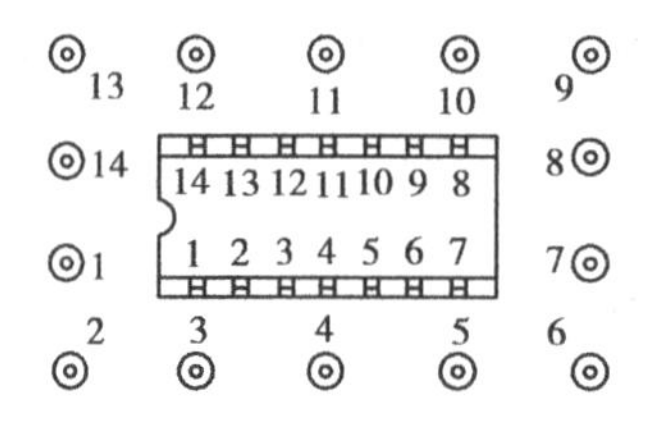

图 4.1.7　插座排列图

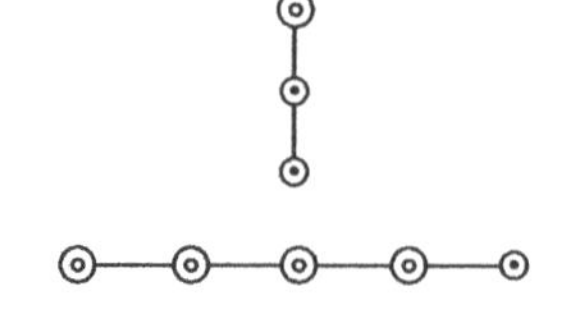
图 4.1.8　针管座组

**(8)针管座组**

针管座可供插接阻容元件或转接用,如图 4.1.8 所示。

**(9)备用电位器**

仪器下方设有阻值为 1 k ,10 k,100 k 3 个电位器。

**(10)微音器**

仪器中部设有微音器 1 个。

**(11)面包板**

仪器下方设有 SYB-130 面包板一块,供扩展使用。使用时可通过面包板上下两排转接插孔,与仪器的其他部分相连接。

**(12)备用微动开关 2 个**

**(13)备用继电器(5 V)1 个**

**(14)预留扩展板位**

实验箱可在面包板上增加扩展板,可方便地扩展实验箱功能,以适应综合实验和设计性实验的要求;随着可编程逻辑器件的发展,实验箱可在配套计算机及其软件的支持下,可增加 CPLD 和 FPGA 等 EDA 相关器件开发和应用实验。

## 4.2　数字逻辑常用芯片引脚及功能介绍

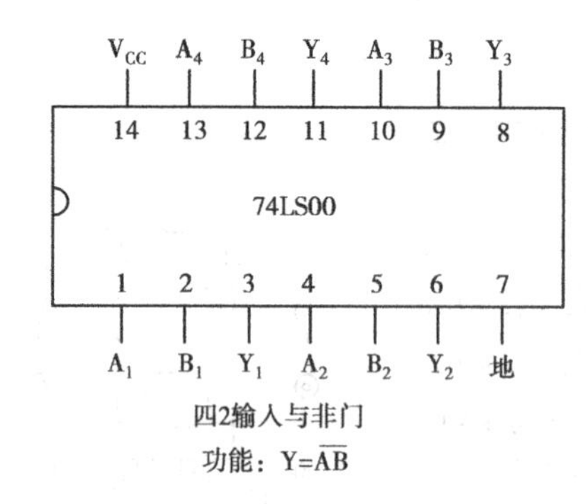

四2输入与非门

功能：$Y=\overline{AB}$

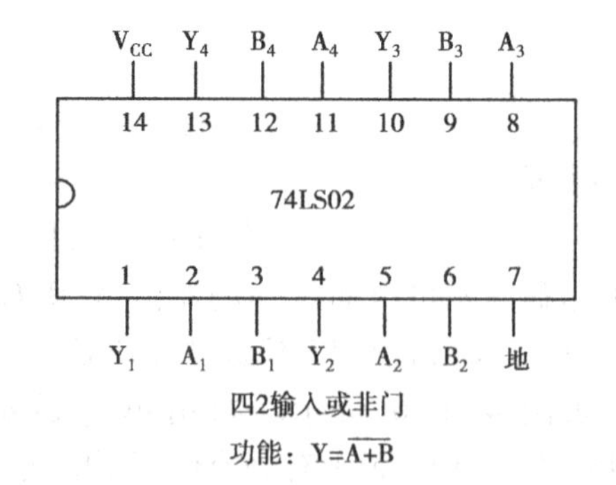

四2输入或非门

功能：$Y=\overline{A+B}$

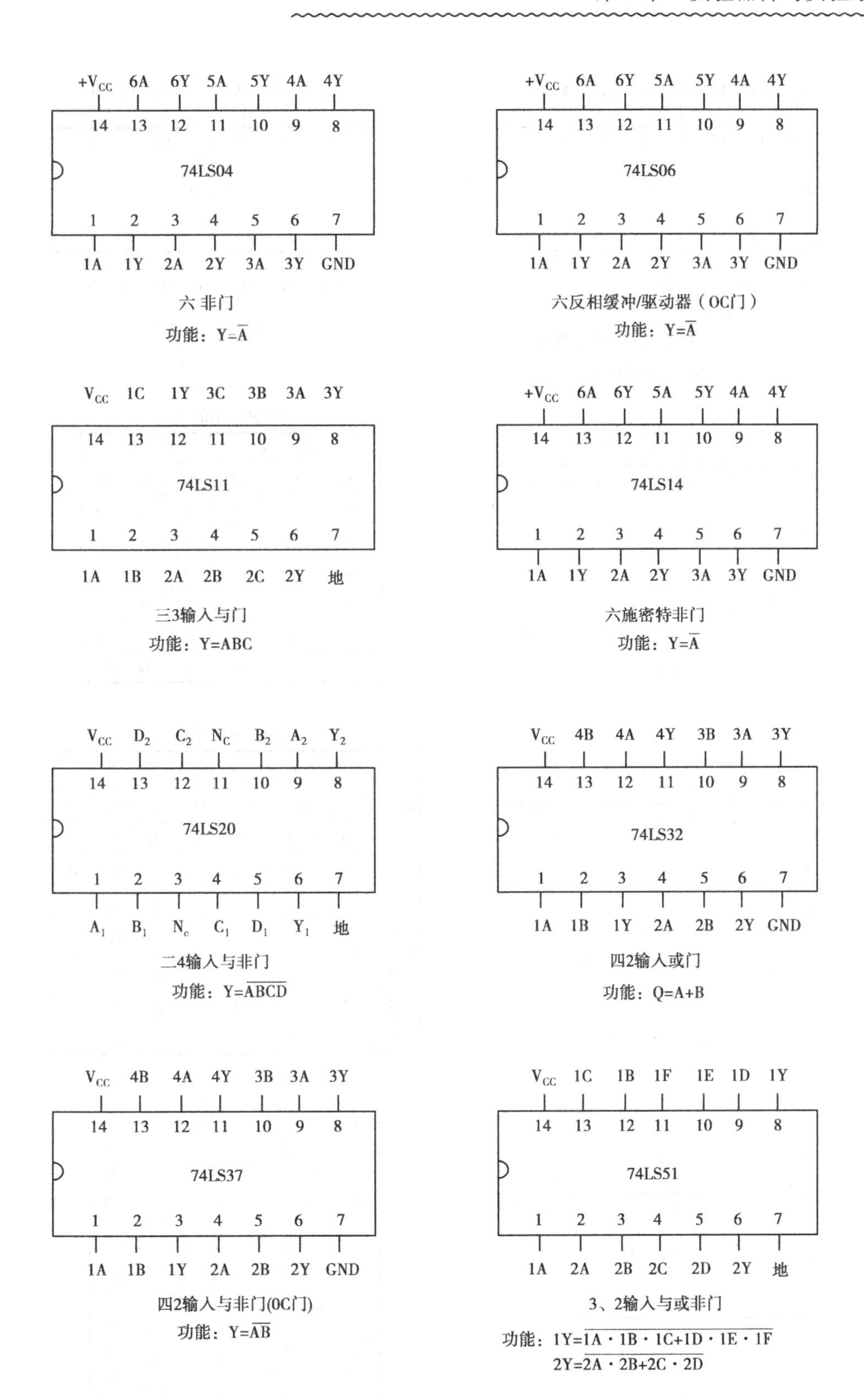


六非门
功能：$Y=\overline{A}$

六反相缓冲/驱动器（OC门）
功能：$Y=\overline{A}$

三3输入与门
功能：Y=ABC

六施密特非门
功能：$Y=\overline{A}$

二4输入与非门
功能：$Y=\overline{ABCD}$

四2输入或门
功能：Q=A+B

四2输入与非门(OC门)
功能：$Y=\overline{AB}$

3、2输入与或非门
功能：$1Y=\overline{1A\cdot 1B\cdot 1C+1D\cdot 1E\cdot 1F}$
$2Y=\overline{2A\cdot 2B+2C\cdot 2D}$

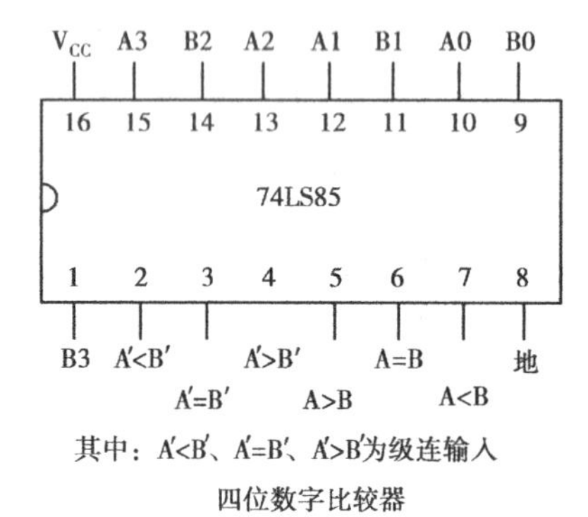


其中：A′<B′、A′=B′、A′>B′为级连输入

四位数字比较器

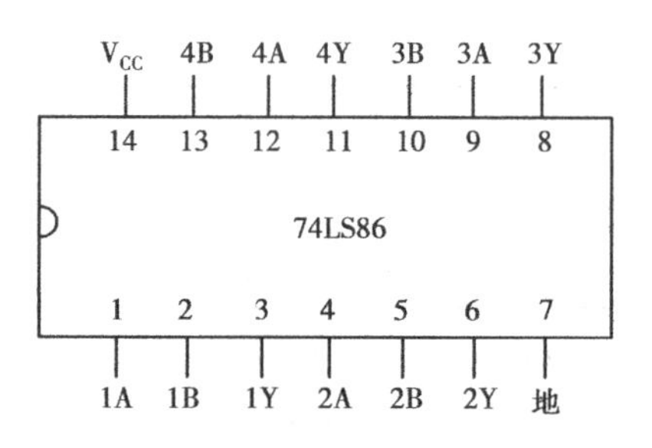


四2输入异或门

功能：$Y=A\oplus B$

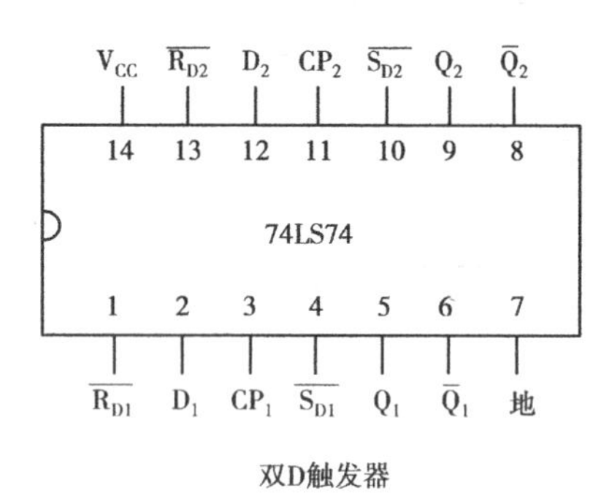


双D触发器

74LS74功能表

| 输入 | | | | 输出 | |
|---|---|---|---|---|---|
| $\overline{S_D}$ | $\overline{R_D}$ | CP | D | Q | $\overline{Q}$ |
| 0 | 1 | × | × | 1 | 0 |
| 1 | 0 | × | × | 0 | 1 |
| 0 | 0 | × | × | 1 | 1 |
| 1 | 1 | ↑ | 1 | 1 | 0 |
| 1 | 1 | ↑ | 0 | 0 | 1 |
| 1 | 1 | 0 | × | 保持 | |

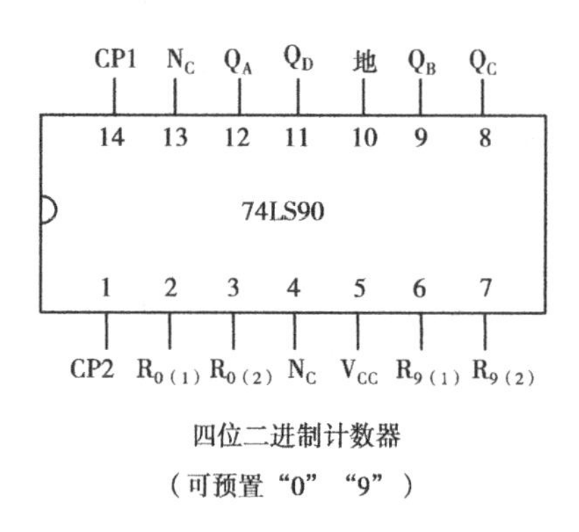


四位二进制计数器

（可预置“0”“9”）

74LS90功能表

| 输入 | | | | 输出 | | | |
|---|---|---|---|---|---|---|---|
| $R_{0(1)}$ | $R_{0(2)}$ | $R_{9(1)}$ | $R_{9(2)}$ | $Q_D$ | $Q_C$ | $Q_B$ | $Q_A$ |
| 1 | 1 | 0 | × | 0 | 0 | 0 | 0 |
| 1 | 1 | × | 0 | 0 | 0 | 0 | 0 |
| × | × | 1 | 1 | 1 | 0 | 0 | 1 |
| × | 0 | × | 0 | 计数 | | | |
| 0 | × | 0 | × | 计数 | | | |
| 0 | × | × | 0 | 计数 | | | |
| × | 0 | 0 | × | 计数 | | | |

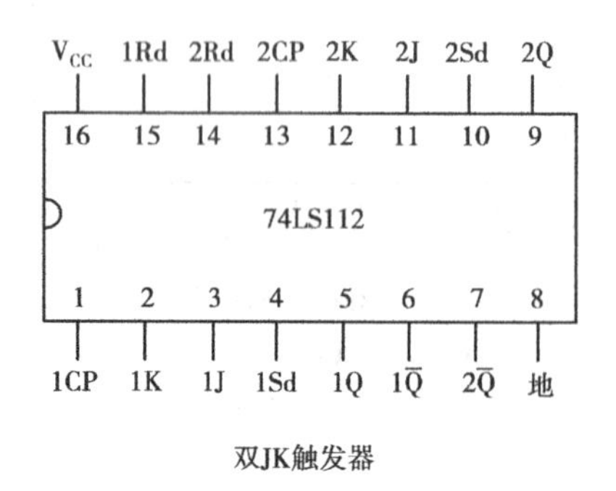


双JK触发器

74LS112功能表

| 输入 | | | | | 输出 | |
|---|---|---|---|---|---|---|
| Sd | Rd | CP | J | K | Q | Q |
| 0 | 1 | × | × | × | 1 | 0 |
| 1 | 0 | × | × | × | 0 | 1 |
| 0 | 0 | × | × | × | 1 | 1 |
| 1 | 1 | ↓ | 0 | 0 | 保持 | |
| 1 | 1 | ↓ | 1 | 0 | 1 | 0 |
| 1 | 1 | ↓ | 0 | 1 | 0 | 1 |
| 1 | 1 | ↓ | 1 | 1 | 计数 | |
| 1 | 1 | 1 | × | × | 保持 | |

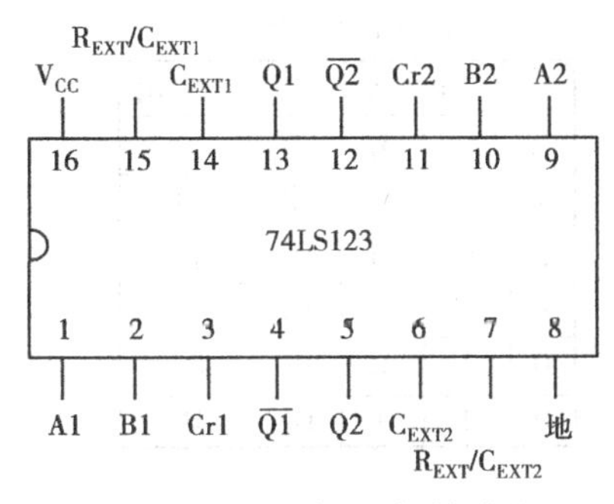


双可再触发单稳态多谐振荡器

74LS123功能表

| 输入 | | | 输出 | |
|---|---|---|---|---|
| Cr | A | B | Q | Q |
| 0 | × | × | 0 | 1 |
| × | 1 | × | 0 | 1 |
| × | × | 0 | 0 | 1 |
| 1 | 0 | ↑ | ⎍ | ⊔ |
| 1 | ↓ | 1 | ⎍ | ⊔ |
| ↑ | 0 | 1 | ⎍ | ⊔ |

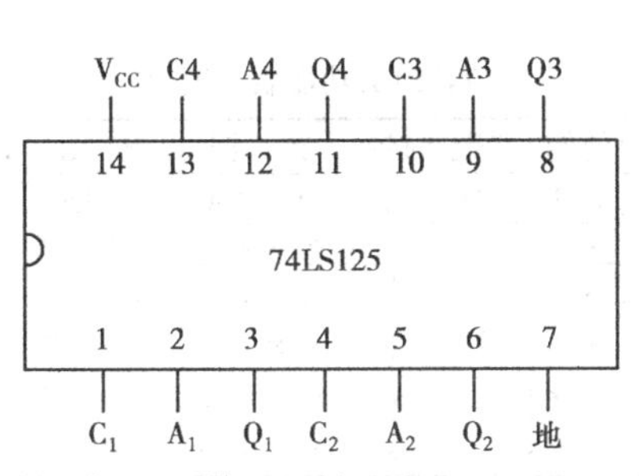


四三态输出总线缓冲门

功能：C=0 时 Q=A

C=1 时 Q=高阻

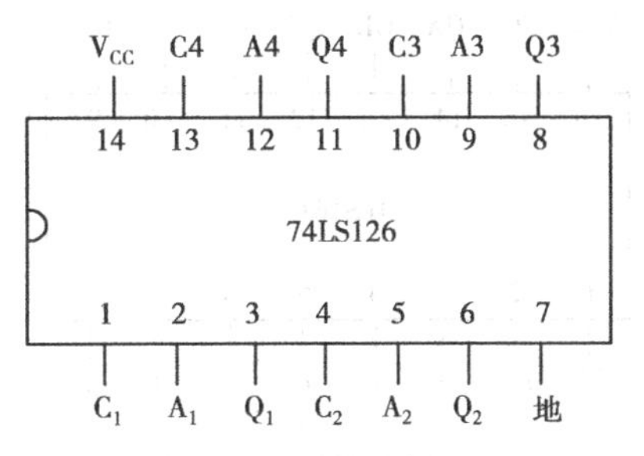


四三态输出总线缓冲门

功能：C=1 时 Q=A

C=0 时 Q=高阻

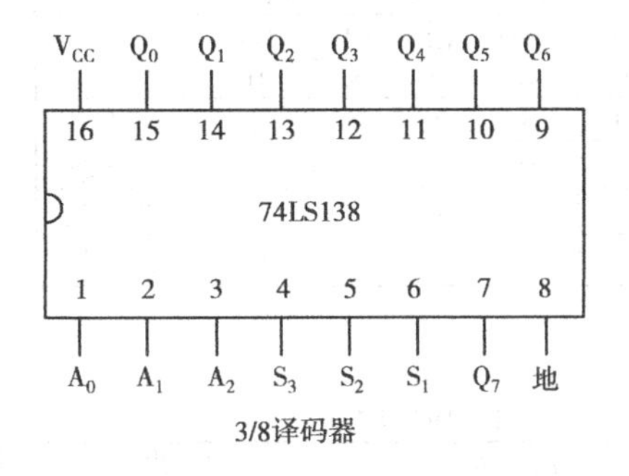


3/8译码器

74LS138 3/8译码器的功能

S1=0或S2=S3=1时：

Q0–Q7均为高电平。

S1=1及S2=S3=1时：

A0A1A2的八种组合状态

分别在Q0–Q7端译码输出。

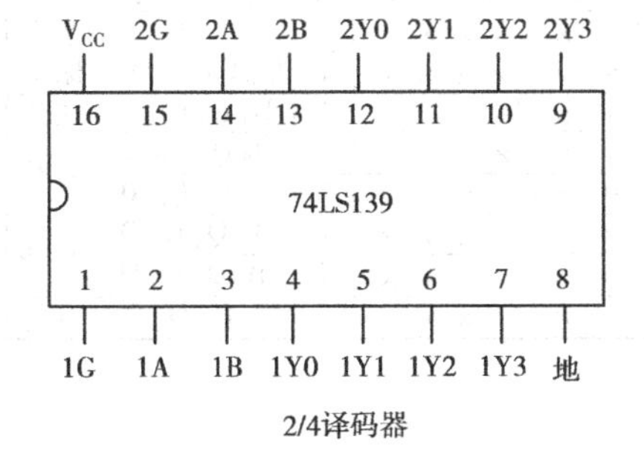


2/4译码器

74LS139 2/4译码器的功能

| G | B | A | Y0 | Y1 | Y2 | Y3 |
|---|---|---|---|---|---|---|
| 1 | Φ | Φ | 1 | 1 | 1 | 1 |
| 0 | 0 | 0 | 0 | 1 | 1 | 1 |
| 0 | 0 | 1 | 1 | 0 | 1 | 1 |
| 0 | 1 | 0 | 1 | 1 | 0 | 1 |
| 0 | 1 | 1 | 1 | 1 | 1 | 0 |

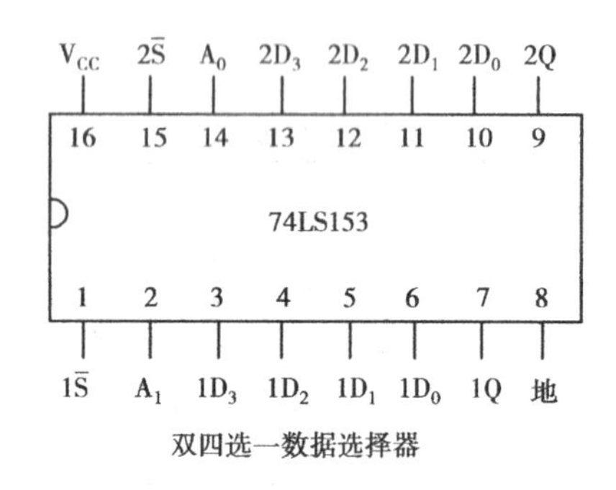


双四选一数据选择器

74LS153功能表

| 输　入 | | | | 输　出 |
|---|---|---|---|---|
| $\overline{S}$ | $A_1$ | $A_0$ | D | Q |
| 1 | Φ | Φ | Φ | 0 |
| 0 | 0 | 0 | $D_0$ | $D_0$ |
| 0 | 0 | 1 | $D_1$ | $D_1$ |
| 0 | 1 | 0 | $D_2$ | $D_2$ |
| 0 | 1 | 1 | $D_3$ | $D_3$ |

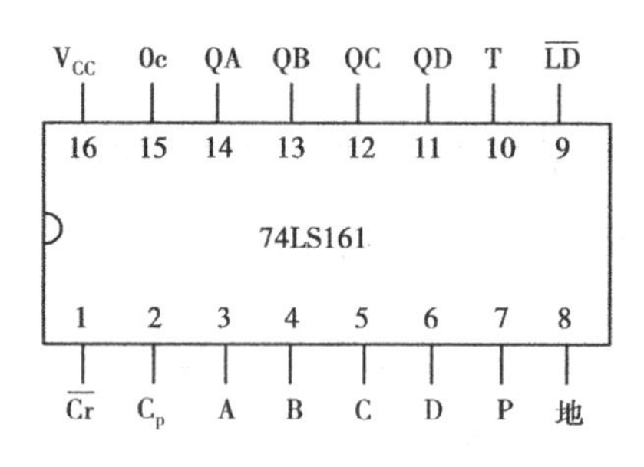


四位同步可预置二进制计数器

74LS161功能表（模十六）

| 清零 | 使能 | 置数 | 时钟 | 数　据 | 输　出 |
|---|---|---|---|---|---|
| $\overline{Cr}$ | P T | $\overline{LD}$ | $C_p$ | D C B A | $Q_DQ_CQ_BQ_A$ |
| 0 | × × | × | × | × × × × | 0 0 0 0 |
| 1 | × × | 0 | ↑ | d c b a | d c b a |
| 1 | 1 1 | 1 | ↑ | × × × × | 计　数 |
| 1 | 0 × | 1 | × | × × × × | 保　持 |
| 1 | × 0 | 1 | × | × × × × | 保　持 |

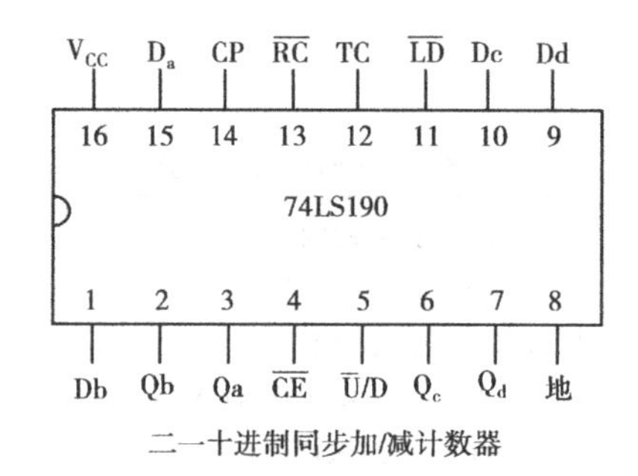


二一十进制同步加/减计数器

74LS190功能表

| 置数 | 加/减 | 片选 | 时钟 | 数　据 | 输　出 |
|---|---|---|---|---|---|
| $\overline{LD}$ | $\overline{U}$/D | $\overline{CE}$ | CP | Dn | Qn |
| 0 | × | × | × | 0 | 0 |
| 0 | × | × | × | 1 | 1 |
| 1 | 0 | 0 | ↑ | × | 加计数 |
| 1 | 1 | 0 | ↑ | × | 减计数 |
| 1 | × | 1 | × | × | 保　持 |

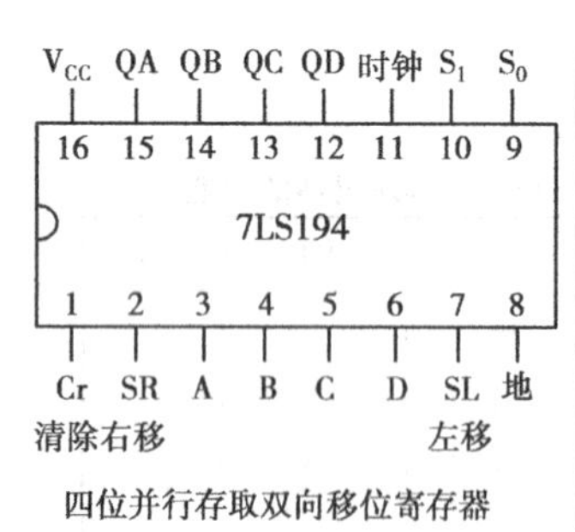


四位并行存取双向移位寄存器

74LS194功能表

| 序 | 输　入 | | | | | 输　出 | 功能 |
|---|---|---|---|---|---|---|---|
| | Cr | S1 S0 | SL SR | A B C D | CP | $Q_A$ $Q_B$ $Q_C$ $Q_D$ | |
| 1 | 0 | × × | × × | × × × × | × | 0 0 0 0 | 清零 |
| 2 | 1 | × × | × × | × × × × | 1 | $Q_{An}Q_{Bn}Q_{Cn}Q_{Dn}$ | 保持 |
| 3 | 1 | 1 1 | × × | $D_A$ $D_B$ $D_C$ $D_D$ | ↑ | $D_A$ $D_B$ $D_C$ $D_D$ | 送数 |
| 4 | 1 | 1 0 | 1 × | × × × × | ↑ | $Q_B$ $Q_C$ $Q_D$ 1 | 左移 |
| 5 | 1 | 1 0 | 0 × | × × × × | ↑ | $Q_B$ $Q_C$ $Q_D$ 0 | |
| 6 | 1 | 0 1 | × 1 | × × × × | ↑ | 1 $Q_A$ $Q_B$ $Q_C$ | 右移 |
| 7 | 1 | 0 1 | × 0 | × × × × | ↑ | 0 $Q_A$ $Q_B$ $Q_C$ | |
| 8 | 1 | 0 0 | × × | × × × × | × | $Q_{An}Q_{Bn}Q_{Cn}Q_{Dn}$ | 保持 |

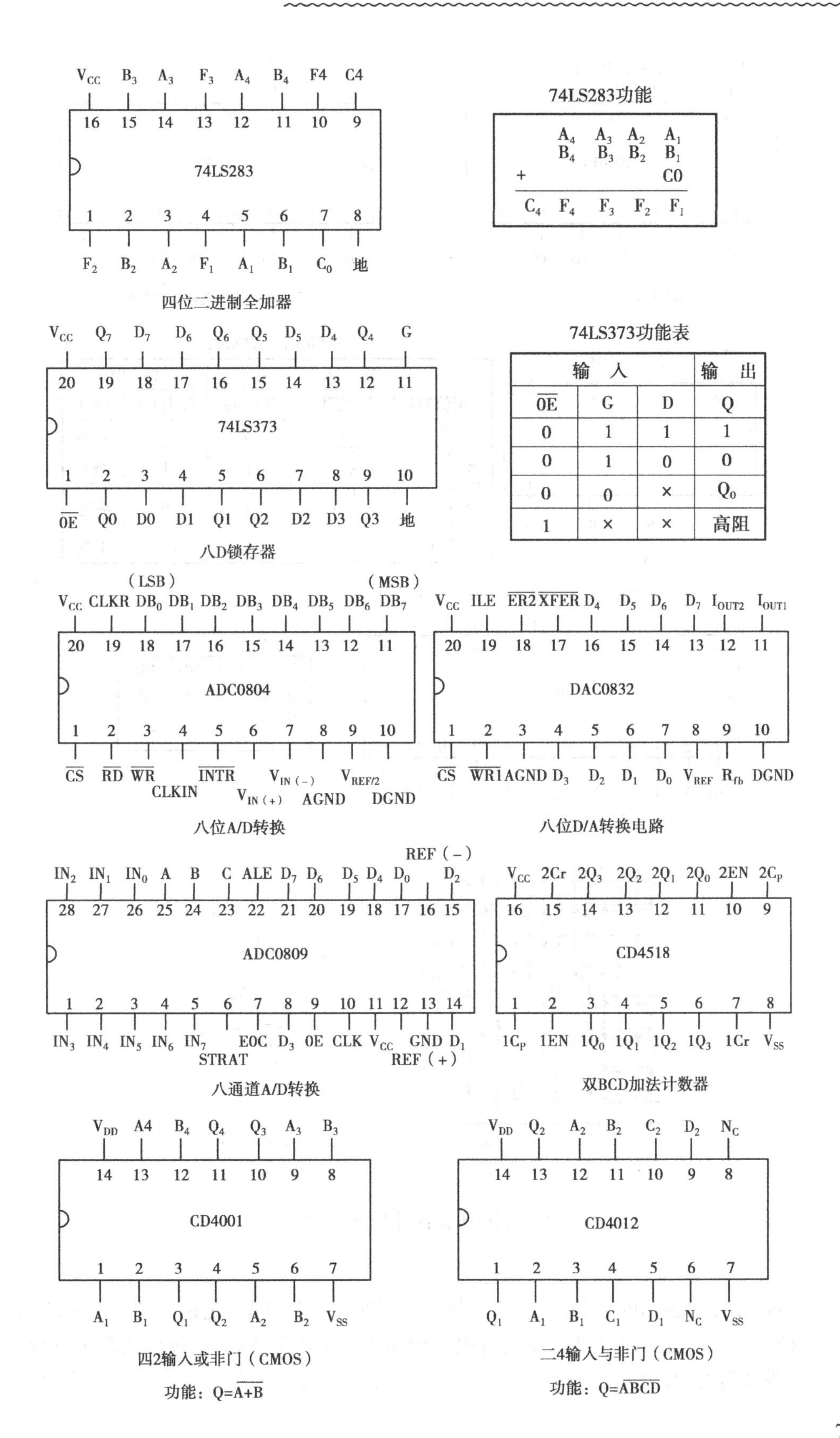


74LS373功能表

| 输入 | | | 输出 |
|---|---|---|---|
| $\overline{OE}$ | G | D | Q |
| 0 | 1 | 1 | 1 |
| 0 | 1 | 0 | 0 |
| 0 | 0 | × | $Q_0$ |
| 1 | × | × | 高阻 |

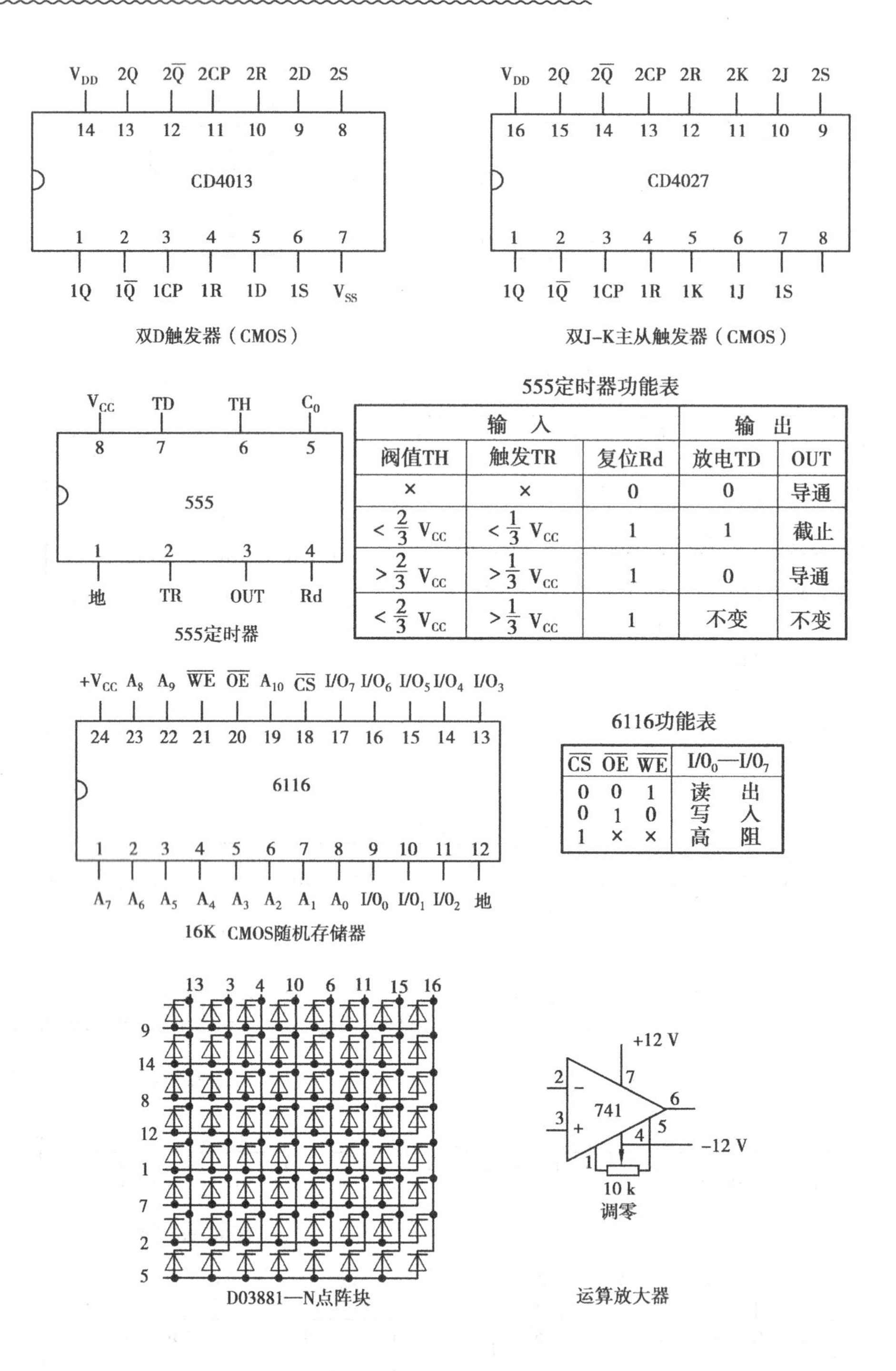


双D触发器（CMOS）

双J-K主从触发器（CMOS）

555定时器功能表

| 输入 | | | 输出 | |
|---|---|---|---|---|
| 阈值TH | 触发TR | 复位Rd | 放电TD | OUT |
| × | × | 0 | 0 | 导通 |
| $<\frac{2}{3}V_{CC}$ | $<\frac{1}{3}V_{CC}$ | 1 | 1 | 截止 |
| $>\frac{2}{3}V_{CC}$ | $>\frac{1}{3}V_{CC}$ | 1 | 0 | 导通 |
| $<\frac{2}{3}V_{CC}$ | $>\frac{1}{3}V_{CC}$ | 1 | 不变 | 不变 |

555定时器

6116功能表

| $\overline{CS}$ | $\overline{OE}$ | $\overline{WE}$ | $I/O_0—I/O_7$ |
|---|---|---|---|
| 0 | 0 | 1 | 读出 |
| 0 | 1 | 0 | 写入 |
| 1 | × | × | 高阻 |

16K CMOS随机存储器

D03881—N点阵块

运算放大器

## 4.3 Cyclone Ⅲ器件介绍

Cyclone Ⅲ系列为 Altera 公司 2007 年推出的 FPGA 系列产品，包括 Cyclone Ⅲ和 Cyclone Ⅲ LS 两个子系列。该系列 FPGA 采用台积电 65 nm 低功耗制造技术，声称实现了低成本、低功耗和高性能等综合优势。其中 Cyclone Ⅲ LS 子系列主要面向具有更高安全特性要求和更高低功耗要求的应用设计。Cyclone Ⅲ 系列 FPGA 芯片纵向兼容，即同系列相同封装的芯片可相互替换使用。各种 Cyclone Ⅲ 系列器件的内部资源如表 4.3.1 所示。

表 4.3.1　Cyclone Ⅲ 系列器件的内部资源情况

| 子系列 | 器　件 | 逻辑单元 | M9K | RAM(Bit) | 18×18 乘法器 | PLL | 全局时钟网络 | 最大用户 I/O |
|---|---|---|---|---|---|---|---|---|
| Cyclone Ⅲ | EP3C5 | 5 136 | 46 | 423 936 | 23 | 2 | 10 | 182 |
| | EP3C10 | 10 320 | 46 | 423 936 | 23 | 2 | 10 | 182 |
| | EP3C16 | 15 408 | 56 | 516 096 | 56 | 4 | 20 | 346 |
| | EP3C25 | 24 624 | 66 | 608 256 | 66 | 4 | 20 | 215 |
| | EP3C40 | 39 600 | 126 | 1 161 216 | 126 | 4 | 20 | 535 |
| | EP3C55 | 55 856 | 260 | 2 396 160 | 156 | 4 | 20 | 377 |
| | EP3C80 | 81 264 | 305 | 2 810 880 | 244 | 4 | 20 | 429 |
| | EP3C120 | 119 088 | 432 | 3 981 312 | 288 | 4 | 20 | 531 |
| Cyclone Ⅲ LS | EP3CLS70 | 70 208 | 333 | 3 068 928 | 200 | 4 | 20 | 429 |
| | EP3CLS100 | 100 448 | 483 | 4 451 328 | 276 | 4 | 20 | 429 |
| | EP3CLS150 | 150 848 | 666 | 6 137 856 | 320 | 4 | 20 | 429 |
| | EP3CLS200 | 198 464 | 891 | 8 211 456 | 396 | 4 | 20 | 429 |

Cyclone Ⅲ 系列器件内部主要包含逻辑阵列块(LAB)、存储器块、嵌入式乘法器、时钟网络和锁相环(PLL)，I/O 端口等资源，并且具有支持高速差分接口、自动调整的外部存储器接口、多种工业级的嵌入式处理器、JTAG 调试以及热插拔和上电复位等特性。下面分别对一些重要模块的结构和一些重要特性进行简要介绍。

**(1)逻辑阵列块(LAB)**

芯片中的每个逻辑阵列块中包含 16 个逻辑单元(LE)和一个逻辑阵列块宽度控制模块。LE 是 Cyclone Ⅲ 系列器件内部的最小逻辑单位，包含四个输入端口、一个四输入查找表、一个寄存器以及输出逻辑等。LE 通过对四输入查找表配置不同的参数实现各种功能。Cyclone Ⅲ 系列器件中的 LE 结构如图 4.3.1 所示。LE 可根据需要配置实现各种功能，还可以工作在普通模式或运算模式。不过这个配置过程是由 Quartus Ⅱ 软件自动完成，无须用户参与。

16 个 LE 与 LAB 控制信号、LE 进位链、寄存器链等逻辑一起构成一个 LAB。Cyclone Ⅲ 系列器件中的 LAB 结构如图 4.3.2 所示。LAB 通过本地互连逻辑以及行列互连逻辑与其他 LAB、存储器块、时钟网络以及 PLL 等实现连接。

**(2)存储器块**

Cyclone Ⅲ 系列器件中的存储器块均采用 M9K 结构。Cyclone Ⅲ 系列器件中的每个 M9K 存储器块具有 9K 比特的存储容量。其中 Cyclone Ⅲ 子系列器件中的 M9K 存储器块运行速度高达 315 MHz，Cyclone Ⅲ LS 子系列器件中的 M9K 存储器块运行速度高达 274 MHz。M9K 存储器块可灵活地配置成不同大小，不同数据宽度的单口 RAM、简单双口 RAM、真双口 RAM、移位寄存器、ROM 以及 FIFO 等。

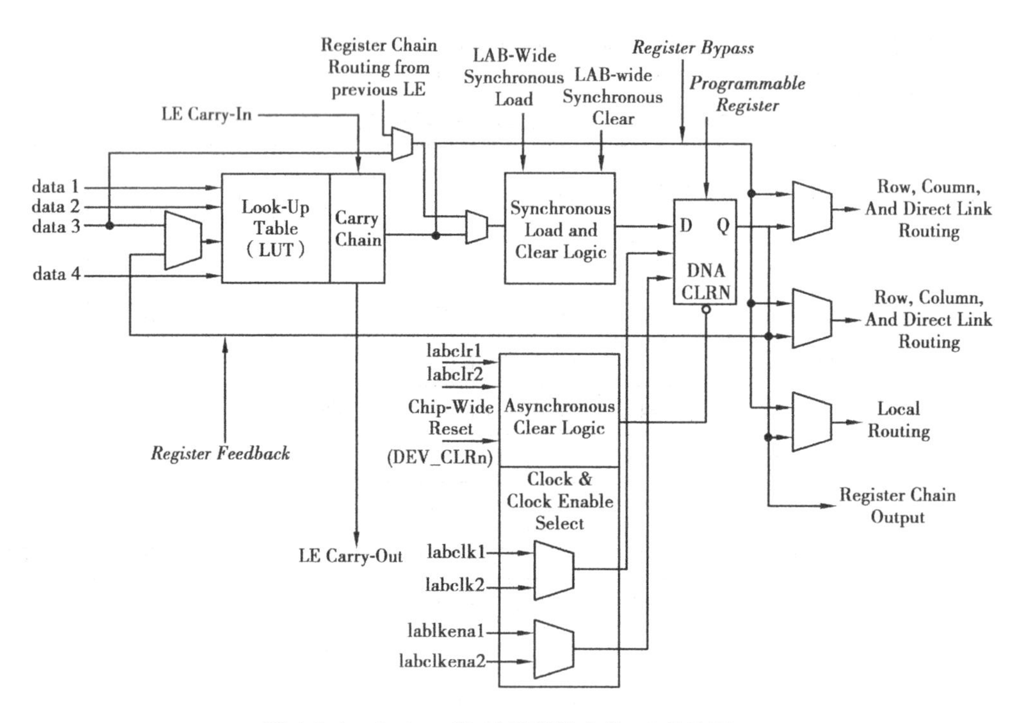


图 4.3.1　Cyclone Ⅲ 系列器件中的 LE 结构图

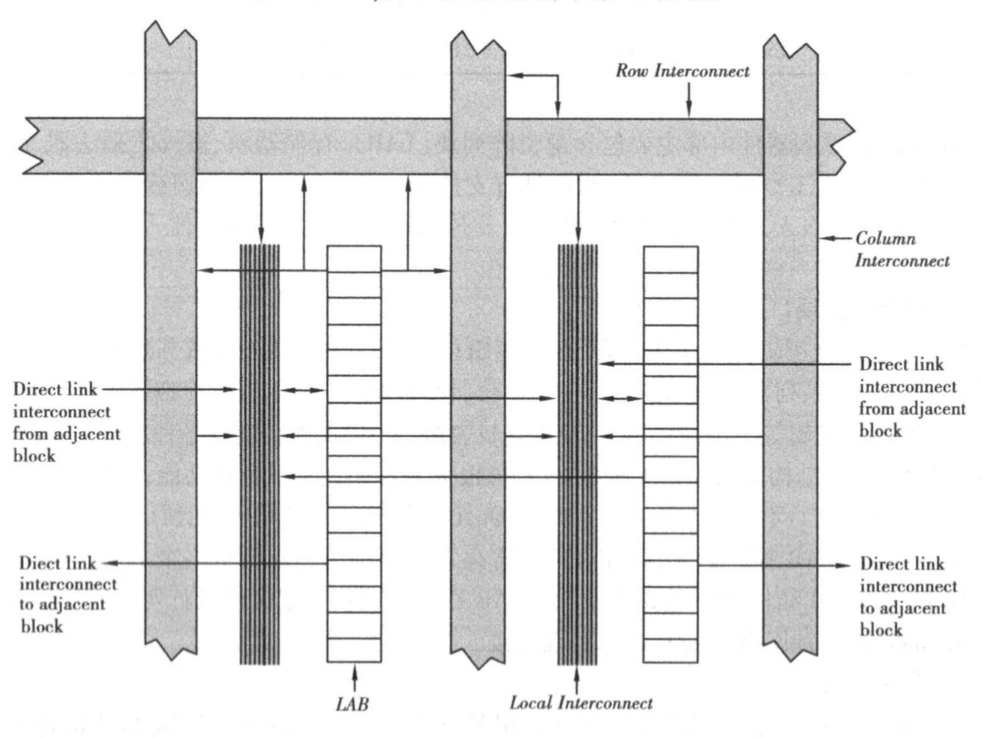


图 4.3.2　Cyclone Ⅲ 系列器件中的 LAB 结构图

(3) 嵌入式乘法器

为了提高芯片数字信号处理(DSP)能力，Cyclone Ⅲ 系列器件中集成了大量的嵌入式乘法器。嵌入式乘法器结构如图 4.3.3 所示。每个嵌入式乘法器模块可以配置成一个 18 × 18

的乘法器或两个 9×9 的乘法器。利用 FPGA 的并行处理特性,同时使用多个乘法器可以实现超强的数据处理能力。

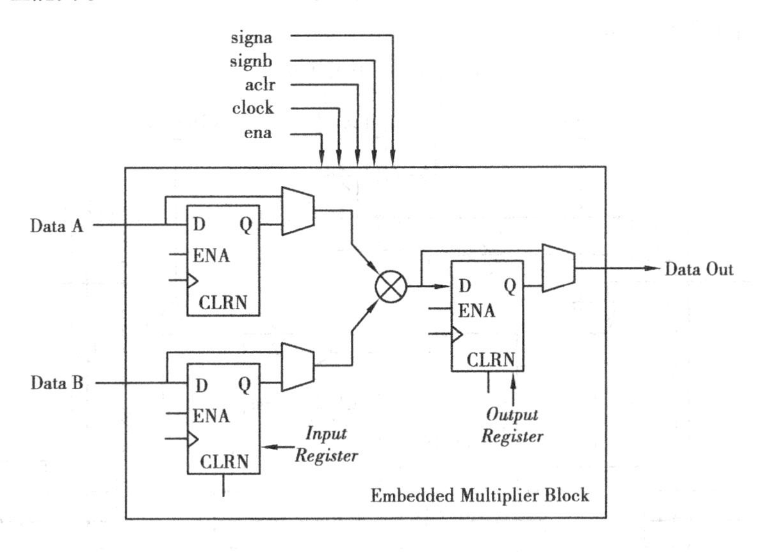


图 4.3.3　Cyclone Ⅲ 系列器件中嵌入式乘法器结构图

(4)全局时钟网络(GCLK)和锁相环(PLL)

FPGA 芯片时钟系统很大程度地决定了 FPGA 芯片的性能。时钟系统主要由 GCLK 和 PLL 等构成。Cyclone Ⅲ 系列器件最多每个芯片提供 20 个 GCLK。GCLK 贯穿整个 FPGA 芯片,用于优化芯片时钟偏移和时钟延迟。芯片中的任何资源(包括 I/O 单元、逻辑阵列块、嵌入式乘法器、存储器等)均可以把 GCLK 作为时钟源、时钟使能或其他需要高扇出能力的控制功能信号。GCLK 可以通过专用时钟管脚、多功能时钟脚、用户逻辑以及 PLL 进行驱动。在不用 GCLK 时也可以通过关闭 GCLK 降低芯片功耗。

Cyclone Ⅲ 系列器件内部通过时钟控制块来控制 GCLK。时钟控制块位于芯片周围靠近专用时钟输入管脚位置,其结构如图 4.3.4 所示。图 4.3.5 是一个典型的 Cyclone Ⅲ 系列器件中的 PLL,时钟输入以及时钟控制块的分布图。

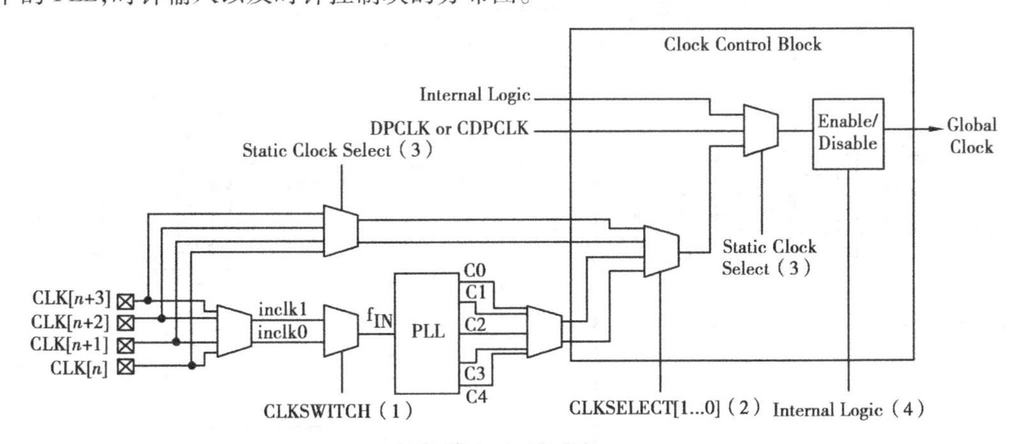


图 4.3.4　Cyclone Ⅲ 系列器件中的时钟控制块结构图

Cyclone Ⅲ 系列器件最多每个芯片提供4 个 PLL。每个 PLL 支持5 路输出,具有性能强劲的时钟管理和时钟合成功能,且可动态配置,可用于片内和片外系统时钟管理。PPL 输入端口也可以作为普通输入端口使用,输出端口可作为普通 I/O 端口使用。Cyclone Ⅲ 系列器件中的 PLL 结构如图 4.3.6 所示。

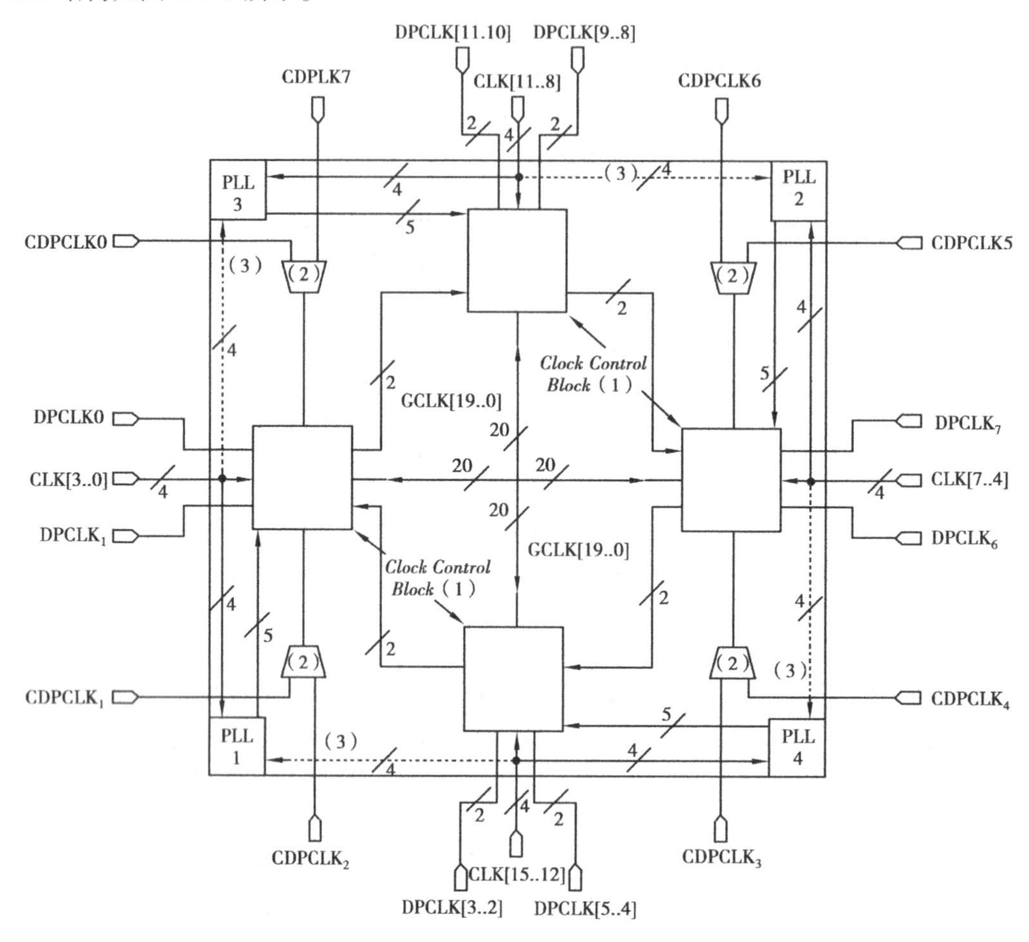


图 4.3.5 Cyclone Ⅲ 系列器件中的 PLL,时钟输入以及时钟控制块的分布图

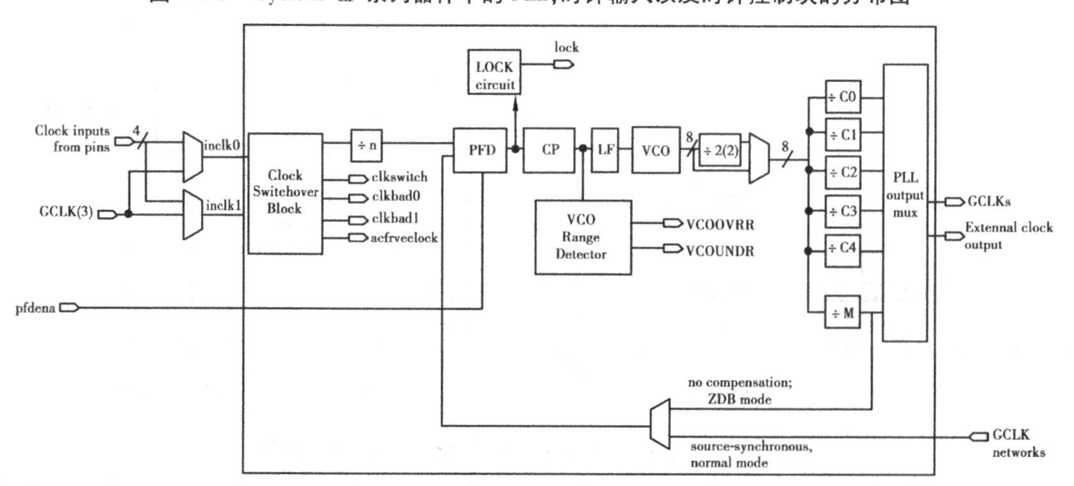


图 4.3.6 Cyclone Ⅲ 系列器件中的 PLL 结构图

(5) I/O 端口

Cyclone Ⅲ 系列器件 I/O 端口支持 LVTTL, LVCMOS, SSTL, HSTL, PCI, PCI-X, LVPECL, LVDS 总线, LVDS, 迷你 LVDS, RSDS, 以及 PPDS 等多种 I/O 接口标准。Cyclone Ⅲ 系列器件 I/O 端口还可以通过其可编程总线保持、可编程上拉电阻、可编程延时、可编程驱动能力、可编程速率控制等特性来提高信号完整性, 另外还支持热插拔。图 4.3.7 是 Cyclone Ⅲ 系列器件 I/O 单元配置为双向模式时的结构图。

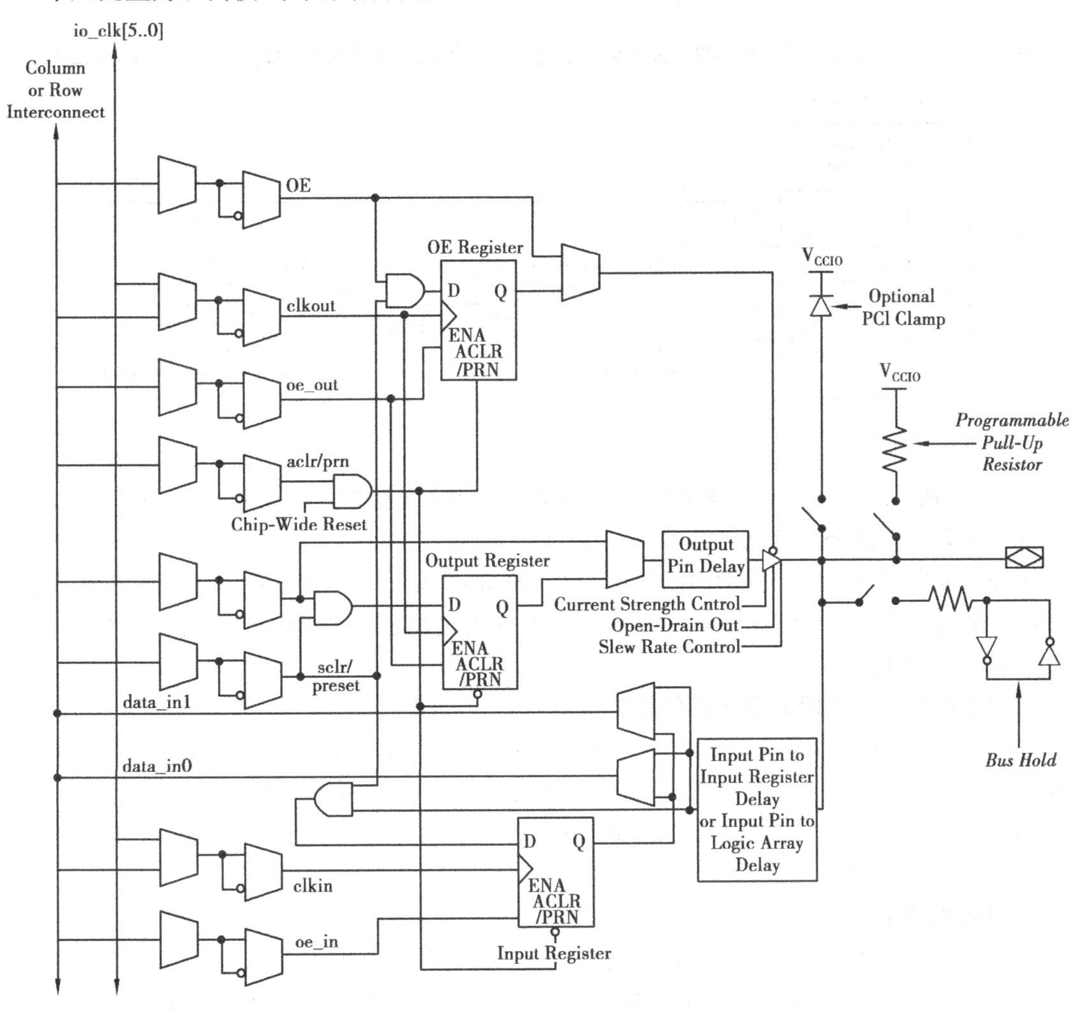


图 4.3.7　Cyclone Ⅲ 系列器件中的配置为双向模式的 I/O 单元结构图

(6) 高速差分接口

Cyclone Ⅲ 系列器件支持 BLVDS, LVDS, mini-LVDS, RSDS 以及 PPDS 等高速差分接口。在不用外接电阻的情况下, 芯片左右两边的 I/O 支持高达 745 Mbps 的数据速率, 芯片上下两边的 I/O 支持最高 640 Mbps 的数据速率, 这使用户可以用少量的 I/O 实现高速数据交换。下面以 LVDS I/O 标准为例说明 Cyclone Ⅲ 系列器件差分口的使用。LVDS I/O 标准是一种高速、低摆幅、低功耗的通用接口标准。图 4.3.8 是使用 Cyclone Ⅲ 系列器件左右侧端口的 LVDS 输入输出缓冲器实现 LVDS 收发的接口图。图 4.3.9 是使用 Cyclone Ⅲ 系列器件上下侧端口加外接电阻实现 LVDS 输出的接口图。

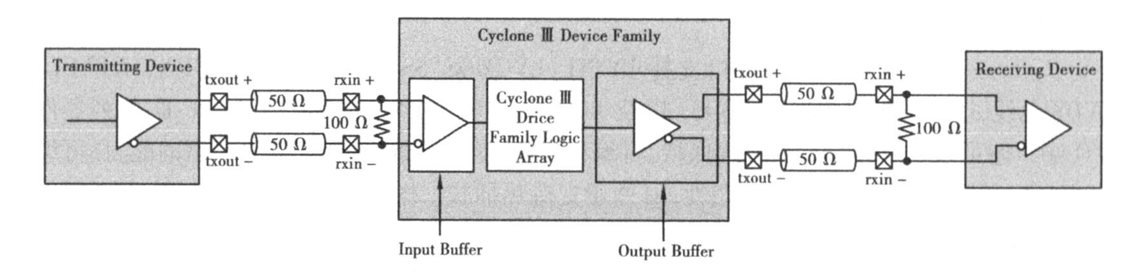


图 4.3.8 使用 Cyclone Ⅲ 系列器件左右侧端口的 LVDS 输入输出缓冲器实现 LVDS 收发的接口图

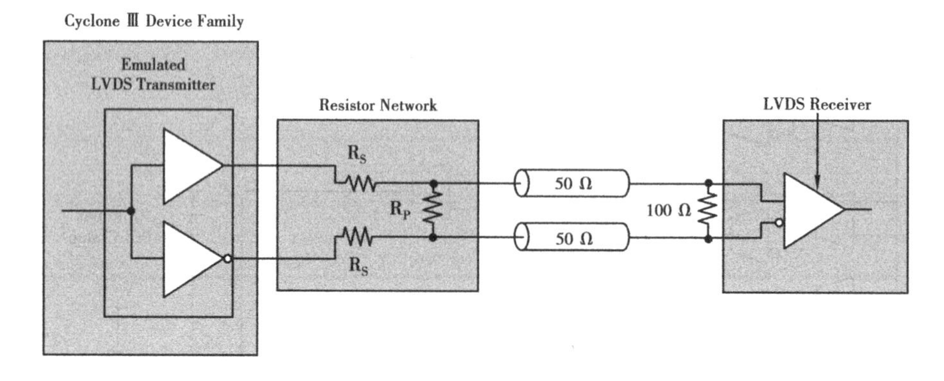


图 4.3.9 Cyclone Ⅲ 系列器件上下侧端口加外接电阻实现 LVDS 输出的接口图

**(7)自动调整的外部存储器接口**

Cyclone Ⅲ 系列器件支持 DDR,DDR2,SDR SDRAM 和 QDRII SRAM 等通用高速外部存储器接口,最高速率高达 400 Mbps。Quartus Ⅱ软件中有适用于 DDR 和 QDR 存储器物理接口的可自动调整宏功能模块。

**(8)支持多种工业级的嵌入式处理器**

为了能快速方便的实现系统级设计,Cyclone Ⅲ 系列器件提供对飞思卡尔 V1 Coldfire,ARM Cortex M1 以及 Altera Nios Ⅱ等 32 位软核处理器的支持,并通过 SOPC 工具提供 50 多种其他 IP。用户可用 SOPC 工具快速实现系统搭建。本书的后续章节有 Altera Nios Ⅱ嵌入式系统的开发的详细过程。

**(9)配置方案**

Cyclone Ⅲ 系列器件需要在每次上电时从外部 Flash 下载配置数据到芯片中,芯片使用 SRAM 单元来存储配置数据。Cyclone Ⅲ 系列器件支持采用 Altera EPCS 系列 Flash 器件或通用并行 Flash 器件作为配置器件,并支持 AS,AP(不支持 Cyclone Ⅲ LS 子系列),PS,FPP,JTAG 等多种配置方案。下面以较为常用的 AS 配置方案为例介绍 Cyclone Ⅲ 系列器件的配置方案。若是采用标准的复位时间和 3.3 V 的配置电压情况下对单个 Cyclone Ⅲ 系列芯片进行配置,则要保证设置 MSEL 为"0010",按如图 4.3.10 所示连接 Cyclone Ⅲ 系列芯片和 EPCS 芯片。需要注意的是,用户需要根据 FPGA 芯片容量的大小选择合适大小的 EPCS 芯片。

需要了解更多关于 Cyclone Ⅲ 系列器件的详细信息可通过 Altera 官方网站下载 Cyclone Ⅲ Device Handbook 和其他相关文档资料进行查阅。

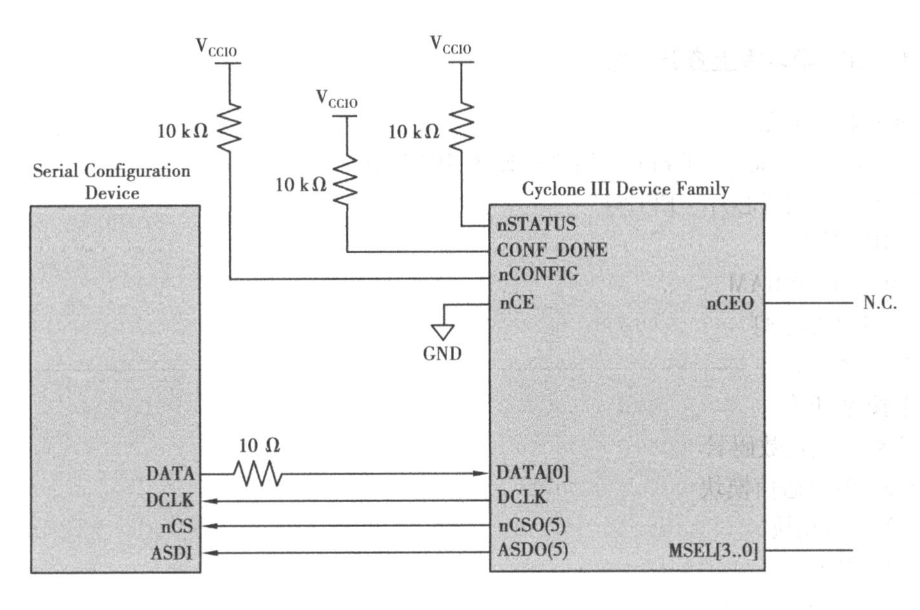


图4.3.10 Cyclone Ⅲ 系列器件单芯片AS配置方案连接图

## 4.4 LB0学习板套件介绍

LB0学习板套件是重庆大学通信工程学院为配合改革数字电子技术和EDA技术系列课程开发的便携式实验平台。LB0以Altera公司的Cyclone Ⅲ系列FPGA EP3C10E144C7为核心器件,板载大容量存储器,外配丰富的实验模块和扩展接口,可供开展大量的实验项目和实训课题。LB0学习板也可用于可编程片上系统(SOPC)课程的教学实验。

LB0学习板套件包含LB0实验板一块、USB Blaster调试器一个、PS/2数字小键盘一个、7.5 V/2 A开关电源一个、USB线一条、串口线一条。LB0学习板套件实物图如图4.4.1所示。

图4.4.1 LB0学习板套件实物图

### 4.4.1 LB0 学习板上资源介绍

LB0 实验板上资源包括：

- Altera Cyclone Ⅲ 系列 FPGA 器件—EP3C10E144C7
- Altera 串行配置芯片—EPCS4
- 50 MHz 晶振
- 32 M 字节 SDRAM
- 8 个 LED 指示灯
- 3 个拨动开关
- 4 个按键开关
- 8 位动态扫描数码管
- RS232 串口通信模块
- PS/2 接口模块
- SD 卡插槽
- 温度传感器
- 音频模块
- 高速 DA 模块
- 扩展接口

LB0 实验板硬件结构图如图 4.4.2 所示。

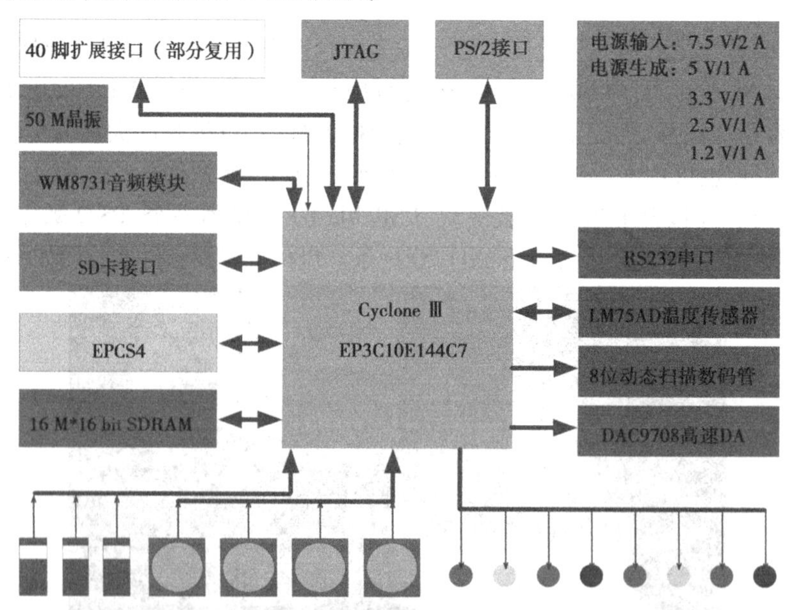


图 4.4.2 LB0 电路板硬件结构图

下面分别对各部分板上资源或电路进行简要介绍。

(1) Altera Cyclone Ⅲ 系列 FPGA 器件—EP3C10E144C7

FPGA 芯片 EP3C10E144C7 片上主要资源包括：10 320 个逻辑单元(LEs)、95 个用户 I/O、423 936 bit 片上存储器、46 个嵌入式硬件乘法器、2 个锁相环。有关芯片的详细信息可以访问 Altera 官方网站查阅相关文档。

(2) Altera **串行配置芯片—EPCS4**

EPCS4 是 Altera 公司 FPGA 专用的串行配置 Flash 芯片，提供断电不丢失的板上 4 Mbit 存储空间，可用于烧写 FPGA 配置数据、Nios Ⅱ软件烧录文件，也可以用于存储一些需要保存的用户数据。EPSC4 的 FPGA 配置数据烧写可以通过 AS 方式，也可以将配置文件转换为. JIC 文件后通过 JTAG 方式进行。由于 LB0 实验板没有设计独立的 AS 接口，故只有通过后者进行烧写。有关 EPSC4 的其他方面应用详细信息可以访问 Altera 官方网站查阅相关文档。

(3) 50 MHz **晶振**

50 MHz 晶振是 LB0 实验板上唯一的时钟信号源，采用的是有源晶振，只要上电即可送出 50 MHz 的信号至 FPGA 的 PIN_22 管脚。故用户需要使用时直接分配信号端口至该管脚即可，需要其他频率的信号可通过片内的锁相环或者设计分频模块实现。

(4) 32 M **字节** SDRAM

LB0 实验板上设计了一个 16 M×16 bit 的 SDRAM 芯片 IS42S16160B-7TL，芯片总容量为 32 M 字节，最高可运行到 133 MHz。SDRAM 可用于数据的缓存，也可作为 Nios Ⅱ嵌入式系统的程序和数据空间使用，由于 SDRAM 的控制时序较为复杂，通常使用时需要用专门设计的 SDRAM 控制器。SDRAM 模块电路图如图 4.4.3 所示。

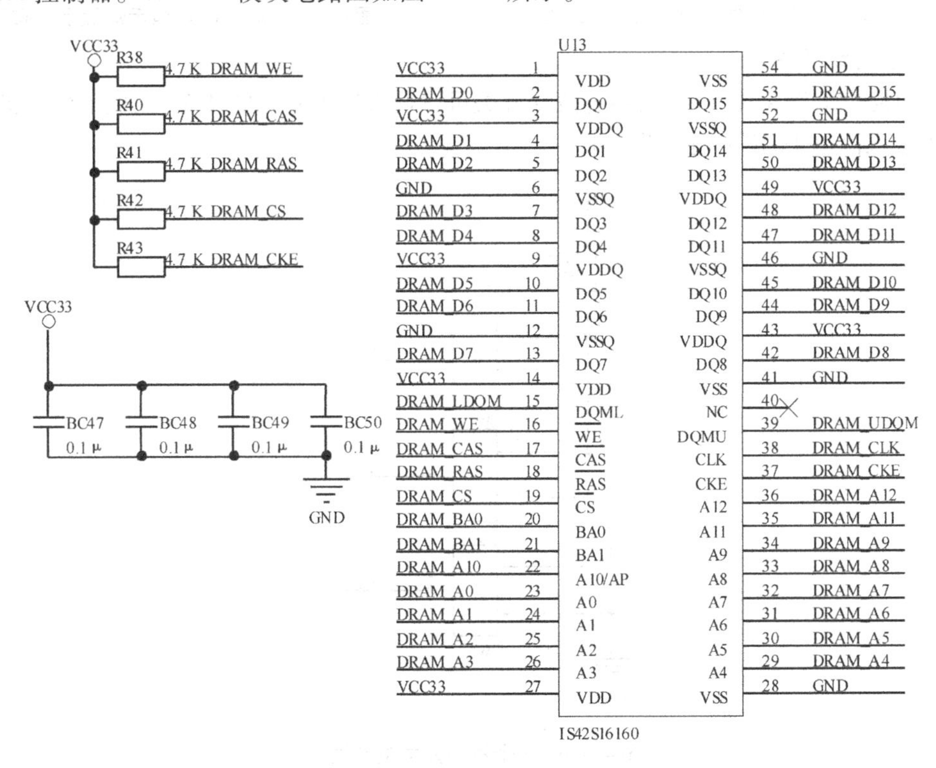


**图 4.4.3　32 M 字节 SDRAM 电路图**

(5) 8 **个** LED **指示灯**

模块电路图如图 4.4.4 所示。给指定的管脚送高低电平可以点亮或熄灭对应的指示灯，可用于跑马灯、交通灯、其他课题中的状态指示灯等使用。为方便进行交通灯课题设计，该模块在板上分布为十字交叉形状，如图 4.4.5 所示。

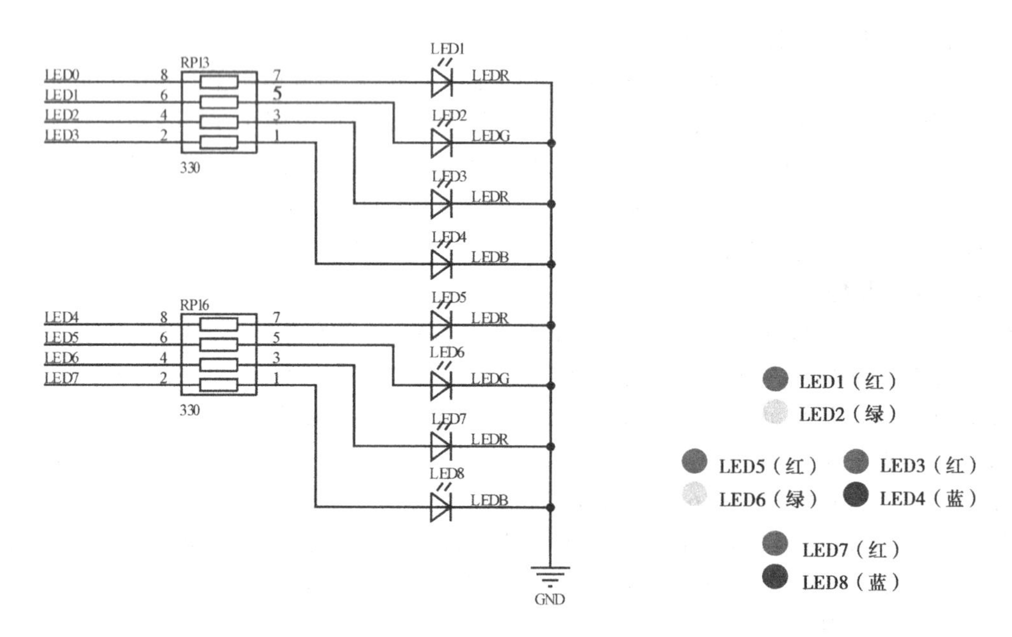


图4.4.4　8个LED指示灯电路图　　　图4.4.5　8个LED指示灯板上分布图

(6)3个拨动开关

模块电路图如图4.4.6所示,通过拨动开关可以调整输入管脚的状态,在板上可以将拨动开关拨上输入高电平,拨下输入低电平。

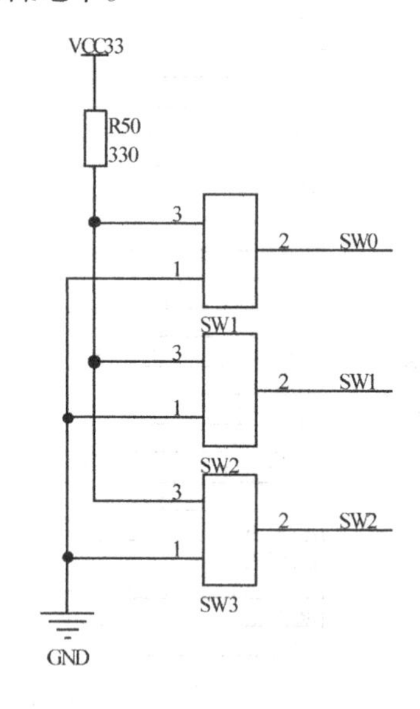


图4.4.6　3个拨动开关电路图

(7)4个按键开关

模块电路图如图4.4.7所示,通过按键可以产生脉冲信号,按键在未按下时管脚被上拉电阻驱动为高电平,按下为低电平。由于按键在人为按下时存在机械接触点的抖动导致按键输入信号存在较为严重的抖动,硬件电路中未设计可靠的按键去抖动电路,故在大多数应用中使用按键时需要设计按键去抖动模块对按键信号进行去抖动处理。

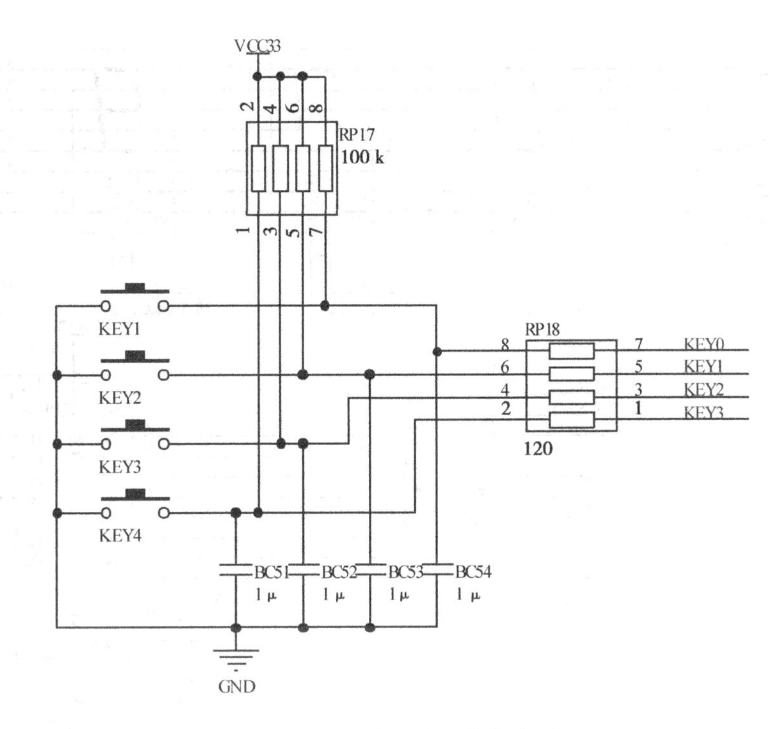


图4.4.7　4个按键开关电路图

(8)8位动态扫描数码管

模块电路图如图4.4.8所示,电路中每个七段显示模块中包括两位显示码,选用的七段显示模块的管脚图如图4.4.9所示。模块电路的输入信号是3根位选信号线和8根段选信号线,3根位选信号线通过74HC138进行位选信号译码,译码后的位选信号通过74HC245后驱动选通数码管,保证任何时刻仅有一位数码管处于选通状态,8根段选信号线直接连接各位数码管对应的段选信号线,实现控制选通状态位的数码管各段的亮灭控制。因此,为实现8位数码管的同时显示,需要进行动态扫描显示,即利用人眼的视觉残留效应,通过程序快速切换扫描选中各位数码管,并在各个选中位的时间段送对应位的显示段选信号,当扫描速度合适时,即可看到稳定的显示效果。为达到较好的显示效果,建议使用1 K左右的扫描频率。

(9)RS232串口通信模块

模块电路图如图4.4.10所示,电路使用MAX3232进行电平转换。可以使用套件提供的串口线通过J6连接LB0到PC机串口实现与PC机的通信。用此模块可实现某些课题中需要PC机控制或低速率数据通信的功能。可使用硬件描述语言编写串口通信程序,具体串口通信协议内容可参考相关书籍或标准。

(10)PS/2接口模块

模块电路图如图4.4.11所示,其中PS2_DATA和PS2_CLK为连接到FPGA的PS/2设备数据线和时钟线。可以根据PS/2键盘/鼠标协议编写硬件语言程序实现PS/2键盘/鼠标的接入,也可以接入其他PS/2设备或自制PS/2设备。PS/2协议内容可参考相关书籍或标准。

(11)SD卡模块

模块电路图如图4.4.12所示,电路按照SPI模式接入SD卡,可以根据SPI协议结合SD卡规范设计程序实现SD卡的读写。SD卡规范可参考相关书籍或标准手册。

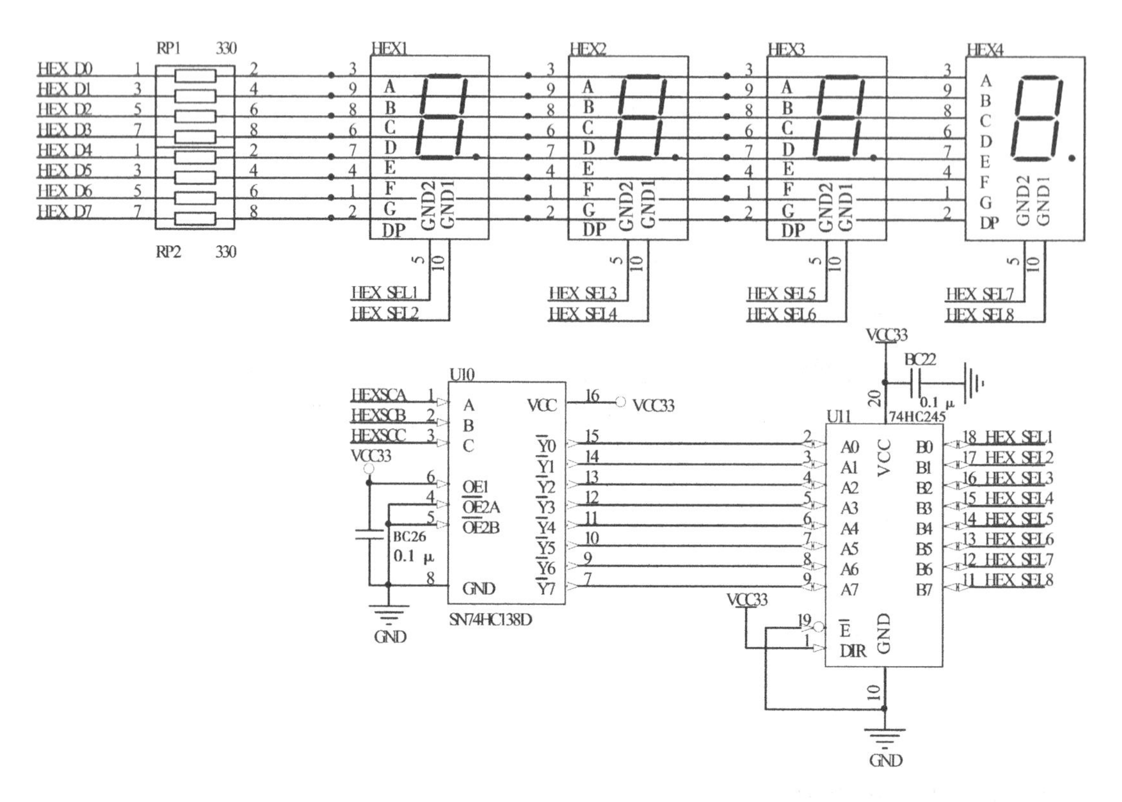


图 4.4.8　8 位动态扫描数码管电路图

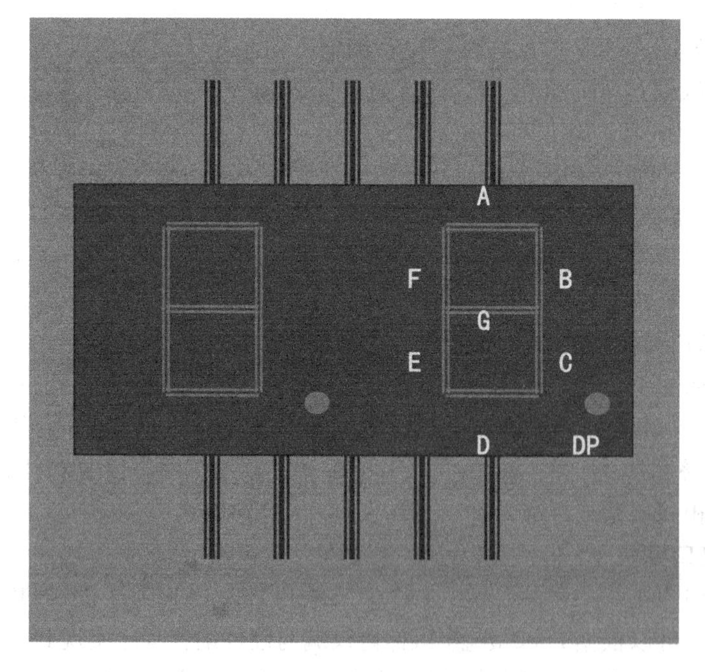


图 4.4.9　双位数码管模块管脚图

**(12)温度传感器**

模块电路图如图 4.4.13 所示,采用的传感器芯片型号为 LM75A,LM75A 是一款 I2C 接口的数字温度传感器,具有温度看门狗功能。模块的使用可通过硬件语言编写的 $I^2C$ 程序或通

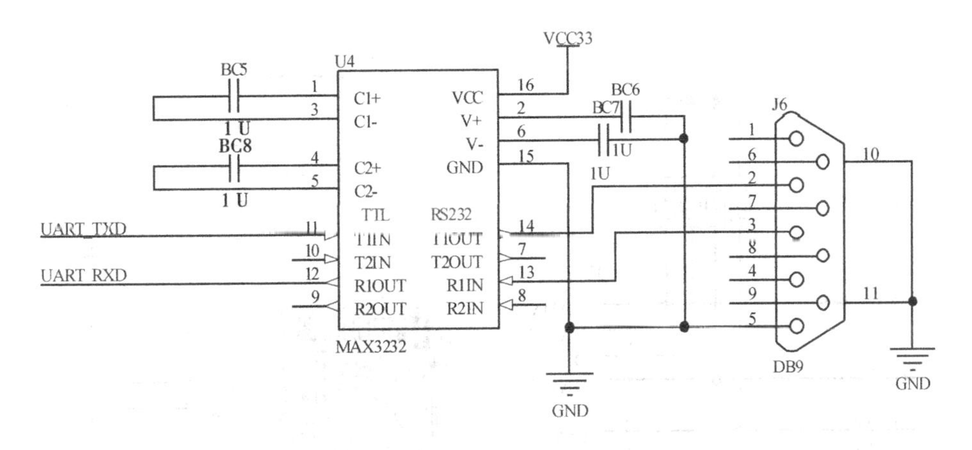


图 4.4.10　RS232 串口通信模块电路图

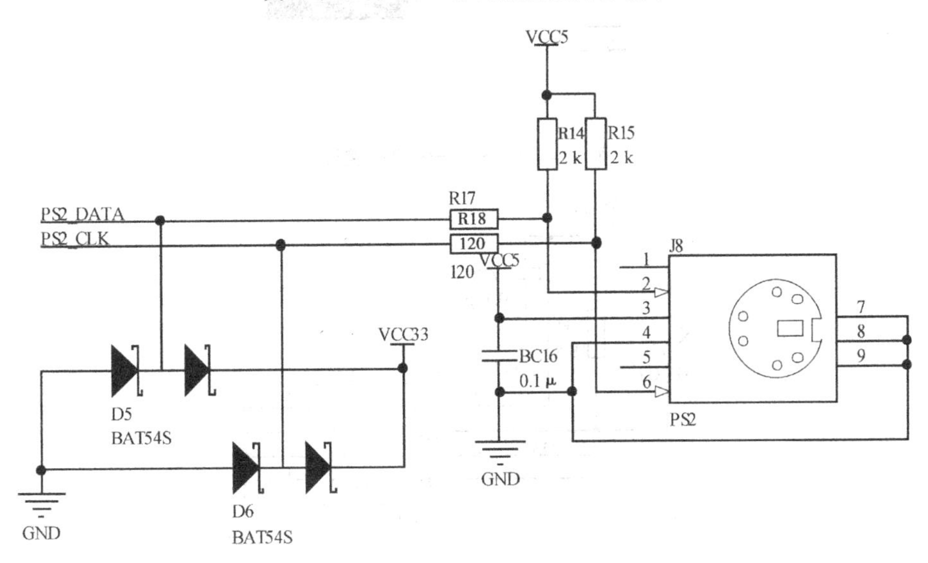


图 4.4.11　PS/2 接口电路图

过 Nios Ⅱ处理器上的 C 语言 $I^2C$ 程序实现。注意，电路中 I2C_SDAT 和 I2C_SCLK 为与音频模块的 I2C 接口复用的信号线。I2C_SDA 连接到 LM75A 的 SCL（时钟）脚，I2C_SCLK 连接到 LM75A 的 SDA（数据）脚。

**（13）音频模块**

模块电路图如图 4.4.14 所示，该模块采用功能强大的音频芯片 WM8731。WM8731 是一款集成耳机驱动的低功耗高效率立体声音频芯片。WM8731 有一个立体声的线输入、一个单声道的麦克风输入接口以及立体声音频输出接口。WM8731 内置 delta-sigma 型的 24 位 ADC 和 DAC。WM8731 使用 I2C 接口进行编程控制（I2C 接口信号线与温度传感器复用）。WM8731 的详细资料请查阅其数据手册。另外电路中的 AUD_XCK 信号线为一复用信号线，在使用 WM8731 时作为 WM8731 的外部时钟输入脚，在不用 WM8731 时可以在 FPGA 中编程实现 PWM 信号直接驱动该信号线，通过连接耳麦或音箱至音频接口 J13 可以播放数字音频。

**（14）高速 DA 模块**

模块电路图如图 4.4.15 所示，该模块采用 AD 公司的 8 位 100 MHz 电流输出型 DA 芯片

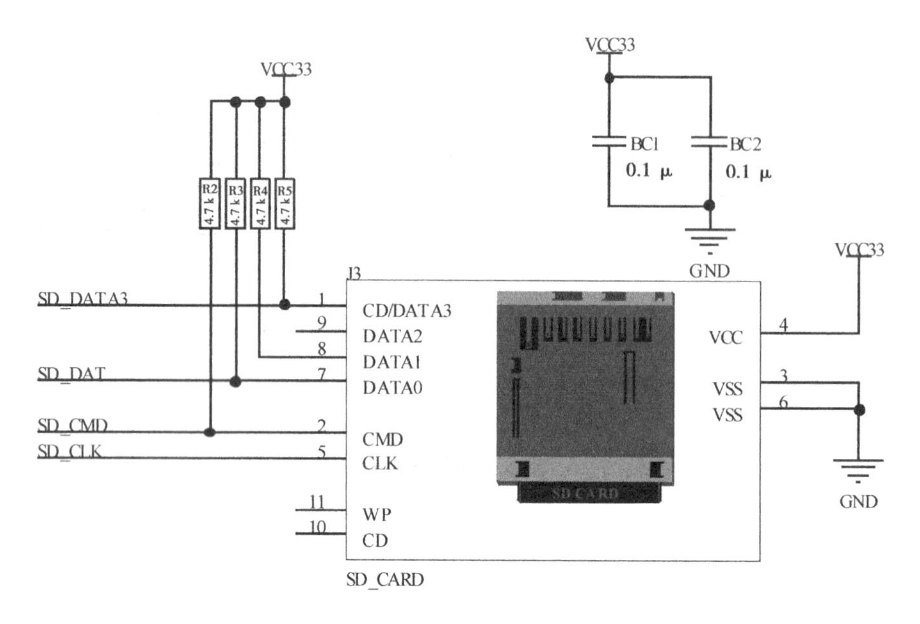


图 4.4.12　SD 卡模块电路图

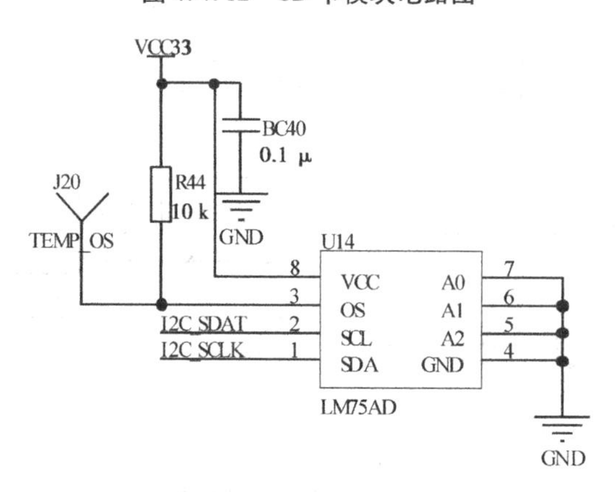


图 4.4.13　温度传感器电路图

AD9708。AD9708 的详细资料见其数据手册。AD9708 芯片的使用较为简单，只需要将需要 DA 输出的数据通过 DA_CLK 锁存输出即可，输出信号可以在 J14(DAOUT)接口通过示波器观察。电路中 J19 为 AD9708 内部参考电压的测试点，当使用内部参考电压时，该点电压为 1.2 V。电路中 SJ4 为一跳线端子，可通过跳接选择 AD9708 芯片 SLEEP 脚的状态实现控制 AD9708 是否工作。

(15)扩展接口

接口电路图如图 4.4.16 所示，接口可供用户为 LB0 扩展其他模块。因 FPGA 芯片管脚限制，扩展接口的管脚均为复用管脚，原理图中可见复用关系，如 GPIO9 与 HEXSCC 复用，即需要使用七段数码管 HEXSCC 扫描线时 GPIO9 不可用，其他同理。另外，GPIO1 ~ GPIO8 为悬空管脚。

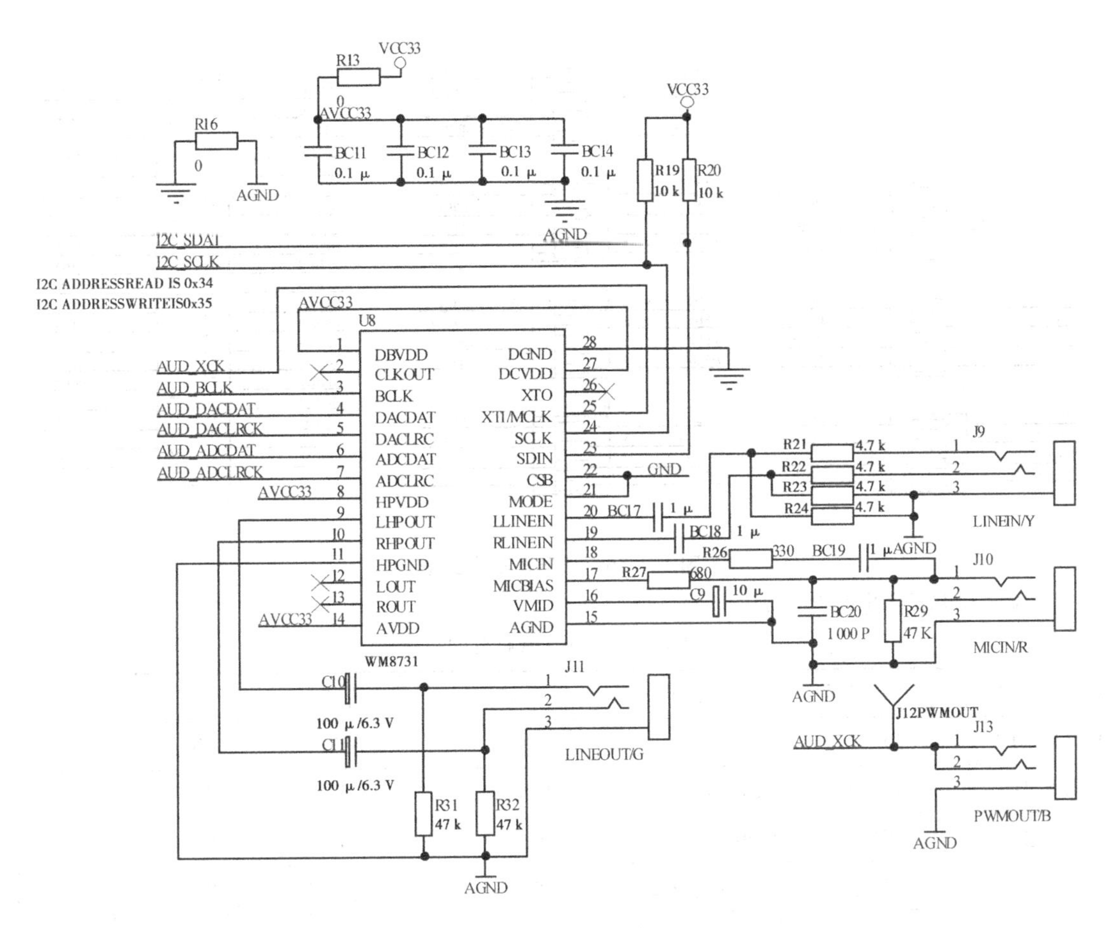


图 4.4.14　音频模块电路图

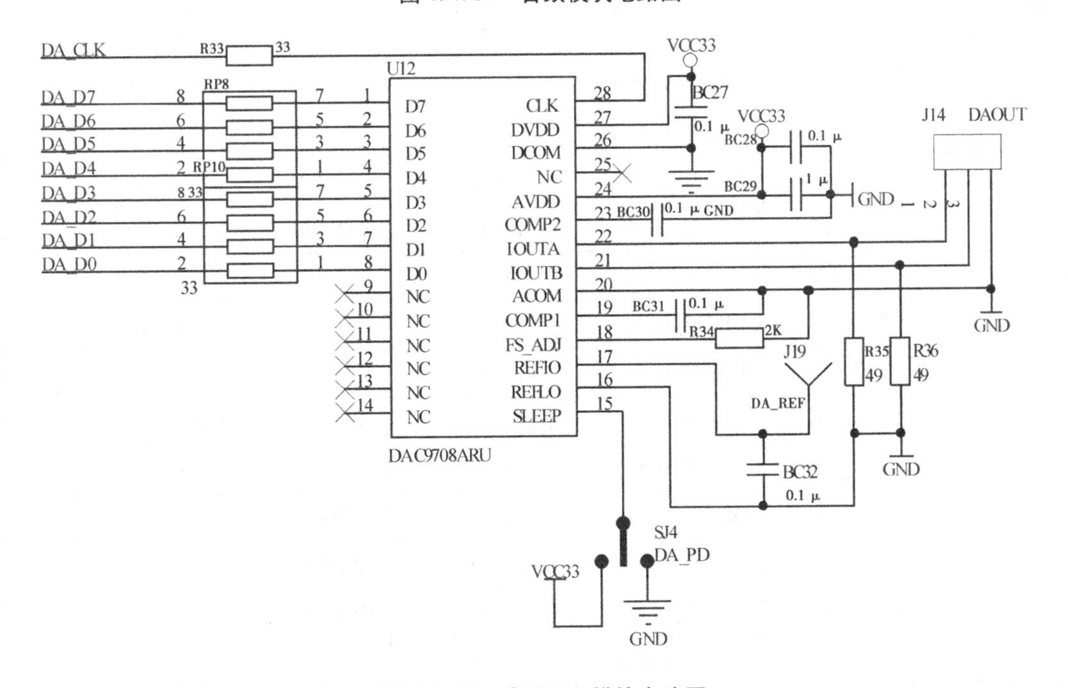


图 4.4.15　高速 DA 模块电路图

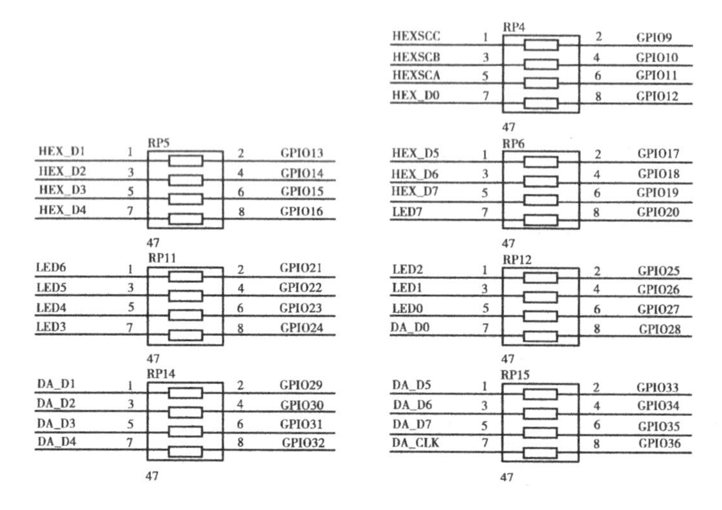


**图 4.4.16　扩展接口电路图**

LB0 管脚分配见表 4.4.1

**表 4.4.1　LBO 管脚分配表**

| 管脚名称 | 管脚号 | 管脚名称 | 管脚号 | 管脚名称 | 管脚号 |
|---|---|---|---|---|---|
| CLK_50M | PIN_22 | SD_DAT | PIN_28 | DA_D[1] | PIN_105 |
| HEX_D[0] | PIN_129 | DRAM_D[0] | PIN_30 | DA_D[2] | PIN_106 |
| HEX_D[1] | PIN_128 | DRAM_D[1] | PIN_31 | DA_D[3] | PIN_110 |
| HEX_D[2] | PIN_127 | DRAM_D[2] | PIN_32 | DA_D[4] | PIN_111 |
| HEX_D[3] | PIN_126 | DRAM_D[15] | PIN_33 | DA_D[5] | PIN_114 |
| HEX_D[4] | PIN_125 | DRAM_D[14] | PIN_34 | DA_D[6] | PIN_115 |
| HEX_D[5] | PIN_124 | DRAM_D[13] | PIN_38 | DA_D[7] | PIN_119 |
| HEX_D[6] | PIN_121 | DRAM_D[3] | PIN_39 | DA_CLK | PIN_113 |
| HEX_D[7] | PIN_120 | DRAM_D[12] | PIN_42 | PS2_DATA | PIN_136 |
| HEXSCA | PIN_132 | DRAM_D[4] | PIN_44 | PS2_CLK | PIN_137 |
| HEXSCB | PIN_133 | DRAM_D[11] | PIN_46 | I2C_SDAT | PIN_142 |
| HEXSCC | PIN_135 | DRAM_D[5] | PIN_49 | I2C_SCLK | PIN_143 |
| KEY[0] | PIN_91 | DRAM_D[10] | PIN_50 | GPIO9 | PIN_135 |
| KEY[1] | PIN_90 | DRAM_D[9] | PIN_51 | GPIO10 | PIN_133 |
| KEY[2] | PIN_89 | DRAM_D[6] | PIN_52 | GPIO11 | PIN_132 |
| KEY[3] | PIN_88 | DRAM_D[7] | PIN_53 | GPIO12 | PIN_129 |
| LED[0] | PIN_103 | DRAM_D[8] | PIN_54 | GPIO13 | PIN_128 |
| LED[1] | PIN_101 | DRAM_CLK | PIN_43 | GPIO14 | PIN_127 |
| LED[2] | PIN_100 | DRAM_LDQM | PIN_55 | GPIO15 | PIN_126 |

续表

| 管脚名称 | 管脚号 | 管脚名称 | 管脚号 | 管脚名称 | 管脚号 |
|---|---|---|---|---|---|
| LED[3] | PIN_99 | DRAM_WE | PIN_58 | GPIO16 | PIN_125 |
| LED[4] | PIN_98 | DRAM_UDQM | PIN_59 | GPIO17 | PIN_124 |
| LED[5] | PIN_87 | DRAM_CAS | PIN_60 | GPIO18 | PIN_121 |
| LED[6] | PIN_86 | DRAM_CKE | PIN_64 | GPIO19 | PIN_120 |
| LED[7] | PIN_85 | DRAM_RAS | PIN_65 | GPIO20 | PIN_85 |
| SW[0] | PIN_23 | DRAM_A[12] | PIN_66 | GPIO21 | PIN_86 |
| SW[1] | PIN_24 | DRAM_A[11] | PIN_67 | GPIO22 | PIN_87 |
| SW[2] | PIN_25 | DRAM_A[9] | PIN_68 | GPIO23 | PIN_98 |
| UART_RXD | PIN_141 | DRAM_A[8] | PIN_69 | GPIO24 | PIN_99 |
| UART_TXD | PIN_138 | DRAM_A[7] | PIN_70 | GPIO25 | PIN_100 |
| AUD_ADCDAT | PIN_1 | DRAM_A[6] | PIN_71 | GPIO26 | PIN_101 |
| AUD_DACLRCK | PIN_2 | DRAM_A[5] | PIN_72 | GPIO27 | PIN_103 |
| AUD_DACDAT | PIN_3 | DRAM_A[4] | PIN_73 | GPIO28 | PIN_104 |
| AUD_BCLK | PIN_4 | DRAM_A[0] | PIN_79 | GPIO29 | PIN_105 |
| ASDO | PIN_6 | DRAM_A[1] | PIN_80 | GPIO30 | PIN_106 |
| SD_DATA3 | PIN_7 | DRAM_A[2] | PIN_83 | GPIO31 | PIN_110 |
| nCSO | PIN_8 | DRAM_A[3] | PIN_84 | GPIO32 | PIN_111 |
| SD_CMD | PIN_10 | DRAM_A[10] | PIN_77 | GPIO33 | PIN_114 |
| SD_CLK | PIN_11 | DRAM_CS | PIN_74 | GPIO34 | PIN_115 |
| AUD_ADCLRCK | PIN_144 | DRAM_BA[0] | PIN_75 | GPIO35 | PIN_119 |
| AUD_XCK | PIN_112 | DRAM_BA[1] | PIN_76 | GPIO36 | PIN_113 |
| EPCS_DATA | PIN_13 | DA_D[0] | PIN_104 | | |

# 第2篇 数字电路实验及设计

# 第5章 数字电路基础实验

本章为数字电子技术教学单元的基础实验,包括集成逻辑门的测试与使用等14个实验,整个实验按照验证性、设计性、综合性三个层次组织,教学实施时可根据不同专业的特点选做其中的部分实验。

## 5.1 集成逻辑门的测试及使用

**(1)实验目的**

①理解并掌握常见门电路的逻辑功能。

②熟悉TTL和CMOS常见门电路的测试方法。

③理解并掌握TTL和CMOS集成电路的特点、使用规则和使用方法。

**(2)实验仪器及元器件**

| | |
|---|---|
| ①SAC-DS4 数字逻辑实验箱 | 1台 |
| ②数字万用表 | 1个 |
| ③74LS20 双四输入与非门 | 1片 |
| ④74LS02 四二输入或非门 | 1片 |
| ⑤74LS51 双二－三输入与或非门 | 1片 |
| ⑥74LS86 四二输入异或门 | 1片 |
| ⑦74LS00 四二输入与非门 | 1片 |
| ⑧CD4012 二四输入与非门 | 1片 |
| ⑨CD4001 四二输入或非门 | 1片 |

**(3)实验原理**

数字电路中,最基本的逻辑门有与门、或门、与非门、异或门等,其逻辑功能都是大家所熟悉的,这里就不再赘述。实际应用时,它们可以独立使用,但用得更多的是经过逻辑组合组成的复合门电路。目前广泛使用的门电路有 TTL 门电路和 CMOS 门电路。

本实验中使用的集成门电路是双列直插型的集成电路,其管脚识别方法:将集成门电路正面(印有集成门电路型号标记)正对自己,有缺口或有圆点的一端置向左方,左下方第一管脚即为管脚"1",按逆时针方向数,依次为1,2,3,4……。

74LS00 和 CD4011 集成电路引脚排列图如图 5.1.1 所示。本实验所用到的其他集成电路的引脚功能图见 4.2 节。

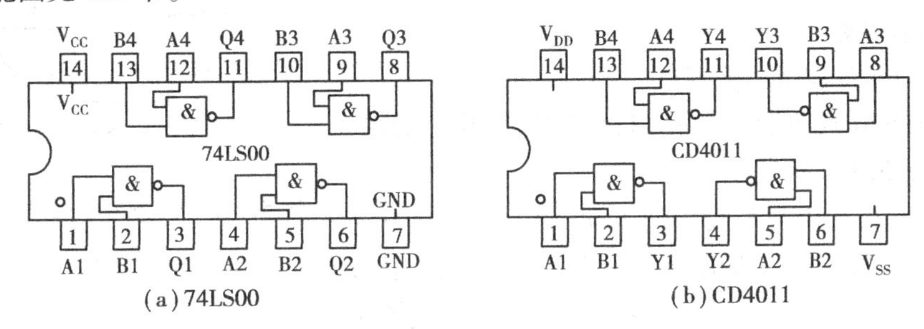

(a)74LS00　　(b)CD4011

图5.1.1　74LS00 和 CD4011 集成电路外引脚排列图

TTL 集成电路使用规则如下:

①接插集成块时,要认清定位标记,不得插反。

②电源电压使用范围为 +4.5 ~ +5.5 V,实验中要求使用 $V_{CC}$ = +5 V。电源极性绝对不允许接错。

③闲置输入端处理方法:

a. 悬空,相当于正逻辑"1",对于一般小规模集成电路的数据输入端,实验时允许悬空处理。但易受外界干扰,导致电路的逻辑功能不正常。因此,对于接有长线的输入端,中规模以上的集成电路和使用集成电路较多的复杂电路,所有控制输入端必须按逻辑要求接入电路,不允许悬空。

b. 直接接电源电压 $V_{CC}$(也可以串入一只 1 ~ 10 kΩ 的固定电阻)或接至某一固定电压( +2.4 V≤V≤4.5 V)的电源上,或与输入端为接地的多余与非门的输出端相接。

c. 若前级驱动能力允许,可以与使用的输入端并联。

④输入端通过电阻接地,电阻值的大小将直接影响电路所处的状态。当 $R \leqslant 680\ \Omega$ 时,输入端相当于逻辑“0”;当 $R \geqslant 4.7\ \mathrm{k}\Omega$ 时,输入端相当于逻辑“1”。对于不同系列的器件,要求的阻值不同。

⑤输出端不允许并联使用(集电极开路门(OC)和三态输出门电路(3S)除外),否则不仅会使电路逻辑功能混乱,并会导致器件损坏。

⑥输出端不允许直接接地或直接接 +5 V 电源,否则将损坏器件,有时为了使后级电路获得较高的输出电平,允许输出端通过电阻 $R$ 接至 $V_{CC}$,一般取 $R = 3 \sim 5.1\ \mathrm{k}\Omega$。

CMOS 集成电路的使用规则:

由于 CMOS 电路有很高的输入阻抗,这给使用带来了一定的麻烦,即外来的干扰信号很容易在一些悬空的输入端感应出很高的电压,以至损坏器件。CMOS 电路的使用规则如下:

①$V_{DD}$接电源正极,$V_{SS}$接电源负极(通常接地“⊥”),不得接反。CC4000(CD4000)系列的电源允许电压在 +3 ~ +18 V 内选择。实验中一般要求使用 +5 V。

②所有输入端一律不准悬空,闲置输入端的处理方法:

a. 按照逻辑要求,直接接 $V_{DD}$(与非门)或 $V_{SS}$(或非门)。

b. 在工作频率不高的电路中,允许输入端并联使用。

③输出端不允许直接与 $V_{DD}$或 $V_{SS}$连接,否则将导致器件损坏。

④在装接电路、改变电路连接或拔、插电路时,均应切断电源,严禁带电操作。

**(4)实验内容**

1)TTL 与非门逻辑功能测试

①用 74LS20 双四输入与非门进行实验,其引脚图见 4.2 节。按图 5.1.2 接线。

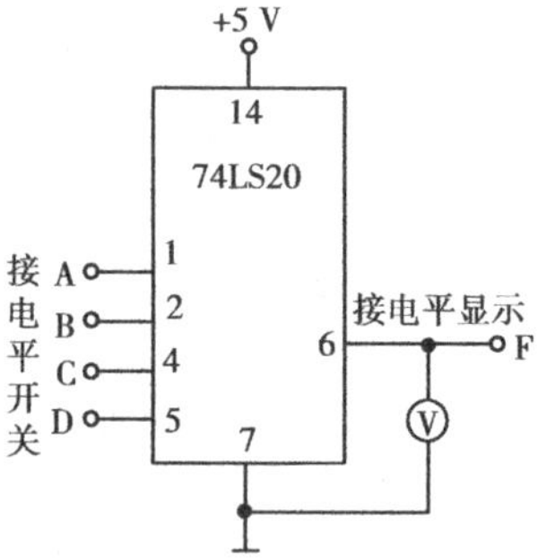

**图 5.1.2　74LS20 逻辑功能测试电路**

②按表 5.1.1,用开关改变输入端 A,B,C,D 的状态,用万用表测试输出电压,借助指示灯显示输出状态,把测试结果填入表 5.1.1 中。

**表 5.1.1　74LS20 逻辑功能表**

| 输　入 | | | | 输出 F | |
|---|---|---|---|---|---|
| A | B | C | D | 电压/V | 逻辑状态 |
| 0 | 0 | 0 | 0 | | |
| 0 | 0 | 0 | 1 | | |
| 0 | 0 | 1 | 1 | | |
| 0 | 1 | 1 | 1 | | |
| 1 | 1 | 1 | 1 | | |

2)TTL 或非门逻辑功能测试

用 74LS02 二输入四或非门进行实验,其引脚图见 4.2 节。

按图 5.1.3 接线。

按表5.1.2的要求用开关改变输入量A,B的状态,借助指示灯和万用表观测各相应输出端F的状态,并将测试结果填入表5.1.2中。

表5.1.2　74LS02逻辑功能表

| 输　入 | | 输出F | |
|---|---|---|---|
| A | B | 电压/V | 逻辑状态 |
| 0 | 0 | | |
| 0 | 1 | | |
| 1 | 0 | | |
| 1 | 1 | | |

3)TTL与或非门逻辑功能测试

用74LS51双4输入与或非门进行实验,其引脚图见4.2节。

按图5.1.4接线。

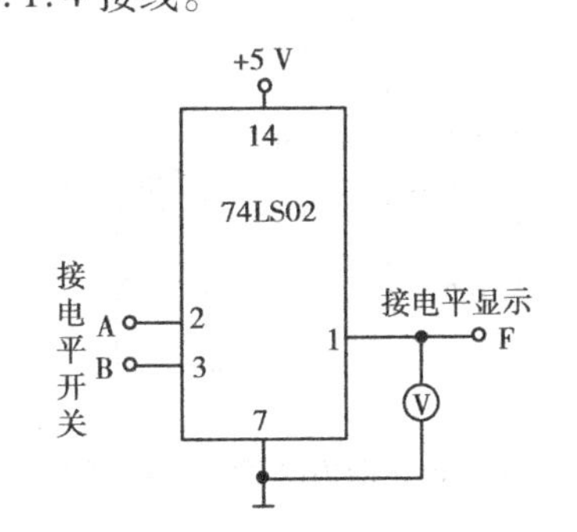


图5.1.3　74LS02逻辑功能测试电路

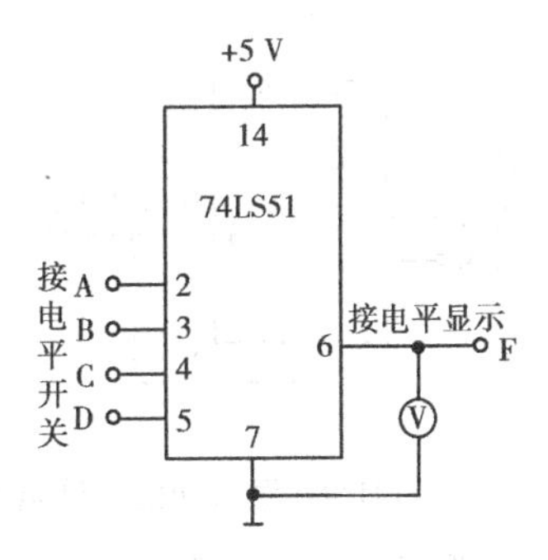


图5.1.4　74LS51逻辑功能测试电路

按表5.1.3要求用开关改变输入量A,B,C,D的状态,借助指示灯和万用表观测各对应输出端F的状态,并把测试结果记入表5.1.3中。

表5.1.3　74LS51逻辑功能表

| 输　入 | | | | 输出F | |
|---|---|---|---|---|---|
| A | B | C | D | 电压/V | 逻辑状态 |
| 0 | 0 | 0 | 0 | | |
| 0 | 0 | 0 | 1 | | |
| 0 | 0 | 1 | 1 | | |
| 0 | 1 | 1 | 1 | | |
| 1 | 1 | 1 | 1 | | |

4)TTL异或门逻辑功能测试

用74LS86二输入四异或门进行实验,其引脚图见附录。

按图 5.1.5 接线。

按表 5.1.4 要求用开关改变输入量 A,B 的状态,借助指示灯和万用表观测各对应输出端 F 的状态,并把测试结果填入表 5.1.4 中。

表 5.1.4　74LS86 逻辑功能表

| 输　入 | | 输出 F | |
|---|---|---|---|
| A | B | 电压/V | 逻辑状态 |
| 0 | 0 | | |
| 0 | 1 | | |
| 1 | 0 | | |
| 1 | 1 | | |

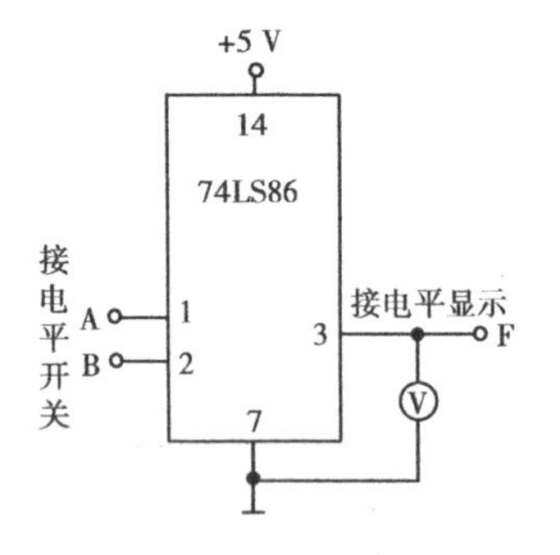


图 5.1.5　74LS86 逻辑功能测试电路

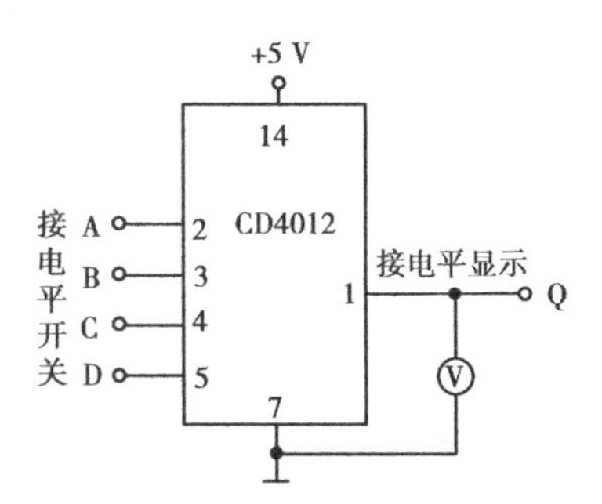


图 5.1.6　CD4012 逻辑功能测试电路

5)CMOS 与非门逻辑功能测试

①按图 5.1.6 接好测试电路,多余的输入端(9,10,11,12)接 $V_{DD}$上。

②按表 5.1.5 改变 A,B,C,D 的输入状态,观测并记录输出端相应状态。

表 5.1.5　CD4012 逻辑功能表

| | | | | | | | | | | | | | |
|---|---|---|---|---|---|---|---|---|---|---|---|---|---|
| 输入 | A | 0 | 0 | 0 | 0 | 0 | 0 | 0 | 0 | 1 | 1 | 1 | 1 |
| | B | 0 | 0 | 0 | 0 | 1 | 1 | 1 | 1 | 0 | 0 | 0 | 1 |
| | C | 0 | 0 | 1 | 1 | 0 | 0 | 1 | 1 | 0 | 1 | 1 | 1 |
| | D | 0 | 1 | 0 | 1 | 0 | 1 | 0 | 1 | 0 | 0 | 0 | 1 |
| 输出 | Q 电位/V | | | | | | | | | | | | |
| | Q 状态 | | | | | | | | | | | | |

6)CMOS 或非门逻辑功能测试

①按图 5.1.7 接线。5,6,8,9,12,13 脚(多余输入端)接地。

②按表 5.1.6 利用开关改变输入 A,B 状态,观测输出 Q 端的状态,记入表 5.1.6 中。

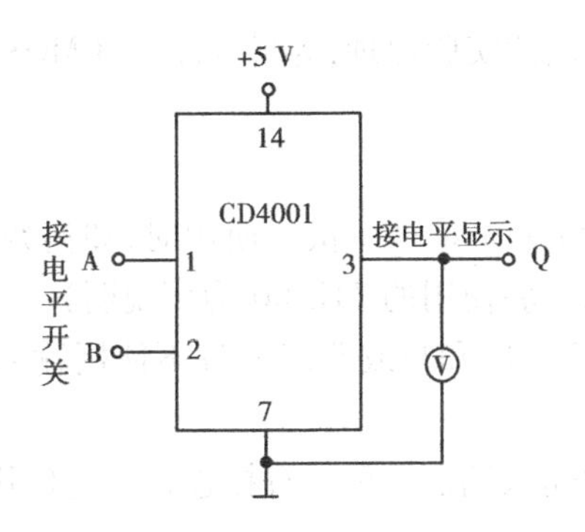


图5.1.7 CD4001逻辑功能测试电路

表5.1.6 CD4001逻辑功能表

| A | B | Q电位/V | Q状态 |
|---|---|---|---|
| 0 | 0 | | |
| 0 | 1 | | |
| 1 | 0 | | |
| 1 | 1 | | |

7)电路的逻辑功能测试

测量图5.1.8中所示各电路的逻辑功能,分别列出真值表,根据真值表写出逻辑表达式。

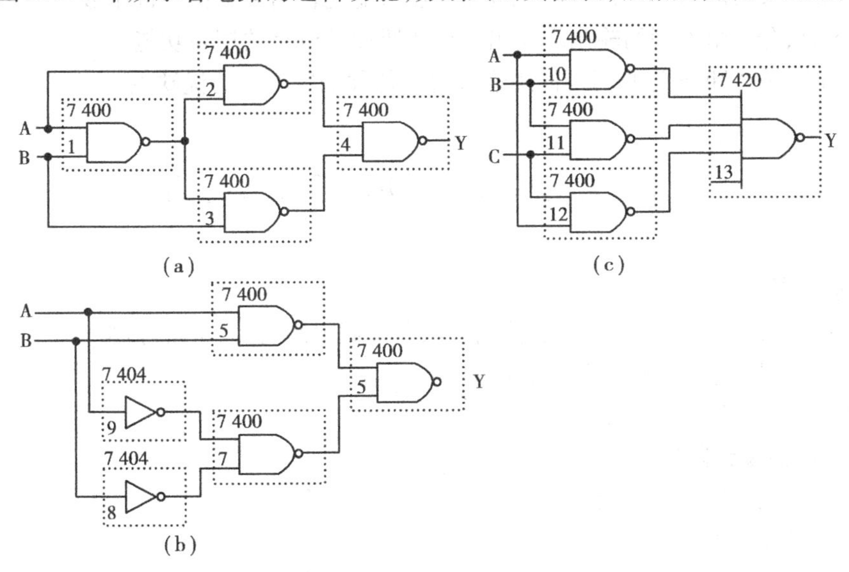


图5.1.8 电路的逻辑功能测试

8)利用74LS00与非门实现“与电路”“或电路”“或非电路”要求写出各种电路的逻辑表达式和真值表,画出逻辑图并在实验箱上加以验证。

**(5)预习要求**

①阅读实验预备知识,学习实验要求,掌握实验室常用电子仪器和实验箱的正确使用方法。

②结合理论课程相关内容阅读实验原理，弄懂 TTL 和 CMOS 基本门电路的逻辑功能及测试方法。

③预习思考题

a. TTL 集成电路使用的电源电压是多少伏？使用时，如何判断器件的正方向？若一旦方向反了，将会出现什么现象（以实验使用的 74LS00 为例说明）？

b. 分别说明 TTL 与非门、或非门和与或非门的各不使用输入端应如何处置。而 CMOS 集成电路呢？

c. 两个普通 TTL 与非门的输入端是否可以直接连在一起使用？为什么？

**(6) 实验报告**

①测试各项参数必须附有测试电路图，记录测试数据，并对结果进行分析。

②设计性任务应有设计过程和设计逻辑图，记录实际检测的结果，并进行分析。

③测试逻辑功能必须附有测试电路图和测试记录的电路真值表，根据真值表写出输出函数的逻辑表达式。

**思考题**

1. 欲使一只异或门实现非逻辑，电路将如何连接？

(1) 与非门一个输入端接连续脉冲，其余端是何状态时允许脉冲通过，是何状态时禁止脉冲通过？

(2) 为什么异或门又称可控反相门？

2. 使用最少数量的与非门，设计一个比较电路，能比较两个 1 位二进制数。当比较结果处于 <、= 或 > 时，分别由不同的输出端输出。检测所设计电路的逻辑功能。

3. 讨论 TTL 和 CMOS 与非门不使用输入端的各种处置方法的优缺点。

## 5.2 集电极开路（OC）门与三态门

**(1) 实验目的**

①掌握集电极开路门的逻辑功能，使用方法及负载电阻对 OC 门的影响。

②掌握三态门的逻辑功能及使用方法。

④学会使用信号发生器和示波器。

**(2) 实验仪器及元器件**

| | |
|---|---|
| ①SAC-DS4 数字逻辑实验箱 | 1 台 |
| ②函数信号发生器 | 1 台 |
| ③示波器 | 1 台 |
| ④万用表 | 1 块 |
| ⑤74LS37 四二输入集电极开路与非门 | 1 片 |
| ⑥74LS06 四二输入与非门 | 1 片 |
| ⑦74LS125 三态输出四总线缓冲门 | 1 片 |
| ⑧74LS126 三态输出四总线缓冲门 | 1 片 |
| ⑨74LS04 六反相器 | 1 片 |

**(3) 实验原理**

1) OC 门

数字系统中，有时需把两个或两个以上集成逻辑门的输出端连接起来，而普通 TTL 门电路的输出端是不允许直接连接的，解决方法之一是使用集电极开路的门电路。

集电极开路与非门的电路图与逻辑符号如图 5.2.1 所示，其输出管 $T_4$ 的集电极是悬空的，由两个与非门（OC）输出端相连组成的电路如图 5.2.2 所示。它们的输出：

$$Y = Y_A Y_B = \overline{A_1 A_2} \cdot \overline{B_1 B_2} = \overline{A_1 A_2 + B_1 B_2}$$

即把两与非门的输出相与（称为线与），完成与或非的逻辑功能。

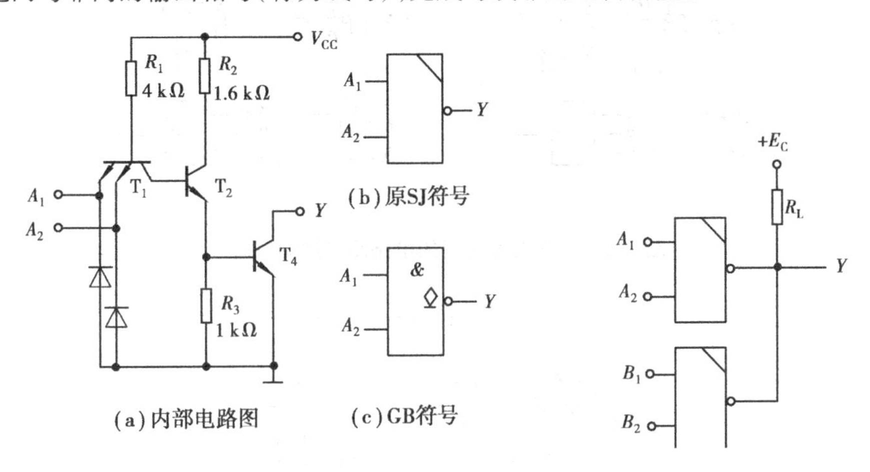


图 5.2.1　**集电极开路与非门相连接的情况**　　　图 5.2.2　**OC 门的线与应用**

OC 门正常工作时需通过外接负载电阻 $R_L$ 及电源电源 $E_C$，由于 $E_C$ 与器件电源 $V_{CC}$ 分开，所以可以适当提高 $E_C$ 的值，从而改善 TTL 门电路高电平驱动特性，负载电阻 $R_L$ 的数值选择范围为

$$R_{Lmax} = \frac{E_C - V_{OH}}{nI_{cex} - N'I_{IH}} \qquad R_{Lmin} = \frac{E_C - V_{OL}}{I_{LM} - N'I_{IL}}$$

式中　$I_{cex}$——*OC* 门输出管的截止漏电流（约 50 μA）；

$I_{LM}$——*OC* 门输出管允许的最大负载电流（约 20 mA）；

$I_{IL}$——负载门的低电平输入电流（≤1.6 mA）；

$I_{H}$——负载门的高电平输入电流（≤50 uA）；

$E_C$——负载电阻所接的外电源电压；

$n$——线与输出的 OC 门的个数；

$N$——负载门的个数；

$N'$——接入电路的负载门输入端总个数。

2) 三态门（又称 3S 门）

三态门除了通常的高电平和低电平两种输出状态外，还有第三种输出状态——高阻态。处于高阻态时，电路与负载之间相当于开路。图 5.2.3 所示电路为三态输出门的电路图和逻辑符号。图 5.2.3(a) 为控制端高电平有效，$EN$ 为控制端（又称使能端），当 $EN=1$ 时为正常工作状态，实现 $Y=\overline{AB}$ 的功能；当 $EN=0$ 时为禁止工作状态，$Y$ 输出呈高阻状态。这种在控制端加"1"信号时电路才能正常工作的工作方式称为高电平使能。图 5.2.3(b) 为控制端低电平有效,$EN$ 为控制端,当 $EN=0$ 时为正常工作状态,实现 $Y=\overline{AB}$的功能;$EN=1$ 为禁止工作状态,$Y$ 输出呈高阻状态。这种在控制端加“0”信号时电路才能正常工作的工作方式称为低电平使能。

三态电路的主要用途之一是实现总线传输,即用一个传输通道(称为总线),以选通方式传送多路信息,参考电路如图 5.2.4 所示。

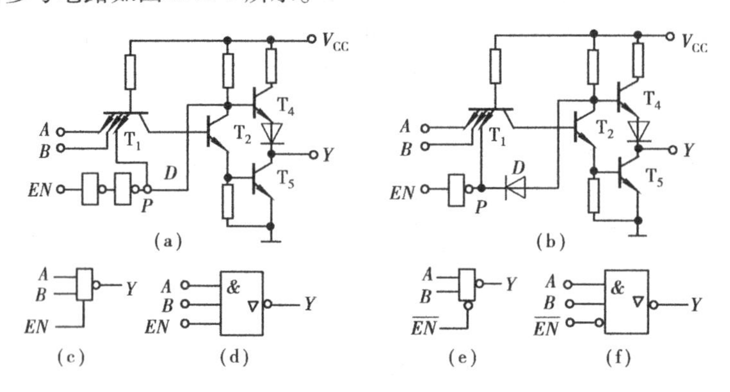


图 5.2.3　三态输出门的电路图和逻辑符号

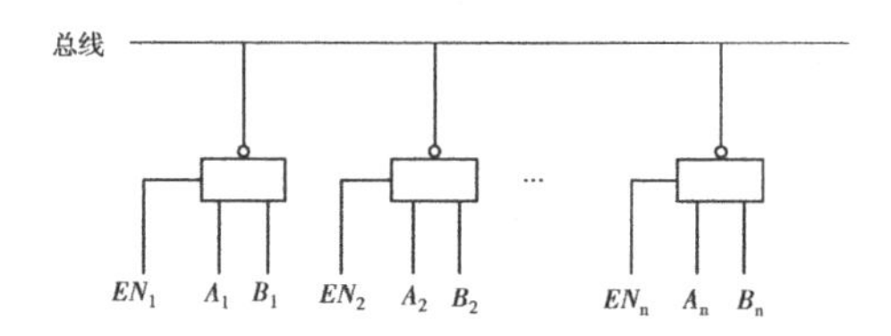


图 5.2.4　用三态输出门接成总线结构

(4)实验内容

1)集电极开路与非门逻辑功能测试

用 74LS37 进行实验,其引脚图见附录。

①按图 5.2.5 接线 。

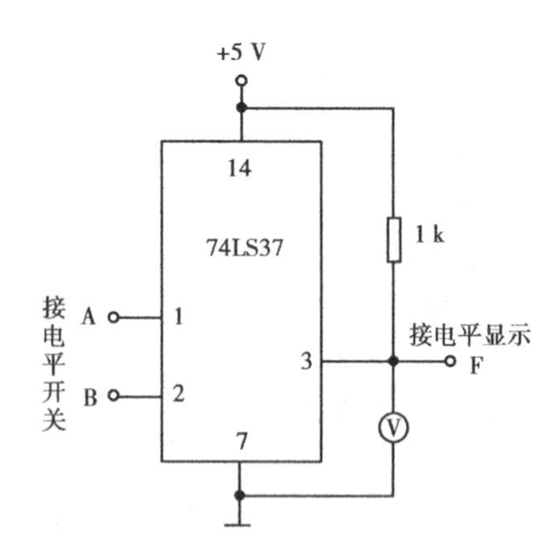


图 5.2.5　74LS37 逻辑功能测试电路

②按表 5.2.1 要求,用开关设 $A$,$B$ 输入状态,借助指示灯和万用表观测输出端 F 的相应状态并填入表 5.2.1 中 。

表 5.2.1　74LS37 逻辑功能表

| 输　入 | | 输出 F | |
|---|---|---|---|
| A | B | 电压/V | 逻辑状态 |
| 0 | 0 | | |
| 0 | 1 | | |
| 1 | 0 | | |
| 1 | 1 | | |

2)集电极开路与非门负载电阻 $R_L$ 的确定

①将 74LS37 中的两个集电极开路与非门线与驱动一个 TTL 与非门，取 $E_C=5$ V，$V_{OH}=3.6$ V，$V_{OL}=0.3$ V(以下同)，计算 $R_L$ 的允许取值范围。根据计算结果，选中间值接入电路，测试并记录电路的逻辑功能。

②按图 5.2.6 接线，将 74LS37 的四个 OC 门线与使用，驱动四个 TTL 与非门，其中两个与非门各有一个输入端接入电路，另两个与非门两个输入端均接入电路。电路接好后，调电位计。先使电路输出高电平($V_{OH}=3.6$ V)，测出此时的 $R_L$ 值为 $R_{Lmax}$，再调电位计使电路输出低电平($V_{OL}=0.3$ V)，测及此时 $R_L$ 值为 $R_{Lmin}$。则用实验方法确定 $R_L=\dfrac{R_{Lmax}+R_{LMIN}}{2}$。请与理论计算值加以比较。

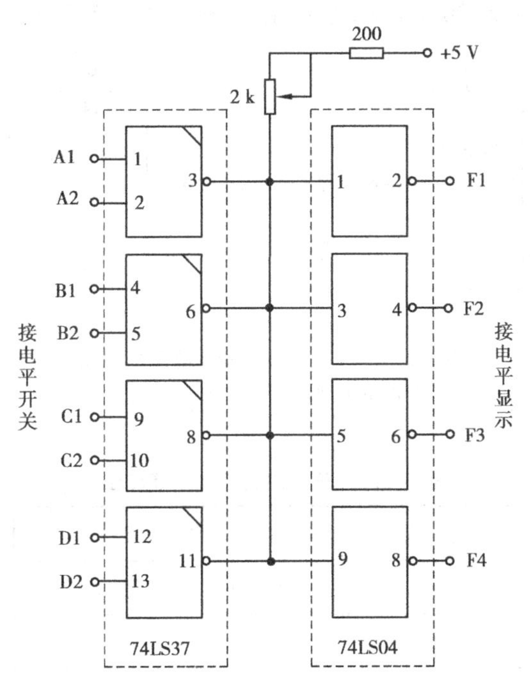


图 5.2.6　4 个 OC 门线与驱动四个 TTL 门

3)OC 门的应用

①利用集电极开路与非门实现异或运算，画出原理逻辑图。并据此接线，测试数据，记录结果。

②如图5.2.7用74LS37中的三个集电极开路与非门线与驱动一个TTL与非门。令各OC门的一个输入端为控制端,另一个输入端为信号端。其中A(3脚)加单脉冲;B(6脚)接连续脉冲;C(9脚)加峰值为0~5 V的正弦信号。先使三个OC门的控制端全为0,然后使其中的一个轮流为1,其余为0,借助示波器观察并记录每种情况下的F波形。

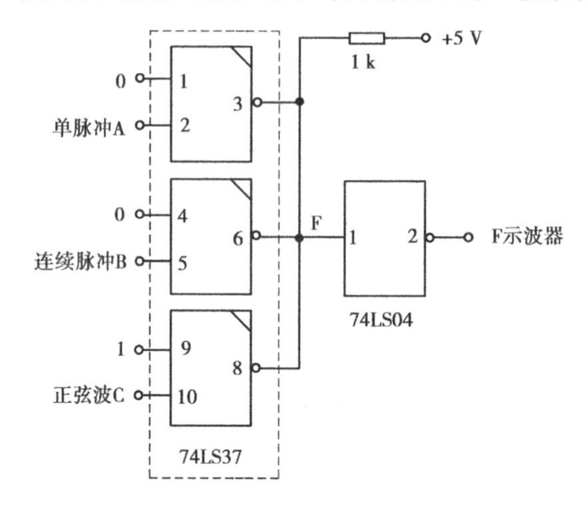


图5.2.7　OC门的应用

4)三态输出门的功能测试及应用

①三态门74LS125、74LS126的逻辑功能测试。连线见图5.2.8。

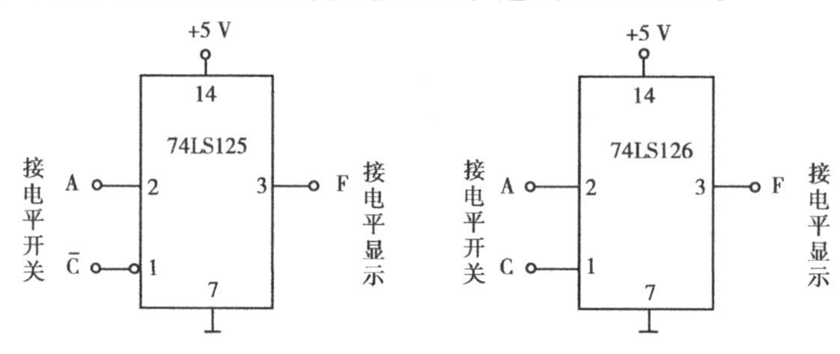


图5.2.8　三态门的逻辑功能测试电路

按表5.2.2给定的条件用开关改变控制端C和输入端A的状态,用万用表或指示灯测出F的状态并记入表5.2.2中。

表5.2.2　三态门的逻辑功能测试

| 输　入 | | 输出F | |
|---|---|---|---|
| C | A | 电压/V | 逻辑状态 |
| 0 | 0 | | |
| 0 | 1 | | |
| 1 | 0 | | |
| 1 | 1 | | |

②按图5.2.9连接74LS125和一个反相器，74LS125，74LS04芯片14脚接 +5 V，7脚接地。利用开关分别改变A，B，C状态，观测输出端F的状态并将结果记入表5.2.3中。

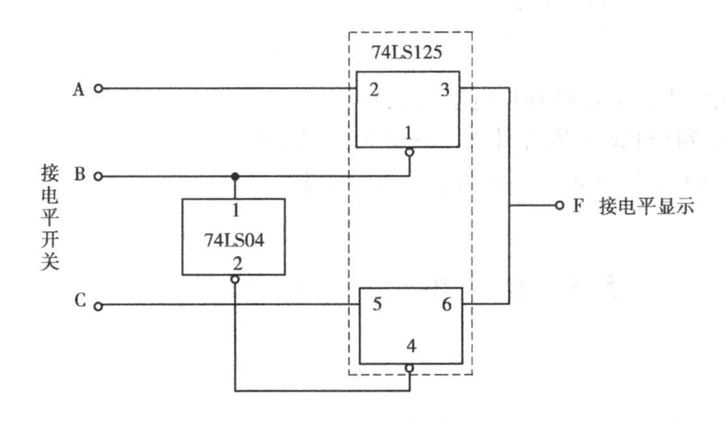


图5.2.9　三态门的逻辑功能测试电路

表5.2.3　三态门的逻辑功能测试

| | C | 0 | | | | 1 | | | |
|---|---|---|---|---|---|---|---|---|---|
| 输　入 | A | 0 | 0 | 1 | 1 | 0 | 0 | 1 | 1 |
| | B | 0 | 1 | 0 | 1 | 0 | 1 | 0 | 1 |
| 输　出 | F | | | | | | | | |

③按图5.2.10接线，74LS125芯片14脚接 +5 V，7脚接地。先使三个控制端C1，C2，C3均为1，然后轮流在同一时刻只使其中一个为0，其余为1。在输入端分别加入图示信号，观察并记录输出端F的波形。

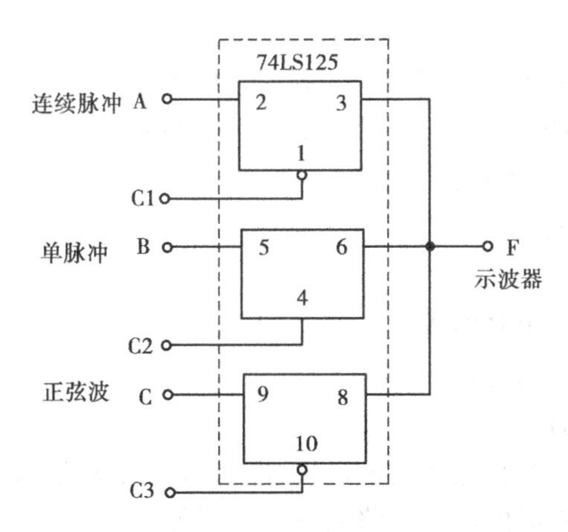


图5.2.10　三态门的逻辑功能测试电路

**(5)预习要求**

①学习OC门和三态门等相关知识，掌握实验原理。

②学习OC门和普通TTL门异同点。

**(6)实验报告**

①将各步骤实验结果填入表格内或画出波形图。

②总结 OC 门和三态门的用途。

**思考题**

1. OC 门使用时为何必须额外接电阻和电源?

2. 74LS125 和 74LS126 分别在什么情况下为高阻态?

3. 用普通万用表如何判断三态电路处于高阻状态?

## 5.3 组合逻辑电路设计与分析

**(1)实验目的**

①掌握组合逻辑电路的设计与分析方法。

②了解组合电路的冒险现象与消除方法。

**(2)实验仪器及元器件**

| | |
|---|---|
| ①SAC-DS4 数字逻辑实验箱 | 1 台 |
| ②函数信号发生器 | 1 台 |
| ③示波器 | 1 台 |
| ④万用表 | 1 块 |
| ⑤74LS00 四二输入与非门 | 3 片 |
| ⑥74LS86 四二输入异或门 | 1 片 |
| ⑦74LS20 二四输入与非门 | 1 片 |

**(3)实验原理**

1)组合逻辑电路的分析

如果逻辑电路输出的逻辑值,仅取决于该瞬间电路输入的逻辑值,而与电路的原状态无关,这种电路称为组合逻辑电路。已知电路,找出该电路所实现的逻辑功能,称为组合逻辑电路的分析,其步骤主要有以下 4 步:

①根据电路写出表达式。

②将表达式化简。

③由化简后的表达式写出真值表。

④结论—文字叙述逻辑功能。

2)组合逻辑电路的设计

组合逻辑电路的设计是分析过程的逆过程,即已知逻辑功能要求,设计出能实现该功能的电路。设计实现指定逻辑功能的组合电路的方法有三种:

采用小规模集成的门电路进行设计、采用中规模集成的常用组合逻辑电路进行设计及采用存储器或可编程逻辑器件等大规模集成电路进行设计。

采用小规模集成的门电路进行设计时,一般要求设计出实现这一逻辑功能的最简单的逻辑电路。所谓最简单的逻辑电路,是指电路所用的器件数最少,器件的种类最少,而且器件之间的连线也最少。设计步骤如下:

①分析逻辑功能要求列出真值表。

②由真值表写出表达式。

③将逻辑表达式化简。

④根据所选用的器件类型,将函数化简、变量换成所需要的形式。

⑤根据变换后的逻辑函数表达式画电路。

逻辑化简是组合逻辑设计的关键步骤之一。为了使电路结构简单和使用器件较少,往往要求逻辑表达式尽可能简化。由于实际使用时要考虑电路的工作速度和稳定可靠等因素,在较复杂的电路中,还要求逻辑清晰易懂,所以最简不一定是最佳。但一般说来,在保证速度、稳定可靠与逻辑清楚的前提下,电路所用的门数最少、每个门的输入端数最少,从而使用最少的器件,以降低成本,是逻辑设计者的任务。

3)组合逻辑电路的冒险现象与消除

组合逻辑设计过程通常是在理想情况下进行的,即假定一切器件均没有延迟效应。但是实际上并非如此,信号通过任何导线或器件都需要一个响应时间,输出出现毛刺的现象称为组合电路的冒险现象(简称险象)。

组合电路的冒险现象有两种:一种是函数冒险(即功能冒险),另一种是逻辑冒险。

分析和判断一个逻辑函数在其中一个输入变量(例如,设变量为$A$)发生变化时,电路是否可能出现险象,通常可以使用下述方法。

①对于函数的与—或表达式(及或—与表达式)可以通过对除变量$A$以外的其他变量逐个进行赋值,若能使函数式出现

$$F = A + \overline{A} \quad 或 \quad F = A\overline{A}$$

时,则可判定在变量A发生变化时,前者存在静态0型险象,后者存在静态1型险象。

为了消除此冒险,可以增加校正项,前者的校正项为被赋值各变量的“乘积项”,后者的校正项为被赋值各变量的“和项”。

增加校正项可以用来消除逻辑冒险,但增加校正项是不可能消除功能冒险的。根据不同情况还可以采取下述方法消除各种冒险现象。

a.由于组合电路的冒险现象是在输入信号变化过程中发生的,因此可以设法避开这一段时间,待电路稳定后再让电路正常输出。具体办法有:

方法一:在存在冒险现象的与非门的输入端引进封锁负脉冲。当输入信号变化时,将该门封锁(使门的输出为1)。

方法二:在存在冒险现象的与非门的输入端引进选通正脉冲。选通脉冲不作用时,门的输出为1;选通脉冲到来时,电路才有正常输出。显然,选通脉冲必须在电路稳定时才能出现。

b.由于冒险现象中出现的干扰脉冲宽度一般很窄,所以可在门的输出端并接一个几百皮法的滤波电容加以消除。但这样做将导致输出波形的边沿变坏,这在有些情况下是不允许的。

**(4)实验内容**

1)分析半加器的逻辑功能

①用两片74LS00按图5.3.1接线。

②写出该电路的逻辑表达式,列真值表。

③按表5.3.1的要求改变A、B输入,观测相应的S、C值并填入表中。

④比较表5.3.1与理论分析列出的真值表,验证半加器的逻辑功能。

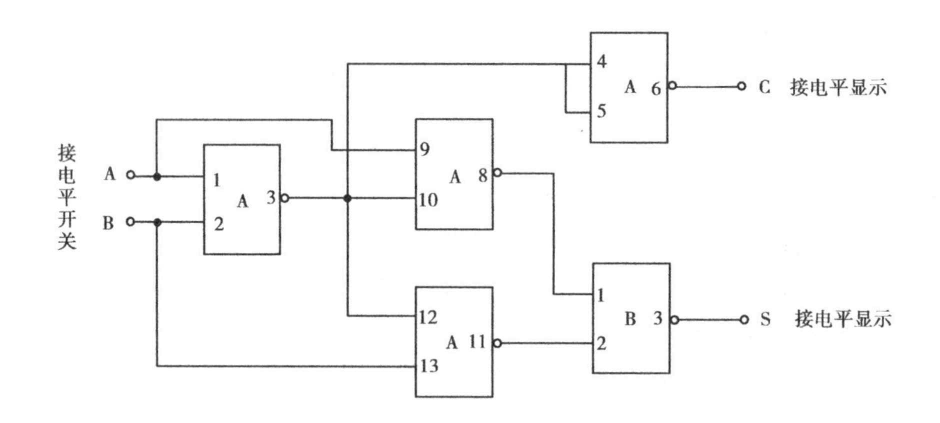


图 5.3.1 半加器的逻辑功能图

表 5.3.1 半加器的逻辑功能表

| 输 入 | | 输 出 | |
|---|---|---|---|
| A | B | S | C |
| 0 | 0 | | |
| 0 | 1 | | |
| 1 | 0 | | |
| 1 | 1 | | |

2)分析全加器的逻辑功能

①用三片 74LS00 按图 5.3.2 接好线。

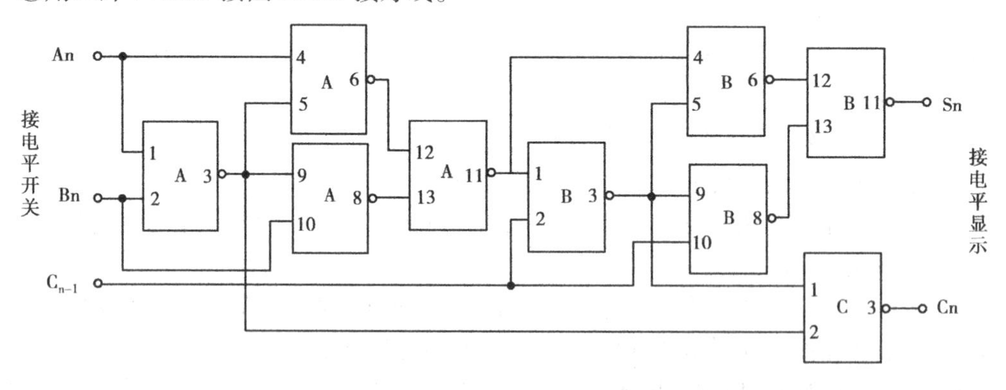


图 5.3.2 全加器的逻辑功能图

②分析该线路,写出 Sn,Cn 的逻辑表达式,列出其真值表。

③表 5.3.2 利用开关改变 An,Bn,Cn-1 的输入状态,借助指示灯或万用表观测 Sn,Cn 的值填入表 5.3.4 中。

④表 5.3.2 的值与理论分析列出的真值表加以比较,验证全加器的逻辑功能。

表5.3.2 全加器的逻辑功能表

| 输入 | | | 输出 | |
|---|---|---|---|---|
| An | Bn | Cn-1 | Sn | Cn |
| 0 | 0 | 0 | | |
| 0 | 0 | 1 | | |
| 0 | 1 | 0 | | |
| 0 | 1 | 1 | | |
| 1 | 0 | 0 | | |
| 1 | 0 | 1 | | |
| 1 | 1 | 0 | | |
| 1 | 1 | 1 | | |

3)分析半减器的逻辑功能

①用两片74LS00按图5.3.3接好线。

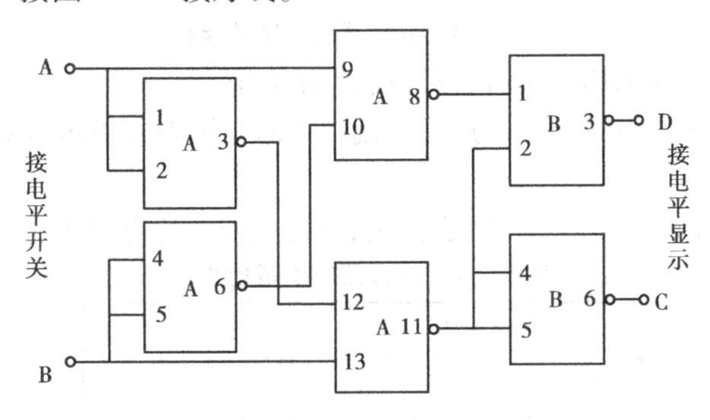


图5.3.3 半减器的逻辑功能图

②分析该线路,写出D,C的逻辑表达式,列出真值表。

③按表5.3.3改变开关A,B状态,观测D,C的值并填入表中。

表5.3.3 半减器的逻辑功能表

| 输入 | | 输出 | |
|---|---|---|---|
| A | B | D | C |
| 0 | 0 | | |
| 0 | 1 | | |
| 1 | 0 | | |
| 1 | 1 | | |

④将表5.3.3与理论分析列出的真值表进行比较,验证半减器的逻辑功能。

4)分析全减器的逻辑功能

①用一片74LS86和两片74LS00按图5.3.4接线。

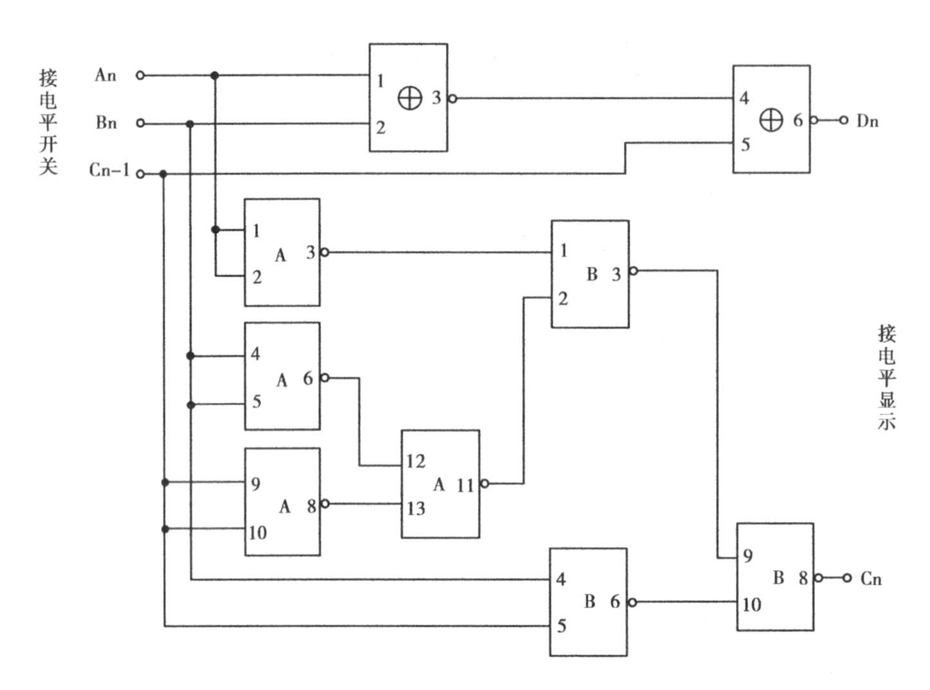


**图 5.3.4　全减器的逻辑功能图**

②分析该线路,写出 Dn,Cn 的逻辑表达式,列出真值表。

③按表 5.3.4 改变 An,Bn,Cn-1 的开关状态,借助万用表或指示灯观测输出 Dn,Cn 的状态并填入表中。

④对比表 5.3.4 和理论分析列出的真值表,验证全减器的逻辑功能。

**表 5.3.4　全减器的逻辑功能表**

| 输　入 | | | 输　出 | |
|---|---|---|---|---|
| An | Bn | Cn-1 | Dn | Cn |
| 0 | 0 | 0 | | |
| 0 | 0 | 1 | | |
| 0 | 1 | 0 | | |
| 0 | 1 | 1 | | |
| 1 | 0 | 0 | | |
| 1 | 0 | 1 | | |
| 1 | 1 | 0 | | |
| 1 | 1 | 1 | | |

5)分析四位奇偶校验器的逻辑功能

①用 74LS86 按图 5.3.5 接好线。

②分析该线路,写出逻辑表达式,列出真值表。

③按表 5.3.5 改变 A,B,C,D 开关状态,借助指示灯或万用表观测输出 F 状态,填入表中。

④对比表 5.3.5 与理论分析列出的真值表,验证奇偶校验器的逻辑功能。

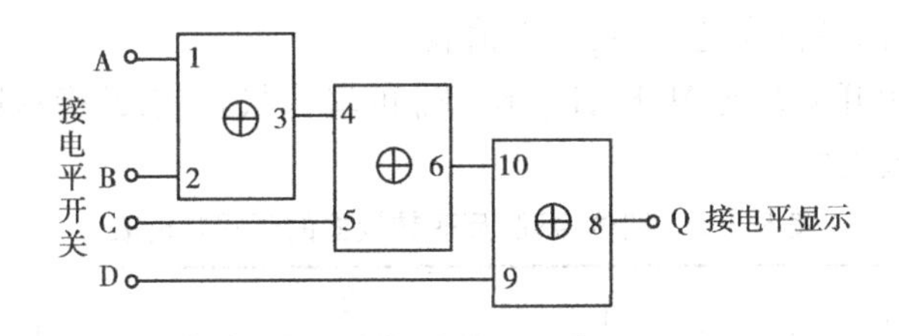


图5.3.5　四位奇偶校验器

表5.3.5　四位奇偶校验器的逻辑功能表

| 输　入 | | | | 输　出 |
|---|---|---|---|---|
| A | B | C | D | Q |
| 0 | 0 | 0 | 0 | |
| 0 | 0 | 0 | 1 | |
| 0 | 0 | 1 | 0 | |
| 0 | 0 | 1 | 1 | |
| 0 | 1 | 0 | 0 | |
| 0 | 1 | 0 | 1 | |
| 0 | 1 | 1 | 0 | |
| 0 | 1 | 1 | 1 | |
| 1 | 0 | 0 | 0 | |
| 1 | 0 | 0 | 1 | |
| 1 | 0 | 1 | 0 | |
| 1 | 0 | 1 | 1 | |
| 1 | 1 | 0 | 0 | |
| 1 | 1 | 0 | 1 | |
| 1 | 1 | 1 | 0 | |
| 1 | 1 | 1 | 1 | |

6)分析四位原码/反码转换器的逻辑功能

①用74LS86按图5.3.6接好线。

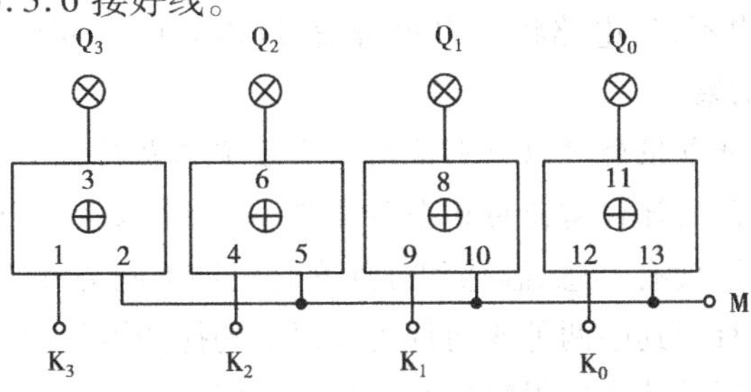


图5.3.6　四位原码/反码转换器

②分析该线路,写出逻辑表达式,列出真值表。

③按表5.3.6利用开关改变M,$K_3$,$K_2$,$K_1$,$K_0$的输入状态,借助指示灯或万用表观测$Q_3$,$Q_2$,$Q_1$,$Q_0$的状态,填入表中。

表5.3.6　四位原码/反码转换器的逻辑功能表

| 输　入 | | | | 输　出 | | | | | | | |
|---|---|---|---|---|---|---|---|---|---|---|---|
| | | | | M=0 | | | | M=1 | | | |
| $K_3$ | $K_2$ | $K_1$ | $K_0$ | $Q_3$ | $Q_2$ | $Q_1$ | $Q_0$ | $Q_3$ | $Q_2$ | $Q_1$ | $Q_0$ |
| 0 | 0 | 0 | 0 | | | | | | | | |
| 0 | 0 | 0 | 1 | | | | | | | | |
| 0 | 0 | 1 | 1 | | | | | | | | |
| 0 | 1 | 1 | 1 | | | | | | | | |
| 1 | 1 | 1 | 1 | | | | | | | | |

④对比分析理论值与实测值,验证该线路的功能。

7)设计一个监测信号灯工作状态的逻辑电路

每一组信号灯由红、黄、绿三盏灯组成,如图5.3.7所示的那样(图中R、Y、G分别表示红、黄、绿三盏灯,黑色表示灯亮,白色表示灯灭),正常工作情况下,任何时刻点亮的状态只能是红、绿或者黄中的一种。而当出现其他五种点亮状态时,电路发生故障,要求逻辑电路发出故障信号,以提醒维护人员前去修理。

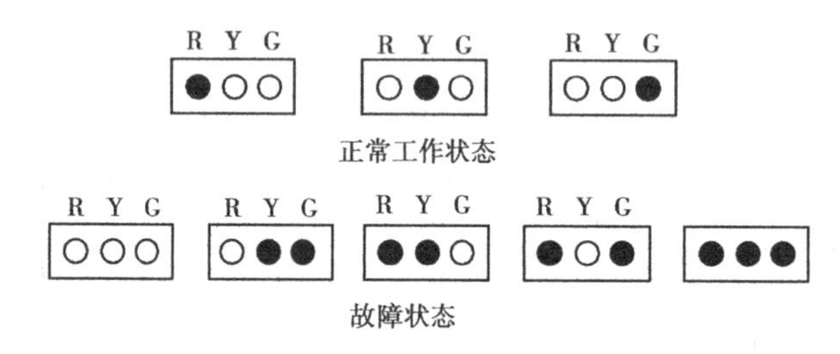


图5.3.7　信号灯的正常工作状态与故障状态

8)设计一个保险箱的数字代码锁

该锁有规定的4位代码A,B,C,D的输入端和一个开箱钥匙孔信号E的输入端,锁的代码由实验者自编(例如1101)。当用钥匙开箱时(E=1),如果输入代码符合该锁规定代码,保险箱被打开($Z_1=1$),如果不符,电路将发出报警信号($Z_2=1$)。要求使用最少的与非门实现电路。检测并记录实验结果。

提示:实验时锁被打开或报警可以分别使用两个发光二极管指示电路显示。除不同代码需要使用的反相器外,最简设计仅需使用6个与非门(最大扇入系数为4)。

9)有一火灾报警系统,设有烟感、温感和红外光感三种不同类型的火灾探测器

为了防止误报警,只有当其中两种或两种类型以上的探测器发出火灾探测信号时,报警系统才产生报警控制信号,试设计产生报警控制信号的电路。

10）按表5.3.7设计一个逻辑电路

①设计要求：输入信号仅提供原变量，要求用最少数量的2输入端与非门，画出逻辑图；

②搭试电路，进行静态测试，验证逻辑功能，记录测试结果；

③分析输入端B，C，D各处于什么状态时能观察到输入端A信号变化时产生的冒险现象；

④估算此时的干扰脉冲宽度是门的平均传输延迟时间$t_{pd}$的几倍。

⑤在A端输入$f$=1 MHz左右的方波信号，观察电路的冒险现象，记录A和Y点的工作波形图。

⑥观察用增加校正项的办法消除由于输入端A信号变化所引起的逻辑冒险现象，画出此时的电路图，观察并记录实验结果。

提示：a. 电路应由9个与非门实现。b. 观察冒险现象时输入信号的频率尽可能高一些。c. 在消除冒险现象时，尽可能少变动原来电路，必要时电路中允许使用一块4输入端与非门。

**表5.3.7　真值表**

| A | B | C | D | Y | A | B | C | D | Y |
|---|---|---|---|---|---|---|---|---|---|
| 0 | 0 | 0 | 0 | 0 | 1 | 0 | 0 | 0 | 0 |
| 0 | 0 | 0 | 1 | 0 | 1 | 0 | 0 | 1 | 0 |
| 0 | 0 | 1 | 0 | 1 | 1 | 0 | 1 | 0 | 1 |
| 0 | 0 | 1 | 1 | 1 | 1 | 0 | 1 | 1 | 0 |
| 0 | 1 | 0 | 0 | 0 | 1 | 1 | 0 | 0 | 1 |
| 0 | 1 | 0 | 1 | 0 | 1 | 1 | 0 | 1 | 1 |
| 0 | 1 | 1 | 0 | 0 | 1 | 1 | 1 | 0 | 1 |
| 0 | 1 | 1 | 1 | 1 | 1 | 1 | 1 | 1 | 1 |

**（5）预习要求**

①了解掌握使用SSI设计组合电路的一般步骤。

②组合电路冒险现象的种类、产生的原因，以及如何消除和防止冒险现象的方法。

③根据实验任务设计组合电路，画出电路图及相应的记录表格。

**（6）实验报告**

①将各组合逻辑电路的观测结果认真填入表格中。

②分析各组合逻辑电路的逻辑功能，记录检测结果并进行分析。

③用与非门设计简单组合电路，画出电路图，列出真值表，写出逻辑表达式并验证分析。

④画出冒险现象的工作波形和消除后的工作波形，必须画出0电压坐标线。

**思考题**

1. 分析实验任务10中电路，当输入信号B，C或D单独发生变化时，是否还存在冒险现象？

2. 在观察冒险现象时,为什么要求 A 信号的频率尽可能高一些?

3. 分析存在静态 1 型冒险或静态 0 型冒险的原因是什么? 怎样消除?

4. 如何用组合逻辑电路实现 BCD 码—格雷码转换?

## 5.4　MSI 译码器及其应用

**(1) 实验目的**

①熟悉中规模集成电路译码器的工作原理及逻辑功能。

②熟悉译码器的灵活应用。

③掌握七段码译码器和数码管构成和显示原理,并学会使用。

**(2) 实验仪器及元器件**

| | |
|---|---|
| ①SAC-DS4 数字逻辑电路实验箱 | 1 台 |
| ②示波器、信号发生器、直流稳压电源、频率计 | 各 1 台 |
| ③万用表 | 1 块 |
| ④74LS138　3-8 线译码器 | 2 片 |
| ⑤74LS47　TTL 七段显示译码器(共阳) | 1 片 |
| ⑥CD4511　CMOS 七段显示译码器(共阴) | 1 片 |
| ⑦74LS20　双四输入与非门 | 1 片 |
| ⑧74LS00　四 2 输入与非门 | 1 片 |

**(3) 实验原理**

译码是编码的逆过程,在编码时,对每一种二进制代码状态都赋予了特定的含义,即都表示了一个确定的信号或者对象。将代码状态的特点含义“翻译”出来的过程称为译码。实现译码操作的电路称为译码器。或者说,译码器是可以将输入二进制代码的状态翻译成输出信号,以表示原来含义的电路。译码器是一种常用集成组合逻辑芯片,在数字系统中用途比较广泛,可用于代码的转换、终端的数字显示、数据分配、存储器寻址和组合控制信号等场合。不同的功能可选用不同种类的译码器来实现。

本实验主要以 3 线 −8 线译码器 74LS138 为例进行分析,图 5.4.1(a)、(b)分别为其逻辑图及引脚排列。其中 $A_2$,$A_1$,$A_0$为地址输入端,$\overline{Y}_0 \sim \overline{Y}_7$ 为译码输出端,$S_1$,$\overline{S}_2$,$\overline{S}_3$ 为使能端。

表 5.4.1 为 74LS138 功能表。

当 $S_1 = 1$,$\overline{S}_2 + \overline{S}_3 = 0$ 时,器件使能,地址码所指定的输出端有信号(为0)输出,其他所有输出端均无信号(全为1)输出。当 $S_1 = 0$,$\overline{S}_2 + \overline{S}_3 = X$ 时,或 $S_1 = X$,$\overline{S}_2 + \overline{S}_3 = 1$ 时,译码器被禁止,所有输出同时为 1。

二进制译码器实际上也是负脉冲输出的脉冲分配器。若利用使能端中的一个输入端输入数据信息,器件就成为一个数据分配器(又称多路分配器),如图 5.4.2 所示。若在 $S_1$ 输入端输入数据信息,$\overline{S}_2 = \overline{S}_3 = 0$,地址码所对应的输出是 $S_1$ 数据信息的反码;若从$\overline{S}_2$ 端输入数据信息,令 $S_1 = 1$,$\overline{S}_3 = 0$,地址码所对应的输出就是$\overline{S}_2$ 端数据信息的原码。若数据信息是时钟脉冲,则数据分配器便成为时钟脉冲分配器。

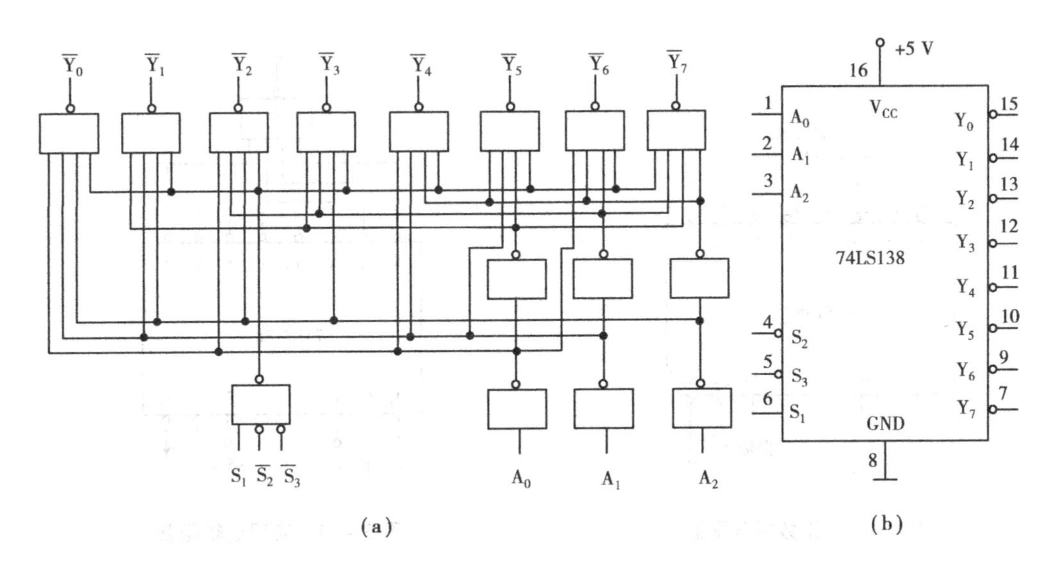


(a)　　　　(b)

图5.4.1　74LS138逻辑图及引脚排列

表5.4.1　74LS138功能表

| 输入 | | | | | 输出 | | | | | | | |
|---|---|---|---|---|---|---|---|---|---|---|---|---|
| $S_1$ | $\overline{S}_2+\overline{S}_3$ | $A_2$ | $A_1$ | $A_0$ | $\overline{Y}_0$ | $\overline{Y}_1$ | $\overline{Y}_2$ | $\overline{Y}_3$ | $\overline{Y}_4$ | $\overline{Y}_5$ | $\overline{Y}_6$ | $\overline{Y}_7$ |
| 1 | 0 | 0 | 0 | 0 | 0 | 1 | 1 | 1 | 1 | 1 | 1 | 1 |
| 1 | 0 | 0 | 0 | 1 | 1 | 0 | 1 | 1 | 1 | 1 | 1 | 1 |
| 1 | 0 | 0 | 1 | 0 | 1 | 1 | 0 | 1 | 1 | 1 | 1 | 1 |
| 1 | 0 | 0 | 1 | 1 | 1 | 1 | 1 | 0 | 1 | 1 | 1 | 1 |
| 1 | 0 | 1 | 0 | 0 | 1 | 1 | 1 | 1 | 0 | 1 | 1 | 1 |
| 1 | 0 | 1 | 0 | 1 | 1 | 1 | 1 | 1 | 1 | 0 | 1 | 1 |
| 1 | 0 | 1 | 1 | 0 | 1 | 1 | 1 | 1 | 1 | 1 | 0 | 1 |
| 1 | 0 | 1 | 1 | 1 | 1 | 1 | 1 | 1 | 1 | 1 | 1 | 0 |
| 0 | × | × | × | × | 1 | 1 | 1 | 1 | 1 | 1 | 1 | 1 |
| × | 1 | × | × | × | 1 | 1 | 1 | 1 | 1 | 1 | 1 | 1 |

根据输入地址的不同组合译出唯一地址,故可用作地址译码器。接成多路分配器,可将一个信号源的数据信息传输到不同的地点。

二进制译码器还能方便地实现逻辑函数,如图5.4.3所示,实现的逻辑函数是

$$Z=\overline{ABC}+\overline{A}B\overline{C}+A\overline{BC}+ABC$$

利用使能端能方便地将两个3/8译码器组合成一个4/16译码器,如图5.4.4所示。

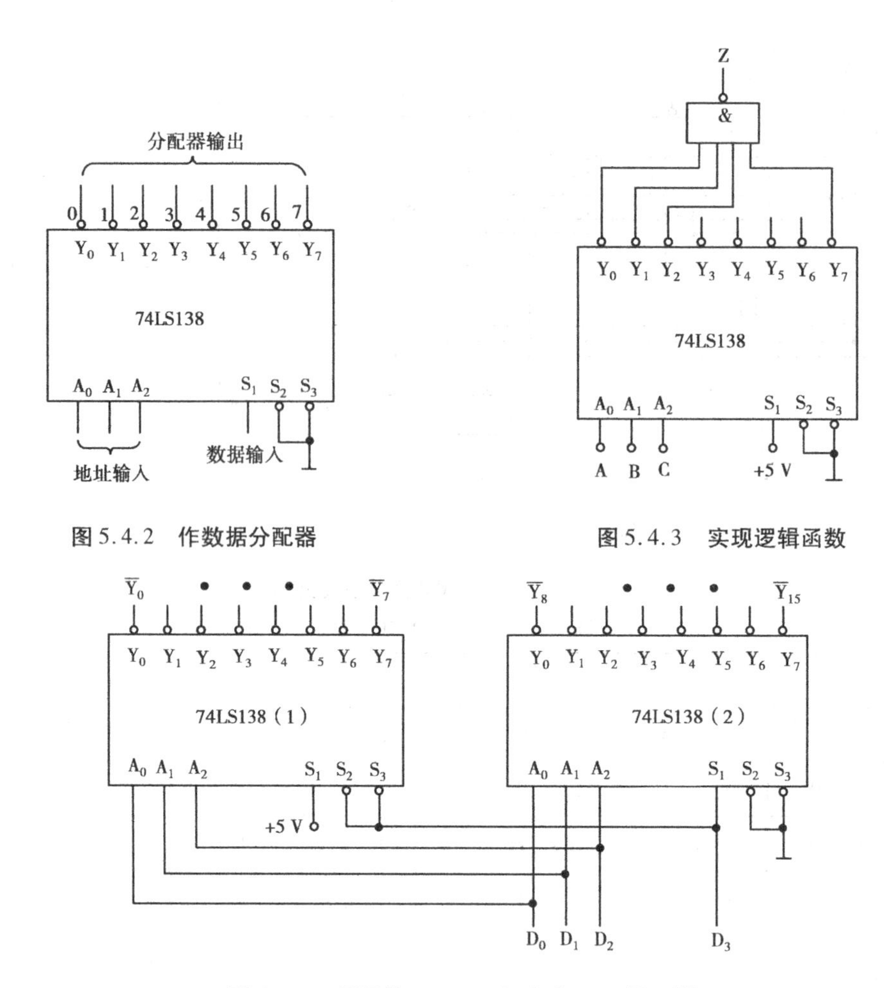


图 5.4.2　作数据分配器

图 5.4.3　实现逻辑函数

图 5.4.4　用两片 74LS138 组合成 4/16 译码器

(4)实验内容

1)译码器逻辑功能测试

①按图 5.4.5 接线。

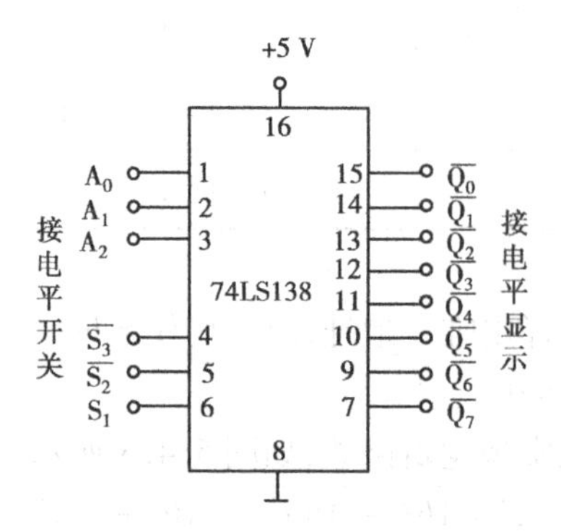


图 5.4.5　3-8 译码器逻辑功能测试

②根据表 5.4.2，利用开关设置 $S_1$，$S_2$，$S_3$ 及 $A_2$，$A_1$，$A_0$ 的状态，借助指示灯或万用表观测 $Q_0 \sim Q_7$ 的状态，记入表中。

表5.4.2 3-8译码器逻辑功能表

| 输入 | | | | | 输出 | | | | | | | |
|---|---|---|---|---|---|---|---|---|---|---|---|---|
| $S_1$ | $\overline{S_2}+\overline{S_3}$ | $A_2$ | $A_1$ | $A_0$ | $\overline{Y_0}$ | $\overline{Y_1}$ | $\overline{Y_2}$ | $\overline{Y_3}$ | $\overline{Y_4}$ | $\overline{Y_5}$ | $\overline{Y_6}$ | $\overline{Y_7}$ |
| 0 | × | × | × | × | | | | | | | | |
| × | 1 | × | × | × | | | | | | | | |
| 1 | 0 | 0 | 0 | 0 | | | | | | | | |
| 1 | 0 | 0 | 0 | 1 | | | | | | | | |
| 1 | 0 | 0 | 1 | 0 | | | | | | | | |
| 1 | 0 | 0 | 1 | 1 | | | | | | | | |
| 1 | 0 | 1 | 0 | 0 | | | | | | | | |
| 1 | 0 | 1 | 0 | 1 | | | | | | | | |
| 1 | 0 | 1 | 1 | 0 | | | | | | | | |
| 1 | 0 | 1 | 1 | 1 | | | | | | | | |

2)用74LS138构成时钟脉冲分配器

输入时钟脉冲信号频率为:1 ~10 kHz。

①分配器输出信号与输入信号同相,画出电路图,用示波器观察波形并记录。

②分配器输出信号与输入信号反相,画出电路图,用示波器观察波形并记录。

3)用两片74LS138组成4-16线译码器

设计电路图,利用开关改变输入D0-D3的状态,借助指示灯或万用表监测输出端,记入表5.4.3中,写出各输出端的逻辑函数。

表5.4.3 4-16线译码器功能表

| 输入 | | | | 输出 | | | | | | | | | | | | | | | |
|---|---|---|---|---|---|---|---|---|---|---|---|---|---|---|---|---|---|---|---|
| $D_3$ | $D_2$ | $D_1$ | $D_0$ | $Q_0$ | $Q_1$ | $Q_2$ | $Q_3$ | $Q_4$ | $Q_5$ | $Q_6$ | $Q_7$ | $Q_8$ | $Q_9$ | $Q_{10}$ | $Q_{11}$ | $Q_{12}$ | $Q_{13}$ | $Q_{14}$ | $Q_{15}$ |
| 0 | 0 | 0 | 0 | | | | | | | | | | | | | | | | |
| 0 | 0 | 0 | 1 | | | | | | | | | | | | | | | | |
| 0 | 0 | 1 | 0 | | | | | | | | | | | | | | | | |
| 0 | 0 | 1 | 1 | | | | | | | | | | | | | | | | |
| 0 | 1 | 0 | 0 | | | | | | | | | | | | | | | | |
| 0 | 1 | 0 | 1 | | | | | | | | | | | | | | | | |
| 0 | 1 | 1 | 0 | | | | | | | | | | | | | | | | |
| 0 | 1 | 1 | 1 | | | | | | | | | | | | | | | | |
| 1 | 0 | 0 | 0 | | | | | | | | | | | | | | | | |
| 1 | 0 | 0 | 1 | | | | | | | | | | | | | | | | |

续表

| 输入 | | | | 输出 | | | | | | | | | | | | | | | |
|---|---|---|---|---|---|---|---|---|---|---|---|---|---|---|---|---|---|---|---|
| $D_3$ | $D_2$ | $D_1$ | $D_0$ | $Q_0$ | $Q_1$ | $Q_2$ | $Q_3$ | $Q_4$ | $Q_5$ | $Q_6$ | $Q_7$ | $Q_8$ | $Q_9$ | $Q_{10}$ | $Q_{11}$ | $Q_{12}$ | $Q_{13}$ | $Q_{14}$ | $Q_{15}$ |
| 1 | 0 | 1 | 0 | | | | | | | | | | | | | | | | |
| 1 | 0 | 1 | 1 | | | | | | | | | | | | | | | | |
| 1 | 1 | 0 | 0 | | | | | | | | | | | | | | | | |
| 1 | 1 | 0 | 1 | | | | | | | | | | | | | | | | |
| 1 | 1 | 1 | 0 | | | | | | | | | | | | | | | | |
| 1 | 1 | 1 | 1 | | | | | | | | | | | | | | | | |

4)利用译码器组成全加器和全减器

①用74LS138和74LS20按图5.4.6接线,利用开关改变输入 $A_i$, $B_i$, $C_{i-1}$ 的状态,借助指示灯或万用表观测输出 $S_i$, $C_i$ 的状态,记录真值表,写出输出端的逻辑表达式。

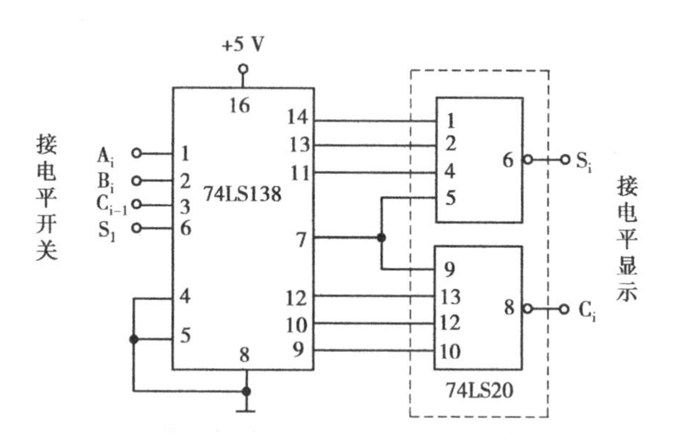


图5.4.6 利用译码器组成全加器全减器

②用74LS138和74LS20设计一个1位二进制全减器。画出设计电路图,检测电路的功能。全减器差D和借位 $C_{B-1}$ 的逻辑表达式分别为:

$$D = A_n \overline{B_n C_B} + \overline{A_n} B_n \overline{C_B} + \overline{A_n B_n} C_B + A_n B_n C_B$$

$$C_{B-1} = \overline{A_n} B_n C_B + \overline{A_n} B_n \overline{C_B} + \overline{A_n B_n} C_B + A_n B_n C_B$$

**(5)预习要求**

①预习译码器原理及用途。

②根据实验任务要求画出实验电路与记录表格。

**(6)实验报告**

①画出实验电路图,整理观察到的波形,并画在坐标纸上,标上对应地址码。

②整理各步实验结果,列出相应实测真值表,并对实验结果进行分析。

③总结译码器的逻辑功能及灵活应用情况。

④对实验中发现的问题进行讨论。

**思考题**

1. 利用3线-8线译码器和与非门,实现一个三变量的多数表决器。

2. 讨论3线-8线译码器使能端 $S_1$,$\overline{S}_2$ 和$\overline{S}_3$ 的作用。

## 5.5　MSI 数据选择器及其应用

**(1)实验目的**

①掌握中规模集成电路数据选择器的工作原理及逻辑功能。

②学习数据选择器的应用。

**(2)实验仪器及元器件**

| | |
|---|---|
| ①SAC-DS4 数字逻辑电路实验箱 | 1台 |
| ②示波器、信号发生器、直流稳压电源、频率计 | 各1台 |
| ③万用表 | 1块 |
| ④74LS153 双四选一数据选择器 | 2片 |
| ⑤74LS151 八选一数据选择器 | 1片 |
| ⑥74LS138,74LS00,74LS20 | 各1片 |

**(3)实验原理**

数据选择器是常用的组合逻辑电路之一。它有若干个数据输入端 $D_0$,$D_1$,……,若干个控制输入端 $A_0$,$A_1$,……和一个输出端 $Y$。在控制输入端加上适当的信号,即可从多个数据输入源中将所需的数据信号选择出来,送到输出端。

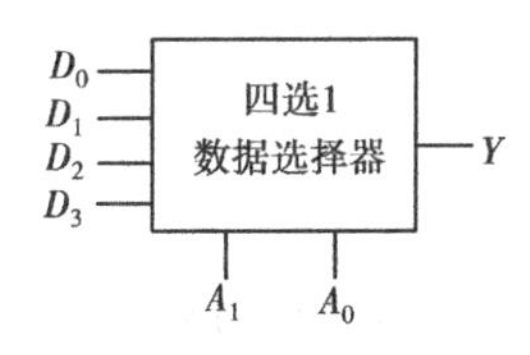

图5.5.1　数据选择器

可通过图5.5.1来理解其原理:

$D_0$,$D_1$,$D_2$,$D_3$ 为4路输入信号,$A_1$,$A_0$ 为选择控制信号,$Y$ 为输出信号,可为4路输入数据中的任意一路,究竟是哪一路完全由地址选择控制信号 $A_1$,$A_0$ 决定。

按照逻辑功能要求,可令 $A_1A_0=00$ 时,$Y=D_0$;$A_1A_0=01$ 时,$Y=D_1$;$A_1A_0=10$ 时,$Y=D_2$;$A_1A_0=11$ 时,$Y=D_3$。按照上述设计的逻辑电路可完成四选一的逻辑功能。

上面的分析可写成如下的表达式:

$$Y = D_0\overline{A}_1\overline{A}_0 + D_1\overline{A}_1\overline{A}_0 + D_2A_1\overline{A}_0 + D_3\overline{A}_1\overline{A}_0 = \sum_{i=0}^{3} D_i m_i$$

数据选择器应用十分广泛,集成数据选择器的规格品种较多。如74LS153(双四选一数据选择器)、74LS151(八选一数据选择器)。

数选器是一个多输入、单输出的组合逻辑电路,它的作用和数据分配器恰好相反。它的用途比较广泛,可实现数据选通、多通道数据传输、数据比较、并行到串行的转换、实现逻辑函数等。

**(4)实验内容**

1)74LS153 双四选一数据选择器功能测试

①按图5.5.2接线。

②利用开关按表5.5.1改变输入选择代码的状态及输入数据的状态,借助指示灯或万用

表观测输出 Q 的状态填入表 5.5.1 中。

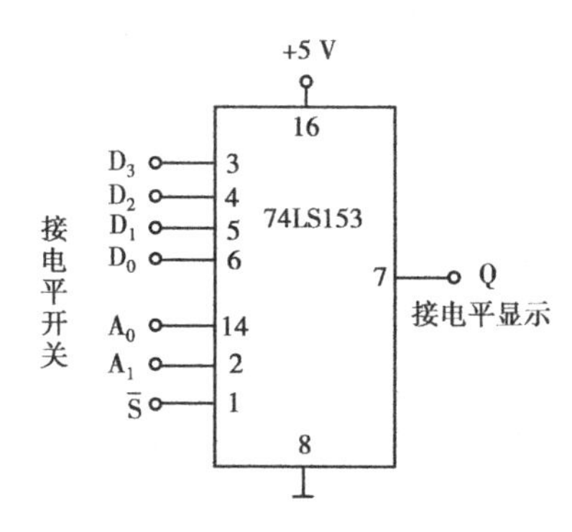


图 5.5.2　74LS153 双四选一数据选择器功能测试

表 5.5.1　四选一数据选择器逻辑功能表

| 输　入 | | | | 输　出 |
|---|---|---|---|---|
| S | $A_1$ | $A_0$ | D | Q |
| 1 | Φ | Φ | Φ | |
| 0 | 0 | 0 | $D_0$ | |
| 0 | 0 | 1 | $D_1$ | |
| 0 | 1 | 0 | $D_2$ | |
| 0 | 1 | 1 | $D_3$ | |

2)用 74LS153 双四选一数据选择器实现全加功能

二进制全加器的和数 Fn、向高位的进位 $FC_{n+1}$ 的逻辑表达式分别为:

$$F_n = \overline{A_n}\,\overline{B_n}C_n + \overline{A_n}B_n\overline{C_n} + A_n\overline{B_n}\,\overline{C_n} + A_nB_nC_n$$

$$FC_{n+1} = \overline{A_n}B_nC_n + A_n\overline{B_n}C_n + A_nB_n\overline{C_n} + A_nB_nC_n$$

画出设计实验电路图,测试电路功能并记录结果。

3)74LS151 八选一数据选择器功能测试

按图 5.5.3 搭建实验电路,按表 5.5.2 改变各输入的逻辑状态,观测记录输出端相应逻辑状态并分析原因。

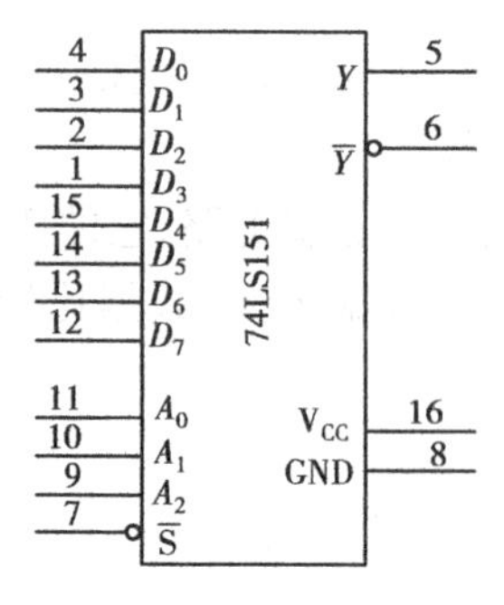


图 5.5.3　74LS151 八选一数据选择器逻辑图

表5.5.2 74LS151逻辑功能表

| 输入 | | | 输出 | |
|---|---|---|---|---|
| $\overline{S}$ | $A_2A_1A_0$ | $D_0 \sim D_7$ | Y | $\overline{Y}$ |
| 1 | × × × | × × × × × × × × | | |
| 0 | 0 0 0 | 11000000 | | |
| 0 | 0 0 1 | 11000000 | | |
| 0 | 0 1 0 | 11000001 | | |
| 0 | 0 1 1 | 00110001 | | |
| 0 | 1 0 0 | 11001101 | | |
| 0 | 1 0 1 | 11001101 | | |
| 0 | 1 1 0 | 11000000 | | |
| 0 | 1 1 1 | 00110101 | | |

4)利用数选器的选通功能

利用选通功能,用一只数码管分别显示4位十进制数的个位、十位、百位、千位(显示电路由实验箱提供)。画出设计实验电路图,测试电路功能并记录结果。

5)用1个8选1的数选器和1个3-8译码器组成8通道数字传输系统

画出设计实验电路图,测试电路功能并记录结果。

提示和要求:在 $A_2A_1A_0$ =000—111 八种状态下,在地址码对应的输入端加 f=1 KHz 左右的脉冲信号,用示波器观察和记录输入端和地址码对应的输出端的波形。

6)用1个8选1的数选器和一个3-8译码器组成3位并行数码比较器

被比较的3位二进制数自拟。

**(5)预习要求**

①熟悉数选器的工作原理和使用方法。

②阅读实验原理,熟悉数选器的各种应用。根据任务要求,自拟实验方案,设计和画出实验电路图和记录表格。

**(6)实验报告**

①画出实验电路图,整理各步实验结果,列出相应实测真值表。

②分析数据选择器的逻辑功能。

③分析用数据选择器实现全加器功能的原理。

④整理实验数据,并对实验结果进行分析。

⑤对实验中发现的问题进行讨论。

**思考题**

1. 如何利用4选1的数选器构成8选1或16选1的数据选择器?

2. 数选器有哪些用途?

## 5.6 MSI 半加器、全加器及其应用

**(1)实验目的**

①掌握 MSI 半加器、全加器的使用方法及其逻辑功能。

②熟悉 MSI 半加器、全加器的应用。

**(2)实验仪器及元器件**

| | |
|---|---|
| ①SAC-DS4 数字逻辑电路实验箱 | 1 台 |
| ②示波器、信号发生器、直流稳压电源、频率计 | 各 1 台 |
| ③万用表 | 1 块 |
| ④74LS283 4 位二进制全加器 | 1 片 |
| ⑤74LS086,74LS00,74LS20 | 各 1 片 |

**(3)实验原理**

加法器是构成算术运算器的基本单元。构成加法器的基础是 1 位加法器。1 位加法器可由 1 位半加器构成,不考虑来自低位的进位的两个 1 位的二进制数的加法运算,称为 1 位半加运算,实现 1 位半加运算的电路为 1 位半加器,1 位半加器逻辑符号如图 5.6.1 所示。

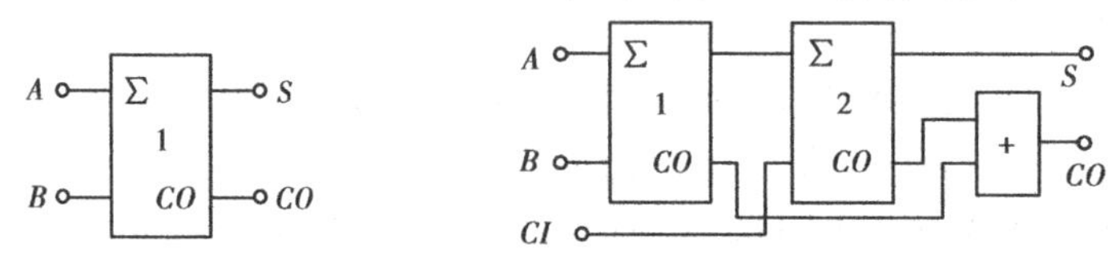


图 5.6.1　1 位半加器　　　　图 5.6.2　由半加器构成全加器

考虑来自低位进位数的两个 1 位二进制数的加法运算,称为全加运算。实现全加运算的电路称为全加器。1 位全加器可由两个 1 位半加器加一个或门构成,参考电路如图 5.6.2 所示。

可按照这种方法用全加器构成多位加法器。这种加法器高位的运算需要等待低位运算所产生的进位才可求得,故这种加法器又称为串行进位加法器,参考实例如图 5.6.3 所示。

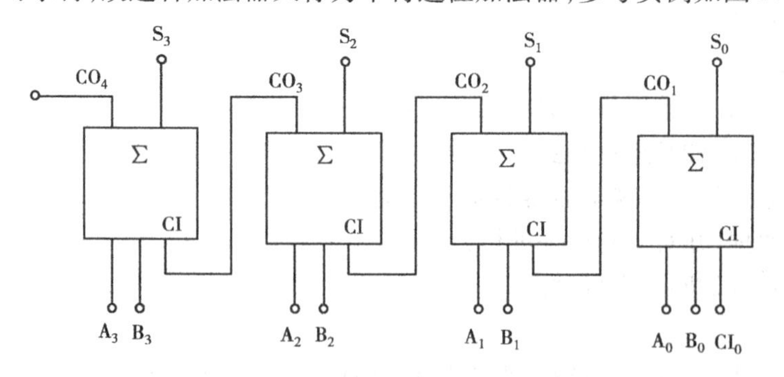


图 5.6.3　4 位串行进位加法器

串行进位加法器电路结构比较简单。但是,这种电路的最大缺点是运算速度慢。为提高运算速度,人们又设计了超前进位的加法器。

所谓超前进位加法器,是指在做加法运算时,各位数的进位信号由输入的二进制数直接产生的加法器。如图5.6.4所示为超前进位的4位全加器74LS283的引脚图。

可完成4位二进制数的加法运算。如输入 $A_4A_3A_2A_1$(1000)、$B_4B_3B_2B_1$(0110)、$CI$(0),则输出为 $S_4S_3S_2S_1$(1110)、$CO$(0)。

(4)实验内容

1)74LS283四位全加器逻辑功能测试

①按图5.6.5接线。

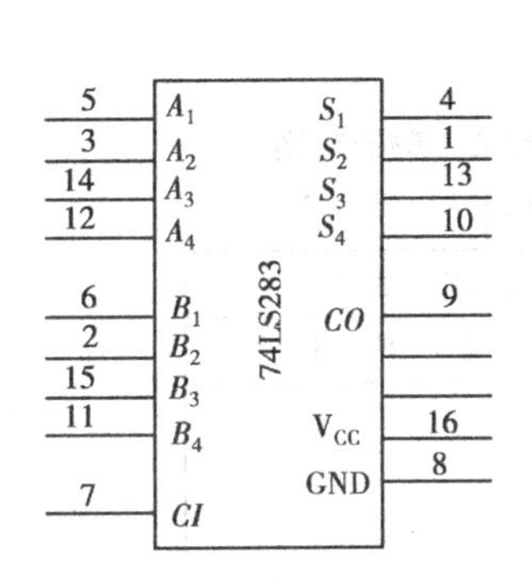


图5.6.4 74LS283引脚图

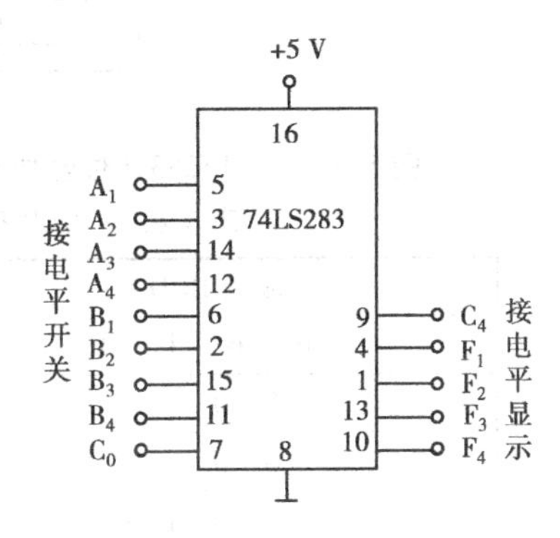


图5.6.5 74LS283 4位全加器逻辑功能测试

②用开关按表5.6.1设置输入 $A_1$-$A_4$,$B_1$-$B_4$,$C_0$ 的状态,借助指示灯观测输出 $F_1$-$F_4$、$C_4$ 的状态,并记入表5.6.1中。

表5.6.1 74LS283 4位全加器逻辑功能表

| 输入 | | | 输出 | |
|---|---|---|---|---|
| $A_4$ $A_3$ $A_2$ $A_1$ | $B_4$ $B_3$ $B_2$ $B_1$ | $C_0$ | $F_4$ $F_3$ $F_2$ $F_1$ | $C_4$ |
| 0 0 1 0 | 0 0 0 1 | 1 | | |
| 0 1 0 0 | 0 0 1 1 | 0 | | |
| 1 0 0 0 | 0 1 1 1 | 1 | | |
| 1 0 0 1 | 1 0 0 0 | 0 | | |
| 1 0 1 1 | 0 1 0 1 | 1 | | |
| 1 1 0 0 | 0 1 1 0 | 0 | | |
| 1 1 0 1 | 0 1 0 0 | 1 | | |
| 1 1 1 1 | 1 1 1 1 | 0 | | |

2)用74LS283 4位全加器实现BCD码到余3码的转换

将每个BCD码加上0011,即可得到相应的余3码。故应按图5.6.6接线。

利用开关输入BCD码,借助指示灯观测输出的余3码,填入表5.6.2中。

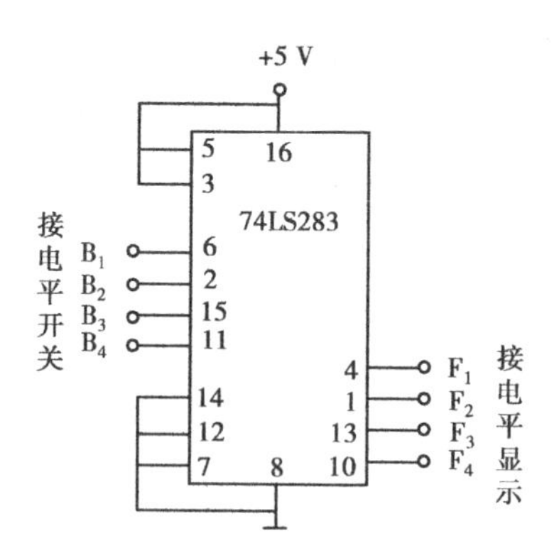


图 5.6.6　74LS283 4 位全加器实现 BCD 码到余 3 码的转换

表 5.6.2　BCD 码到余 3 码的转换

| 输入 BCD 码 | 输出余 3 码 |
| --- | --- |
| $B_4$　$B_3$　$B_2$　$B_1$ | $F_4$　$F_3$　$F_2$　$F_1$ |
| 0　0　0　0 | |
| 0　0　0　1 | |
| 0　0　1　0 | |
| 0　0　1　1 | |
| 0　1　0　0 | |
| 0　1　0　1 | |
| 0　1　1　0 | |
| 0　1　1　1 | |
| 1　0　0　0 | |
| 1　0　0　1 | |

3)利用两片 74LS283 和与非门设计一个 1 位二—十进制全加器

画出设计电路,BCD 码输入自拟,检测电路功能,记录实验结果。

4)用异或门 74LS086 设计一个奇偶校验器(要求校验速度比较高)

画出实验电路图,检测电路功能。

**(5)预习要求**

①阅读实验原理,了解 74LS283,74LS086 的工作原理和使用方法。

②了解二—十进制全加器的工作原理和设计方法。

③了解奇偶校验器的工作原理和设计方法。

④按实验任务要求,设计并画出实验电路和记录表格。

**(6)实验报告**

①画出实验电路图,整理各步实验结果,列出相应实测真值表。

②分析全加器的逻辑功能。

③分析用两片 74LS283 和与非门设计一个 1 位二—十进制全加器实现全加器功能的原理。

④整理实验数据,并对实验结果进行分析。

⑤对实验中发现的问题进行讨论。

**思考题**

1. 如何用74LS086和74LS283设计一个可以完成4位二进制全加、4位二进制全减(要求减数用原码)以及把8421码变成余3码三种功能的电路?

2. 串行进位的4位二进制全加器和超前进位的4位二进制全加器在速度上有何差异?为什么?

## 5.7 集成触发器及其应用

**(1)实验目的**

①掌握基本RS,D,J-K和T触发器的逻辑功能及触发方式。

②熟悉现态和次态的概念及各种触发器的次态方程。

③掌握集成触发器的使用方法和逻辑功能的测试方法。

④熟悉触发器之间相互转换方法。

⑤了解触发器的脉冲工作特性。

**(2)实验仪器及元器件**

| | |
|---|---|
| ①SAC-DS4数字逻辑电路实验箱 | 1台 |
| ②示波器、信号发生器、直流稳压电源、频率计 | 各1台 |
| ③万用表 | 1块 |
| ④74LS74 双D触发器 | 2片 |
| ⑤74LS112 双J-K触发器 | 2片 |
| ⑥74LS00,74LS20 | 各1片 |

**(3)实验原理**

触发器是一种具有记忆功能的二进制信息存储器件,是构成各种时序电路的最基本的逻辑单元,在数字系统和计算机中有着广泛的应用。

触发器有集成触发器和"与非"门组成的触发器。按其功能分,有R-S,D,T,J-K触发器

1)基本R-S触发器

R-S触发器是最基本的触发器。其功能是完成置"0"和置"1"任务,又称置"0"置"1"触发器。图5.7.1和表5.7.1分别为R-S触发器实验电路图和逻辑功能。

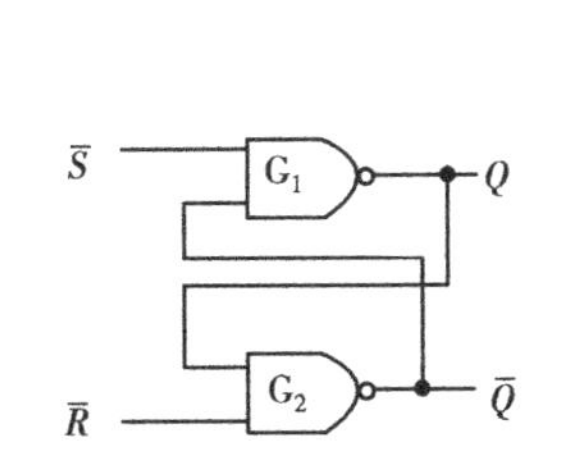


图5.7.1 基本R-S触发器

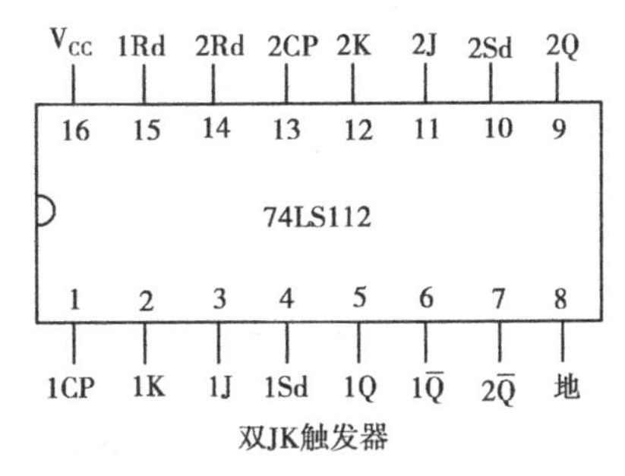


图5.7.2 74LS112双J-K触发器引脚排列和逻辑符号

表 5.7.1 R-S 触发器逻辑功能

| $\overline{R}$ | $\overline{S}$ | $Q_{n+1}$ |
|---|---|---|
| 0 | 0 | $\Phi$ |
| 0 | 1 | 0 |
| 1 | 0 | 1 |
| 1 | 1 | $\Phi_n$ |

2)J-K 触发器

J-K 触发器常被用作缓冲存储器、移位寄存器和计数器,其状态方程为:$Q_{n+1}=J\overline{Q_n}+\overline{K}Q_n$。

本实验采用 74LS112 双 J-K 触发器,是下降沿触发的边沿触发器。引脚逻辑符号如图 5.7.2 所示,逻辑功能如表 5.7.2 所示。

表 5.7.2 J-K 触发器的逻辑功能

74LS112 功能表

| 输 入 | | | | | 输 出 | |
|---|---|---|---|---|---|---|
| Sd | Rd | CP | J | K | Q | Q |
| 0 | 1 | × | × | × | 1 | 0 |
| 1 | 0 | × | × | × | 0 | 1 |
| 0 | 0 | × | × | × | 1 | 1 |
| 1 | 1 | ↓ | 0 | 0 | 保 持 | |
| 1 | 1 | ↓ | 1 | 0 | 1 | 0 |
| 1 | 1 | ↓ | 0 | 1 | 0 | 1 |
| 1 | 1 | ↓ | 1 | 1 | 计 数 | |
| 1 | 1 | 1 | × | × | 保 持 | |

表 5.7.3 D 触发器的逻辑功能

74LS74 功能表

| 输 入 | | | 输 出 | | |
|---|---|---|---|---|---|
| $\overline{SD}$ | $\overline{RD}$ | CP | D | Q | $\overline{Q}$ |
| 0 | 1 | × | × | 1 | 0 |
| 1 | 0 | × | × | 0 | 1 |
| 0 | 0 | × | × | 1 | 1 |
| 1 | 1 | ↑ | 1 | 1 | 0 |
| 1 | 1 | ↑ | 0 | 0 | 1 |
| 1 | 1 | 0 | × | 保 持 | |

3)D 触发器

在输入信号为单端的情况下,D 触发器用起来最为方便,其状态方程为 $Q_{n+1}=D_n$。本实验采用 74LS74 双 D 触发器,是上升沿触发的边沿触发器。引脚符号如图 5.7.3 所示,逻辑功能如表 5.7.3 所示。

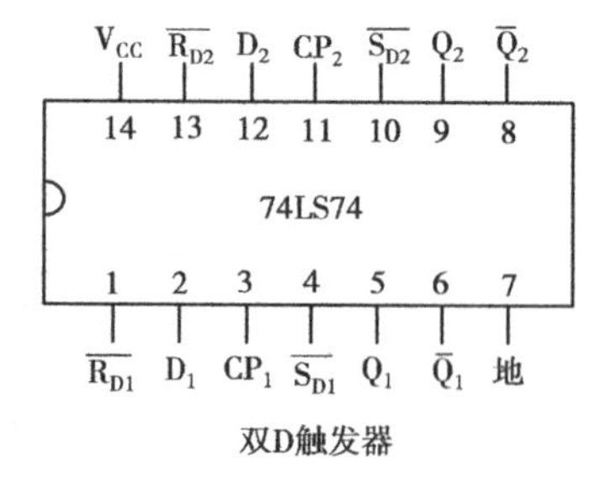


图 5.7.3 74LS74 双 D 触发器引脚排列和逻辑符号

4)触发器之间的相互转换

①将J-K触发器的J,K两端连在一起,并认为它为T端,就得到了T触发器,如图5.7.4所示,其状态方程为

$$Q_{n+1}=T\overline{Q_n}+\overline{T}Q_n$$

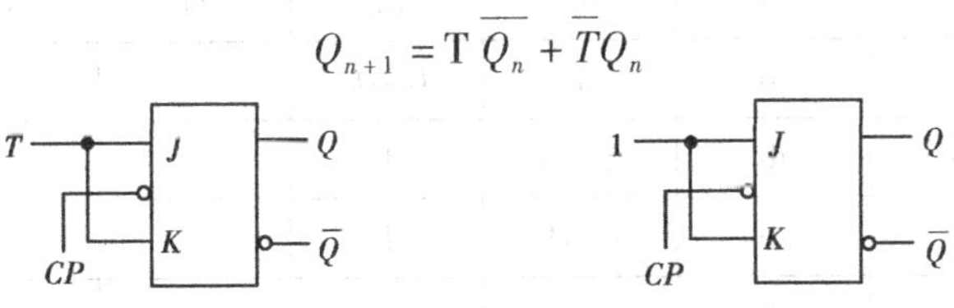


图5.7.4　T触发器　　　　图5.7.5　T′触发器

②将T触发器的T端置1,如图5.7.5所示,就得到了T′触发器。在T′触发器的CP端每来一个CP脉冲信号,触发器的状态就翻转一次,故称之为反转触发器,广泛用于计数电路中。

③D触发器的$\overline{Q}$端与D端相连,便转换成T′触发器。如图5.7.6所示。

J-K触发器也可转换成D触发器,如图5.7.7所示。

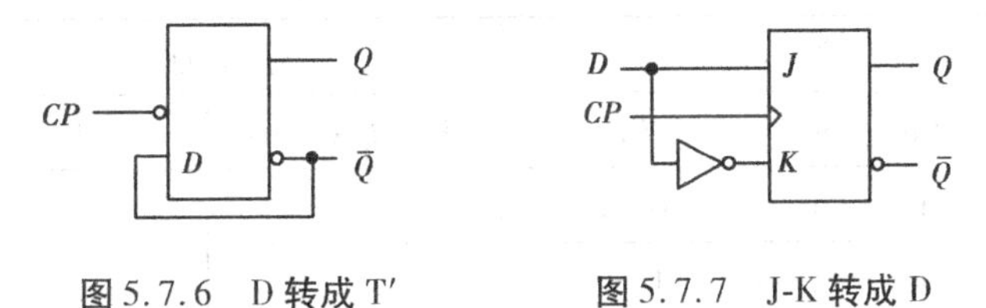


图5.7.6　D转成T′　　　　图5.7.7　J-K转成D

(4)实验内容

1)74LS74D触发器逻辑功能测试

①按图5.7.8接线。

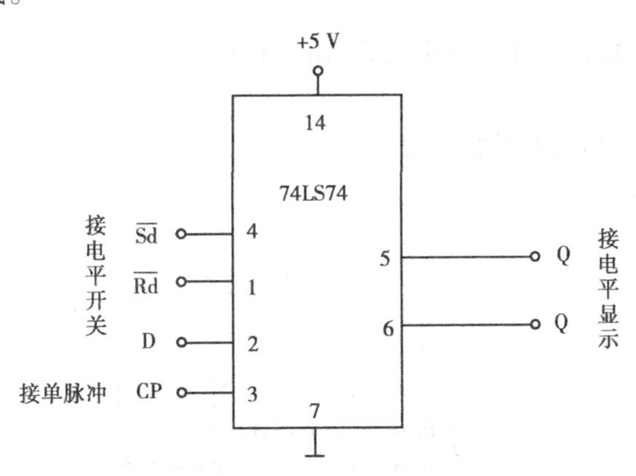


图5.7.8　74LS74 D触发器逻辑功能测试

②直接置位($S_D$)端复位($R_D$)端功能测试。

利用开关按表5.7.1改变$\overline{Rd}$,$\overline{Sd}$的逻辑状态(D,CP状态随意),借助指示灯或万用表观测相应的Q,$\overline{Q}$状态,结果记入表5.7.4中。

表5.7.4　74LS74D触发器直接置位($S_D$)端复位($R_D$)端功能测试表

| 输入 | | | | 输出 | |
|---|---|---|---|---|---|
| CP | D | $\overline{Sd}$ | $\overline{Rd}$ | Q | $\overline{Q}$ |
| Φ | Φ | 1 | 1→0 | | |

续表

| 输入 | | | | 输出 | |
|---|---|---|---|---|---|
| CP | D | $\overline{Sd}$ | $\overline{Rd}$ | Q | $\overline{Q}$ |
| Φ | Φ | 1 | 0→1 | | |
| Φ | Φ | 1→0 | 1 | | |
| Φ | Φ | 0→1 | 1 | | |
| Φ | Φ | 0 | 0 | | |

Φ—任意状态

③D 与 CP 端功能测试。

从 CP 端输入单个脉冲,按表 5.7.5 改变开关状态。将测试结果记入表 5.7.5 中。

表 5.7.5　74LS74D 触发器 D 与 CP 端功能测试表

| 输入 | | | | 输出 $Q^{n+1}$ | |
|---|---|---|---|---|---|
| D | $\overline{Rd}$ | $\overline{Sd}$ | CP | 原状态 $Q^n=0$ | 原状态 $Q^n=1$ |
| 0 | 1 | 1 | 0→1 | | |
| | 1 | 1 | 1→0 | | |
| 1 | 1 | 1 | 0→1 | | |
| | 1 | 1 | 1→0 | | |

④使触发器处于计数状态,CP 端输入 f=10 kHz 的方波信号,用示波器观察 CP 和 Q 端波形并记录。

2)74LS112 J-K 触发器逻辑功能测试

①按图 5.7.9 接线。

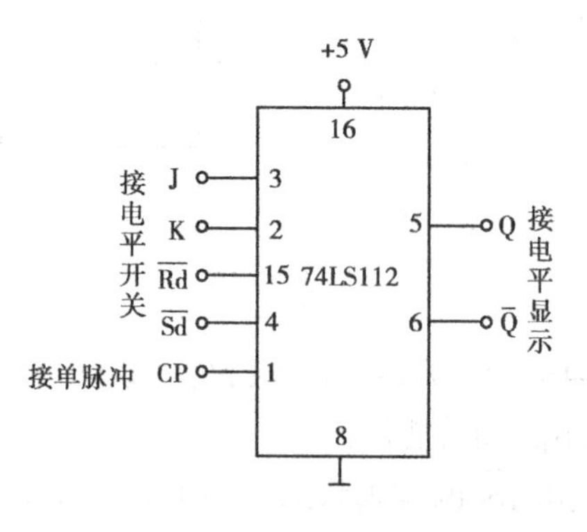


图 5.7.9　74LS112 J-K 触发器逻辑功能测试

②直接置位($\overline{Sd}$)复位($\overline{Rd}$)功能测试。

利用开关按表 5.7.6 改变$\overline{Sd}$和$\overline{Rd}$的状态,J,K,CP 可以为任意状态,借用指示灯和万用表观察输出状态并将结果记入表 5.7.6 中。

表5.7.6　74LS112J-K触发器直接置位($\overline{Sd}$)复位($\overline{Rd}$)功能测试表

| 输　入 | | | | | 输　出 | |
|---|---|---|---|---|---|---|
| CP | J | K | $\overline{Rd}$ | $\overline{Sd}$ | Q | $\overline{Q}$ |
| Φ | Φ | Φ | 1→0 | 1 | | |
| Φ | Φ | Φ | 0→1 | 1 | | |
| Φ | Φ | Φ | 1 | 1→0 | | |
| Φ | Φ | Φ | 1 | 0→1 | | |
| Φ | Φ | Φ | 0 | 0 | | |

Φ—任意状态

③逻辑功能测试。

图5.7.9中CP端加单脉冲,按表5.7.7利用开关改变各端状态,借助指示灯或万用表观测输出端,状态记入表5.7.7中。

表5.7.7　逻辑功能测试表

| 输　入 | | | | | 输出 $Q^{n+1}$ | |
|---|---|---|---|---|---|---|
| J | K | $\overline{Rd}$ | $\overline{Sd}$ | CP | 原状态 $Q^n=0$ | 原状态 $Q^n=1$ |
| 0 | 0 | 1 | 1 | 0→1 | | |
| | | | | 1→0 | | |
| 0 | 1 | 1 | 1 | 0→1 | | |
| | | | | 1→0 | | |
| 1 | 0 | 1 | 1 | 0→1 | | |
| | | | | 1→0 | | |
| 1 | 1 | 1 | 1 | 0→1 | | |
| | | | | 1→0 | | |

④使触发器处于计数状态,CP端输入 $f=10$ kHz的方波信号,用示波器观察CP和Q端波形并记录。

3)分别将J-K触发器和D触发器转换成T和T'触发器

画出实验电路图,检测其功能并列表记录实验结果。

4)利用J-K触发器或D触发器设计一个同步五进制加法计数器

画出实验电路图,检测其功能并列表记录实验结果。

5)利用J-K触发器或D触发器设计一个4位移位寄存器

画出实验电路图,检测其功能并列表记录实验结果。

**(5)预习要求**

①了解触发器的工作原理,熟悉其动作特点和逻辑功能。

②根据实验任务画出设计电路图。

**(6)实验报告**

①整理实验数据填好表格。

②分析各触发器功能。

③画出观察到的波形,说明触发方式及 CP 信号频率和 Q 端输出信号的频率之间的关系。

④交出完整的实验报告。

**思考题**

为什么各触发器在正常工作时应当遵守其约束条件?

## 5.8 MSI 移位寄存器及其应用

**(1)实验目的**

①掌握移位寄存器的工作原理,逻辑功能及应用。

②掌握二进制码的串行并行转换技术和二进制码的传输。

③熟悉 MSI 移位寄存器的应用。

④熟悉移位型计数器自启动反馈逻辑的设计方法。

**(2)实验仪器及元器件**

| | |
|---|---|
| ①SAC-DS4 数字逻辑电路实验箱 | 1 台 |
| ②示波器、信号发生器、直流稳压电源、频率计 | 各 1 台 |
| ③万用表 | 1 块 |
| ④74LS74　双 D 触发器 | 2 片 |
| ⑤74LS194　四位双向移位寄存器 | 2 片 |
| ⑥74LS00/20/27 | 各 1 片 |

**(3)实验原理**

能够存放数码或者二进制逻辑信号的电路,称为**寄存器**。寄存器电路是由具有存储功能的触发器组成的。显然,用 $n$ 个触发器组成的寄存器能存放一个 $n$ 位的二值代码。

按照功能的差别,寄存器分为两大类:一类是**基本寄存器**,所需存放的数据或代码只能并行送入寄存器中,需要时也只能并行取出,另一类为**移位寄存器**。

1)基本寄存器

基本寄存器数据并行输入,当控制脉冲到来时,数据写入寄存器,其他时间,寄存器锁定原始数据不变。基于上述功能,人们有时也称它为**锁存器**。

2)移位寄存器

移位寄存器不仅能够存放数据或代码,而且还具有移位的功能。

所谓移位功能是指将寄存器中所存放的数据或者代码,在触发器时钟脉冲的作用下,依次逐位向左或者向右移动。具有移位功能的寄存器称为**移位寄存器**。

可通过图 5.8.1 来理解移位寄存器。

将 4 个维持阻塞 D 触发器从左到右依次串接便构成 4 位移位寄存器。

在第一个触发器的输入端 D 端输入需要存放的 4 位代码,在 4 个 CP 控制脉冲的作用下,可完成四位二进制码的右移移位寄存。

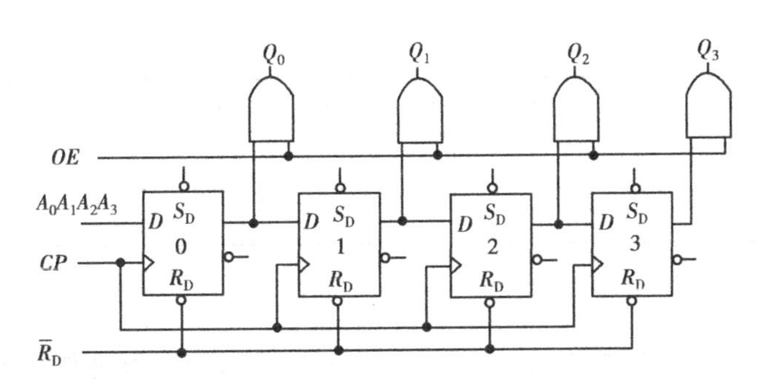


图 5.8.1　串入—并出工作方式的 4 位移位寄存器

图 5.8.1 所示为串入—并出工作方式的 4 位移位寄存器。显然，应要求输入的代码，高位在前，低位在后，即按照 $A_3$，$A_2$，$A_1$，$A_0$ 的输入顺序。

由上图可看出，移位寄存器右移规律为：　　$Q_{i+1}=Q_i$

类似地，可总结移位寄存器左移规律为：　　$Q_i=Q_{i+1}$

**(4) 实验内容**

1) 测试单向右移寄存器的逻辑功能

①用两块 74LS74 按图 5.8.2 接好实验电路。74LS74 芯片 14 脚接 +5 V，7 脚接地。

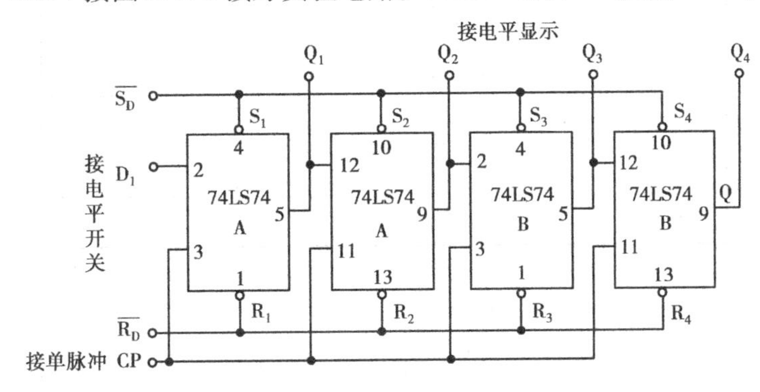


图 5.8.2　单向右移寄存器实验电路

②利用直接复位端 $R_D$（$S_D=1$，$R_D=1\to0\to1$）先使寄存器清“0”（$Q_1\ Q_2\ Q_3\ Q_4=0000$）；然后使 $D_1=1$，在 $CP_1\to CP_4$（4 个 CP）作用下，4 个“1”信号寄存于该寄存器中；之后再使 $D_1=0$，在 $CP_5\to CP_8$（4 个 CP）作用下 4 个“0”信号寄存于该寄存器中，将结果记入表 5.8.1 中。

表 5.8.1　单向右移寄存器逻辑功能的表 1

| CP↑ | $R_D$ | $S_D$ | $D_1$ | $Q_1$ | $Q_2$ | $Q_3$ | $Q_4$ |
|---|---|---|---|---|---|---|---|
| 0 | 0 | 1 | Φ | | | | |
| 1 | 1 | 1 | 1 | | | | |
| 2 | 1 | 1 | 1 | | | | |
| 3 | 1 | 1 | 1 | | | | |
| 4 | 1 | 1 | 1 | | | | |
| 5 | 1 | 1 | 0 | | | | |
| 6 | 1 | 1 | 0 | | | | |

续表

| CP↑ | $R_D$ | $S_D$ | $D_1$ | $Q_1$ | $Q_2$ | $Q_3$ | $Q_4$ |
|---|---|---|---|---|---|---|---|
| 7 | 1 | 1 | 0 | | | | |
| 8 | 1 | 1 | 0 | | | | |

Φ—任意状态

③将 $D_1$ 和 $Q_4$ 通过非门相连，构成右移循环计数器，在 CP 脉冲作用下，观察循环右移功能，将实验结果记入表 5.8.2 中。

**表 5.8.2 单向右移寄存器逻辑功能的表 2**

| CP↑ | $\overline{Rd}$ | $\overline{Sd}$ | $Q_1$ | $Q_2$ | $Q_3$ | $Q_4$ |
|---|---|---|---|---|---|---|
| 0 | 0 | 1 | | | | |
| 1 | 1 | 1 | | | | |
| 2 | 1 | 1 | | | | |
| 3 | 1 | 1 | | | | |
| 4 | 1 | 1 | | | | |
| 5 | 1 | 1 | | | | |
| 6 | 1 | 1 | | | | |
| 7 | 1 | 1 | | | | |
| 8 | 1 | 1 | | | | |

2）测试 4 位双向移位寄存器的逻辑功能

74LS194（T453）是由 4 个触发器和若干个逻辑门组成的 TTL 中规模集成电路，其管脚引线见附录，其逻辑图见图 5.8.3。$Q_A$，$Q_B$，$Q_C$，$Q_D$ 是并行输出端；CP 是时钟脉冲输入端；$D_1D_2D_3D_4$ 是数据并行输入端；Cr 是清零端；$S_RS_L$ 分别是右移和左移工作方式数据输入端；$S_1S_0$ 是工作方式控制端，它的 4 种不同组合分别代表送数（$S_1S_0=11$）、保持（$S_1S_0=00$）、右移（$S_1S_0=01$）、左移（$S_1S_0=10$）4 种不同工作状态。

按图 5.8.3 接线，74LS194 芯片 16 脚接 +5 V，8 脚接地。按表 5.8.3 检查 74LS194 的逻辑功能。步骤如下：

①清除：Cr=0，$S_1$，$S_0$，CP，$S_R$，$S_L$，A，B，C，D 均为任意时，移位寄存器清零，即 $Q_A\ Q_B\ Q_C\ Q_D$ =0000。

②送数：$S_1S_0=11$，Cr=1 时，让 $D_A\ D_B\ D_C\ D_D=0011$，$S_RS_L$ 为任意状态。在 CP 端输入脉冲后，数据 0011 存入寄存器中，（即：$Q_A\ Q_B\ Q_C\ Q_D=D_A\ D_B\ D_C\ D_D=0011$）。

③保持：$S_1S_0=00$，Cr=CP=1，$S_R$，$S_L$，A，B，C，D 均为任意态时，寄存器保持原态（即 $Q_A\ Q_B\ Q_C\ Q_D$）不变。

④右移：$S_1S_0=01$，Cr=1，$S_L$，A，B，C，D 均为任意态，$S_R$（右移时的数据串行输入端）=1 时，加入 4 个 CP 后，4 个 1 寄存（移）到寄存器中，即 $Q_A\ Q_B\ Q_C\ Q_D=1111$：此时将 $S_R=0$，再加入 4 个 CP 后，4 个 0 寄存（移）到寄存器中，即 $Q_A\ Q_B\ Q_C\ Q_D=0000$。

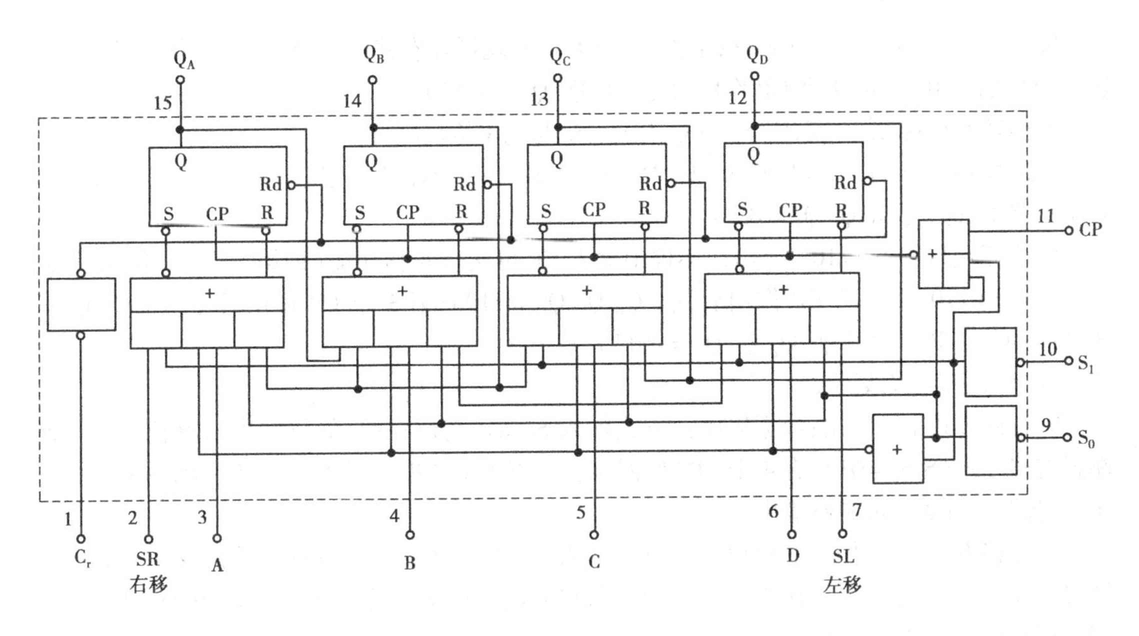


图 5.8.3 74LS194 4 位双向移位寄存器逻辑电路

表 5.8.3 74LS194 4 位双向移位寄存器逻辑功能测试表

| 序 | 输入 | | | | | | 输出 | 功能 |
|---|---|---|---|---|---|---|---|---|
| | Cr | $S_1$ $S_0$ | 串行 | | 并行 | CP | $Q_A$ $Q_B$ $Q_C$ $Q_D$ | |
| | | | SL（左移串入） | SR（右移串入） | A B C D | | | |
| 1 | 0 | × × | × | × | × × × × | × | 0 0 0 0 | 清零 |
| 2 | 1 | × × | × | × | × × × × | 1 | $Q_A Q_B Q_C Q_D$ | 保持 |
| 3 | 1 | 1 1 | × | × | $D_A$ $D_B$ $D_C$ $D_D$ | ↑ | $D_A$ $D_B$ $D_C$ $D_D$ | 送数 |
| 4 | 1 | 1 0 | 1 | × | × × × × | ↑ | $Q_B$ $Q_C$ $Q_D$ 1 | 左移 |
| 5 | 1 | 1 0 | 0 | × | × × × × | ↑ | $Q_B Q_C$ $Q_D$ 0 | 左移 |
| 6 | 1 | 0 1 | × | 1 | × × × × | ↑ | 1 $Q_A Q_B$ $Q_C$ | 右移 |
| 7 | 1 | 0 1 | × | 0 | × × × × | ↑ | 0 $Q_A$ $Q_B$ $Q_C$ | 右移 |
| 8 | 1 | 0 0 | × | × | × × × × | ↑ | $Q_A Q_B Q_C Q_D$ | 保持 |

⑤左移：$S_1S_0=10$，Cr=1，$S_R$，A，B，C，D 均为任意态，右移时的串行数据输入端 $S_L=1$ 时，加入4个 CP 后，4个1 寄存(移)到寄存器中，即 $Q_A$ $Q_B$ $Q_C$ $Q_D$ =1111，此时将 $S_L=0$，再加入4个 CP 后，4个0 寄存(移)到寄存器中，即 $Q_A$ $Q_B$ $Q_C$ $Q_D$ =0000。

3)4 位双向移位寄存器的应用

①循环右移，接线不变，将 $S_R$ 与 $Q_D$ 相连($S_R$ 与电平输出断开)。

a. 送数：$S_1S_0=11$，Cr=1，让 $D_A$ $D_B$ $D_C$ $D_D$ =0011，$S_L$ 为任意状态，来一个 CP 后，0011 存入寄存器中，即 $Q_A$ $Q_B$ $Q_C$ $Q_D$ =0011。

b. 循环右移：$S_1S_0=01$，$Cr=1$，不停输入 CP 可实现循环右移的功能（即第 1 个 CP 作用后，$Q_A\ Q_B\ Q_C\ Q_D=1001$，第 4 个 CP 作用后 $Q_A\ Q_B\ Q_C\ Q_D=0011$）。

②循环左移：接线不变，将 $S_L$ 与 $Q_A$ 相连（$S_L$ 与电平输出断开）。

a. 送数：$S_1S_0=11$，$Cr=1$，让 $D_A\ D_B\ D_C\ D_D=0011$，$S_R$ 为任意状态。来一个 CP 后，0011 存入寄存器中，即 $Q_A\ Q_B\ Q_C\ Q_D=0011$。

b. 循环左移：$S_1S_0=10$，$Cr=1$。不停地输入 CP 可实现左移功能（即第一个 CP 作用后 $Q_A\ Q_B\ Q_C\ Q_D=0110$；第 2 个 CP 作用后，$Q_A\ Q_B\ Q_C\ Q_D=1100$；第 3 个 CP 作用后 $Q_A\ Q_B\ Q_C\ Q_D=1001$；第 4 个 CP 作用后 $Q_A\ Q_B\ Q_C\ Q_D=0011$）。

③串入并出：接线不变。

a. 右移方式串入并出：数据以串行方式加入 $S_R$ 端（高位在前，低位在后），移位方式控制端置右移方式（$S_1S_0=01$），在 4 个 CP 脉冲作用下，将 4 位二进制码送入寄存器中，在 $Q_A\ Q_B\ Q_C\ Q_D$ 端获得并行的二进制码输出。

b. 左移方式串入并出：数据以串行方式加入 $S_L$ 端（低位在前，高位在后），移位方式控制端置左移方式（$S_1S_0=10$），在 4 个 CP 作用下，将 4 位二进制码送入寄存器中，在 $Q_A\ Q_B\ Q_C\ Q_D$ 端获得并行的二进制码输出。

④并入串出：接线不变。

数据以并行方式加至 $D_A\ D_B\ D_C\ D_D$ 输入端，工作方式控制端 $S_1S_0$ 先实现送数（$S_1S_0=11$）。在 CP 作用下，将二进制数存入寄存器中（即 $Q_A\ Q_B\ Q_C\ Q_D=D_A\ D_B\ D_C\ D_D$）。然后按左移方式（$S_1S_0=10$）在 4 个 CP 作用后，数据从 $Q_1$ 端串出（低位在前，高位在后）；也可以按右移方式（$S_1S_0=01$），在 4 个 CP 作用后，数据在 $Q_D$ 端串出（高位在前，低位在后）。

4）二进制码的传输

二进制码的串行传输在计算机的接口电路及计算机通信中是十分有用的。图 5.8.4 是二进制码串行传输电路。图中 74LS194（1）作为发送端；74LS194（2）作为接收端。为了实现传输功能，必须采取如下两步：

①先使数据 $D_A\ D_B\ D_C\ D_D=0101$ 并行输入到 74LS194（1）中（$S_1S_0=11$）。

②采用右移方式（$S_1S_0=01$）将 74LS194（1）中的数据传送到 74LS194（2）中。输入 4 个 CP 后，实现数据串行传输，这时在 74LS194（2）的输出端 $Q_A\ Q_B\ Q_C\ Q_D$ 获得并行数据 $D_A\ D_B\ D_C\ D_D$，继续输入 4 个 CP 后，数据串行输出，将结果记入表 5.8.4 中。

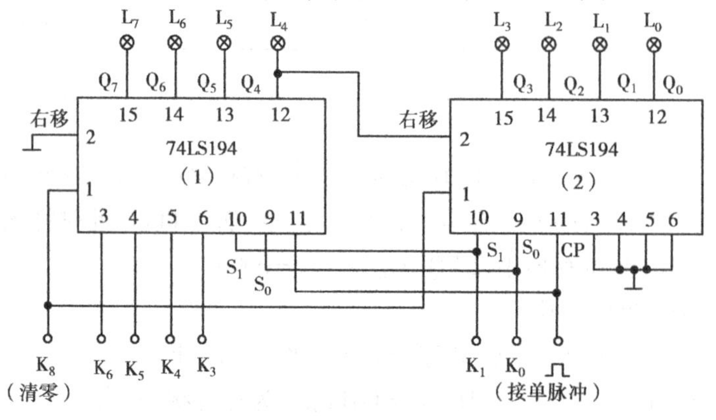


图 5.8.4　二进制码的传输

表5.8.4　二进制码的传输测试表

| 工作方式 | | | CP↑ | 194(1) | | | | 194(2) | | | |
|---|---|---|---|---|---|---|---|---|---|---|---|
| 控制端 | $S_1$ | $S_0$ | | $Q_7$ | $Q_6$ | $Q_5$ | $Q_4$ | $Q_3$ | $Q_2$ | $Q_1$ | $Q_0$ |
| 送数 | 1 | 1 | 1 | | | | | | | | |
| 右移 | 0 | 1 | 2 | | | | | | | | |
| 右移 | 0 | 1 | 3 | | | | | | | | |
| 右移 | 0 | 1 | 4 | | | | | | | | |
| 右移 | 0 | 1 | 5 | | | | | | | | |
| 右移 | 0 | 1 | 6 | | | | | | | | |
| 右移 | 0 | 1 | 7 | | | | | | | | |
| 右移 | 0 | 1 | 8 | | | | | | | | |

5)用74LS194(T453)和少量的附加门构成自启动4位环形计数器,工作在1000主计数循环

画出逻辑图,检测并记录电路功能(画出状态转换表或状态转换图)。

6)用74LS194(T453)和少量的附加门构成自启动四位扭环形计数器

画出逻辑图,检测并记录电路功能(画出状态转换表或状态转换图)。用示波器观察CP及各输出端的波形(注意它们的周期和相位关系)。

**(5)预习要求**

①了解寄存器的工作原理。

②复习用移位寄存器构成移位型计数器的方法,根据实验任务设计电路,写出相关设计过程。

**(6)实验报告**

①画出实验电路图,列表整理实验结果,并说明每次实验选择的输入端、输出端及工作方式。

②写出设计性电路的过程(包括设计技巧)。

③对实验结果和数据进行分析、讨论。

**思考题**

1. 如何用74LS194和少量附加门设计一个具有自启动性的序列发生器?

2. 自启动环形计数器,自启动扭环计数器各自的优缺点有哪些?

## 5.9　MSI计数器及其应用

**(1)实验目的**

①掌握MSI计数器的工作原理及输出波形。

②熟悉MSI计数器的逻辑功能、使用方法及应用。

③熟悉显示译码和数码管的使用方法。

(2)实验仪器及元器件

| | | |
|---|---|---|
| ①SAC-DS4 数字逻辑电路实验箱 | | 1 台 |
| ②示波器 | | 1 台 |
| ③函数信号发生器 | | 1 台 |
| ④频率计数器 | | 1 台 |
| ⑤74LS290 | 二-五-十进制异步计数器 | 1 片 |
| ⑥74LS160 | 十进制可预置同步计数器 | 1 片 |
| ⑦74LS161 | 4 位二进制可预置同步计数器 | 2 片 |
| ⑧74LS190 | 十进制可预置同步加/减计数器 | 1 片 |
| ⑨74LS191 | 4 位二进制可预置同步加/减计数器 | 2 片 |
| ⑩74LS04,74LS00,74LS20 | | 各 1 片 |

(3)实验原理

统计脉冲的个数称为计数,实现计数功能的电路称为计数器。计数器的种类很多,按进位方式,可分为同步和异步计数器;按进位制,分为模二、模十和任意模计数器;按加减方式可分为加法、减法、可逆等类型。

集成 4 位二进制同步加法计数器的主要产品有 74LS161、74LS163 等,74LS161 逻辑符号如图5.9.1所示,功能表如表 5.9.1 所示。

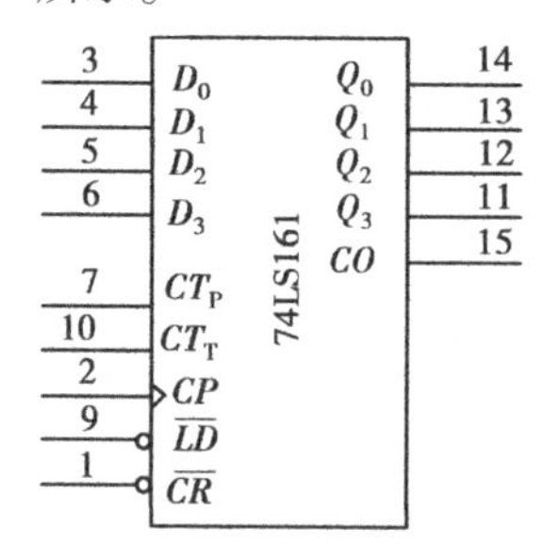


图 5.9.1　74LS161 逻辑图

表 5.9.1　74LS161 功能表

| $\overline{CR}$ | $\overline{LD}$ | $CT_P$ | $CT_T$ | $CP$ | $D_0\ D_1\ D_2\ D_3$ | $Q_0\quad Q_1\quad Q_2\quad Q_3$ |
|---|---|---|---|---|---|---|
| 0 | × | × | × | × | × × × × | 0　0　0　0 |
| 1 | 0 | × | × | ↑ | $d_0\ d_1\ d_2\ d_3$ | $d_0\quad d_1\quad d_2\quad d_3$ |
| 1 | 1 | 1 | 1 | ↑ | × × × × | 正常计数 |
| 1 | 1 | × | 0 | × | × × × × | 保持(但 $CO=0$) |
| 1 | 1 | 0 | × | × | × × × × | 保持 |

74LS160,74LS161,74LS162,74LS163 的输出端排列图完全相同,其逻辑功能也基本类似,其区别如表 5.9.2。

表5.9.2　74LS160,161,162,163 加法计数器功能简表

| 74LS161 | 74LS160 | 74LS163 | 74LS162 |
|---|---|---|---|
| 异步清零<br>同步置数<br>状态保持<br>十六进制计数 | 异步清零<br>同步置数<br>状态保持<br>十进制计数 | 同步清零<br>同步置数<br>状态保持<br>十六进制计数 | 同步清零<br>同步置数<br>状态保持<br>十进制计数 |

集成4位二进制同步可逆计数器主要产品有74LS191,74LS193等,74LS191逻辑符号如图5.9.2所示功能表如表5.9.3所示。

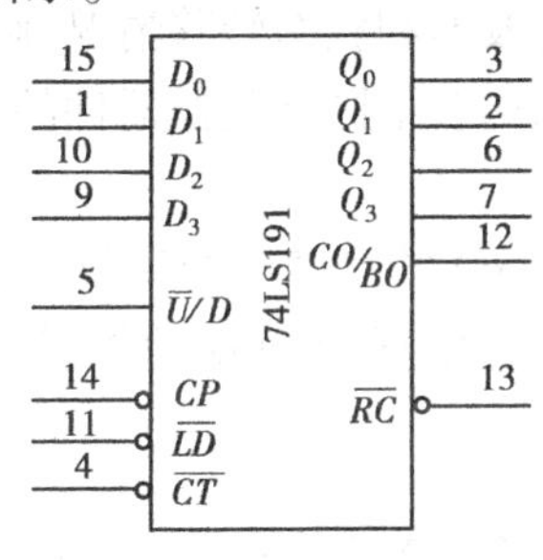


图5.9.2　74LS191 逻辑图

表5.9.3　74LS191 功能表

| $\overline{LD}$ | $\overline{CT}$ | $\overline{U}/D$ | $CP$ | $D_0\ D_1\ D_2\ D_3$ | $Q_0\ Q_1\ Q_2\ Q_3$ |
|---|---|---|---|---|---|
| 0 | × | × | × | $d_0\ d_1\ d_2\ d_3$ | $d_0\ d_1\ d_2\ d_3$ |
| 1 | 0 | 0 | ↑ | ×××× | 加法计数 |
| 1 | 0 | 1 | ↑ | ×××× | 减法计数 |
| 1 | 1 | × | × | ×××× | 保持 |

74LS190,74LS191输出端排列图完全相同,其逻辑功能也基本类似,此处不再赘述。

**(4)实验内容**

①测试实验所用器件逻辑功能,画出逻辑功能表,熟悉器件的使用。

②将74LS191改接成六进制计数器。画出电路图,电路输出用译码显示。

③利用74LS160实现任意进制计数器。

a.利用74LS160的清零功能实现六进制计数器。分别画出电路图,输出用LED显示,记录在CP作用下各位输出的状态。

b.利用74LS160的预置功能实现六进制计数器。分别画出电路图,输出用LED显示,记录在CP作用下各位输出的状态。

④实现12进制计数器。

a.利用74LS161实现特殊12进制计数器,画出实验电路图,记录在CP脉冲作用下各个状态结果,画出状态转移图。

b.利用74LS191实现特殊12进制计数器,画出实验电路图,记录在CP脉冲作用下各个状态结果,画出状态转移图。

⑤使用两块74LS160/74LS190/74LS161/74LS191设计一个数字钟秒位60进制计数器。

画出电路图,记录电路功能。

⑥用 74LS191 和最少量的附加门设计具有自启动功能的 01011 序列信号发生器,画出电路图,记录实验结果。

**(5)预习要求**

①预习实验原理,搞清实验各器件的逻辑功能,以及各个引出端的功能和作用。

②掌握利用中规模计数器设计任意进制计数器的思路和方法。

③预习实验任务,画出各任务实验电路图,拟定实验步骤。

**(6)实验报告**

①画出实验电路连接图,写出设计和实验过程。

②记录实验结果,包括观察到的波形和状态转移情况,画出状态转移表或者状态转移图。

③对实验结果进行分析,总结和比较不同计数器器件的使用特点。

**思考题**

1. 在实验任务 3,比较利用 74LS160 的清零功能和预置功能设计计数器的异同点。

2. 通过实验总结 74LS191 进位输出端和级联端的作用。

## 5.10　555 定时器实验

**(1)实验目的**

①熟悉 555 定时器的工作原理及逻辑功能。

②学习 555 定时器的应用。

**(2)实验仪器及元器件**

| | | |
|---|---|---|
| ①SAC-DS4 数字逻辑电路实验箱 | | 1 台 |
| ②示波器 | | 1 台 |
| ③函数信号发生器 | | 1 台 |
| ④频率计数器 | | 1 台 |
| ⑤555 集成定时器 | | 1 片 |
| ⑥电阻 | 33 k,100 k | 各 1 只 |
| ⑦电位计 | 100 K | 1 只 |
| ⑧电容 | 0.01 μf,0.02 μf | 各 1 只 |
| ⑨光敏电阻 | | 1 个 |
| ⑩二极管 | IN4001 | 1 个 |

**(3)实验原理**

555 定时器是由比较器 $C_1$ 和 $C_2$、基本 RS 触发器和三极管 $T_1$ 组成,如图 5.10.1 所示。这是一种多用途的数字-模拟混合集成电路,利用它能非常方便地接成施密特触发器,单稳态触发器和多谐振荡器。

**(4)实验内容**

1)用 555 定时器构成单稳态触发器

①按图 5.10.2 接线。

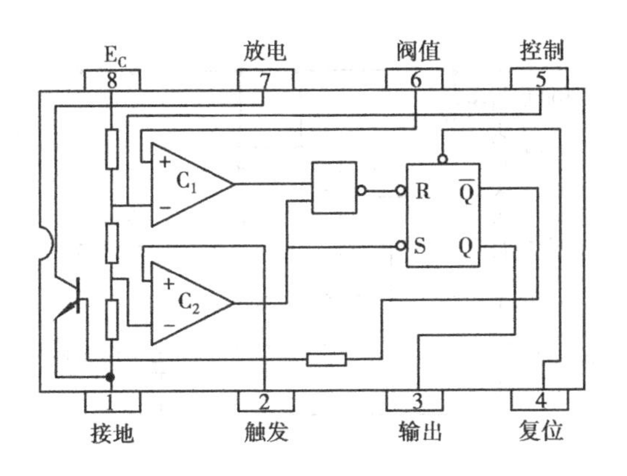


图5.10.1　555定时器原理图

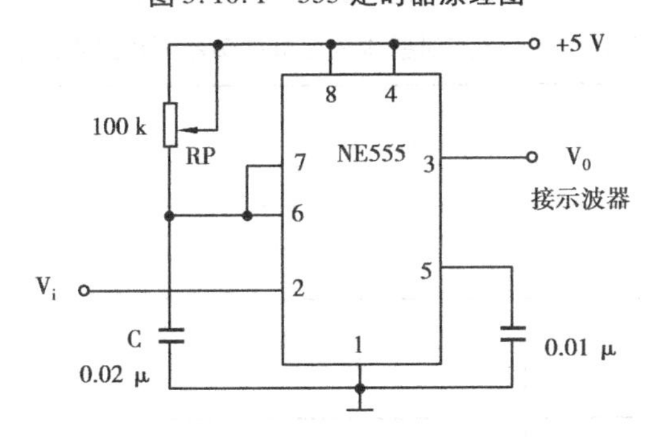


图5.10.2　555定时器构成单稳态触发器的图

②在 $V_i$ 端输入频率为10 kHz幅度为5 V的方波信号用示波器观察并记录 $V_i$,$V_C$ 和 $V_o$ 波形,测出 $V_o$ 脉冲宽度,与理伦值进行比较,将测量结果记入表5.10.1中。

表5.10.1　555定时器构成单稳态触发器测量结果的表

| 波　形 | $V_o$ | | |
|---|---|---|---|
| | 周　期 | 脉　宽 | 峰值 |
| $V_i$ → t<br>$V_C$ → t<br>$V_o$ → t | | | |

2)用555定时器构成多谐振荡器

①按图5.10.3接好线,检查无误后,可接通电源。

②用示波器观察3脚和6脚的波形。

③改变可调电阻RP的数值,观察输出波形的变化。注意 $f_0$ 的变化。将测量结果记入表5.10.2中。

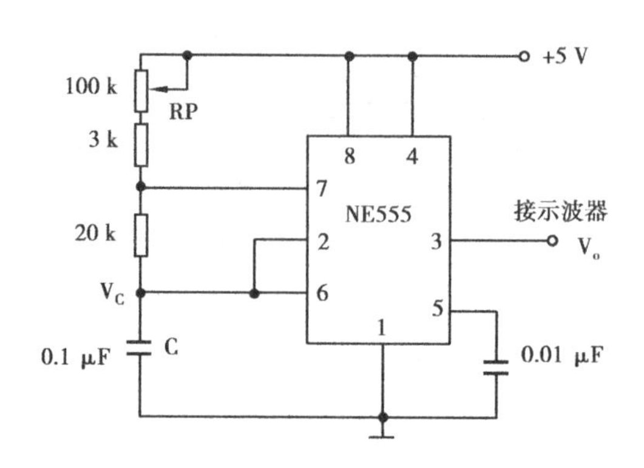


图 5.10.3　555 定时器构成多谐振荡器的图

表 5.10.2　555 定时器构成多谐振荡器测量结果的表

| 电阻值 | 波　形 | $V_o$ | | |
|---|---|---|---|---|
| | | 周期 | 脉宽 | 峰值 |
| RP = 50 k | $V_C$ — t<br>$V_o$ — t | | | |
| RP 增大 | $V_C$ — t<br>$V_o$ — t | | | |
| RP 减小 | $V_C$ — t<br>$V_o$ — t | | | |

3)用 555 定时器构成占空比可调的方波发生器

①按图 5.10.4 接好线,检查无误后,可接通电源。

②调节 10 k 电位器,用示波器观察 3 脚和 6 脚的波形变化,并作记录。

4)利用 555 定时器和光敏电阻设计一光控电路

光控路灯总体电路设计如图 5.10.5 所示。

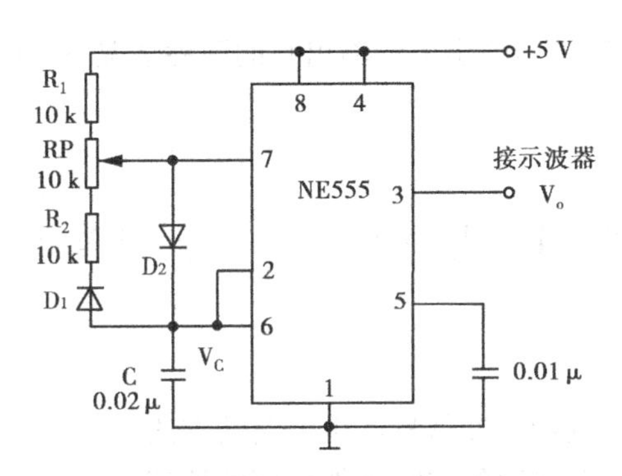


图5.10.4　555定时器构成占空比可调的方波发生器的图

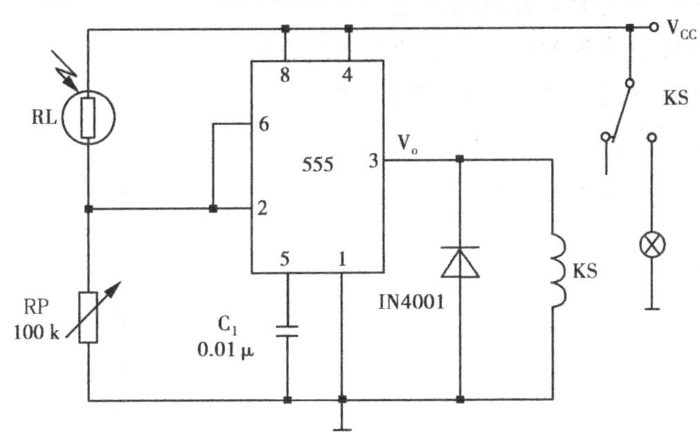


图5.10.5　光控路灯实验电路图

按如图5.10.5所示电路图接线，调整100 k电位计，使发光二极管处于临界不发光状态，此时用手摭挡光敏电阻（模拟天黑），使发光二极管处于发光状态。观察电路工作状态并记录。

**(5)预习要求**

①了解555定时器和光敏电阻的工作原理，熟悉其各种应用。

②根据实验任务要求画出实验电路图，计算各电路的定时参数。

**(6)实验报告**

①记录实验结果，包括观察到的波形和数据。

②对实验结果进行分析，总结和比较不同条件下各电路的使用特点。

③画出各要求实验点的波形图并进行分析。

④交出完整的实验报告。

**思考题**

1. 利用555时基电路设计制作一只触摸开关定时控制器，每当用手触摸一次，电路即输出一个正脉冲宽度为10S的信号。画出电路图并检测电路功能。

2. 在555定时电路中，比较器输出1和输出0的两种情况下，其同相输入端和反向输入端应满足什么条件？

3. 利用555时基电路设计制作一只触摸开关定时控制器，每当用手触摸一次，电路即输出一个正脉冲宽度为10 S的信号。画出电路图并检测电路功能。

4. 在555定时电路中，比较器输出1和输出0的两种情况下，其同相输入端和反向输入端应满足什么条件？

## 5.11 脉冲信号的产生与整形

**(1)实验目的**

①掌握使用集成逻辑门设计脉冲信号产生电路的方法。

②掌握影响输出脉冲波形参数的定时元件数值的计算方法。

③熟悉改善输出脉冲波形上升沿的方法。

④熟悉使用频率计数器观测信号频率和周期的方法。

⑤熟悉使用示波器观察信号周期和脉宽方法。

**(2)实验仪器及元器件**

| | | |
|---|---|---|
| ①SAC-DS4 数字逻辑电路实验箱 | | 1个 |
| ②示波器 | | 1台 |
| ③函数信号发生器 | | 1台 |
| ④74LS00 | 四二输入与非门 | 1片 |
| ⑤74LS04 | 六非门 | 1片 |
| ⑥电阻 | | 若干 |
| ⑦电容 | | 若干 |
| ⑧石英晶体 | | 若干 |

**(3)实验原理**

数字电路中经常需要用到各种幅度、宽度以及具有陡峭边沿的脉冲信号，如触发器就需要时钟脉冲(*CP*)，等等。事实上，现代电子系统都离不开脉冲信号。获取这些脉冲信号的方法通常有两种：直接产生和利用已有信号变换得到。

与产生模拟信号要用模拟振荡器一样，产生脉冲信号要用脉冲振荡器。脉冲波形变换则包括脉冲宽度、幅度、相位及上升和下降时间等的改变，通过变换，使这些特性符合要求。

1)利用与非门组成脉冲信号产生电路

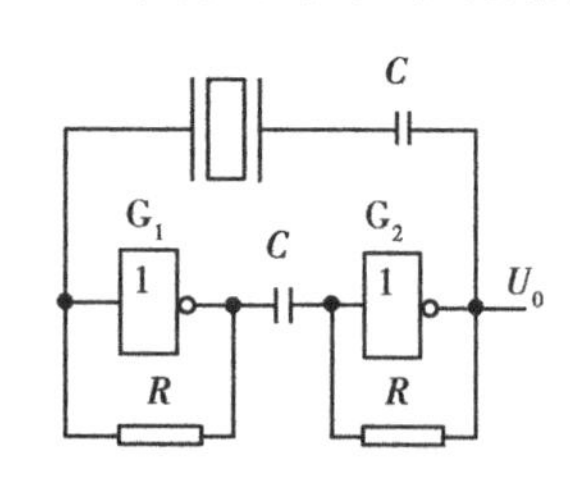


图5.11.1 晶体振荡电路

与非门作为一个开关倒相器件，可用来构成各种脉冲波形的产生电路，电路的基本工作原理是利用电容的充放电，当输入电压达到与非门的阀值电压 $V_T$ 时，门的输出状态即发生变化，因此电路中的电阻元件数值将直接与电路的输出脉冲波形的参数有关。

①利用与非门组成自激多谐振荡器。常见的有非对称型振荡器、对称型振荡器、带RC电路的环形振荡器和晶体振荡电路等几种电路形式。晶体振荡电路如图5.11.1所示。

②利用与非门组成单稳态触发器。

单稳态触发器的特点是：它具有一个稳态、一个暂稳态，而且在无触发脉冲作用时，电路处于稳态，当触发器脉冲触发时，电路能够从稳态翻转到暂稳态，在暂稳态维持一段时间以后，电路能够返回稳态，暂稳态维持时间的长短只取决于电路本身的参数，而与触发脉冲的幅度和宽度无关。

利用与非门组成单稳态触发器基本工作原理是依靠RC电路的充放电来控制与非门的启闭。有微分型和积分型两种，两者对触发脉冲极性和宽度要求不同，设计时应根据实际要求来选择电路。

a. 微分型单稳态触发器。

图5.11.2是常见的微分型单稳态电路，其工作波形图如图5.11.3，计算该电路的参数 $t_w$ 及 $t_{re}$ 可用"三要素法"，由电路可知，$U_B(0+)=V_{CC}$，$U_B(\infty)=0\tau=RC$（忽略其他电阻），则

$$u_B(t)=U_B(\infty)+[U_B(0+)-U_B(\infty)]e^{-\frac{t}{\tau}}$$
$$=V_{CC}e^{-\frac{t}{\tau}}$$

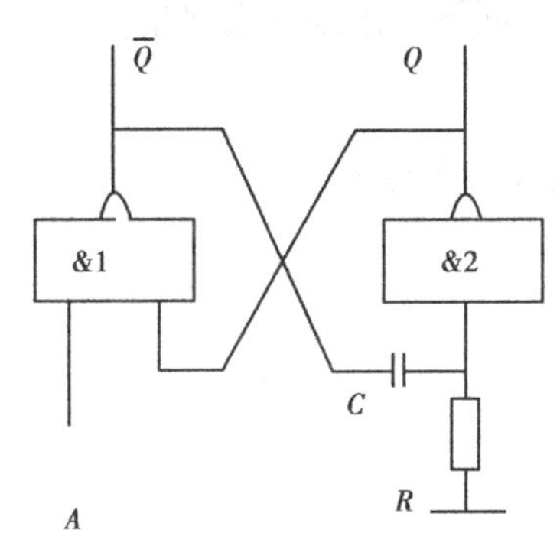

图5.11.2 微分型单稳态电路

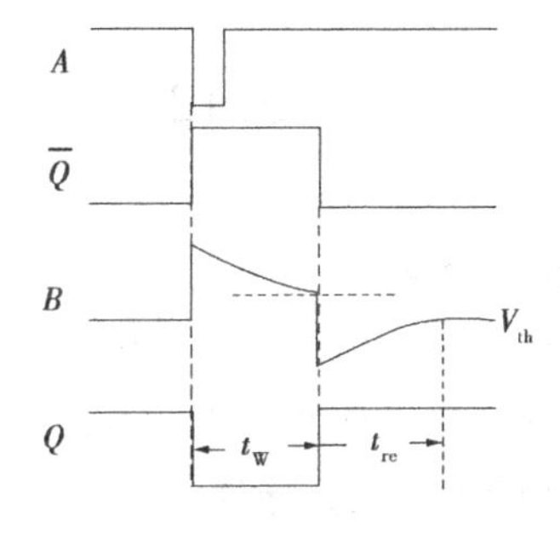

图5.11.3 微分型单稳态工作波形图

若 $V_{th}=V_{CC}$，则

$t_w\approx 0.7\tau=0.7RC$，　$t_{re}=(3\sim5)\tau_{re}$

b. 积分型单稳态触发器。

与微分型单稳态触发器相比，积分型单稳态触发器抗干扰能力比较强，因为在数字系统中干扰多为尖峰脉冲，而积分型单稳态触发器对这类信号反映很迟钝。

③利用与非门组成施密特触发器。

2）利用555定时器和集成单稳态触发器组成脉冲信号产生电路（这部分内容详见实验十）

3）利用晶体管组成自激多谐振荡器

**（4）实验内容**

①利用与非门组成自激多谐振荡器，要求周期 $T=10$ us，计算电阻和电容值。设计电路，记录脉宽。分别利用对称和不对称电路实现。

②按图5.11.1电路连接晶体振荡电路，其中，$R=1\ \text{k}\Omega$，$C=30\ \text{pF}$，$f_0=10\ \text{MHz}$，记录输出波形，读出脉宽和周期。

③按图5.11.2连接一个微分型单稳态触发器，电阻 $R=2\ \text{k}\Omega$，电容 $C=0.01\ \mu\text{F}$，记录波形，读出脉宽 $t_w$，并与理论值比较。

④利用给定电阻和电容按要求设计一个积分型单稳态触发器，记录波形，读出脉宽，并与理论值比较。

⑤利用与非门组成施密特触发器，利用二极管产生回差，检测电路特性，记录波形。

⑥按要求设计一个自动延时楼道照明灯。

**(5)预习要求**

①复习自激多谐振荡器,单稳态触发器和施密特触发器的工作原理和设计方法。

②设计实验按要求画出电路图,计算出理论电阻和电容参数,或者计算出周期和脉宽。

**(6)实验报告**

①画出实验电路连接图。

②记录实验结果,包括观察到的波形,记录波形参数。

③对实验结果进行分析,理论值与测量值进行比较。

**思考题**

1. 试举出不少于3种单稳态触发器应用实例,并尽可能说明其原理。

2. 单稳态触发器若输入脉冲周期小于电路的恢复时间将会出现什么现象?

## 5.12 时序逻辑电路的分析与设计

**(1)实验目的**

①掌握时序逻辑电路的分析与设计方法。

②学会检测设计的电路是否符合设计要求。

**(2)实验仪器及元器件**

| | | |
|---|---|---|
| ①SAC-DS4 数字逻辑电路实验箱 | | 1台 |
| ②示波器 | | 1台 |
| ③函数信号发生器 | | 1台 |
| ④74LS00 | 四二输入与非门 | 1片 |
| ⑤74LS20 | 二四输入与非门 | 1片 |
| ⑥74LS04 | 六非门 | 1片 |
| ⑦74LS86 | 四二输入或非门 | 1片 |
| ⑧74LS112 | J-K 触发器 | 2个 |
| ⑨74LS74 | D 触发器 | 2个 |
| ⑩74LS194 | 双向移位寄存器 | 1个 |

**(3)实验原理**

电路在任一时刻输出的逻辑值不仅取决于该时刻电路输入的逻辑值,而且还取决于电路的原来状态,这种电路称为时序逻辑电路。简称时序电路。常用的时序电路有:寄存器、计数器、顺序脉冲发生器、检测器、读/写存储器等,按照时序电路中,所有触发器状态的变化是否同步,时序电路可分为:同步时序电路和异步时序电路。

同步时序电路分析步骤如下:

①根据给定的时序电路,写出电路的输出方程;写出每个触发器的驱动方程(又称为激励方程)。

②将驱动方程代入相应触发器的特征方程,得到每个触发器的状态方程。

③找出该时序电路相对应的状态表或者状态图,以便直观地看出该时序电路的逻辑功能。

④若电路中存在着无效状态(即电路未使用的状态)应检查电路能否自启动。

⑤文字叙述该时序电路的逻辑功能。

异步时序电路分析方法如下：

①根据给定的时序电路，写出每个触发器的驱动方程（又称为激励方程）及时钟方程。

②将驱动方程、时钟方程代入相应触发器的特征方程，得到每个触发器的状态方程。

③找出该时序电路相对应的状态表或者状态图，以便直观地看出该时序电路的逻辑功能。

④若电路中存在着无效状态（即电路未使用的状态）应检查电路能否自启动。

⑤文字叙述该时序电路的逻辑功能。

设计时序电路就是要求设计者根据具体的逻辑问题，设计出实现这一逻辑功能要求的电路。当然，要求电路最简。所设计的电路最简的标准是：使用的触发器和门电路的数目最少，而且触发器和门电路的输入端数目也最少。

用小规模集成电路设计同步时序电路一般步骤如下：

①分析设计要求，建立原始状态图或原始状态表。

②进行状态化简，求最简状态图。

③状态分配，画出用二进制码进行编码后的状态图。

④选取触发器，求出驱动方程，输出方程。

⑤检查所设计出的电路能否自启动。

⑥根据所求出的驱动方程、输出方程画出电路图。

**(4) 实验内容**

1) 五进制递减计数器电路分析

①实验电路如图 5.12.1 所示，请利用相关仪器求出该电路的状态转移表，将结果填入表 5.12.1 中。

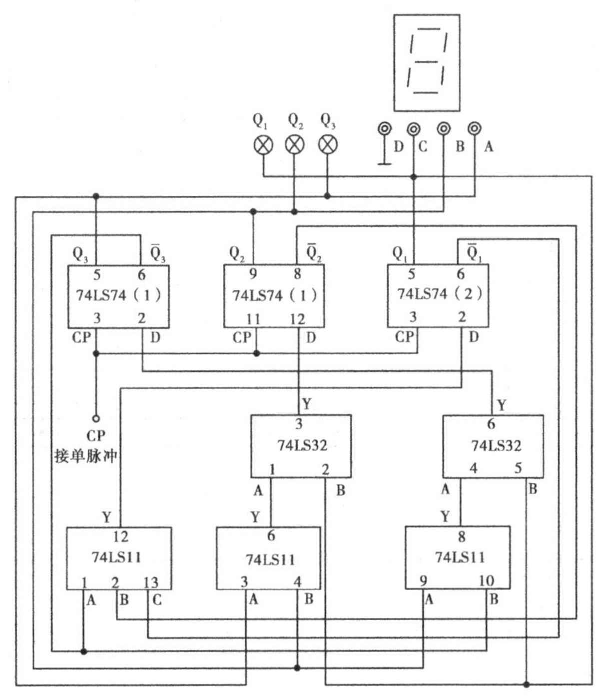


**图 5.12.1　接线图**

表 5.12.1　状态转移表

| CP | $Q_1$　$Q_2$　$Q_3$ | $Q_1^{n+1}Q_2^{n+1}Q_3^{n+1}$ |
|---|---|---|
| 0 | 0　0　0 | |
| 1 | 1　0　0 | |
| 2 | 0　1　1 | |
| 3 | 0　1　0 | |
| 4 | 0　0　1 | |

②由状态转移表列出该电路的状态图,并总结该电路的逻辑功能。

③写出该实验电路的 3 大方程,利用方程求出该电路的完整状态图,并用实验验证完整状态图是否正确?

2)十进制加 1 计数器电路分析

①实验电路如图 5.12.2 所示,请利用相关仪器求出该电路的状态转移表,将结果填入表 5.12.2 中。

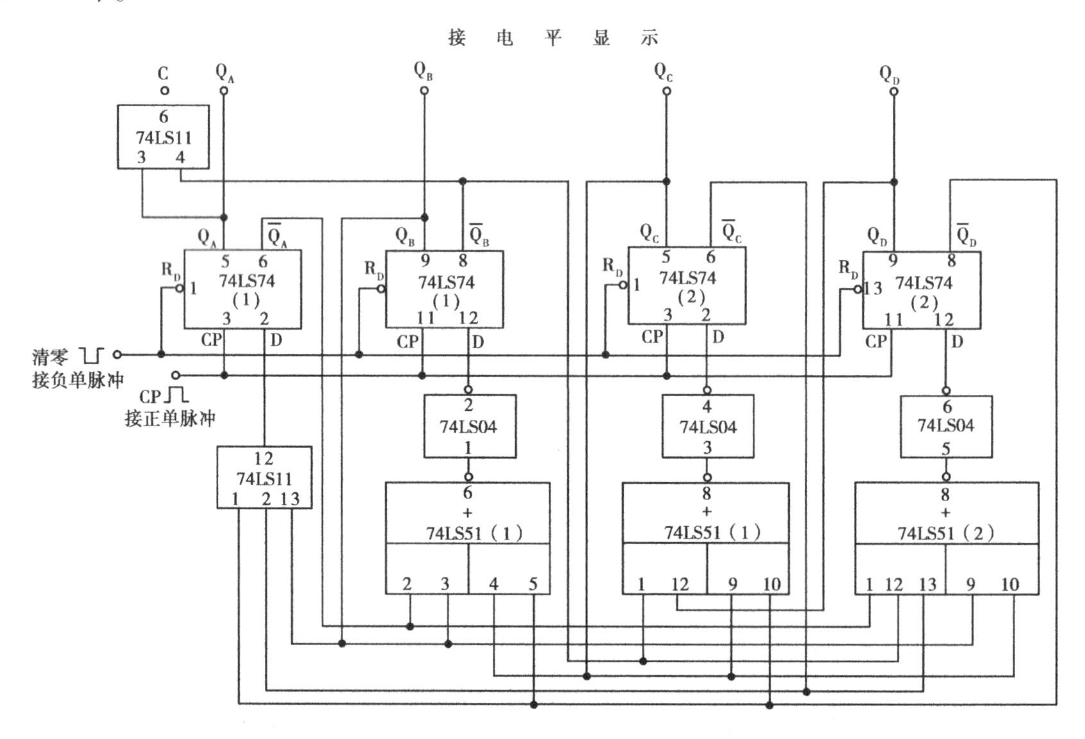


图 5.12.2　十进制加 1 计数器接线图

表 5.12.2　状态转移表

| 原状态 | | | | 新状态 | | | | |
|---|---|---|---|---|---|---|---|---|
| $Q_A^n$ | $Q_B^n$ | $Q_C^n$ | $Q_D^n$ | $Q_A^{n+1}$ | $Q_B^{n+1}$ | $Q_C^{n+1}$ | $Q_D^{n+1}$ | $C^{n+1}$ |
| 0 | 0 | 0 | 0 | | | | | |

续表

| 原状态 | | | | 新状态 | | | | |
|---|---|---|---|---|---|---|---|---|
| 0 | 0 | 0 | 1 | | | | | |
| 0 | 0 | 1 | 1 | | | | | |
| 0 | 0 | 1 | 0 | | | | | |
| 0 | 1 | 1 | 0 | | | | | |
| 0 | 1 | 1 | 1 | | | | | |
| 0 | 1 | 0 | 1 | | | | | |
| 0 | 1 | 0 | 0 | | | | | |
| 1 | 1 | 0 | 0 | | | | | |
| 1 | 0 | 0 | 0 | | | | | |

②由状态转移表列出该电路的状态图,并总结该电路的逻辑功能。

③写出该实验电路的3大方程,利用方程求出该电路的完整状态图,并用实验验证完整状态图是否正确?

3)异步二—十进制加法计数器的测试

①实验电路如图5.12.3所示,利用Rd端清零,使$Q_A$,$Q_B$,$Q_C$,$Q_D$为0000,由CP端输入10个计数脉冲,观察$Q_D$,$Q_C$,$Q_B$,$Q_A$的显示结果,求出该电路的状态转移表,将结果填入表5.12.3中。

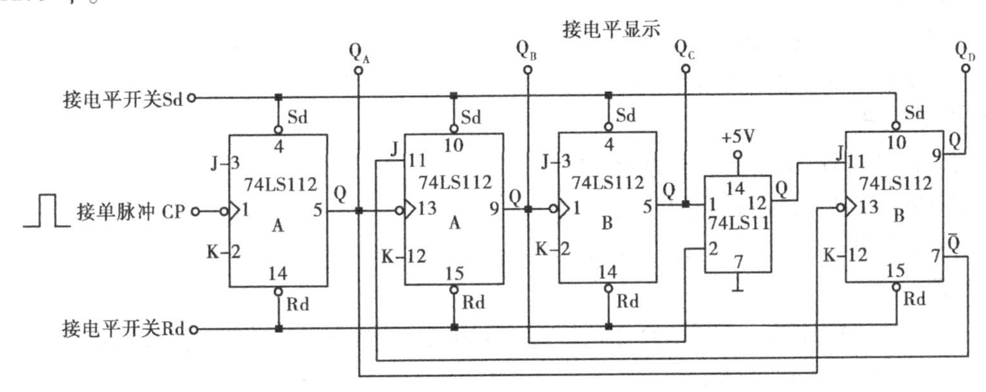


图5.12.3 异步二—十进制加法计数器

表5.12.3 异步二—十进制加法计数器功能表

| CP | Rd | Sd | 二进制数 | 十进制数 |
|---|---|---|---|---|
| | | | $Q_D$ $Q_C$ $Q_B$ $Q_A$ | |
| 0 | 0 | 1 | | |
| 1 | 1 | 1 | | |
| 2 | 1 | 1 | | |

续表

| CP | Rd | Sd | 二进制数 | 十进制数 |
|---|---|---|---|---|
| | | | $Q_D$ $Q_C$ $Q_B$ $Q_A$ | |
| 3 | 1 | 1 | | |
| 4 | 1 | 1 | | |
| 5 | 1 | 1 | | |
| 6 | 1 | 1 | | |
| 7 | 1 | 1 | | |
| 8 | 1 | 1 | | |
| 9 | 1 | 1 | | |
| 10 | 1 | 1 | | |

②由上面的功能表列出该电路的状态图，总结该电路的逻辑功能。

③将 CP 端由单脉冲改接连续脉冲(1 000 Hz 左右)，用示波器观察并记录 $Q_D$，$Q_C$，$Q_B$，$Q_A$ 各输出波形，注意其间的相位关系。

4)请设计一个二进制输入序列检测电路

当连续输入 110 三个电平后输出为 1，否则为 0。

**(5)预习要求**

①复习时序电路的分析和设计方法。

②按照实验要求，设计电路原理图。

**(6)实验报告**

①写出设计过程，画出实验电路连接图。

②记录实验结果，包括观察到的波形。

③对实验结果进行分析，讨论发现的问题。

**思考题**

1. 1101 串行序列检测器，当电路连续检测到 110 码元后，只要电路输入 1，指示灯就亮，此时的输出是否是电路的即时输出？

2. 在设计 1101 串行序列检测器时，如果采用另外的编码方式，将会产生什么样的结果？

## 5.13 D/A 转换实验

**(1)实验目的**

①了解 D/A 转换的原理。

②熟悉使用集成 DAC0832 器件实现八位数—模转换的方法。

③掌握测试 8 位数—模转换器、转换精度及线性度的方法。

**(2)实验仪器及元器件**

| | | |
|---|---|---|
| ①SAC-DS4 数字逻辑电路实验箱 | | 1台 |
| ②万用表 | | 1个 |
| ③DAC0832 | D/A 转换器 | 1片 |
| ④uA741 | 集成运放 | 1片 |
| ⑤电位器 | 10 kΩ　　100 kΩ | 1只 |
| ⑥电阻 | 100 kΩ | 1只 |

**(3)实验原理**

随着电子技术的迅速发展,尤其是计算机在自动控制、自动检测、信号处理、信息传输以及许多其他领域中的广泛应用,用数字电路处理模拟信号的情况也更加普遍。模拟信号进入数字系统进行处理之前必须通过模—数转换将其转换为相应的数字信号,同时输出时还要求把处理后得到的数字信号转换成相应的模拟信号。我们把后一种从数字模拟信号到模拟信号的转换称为数—模转换,或简称 D/A(Analog to Digital)转换,完成这一转换过程的电路称为 D/A 转换器。

常见的 D/A 转换器的有权电阻网络 D/A 转换器、倒梯形电阻网络 D/A 转换器、权电流型 D/A 转换器、权电容网络 D/A 转换器以及开关树型 D/A 转换器等几种类型。

此外,在 D/A 转换器数字量的输入方式上又分为并行输入和串行输入两种类型。

下面介绍一种常见的 D/A 转换器。

**DAC0832 芯片简介**

DAC0832 是先进的 CMOS/$S_i$-$C_r$ 工艺制成的双列直插式八位数—模转换器。片内有 R—2R 梯形解码网络,用来对基准电流分流、完成数字输入、模拟量(电流)输出的变换。

1)DAC0832 主要特性和技术指标

①具有双缓冲、单缓冲或直通数据输入 3 种工作方式。

②输入数字为 8 位。

③逻辑电平输入与 TTL 兼容。

④基准电压 $V_{REF}$ 工作范围 +10 ~ −10 V。

⑤电流稳定时间 1 μs。

⑥功耗 20 mW。

2)DAC0832 引脚图及引脚功能说明

DAC0832 引脚图如图 5.13.1 所示。

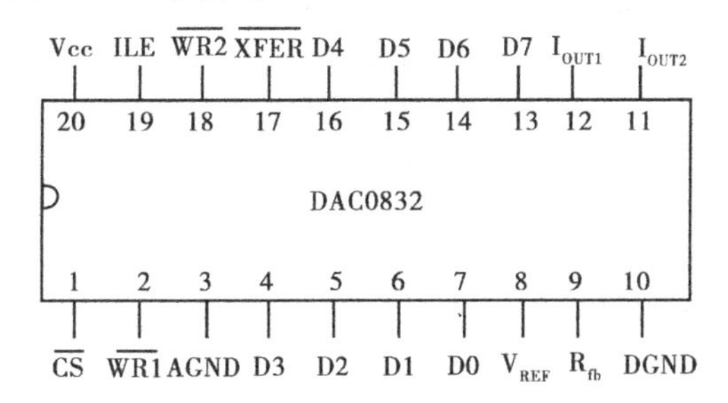


图 5.13.1　DAC0832 引脚图

$\overline{CS}$:片选(低电平有效)。$\overline{CS}$和 ILE 信号共同对$\overline{WR_1}$能否起作用进行控制。

ILE :允许输入锁存(高电平有效)。

$\overline{WR_1}$:写信号 1,用以把数字数据输入锁存于寄存器中。在$\overline{WR_1}$1 有效时,必须$\overline{CS_1}$ 和 ILE 同时有效。

$\overline{WR_2}$:写信号 2,用以将锁存于输入寄存器中的数字传递 D/A 寄存器中锁存$\overline{WR_2}$ 有效同时必须$\overline{XFER}$有效。

$\overline{XFER}$:传递控制信号用来控制$\overline{WR_2}$。

$D_0$—$D_7$:8 位数字输入 $DI_0$为最低位(LSB),$DI_7$ 为最高位(MSB)。

$I_{0VT1}$:DAC 电流输出 1。当 DAC 寄存器中全为 1 时,输出电流最大;当 DAC 寄存器中全为 0 时,输出电流为 0。

$I_{0VT2}$:DAC 输出电流 2。$I_{0VT2}$为一常数与 $I_{0VT1}$之差,即 $I_{0VT1} + I_{0VT2}$ = 常数。

$R_{fb}$:反馈电阻在芯片内,作为外部运算放大器的分路反馈电阻。为 DAC 提供电压输出信号,并与 R—2R 梯形电阻网络相匹配。

$V_{REF}$:基准电压输入。该电压是将外部标准电压和片内的 R—IR 网络相连接。$V_{REF}$可选择在 +10 ~ -10 V 范围内。DAC 在做四象限应用时,又是模拟电压输入端。

$V_{CC}$:电源电压。

AGND:模拟量电路的接地端,它始终与数字量地端相连。

DGND:数字量接地端。

**(4)实验内容**

1)按图 5.13.2 接线

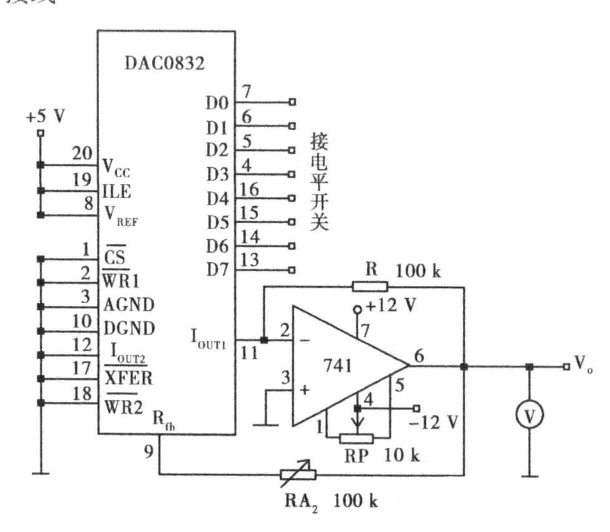


**图 5.13.2 D/A 转换实验电路**

2)测试 DAC0832 的静态线性度

①将 $D_0$—$D_7$ 接到电平输出上。

②使 $D_0$—$D_7$ 全为 0,调节 $R_P$ 使 $V_o$ =0。

③使 $D_0$—$D_7$ 全为 1,调节 $R_{A2}$使 $V_o$ 为满度( -5 V)。

④按照表 5.13.1 所给定的输入数字量(相对应的十进制)分别测出各对应的输出模拟电

压值($V_o$)。

表 5.13.1　测量结果记录数据表

| 十进制数 | 二进制数 | | | | | | | | 实测 $V_o$ | 十进制数 | 二进制数 | | | | | | | | 实测 $V_o$ |
|---|---|---|---|---|---|---|---|---|---|---|---|---|---|---|---|---|---|---|---|
| | $D_7$ | $D_6$ | $D_5$ | $D_4$ | $D_3$ | $D_2$ | $D_1$ | $D_0$ | | | $D_7$ | $D_6$ | $D_5$ | $D_4$ | $D_3$ | $D_2$ | $D_1$ | $D_0$ | |
| 255 | | | | | | | | | | 110 | | | | | | | | | |
| 250 | | | | | | | | | | 100 | | | | | | | | | |
| 240 | | | | | | | | | | 90 | | | | | | | | | |
| 230 | | | | | | | | | | 80 | | | | | | | | | |
| 220 | | | | | | | | | | 70 | | | | | | | | | |
| 210 | | | | | | | | | | 60 | | | | | | | | | |
| 200 | | | | | | | | | | 50 | | | | | | | | | |
| 190 | | | | | | | | | | 40 | | | | | | | | | |
| 180 | | | | | | | | | | 30 | | | | | | | | | |
| 170 | | | | | | | | | | 20 | | | | | | | | | |
| 160 | | | | | | | | | | 10 | | | | | | | | | |
| 150 | | | | | | | | | | 5 | | | | | | | | | |
| 140 | | | | | | | | | | 2 | | | | | | | | | |
| 130 | | | | | | | | | | 1 | | | | | | | | | |
| 120 | | | | | | | | | | 0 | | | | | | | | | |

**(5)预习要求**

①了解 D/A 转换的原理,熟悉 DAC0832 管脚功能、工作特性和使用方法。

②拟订方案,画出相关实验电路图和记录表格。

**(6)实验报告**

①在坐标纸上画出 DAC0832 的输入数字量和实测输出模拟电压之间的关系曲线。

②将实测值与理论值加以比较计算出最大线性误差和精度,并确定其分辨率。

③交出完整的实验报告。

**思考题**

1. D/A 转换器的核心部分由哪几部分组成,是怎样实现转换的?

2. 如果要使 DAC0832 后面的运放反相放大器输出正电压应采取什么措施?

## 5.14 A/D 转换实验

**(1)实验目的**

①了解 A/D 转换的原理。

②熟悉使用集成 ADC0809 实现八位模—数转换方法,加深对其基本原理的理解。

③掌握测试模—数转换器静态线性度的方法,加深对其主要参数意义的理解。

**(2)实验仪器及元器件**

| | |
|---|---|
| ①SAC-DS4 数字逻辑电路实验箱 | 1 台 |
| ②示波器 | 1 台 |
| ③万用表 | 1 块 |
| ④ADC0809　　A/D 转换器 | 1 片 |
| ⑤电位计　　1 kΩ | 1 只 |
| ⑥函数发生器 | 1 台 |

**(3)实验原理**

模拟信号进入数字系统进行处理之前必须通过模—数转换将其转换为相应的数字信号,完成这一转换过程的电路称为 A/D 转换器。

A/D 转换器的类型可以分为直接 A/D 转换器和间接 A/D 转换器两大类。

此外,在 A/D 转换器数字量的输出方式上又分为并行输出和串行输出两种类型。

下面介绍一种常见的 A/D 转换器。

1)ADC0809 芯片简介

ADC0809A/D 转换器是采用逐次逼近的原理。内部结构图如图 5.14.1 所示。

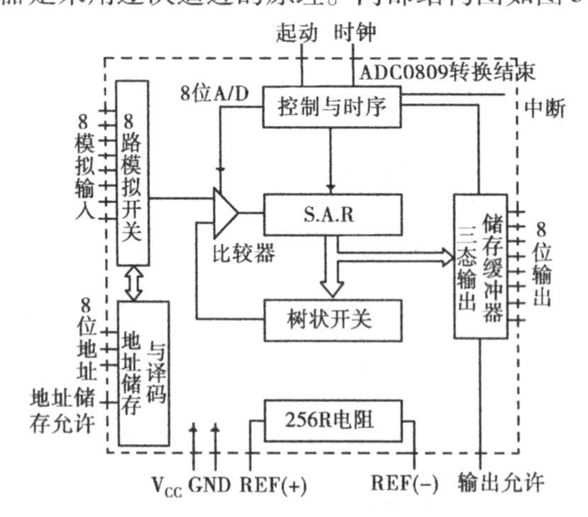


图 5.14.1　ADC0809 的内部结构图

ADC0809 由单一 +5 V 电源供电,片内带有所存功能的 8 路模拟多路开关,可对 8 路 0—5 V 的输入模拟电压信号分时进行转换,片内具有多路开关的地址译码器和锁存电路、高阻抗斩波器、稳定的比较器,256R 电阻 T 型网络和树状电子开关以及逐次逼近寄存器。通过适当的外接电路,ADC0809 可对 0—5 V 的双极性模拟信号进行转换。

2)ADC0809 管脚功能

ADC0809 管脚如图 5.14.2 所示。

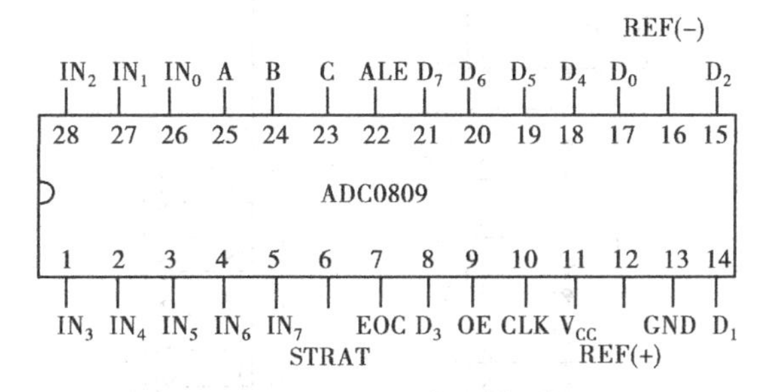


图 5.14.2　ADC0809 管脚图

$IN_0$—$IN_7$:8 路模拟量输入引脚。

REF(+)、REF(-):参考电压输入。

$D_7$—$D_0$:8 位数字量输出端。$D_0$ 为最低位(LSB),$D_7$ 为最高位(MSB)。

CLK:时钟信号输入端。

GND:接地端。

$V_{CC}$: 电源 +5 V。

START:A/D 转换启动信号输入端。

ALE:地址锁存允许信号输入端。

(以上两个信号用于启动 A/D 转换)

EOC:转换结束信号输出引脚,开始转换时为低电平,当转换结束时为高电平。

OE:输出允许控制端,用以打开三态数据输出锁存器。

A,B,C:地址输入线,经译码后可选通 $IN_0$—$IN_7$ 八通道中的一个通道进行转换。A,B,C 的输入与被选通的通道的关系如表 5.14.1 所示。

表 5.14.1　输入选通关系对照表

| 被选通的通道 | C | B | A |
|---|---|---|---|
| $IN_0$ | 0 | 0 | 0 |
| $IN_1$ | 0 | 0 | 1 |
| $IN_2$ | 0 | 1 | 0 |
| $IN_3$ | 0 | 1 | 1 |
| $IN_4$ | 1 | 0 | 0 |
| $IN_5$ | 1 | 0 | 1 |
| $IN_6$ | 1 | 1 | 0 |
| $IN_7$ | 1 | 1 | 1 |

**(4)实验内容**

1)ADC0809 静态线性度测试

①按图 5.14.3 接线。

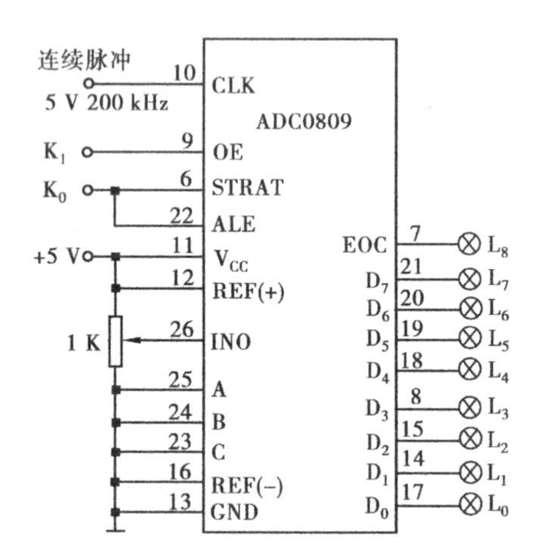


图 5.14.3　ADC0809 静态线性度测试

②按表 5.14.2 调 $R_P$,使 $V_I$ 端的电压与表中给定的值一致。用万用表来保证并分别测出对应的输出 8 位二进制码,记入表 5.14.2 中。

表 5.14.2　测量结果记录数据表

| 输入电压 /V | 输出值 | | 误　差 |
|---|---|---|---|
| | 理论值 | 实测值 | |
| 0.00 | | | |
| 0.02 | | | |
| 0.04 | | | |
| 0.12 | | | |
| 0.16 | | | |
| 0.24 | | | |
| 0.32 | | | |
| 0.40 | | | |
| 0.50 | | | |
| 2.00 | | | |
| 2.50 | | | |
| 4.00 | | | |
| 4.60 | | | |
| 4.70 | | | |
| 4.80 | | | |
| 4.85 | | | |
| 4.92 | | | |
| 4.96 | | | |
| 5.00 | | | |

2)给各模拟通道同时输入待转换的模拟电压进行 A/D 转换

画出实验电路图,列表记录实验结果。

**(5)预习要求**

①了解 A/D 转换的原理,熟悉 ADC0809 管脚功能、工作特性和使用方法。

②拟订方案,画出相关实验电路图和记录表格。

**(6)实验报告**

①在坐标纸上画出 ADC0804 输入模拟电压与输出数字量之间的关系曲线。

②整理实验记录数据,比较实测值与理论值作误差分析。

③交出完整的实验报告。

**思考题**

A/D 转换器的核心部分由哪几部分组成,是怎样实现转换的?

# 第6章 数字电路开放实验

本章内容是提供给学生自主开放实验的参考。其目的是通过学生自主开放实验,巩固学生数字逻辑电路的理论知识,掌握运用数字逻辑电路的理论解决实际问题的方法,培养综合设计和独立设计能力,提高学习兴趣。实验仪器及元器件可依据自行设计的方案,选择实验室提供的 SAC-DS4 数字逻辑电路实验箱、CPLD 实验板、万用表、计算机、直流稳压电源、信号发生器、频率计数器、示波器及自选器件若干。实验报告一般要求:(1)画出设计实验电路图;记录实验过程和现象;记录实验数据并分析结果的合理性;根据实验结果讨论实验方案的优点和不足。

## 6.1 交通信号灯自动控制器

**(1)实验要求**

十字路口交通灯一个方向为绿灯或黄灯另一个方向必须是红灯,无论是东西方向还是南北方向均绿灯亮 24 秒,黄灯亮 4 秒,红灯亮 28 秒。

①设计电路图,独立组装调试。

②交出完整的实验报告。

**(2)实验提示**

①状态转换表见表 6.1.1。

**表 6.1.1 交通信号灯状态转移表**

| 南北 | | | 东西 | | | 时间/s |
|---|---|---|---|---|---|---|
| 绿灯 | 黄灯 | 红灯 | 绿灯 | 黄灯 | 红灯 | |
| 1 | 0 | 0 | 0 | 0 | 1 | 24 |
| 0 | 1 | 0 | 0 | 0 | 1 | 4 |
| 0 | 0 | 1 | 1 | 0 | 0 | 24 |
| 0 | 0 | 1 | 0 | 1 | 0 | 4 |

②参考原理图如图 6.1.1 所示。

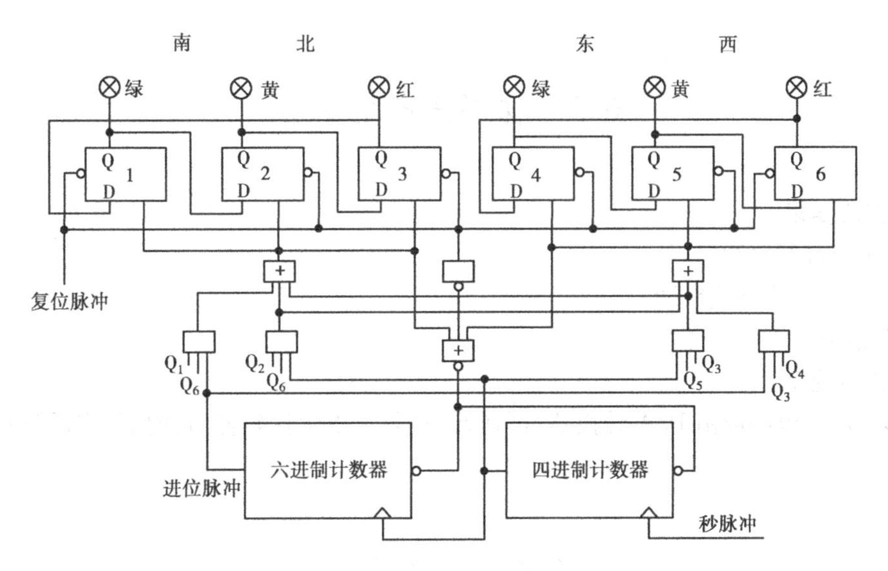


图6.1.1　交通信号灯自动控制器参考原理图

## 6.2　模拟汽车尾灯

**(1)实验要求**

①画电路原理图。

②选器件,画实验连线图。

③独立组装调试。

④交出完整的实验报告。

**(2)实验提示**

设汽车左右各三个尾灯,利用两个开关模拟汽车左右拐弯,当两个开关为11时,汽车后面6个尾灯全亮;当两个开关为10时,汽车左拐,左边三个尾灯依次从右往左循环亮;而当两个开关为01时,表示汽车右拐,则右边三个尾灯依次从左往右循环亮;开关为00汽车后面6个尾灯全暗。系统的参考原理图如图6.2.1所示。

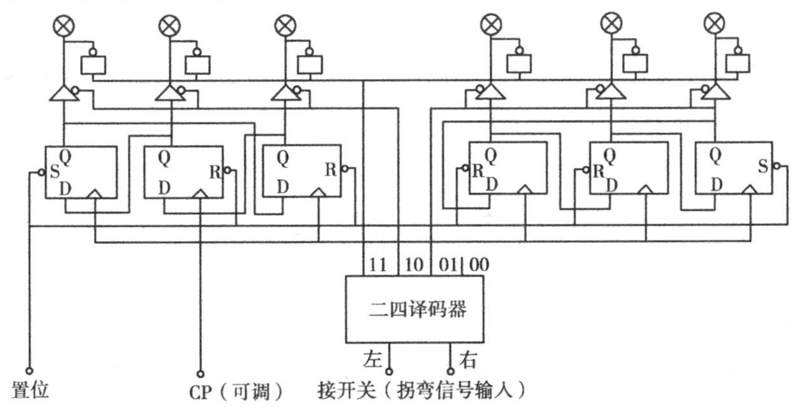


图6.2.1　汽车尾灯参考原理图

## 6.3 梯形波产生电路

**(1)实验要求**

①画出原理线路图。

②选器件、画实际连线图。

③组装调试。

**(2)实验提示**

梯形波产生电路应由D/A转换器、可逆计数器、上下限比较器、定时器、启动复位五部分组成。

## 6.4 输血规则

**(1)实验要求**

①按照输血规则列写状态转换表、填写卡诺图、写逻辑表达式、画实验接线图。

②独立设计、组装、调试电路,血型匹配指示灯亮,否则指示灯灭。

③交出完整的实验报告。

**(2)实验提示**

人类有4种基本血型:O型、A型、B型、AB型,O型血可以给任意血型的人输血,而他自己只能接受O型血;A型血可以给A型或AB型血型的人输血,而接受O型或A型血;B型血可以给B型或AB型血型的人输血,而接受O型或B型血;AB型血可以给AB血型的人输血,而接受O型、A型、B型或AB型血。

①用4种代码来代替4种血型。

O　型血代码　00

A　型血代码　01

B　型血代码　10

AB　型血代码　11

②用4个开关来改变输入变量,其中输血使用开关 $K_A$ $K_B$,受血使用开关 $K_C$ $K_D$;用发光二极管作为输出指示灯,符合输血规则电路输出高电平,指示灯亮。

## 6.5 步进电机

**(1)实验要求**

①用3盏指示灯模拟步进电机的三相绕组,控制3盏指示灯的通电顺序,实现步进电机旋转方向的控制。

②设计分频电路,来改变输入脉冲频率,实现步进电机4种转速的调整。

③独立设计、组装、调试电路。

④交出完整的实验报告。

**(2)实验提示**

一般的电机是连续旋转的,而步进电机是一步一步转动的,每输入一个脉冲,步进电机就会转过一个固定角度或走过一段直线,因此步进电机是把脉冲信号变成角位移或线位移的执行元件。

步进电机的种类很多,应用最广泛的是反应式步进电机。由反应式步进电机的工作原理可知,步进电机转动的转速由输入脉冲频率决定,步进电机旋转的方向由三相通电绕组的通电顺序来决定。

①用发光二极管显示三相通电绕组的通电顺序。

②用D触发器或双向移位寄存器控制三相绕组的通电顺序,实现步进电机旋转方向的控制。

③用D触发器设计分频电路,来改变输入脉冲频率,实现步进电机4种转速的调整。

## 6.6　数字钟及定时打铃

**(1)实验要求**

①分析数字钟的误差及提高计时精度的方法。

②分析要实现定时打铃应增加什么线路。

③画实际连线图。

④组装调试。

⑤交出完整的实验报告。

**(2)实验提示**

数字钟电路系统应包括:秒信号发生器、计时电器、校时电路及显示电路4部分。

晶体振荡器频率为32 768 Hz,除以215就可得到秒信号,故要有15分频线路。

CC4520内部是两个互相独立的四位二进制异步计数器,图6.6.1和表6.6.1分别为其引脚图和功能表。

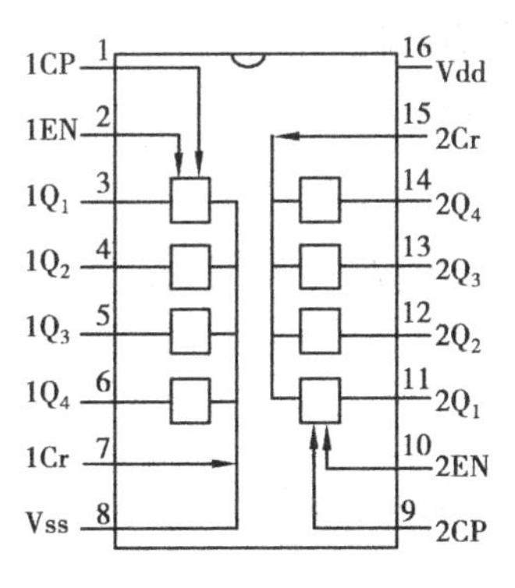


图6.6.1　CC4520引脚图

表 6.6.1　CC4520 功能表

| CP | EN | Cr | 功　能 |
|---|---|---|---|
| ↑ | 1 | 0 | 递增计数 |
| 0 | ↑ | 0 | 递增计数 |
| Φ | Φ | 1 | 清　零 |

由图 6.6.2 可见，CP 是计数器上升沿触发输入端，EN 是下降沿触发输入端。只要先将第 1 个计数器的输出端 $1Q_4$ 与第 2 个计数器的输入端 1EN 连接起来，再把第 1 个芯片的 $1Q_4$ 端与第 2 个芯片的 1EN 端连接在一起，则从第二个芯片的 $2Q_3$ 端得到 15 分频后的信号。

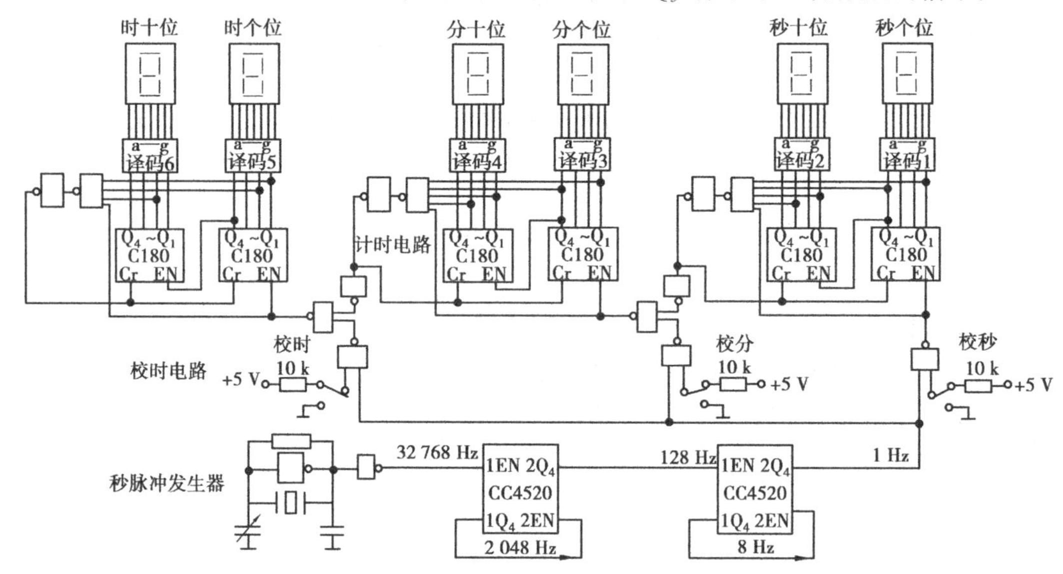


图 6.6.2　数字钟系统参考原理图

**(3)实验报告**

①画出设计实验电路图。

②记录实验过程和现象。

③记录实验数据并分析结果的合理性。

④根据实验结果讨论实验方案的优点和不足。

## 6.7　节日彩灯

**(1)实验目的**

①熟悉计数器和寄存器的工作原理及特点。

②学习节日彩灯的设计方法。

**(2)实验仪器及元器件**

①SAC-DS4 数字逻辑电路实验箱　　　　1 个

②万用表　　　　　　　　　　　　　　　　　1块
③芯片　　　　　　　　　　　　　　　　　　自选

**(3)实验要求**

①自选元器件设计节日彩灯,要求至少能实现4种节日彩灯花形。
②用发光二极管模拟节日彩灯,要求至少有8盏灯发光。
③独立完成节日彩灯实验的设计、装配及调试。
④如果改变节日彩灯花型,则线路将如何改接?请举例说明。
⑤交出完整的实验报告。

**(4)实验提示**

①用双向移位寄存器实现彩灯移位控制。
②用D触发器实现状态控制,要求至少能实现4种节日彩灯花形。
③用计数器给出显示状态的控制脉冲。

## 6.8　智力抢答器

**(1)实验要求**

①自选元器件设计抢答器,要求最多可容纳6名选手参加比赛,各用1个抢答开关,主持人也用1个开关,给系统清零。
②抢答器应具有锁存功能,并保持到主持人清零为止。
③抢答器应具有显示功能,将抢先者的编号显示出来。
④独立组装、调试电路,分析计数器的逻辑功能和特点。
⑤交出完整的实验报告。

**(2)实验提示**

①用D触发器实现抢答控制。
②用LED数码管显示抢答者序号。

## 6.9　篮球记分牌

**(1)实验要求**

①自选器件设计篮球记分牌电路,要求甲乙双方各显示为三位数(可显示至百位)。
②分别用3个按钮,给记分牌加1,2,3分。
③用1个开关实现加减控制。
④每次篮球比赛记分后用1个开关给系统清零,使系统复位,准备下一次比赛实验。
⑤独立完成篮球比赛记分牌的设计、装配及调试。
⑥交出完整的实验报告。

**(2)实验提示**

①用加减计数器实现记分电路。

②用 LED 数码管显示记分值。

③用 D 触发器实现加分控制。

## 6.10 模拟乒乓球比赛

**(1)实验要求**

①用 6 只发光二极管来模拟乒乓球运行,移动速度可调节。

②用开关电路实现比赛双方的击、发球功能。

③发光二极管的起始运行,应保证与发球方相同。

④双方边界由移位寄存器的第一位和最后一位来控制。

⑤根据乒乓球击球规则,击球有效位是紧靠边界的点(球必须过网落案后方可击球),如果球过网后,在非规定点击球,对方得分。

⑥一方失分,清移位寄存器。

⑦计数器实现自动计分功能,任何一方先计满 11 分(显示 00)就获胜。

⑧比赛一局结束后自动进入下一局的比赛。

⑨手动总清零。

⑩独立完成频率计电路的设计、装配及调试。

⑪交出完整的实验报告。

**(2)实验提示**

①用可预置双向移位寄存器实现模拟发光二极管的左右移位控制,和发球方的第一位置要求。

②采用 D 触发器实现比赛双方的击、发球功能控制,实现一方发球而另一方接球的逻辑关系,同时满足模拟发光二极管的移位要求。

③用计数器实现自动计分功能。

④用开关使系统复位,准备下一次比赛实验。

## 6.11 计数式数字频率计

**(1)实验要求**

①自选元器件设计频率计电路,要求测频范围为 0 ~ 9 999 Hz。

②具有 LED 数码管显示测频值。

③显示电路应具有锁存功能,保证测量结果稳定显示。

④独立完成频率计电路的设计、装配及调试。

⑤交出完整的实验报告。

**(2)实验提示**

①设计一个标准“秒”闸门电路来控制记数脉冲通过。

②用计数器记录通过闸门脉冲的个数。

③用 LED 数码管显示的频率值为上一个周期所测频率值。

## 6.12　转速表

**(1)实验要求**

①自选元器件设计转速表电路,要求测速范围为 0～9 999 转/分。

②具有 LED 数码管显示测速值。

③独立完成转速表电路的设计、装配及调试。

④交出完整的实验报告。

**(2)实验提示**

①设计一个标准“分”闸门电路来控制记数脉冲通过。

②用连续脉冲来模拟转速(一个脉冲为一转)。

③用计数器实现转速记录。

④用 LED 数码管显示转速值。

## 6.13　列车时刻滚动显示

熟悉存储器的工作方法及特点。

**(1)实验要求**

①分别对沈阳北站至北京、上海、广州、汉口、丹东、大连、杭州、长春 8 次列车的车次及开车时间进行滚动显示。

②独立完成列车时刻滚动显示电路的设计、装配及调试。

③交出完整的实验报告。

**(2)实验提示**

①将车次和开车时间存入存储器(其中:T—ㅌ,K—ㅂ)。

②用 4 个 LED 数码管显示车次,用 4 个 LED 数码管显示开车时间。

③用计数器给出滚动显示控制脉冲。

④部分沈阳北站发车的列车车次和开车时间,见表 6.13.1。

**表 6.13.1　部分沈阳北站发车的列车车次和开车时间表**

| 序号 | 始发站—终点站 | 车　次 | 开车时间 | 到站时间 |
| --- | --- | --- | --- | --- |
| 1 | 沈阳北—北京 | T12 | 9:03 | 当日 16:18 |
| 2 | 沈阳北—上海 | K190/187 | 11:05 | 次日 15:06 |
| 3 | 沈阳北—广州 | T94/91 | 22:20 | 第 3 日 5:23 |
| 4 | 沈阳北—汉口 | T184/181 | 14:07 | 次日 12:51 |
| 5 | 沈阳北—丹东 | K669 | 15:55 | 当日 20:16 |

续表

| 序号 | 始发站—终点站 | 车　次 | 开车时间 | 到站时间 |
|---|---|---|---|---|
| 6 | 沈阳北—大连 | T452 | 8:00 | 当日 12:10 |
| 7 | 沈阳北—杭州 | 1036 | 18:50 | 第 3 日 04:15 |
| 8 | 沈阳北—长春 | 2017 | 18:56 | 当日 22:48 |

## 6.14 邮件分拣

**(1)实验要求**

①自选元器件设计邮件分拣电路,要求可对北京、上海、天津、武汉、广州等城市的邮件进行分拣。

②独立完成邮件分拣电路的设计、装配及调试。

③交出完整的实验报告。

**(2)实验提示**

①将城市邮政编码存入存储器。

②用开关模拟输入邮政编码。

③用发光二极管来模拟城市邮件分拣机械手。

④比较器对存储器和开关输入进行比较,比较值相同,相应发光二极管亮。

⑤部分城市的邮政编码,见表 6.14.1。

**表 6.14.1　部分城市的邮政编码**

| 序　号 | 城　市 | 邮政编码 |
|---|---|---|
| 1 | 北　京 | 100000 |
| 2 | 上　海 | 200000 |
| 3 | 天　津 | 300000 |
| 4 | 武　汉 | 430000 |
| 5 | 广　州 | 510000 |

## 6.15 屏幕点阵显示

**(1)实验要求**

①自选元器件设计二字词组显示电路。

②独立完成点阵块电路的设计、装配及调试。

③交出完整的实验报告。

(2)实验提示

①将二字词组显示代码存入存储器。

②用计数器给出显示控制脉冲。

③D03881-N点阵块的内部结构及管脚排列,如图6.15.1所示。

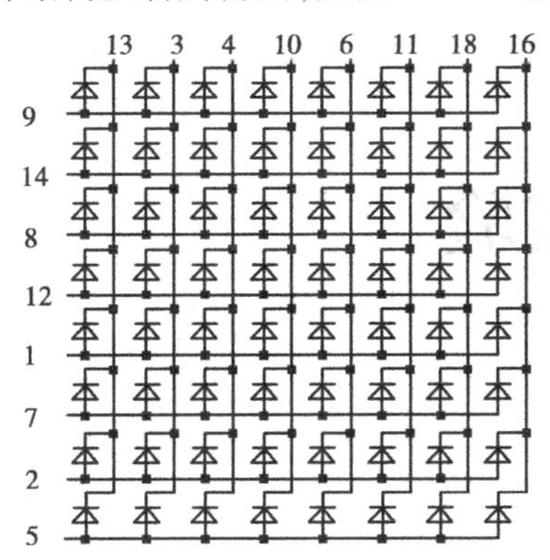


图6.15.1　D03881-N点阵块的内部结构及管脚排列图

# 第 7 章 数字电路仿真实验

本章的数字电路实验完全不同于前两章的实验。前面的实验是基于实验室真实硬件平台的实验,它要求实验者采用 SSI 或 MSI 集成电路芯片在实验电路箱或电路板上用物理连接的方式构建实验电路,用信号发生器或按键开关产生必要的输入信号,用示波器或 LED 显示输出信号的实验过程。这种实验方式的优点是:增强了学生对硬件电路和实验测试仪器实际动手的训练,使学生尽可能多地认识和熟悉《数字电子技术》课程中学习过的常用 TTL 或 CMOS 数字集成电路;缺点是:对实验环境、实验设备和测试仪器要求较高,不仅要求有具体的电路板或实验箱,而且要求有示波器、万用表、信号发生器等设备,且不同的实验要准备不同的实验芯片。

本章的数字电路实验是基于 EDA 系统的实验,之所以取名为仿真实验是因为实验主要是基于 EDA 软件开发平台的仿真。其实该类型的实验并不完全局限于计算机仿真,只要有相应的 EDA 硬件平台,同样可以实现硬件的验证与测试。所以该部分实验可分为两个阶段,第一阶段是计算机仿真实验,第二阶段是在 EDA 实验系统上的芯片下载和硬件验证。EDA 系统是一个实用的数字系统设计软件平台,在平台上可方便地进行各种数字电路的设计与仿真验证,由于它采用了实际芯片的延时模型,因此它不仅可以实现功能性验证的功能仿真,而且可以实现接近实际芯片物理特性的时序仿真。一个设计只要通过了功能和时序仿真,基本上就可以认为完成了全部设计。也正是这个原因,我们完全有理由将 EDA 系统当作一个性能良好的大型实验室。Quartus Ⅱ是一个十分优秀的 EDA 系统软件,尤其是它提供的库元件包含了几乎所有 TTL 常用集成电路,在 Quartus Ⅱ中完全可以使用不同的 TTL 电路构建数字系统,这与《数字电子技术》课程就有着紧密的联系,第 5、6 章中几乎所有中、小规模的数字电路实验均可在 Quartus Ⅱ中重新快速的仿真和验证,不仅如此,在实验室环境中不易观察到的现象如毛刺、主从 JK 触发器的一次性翻转等现象在这里均能轻松完成。

## 7.1 Quartus Ⅱ软件的熟悉和应用

**(1)实验目的**

①掌握 Quartus Ⅱ中基于原理图的 EDA 设计流程与设计方法。

②掌握 Quartus Ⅱ中设计工程、文件的创建、元件符号的调用、输入波形的编辑等。

③完成基本逻辑门电路的仿真实验。

④完成一个全加器的仿真实验。

⑤掌握 Quartus Ⅱ中层次设计方法，并用该方法完成全加器的仿真实验。

⑥掌握用 EDA 硬件开发系统进行硬件验证的方法。

**(2)实验环境**

1)硬件

PC 机 1 台，LB0 实验开发平台 1 套。

2)软件

Quartus Ⅱ 9.0。

**(3)实验原理**

1)基本逻辑门电路

基本逻辑门电路如与门、或门、与非门、异或门等，其逻辑功能都是大家所熟悉的，反映各种门电路的真值表、逻辑表达式以及波形图在数字电子技术教程中都有详细描述，这里就不再赘述。

2)全加器

全加器就是实现一个完整的二进制位相加的电路。它是由多个不同门电路构成的一个组合逻辑电路。电路的输入有 3 个，分别是 A、B、CI，其中 A、B 是两个二进制位的输入，CI 是低位对本位的进位位，输出有 2 个，分别是和值 S 和进位输出 CO。其功能见表 7.1.1。

**表 7.1.1　全加器真值表**

| CI | A | B | CO | S |
|---|---|---|---|---|
| 0 | 0 | 0 | 0 | 0 |
| 0 | 0 | 1 | 0 | 1 |
| 0 | 1 | 0 | 0 | 1 |
| 0 | 1 | 1 | 1 | 0 |
| 1 | 0 | 0 | 0 | 1 |
| 1 | 0 | 1 | 1 | 0 |
| 1 | 1 | 0 | 1 | 0 |
| 1 | 1 | 1 | 1 | 1 |

**(4)参考电路**

1)基本逻辑门参考实验电路及仿真波形(见图 7.1.1 ~ 图 7.1.3)

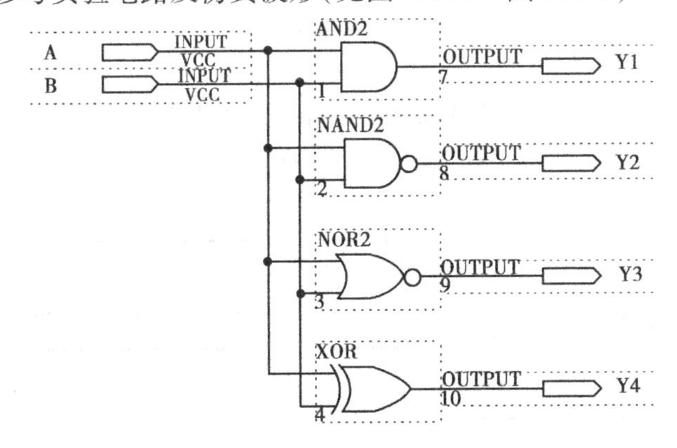


**图 7.1.1　基本逻辑门参考实验电路图**

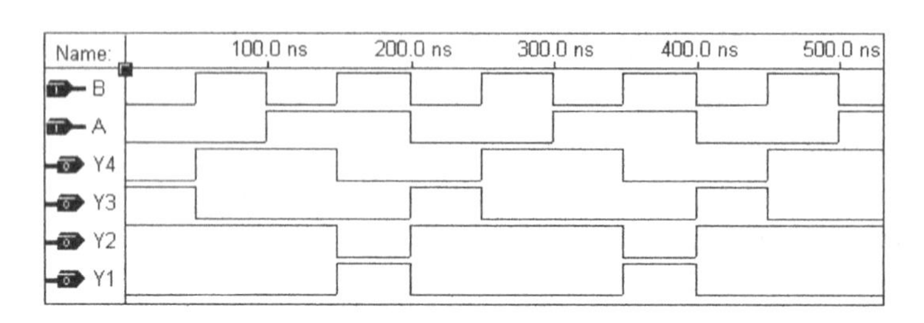


图 7.1.2 基本逻辑门电路功能仿真波形

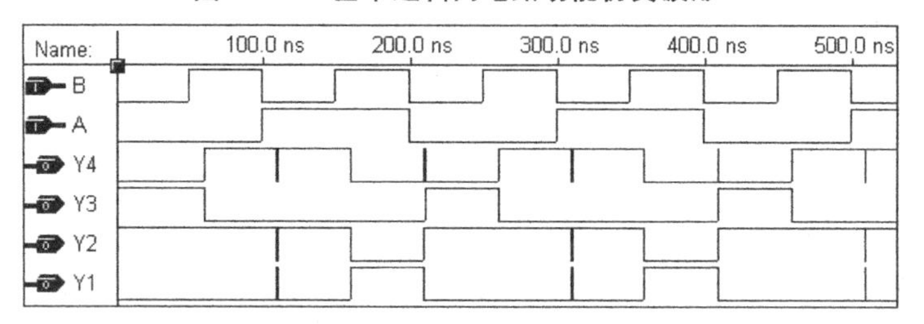


图 7.1.3 基本逻辑门电路时序仿真波形

2)全加器参考实验电路及仿真波形(见图 7.1.4～图 7.1.7)

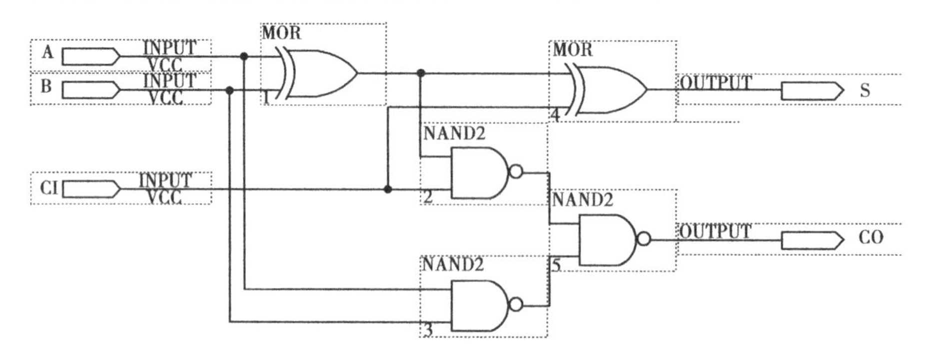


图 7.1.4 全加器参考实验电路

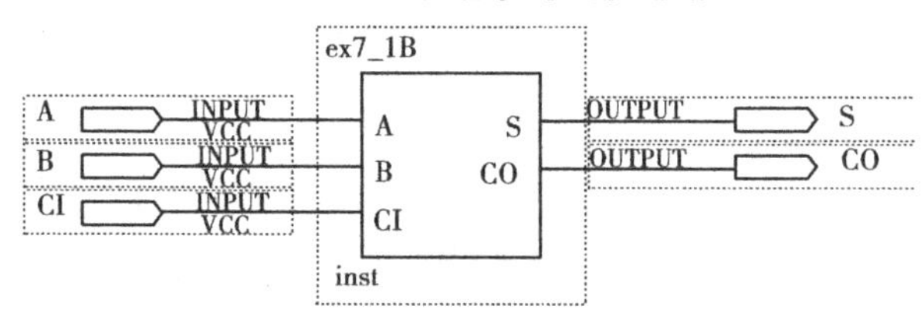


图 7.1.5 层次设计法全加器顶层参考实验电路

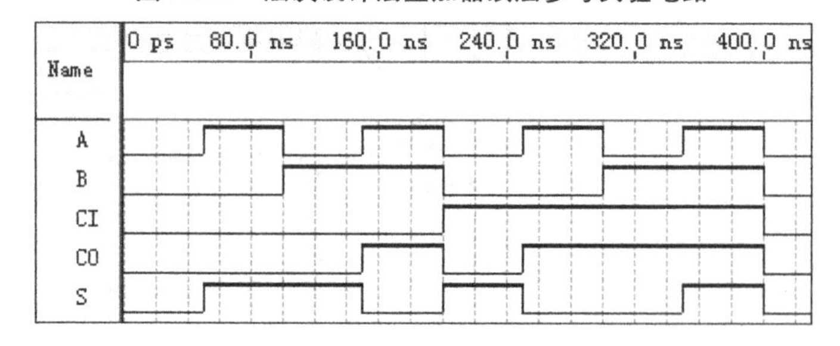


图 7.1.6 全加器功能仿真波形

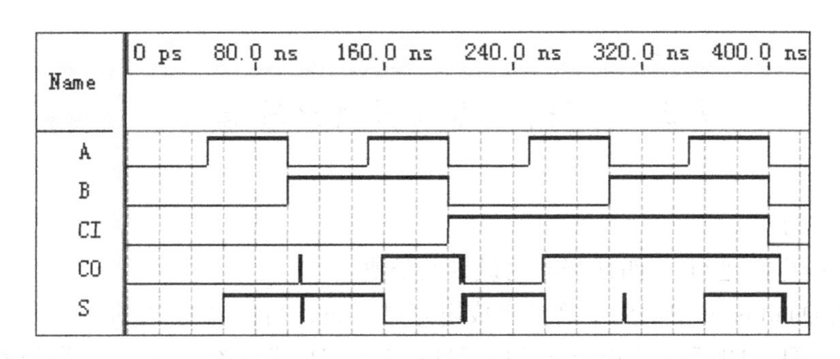


图7.1.7　全加器时序仿真波形

**(5)实验内容**

1)基本逻辑门电路

完成2输入或门、异或门、同或门和3输入与门的仿真实验和硬件验证。

注意:硬件验证时输入请用EDA硬件实验平台LB0的拨动开关SW1~SW3代替(拨向上端是高电平),输出用发光二极管LED灯指示(高电平点亮),其管脚分配见表7.1.2。

表7.1.2　基本逻辑门电路FPGA芯片管脚分配表

| 电路端口/系统管脚定义 | A/SW1 | B/SW2 | C/SW3 | Y1/LED1 | Y2/LED2 | Y3/LED3 | Y4/LED4 |
|---|---|---|---|---|---|---|---|
| EP3C10E144C8管脚号 | PIN_23 | PIN_24 | PIN_25 | PIN_103 | PIN_101 | P_100 | PIN_99 |

2)全加器

完成全加器的仿真实验和硬件验证,要求只用同或门(XNOR)和或非门实现。完成采用层次设计的方法实现全加器的实验。

注意:硬件验证时输入请用EDA硬件实验平台LB0的拨动开关SW1~SW3代替,输出用发光二极管LED灯指示,其管脚分配见表7.1.3。

表7.1.3　全加器电路FPGA芯片管脚分配表

| 电路端口/系统管脚定义 | A/SW1 | B/SW2 | CI/SW3 | S/LED1 | CO/LED2 |
|---|---|---|---|---|---|
| EP3C10E144C8管脚号 | PIN_23 | PIN_24 | PIN_25 | PIN_103 | PIN_101 |

**(6)实验报告**

①给出Quartus Ⅱ中实现的2输入或门、异或门、同或门和3输入与门实验电路图、只用同或门(XNOR)和或非门实现的全加器电路图、层次设计法全加器电路顶层图。

②给出各电路的功能仿真和时序仿真波形图。

③写出仿真和分析报告。

④对实验中遇到的问题进行分析,采用了什么样的解决方法,写出实验心得。

## 7.2 译码器、编码器及比较器实验

**(1)实验目的**

①掌握用门电路进行二-四译码器的设计与仿真。

②学习在 Quartus Ⅱ 中调用中规模集成电路进行设计与仿真的方法。

③掌握用 TTL 中规模集成电路 74148、74147 进行 16 线-4 线优先编码器的设计与仿真。

④掌握用 TTL 中规模集成电路库元件 7485 进行 8 或 12 位数值比较器的设计与仿真。

⑤学习在原理图设计中总线的使用。

**(2)实验环境**

1)硬件

PC 机 1 台,LB0 实验开发平台 1 套。

2)软件

Quartus Ⅱ 9.0。

**(3)实验原理**

1)二-四译码器

二-四译码器是实现二到四线的译码电路。它有 2 个数据输入 A0、A1,1 个控制输入 ST_N 和 4 个输出 N_Y0 ~ N_Y3。ST_N 是低有效,当 ST_N 为低电平时电路正常工作,译码选中的输出端为低,当 ST_N 为高电平时电路停止工作,所有输出均为高,所以输出端也为低有效。其功能见表 7.2.1。

**表 7.2.1　二-四译码器真值表**

| ST_N | A1 | A0 | N_Y3 | N_Y2 | N_Y1 | N_Y0 |
|---|---|---|---|---|---|---|
| 1 | × | × | 1 | 1 | 1 | 1 |
| 0 | 0 | 0 | 1 | 1 | 1 | 0 |
| 0 | 0 | 1 | 1 | 1 | 0 | 1 |
| 0 | 1 | 0 | 1 | 0 | 1 | 1 |
| 0 | 1 | 1 | 0 | 1 | 1 | 1 |

2)16 线-4 线优先编码器

16 线-4 线优先编码器是实现 16 线到 4 线优先编码的电路。如果在你的应用中没有可以直接使用的 16 线到 4 线优先编码 MSI 芯片,但却有 8 线-3 线优先编码器可以使用,则可用两片 8 线-3 线优先编码器利用其扩展输入输出端来实现 16 线-4 线优先编码。8 线-3 线优先编码器在 Quartus Ⅱ 中可以直接调用 74148 元件,74148 除了有 8 个数据输入 0N ~ 7N、3 个数据输出 A0N ~ A2N 外,还有一个扩展输入 EIN 和 2 个扩展输出 EON、GSN,其功能见表 7.2.2。

表 7.2.2　8 线-3 线优先编码器 74148 真值表

| EIN | 0N | 1N | 2N | 3N | 4N | 5N | 6N | 7N | AON | A1N | A2N | GSN | EON |
|---|---|---|---|---|---|---|---|---|---|---|---|---|---|
| 1 | × | × | × | × | × | × | × | × | 1 | 1 | 1 | 1 | 1 |
| 0 | 1 | 1 | 1 | 1 | 1 | 1 | 1 | 1 | 1 | 1 | 1 | 1 | 0 |
| 0 | × | × | × | × | × | × | × | 0 | 0 | 0 | 0 | 0 | 1 |
| 0 | × | × | × | × | × | × | 0 | 1 | 0 | 0 | 1 | 0 | 1 |
| 0 | × | × | × | × | × | 0 | 1 | 1 | 0 | 1 | 0 | 0 | 1 |
| 0 | × | × | × | × | 0 | 1 | 1 | 1 | 0 | 1 | 1 | 0 | 1 |
| 0 | × | × | × | 0 | 1 | 1 | 1 | 1 | 1 | 0 | 0 | 0 | 1 |
| 0 | × | × | 0 | 1 | 1 | 1 | 1 | 1 | 1 | 0 | 1 | 0 | 1 |
| 0 | × | 0 | 1 | 1 | 1 | 1 | 1 | 1 | 1 | 1 | 0 | 0 | 1 |
| 0 | 0 | 1 | 1 | 1 | 1 | 1 | 1 | 1 | 1 | 1 | 1 | 0 | 1 |

3)8 位数值比较器

8 位数值比较器是实现 8 位二进制数值大小比较的电路。它有两个 8 位数据输入分别是 A[7..0]、B[7..0],3 个结果输出是 YL、YE 和 YG,分别用于表示 A、B 比较结果是小于、等于还是大于。中规模器件 7485 是 4 位数据比较器,在 Quartus Ⅱ 中可以直接调用 7485 元件,利用其扩展输入端可以方便地扩展数据的位宽为 8、12 等,其功能见表 7.2.3。

表 7.2.3　4 位数值比较器 7485 真值表

| A3,B3 | A2,B2 | A1,B1 | A0,B0 | AGBI | AEBI | ALBI | AGBO | AEBO | ALBO |
|---|---|---|---|---|---|---|---|---|---|
| A3 > B3 | ×　× | ×　× | ×　× | × | × | × | 1 | 0 | 0 |
| A3 < B3 | ×　× | ×　× | ×　× | × | × | × | 0 | 0 | 1 |
| A3 = B3 | A2 > B2 | ×　× | ×　× | × | × | × | 1 | 0 | 0 |
| A3 = B3 | A2 < B2 | ×　× | ×　× | × | × | × | 0 | 0 | 1 |
| A3 = B3 | A2 = B2 | A1 > B1 | ×　× | × | × | × | 1 | 0 | 0 |
| A3 = B3 | A2 = B2 | A1 < B1 | ×　× | × | × | × | 0 | 0 | 1 |
| A3 = B3 | A2 = B2 | A1 = B1 | A0 > B0 | × | × | × | 1 | 0 | 0 |
| A3 = B3 | A2 = B2 | A1 = B1 | A0 < B0 | × | × | × | 0 | 0 | 1 |
| A3 = B3 | A2 = B2 | A1 = B1 | A0 = B0 | 1 | 0 | 0 | 1 | 0 | 0 |
| A3 = B3 | A2 = B2 | A1 = B1 | A0 = B0 | 0 | 1 | 0 | 0 | 1 | 0 |
| A3 = B3 | A2 = B2 | A1 = B1 | A0 = B0 | 0 | 0 | 1 | 0 | 0 | 1 |

(4)参考电路

1)二-四译码器参考实验电路及仿真波形(见图7.2.1～图7.2.3)

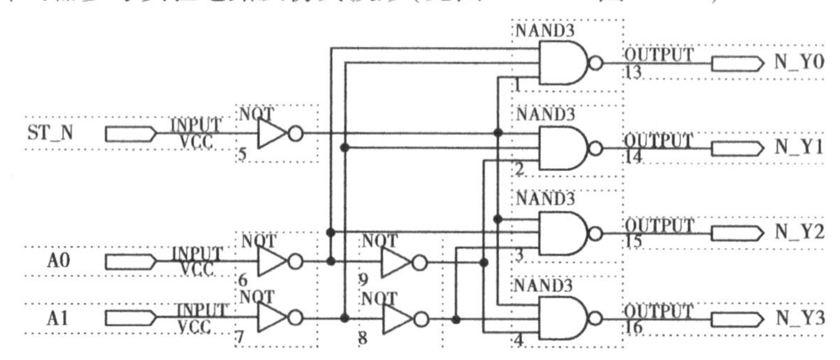


图7.2.1 二-四译码器参考实验电路

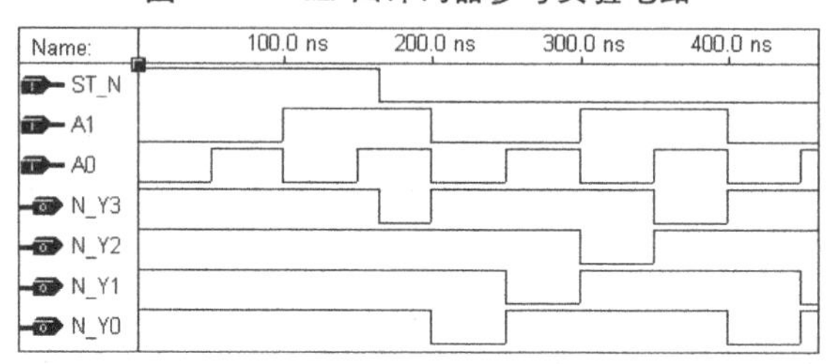


图7.2.2 二-四译码器功能仿真波形

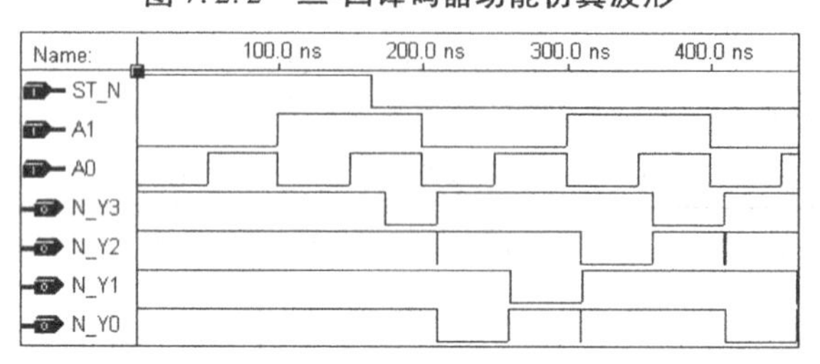


图7.2.3 二-四译码器时序仿真波形

2)16线-4线优先编码器参考实验电路及仿真波形(见图7.2.4～图7.2.6)

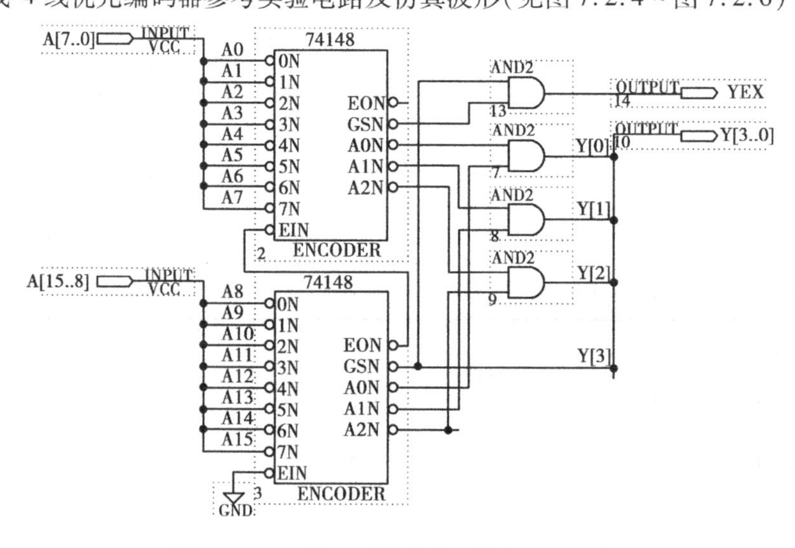


图7.2.4 16线-4线优先编码器参考实验电路

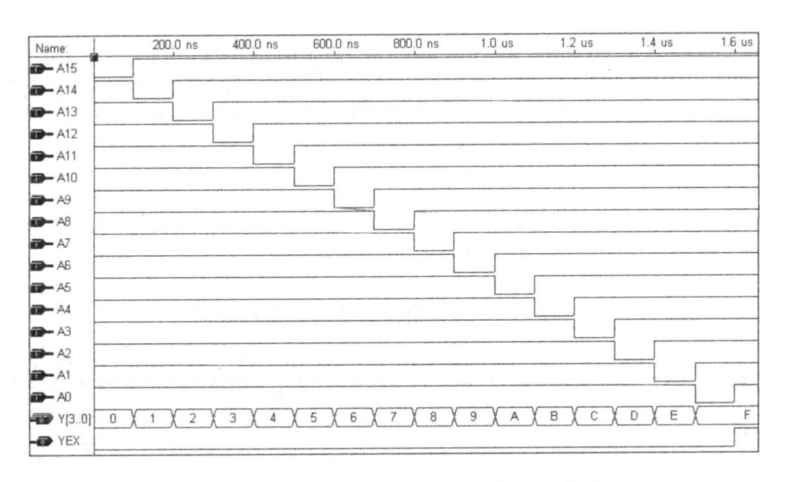


图 7.2.5　16 线-4 线优先编码器功能仿真波形

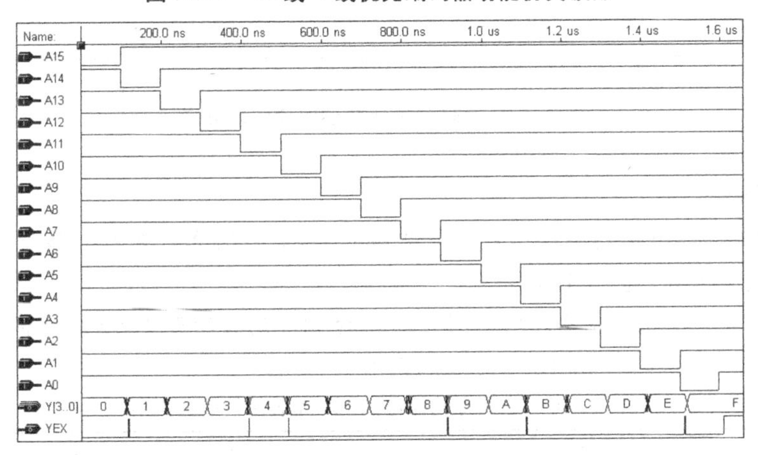


图 7.2.6　16 线-4 线优先编码器时序仿真波形

3)8 位数值比较器参考实验电路及仿真波形(见图 7.2.7 ~ 图 7.2.9)

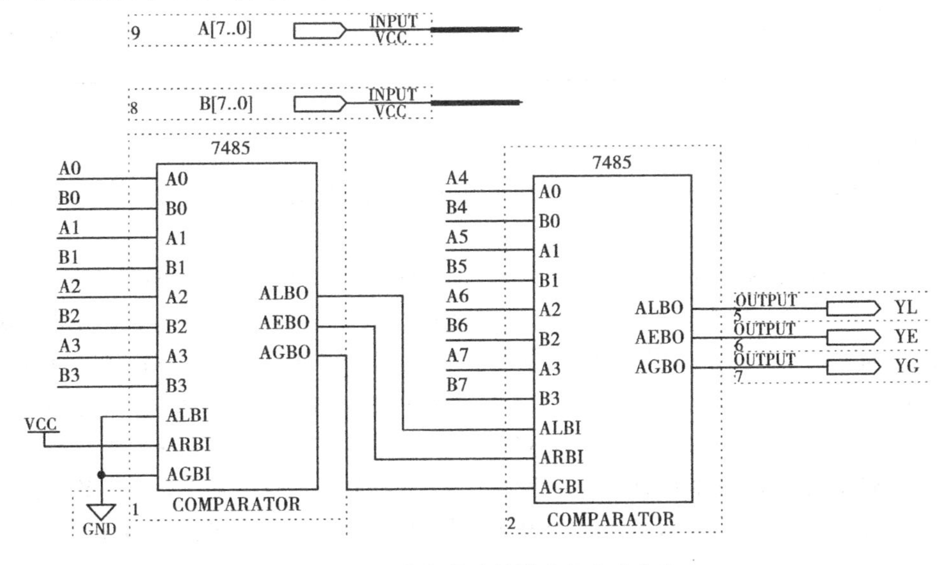


图 7.2.7　8 位数值比较器参考实验电路

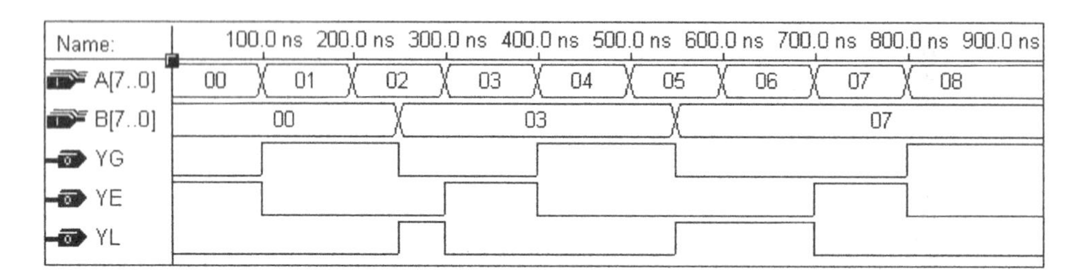


图 7.2.8　8 位数值比较器功能仿真波形

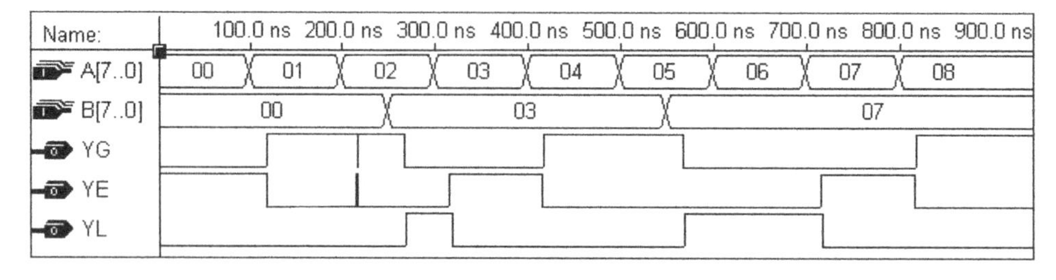


图 7.2.9　8 位数值比较器时序仿真波形

(5) 实验内容

1) 二-四译码器

完成二-四译码器电路的仿真实验和硬件验证，要求适当修改参考电路，在 ST_N 无效时输出全为高阻态（利用三态门 TRI）。

注意：硬件验证时输入请用 EDA 硬件实验平台 LB0 的拨动开关 SW1 ~ SW3 代替，输出用发光二极管 LED 灯指示，其管脚分配见表 7.2.4。

表 7.2.4　二-四译码器电路 FPGA 芯片管脚分配表

| 电路端口/系统管脚定义 | A0/SW1 | A1/SW2 | ST_N/SW3 | N_Y0/LED1 | N_Y1/LED2 | N_Y2/LED3 | N_Y3/LED4 |
|---|---|---|---|---|---|---|---|
| EP3C10E144C8 管脚号 | PIN_23 | PIN_24 | PIN_25 | PIN_103 | PIN_101 | PIN_100 | PIN_99 |

2) 16 线-4 线优先编码器

完成 16 线-4 线优先编码器电路的仿真实验和硬件验证，要求用 10 线-4 线优先编码器芯片 74147 来实现之。

注意：硬件验证时输入请用 EDA 硬件实验平台 LB0 的拨动开关 SW1 ~ SW3 和按键 KEY1 ~ KEY4（按下按键时输入为低电平）代替，输出用发光二极管 LED 灯指示。由于电路的输入端口有 16 个，而 LB0 的 SW 和 KEY 相加总共只有 7 个，因此不可能为每一个输入端口分配一个实际的 FPGA 输入的芯片管脚。解决办法是选择其中部分端口分配管脚，对于没有分配管脚的输入端去掉输入端口符，且直接连接到 VCC 上。因此这样的验证是一种不完整的验证。对于输入端口较多的电路，完整验证本身也是不现实的，因为硬件验证是手动完成的，具有 16 个输入端口的电路，其完整的输入状态组合就有 $2^{16}=65\ 536$ 个，因此只能进行不完整的验证。其管脚分配可参照表 7.2.5。

表7.2.5　16线-4线优先编码器电路FPGA芯片管脚分配表

| 电路端口/系统管脚定义 | A0/SW1 | A1/SW2 | A2/SW3 | A12/KEY1 | A13/KEY2 | A14/KEY3 | A15/KEY4 |
|---|---|---|---|---|---|---|---|
| EP3C10E144C8管脚号 | PIN_23 | PIN_24 | PIN_25 | PIN_91 | PIN_90 | PIN_89 | PIN_88 |
| 电路端口/系统管脚定义 | Y[0]/LED1 | Y[1]/LED2 | Y[2]/LED3 | Y[3]/LED4 | YEX/LED5 | | |
| EP3C10E144C8管脚号 | PIN_103 | PIN_101 | PIN_100 | PIN_99 | PIN_98 | | |

3)数值比较器

使用4位数值比较器元件完成12位数值比较器电路的仿真实验和硬件验证。12位数值比较器的输入端口多达24位,将其完整分配到FPGA的管脚上去也是不现实的,解决办法是将待比较的B数据改接为一常量元件,即参数化常量元件lpm_constant,设置其值为一固定值如127,而将A端口的低5位去掉输入端口符,且直接连接到VCC上,A端口的高7位连接到SW和KEY上,通过SW和KEY取值的不同组合来验证电路的正确性。其管脚分配可参照表7.2.6。

表7.2.6　12位数值比较器电路FPGA芯片管脚分配表

| 电路端口/系统管脚定义 | A11/SW1 | A10/SW2 | A9/SW3 | A8/KEY1 | A7/KEY2 | A6/KEY3 | A5/KEY4 | YL/LED1 | YE/LED2 | YG/LED3 |
|---|---|---|---|---|---|---|---|---|---|---|
| EP3C10E144C8管脚号 | PIN_23 | PIN_24 | PIN_25 | PIN_91 | PIN_90 | PIN_89 | PIN_88 | PIN_103 | PIN_101 | PIN_100 |

**(6)实验报告**

①给出Quartus Ⅱ中实现的具有高阻输出的二-四译码器实验电路图、用74147实现的16线-4线优先编码器电路图和12位数值比较器电路图。

②给出各电路的功能仿真和时序仿真波形图。

③写出仿真和分析报告。

④请回答如下问题:为什么74147没有扩展端却可以实现数位的扩展?

⑤对实验中遇到的问题进行分析,采用了什么样的解决方法,写出实验心得。

## 7.3　数据选择器和奇偶校验实验

**(1)实验目的**

①熟悉TTL中规模集成电路库元件8位数据选择器74151的工作原理。

②掌握用TTL中规模集成电路库元件8位数据选择器74151进行4变量组合逻辑函数的设计与仿真。

③熟悉 TTL 中规模集成电路库元件奇偶校验电路 74LS280 的工作原理。

④掌握用 TTL 中规模集成电路库元件奇偶校验电路 74LS280 进行奇偶校验系统的设计与仿真。

**(2)实验环境**

1)硬件

PC 机 1 台,LB0 实验开发平台 1 套。

2)软件

Quartus Ⅱ 9.0。

**(3)实验原理**

1)数据选择器应用

数据选择器是实现多路选择输出的电路,它除了具有数据选择功能外,还具有实现任意组合逻辑电路的功能。

中规模器件 74151 是 8 选 1 数据选择器,在 Quartus Ⅱ 中可以直接调用 74151 元件,其功能如真值表 7.3.1 所示。

**表 7.3.1 8 选 1 数据选择器 74151 真值表**

| GN | C | B | A | Y | WN |
|---|---|---|---|---|---|
| 1 | × | × | × | 0 | 1 |
| 0 | 0 | 0 | 0 | D0 | $\overline{D0}$ |
| 0 | 0 | 0 | 1 | D1 | $\overline{D1}$ |
| 0 | 0 | 1 | 0 | D2 | $\overline{D2}$ |
| 0 | 0 | 1 | 1 | D3 | $\overline{D3}$ |
| 0 | 1 | 0 | 0 | D4 | $\overline{D4}$ |
| 0 | 1 | 0 | 1 | D5 | $\overline{D5}$ |
| 0 | 1 | 1 | 0 | D6 | $\overline{D6}$ |
| 0 | 1 | 1 | 1 | D7 | $\overline{D7}$ |

2)奇偶校验系统

奇偶校验系统是产生奇偶码和实现奇偶校验的电路,它通常用于信息的发送和接收。在信息码之后,加一位校验码位,使码组中 1 的码元个数为奇数或偶数。若接收端有一位由 1 变为 0 或由 0 变为 1,则码组中 1 的码元数的奇偶性不符合原先约定,因而能检测出有一位差错。中规模器件 74180 是 9 位奇偶产生器与校验器,在 Quartus Ⅱ 中可以直接调用 74180 元件,其功能见表 7.3.2。实验中可用缓冲器 LCELL 来模拟正常的通信传输的信道,如果要模拟出错的通信传输信道,可将其中某一数据位用反相器 NOT 来代替 LCELL 即可。

**表 7.3.2 9 位奇偶产生器与校验器 74180 真值表**

| A ~ H 中 1 的数目 | EVNI | ODDI | EVNS | ODDS |
|---|---|---|---|---|
| 偶数 | 1 | 0 | 1 | 0 |
| 偶数 | 0 | 1 | 0 | 1 |
| 奇数 | 1 | 0 | 0 | 1 |

续表

| A ~ H 中 1 的数目 | EVNI | ODDI | EVNS | ODDS |
|---|---|---|---|---|
| 奇数 | 0 | 1 | 1 | 0 |
| × | 1 | 1 | 0 | 0 |
| × | 0 | 0 | 1 | 1 |

**(4)参考电路**

1)4 变量组合逻辑函数参考实验电路(见图 7.3.1 ~ 图 7.3.4)

$$逻辑函数:F(A,B,C,D) = \sum m(1,5,6,7,9,11,12,14,15)$$

| AB \ CD | 00 | 01 | 11 | 10 |
|---|---|---|---|---|
| 00 | 0 | 1 | 0 | 0 |
| 01 | 0 | 1 | 0 | 1 |
| 11 | 1 | 0 | 1 | 1 |
| 10 | 0 | 1 | 1 | 0 |

(a)卡诺图

| AB \ C | 0 | 1 |
|---|---|---|
| 00 | D | 0 |
| 01 | D | 1 |
| 11 | $\overline{D}$ | 1 |
| 10 | D | D |

(b)降维图

图 7.3.1　4 变量组合逻辑函数的降维图

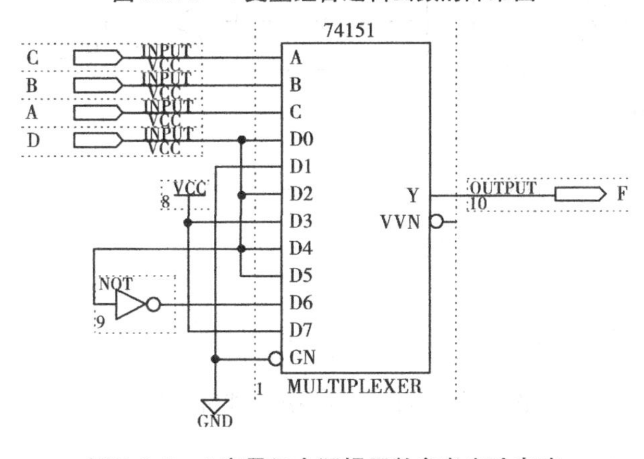


图 7.3.2　4 变量组合逻辑函数参考实验电路

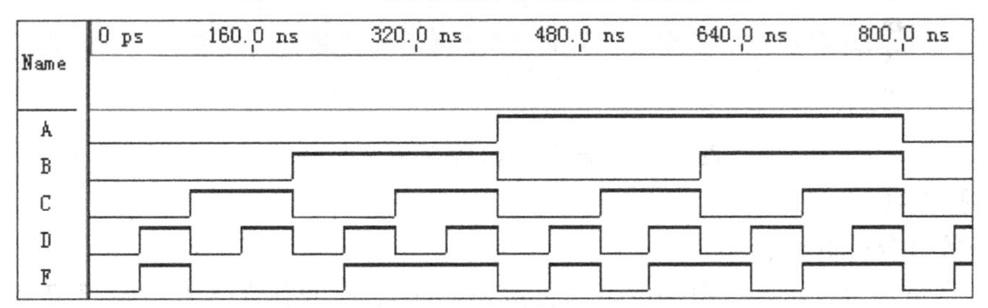


图 7.3.3　4 变量组合逻辑函数功能仿真波形

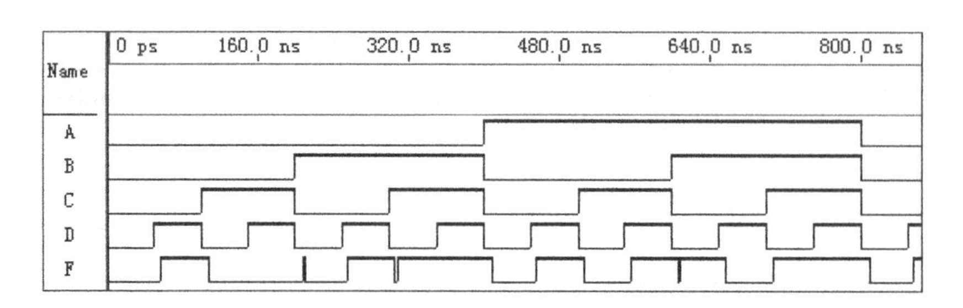


图 7.3.4　4 变量组合逻辑函数时序仿真波形

2)奇偶校验系统参考实验电路

图 7.3.5 是具有正确通信信道传输的奇偶校验系统,图的中间部分是由 9 个缓冲器 LCELL 元件构成的模拟的通信信道传输,由于 9 个 LCELL 都是直通的数据缓冲器,因此模拟的是信道无故障,所有数据均能正确传输。

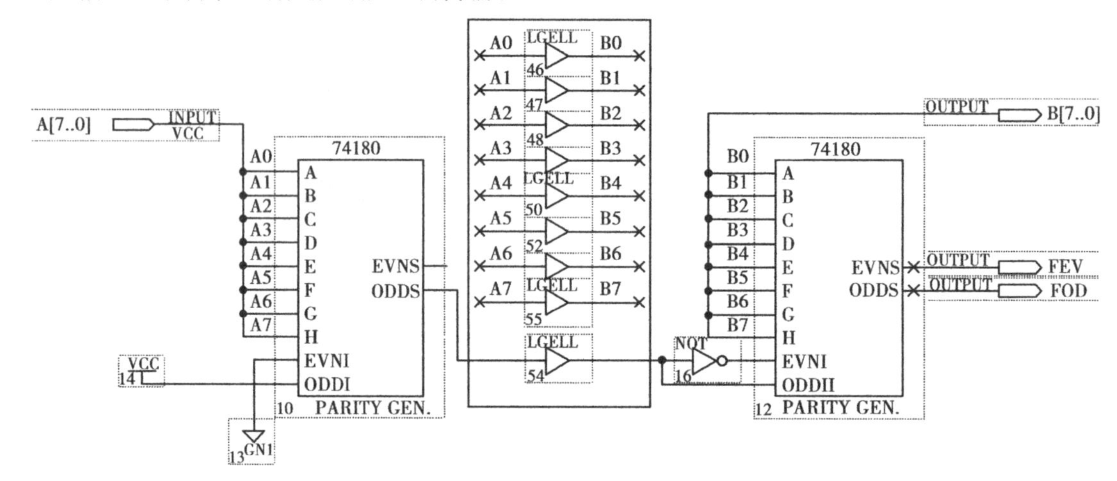


图 7.3.5　奇偶校验系统参考实验电路

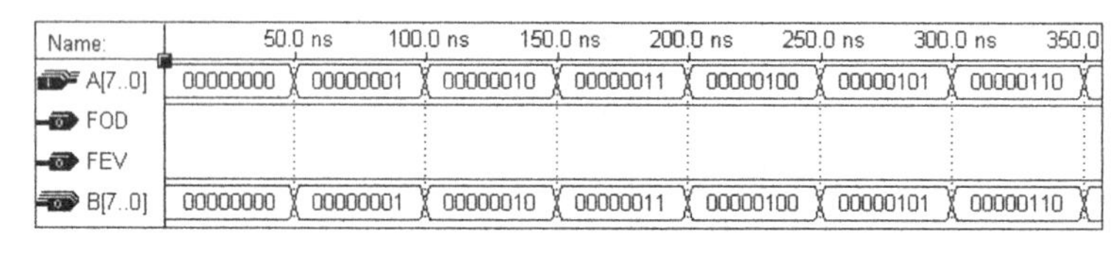


图 7.3.6　奇偶校验系统功能仿真波形

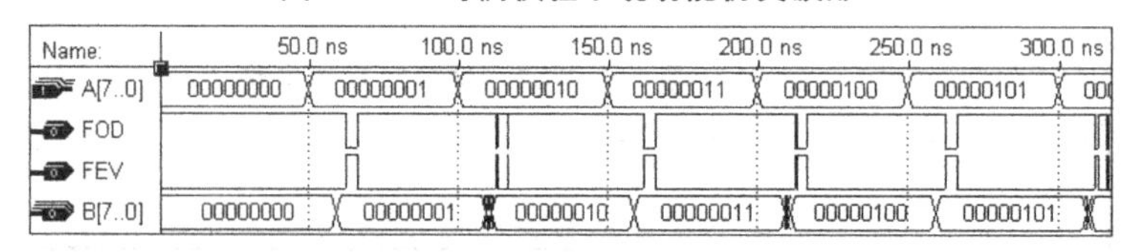


图 7.3.7　奇偶校验系统时序仿真波形

**(5)实验内容**

1)4 变量组合逻辑函数

完成 4 变量组合逻辑函数电路的仿真实验和硬件验证(见图 7.3.6、图 7.3.7),要求实现的逻辑函数如下:

$$F(A,B,C,D) = \sum m(2,5,7,10,11,12,13,15)$$

注意:硬件验证时输入请用EDA硬件实验平台LB0的拨动开关SW1~SW3和按键KEY1代替,输出用发光二极管LED1灯指示,其管脚分配可参照表7.3.3。

表7.3.3 4变量组合逻辑函数电路FPGA芯片管脚分配表

| 电路端口/<br>系统管脚定义 | A/<br>SW1 | B/<br>SW2 | C/<br>SW3 | D/<br>KEY1 | F/<br>LED1 |
| --- | --- | --- | --- | --- | --- |
| EP3C10E144C8<br>管脚号 | PIN_23 | PIN_24 | PIN_25 | PIN_91 | PIN_103 |

2)奇偶校验系统

完成奇偶校验系统电路的仿真实验和硬件验证。要求对参考实验电路进行修改,增加一个二选一元件LPM_MUX和一个反相器NOT,LPM_MUX的选择输入端SEL连接到KEY1上。电路修改的目的是用按下按键来模拟1位数据在传输中出现错误的情况(经反相器输出),而用松开按键来模拟没有数据传输错误的情况(经LCELL输出),请自行完成电路的修改。观察实验的现象,分析实验结果。

注意:硬件验证时输入请用EDA硬件实验平台LB0的拨动开关SW1~SW3代替输入信号A7~A5,A4~A0固定接地,输出用发光二极管LED灯指示FEV和FOD即可,其管脚分配可参照表7.3.4。

表7.3.4 奇偶校验系统电路FPGA芯片管脚分配表

| 电路端口/<br>系统管脚定义 | A7/<br>SW1 | A6/<br>SW2 | A5/<br>SW3 | SEL/<br>KEY1 | FEV/<br>LED1 | FOD/<br>LED2 |
| --- | --- | --- | --- | --- | --- | --- |
| EP3C10E144C8<br>管脚号 | PIN_23 | PIN_24 | PIN_25 | PIN_91 | PIN_103 | PIN_101 |

**(6)实验报告**

①给出Quartus Ⅱ中实现的4变量组合逻辑函数实验电路图、奇偶校验系统图。

②给出各电路的功能仿真和时序仿真波形图。

③写出仿真和分析报告。

④请回答如下问题:为什么奇偶校验系统不能检测2位出错的情况?

⑤对实验中遇到的问题进行分析,采用了什么样的解决方法,写出实验心得。

## 7.4 主从JK触发器和程控计数分频器实验

**(1)实验目的**

①掌握主从JK触发器结构及工作原理。

②通过仿真研究主从JK触发器一次性翻转现象。

③掌握 TTL 集成移位寄存器 74195 和 3-8 译码器 74138 的工作原理。

④学习用 TTL 集成移位寄存器 74195 和 3-8 译码器 74138 设计程控计数分频器。

**(2)实验环境**

1)硬件

PC 机 1 台,LB0 实验开发平台 1 套。

2)软件

Quartus Ⅱ 9.0。

**(3)实验原理**

1)主从 JK 触发器

主从 JK 触发器就是主从 RS 触发器加上反馈后的电路。其功能见表 7.4.1。由于主从结构的原因,该触发器具有一次性翻转的特性,即在 CP 的高电平期间,主触发器只要出现了翻转,不管输入如何变化,主触发器的状态都会保持翻转后的状态不变,直到 CP 的下降沿来到再将该状态传送给从触发器。

**表 7.4.1　主从 JK 触发器功能表**

| $J$ | $K$ | $Q^{n+1}$ | 功能 |
| --- | --- | --- | --- |
| 0 | 0 | $Q^n$ | 保持 |
| 0 | 1 | 0 | 置 0 |
| 1 | 0 | 1 | 置 1 |
| 1 | 1 | $\overline{Q}^n$ | 翻转 |

2)程控计数分频器

程控计数分频器实现分频值可编程控制的计数分频器。采用两个 74195 移位寄存器来实现一个可预置初始值的 8 位分频器,根据预置初始值的不同,可实现 8 种分频。采用 1 个 3-8 译码器 74138 来产生预置值,以 3-8 译码器 3 个不同的输入来产生 8 种不同的预置值从而达到实现程控的目的。

**(4)参考电路**

1)主从 JK 触发器

图 7.4.1 中 RD 和 SD 是异步清零端和异步置位端,在电路仿真的初始阶段如果触发器没有一个明确的状态,EDA 工具软件会得到不确定的结果如图 7.4.2 所示。因此,为了得到正确的仿真结果,通常会利用 RD 或 SD 来初始化电路如图 7.4.3 所示。主从 JK 触发器时序仿真波形图如图 7.4.4 所示。

2)程控计数分频器

程控计数分频器就是计数分频值的大小是可编程的,电路如图 7.4.5 所示。输出 Y 对 CLK 分频的值由输入 A、B、C 的值决定,其分频关系见表 7.4.2。

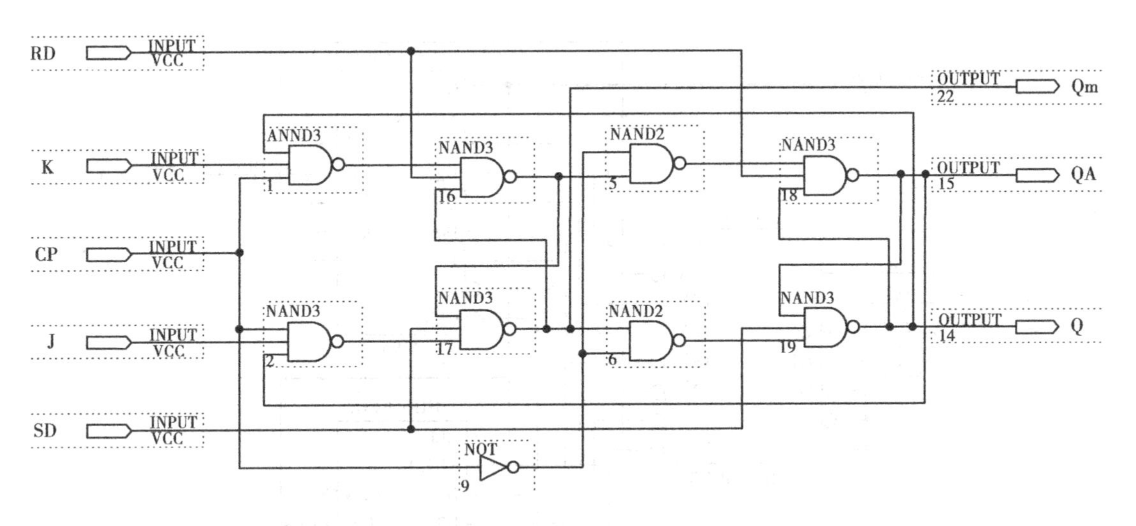


图7.4.1 主从JK触发器参考实验电路

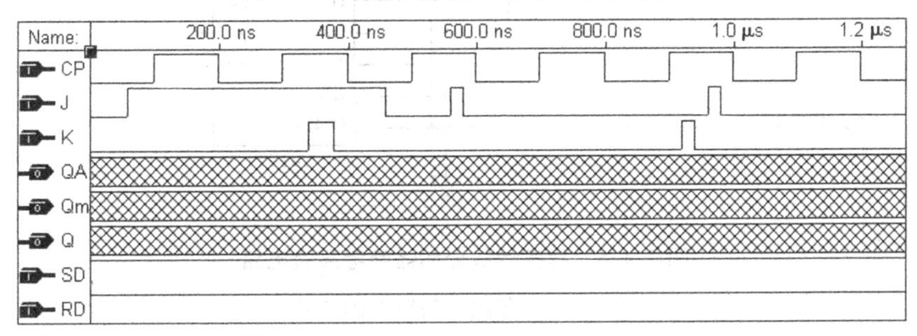


图7.4.2 主从JK触发器功能仿真波形(未初始化)

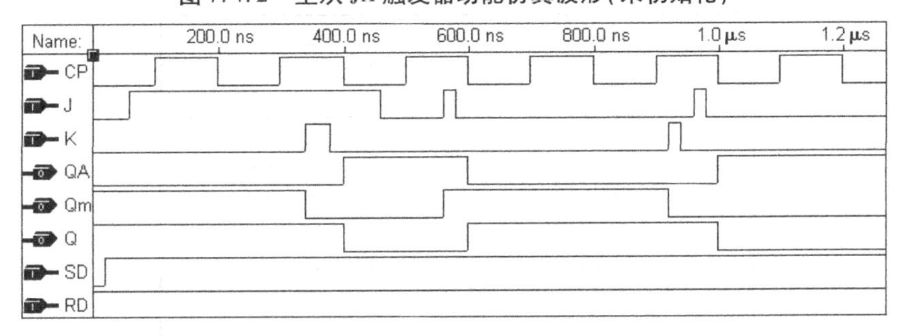


图7.4.3 主从JK触发器功能仿真波形(有初始化)

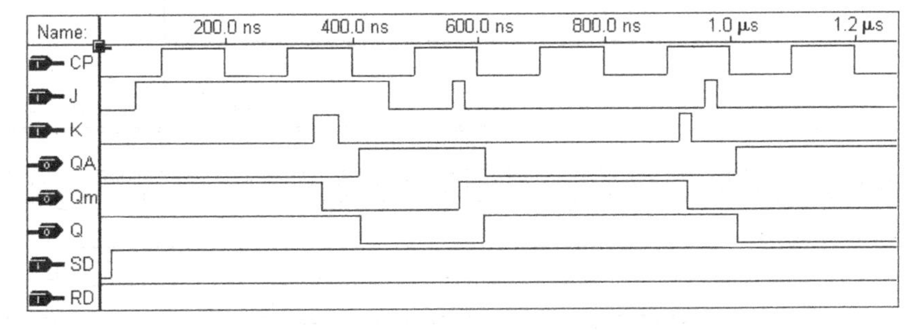


图7.4.4 主从JK触发器时序仿真波形

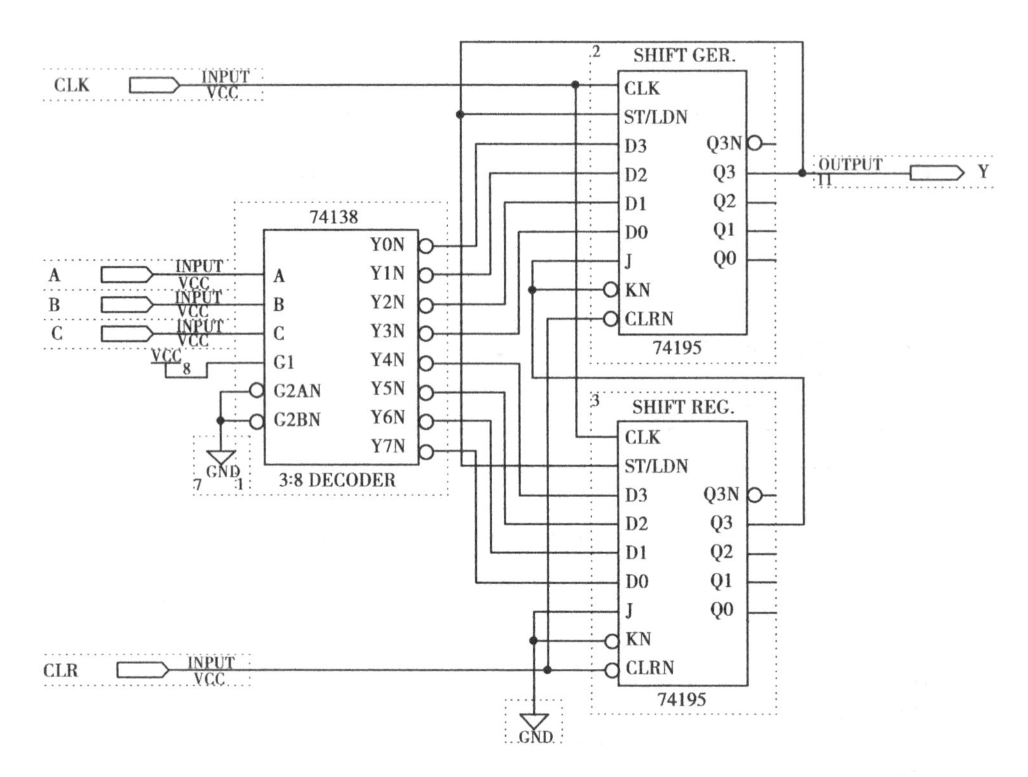


图 7.4.5　程控计数分频器参考实验电路

表 7.4.2　分频值与输入的关系

| 编程输入 CBA | 输出 Y 分频值 |
| --- | --- |
| 000 | ∞ |
| 001 | 2 |
| 010 | 3 |
| 011 | 4 |
| 100 | 5 |
| 101 | 6 |
| 110 | 7 |
| 111 | 8 |

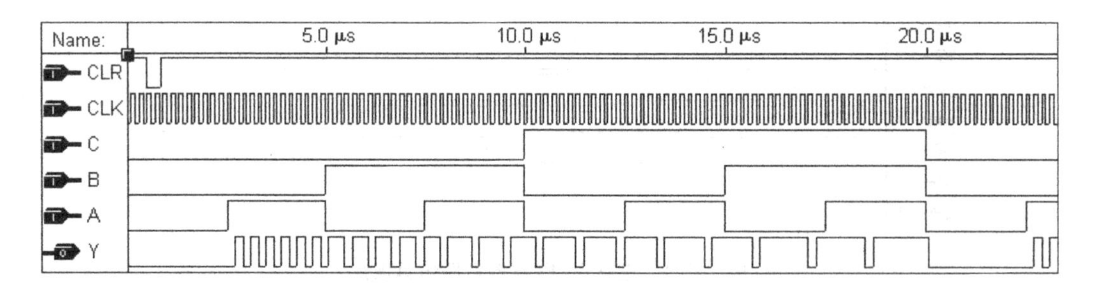


图 7.4.6　程控计数分频器功能仿真波形

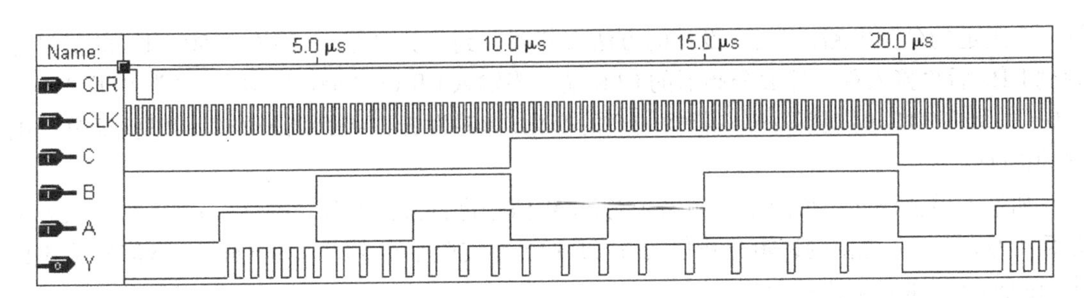


图 7.4.7　程控计数分频器时序仿真波形

从如图 7.4.6、图 7.4.7 所示仿真波形可以看出，当 CBA =“000”时，输出是直流信号，即是无穷大分频；当 CBA =“001”时，输出 Y 的周期是 CLK 的 2 倍；当 CBA =“010”时，输出 Y 的周期是 CLK 的 3 倍，当 CBA =“111”时，输出 Y 的周期是 CLK 的 8 倍，结果正确。

**(5) 实验内容**

1) 主从 JK 触发器

完成主从 JK 触发器电路的仿真实验和硬件验证，要求用或非门作为基本电路元件来实现主从 JK 触发器。

注意：硬件验证时输入请用 EDA 硬件实验平台 LB0 的拨动开关 SW 和按键 KEY 代替，输出用发光二极管 LED 灯指示，其管脚分配可参照表 7.4.3。当用或非门实现主从 JK 触发器时，建议 RD 和 SD 端口分别通过一反相器后再接入电路，这样可保证 RD 和 SD 仍然是低有效，而 KEY 键正好在未按下时是高电平，这样便于实验。

表 7.4.3　主从 JK 触发器 FPGA 芯片管脚分配表

| 电路端口/系统管脚定义 | CP/SW1 | J/SW2 | K/SW3 | RD/KEY1 | SD/KEY2 | Qm/LED1 | QA/LED2 | Q/LED3 |
|---|---|---|---|---|---|---|---|---|
| EP3C10E144C8 管脚号 | PIN_23 | PIN_24 | PIN_25 | PIN_91 | PIN_90 | PIN_103 | PIN_101 | PIN_100 |

2) 程控计数分频器

完成程控计数分频器电路的仿真实验和硬件验证，要求移位寄存器用单时钟双向移位寄存器 74194 代替参考实验电路中的 74195。

注意：硬件验证时输入请用 EDA 硬件实验平台 LB0 的拨动开关 SW 作为编程输入端，按键 KEY1 作为清零端，输出用发光二极管 LED 灯指示，其管脚分配可参照表 7.4.4。

表 7.4.4　程控计数分频器 FPGA 芯片管脚分配表

| 电路端口/系统管脚定义 | CLK/CLK_50M | C/SW1 | B/SW2 | A/SW3 | CLR/KEY1 | Y/LED1 |
|---|---|---|---|---|---|---|
| EP3C10E144C8 管脚号 | PIN_22 | PIN_23 | PIN_24 | PIN_25 | PIN_91 | PIN_103 |

CLK_50M 是 EDA 硬件实验平台 LB0 的外部输入时钟信号，其频率为 50 MHz，如果直接把该信号接入实验电路的 CLK 端，经过电路分频后驱动发光二极管 LED1 的点亮，那么通过观察 LED 灯的发光状态是不可能验证电路的正确性的。为了使实验具有可观察性，请自行设

计一个固定的分频电路，用层次设计的方法将其调入到实验电路中，将输入 50 MHz 的信号分频到 1 Hz 后再接入程控计数分频器的 CLK 端。当输入 CBA =“000”“001”“010”“011”“100”“101”“110”“111”时观察发光二极管闪亮的变化，计时发光二级管闪烁的周期以验证分频电路的正确性。

如果不单独设计一个固定分频器来对 50 M 信号进行大比值分频的话，另外一种解决方法是采用 Quartus Ⅱ提供的逻辑分析仪将在 EDA 硬件实验平台 LB0 上运行的电路信号采集回来，在 Quartus Ⅱ环境进行分析。

**(6)实验报告**

①给出 Quartus Ⅱ中实现的主从 JK 触发器实验电路图、程控计数分频器图。

②给出各电路的功能仿真和时序仿真波形图。

③写出仿真和分析报告。

④请回答如下问题：为什么用或非门实现的主从 JK 触发器的 RD 和 SD 端要分别增加一个反相器？为什么程控计数分频器实验中要增加一个固定分频器？

⑤对实验中遇到的问题进行分析，采用了什么样的解决方法，写出实验心得。

# 第 8 章

# 综合性数字电路设计课题

本章的 4 个设计课题均以具有一定趣味性和较强演示性的实际应用数字系统为题材，要求采用《数字电子技术》课程中所讲述的传统组合或时序逻辑电路设计方法进行设计。设计中使用的器件基本上是常用的 SSI 或 MSI TTL 数字集成电路，设计平台为 Quartus Ⅱ 9.0 和 EDA 硬件平台 LB0 实验开发系统。本章的课题主要是训练读者以电路图的形式进行数字系统设计。由于 EDA 平台 Quartus Ⅱ具有十分方便的图形编辑环境、具有丰富的库元件，除了包含大多数常用 TTL 电路外，还有很多有用的器件可供选择，尤其是具有很多功能强大的参数化库元件 lpm 元件，这极大地方便了设计和加快了设计的速度。采用 Quartus Ⅱ的另外一个原因是它具有强大的仿真功能、具有直接将设计下载至 FPGA 中进行硬件验证的功能。因此，该部分的设计要求读者进行必要的仿真验证外，还必须在 EDA 硬件实验平台上完成相应的硬件验证，以掌握 FPGA 的开发设计流程。不仅如此，Quartus Ⅱ还有一个功能强大的嵌入式逻辑分析仪 Signal Tap Ⅱ，Signal Tap Ⅱ既不同于仿真，也不同于单纯的硬件验证，它是仿真技术与硬件验证相结合的产物，是在硬件验证的同时观察器件内部真实工作的信号波形，因此是一种强有力的硬件验证工具，希望读者在完成大型设计的过程中多用 Signal Tap Ⅱ，相信会大大提高设计的速度和改善设计的效果。本章的 4 个课题中最为重要的是第 1 个“数字频率计”课题，一方面它是一个最为典型的数字系统设计课题；另一方面很多重要的、重复性的模块和设计方法都在该课题中进行讲述，希望读者首先完成该课题的设计。

课题要求分为 3 个层次，即基本要求、提高要求和扩展要求。基本要求在课题设计原理部分中有较详尽的描述，读者很容易根据这些描述实现设计；提高要求则没有详细的原理叙述，需要读者自行分析和设计，因此该部分内容的练习可起到督促、检验读者学习与掌握数字电子技术的作用；扩展要求是在设计报告的问题讨论中提出的，它通常具有更大的难度，给读者以更大的想象和发挥的空间。

建议在教学的设计环节中把基本要求和提高要求作为课题的必做部分认真完成，而把扩展要求作为选做部分让优秀的学生进一步深入学习与实践。

## 8.1 数字频率计

**(1)设计目的**

①掌握各种 MSI 同步计数器、异步计数器的工作原理和使用方法。

②掌握各种寄存器、译码器和数据选择器的工作原理和设计方法。

③掌握应用 MSI 芯片进行所需计数器、分频器等电路的设计方法。

④掌握用嵌入式逻辑分析仪 Signal Tap Ⅱ进行设计验证的方法。

⑤掌握计数式数字频率计和测周式数字频率计的设计方法。

⑥掌握在 EDA 系统软件 Quartus Ⅱ环境下用 FPGA/CPLD 进行数字系统设计的方法,掌握该环境下功能仿真、时序仿真、管脚锁定和芯片下载的方法。

⑦掌握用 EDA 硬件开发系统进行硬件验证的方法。

**(2)设计环境**

1)硬件

PC 机 1 台,LB0 实验开发平台 1 套,函数信号发生器 1 个,跳线 2 条。

2)软件

Quartus Ⅱ 9.0。

**(3)设计要求**

1)基本要求

①测量频率范围:100 Hz ~ 99.999 999 MHz,采用计数法测量被测信号频率。

②测量相对误差:≤1%。

③外部测量信号:方波,峰峰值 3 ~ 5 V(与 TTL 兼容)。

④内部测量信号:由 50 MHz 信号分频产生 7 种频率的待测信号,占空比均为 50%。

⑤闸门时间:固定为 1 s。

⑥测量选择:用按键循环选择 8 种待测信号,按键需去抖动。

⑦显示控制:动态 8 位七段 LED 显示,且要求显示稳定,数据刷新时间与闸门时间相同,扫描显示的频率大于 50 Hz,端口占用 11 位。

2)提高要求

①测量频率范围:增加一个 1 ~ 100 Hz 的挡位,采用测周法测量被测信号周期。

②挡位切换:用一拨码开关 SW 选择控制。

**(4)设计内容**

①设计可控的计数器、锁存译码显示器、测频控制器电路。

②设计分频器、多路选择器、按键去抖动电路。

③设计实现基本要求和提高要求的系统顶层电路。

④完成各电路功能模块和系统顶层模块的仿真。

⑤对仿真结果进行分析,确认每个模块以及顶层模块的仿真结果达到了设计要求。

⑥在 EDA 硬件开发系统上进行硬件验证与测试,确保设计电路系统能正确的工作。

**(5)工作原理**

计数法测量频率是严格按照频率的定义进行测量的,它是在某个已知标准时间间隔 $T_S$ 内,测出被测信号重复出现的次数 $N$,然后计算出频率 $f=N/T_S$。

计数法结构框图如图8.1.1所示,石英晶体振荡器产生高稳定的振荡信号,经分频后产生标准的时间间隔 $T_S$,用 $T_S$ 作为门控信号去控制主门的开启时间,被测方波脉冲信号,在主门开启时间 $T_S$ 内通过主门,由计数器对通过主门的方波脉冲的个数进行计数,若在 $T_S$ 内计数值为 $N$,则被测信号频率 $f=N/T_S$,测试结果由译码显示电路进行显示。若 $T_S=1$ s,则 $f=N$,即被测信号频率就是计数器的计数值,$f$ 可通过计数寄存器直接从显示器上读出。若 $T_S\neq1$ s,则 $f$ 不能直接用计数器的值进行显示,而必须进行数据处理以后方可显示。

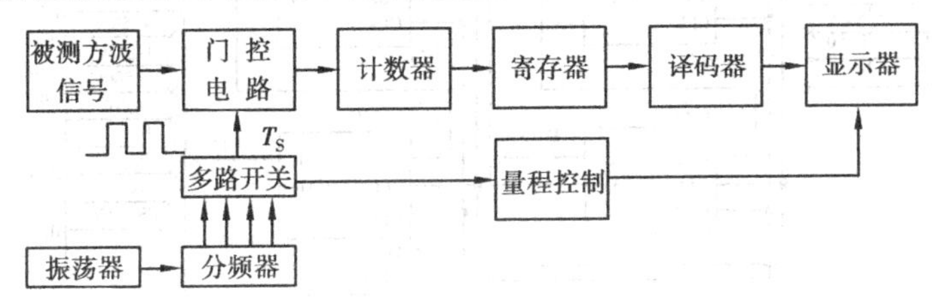


图8.1.1　记数法测量频率

为简化数据处理工作,通常将 $T_S$ 取值为1 μs、10 μs、100 μs、1 ms、10 ms、100 ms、1 s、10 s、100 s,由于它们都是1 s的10的倍数,因此只要加上小数点的控制(量程控制),仍然可以直接将计数器的计数值送显示器进行显示。例如:若 $T_S=100$ s,计数值 $N=19\ 902$,显然 $F=N/T_S=19\ 902/100=199.02$ Hz,此时如果控制小数点使其点亮在第6位七段LED显示器HEX的后面,确定量程为Hz,则计数值直接送显的显示结果为000 199.02 Hz,可见得到的测量结果是正确的。又如:若 $T_S=0.01$ s,计数值 $N=12\ 345\ 678$,显然 $f=N/T_S=12\ 345\ 678/0.01=1\ 234\ 567\ 800$ Hz,此时如果控制小数点使其点亮在第7位HEX的后面,确定量程为kHz,则计数值直接送显的显示结果为1 234 567.8 kHz,可见得到的测量结果仍然是正确的。

测周法测量频率是解决当被测信号频率较低时测量精度不够而采纳的方法。显然当测量频率低于100 Hz以后,由于计数法的正负1误差使得测量精度不符合小于1%的要求。例如被测信号只有10 Hz时,正负1误差使得测量精度只有10%。而测周法不用固定的闸门时间,而用被测信号的周期的宽度作为闸门时间,此时的计数却用一个标准的较高频率的信号,由于该高频率信号的频率 $f_S$ 已知,因此它的周期 $T_S$ 也是已知的,则被测信号的周期T就是计数值 $N$ 乘以 $T_S$ 的值。为简化数据处理工作,通常将 $T_S$ 取值为1 μs、10 μs、100 μs、1 ms等值,因此只要加上小数点的控制(量程控制),仍然可以直接将计数器的计数值送显示器进行显示。例如:若标准高频率的信号频率为10 kHz,则 $T_S=0.000\ 1$ s,计数值 $N=19\ 902$,显然 $T=N\times T_S=19\ 902\times0.000\ 1\text{ s}=1.990\ 2$ s,此时如果控制小数点使其点亮在第4位HEX的后面,确定量程为s,则计数值直接送显的显示结果为0 001.990 2 s,可见得到的测量结果是正确的。

**(6)设计原理**

如图8.1.2是实现数字频率计基本要求的顶层逻辑图。它由分频器fenpin、测频控制器control、8个具有时钟使能和清零控制的十进制计数器counter10、锁存译码显示模块code、多路选择器selector和按键去抖动模块keyin 6种模块组成。为简单起见,计数式数字频率计将闸门时间固定为1 s,因此就不需要考虑小数点的问题。

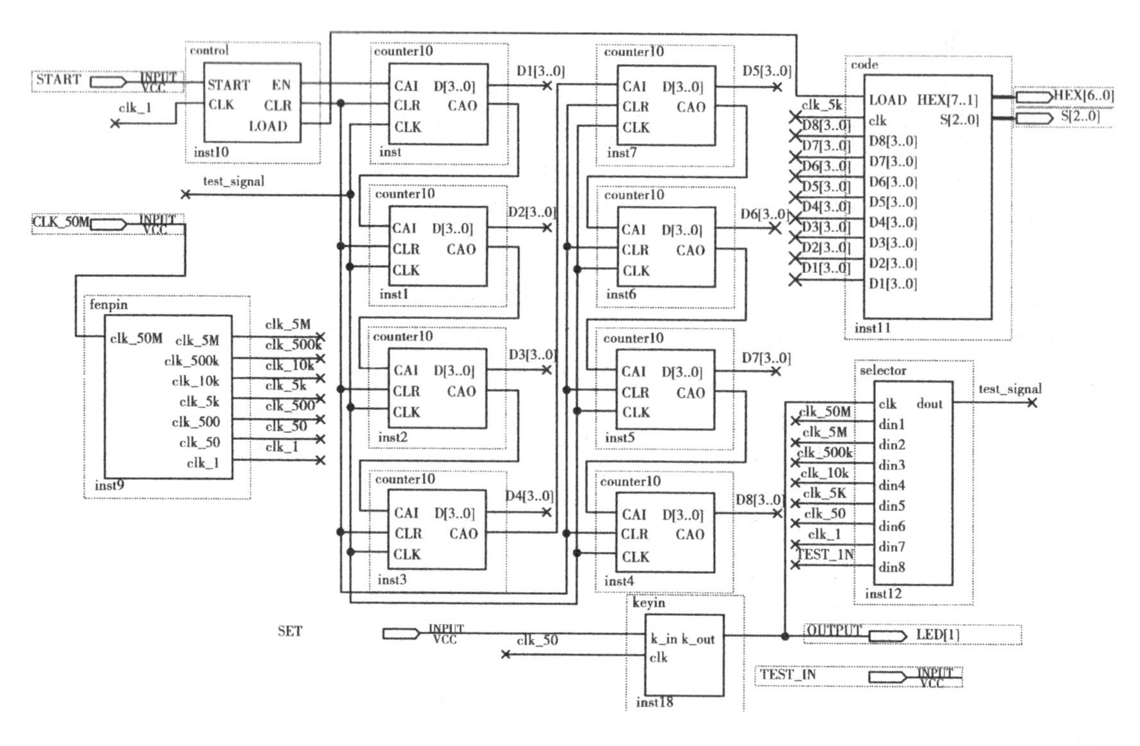


**图 8.1.2　8 位十进制计数式数字频率计顶层逻辑图**

1）测频控制器

测频控制器模块 control 如图 8.1.3 所示，其输入信号有两个，一个是频率为 $f_S$ 的标准时钟信号 CLK，一个是测试启动信号 START；输出有三个信号，即计数器使能信号 EN、寄存器锁存信号 LOAD 和计数器清零信号 CLR。START 是整个频率测试仪的测试启动信号，当其为 0 时计数器使能信号被强置为 0，计数器不计数，频率计停止工作。当 START 为 1 时，EN 将输出宽度为 $T_S$ 的闸门控制信号，在 EN = 1 期间，计数器对被测信号进行计数，在 EN = 0 期间，计数器停止计数。可见 EN 是 CLK 的二分频信号，高低电平的脉宽均为 $T_S$，LOAD 是 EN 的反，EN 的下降沿就是 LOAD 的上升沿，LOAD 的上升沿用于控制锁存译码显示器 CODE 锁存计数值。为了正确的计数，在 EN = 0 期间必须对计数器进行清零操作，以便在 EN 上升沿到来时计数器从零开始重新进行计数，所以在 EN = 0 期间 CLR 必须清零有效一次。测频控制器的时序波形如图 8.1.4 所示。

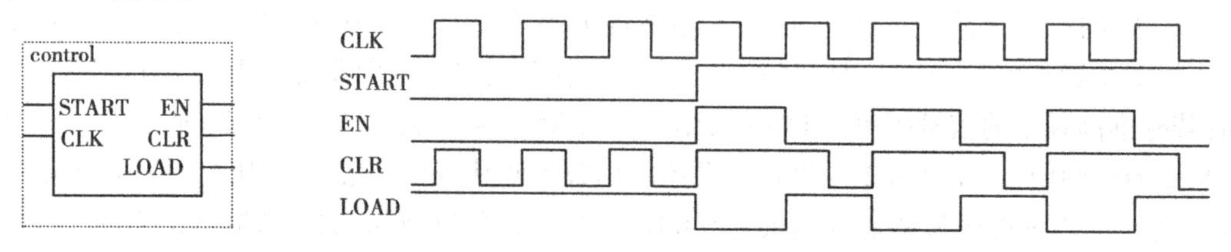


**图 8.1.3　control 模块**　　　　**图 8.1.4　control 模块工作时序波形**

高质量的测频控制器的设计十分重要，设计中要对其进行仔细的时序仿真（time simulation），防止可能产生的毛刺，尤其对边沿触发寄存器，那些由竞争引起的毛刺将产生严重的后果。测频控制器的电路连接图请读者自行设计。

2）锁存译码显示器

锁存译码显示器模块 code 如图 8.1.5 所示。该模块有两个逻辑输入信号和 8 个逻辑向量输入信号以及两个逻辑向量输出信号。8 个逻辑向量输入信号为 D1[3..0]、D2[3..0]……D8[3..0]，它们分别来自 8 个十进制计数器的 BCD 码输出信号，每一个向量由 4 位 BCD 码组成，分别代表相应计数器的计数值，该计数值在 control_EN = 1（表示 control 模块的 EN 脚为 1）的计数期间是不断变化的，在 control_EN = 0 且 control_CLR 无效的期间是保持不变的，在 control_CLR 有效到重新开始计数以前，其值均为 0。

设置寄存器的目的是使显示的数据稳定，否则显示数据一方面将受计数器计数过程中数据不断变化的影响，使显示数据周期性的从 0 变化到计数值，由于变化太快和人眼的视觉残留效应，看见的显示数据尤其是低位数据均为 8；另一方面显示数据将受 control 的周期性清零信号 control_CLR 的影响而不断的闪烁。锁存控制输入信号 code_LOAD 连接到 control_LOAD 端，数据的锁存是在锁存信号 control_LOAD 的上升沿进行的，此时刚好是计数器计数结束的时刻。即寄存器中的数据除了在 control_LOAD 的上升沿按计数器的计数值改变外，其余的所有时间里都保持不变，这有利于显示的稳定和读数。

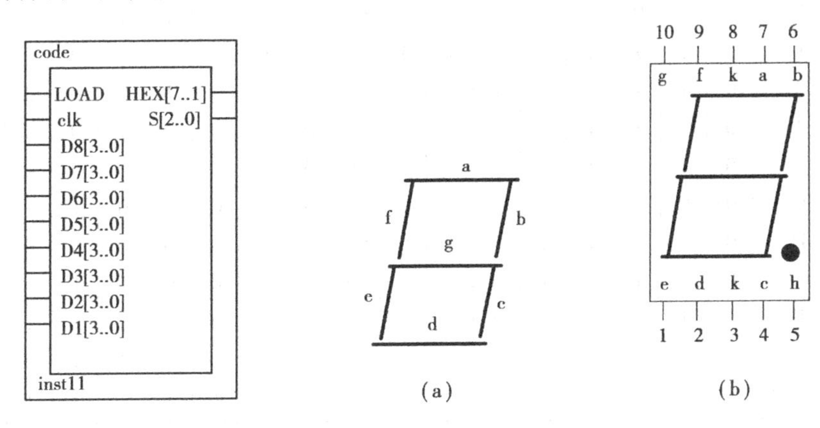


图 8.1.5　code 模块　　图 8.1.6　7 段 LED 显示器

译码的目的是使输出信号可以直接驱动 LED 数码管，所以译码是 BCD-t 段显示译码。图 8.1.6(a) 是 7 段 LED 显示器各段的排列图，其中 $a$、$b$、$c$、$d$、$e$、$f$、$g$ 是 t 段发光二极管，它们封装在一个外壳中，有 10 条引脚如图 8.1.6(b) 所示。其中 $h$ 是小数点，$k$ 是公共极，如果是共阴的 t 段 LED，则全部 LED 的阴极连在一起作为位选控制，如果是共阳的 t 段 LED，则全部 LED 的阳极连在一起作为位选控制。这 t 段 LED 不同的发光组合，可显示出 0 ~ 9 各种数字、部分英文字母或特定符号。例如：当 $a \sim f$ 段都发光，而 $g$ 段不发光，可显示为“0”；当 $b$、$c$ 段发光，其他段不发光，则显示“1”；当 $a \sim g$ 都发光则显示“8”等。表 8.1.1 是 t 段显示代码与字型的对应关系。

如果显示采用静态显示方式，那么 8 个 BCD 码就需要输出 8 个 t 段显示码，即占用 56 个 I/O 管脚。显然，静态显示方式占用的 I/O 资源太多，FPGA/CPLD 不可能为其提供这么多宝贵的 I/O 资源（LB0 硬件实验系统的 FPGA EP3C10E144C8 总共也只有 94 个用户 I/O 管脚），则必须采用动态显示方式。CODE 模块就是采用动态显示方式，其输出 t 段显示码只有一个，但它是时分复用的，即第 1 段时间里它的值是第 1 位 HEX 的值，第 2 段时间里它的值是第 2 位 HEX 的值，依次类推……第 8 段时间里它的值是第 8 位 HEX 的值。时间片只分为 8 段，然后又从第 1 段开始直到第 8 段,周而复始。

图 4.4.8 是 LB0 实验系统上的八位动态扫描显示器电路,显示器采用的是共阴的 t 段 LED。

**表 8.1.1　七段显示代码与字型的对应关系表**

| 序　号 | 字　型 | 共阴接法 | | | | | | | | | 共阳接法 | | | | | | | | |
|---|---|---|---|---|---|---|---|---|---|---|---|---|---|---|---|---|---|---|---|
| | | $D_7$ | g $D_6$ | f $D_5$ | e $D_4$ | d $D_3$ | c $D_2$ | b $D_1$ | a $D_0$ | 代码 | $D_7$ | g $D_6$ | f $D_5$ | e $D_4$ | d $D_3$ | c $D_2$ | b $D_1$ | a $D_0$ | 代码 |
| 0 | 0 | 0 | 0 | 1 | 1 | 1 | 1 | 1 | 1 | 3F | 0 | 1 | 0 | 0 | 0 | 0 | 0 | 0 | 40 |
| 1 | 1 | 0 | 0 | 0 | 0 | 0 | 1 | 1 | 0 | 06 | 0 | 1 | 1 | 1 | 1 | 0 | 0 | 1 | 79 |
| 2 | 2 | 0 | 1 | 0 | 1 | 1 | 0 | 1 | 1 | 5B | 0 | 0 | 1 | 0 | 0 | 1 | 0 | 0 | 24 |
| 3 | 3 | 0 | 1 | 0 | 0 | 1 | 1 | 1 | 1 | 4F | 0 | 0 | 1 | 1 | 0 | 0 | 0 | 0 | 30 |
| 4 | 4 | 0 | 1 | 1 | 0 | 0 | 1 | 1 | 0 | 66 | 0 | 0 | 0 | 1 | 1 | 0 | 0 | 1 | 19 |
| 5 | 5 | 0 | 1 | 1 | 0 | 1 | 1 | 0 | 1 | 6D | 0 | 0 | 0 | 1 | 0 | 0 | 1 | 0 | 12 |
| 6 | 6 | 0 | 1 | 1 | 1 | 1 | 1 | 0 | 1 | 7C | 0 | 0 | 0 | 0 | 0 | 0 | 1 | 0 | 03 |
| 7 | 7 | 0 | 0 | 0 | 0 | 0 | 1 | 1 | 1 | 07 | 0 | 1 | 1 | 1 | 1 | 0 | 0 | 0 | 78 |
| 8 | 8 | 0 | 1 | 1 | 1 | 1 | 1 | 1 | 1 | 7F | 0 | 0 | 0 | 0 | 0 | 0 | 0 | 0 | 00 |
| 9 | 9 | 0 | 1 | 1 | 0 | 1 | 1 | 1 | 1 | 67 | 0 | 0 | 0 | 1 | 1 | 0 | 0 | 0 | 18 |
| A | A | 0 | 1 | 1 | 1 | 0 | 1 | 1 | 1 | 77 | 0 | 0 | 0 | 0 | 1 | 0 | 0 | 0 | 08 |
| B | B | 0 | 1 | 1 | 1 | 1 | 1 | 0 | 0 | 7C | 0 | 0 | 0 | 0 | 0 | 0 | 1 | 1 | 03 |
| C | C | 0 | 0 | 1 | 1 | 1 | 0 | 0 | 1 | 39 | 0 | 1 | 0 | 0 | 0 | 1 | 1 | 0 | 46 |
| D | D | 0 | 1 | 0 | 1 | 1 | 1 | 1 | 0 | 5E | 0 | 0 | 1 | 0 | 0 | 0 | 0 | 1 | 21 |
| E | E | 0 | 1 | 1 | 1 | 1 | 0 | 0 | 1 | 79 | 0 | 0 | 0 | 0 | 0 | 1 | 1 | 0 | 06 |
| F | F | 0 | 1 | 1 | 1 | 0 | 0 | 0 | 1 | 71 | 0 | 0 | 0 | 0 | 1 | 1 | 1 | 0 | 0E |
| 10 | 空 | 0 | 0 | 0 | 0 | 0 | 0 | 0 | 0 | 00 | 0 | 1 | 1 | 1 | 1 | 1 | 1 | 1 | 7F |
| 11 | — | 0 | 1 | 0 | 0 | 0 | 0 | 0 | 0 | 40 | 0 | 0 | 1 | 1 | 1 | 1 | 1 | 1 | 3F |

由图 4.4.8 可见,8 位 LED 动态显示电路只需要两个 I/O 口。其中一个 8 位 I/O 口控制段选码(含小数点)即 HEX_D0 到 HEX_D7,另一个 3 位 I/O 口控制位选即 HEXSCA 到 HEX-SCC。由于所有位的段选码皆由一个 I/O 控制,故在每个瞬间,8 位显示器都接收的是相同的数据,要想每位显示不同字符,必须采用扫描显示方式,即在每一瞬间只使某一位显示相应字符段选码。位选控制 I/O 口在该显示位送入选通电平(共阴极数码管送低电平、共阳极数码管送高电平)以保证该位显示相应字符,如此轮流使每位显示该位应显示字符,并保持延时一段时间,以达到视觉暂留效果。不断循环送出相应段选码、位选码,就可以获得视觉稳定的显示状态。值得注意的是,由于硬件设计的原因,当 HEXSCC、HEXSCB、HEXSCA 的取值分别为 000、001、010、011、100、101、110、111 时,七段显示器被选中的位从右至左分别是 7、8、5、6、3、4、1、2。这在设计 code 模块时需特别留意。

code 模块的信号 S[2..0]输出的就是用于扫描显示的位选信号,因此在 code 模块设计中就必须遵循上述规定。图 8.1.7 是锁存译码显示器电路原理图,从图中可以看出 S[2..0]是轮流让每位七段显示器 HEX 有效的,所以它是一个扫描的过程,每一个信号有效的时间是扫描周期的 1/8。也就是说,每一位 HEX 时间只有 1/8 的时间是点亮的,其余时间是熄灭的。

但是如果扫描足够快,由于人眼的视觉残留效应,人们看见的仍是稳定显示的数据,这也是电影电视的显示原理。实践表明,只要扫描频率大于等于 50 Hz,人们就能看见稳定的显示数据,低于 50 Hz 就会有闪烁感。

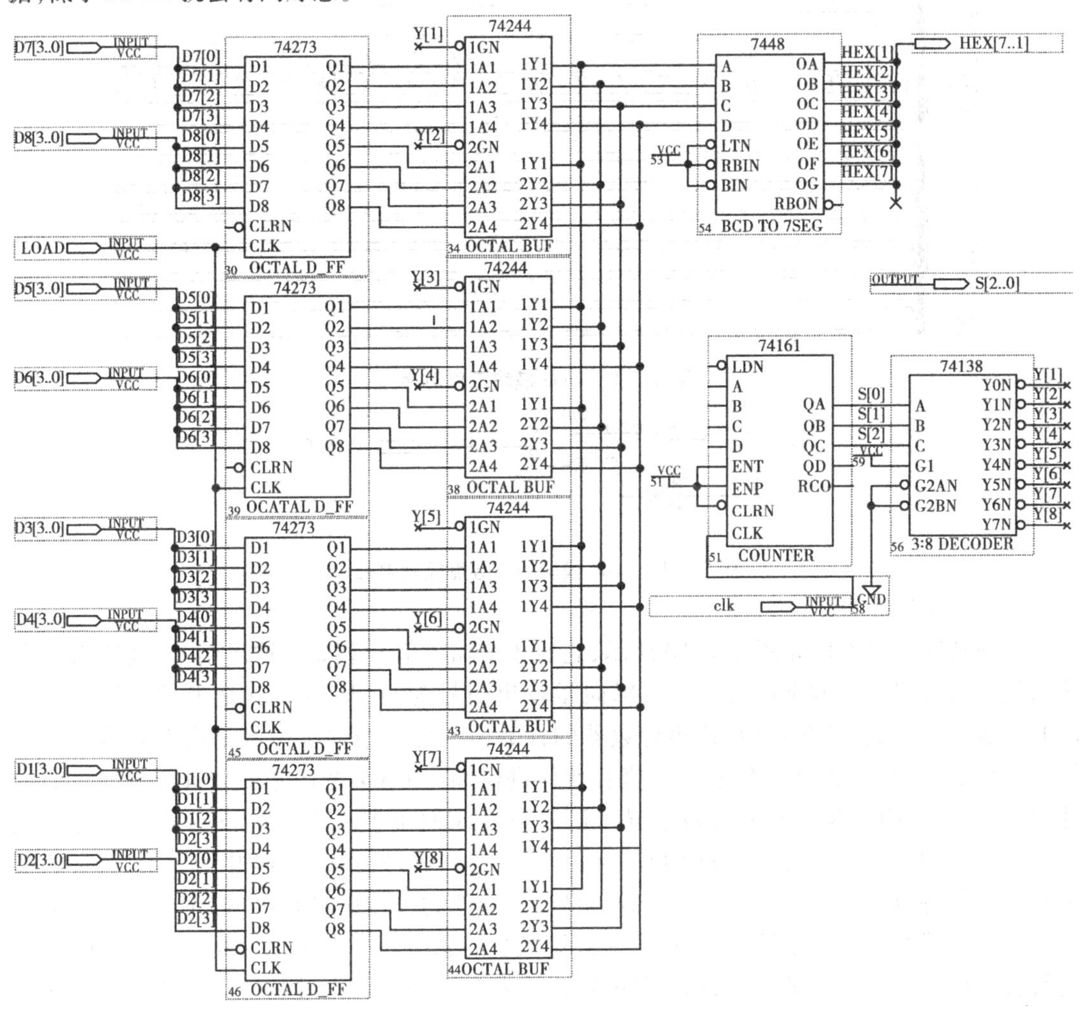

图 8.1.7 code 模块逻辑电路图

图 8.1.8 是锁存译码显示器工作时序图,图中可见 HEX 的输出顺序依次是 D7、D8、D5、D6、D3、D4、D1、D2 的七段译码值,其扫描输出过程清晰可见。

code 模块中没有对小数点进行处理,一方面因为其内部的译码器 7448 是不能处理小数点的;另一方面单纯计数式频率计是没有挡位选择的,也没有必要处理小数点。但如果在提高要求中增加测周法的挡位,那就必须用挡位拨动开关 SW 来产生固定的小数点控制信号 P_IN。当 P_IN = 1 时,测量频率范围为 0 ~ 100 Hz,如果用 10 kHz 信号作标准高频率信号,此时需控制使其点亮的小数点从右至左第 5 位 HEX 的后面。在图 8.1.7 中增加小数点控制的部分电路如图 8.1.9 所示,当小数点控制输入端 P_IN 为 0 时,小数点输出脚 P_OUT 也为 0,小数点不被点亮;但当测量频率范围为变为 0 ~ 100 Hz 时,小数点控制输入端 P_IN 为 1,此时小数点输出脚 P_OUT 也为 1,但 P_OUT 并不是一直为 1,因为一直为 1 就会在每一位 HEX 上点亮小数点,从图 8.1.9 中可见 P_OUT 只在 S[2..0] = 010 时(此时 Y3 有效)输出为 1,这说明所点亮小数点的位置在第5位显示器HEX的后面，即小数点后有4位数，单位为秒。此时测得的是周期值，频率是该值的倒数。求倒数由人工完成，该设计不要求用硬件电路实现求倒数运算。

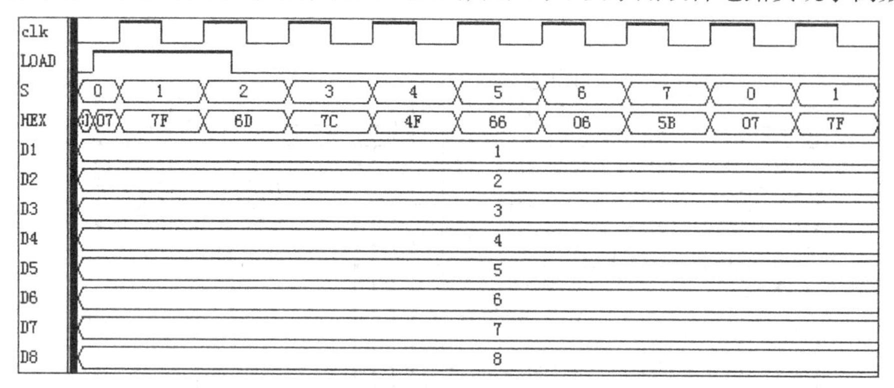


图8.1.8 code模块工作时序

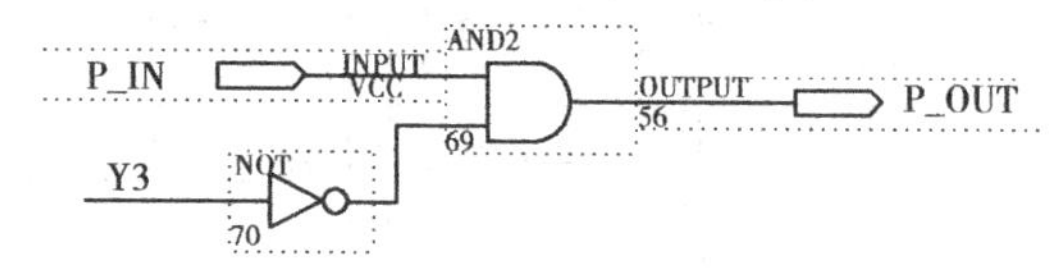


图8.1.9 code模块的小数点控制电路

3）十进制计数器

十进制计数器模块如图8.1.10所示，它有3个输入信号和2个输出信号，其中有一个输出信号为逻辑向量输出信号。该逻辑向量输出信号为D[3..0]，它是十进制计数器的BCD码输出信号，由4位组成，代表计数器的计数值。另一个输出信号是高有效进位输出信号CAO，每当计数器计满9个计数值后就使进位输出CAO为高电平。CLK是计数器的计数输入信号，CLR是低有效计数器异步清零信号，CAI是高有效计数允许输入信号。当CAI有效而CLR无效时计数器对CLK输入信号进行计数，当CAI和CLR均无效时，计数器不计数但保持以前的计数值。通常CAI接低位计数器的进位输出CAO，即本位计数器只有在低位计数器有进位时才计数，这符合计数器级联的思想。可由中规模器件74LS160构成的符合本设计要求的十进制计数器，其电路请读者自行设计。十进制计数器的工作时序如图8.1.11所示。

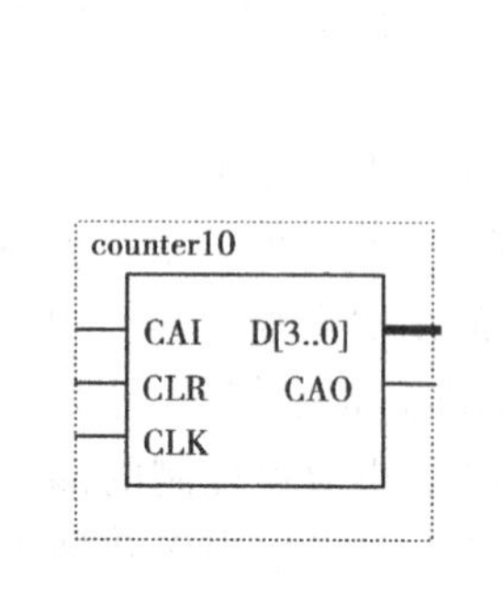


图8.1.10 counter10模块

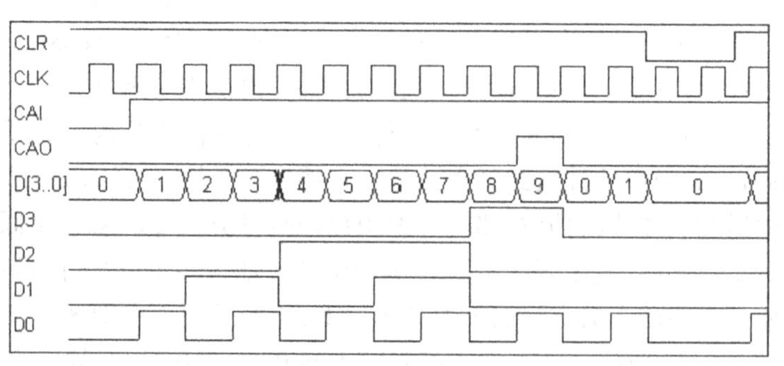


图8.1.11 counter10模块工作时序

4)分频器

分频器模块 fenpin 如图 8.1.12 所示,其功能是由系统板提供的 50 MHz 信号产生设计中所需的各种信号。fenpin 模块的电路结构如图 8.1.13 所示,可见该模块设计较为简单。但必须注意的是:由于该模块产生的信号都要送入多路选择器作为被测信号由频率检测电路进行测试,因此该模块的输出信号最好是占空比为 50% 的方波,同时任何输出信号都不能有毛刺存在,否则将严重影响测试的结果。所以该模块一定要经过严格的时序仿真测试,确保无毛刺存在。分频器的电路连接图请读者参考结构图自行设计。图 8.1.14 是该模块的时序仿真图,可见所有信号占空比都为 50%,且无毛刺存在。

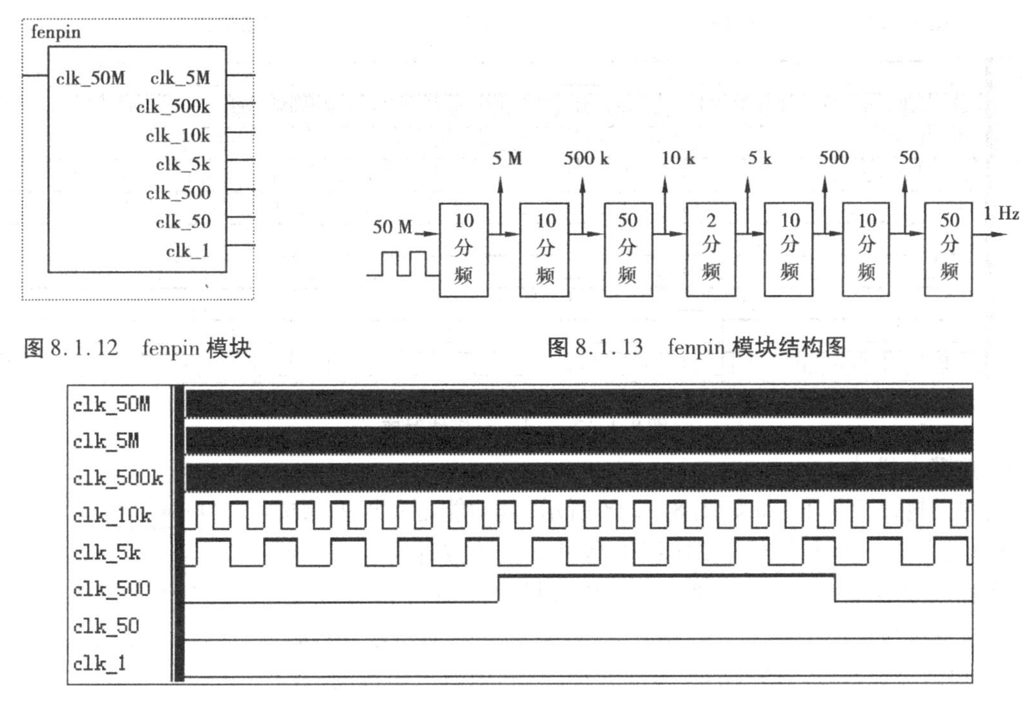


图 8.1.12　fenpin 模块

图 8.1.13　fenpin 模块结构图

图 8.1.14　fenpin 模块工作时序仿真图

分频器输出的信号除了作为被测信号用于测试外,还有很多其他的用途。分频器输出的 5 kHz 信号还将用于 code 模块作为动态显示扫描的时钟使用,1 Hz 信号还将用于计数法中作为固定 1 s 闸门时间的产生来使用,50 Hz 信号还将用于按键去抖动模块作为时钟信号使用,10 kHz 信号将用于提高要求的测周法中作为标准高频信号使用。

5)多路选择器

多路选择器模块 selector 如图 8.1.15 所示,其功能是实现被测信号的选择以便观察测试系统对不同频率信号的测试结果。selector 模块的电路结构如图 8.1.16 所示,该模块通过按动按键来完成被测信号的选择,其中 7 个是系统内部分频产生的标准信号,一个是外部接入的被测信号,该信号从函数信号发生器引入。多路选择器的电路连接图请读者参考结构图自行设计。图 8.1.17 就是该模块的时序仿真图,可见按键的每一次按动都会在 d_out 端选择到不同的输入信号。

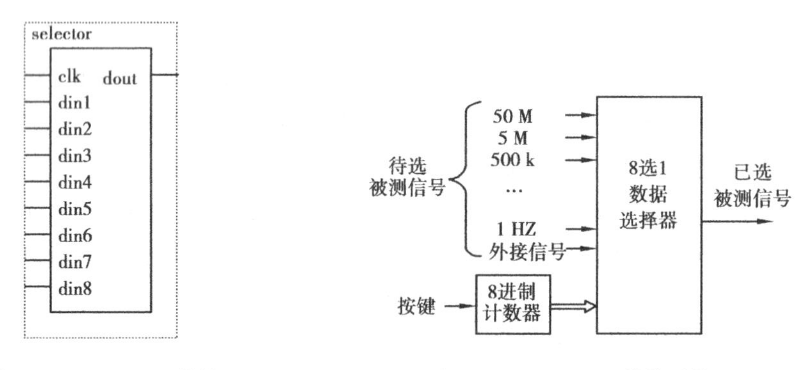


图 8.1.15 selector 模块　　图 8.1.16 selector 模块结构图

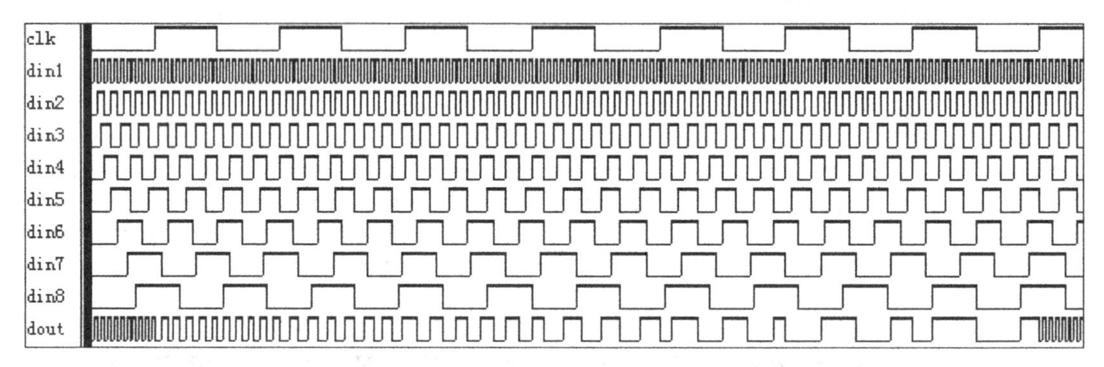


图 8.1.17 selector 模块时序

6)按键去抖动

按键去抖动模块 keyin 如图 8.1.18 所示,其功能是实现去除按键的抖动,为需要按键输入的模块提供高可靠性的按键输入。任何按键在触点接触和断开的瞬间都会产生机械抖动,如果不进行处理,每一次按键有可能产生若干次的响应,一般抖动的时间小于 10 ms。keyin 模块能完成对输入信号的去抖动处理,它利用两个串接的边沿 D 触发器来消除高频的抖动,当在 clk 端输入一个频率为 50 Hz 的方波信号时,其输出信号就能得到宽度固定为 10 ms 的单脉冲信号。

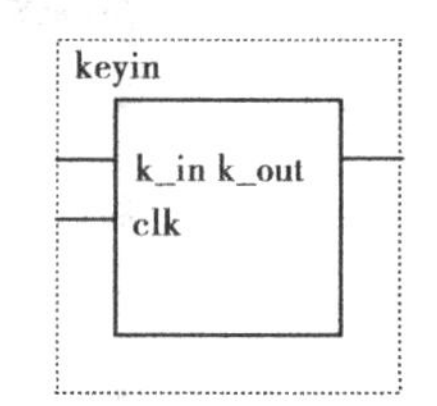


图 8.1.18 keyin 模块

keyin 模块的逻辑电路如图 8.1.19 所示,其中 k_in 是按键输入,k_out 是去抖动后的按键输出,clk 端通常接一个频率低于 100 Hz 的方波。图 8.1.20 是该模块的时序仿真图,由图可见,存在于输入信号上的抖动被完全的消除了,按键按下和松开的整个过程只会产生一个脉冲输出。

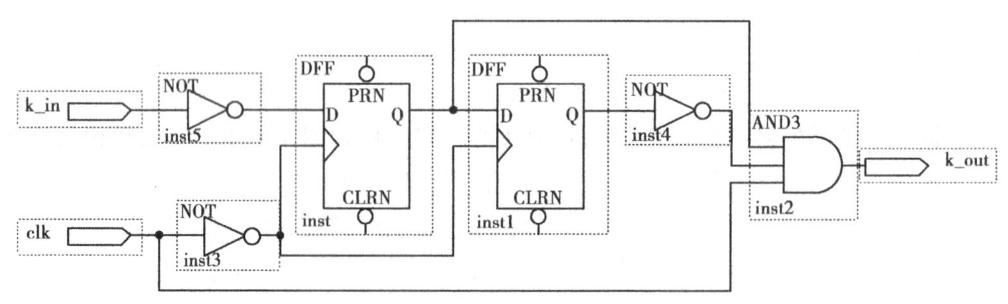


图 8.1.19 keyin 模块逻辑电路图

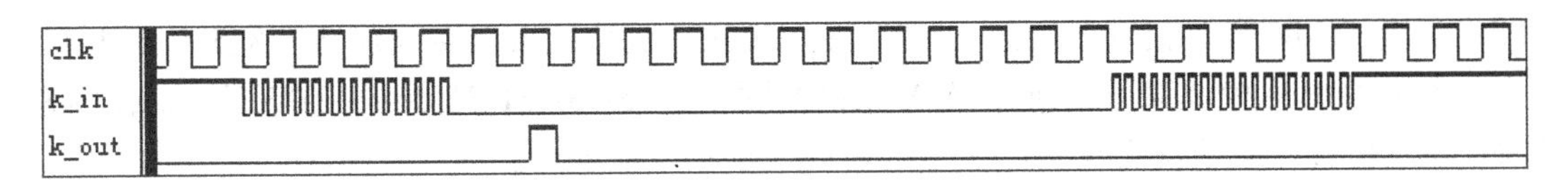


图8.1.20　keyin 模块时序图

**(7)参考元件**

十进制计数器74160、十六进制计数器74161

二-五-十进制计数器74290

3-8译码器74138

八D边沿触发器74LS273

八D型锁存器74LS373(3S、公共控制、公共时钟)

八D型触发器74LS374(3S、公共控制、公共时钟)

八缓冲器/线驱动器/线接收器74244(3S、分两组公共控制)

BCD-七段译码器7446、7447、7448、7449、74248

八选一数据选择器74151

各种门电路、触发器

**(8)系统仿真**

图8.1.21是系统时序仿真图。在进行系统仿真调试阶段,如果不对系统电路做适当处理,往往会消耗大量的仿真时间。对本设计而言,因为原始输入时钟信号为50 MHz,而计数法的闸门时间又是1 s,而测试一次至少需要2 s的时间,为了能够观察到相对完整的测量过程,仿真时间需要更长。当仿真时间设定为4 s时,用Intel(R) Core 2 CPU 1.83 GHz的笔记本电脑运行10多个小时才能完成一次仿真。为此简单修改一下设计,将闸门时间和code模块的扫描时钟修改为clk_500k,仿真时间设定为40 μs,用同样的笔记本电脑运行4 s就能仿真完一次,这样做同样能得到正确的仿真结果,只是测出的被测信号的频率是高出500 k信号的倍率,因为此时假定了500 k的信号为1 Hz。而code模块的扫描时钟修改为clk_500k不会对测量结果有任何影响,它只影响测量结果动态扫描显示的频率,修改扫描时钟的目的是为了较早能观察到仿真结果。

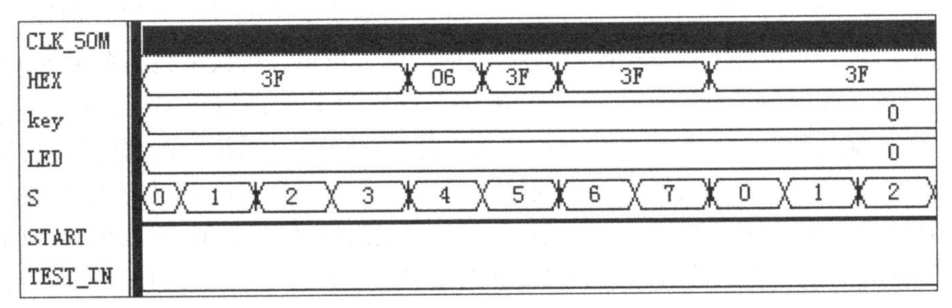


图8.1.21　系统时序仿真波形图

先分析一下希望出现的仿真结果。如果在仿真观察的时间段,按键信号key一直无效,则被测信号选择的就是第1个信号,即50 MHz信号。由于50 MHz信号是500 kHz信号的100倍,因此希望得到的仿真结果是“00000100”,又由于仿真输出信号HEX是七段译码后的扫描值,所以HEX的值对应于S信号从0~7的变换时出现的顺序希望是“3F 3F 3F 3F 3F 06 3F

3F”。又由于 LB0 硬件设计的原因,七段显示器被选中的位从右至左分别是 7、8、5、6、3、4、1、2(参见 8.1 中 code 模块部分),所以 HEX 正确的顺序是“3F 3F 3F 3F 06 3F 3F 3F”。对比图 8.1.21,显然仿真结果是正确的。

**(9)硬件验证**

硬件验证时输入请用 EDA 硬件实验平台 LB0 的拨动开关 SW1 和按键 KEY1 分别作系统的启动信号 START 和被测信号选择按键 SEL。发光二极管 LED2 灯用于按键有效指示,即只要是按键有效,LED1 就会闪亮一下。FPGA 芯片管脚分配可参照表 8.1.2。

**表 8.1.2　数字频率计电路 FPGA 芯片管脚分配表**

| 电路端口/系统管脚定义 | CLK_50M/CLK_50M | START/SW1 | SEL/KEY1 | HEX[6]/HEX_D6 | HEX[5]/HEX_D5 | HEX[4]/HEX_D4 | HEX[3]/HEX_D3 | HEX[2]/HEX_D2 |
|---|---|---|---|---|---|---|---|---|
| EP3C10E144C8 管脚号 | PIN_22 | PIN_23 | PIN_91 | PIN_121 | PIN_124 | PIN_125 | PIN_126 | PIN_127 |
| 电路端口/系统管脚定义 | HEX[1]/HEX_D1 | HEX[0]/HEX_D0 | S[2]/HEXSCC | S[1]/HEXSCB | S[0]/HEXSCA | TEST_IN/GPIO36 | LED(1)/LED2 | |
| EP3C10E144C8 管脚号 | PIN_128 | PIN_129 | PIN_135 | PIN_133 | PIN_132 | PIN_113 | PIN_101 | |

管脚含义:

CLK_50M:50 MHz 晶体振荡器输入方波信号

START:测试启动信号

SEL:被测信号选择信号

HEX[6..0]:输出七段显示代码

S[2..0]:输出显示器位选信号

LED(1):有效按键指示

TEST_IN:外部输入被测信号

利用 Quartus Ⅱ自带的嵌入式逻辑分析仪也可实现硬件验证,Signal Tap Ⅱ进行硬件验证不仅具有传统硬件验证的全部功能,而且还具有可以观察系统内部的信号以及利用采集的波形进行精确定位分析的优点。图 8.1.22 就是利用嵌入式逻辑分析仪采集的系统 Signal Tap Ⅱ波形图,设置的采集时钟为 50 Hz 信号 clk_50,采集深度为 128,所以每一屏显示的波形是2 s以上数据,因此能反映一个完整的测量过程。采集时钟 clk_50 是系统的内部信号,它是 fenpin 模块的输出信号,选择时注意要从 fenpin 模块中选取。图中的 D8-D1 是系统顶层中的内部信号,它与 HEX 信号不同,首先它不是扫描信号,且是译码之前的 BCD 值,它的值能准确反映测试系统测量计数的过程和测量结果;而 selector 是应用 group 命令自定义的信号向量,通过展开的信号名称可以发现,它由 selector 模块中的 74161 的 qa、qb、qc 组成,显然它反映的是按键计数选择被测信号的情况。selector 取值为 2 表示被测信号选择的是 din3 的 500 kHz 的信号;而 CLR 和 LOAD 信号是 control 模块中输出的控制信号,CLR 为低将清零计数值,LOAD 的上升沿表示测量结束并锁存测量值。图 8.1.22 表明,当 LOAD 上升沿到来时,测量结果为“00500000”,可见这是一个正确的测量结果。注意,这里观察的所有信号都是系统的内部信号,这是 Signal Tap Ⅱ工具特有的功能,Quartus Ⅱ的仿真器是不能观察这些信号的,正因为如此，Signal Tap Ⅱ工具才显得更有价值。

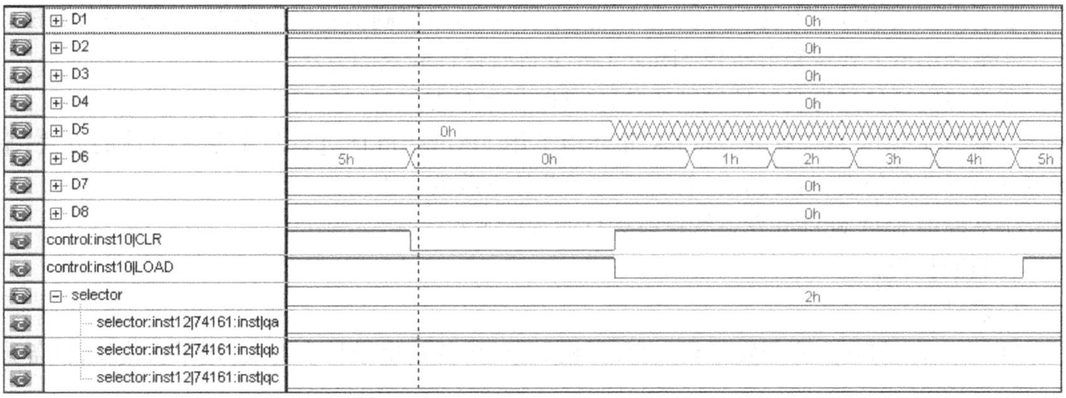

图 8.1.22　系统 Signag Tap Ⅱ波形图

(10)设计技巧

①系统设计中的8个十进制计数器组成同步计数器，一方面提高了系统的工作频率，另一方面每个高位的计数器受低位的计数器的进位输出控制，极大地克服了毛刺对系统的影响，系统的可靠性得到了保障。

②在锁存译码显示器 code 的设计中，利用了三态缓冲器 74244 完成内部总线的设计。为了将 BCD 数逐位输出，内部总线需4位宽，而 74244 正好是4位一组，满足设计要求。扫描信号来自一个8进制计数器和一个3-8译码器组成的电路的输出，其中 Y1 ~ Y8 作为内部总线扫描控制，而 S[2..0]作为端口输出去驱动 LB0 实验系统上的显示电路。

③在系统顶层电路或模块电路的仿真调试中，为了便于观察和分析一些中间结果，可以在程序中增加一些输出端口作为观测点，当电路调试通过后再去除这些观测输出点。

④为大幅度减少仿真时间，将分频比极高的信号用分频比较低的信号代替，只要确保这样的代替对系统的工作没有原理上的影响，而只是影响仿真结果的出现的早与晚，这种代替就是可行的。这一设计技巧对于有高倍数分频、计数器的电路显得尤为重要，否则几乎没人愿意消耗那么多的时间去完成系统级的仿真。本设计中可将闸门时间和扫描时钟用 clk_500k 代替。

(11)设计报告

①写出设计、仿真和分析报告，内容包括：各单元电路图、顶层电路图、功能仿真波形图、时序仿真波形图，电路原理的分析、波形分析的结论。

②对实验中遇到的问题进行分析，说明采用了什么样的解决方法，写出实验心得。

③讨论问题：在 code 模块电路设计中，如果不用三态缓冲器实现内部总线的设计，你认为还可以用 Quartus Ⅱ中的什么元件来实现内部总线的设计，请简述设计的原理。有兴趣的同学可作为本课题的扩展要求，用该元件设计并实现 code 模块。

## 8.2　交通信号灯自动控制器

(1)设计目的

①掌握各种 MSI 同步计数器、异步计数器的工作原理和使用方法。

②掌握各种寄存器、译码器和三态缓冲器的工作原理和设计方法。

③掌握应用 MSI 芯片进行所需定时器、分频器、时序控制信号发生器等电路的设计方法。

④掌握用嵌入式逻辑分析仪 Signal Tap Ⅱ进行设计验证的方法。

⑤掌握交通信号灯自动控制器工作原理和设计方法。

⑥掌握在 EDA 系统软件 Quartus Ⅱ环境下用 FPGA/CPLD 进行数字系统设计的方法，掌握该环境下功能仿真、时序仿真、管脚锁定和芯片下载的方法。

⑦掌握用 EDA 硬件开发系统进行硬件验证的方法。

**(2)设计环境**

1)硬件

PC 机 1 台，LB0 实验开发平台 1 套，耳机 1 个(自备)，电子秒表 1 个(用手机代替，自备)。

2)软件

Quartus Ⅱ 9.0。

**(3)设计要求**

1)基本要求

①只针对十字交叉路口主道通行和次道通行的红绿灯控制，不考虑左右转弯控制。

②按主道通行 60 s、次道通行 20 s、过渡 5 s 的时间进行自动循环红绿灯控制。

③用减法计数方式分别显示各道状态的剩余时间。

④用 LED1-LED8 的不同点亮组合来表示道路通行状态。

⑤显示控制：动态 8 位七段 LED 显示器的最左 2 位和最右 2 位分别显示主道和次道当前状态的剩余时间，且要求显示稳定无闪烁。

2)提高要求

①能在黄灯亮时以声音进行报警提示，用 LB0 的 J13 耳机接口(AUD_XCK 管脚)输出 500 Hz 音频信号驱动耳机，报警音以间歇方式发音，即以 1 s 为周期，前 0.5 s 发音、后 0.5 s 静音，最后一声的报警音输出 1 kHz 音频信号。

②增加一个红绿灯模式，该模式按主道通行 40 s、次道通行 20 s、过渡 5 s 进行自动循环控制，用一个 SW 拨动开关控制模式的切换。

**(4)设计内容**

①请用 74190 和 74244 设计各种可控的计数器(定时器)。

②设计分频器、控制器、状态识别器和显示译码器。

③设计实现基本要求和提高要求的系统顶层电路。

④完成各电路功能模块和系统顶层模块的仿真。

⑤对仿真结果进行分析，确认每个模块以及顶层模块的仿真结果达到了设计要求。

⑥在 EDA 硬件开发系统上进行硬件验证与测试，确保设计电路系统能正确的工作。

**(5)工作原理**

交通信号灯自动控制器基本要求的结构框图如图 8.2.1 所示。根据交通规则的要求，显然电路状态只可能有四个，分别为主道通行、主道通行过渡、次道通行和次道通行过渡。为叙述方便分别定义为 $S_0$、$S_1$、$S_2$、$S_3$。

工作原理：在定时器的控制下电路将依次循环转移电路状态：主道通行→主道通行过渡→次道通行→次道通行过渡→主道通行→……，如此周而复始。很明显，这是一个时序逻辑电路。但它与普通时序逻辑电路不同的是其电路状态的转移不是在 CP 的直接作用下完成的，而是在不同的定时控制下完成的。其中从 $S_0$ 转移到 $S_1$ 需要 60 s 的时间，从 $S_1$ 转移到 $S_2$ 以及从 $S_3$ 转移到 $S_0$ 均需要 5 s 的时间，而从 $S_2$ 转移到 $S_3$ 则需要 20 s 的时间。

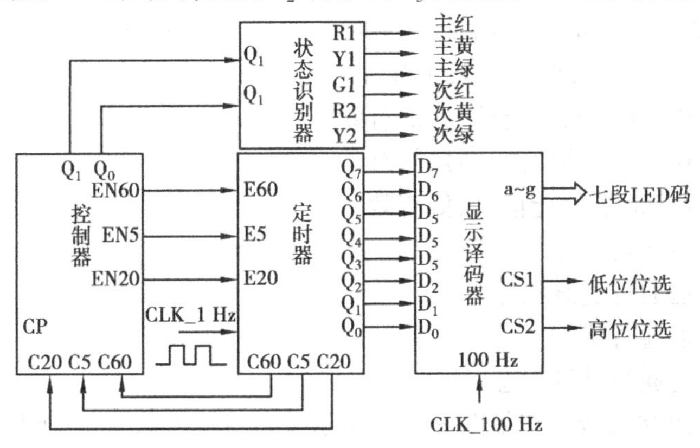


图 8.2.1　交通信号灯控制器结构框图

(6)设计原理

如图 8.2.2 是实现交通信号灯自动控制器基本要求顶层逻辑图。它由时序控制信号发生器 control、译码显示模块 code、分频器 fenpin 3 个有使能控制及三态输出的定时器 counter60、counter20 和 counter5、状态识别器 identity 组成。下面分别叙述各模块的设计原理。

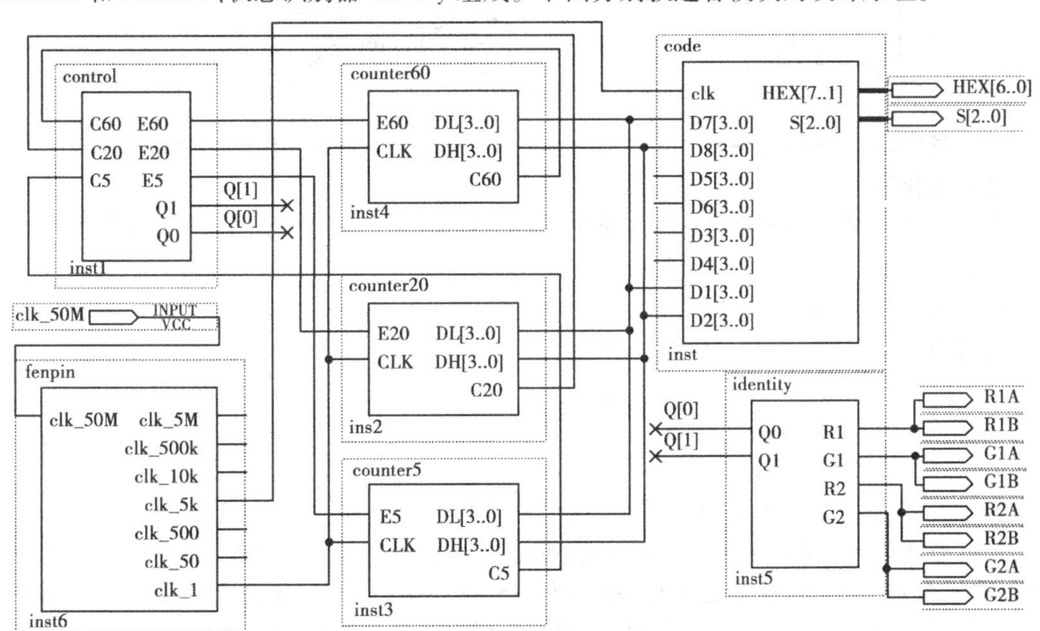


图 8.2.2　交通信号灯自动控制器顶层逻辑图

1)时序控制信号发生器

时序控制信号发生器模块 control 如图 8.2.3 所示，它有 3 个输入信号和 5 个输出信号。时序控制信号发生器 control 是整个系统的核心，系统是在它的控制下进行工作的。

本系统的设计是一个时序逻辑的设计问题，但与通常的时序逻辑电路不同的是该电路状态的转移不是在 CP 或 CLK 信号的直接作用下实现的，而是在不同的定时控制下实现的。电路状态有 4 个,分别为主道通行、主道通行过渡、次道通行和次道通行过渡。

①逻辑抽象

输入——C60:60 s 定时时间到信号,正脉冲;　　$S^n$——电路现态

C20:20 s 定时时间到信号,正脉冲;　　$S^{n+1}$——电路次态

C5: 5 s 定时时间到信号,正脉冲

输出——E60:60 s 定时器使能信号,低有效

E20:20 s 定时器使能信号,低有效

E5:5 s 定时器使能信号,低有效

定义:$S_0$——主道通行状态

$S_1$——主道通行过渡状态

$S_2$——次道通行状态

$S_3$——次道通行过渡状态

由以上定义,画出状态转移图如图 8.2.4 所示。显然输入信号是 C60、C20 和 C5。

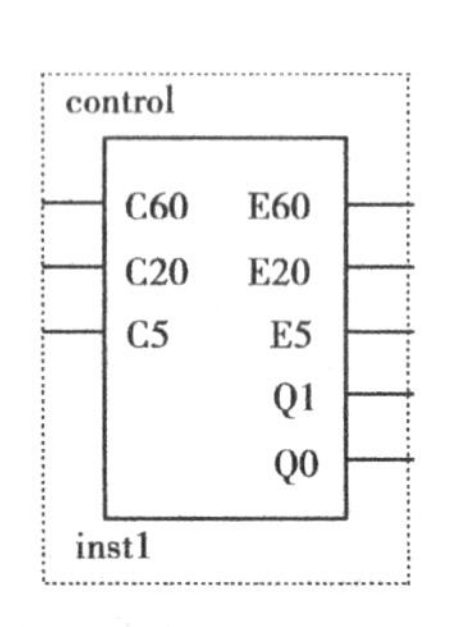


图 8.2.3　control 模块

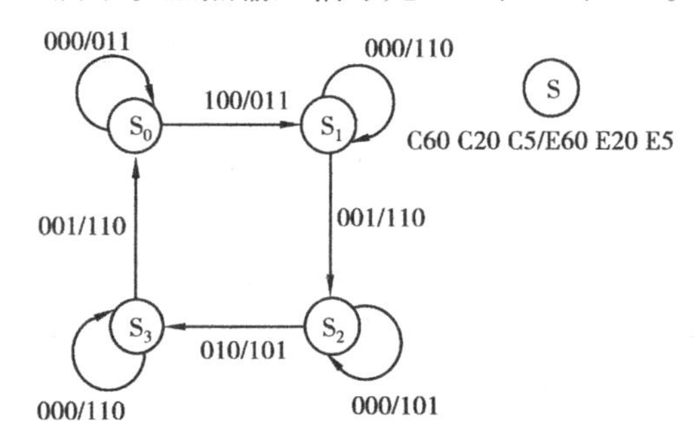


图 8.2.4　control 模块状态转移图

②状态化简

根据交通规则,4 个电路状态不能简化,因为每一种状态分别有不同的红黄绿灯的控制。

③状态分配

因为 M =4, 所以选 $n=2$,

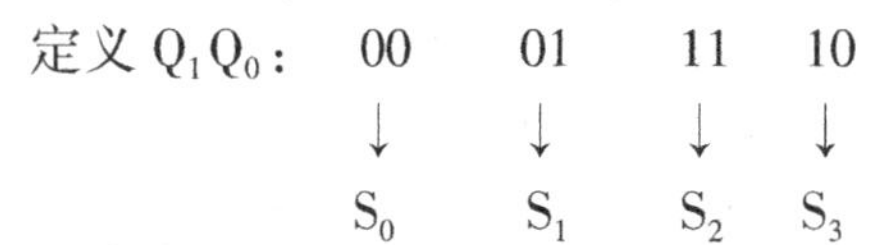


④选择触发器

触发器可选用 JK 触发器、T 触发器,也可选用 D 触发器。

由状态转移图和前面的分析可知,电路状态的转移是有规律的,与输入信号 C60、C20 和 C5 的取值无关。状态转移总是按 $S_0 \to S_1 \to S_2 \to S_3 \to S_0 \to \cdots\cdots$ 的顺序进行的,状态的转移条件是输入信号 C60、C20 或 C5 由 0 变为 1 的瞬间,因此这是一个异步时序逻辑问题。C60、C20 和 C5 分别是 60 进制计数器、20 进制计数器和 5 进制计数器的进位输出信号,因此触发器的 CP 脚应该受 C60、C20 和 C5 的控制,而不是外接 CLK 信号。由此可画出触发器的状态转移真值表如表 8.2.1 所示。

对于异步电路首先必须要确定每个触发器的时钟,通过对状态转移真值表的分析可知,$Q_1$ 发生状态变化有两处,分别在第 2 行和第 4 行,而此时 C5 正好只在该两行上有正脉冲,因此 C5 可作 $Q_1$ 的 CP;$Q_0$ 发生状态变化也有两处,分别在第 1 行和第 3 行,而此时没有一个输

入信号刚好有脉冲沿,所以没有一个信号可以直接作 $Q_0$ 的 CP。仔细分析发现第1行 C60 有正脉冲,第3行 C20 有正脉冲,因此可以用 C60 和 C20 的逻辑加作为 $Q_0$ 的 CP。

**表 8.2.1　control 模块状态转移真值表**

| C60 | C20 | C5 | $Q_1^n$ | $Q_0^n$ | $Q_1^{n+1}$ | $Q_0^{n+1}$ | E60 | E20 | E5 |
|---|---|---|---|---|---|---|---|---|---|
| _⊓_ | 0 | 0 | 0 | 0 | 0 | 1 | 0 | 1 | 1 |
| 0 | 0 | _⊓_ | 0 | 1 | 1 | 1 | 1 | 1 | 0 |
| 0 | _⊓_ | 0 | 1 | 1 | 1 | 0 | 1 | 0 | 1 |
| 0 | 0 | _⊓_ | 1 | 0 | 0 | 0 | 1 | 1 | 0 |

需要说明的是 C60、C20 和 C5 是计数器的进位输出信号,当它们由0变为1的时刻倒计时计数器输出的实际计数值为1,只有当它们由1变为0时计数器的计数输出值才等于0,即在下跳沿时刻计数器值归零。因此还需要将 C5 和 C60 + C20 信号分别经反向后作为 $Q_1$、$Q_0$ 的 CP 信号,即用它们的下跳沿。

由状态转移真值表可以方便的得到状态转移卡诺图,如图 8.2.5 所示。

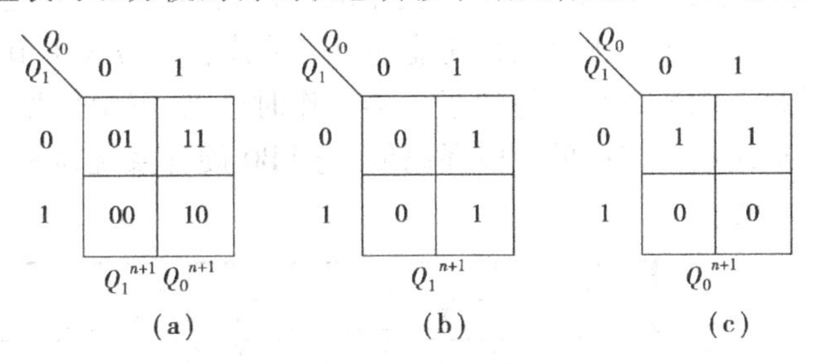


**图 8.2.5　control 模块状态转移卡诺图**

则状态方程为:

$$Q_1^{n+1} = Q_0$$

$$Q_0^{n+1} = \overline{Q_1}$$

同样可画出输出变量 E60、E20 和 E5 的卡诺图,如图 8.2.6 所示。

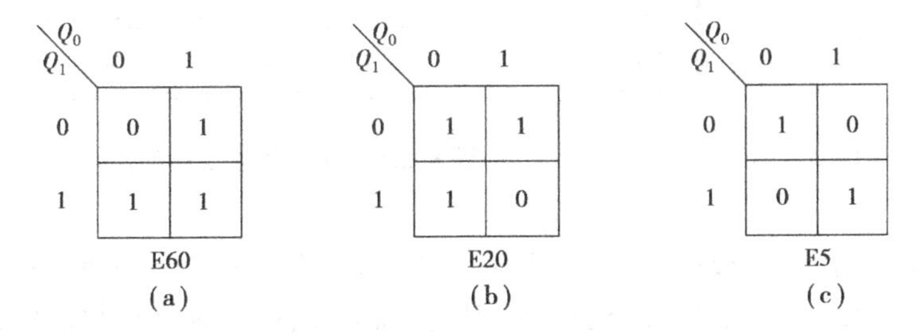


**图 8.2.6　control 模块输出变量卡诺图**

则输出方程为:

$$E60 = Q_1 + Q_0$$

$$E20 = \overline{Q_1} + \overline{Q_0} = \overline{Q_1 Q_0}$$

$$E5 = \overline{Q_1}\,\overline{Q_0} + Q_1 Q_0 = \overline{Q_1 \oplus Q_0}$$

如果选定了触发器的类型,根据触发器的状态方程和触发器的特征方程可以方便地求得触发器的驱动方程。

⑤画出逻辑图

根据驱动方程和输出方程就能够轻松地画出时序控制信号发生器的逻辑电路图。该电路图请读者自己画出。图 8.2.7 是时序控制信号发生器的仿真波形图。

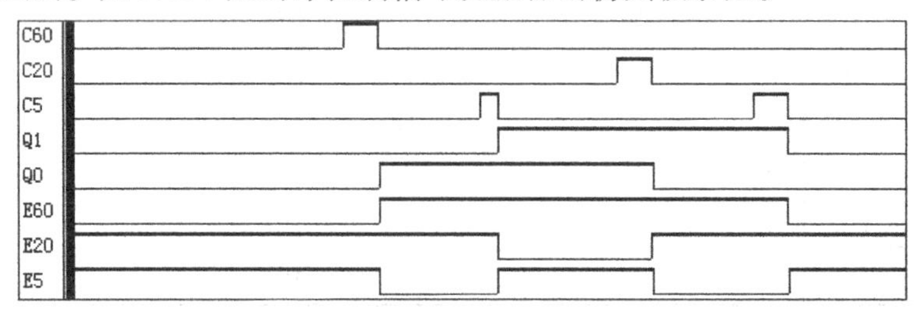


图 8.2.7　control 模块工作时序波形

2)译码显示器

译码显示器 code 模块如图 8.2.8 所示,该模块与 8.1 节"数字频率计"中的 code 模块的译码、显示扫描功能是一致的,不同的只是本设计中的译码显示器不需要锁存功能,而且还必须去掉锁存功能。因为"数字频率计"不需要显示测量过程中快速计数的过程,只需在完成测量后进行锁存显示;而本设计中恰恰要显示的就是减法计数器倒计数的过程。所以本模块只需在 8.1 节的 code 模块的基础上去掉锁存功能即可。请读者参考 8.1 节"数字频率计"课题中的 code 模块自行设计。图 8.2.9 是译码显示器工作时序图,图中可见 HEX 的输出顺序依次是 D7、D8、D5、D6、D3、D4、D1、D2 的七段译码值,与 LB0 硬件系统显示器的顺序是一致的,其扫描输出过程清晰可见。

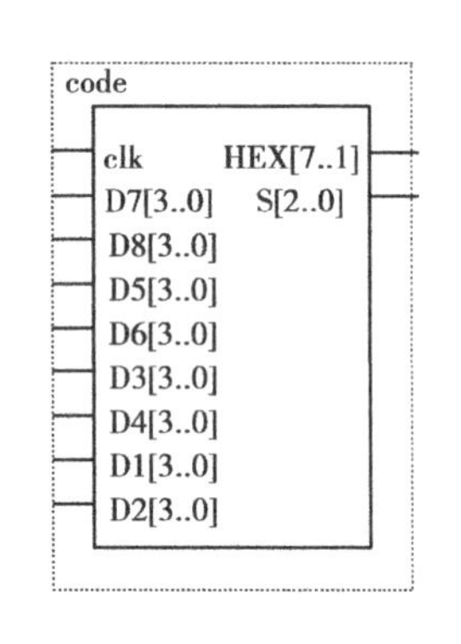


图 8.2.8　code 模块

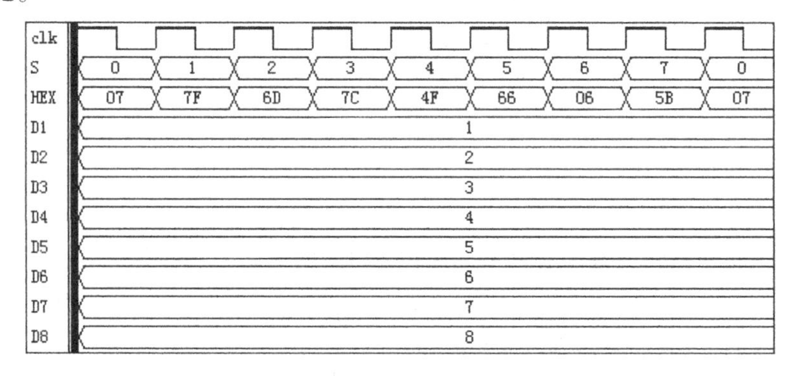


图 8.2.9　code 模块工作时序

3)分频器

分频器的功能是用系统板提供的 50 MHz 信号产生设计中所需的各种频率的信号。

本设计基本要求中需要的信号分别是 5 kHz 扫描信号、1 Hz 标准计数信号,而这些信号在 8.1 节"数字频率计"课题中的分频模块输出信号中都有,所以可以直接使用 8.1 节"数字频率计"课题中的 fenpin 模块,这里就不再赘述。

4)定时器

定时器实际就是计数器,当计数的时钟频率为 1 Hz 时,计数器就是一个以秒为单位的定时器。系统中有 5、20 和 60 3 个计数器,每个计数器模块有 2 个输入信号和 3 个输出信号,图 8.2.10 是 20 进制计数器 counter20 的符号图,其中有 2 个输出信号为逻辑向量输出信号。这 2 个逻辑向量输出信号是计数器的两位 BCD 码输出信号,代表计数器的计数值。另一个输出信号是高有效进位输出信号 C20(或 C60、C5)。计数器是一个减法计数器,因为设计要求动态显示每个状态的剩余时间,每当计数器减至0时就使进位输出 C20 为高电平。CLK 是计数器的计数输入信号,E20(或 E60、E5)是低有效计数允许输入信号。当 E20 有效时计数器对 CLK 输入信号进行计数,并将计数器的计数值从输出向量输出;当 E20 无效时计数器不计数,同时还要进行两项工作,一方面使计数器置入初值,为下次计数做准备;另一方面禁止计数器输出,即将计数器输出置高阻态,以便其他工作的计数器占用数据总线将计数器的计数值送入译码显示器 code。counter20 计数器的工作时序如图 8.2.11 所示。图 8.2.12 是 counter20 计数器的内部电路连接图的参考设计,其他计数器电路图请读者自行画出。

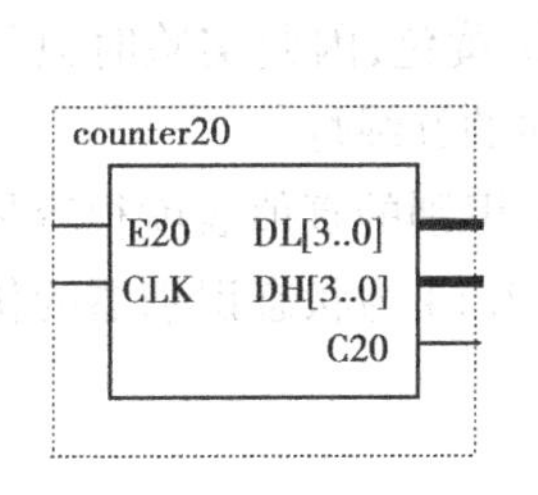


图 8.2.10　counter20 模块

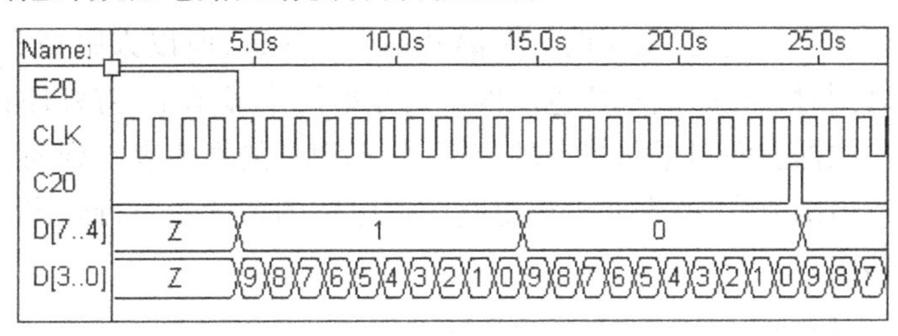


图 8.2.11　counter20 计数器工作时序图

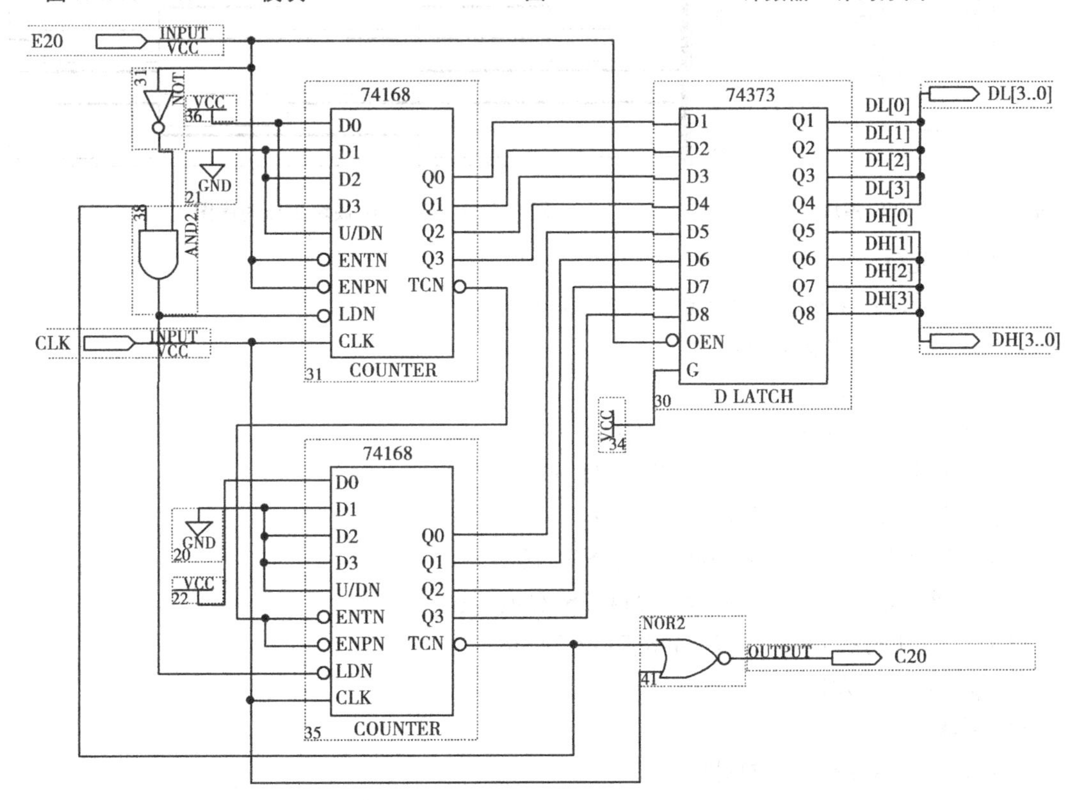


图 8.2.12　counter20 计数器参考设计图

5)状态识别器

状态识别器 identity 模块的功能非常明确,就是识别电路的各个状态,并按交通规则的要求完成对红黄绿灯的点亮控制。状态识别器 identity 模块如图 8.2.13 所示,该模块的输入信

号为 $Q_1$ 和 $Q_0$，输出信号为主道红黄绿灯控制信号 R1、G1，次道红黄绿灯控制信号 R2、G2，输出信号均为高有效。

为什么每个道的红、黄、绿灯控制信号只有红色和绿色两个呢？实际应用中，通常用的红、黄、绿灯并非独立的3个灯，而是由一组双色 LED 构成的一个 LED 灯，该灯有一个公共端和两个驱动信号，这两个驱动信号分别为红色和绿色驱动端。当只有红色驱动信号有效时，显示为红色，当只有绿色驱动信号有效时，显示为绿色，当两个驱动信号同时有效时，由于两灯封装在了一起，其空间距离足够近，根据空间混色原理显示为黄色。然而 LB0 开发系统中没有采用双色 LED 灯，但它将 8 个 LED 灯分为了 4 组，每组一红一绿或一红一篮两个灯，当红绿灯或红蓝灯同时点亮时，由于两灯距离并不十分靠近，所以人眼观察并不是黄色，因此实验时只是用两灯同时点亮来表示黄色。四组灯正好用来显示十字路口四个方向的红绿灯。

根据前面对电路状态的定义，状态识别的真值表不难列出，有了识别的真值表就很容易写出逻辑函数式，并据此画出电路。该电路图请读者自行画出。图 8.2.14 为状态识别器的仿真波形图。

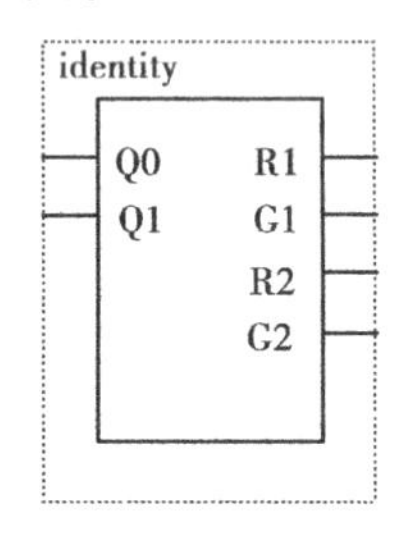


图 8.2.13 identity 模块

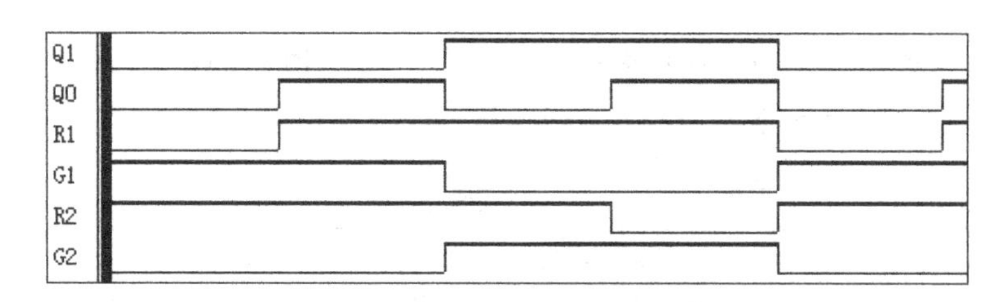


图 8.2.14 identity 模块工作时序图

**(7)参考元件**

十进制计数器 74160、十六进制计数器 74161

二-五-十进制计数器 74290

3-8 译码器 74138

可预置同步十进制加/减计数器 74168

可预置同步四位二进制加/减计数器 74169

可预置同步十进制加/减计数器 74190

八 D 型锁存器 74373(3S、公共控制、公共时钟)

八缓冲器/线驱动器/线接收器 74244(3S、分两组公共控制)

BCD-七段译码器 7446、7447、7448、7449、74248

各种门电路、触发器

**(8)系统仿真**

图 8.2.15 是系统时序仿真图一。

这个仿真波形是放大的图形。从图上可以看出该时段电路的状态是由主道通行过渡变为次道通行。

在进行电路状态切换前的主道通行状态下，HEX 的扫描输出值对应 S 从 0 ~ 7 的变化分别为“3F 3F 00 00 00 00 3F 3F”，这将在 LB0 上显示“00　　00”，这说明主道通行时间已经减至为 0 了，所以电路状态的切换是正确的。电路状态切换后，HEX 的扫描输出值对应 S 从

0 ~7 的变化分别为“67 06 00 00 00 00 67 06”，这将在 LB0 上显示“19　　19”，显然这也是正确的。

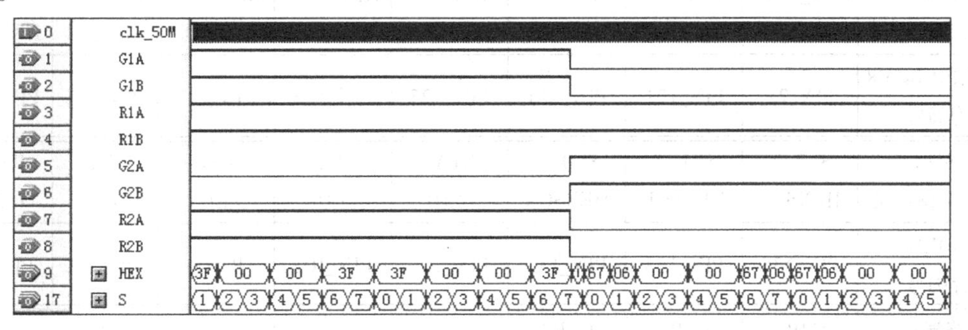


图 8.2.15　系统时序仿真波形图一

图 8.2.16 是系统时序仿真图二，该图为了观察较长时间段的仿真情况，所以没有进行时间轴的放大，图中有些信号因为变化太快，所以看不清信号的上升沿和下降沿，而是一片黑色，如 clk_50M、HEX 和 S 信号。在这个仿真中，可以根据红绿灯驱动信号的变换看出电路 4 个状态的变化过程以及每个状态的保持时间的相对关系。显然，从 G1A 的第 1 个下降沿开始，电路状态依次是次道通行、次道通行过渡、主道通行、主道通行过渡，且每个状态保持的时间按 20:5:60:5 也是符合设计要求的。

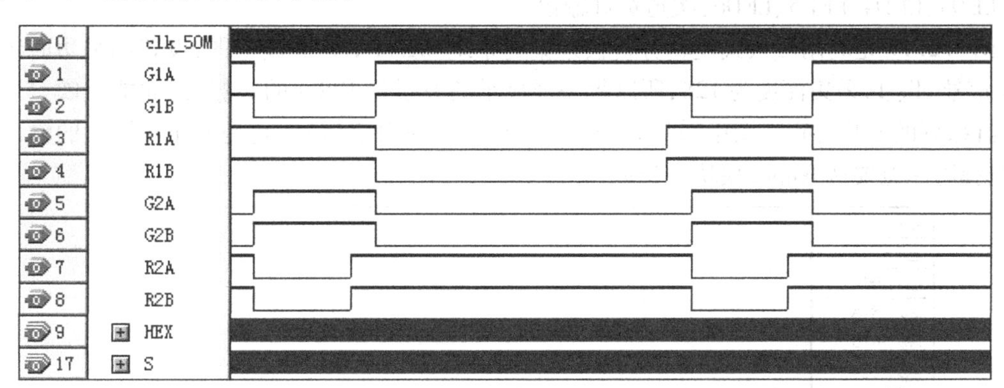


图 8.2.16　系统时序仿真波形图二

通过图 8.2.15 和图 8.2.16 的分析可知，系统设计是正确的。

**(9) 硬件验证**

硬件验证时红绿灯请用 EDA 硬件实验平台 LB0 的发光二极管 LED1—LED8 代替，用七段显示器显示倒计数的计数值。其管脚分配可参照表 8.2.2。

管脚含义：

CLK_50M：50 MHz 晶体振荡器输入方波信号

HEX[6..0]：输出七段显示代码

S[2..0]：输出显示器位选信号

LED1、LED7：主道红灯输出

LED2、LED8：主道绿灯输出

LED1、LED2、LED7、LED8：主道黄灯输出

表 8.2.2 交通信号灯自动控制器电路 FPGA 芯片管脚分配表

| 电路端口/系统管脚定义 | CLK_50M/CLK_50M | HEX[6]/HEX_D6 | HEX[5]/HEX_D5 | HEX[4]/HEX_D4 | HEX[3]/HEX_D3 | HEX[2]/HEX_D2 | HEX[1]/HEX_D1 | HEX[0]/HEX_D0 |
|---|---|---|---|---|---|---|---|---|
| EP3C10E144C8管脚号 | PIN_22 | PIN_121 | PIN_124 | PIN_125 | PIN_126 | PIN_127 | PIN_128 | PIN_129 |
| 电路端口/系统管脚定义 | S[2]/HEXSCC | S[1]/HEXSCB | S[0]/HEXSCA | R1A/LED1 | G1A/LED2 | R2A/LED3 | G2A/LED4 | R2B/LED5 |
| EP3C10E144C8管脚号 | PIN_135 | PIN_133 | PIN_132 | PIN_103 | PIN_101 | P_100 | PIN_99 | PIN_98 |
| 电路端口/系统管脚定义 | G2B/LED6 | R1B/LED7 | G1B/LED8 | | | | | |
| EP3C10E144C8管脚号 | PIN_87 | PIN_86 | PIN_85 | | | | | |

LED3、LED5:次道红灯输出

LED4、LED6:次道绿灯输出

LED3、LED4、LED5、LED6:次道黄灯输出

图 8.2.17 是利用嵌入式逻辑分析仪采集的系统 Signal Tap Ⅱ 波形图,设置的采集时钟为 1 Hz 信号 clk_1,采集深度为 128,所以每一屏显示的波形是 128 s 的数据,因此能反映一个完整的红绿灯的变化过程。图中采集时钟 clk_1 是系统的内部信号,它是 fenpin 模块的输出信号,选择时注意要从 fenpin 模块中选取。

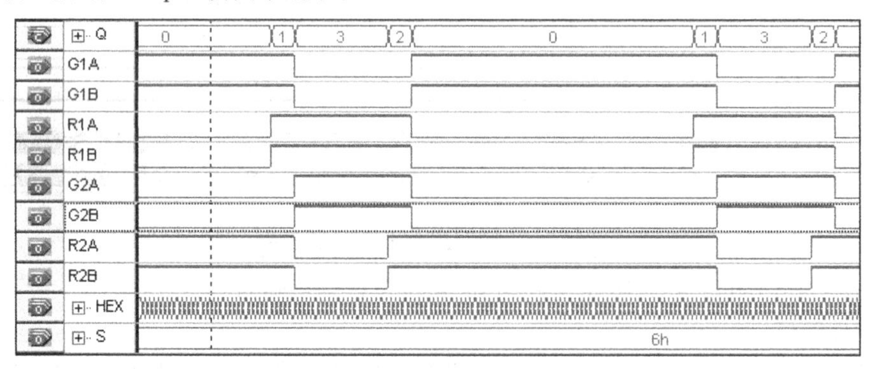


图 8.2.17 系统 Signag Tap Ⅱ 波形图

图中的 Q 也是系统顶层中的内部信号,它是 control 模块的输出信号,其值代表的就是电路的状态,对比 Q 值和 R1A、G1A、R2A、G2A 的变化以及每个状态保持时间的相对关系,可以得出系统工作是正确的结论。

**(10)设计技巧**

①在设计 5、20、60 进制计数器时增加了一个三态控制线的设计有独到之处。由于本系统的工作特点,任何时刻只可能有一个计数器在工作,利用三态控制线可以方便地控制不计数的计数器释放对总线的占用,从而使系统节省了多路选择器,简化了系统的设计。

②在系统顶层电路或模块电路的仿真调试中,为了便于观察和分析一些内部信号,可以在

程序中增加一些观测输出点，如 control 模块的 C5、C20 等。当电路调试通过后再去除这些观测输出点。

③为大幅度减少仿真时间，将分频比极高的信号用分频比较低的信号代替（参见 8.1 系统仿真和 8.1 设计技巧(4)）。本设计中将 5 kHz 扫描信号和 1 Hz 标准计数信号分别用 clk_5M 和 clk_500k 代替，但一定要在进行硬件验证前将这样的修改还原。

**(11) 设计报告**

①写出设计、仿真和分析报告，内容包括：各单元电路图、顶层电路图、功能仿真波形图、时序仿真波形图，电路原理的分析、波形分析的结论。

②对实验中遇到的问题进行分析，说明采用了什么样的解决方法，写出实验心得。

③讨论问题：本设计方案中显示器显示的主道和次道的倒计数值是完全相同的，这样做的目的仅仅是为了简化设计，但与实际情况并不相符。请读者认真分析实际情况，讨论设计方案将如何修改。有兴趣的同学可作为本课题的扩展要求，设计并实现该功能。

## 8.3　电子秒表

**(1) 设计目的**

①掌握各种 MSI 同步计数器、异步计数器的工作原理和使用方法。

②掌握各种寄存器、译码器和三态缓冲器的工作原理和设计方法。

③掌握参数化锁存器、总线三态缓冲器、数据选择器元件的原理和使用方法。

④掌握应用各种元件进行所需定时器、分频器、时序控制信号发生器等电路的设计方法。

⑤掌握用嵌入式逻辑分析仪 Signal Tap Ⅱ进行设计验证的方法。

⑥掌握电子秒表工作原理和设计方法。

⑦掌握在 EDA 系统软件 Quartus Ⅱ环境下用 FPGA 进行数字系统设计的方法，掌握该环境下功能仿真、时序仿真、管脚锁定和芯片下载的方法。

⑧掌握用 EDA 硬件开发系统进行硬件验证的方法。

**(2) 设计环境**

1) 硬件

PC 机 1 台，LB0 实验开发平台 1 套，耳机 1 个（自备），电子秒表 1 个（用手机代替）。

2) 软件

Quartus Ⅱ 9.0。

**(3) 设计要求**

1) 基本要求

①计时精度不小于 1/100 s。

②输入时钟：50 MHz。

③计时器最长计时为 1 h。

④具有计时存储功能，可存储 10 个计时值。

⑤每计时 1 次，记录号自动加 1，新计数值覆盖旧值，存储器只保留最新 10 个计数值。

⑥具有清零、启/停、上翻和下翻功能。

⑦显示控制:用动态8位七段LED显示器的右端6位显示min、s和1/100 s,左端第1位显示记录号,要求显示稳定,动态扫描显示的频率大于50 Hz。

2)提高要求

①增加半分和整分发音提醒功能,用LB0的J13耳机接口(AUD_XCK管脚)输出2 kHz音频信号驱动耳机,当显示器每到30 s时发音2次,每整分钟时发音4次,发音以0.2 s为周期,前0.1 s发音、后0.1 s静音。

②增加一个按键有效显示功能,任意按键按下LED灯将瞬间闪亮一下。

**(4)设计内容**

①设计计数器(定时器)、计时控制器、分频器、按键去抖电路、存储器、存储器控制器和动态扫描显示电路。

②设计实现基本要求和提高要求的系统顶层电路。

③完成各电路功能模块和系统顶层模块的仿真。

④对仿真结果进行分析,确认每个模块以及顶层模块的仿真结果达到了设计要求。

⑤在EDA硬件开发系统上进行硬件验证与测试,确保设计电路系统能正确的工作。

**(5)工作原理**

电子秒表计时电路的标准输入时钟为50 MHz,将其分频后得到100 Hz信号,再将100 Hz的信号作为标准计时信号进行计数,则计数值的分辨率为1/100 s,正好满足系统的要求。计数器分为3级,第1级是100进制计数器作1/100 s的计数,第2级是60进制计数器作秒的计数,第3级是60进制计数器作分的计数。电子秒表的计数受控制模块的控制,控制模块接收“起/停”按键的输入,当停止计数时接收到“起/停”按键则启动计数,当正在计数时接收到“起/停”按键则停止计数,所以“起/停”键是一个反复键。控制模块也对存储器电路的存储进行控制,每一次的计数值都会自动存入当前记录号对应的存储单元中,存储完成后记录号自动加1为下一次计时做准备。记录号也可通过上翻、下翻进行修改。为了保证系统操作的可靠性,设计了一个按键去抖动电路,对所有按键进行去抖动。

**(6)设计原理**

图8.3.1是实现电子秒表基本要求的顶层逻辑图。它由按键模块keyin4、计时控制器ctrl、时钟分频电路fenpin、计时电路cntblk、存储器电路memory和译码显示电路code组成。下面分别叙述各模块的设计原理。

1)按键去抖电路

按键去抖电路模块keyin4与8.1节的keyin实现一样的功能,所不同的是keyin4模块能对4个按键进行去抖动处理,因此keyin4模块相当于包含了4个8.1节的keyin模块。请参见8.1节的keyin模块来设计keyin4模块,建议采用层次法调用4个keyin模块元件来设计keyin4模块。

2)计时控制器

计时控制器模块ctrl如图8.3.2所示。它在“启/停”信号st_st和复位信号clr的作用下完成对计数使能信号cnten和计时器清零信号clr_o的控制。任何时候只要clr=1(clr高有效),则cnten=0,所以它是异步清零;st_st是一个反复键,当clr无效时,每一个st_st脉冲都会使cnten反向,该信号用于控制计时器的计时,当取值为1时允许计时器计时,当取值为0时不允许计时器计时。clr_o是输出的计时器清零信号,清零的目的是为下一次计时做准备。cnten

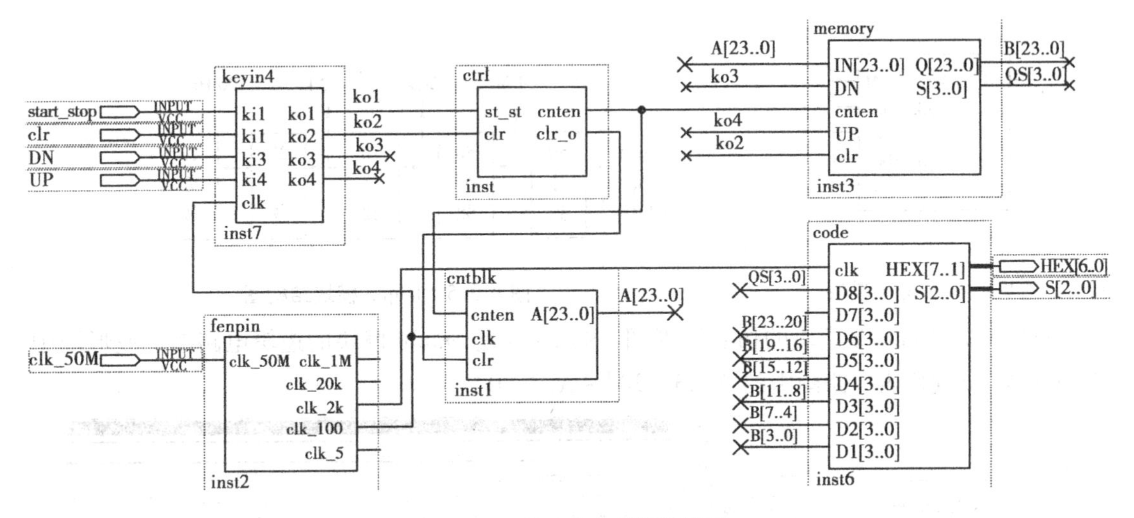


图 8.3.1　电子秒表顶层逻辑图

信号除了用于控制计时器模块外还要控制存储器模块对计时器计时值的存储，存储是利用 cnten 的下降沿锁存的。请注意，对计时器清零必须在存储之后进行，否则存储器存储的值将永远是零。图 8.3.3 是 ctrl 模块的仿真波形图。

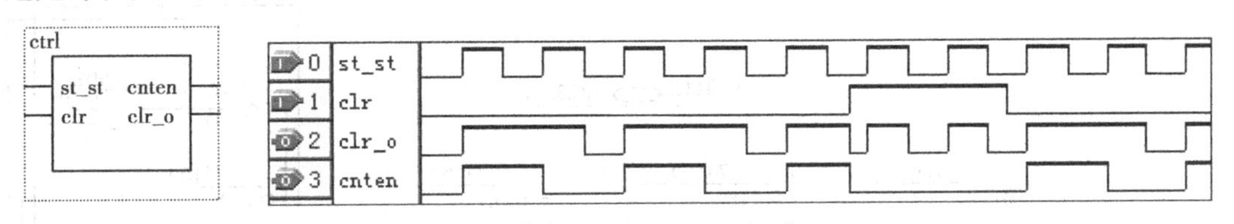


图 8.3.2　ctrl 模块　　　　图 8.3.3　ctrl 模块的工作时序图

高质量的控制器的设计十分重要，设计中要对其进行仔细的时序仿真(time simulation)，防止可能产生的毛刺，尤其对边沿触发的寄存器，那些由竞争引起的毛刺将产生严重的后果。控制器的电路连接图请读者自行设计。

3）分频器

分频器模块 fenpin 如图 8.3.4 所示，其功能是用系统板提供的 50 MHz 信号产生设计中所需要的各种频率信号。本设计基本要求中需要的信号分别是 2 kHz 扫描信号和 100 Hz 标准计时信号，在提高要求中还要用到 2 kHz 的发音信号和 5 Hz 的发音控制信号。fenpin 模块的电路结构如图 8.3.5 所示，可见该模块设计较为简单。但必须注意的是由于该模块产生的信号都要作为标准的时钟信号使用，因此该模块的输出信号最好是占空比为 50% 的方波，同时任何输出信号都不能有毛刺存在，否则将严重影响系统的结果。所以该模块一定要经过严格的时序仿真测试，确保无毛刺存在。分频器的电路连接图请读者参考结构图自行设计。

4）计时电路

计时电路模块 cntblk 如图 8.3.6 所示。它在控制信号 cnten 和 clr 的作用下完成对输入信号 clk 进行计数。由于 clk 信号是标准的 100 Hz 信号，因此 100 进制计数器的进位输出就是 1 s，对秒进行 60 进制计数就得到 1 min，对分又进行 60 进制计数，所以最大计数值为 59:59.99，因起始值是 00:00.00，所以最大的计时长度为 1 h。cntblk 模块将输出计时结果。

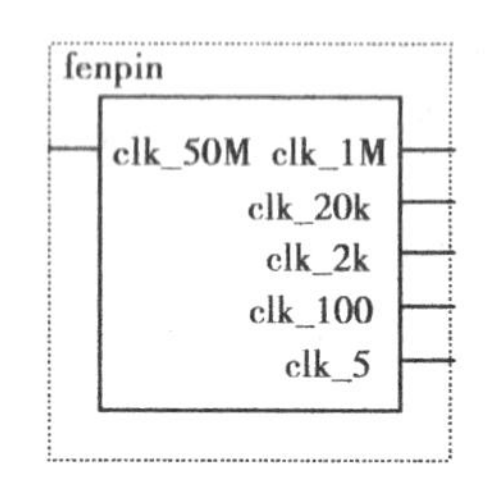


图 8.3.4　fenpin 模块

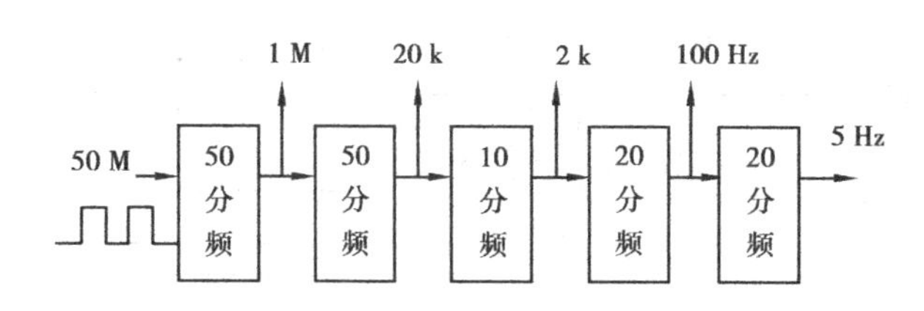


图 8.3.5　fenpin 模块结构图

图 8.3.7 是 cntblk 模块的仿真波形图，图 8.3.8 是 cntblk 模块的逻辑电路图。波形图中的 A6 - A1 分别代表电路图中的 A[23..20] ~ A[3..0]。

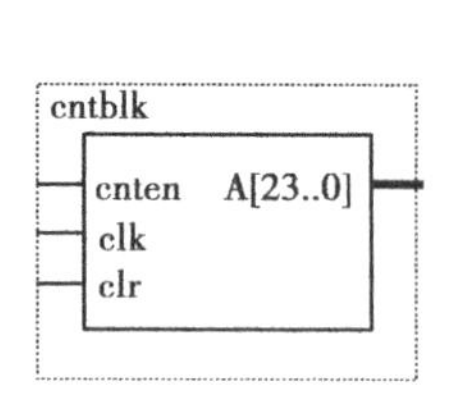


图 8.3.6　cntblk 模块

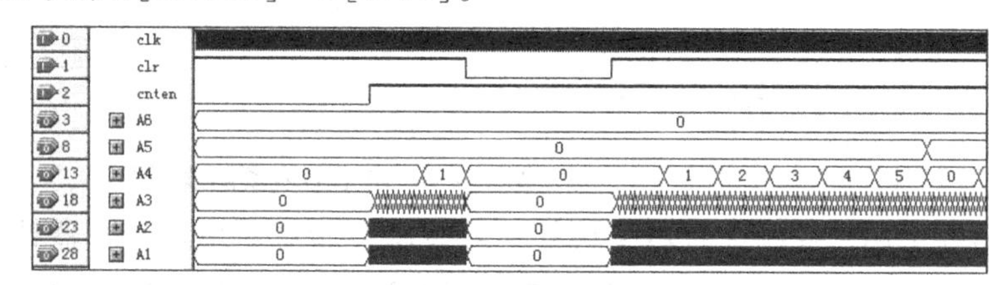


图 8.3.7　cntblk 模块的工作时序图

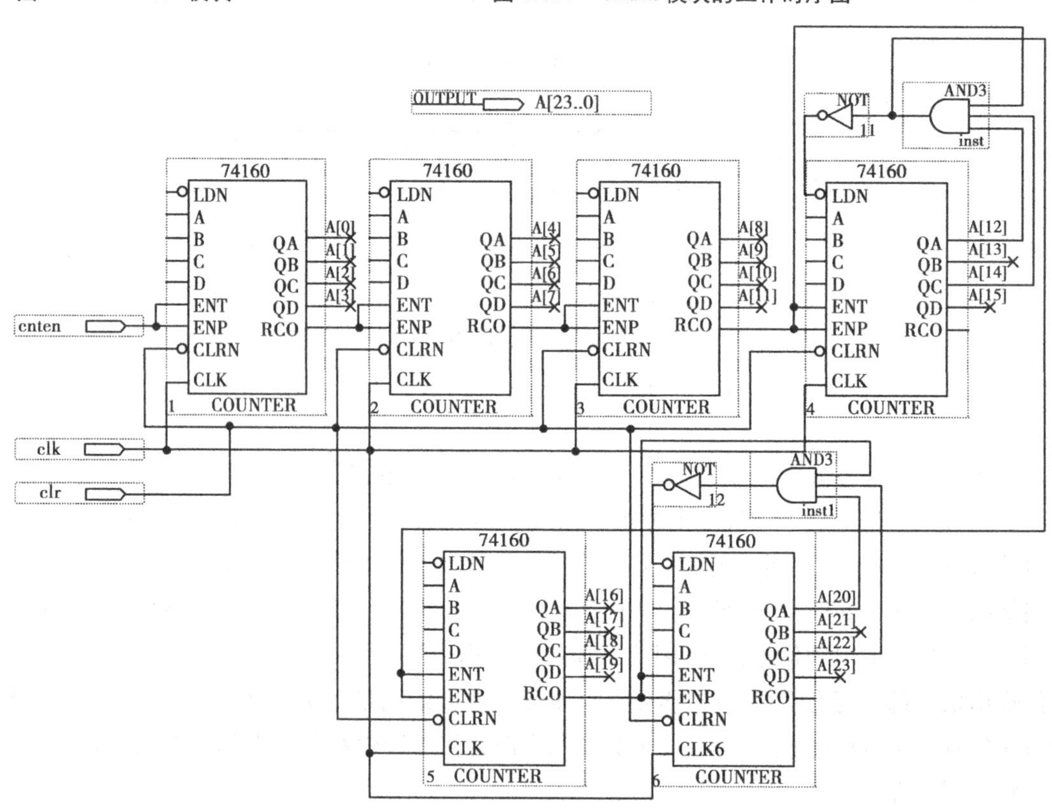


图 8.3.8　cntblk 模块的逻辑图

5）译码显示器

译码显示器模块 code 如图 8.3.9 所示，该模块与 8.1 节“数字频率计”中的 code 模块的译码、显示扫描功能是一致的，不同的只是本设计中的译码显示器不需要锁存功能，而且还必须去掉锁存功能。因为“数字频率计”不需要显示测量过程中快速计数的过程，只需在完成测量后进行锁存显示；而本设计中就是要显示计时器计数的过程。所以本模块只需在8.1节的code模块的基础上去掉锁存功能即可。请读者参考8.1节“数字频率计”课题中的code模块自行设计。图8.3.10是译码显示器工作时序图，图中可见HEX的输出顺序依次是D7、D8、D5、D6、D3、D4、D1、D2的七段译码值，与LB0硬件系统显示器的顺序是一致的，其扫描输出过程清晰可见。

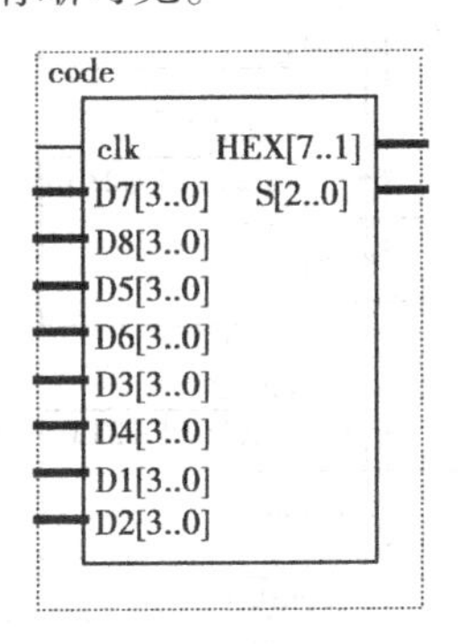


图8.3.9　code 模块

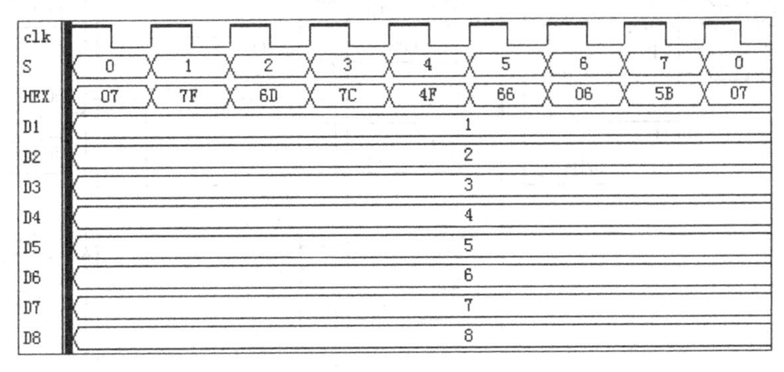


图8.3.10　code 模块工作时序

6）存储器电路

存储器电路模块memory如图8.3.11所示，该模块在cnten、UP、DN、clr的控制下实现对输入数据的存储和将存储器中的不同位置存储数据进行输出显示，以及清除存储数据的功能。clr有效时清除所有存储数据，UP和DN有效将实现输出数据的上翻和下翻，cnten为高电平时输入数据IN可以直接进入当前位置的存储器，而低电平则阻止数据进入，因此可以理解为cnten的下降沿将锁存数据。cnten下降沿的另一功能是将记录号自动加1，为下一次的计时存储做准备。图8.3.12是memory模块的仿真波形图，图8.3.13是memory模块的逻辑电路图。

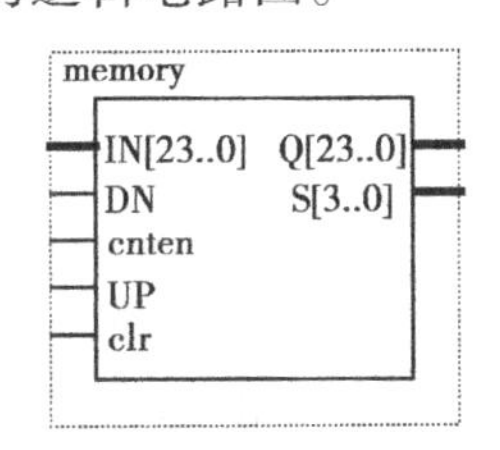


图8.3.11　memory 模块

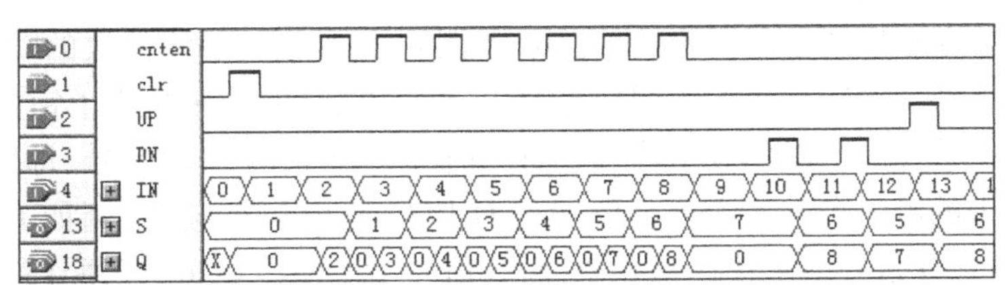


图8.3.12　memory 模块工作时序

由图可见，电路中的10个存储器是名为latch24的模块，该模块的主体是Quartus Ⅱ中的参数化元件lpm_latch，lpm_latch元件是一个透明锁存器，在其设置页面中将数据宽度设为24，勾选“创建异步清除输入”选项即可。由于10个latch24的输出采用总线方式连在一起，这就要求latch24具有三态输出能力，为此在lpm_latch之后再连接一个参数化元件lpm_bustri，lpm_bustri是总线三态缓冲器，设置为单向24位数据宽度即可。显然，latch24模块是由一个lpm_latch和一个lpm_bustri元件串联而成。

图8.3.13中所有latch24元件的输出控制信号oe和锁存信号gate必须保证任意时刻只有一个latch24的有效，这些控制信号与来自外部输入信号cnten和存储器控制器mem_ctrl模

块的输出信号 O[9..0]的关系请读者自行分析。S[3..0]用于输出当前存储器的位置号,以便在数码管上显示。

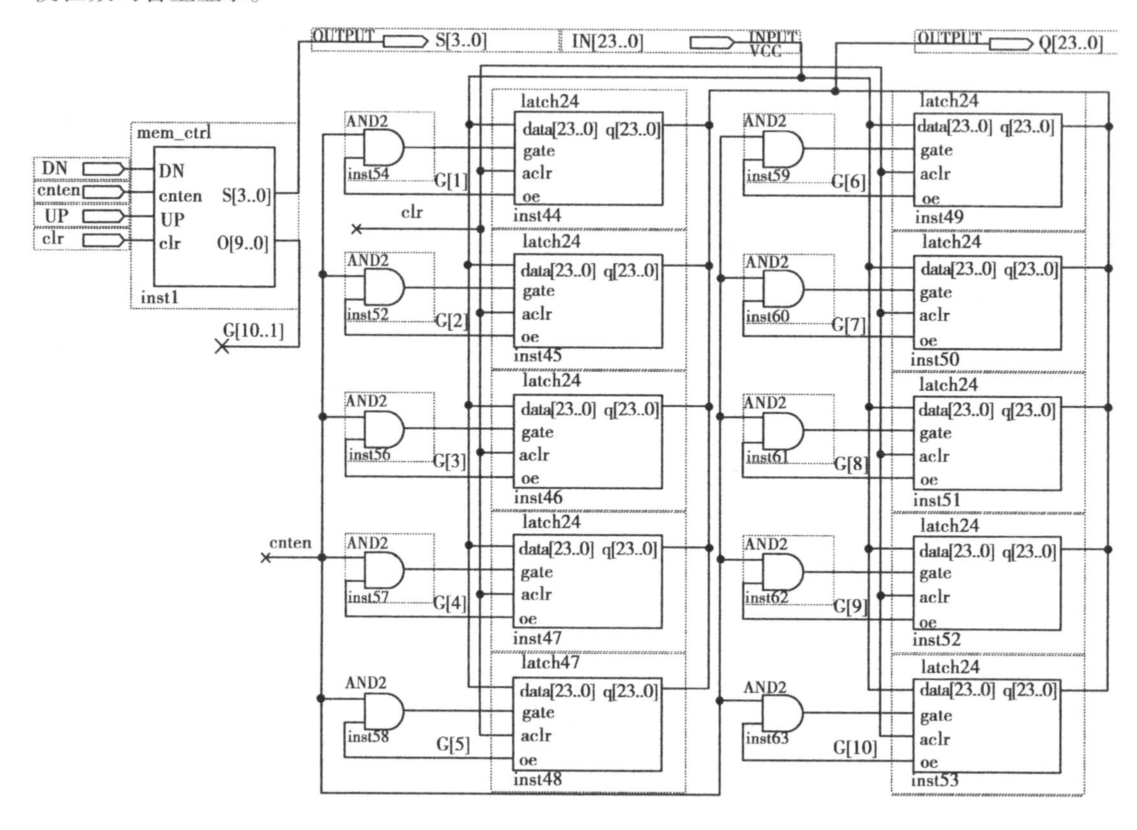


图 8.3.13　memory 模块的逻辑图

7)存储控制器

存储控制电路模块 mem_ctrl 如图 8.3.14 所示,该模块的功能是在 cnten、UP、DN 的作用下产生对锁存器的控制信号 O 和 S。O 信号的作用是用于锁存器的选择,即在 10 个锁存器中选择一个以便数据输入、锁存和输出。S 信号是记录号,即当前选择的是 0 ~ 9 号锁存器中的哪一个。实际上 S 信号与 O 信号是相互对应的,例如 O[3]有效时 S 的值一定是 0011,O 信号用于选择锁存器,而 S 信号用于输出显示,以便让使用者观察当前的存储或显示位置。图 8.3.15 是 memory 模块的仿真波形图,由图可见 cnten 每来一个脉冲,S 的值都会加 1,O 信号有效的位也会向高位移动一位,也就是存储位置加 1,UP 信号的作用也是使存储位置加 1,但二者还是有些区别。首先 cnten 是由 ctrl 模块按要求产生的,而 UP 信号是直接来自按键的;其次 cnten 信号除了修改存储位置外,还要将计时输出信号存入存储器中,这就是为什么在图8.3.13 中cnten 同每一位 O 信号相与后用来控制相应位置锁存器的门控信号 gate 的原因,而 UP 信号只单纯用来修改存储位置。DN 信号的作用是使存储位置减 1,clr 的作用是清除所有存储器的值,同时将存储位置置为 0。图 8.3.16 是 memory 模块逻辑电路图。

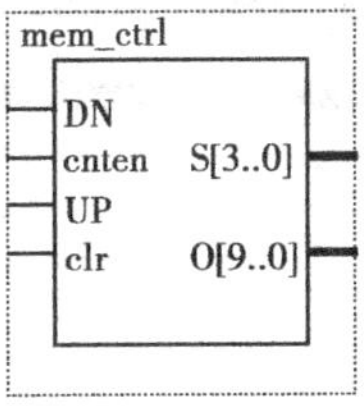

mem_ctrl
DN
cnten
UP
clr
S[3..0]
O[9..0]

图 8.3.14　mem_ctrl 模块

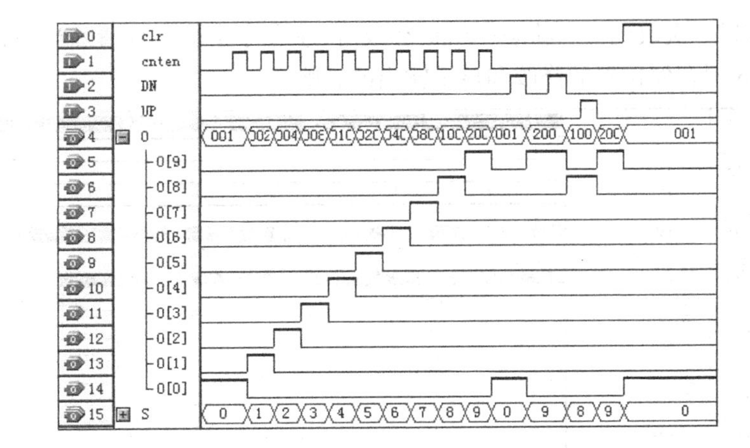


图 8.3.15　mem_ctrl 模块工作时序

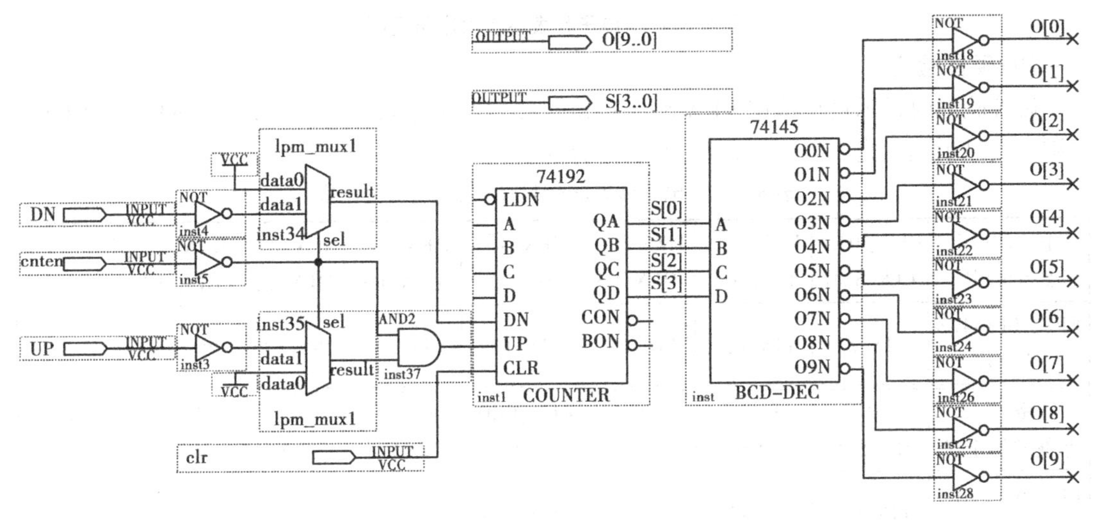


图 8.3.16　mem_ctrl 模块逻辑电路图

**(7) 参考元件**

十进制计数器 74LS160、十六进制计数器 74LS161

3-8 译码器 74138

BCD-七段译码器 7448、74248

三态缓冲器 74244

双时钟可预置同步十进制加/减计数器 74192

BCD-十进制译码器 74145

参数化锁存器 lpm_latch

参数化总线三态缓冲器 lpm_bustri

参数化数据选择器 lpm_mux

各种门电路、触发器

**(8) 系统仿真**

图 8.3.17 是系统时序仿真图，图中的 Q 是 memory 模块的输出信号，请在 memory 模块中去选取。从图中可见当 start_stop 有按键时，只要 clr 无效，秒表系统都会计时或停止计时，每

按键一次改变一次状态;当 clr 有效时,总会停止计时且清除当前计时值。图中还可见 UP 和 DN 对存储位置的修改和显示输出的影响。

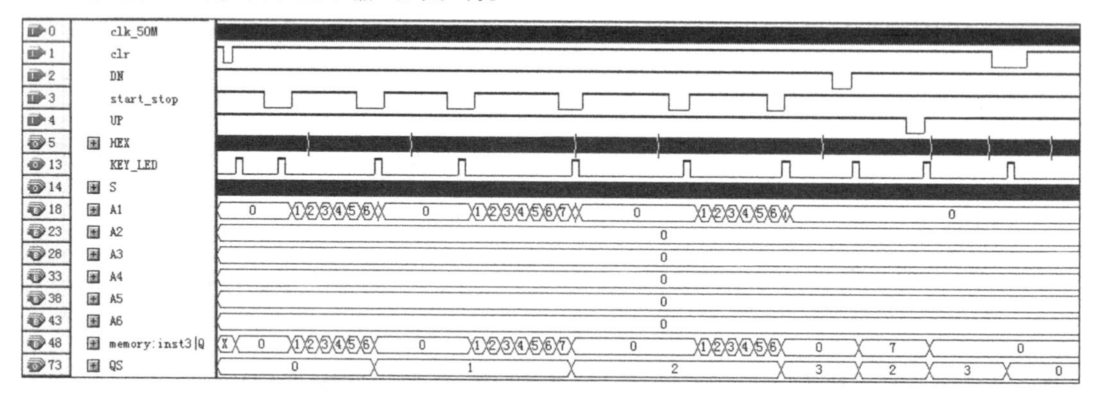


图 8.3.17　电子秒表系统时序仿真图

**(9)硬件验证**

硬件验证时显示输出请用 EDA 硬件实验平台 LB0 的七段显示器,按键用 KEY1 ~ KEY4,按键有效显示用发光二极管 LED1。其管脚分配可参照表 8.3.1。

表 8.3.1　电子秒表电路 FPGA 芯片管脚分配表

| 电路端口/系统管脚定义 | CLK_50M/CLK_50M | HEX[6]/HEX_D6 | HEX[5]/HEX_D5 | HEX[4]/HEX_D4 | HEX[3]/HEX_D3 | HEX[2]/HEX_D2 | HEX[1]/HEX_D1 | HEX[0]/HEX_D0 |
|---|---|---|---|---|---|---|---|---|
| EP3C10E144C8 管脚号 | PIN_22 | PIN_121 | PIN_124 | PIN_125 | PIN_126 | PIN_127 | PIN_128 | PIN_129 |
| 电路端口/系统管脚定义 | S[2]/HEXSCC | S[1]/HEXSCB | S[0]/HEXSCA | KEY_LED/LED1 | start_stop/KEY1 | clr/KEY2 | DN/KEY3 | UP/KEY4 |
| EP3C10E144C8 管脚号 | PIN_135 | PIN_133 | PIN_132 | PIN_103 | PIN_91 | PIN_90 | PIN_89 | PIN_88 |

管脚含义:

CLK_50M:50 MHz 晶体振荡器输入方波信号

HEX[6..0]:输出七段显示代码

S[2..0]:输出显示器位选信号

KEY_LED:按键有效显示

start_stop:计时启停控制按键输入

clr:清零按键输入

DN:下翻按键输入

UP:上翻按键输入

图 8.3.18 是利用嵌入式逻辑分析仪采集的系统 Signal Tap Ⅱ 波形图,设置的采集时钟为 100 Hz 信号 clk_100,采集深度为 1k,所以每一屏显示的波形是 10 多秒的数据,只要操作控制在 10 多秒的时间里连续流畅一点,就能反映一个完整的计时控制、上翻、下翻和清零的过程。图的采集时钟 clk_100 是系统的内部信号,它是 fenpin 模块的输出信号,选择时注意要从

fenpin 模块中选取。

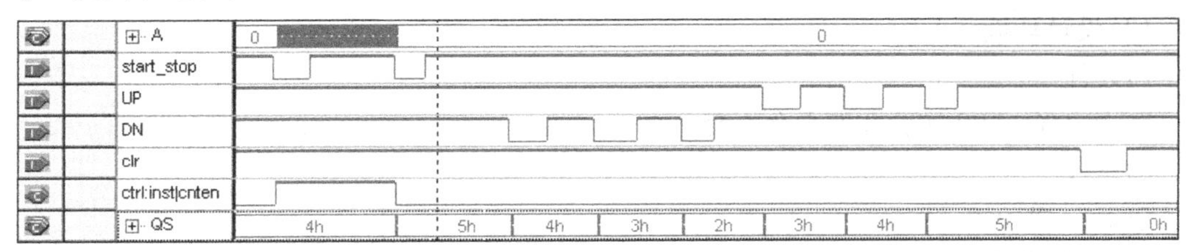


图 8.3.18 系统 Signag Tap Ⅱ波形图

图中的 ceten 也是系统的内部信号，它是 ctrl 模块的输出信号，选择时注意要从 ctrl 模块中选取。cnten 的低电平是停止计时，高电平是允许计时，对应 A 信号的变化可以看到这样的结果。

**(10) 设计技巧**

①在系统顶层电路或模块电路的仿真调试中，为了便于观察和分析一些内部信号，可以在程序中增加一些观测输出点，当电路调试通过后再去除这些观测输出点，如本设计中的 QS 信号和 A 信号，由于 A 信号是 BCD 数，所以一定要将其分解成 4 位一组如图 8.3.17 所示。

②为大幅度减少仿真时间，将分频比极高的信号用分频比较低的信号代替（参见 8.1 系统仿真和 8.1 设计技巧(4)）。本设计中将 2 kHz 扫描信号和 100 Hz 标准计数信号分别用 clk_1M 和clk_2k 代替，但一定要在进行硬件验证前将这样的修改还原。

**(11) 设计报告**

①写出设计、仿真和分析报告，内容包括：各单元电路图、顶层电路图、仿真波形图、电路原理的分析、波形分析的结论。

②对实验中遇到的问题进行分析，说明采用了什么样的解决方法，写出实验心得。

③讨论问题：如果存储的 10 个计时值不是各自独立的计时值，而是一次计时的 10 个计时点的计时值，即在多人参与的比赛中可以同时记录 10 个人的比赛成绩，请讨论设计方案将如何修改。有兴趣的同学可作为本课题的扩展要求，设计并实现该功能。

## 8.4 彩灯控制器

**(1) 设计目的**

①掌握各种 MSI 同步计数器、异步计数器的工作原理和使用方法。

②掌握各种寄存器、译码器和三态缓冲器的工作原理和设计方法。

③掌握参数化常量、数据选择器、计数器元件的原理和使用方法。

④掌握信号间相互赋值的方法。

⑤掌握应用多种元件进行所需定时器、分频器、时序控制信号发生器等电路的设计方法。

⑥掌握用嵌入式逻辑分析仪 Signal Tap Ⅱ进行设计验证的方法。

⑦掌握彩灯控制器工作原理和设计方法。

⑧掌握在 EDA 系统软件 Quartus Ⅱ环境下用 FPGA 进行数字系统设计的方法，掌握该环境下功能仿真、时序仿真、管脚锁定和芯片下载的方法。

⑨掌握用 EDA 硬件开发系统进行硬件验证的方法。

**(2)设计环境**

1)硬件

PC 机 1 台,LB0 实验开发平台 1 套。

2)软件

Quartus Ⅱ 9.0。

**(3)设计要求**

1)基本要求

①输入时钟:50 MHz。

②利用 LB0 的 8 个七段显示器最外围一圈的 LED 作为显示控制的彩灯,几何位置上 20 个灯呈环形排列,灯的顺序定义如图 8.4.1 所示。

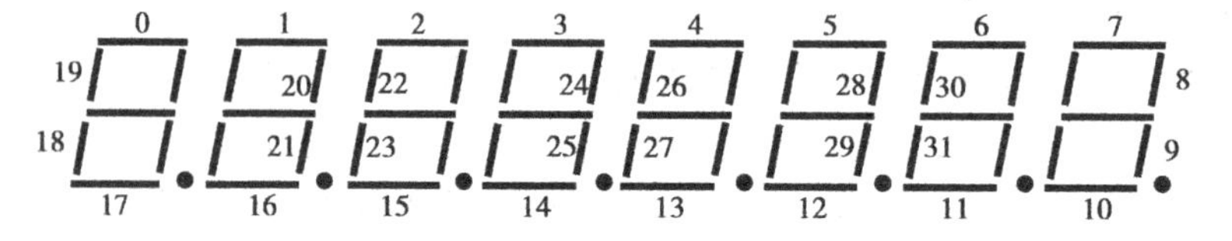


**图 8.4.1　LED 灯的几何位置排列图**

③为使显示呈现多样性,显示图案控制方式采用 8 圈不同但又相关的图案扫描显示构成一个大的显示周期,即每一种显示图案控制方式包含有 8×20×20 bit 的存储单元。

④具有正反两种扫描方向,每 8 圈自动切换。

⑤具有 8 种显示方式的扩展能力,用 3 位拨码开关 SW 进行选择。

⑥显示方式 1:第 1 圈 1 个灯顺时针循环点亮,第 2 圈 2 个灯顺时针循环点亮,第 3 圈 3 个灯顺时针循环点亮,依此类推第 8 圈 8 个灯顺时针循环点亮。

⑦显示控制:8 位七段 LED 显示器除了显示图案的扫描外,显示器本身的动态扫描要求显示稳定,扫描显示的频率大于 50 Hz。

2)提高要求

①设计显示方式 2 到显示方式 7 所对应的扫描图案。

②增加图案扫描变频功能,即用一按键进行多种扫描频率的选择。

③将显示的 LED 灯的数量增加至 32 个如图 8.4.1 所示,请设计更具动感的扫描图案的显示方式。

**(4)设计内容**

①设计计数器、显示图案控制器、分频器、按键去抖电路、存储器和动态扫描显示电路。

②设计实现基本要求和提高要求的系统顶层电路。

③完成各电路功能模块和系统顶层模块的仿真。

④对仿真结果进行分析,确认每个模块以及顶层模块的仿真结果达到了设计要求。

⑤在 EDA 硬件开发系统上进行硬件验证与测试,确保设计电路系统能正确的工作。

**(5)工作原理**

彩灯控制器就是对一组按一定规律排列的彩灯用不同的图案进行逐个或多个点亮控制,通过图案不间断的扫描切换,使彩灯显示给观众较强的视觉冲击力。

LB0 实验系统没有扩充足够多的 LED 灯,其板上可独立控制的 LED 灯只有 8 个,仅用 8

个灯很难设计出具有表现力很强的显示效果。为此考虑采用利用LB0板上具有较多LED的8个七段显示器。显然每个七段显示器都有7个LED灯,加上8个小数点,所以8个七段显示器总共就有64个LED灯。为了方便显示图案的设计、也为了简化设计,只选择其中部分LED灯作为被控对象进行设计,如图8.4.1所示,基本要求只选择了0~19号LED灯,而提高要求则选择0~31号LED灯。

彩灯控制器的第1个功能就是用图案扫描时钟信号产生用于图案扫描的扫描信号。例如基本要求中LED灯是20个,就可以用1个20进制计数器来实现对显示图案的扫描,20进制计数器将输出5个逻辑信号用于20个状态逻辑的扫描。

彩灯控制的第2个功能就是产生扫描图案。可以用两种方法实现扫描图案的产生。第1种方法是用逻辑电路来实现扫描图案的产生。例如可以用1个5输入20输出的逻辑电路来实现1个20个时钟的循环扫描,通常可以用1个5~32的译码器加必要的门电路来实现这样1个多输出函数。每一个这样的电路只能产生一个固定的扫描图案,如果要产生多个扫描图案就需要多个这样的电路,当然每个电路内部的连接是不同的,这样得到的扫描显示图案也不一样。这种方法只适用不需要产生较多扫描图案的场合。

第2种产生扫描图案方法是用存储器存储每一扫描时间点所对应的显示图案,在扫描信号的作用下依次送出显示图案。该方法可以快速产生大量的扫描图案,但需要使用较多的存储器。该方法适用有大量存储器和需要产生较多的、复杂的扫描图案的场合,因为不同的显示扫描方式需要大量的扫描图案做支撑,而对于该法来讲不同的扫描图案只需简单的修改存储数据即可。FPGA内部就有大量的存储器可以使用,因此在LB0实验系统上实现该课题建议采用该法产生扫描图案,本设计正是采用第2种方法产生扫描图案的。

**(6)设计原理**

如图8.4.2是实现彩灯控制器基本要求的顶层逻辑图。它由分频器fenpin、计数器counter、存储器lpm_rom0、显示图案扫描控制模块control和动态显示扫描模块code组成。下面分别叙述各模块的设计原理。

1)分频器

分频器模块fenpin的功能是用系统板提供的50 MHz信号产生设计中所需的各种频率的时钟信号。本设计中需要有一个大于500 Hz动态扫描信号和一个图案扫描信号。为观察不同图案扫描频率的效果,可以输出多个不同的图案扫描频率,这也是提高要求2的内容。图8.4.2中的分频器就产生了5 MHz、10 kHz、50 Hz、12.5 Hz、3.125 Hz等9个分频值输出可供选用。分频器的电路连接图请读者参考本章前几节的相关内容自行设计。

2)计数器

计数器模块counter的功能是产生图案扫描的扫描信号,即存储器的地址信号。为加快设计,计数器模块采用Quartus Ⅱ提供的参数化元件lpm_counter,因此只需要简单的设置就可以满足各种需求。本设计中采用了两个lpm_counter元件,1个是带进位输出的双向20进制计数器lpm_counter0,另1个是4位二进制计数器的lpm_counter1如图8.4.3所示。lpm_counter0的计数时钟是图案扫描信号,而lpm_counter1的计数时钟是lpm_counter0的进位信号,从图8.4.3中可见,lpm_counter0产生低5位地址信号a[4..0],即某一圈的图案扫描信号,而lpm_counter1则产生高3位地址信号a[7..5],即选择圈数的信号,每一种扫描显示方式有8圈图案。图中的LCELL元件是一个对数据直通的元件,通常用它来完成不同内部信号之间的连接。

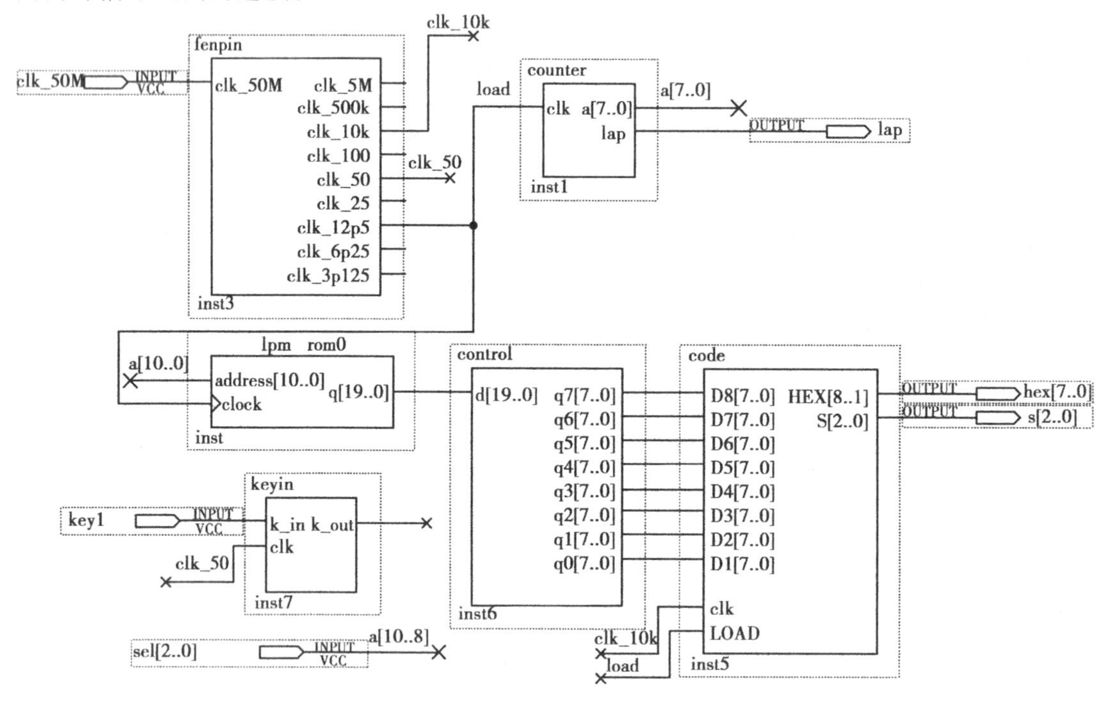


图 8.4.2 彩灯控制器顶层逻辑图

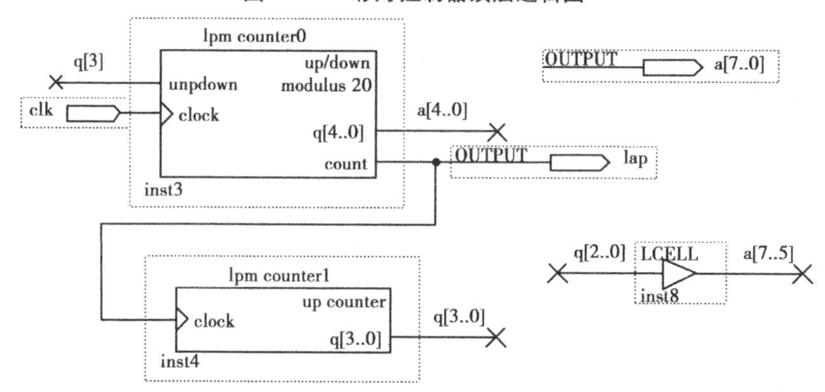


图 8.4.3 counter 逻辑电路图

有趣的是 lpm_counter1 的最高位并没有输出，难道是计数器的位宽多了一位，其实不然，最高位是有它特殊的作用，将它连接到了 lpm_counter0 的方向控制端 updown，其作用就是每扫描完 8 圈后就改变一次 lpm_counter0 的计数方向，这样的设计会使彩灯更具动感。

可见，counter 模块产生的地址信号是不连续的，即是 00-13H、20-33H、40-53H 等，所以在设计存储器图案时要特别注意。

3）存储器

存储器模块 lpm_rom0 的功能非常单一，就是存储扫描图案。在 Quartus Ⅱ 中可以直接调用的参数化存储器元件很多，这里选用的是参数化只读存储器元件 lpm_rom，在其设置页面中设定其数据宽度为 20 bit、存储器深度为 2 048 word、初始化文件为 lpm_rom. mif 即可。

为此需要创建 lpm_rom. mif 存储器初始化文件，并编辑该文件的内容，如图 8.4.4 所示。

| Addr | +0 |
|---|---|
| 000 | 00000000000000000001 |
| 001 | 00000000000000000010 |
| 002 | 00000000000000000100 |
| 003 | 00000000000000001000 |
| 004 | 00000000000000010000 |
| 005 | 00000000000000100000 |
| 006 | 00000000000001000000 |
| 007 | 00000000000010000000 |
| 008 | 00000000000100000000 |
| 009 | 00000000001000000000 |
| 00a | 00000000010000000000 |
| 00b | 00000000100000000000 |
| 00c | 00000001000000000000 |
| 00d | 00000010000000000000 |
| 00e | 00000100000000000000 |
| 00f | 00001000000000000000 |
| 010 | 00010000000000000000 |
| 011 | 00100000000000000000 |
| 012 | 01000000000000000000 |
| 013 | 10000000000000000000 |

| Addr | +0 |
|---|---|
| 020 | 00000000000000000011 |
| 021 | 00000000000000000110 |
| 022 | 00000000000000001100 |
| 023 | 00000000000000011000 |
| 024 | 00000000000000110000 |
| 025 | 00000000000001100000 |
| 026 | 00000000000011000000 |
| 027 | 00000000000110000000 |
| 028 | 00000000001100000000 |
| 029 | 00000000011000000000 |
| 02a | 00000000110000000000 |
| 02b | 00000001100000000000 |
| 02c | 00000011000000000000 |
| 02d | 00000110000000000000 |
| 02e | 00001100000000000000 |
| 02f | 00011000000000000000 |
| 030 | 00110000000000000000 |
| 031 | 01100000000000000000 |
| 032 | 11000000000000000000 |
| 033 | 10000000000000000001 |

…

| Addr | +0 |
|---|---|
| 0e0 | 00000000000011111111 |
| 0e1 | 00000000000111111110 |
| 0e2 | 00000000001111111100 |
| 0e3 | 00000000011111111000 |
| 0e4 | 00000000111111110000 |
| 0e5 | 00000001111111100000 |
| 0e6 | 00000011111111000000 |
| 0e7 | 00000111111110000000 |
| 0e8 | 00001111111100000000 |
| 0e9 | 00011111111000000000 |
| 0ea | 00111111110000000000 |
| 0eb | 01111111100000000000 |
| 0ec | 11111111000000000000 |
| 0ed | 11111110000000000001 |
| 0ee | 11111100000000000011 |
| 0ef | 11111000000000000111 |
| 0f0 | 11110000000000001111 |
| 0f1 | 11100000000000011111 |
| 0f2 | 11000000000000111111 |
| 0f3 | 10000000000001111111 |

**图 8.4.4　lpm_rom. mif 中显示方式 1 的扫描图案**

存储器中数据的存放位置是有严格要求的。比如地址 000-013H 存储的是第 1 圈扫描图案的数据,020-033H 存储的是第 2 圈扫描图案的数据,以此类推,0e0-0f3H 存储的是第 8 圈扫描图案的数据。所以从 000H ~ 0FFH 这 256 个存储单元存储的是扫描显示方式 1 的 8 圈扫描图案数据。图 8.4.4 清晰的显示出了每一圈灯的点亮和扫描的情况。

从彩灯控制器顶层逻辑图 8.4.1 中可以发现,存储器的最高 3 位 a[10..8]是连接到了一个外部输入端口 sel,物理上 sel 的管脚将分配到 LB0 的 SW[2..0]上,所以 SW 拨码开关将控制存储器的高 3 位地址。存储器的高 3 位地址的每一种组合都对应了 256 个存储单元的区域,也就对应了一种扫描显示方式,因此,本设计共有 8 种扫描显示方式,这些扫描显示方式的切换由拨码开关控制。

如前所述,采用存储器产生扫描图案的方法将会消耗较多的存储器资源,但是随着集成电路集成度的不断提高,FPGA 中的存储器资源也越来越多,本课题实现了 8 种扫描显示方式,每种显示方式又有 8 圈的扫描图案,最终的编译结果显示存储器消耗为总存储器容量的 10%,完全在可接受的范围内。这也给大家一个很大的提示,使用 FPGA 设计数字系统时不要把眼光只盯在逻辑资源上,器件内部还有丰富的存储器资源,多用存储器可以节约大量宝贵的逻辑资源。

4)显示图案扫描控制器

显示图案扫描控制器模块 control 的功能是将各自独立的显示图案数据编码成适合七段显示器显示的代码,这是本课题最困难的工作。如果实验开发系统 LB0 具有 20 个可独立控制的、且排列符合要求的 LED 灯的话,则 control 模块将是多余的,但现在的情况是这 20 个灯并不独立,而被分成了 8 组,所以 control 模块的任务就是如何将 20 个位的数据组合成 8 组数据。

如前所述(请参见8.1节“数字频率计”课题中的code模块),七段显示器位的编号从右至左分别是7、8、5、6、3、4、1、2,考虑control模块后接的模块code对数据顺序的修改,本模块送出的8组数据按8、7、6、5、4、3、2、1的顺序排列。由图8.4.1可知,这8组中2到7这6组是完全一样的,每组有2个LED灯,分别是七段显示器的a、d两段,第1组有4个LED灯,分别是七段显示器的a、b、e、f四段,第8组也有4个LED灯,分别是七段显示器的a、d、c、d四段。因此control内部就针对如上的三种情况设计了3种显示编码模块,它们分别是disp1、disp2、disp3,如图8.4.5所示。图中右部用了20个LCELL元件实现内部信号的连接,请读者对照图8.4.1中LED的编号分析和理解这些连接。只有完全理解了这些连接,才有可能完成提高要求3的内容。

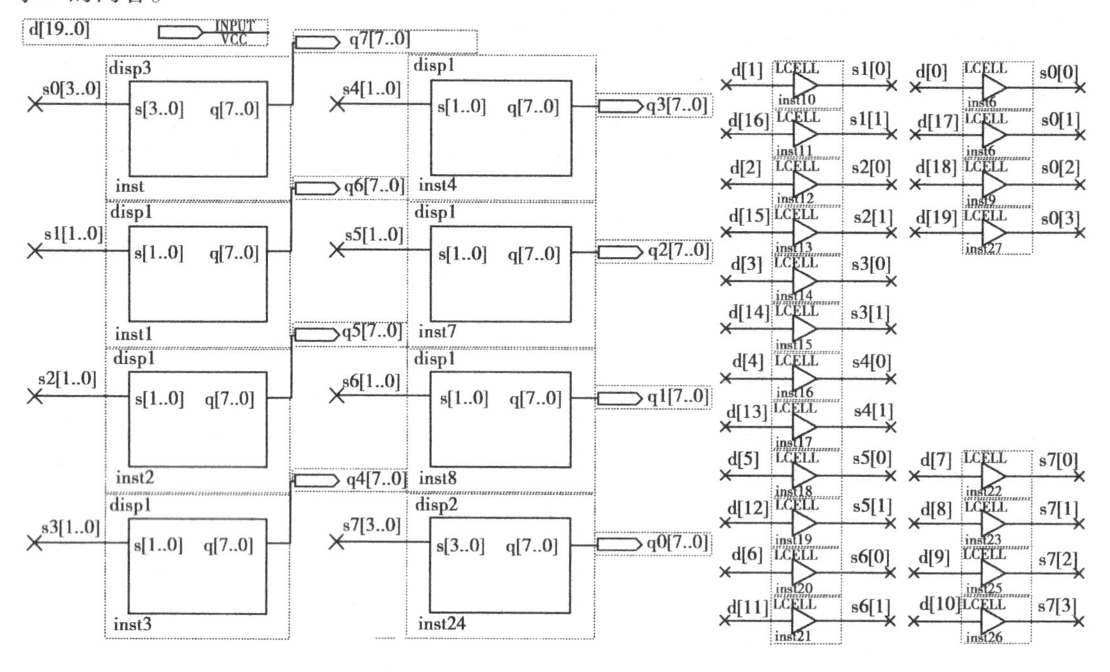


**图8.4.5 control模块逻辑电路图**

下面对disp1模块的设计原理进行分析。disp1模块只有两个LED灯需要控制,所以其输入控制信号就是2个,由于该模块的输出信号是用于驱动七段显示器的,所以其输出信号就是8位,根据分析可以列出其真值表如表8.4.1所示。

**表8.4.1 disp1模块真值表**

| s[1] | s[0] | h | g | f | e | d | c | b | a |
|---|---|---|---|---|---|---|---|---|---|
| 0 | 0 | 0 | 0 | 0 | 0 | 0 | 0 | 0 | 0 |
| 0 | 1 | 0 | 0 | 0 | 0 | 0 | 0 | 0 | 1 |
| 1 | 0 | 0 | 0 | 0 | 0 | 1 | 0 | 0 | 0 |
| 1 | 1 | 0 | 0 | 0 | 0 | 1 | 0 | 0 | 1 |

由表8.4.1可知,当输入信号s[1..0]分别取值为00、01、10、11时输出的取值分别为0、1、8、9。据此设计出disp1模块如图8.4.6所示。图中用到了参数化数据选择器lpm_mux元

件,设置参数为4输入、数据宽度为8即可,图中还用了3个lpm_constant元件,分别设置为常量1、8、9,图中接地端就相当于常量0。可见用1个四选一的电路就很好地实现了数据编码。图8.4.7是disp1的仿真波形。请读者参照disp1模块自行设计出符合要求的disp2、disp3模块。

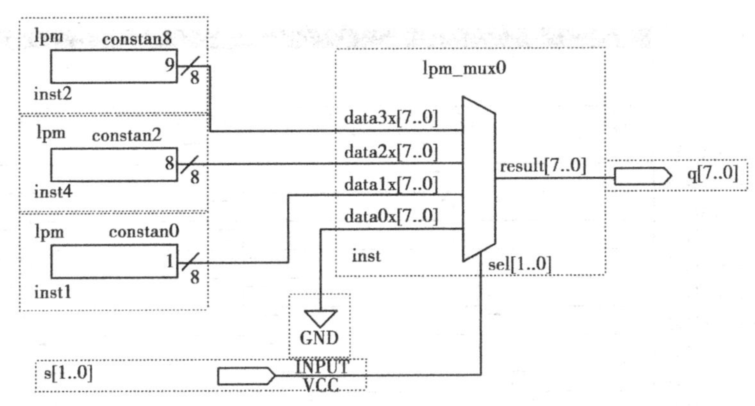


图8.4.6　disp1 模块逻辑电路图

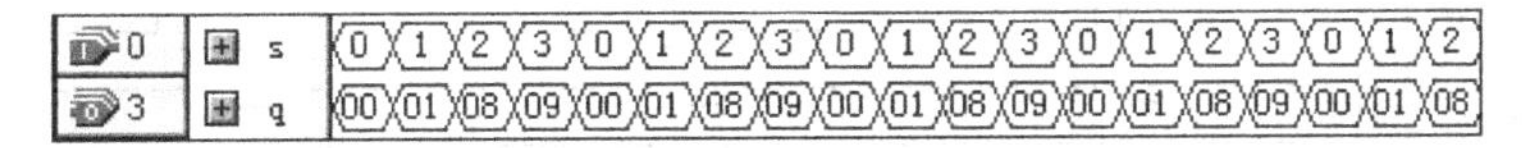


图8.4.7　disp1 模块仿真波形图

5)动态显示扫描器

动态显示扫描器模块code的功能是锁存数据和扫描显示。该模块与8.1节"数字频率计"课题中的code模块除了没有译码功能外,其余的功能是一致的。不译码的目的是为了得到所需的任意组合的显示图案,因为七段显示译码器只能得到预定义的10种显示图案。由于不需要显示译码,因此本课题的code模块相比8.1节"数字频率计"课题中的code模块有两点不同,首先,送入code模块的输入就不是4位宽的数据了,而是8位宽的数据,因此code模块内部的锁存器和三态缓冲器就将增加1倍;其次,省去了显示译码器7448,直接将三态缓冲器的数据输出。

为了简化设计,建议采用带三态输出的八D锁存器74373元件设计code模块。请读者参照8.1节"数字频率计"课题中的code模块的内容,自行设计出符合本课题要求的code模块。

**(7)参考元件**

十进制计数器74160、十六进制计数器74161

二-五-十进制计数器74290

3-8译码器74138

八D型锁存器74LS373(3S、公共控制、公共时钟)

参数化多路选择器lpm_mux

参数化常量元件lpm_constant

参数化只读存储器lpm_rom

参数化计数器lpm_counter

内部信号连接元件LCELL

各种门电路、触发器

(8)系统仿真

图8.4.8是系统时序仿真图,从图8.4.8中可见当sel[2..0]=000时,每完成一圈的扫描lap会出现一个正脉冲,下一圈点亮的LED灯的数量会增加一个,彩灯是按显示方式1进行循环显示的。

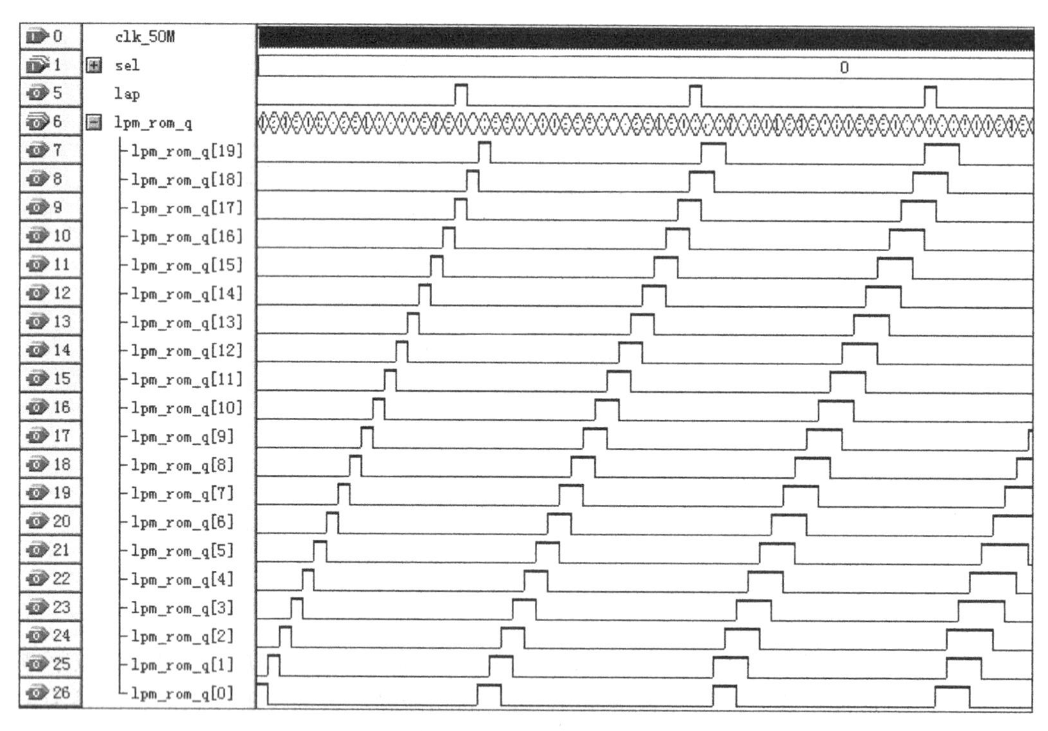


图8.4.8 彩灯控制器系统时序仿真图

(9)硬件验证

硬件验证时显示输出请用EDA硬件实验平台LB0的七段显示器,按键用KEY1,一圈扫描指示用发光二极管LED2。其管脚分配可参照表8.4.2。

表8.4.2 彩灯控制器电路FPGA芯片管脚分配表

| 电路端口/系统管脚定义 | hex[7]/HEX_D7 | hex[6]/HEX_D6 | hex[5]/HEX_D5 | hex[4]/HEX_D4 | hex[3]/HEX_D3 | hex[2]/HEX_D2 | hex[1]/HEX_D1 | hex[0]/HEX_D0 |
|---|---|---|---|---|---|---|---|---|
| EP3C10E144C8管脚号 | PIN_120 | PIN_121 | PIN_124 | PIN_125 | PIN_126 | PIN_127 | PIN_128 | PIN_129 |
| 电路端口/系统管脚定义 | s[2]/HEXSCC | s[1]/HEXSCB | s[0]/HEXSCA | lap/LED2 | key1/KEY1 | clk_50M/CLK_50M | | |
| EP3C10E144C8管脚号 | PIN_135 | PIN_133 | PIN_132 | PIN_101 | PIN_91 | PIN_22 | | |

管脚含义:

clk_50M:50 MHz晶体振荡器输入方波信号

hex [7..0]:输出七段显示代码

s[2..0]:输出显示器位选信号

key1:提高要求中用于图案扫描频率选择

lap:一圈扫描指示

图 8.4.9 就是利用嵌入式逻辑分析仪采集的系统 Signal Tap Ⅱ波形图,设置的采集时钟为 100 Hz 信号 clk_100,采集深度为 512,图案扫描频率为 13 Hz,则每一屏完整的波形将有 60 多个扫描数据,可以看到 3 圈多的扫描情况,图 8.4.9 只截取了部分波形,其扫描的和变化的过程清晰可见。采集时钟 clk_100 是系统的内部信号,它是 fenpin 模块的输出信号,选择时注意要从 fenpin 模块中选取。

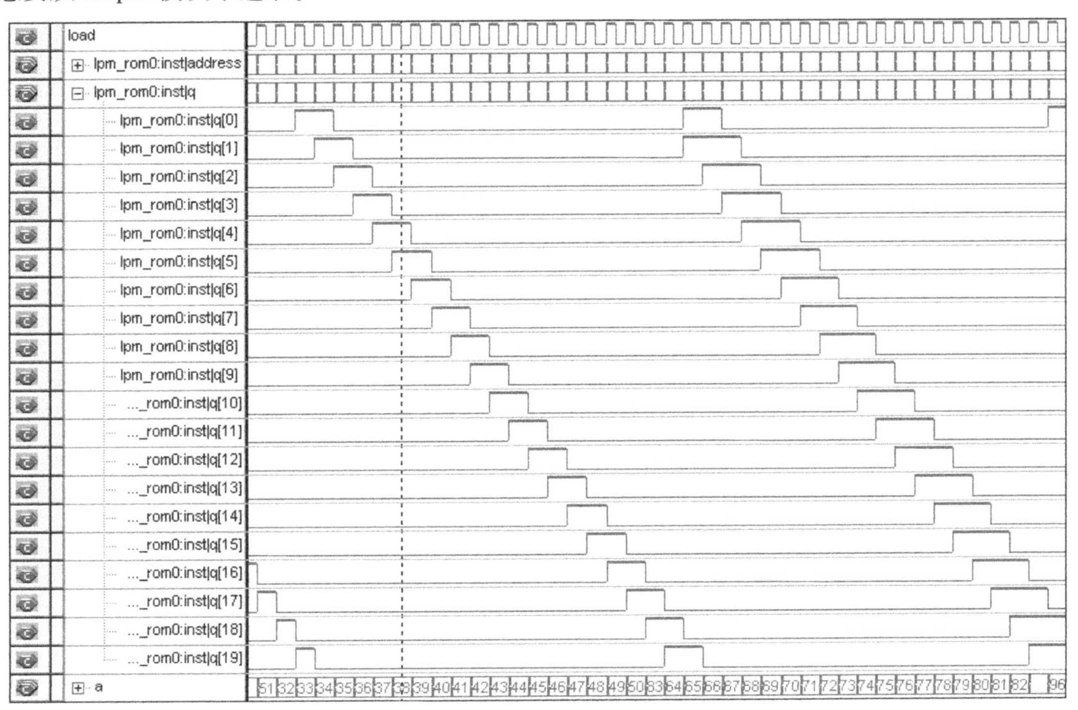


**图 8.4.9　彩灯控制器 Signag Tap Ⅱ波形图**

图中的 address 和 q 也是系统的内部信号,它是 lpm_rom0 模块的输出信号,选择时注意要从 lpm_rom0 模块中选取。

**(10)设计技巧**

①为了调试的方便,也为了更加仔细的观察每一次图案扫描的效果,图案扫描时钟暂不用从 fenpin 模块引入一个连续的时钟信号,而是用一个按键直接接入,这样每按一次按键,图案扫描将步进一次。

②在设计彩灯循环的控制上,为了使显示方式更加具有动感和连续性,用了 8 个 20 进制计数器连续扫描 8 圈来实现一种显示方式,从而达到了既简化了电路设计又丰富了显示内容的目的。

③在系统顶层电路或模块电路的仿真调试中,为了便于观察和分析一些内部信号,可以在程序中增加一些观测输出点,当电路调试通过后再去除这些观测输出点,如本设计中的 lpm_rom0 的输出 q 信号。

**(11)设计报告**

①写出设计、仿真和分析报告,内容包括:各单元电路图、顶层电路图、仿真波形图、电路原理的分析、波形分析的结论。

②对实验中遇到的问题进行分析,采用了什么样的解决方法,写出实验心得。

③讨论问题:将显示的LED灯的数量增加至64个,即是七段显示器所有的LED灯,请讨论设计方案将如何修改。有兴趣的同学可作为本课题的扩展要求,设计并实现该功能。

# 第3篇 EDA技术实验及设计

## 第9章 EDA技术基础实验

本章实验是EDA技术课程的配套实验，与理论课同步，可帮助学生在理论学习的过程中，借助仿真软件和实验平台对理论知识，尤其是对VHDL语言实现硬件电路的原理与技巧深入学习和理解。实验包括软件仿真和物理验证两个方面，软件仿真在Quartus Ⅱ平台上实现，物理验证在LBO实验开发平台上完成。如果没有硬件平台，本章大多数实验仍可软件仿真，但若配备相关硬件，则可更好地帮助初学者对电路和EDA技术的学习和理解。

### 9.1 简单组合逻辑与时序逻辑设计

**(1)实验目的**

①掌握Quartus Ⅱ软件基本使用方法。

②掌握 VHDL 语言设计的基本单元及构成。

③掌握用 VHDL 语言设计组合逻辑电路的方法。

④掌握 case 语句与 if 语句各自的使用特点及其异同。

⑤掌握并置运算符“&”的使用方法。

⑥掌握条件信号赋值语句的使用方法。

⑦掌握 COMPONENT 语句和 PORT MAP 语句的使用方法。

⑧掌握编、译码器,数选器及计数器的 VHDL 设计方法。

**(2)实验环境**

1)硬件

PC 机 1 台,LB0 实验开发平台 1 套。

2)软件

Quartus Ⅱ 9.0。

**(3)实验原理**

1)VHDL 程序语言结构

完整的 VHDL 程序通常由实体(Entity)、结构体(Architecture)、库(Library)、包集合(Package)和配置(Configuration)5 个部分组成。VHDL 语言在描述电路时,至少需要包括实体(Entity)与结构体(Archiitecture)两部分,其中,实体用于说明设计单元的输入输出接口信号或引脚,定义的是电路对外的通信界面。结构体则是描述设计实体内部结构与外部端口间的逻辑关系。

2)简单数字逻辑电路设计

简单数字逻辑电路可由基本的门电路构成,包括“非”门、二输入或多输入“与”门、“或”门等基本逻辑门电路构成。VHDL 语言中对应于简单逻辑门有 6 种逻辑运算符,分别是 NOT(非)、AND(与)、OR(或)、NAND(与非)、NOR(或非)及 XOR(异或)。在设计数字逻辑电路时,可直接利用这些运算符实现逻辑门电路,也可根据其真值表来实现。

3)例化语句

COMPONENT 语句和 PORT MAP 语句是 VHDL 语言中的例化语句。VHDL 语言的一个典型特征是模块化设计,可以在一个工程中将不同的底层模块用例化语句调用,以构成更高层的设计实体。因此,元件例化即意味当前结构体内定义了一个新的设计层次,这个设计层次的总称叫元件,它出现的形式可以是别的语言描述的设计实体,IP 核,或者是 LPM 模块等。

4)编译码器与数选器原理

译码器是数字电路中通用的中规模器件,根据译码器的真值表,可使用 CASE 语句实现译码器的功能。CASE 在描述电路行为时,必须列出输入的所有可能情况,这与 IF 语句有较大不同。因此,CASE 语句不能表达有限的概念而只能描述组合逻辑状态的电路。

根据优先编码器真值表可以看出,输入信号具有不同的优先级,当某输入有效时,可输出一个对应的二进制编码;但当几个输入同时有效时,将输出优先级最高的那个输入所对应的二进制编码,而在 IF 语句中,先出现的条件将先处理,然后处理下一条件,当前后条件同时满足时,前面的条件优先获得执行权。因此,相比 CASE 语句,IF 语句可更简洁地实现优先编码器。

数选器也是 MSI 常见的电路,根据数选器功能特点,可使用 CASE 语句实现数选器逻辑功能。

5)计数器原理

计数器是数字系统中使用最多的单元电路之一,根据计数脉冲引入方式不同,计数器可分同步计数器和异步计数器两大类;根据计数器计数方式,又可分为加法计数器、减法计数器与可逆计数器;根据计数数制不同,可分为二进制计数器与非二进制计数器。同步加/减计数器功能见表9.1.1。

表9.1.1　同步加/减计数器功能表

| 输　入 | | | | | | | | 输　出 | | | |
|---|---|---|---|---|---|---|---|---|---|---|---|
| LD | CT | U/D | CP | D0 | D1 | D2 | D3 | Q0 | Q1 | Q2 | Q3 |
| 0 | X | X | X | d0 | d1 | d2 | d3 | d0 | d1 | d2 | d3 |
| 1 | 0 | 0 | ↑ | X | X | X | X | 加法计数 | | | |
| 1 | 0 | 1 | ↑ | X | X | X | X | 减法计数 | | | |
| 1 | 1 | X | X | X | X | X | X | 保持 | | | |

**(4)参考程序**

1)利用运算符实现"异或"门电路(见例程9.1.1)

例程9.1.1　"异或"门 LOGIC_ XOR_1. vhd

```
library ieee;    --库使用说明
use ieee. std_logic_1164. all;    --包集合及其项目使用说明
entity LOGIC_XOR_1 is    --实体说明
    port(a,b:in std_logic;    --端口说明
    y:out std_logic);
end LOGIC_XOR_1;
architecture behav of LOGIC_XOR_1 is    --结构体
begin
    y <= a xor b;    --并行语句
end behav;
```

"异或"门仿真波形如图9.1.1所示。

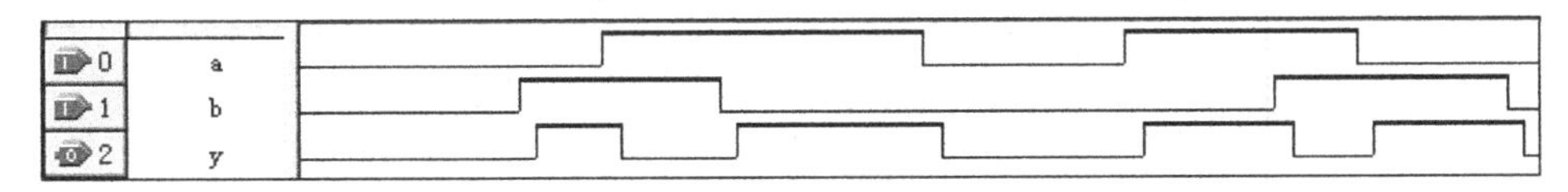


图9.1.1　"异或"门仿真波形图

2)利用真值表来实现"异或"门电路(见例程9.1.2)

例程9.1.2　"异或"门 LOGIC_XOR_2. vhd

```
library ieee;
use ieee. std_logic_1164. all;
entity LOGIC_XOR_2 is
port(a,b:in std_logic;
    y:out std_logic);
end LOGIC_XOR_2;
architecture behav of LOGIC_XOR_2 is
begin
process(a,b)    --进程,内部与顺序语句
    variable comb:std_logic_vector(1 downto 0);    --进程内部变量定义
begin
    comb:=a&b;    --使用并置运算符将两个1位信号赋给一个两位变量,其中a为高位,b为低位
    case comb is    --CASE语句
```

```
    when "00" = >   y < ='0';
    when "01" = >   y < ='1';
    when "10" = >   y < ='1';
    when "11" = >   y < ='0';
    when others = >   y < ='X';
    end case;
end process;
end behav;
```

3)利用条件信号赋值语句来实现“异或”门电路(见例程9.1.3)

**例程9.1.3 “异或”门 LOGIC_XOR_3. vhd**

```
library ieee;
use ieee. std_logic_1164. all;
entity LOGIC_XOR_3 is
port(a,b:in std_logic;
    y:out std_logic);
end LOGIC_XOR_3;
architecture behav of LOGIC_XOR_3 is
signal comb:std_logic_vector(1 downto 0);   --结构体内部信号定义
begin
comb < = a&b;
y < =   '1' when comb = "10" or comb = "01" else   --条件信号赋值语句
    '0' when comb = "11" or comb = "00" else
    'X'   ;
end behav;
```

4)利用例化语句设计全加器

全加器可利用已设计好的“异或”门电路构成,全加器的真值表见表9.1.2。

**表9.1.2 全加器功能表**

| 输 入 | | | 输 出 | |
|---|---|---|---|---|
| A | B | C | Cn | S |
| 0 | 0 | 0 | 0 | 0 |
| 0 | 0 | 1 | 0 | 1 |
| 0 | 1 | 0 | 0 | 1 |
| 0 | 1 | 1 | 1 | 0 |
| 1 | 0 | 0 | 0 | 1 |
| 1 | 0 | 1 | 1 | 0 |
| 1 | 1 | 0 | 1 | 0 |
| 1 | 1 | 1 | 1 | 1 |

其中,可以将S用“异或”门实现,而进位Cn用运算符或真值表的方式完成,如图9.1.2所示。需要注意的是,例程9.1.4必须与例程9.1.1置入同一工程中,并且将例程9.1.4设置为顶层文件。

**例程9.1.4 一位二进制全加器 full_adder. vhd**

```
library ieee;
use ieee. std_logic_1164. all;
entity full_adder is
port(a_in,b_in,c_in:in std_logic;
    s_out,cn_out:out std_logic);
```

```
end full_adder;
architecture behav of full_adder is
component logic_xor_1
    port(a,b:in std_logic;
    y:out std_logic);
end component;
signal  x   :std_logic;
begin
    u1:  logic_xor_1 port map(a = > a_in,b = > b_in,y = > x);
    u2:  logic_xor_1 port map(a = > x   ,b = > c_in,y = > s_out);
    cn_out < = (a_in and b_in) or (a_in and c_in) or (c_in and b_in);
end behav;
```

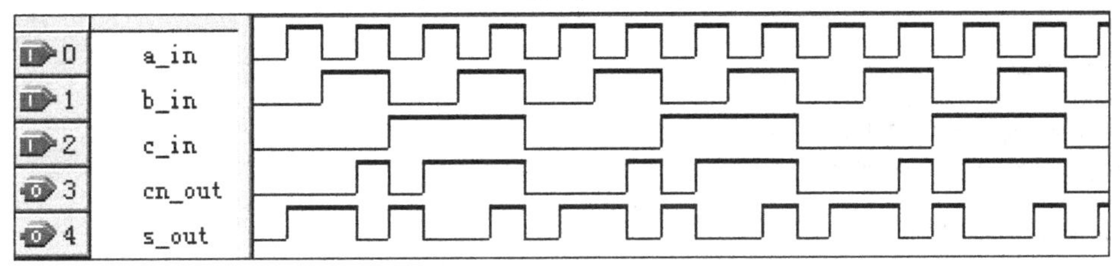


图9.1.2　一位二进制全加器仿真波形图

5)利用CASE语句实现3-8编码器(见例程9.1.5和图9.1.3)

例程9.1.5　3-8译码器 decoder_3_to_8. vhd

```
library ieee;
use ieee. std_logic_1164. all;
entity decoder_3_to_8 is
port(a,b,c,g1,g2a,g2b:in std_logic;
y:out std_logic_vector(0 to 7));
end decoder_3_to_8;
architecture behav of decoder_3_to_8 is
signal comb:std_logic_vector(2 downto 0);
begin
comb <=  a&b&c;
process(comb,g1,g2a,g2b)
begin
if(g1 ='1' and g2a ='0' and g2b ='0') then
    case comb is
    when "000"  => y <= "01111111";
    when "001"  => y <= "10111111";
    when "010"  => y <= "11011111";
    when "011"  => y <= "11101111";
    when "100"  => y <= "11110111";
    when "101"  => y <= "11111011";
    when "110"  => y <= "11111101";
    when "111"  => y <= "11111110";
    end case;
else
    y <= "11111111";
end if;
end process;
end behav;
```

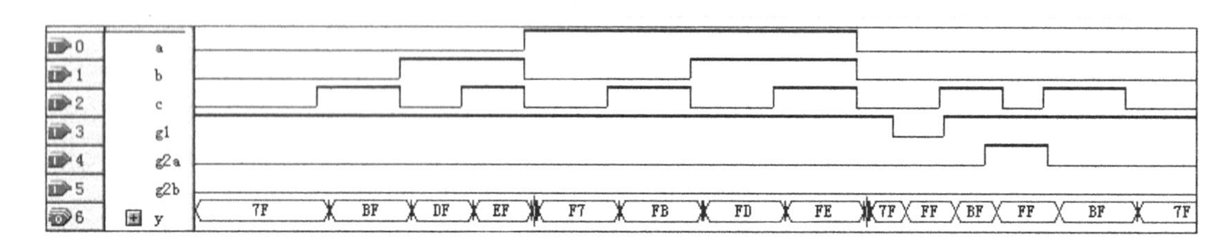


图 9.1.3　3-8 译码器仿真波形图

6）利用 IF 语句实现优先编码器（见例程 9.1.6 和图 9.1.4）

**例程 9.1.6　优先编码器 encoder. vhd**

```
library ieee;
use ieee.std_logic_1164.all;
entity encoder is
port(input:in std_logic_vector(7 downto 0);
     y:out std_logic_vector(2 downto 0));
end encoder;
architecture behav of encoder is
begin
process(input)
begin
     if (input(0) ='0') then
         y< ="111";
     elsif (input(1) ='0') then
         y< ="110";
     elsif (input(2) ='0') then
         y< ="101";
     elsif (input(3) ='0') then
         y< ="100";
     elsif (input(4) ='0') then
         y< ="011";
     elsif (input(5) ='0') then
         y< ="010";
     elsif (input(6) ='0') then
         y< ="001";
     elsif (input(7) ='0') then
         y< ="000";
     else
         y< ="XXX";
     end if;
end process;
end behav;
```

图 9.1.4　优先编码器仿真波形图

7)利用变量实现同步加/减计数器(见例程9.1.7和图9.1.5)

**例程9.1.7　同步十进制加/减计数器 cnt10.vhd**

```
library ieee;
use ieee. std_logic_1164. all;
use ieee. std_logic_unsigned. all;
entity  cnt10 is
port(ld,ct,ud,cp    :in std_logic;
d                   :in std_logic_vector(3 downto 0);
q                   :out std_logic_vector(3 downto 0));
end cnt10;
architecture behav of cnt10 is
begin
process(cp,ld,ct,ud)
variable var:std_logic_vector(3 downto 0);
begin
if ld ='0' then
    var: =d;
elsif ld ='1' then
    if cp ='1' and cp'event then
        if ct ='1' then
        var: =var;
        else
            if ud ='1' then
                if var =9 then
                    var: =(others =>'0');
                else
                    var: =var +1;
                end if;
            else
                if var =0 then
                    var: ="1001";
                else
                    var: =var-1;
                end if;
            end if;
        end if;
    end if;
end if;
q <=var;
end process;
end behav;
```

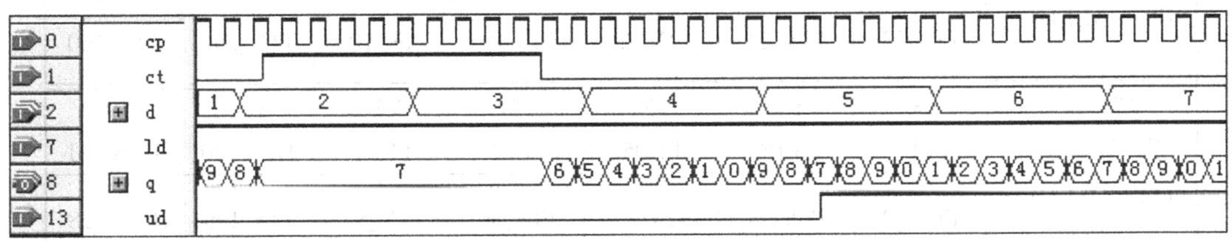


图9.1.5　同步十进制加/减计数器仿真波形图

**(5)实验内容**

1)简单门电路设计

利用VHDL语言设计二输入或多输入“与”门、“或”门、“与非”门、“或非”门等。要求给出仿真波形并能够下载到EDA实验系统中进行验证。

注意:硬件验证时输入可使用 EDA 硬件实验平台 LB0 的拨码开关 SW0 ~ SW2 和按键 KEY0 代替,输出用发光二极管 LED0 灯指示,其管脚分配可参照表 9.1.3,如果是二输入或三输入,选择其中两个或三个拨码开关即可。

**表 9.1.3　多输入电路 FPGA 芯片管脚分配表**

| 电路端口/系统管脚定义 | A/SW0 | B/SW1 | C/SW2 | D/KEY0 | F/LED0 |
|---|---|---|---|---|---|
| EP3C10E144C8管脚号 | PIN_23 | PIN_24 | PIN_25 | PIN_91 | PIN_103 |

2)全减器电路设计

自行设计一位全减器,利用 component 语句和 port map 语句将一位全减器连接成多位全减器。要求给出仿真波形并能够下载到 EDA 实验系统中进行验证。

注意:硬件验证时输入请用 EDA 硬件实验平台 LB0 的拨码开关 SW 作为减法器输入端,输出用发光二极管 LED 灯指示,其管脚分配可参照表 9.1.4。

**表 9.1.4　一位全减器 FPGA 芯片管脚分配表**

| 电路端口/系统管脚定义 | A/SW0 | B/SW1 | C/SW2 | S/LED0 | CO/LED1 |
|---|---|---|---|---|---|
| EP3C10E144C8管脚号 | PIN_23 | PIN_24 | PIN_25 | PIN_103 | PIN_101 |

3)译码器设计

采用 VHDL 语言设计 4-16 译码器(输出高电平有效),要求分别利用 if 语句和 case 语句完成,给出相应的仿真波形并下载验证。

注意:硬件验证时输入可用 LB0 的拨码开关 SW 及按键 KEY 作为译码器输入端,因为输出端较多,可用发光二极管 LED 灯及八段数码管作为译码器输出,其管脚分配可参照表9.1.5。

**表 9.1.5　译码器 FPGA 芯片管脚分配表**

| 电路端口/系统管脚定义 | A/SW0 | B/SW1 | C/SW2 | D/KEY0 | Y0/LED0 | Y1/LED1 | Y2/LED2 |
|---|---|---|---|---|---|---|---|
| EP3C10E144C8管脚号 | PIN_23 | PIN_24 | PIN_25 | PIN_91 | PIN_103 | PIN_101 | PIN_100 |
| 电路端口/系统管脚定义 | Y3/LED3 | Y4/LED4 | Y5/LED5 | Y6/LED6 | Y7/LED7 | Y8/HEX_D0 | Y9/HEX_D1 |
| EP3C10E144C8管脚号 | PIN_99 | PIN_98 | PIN_87 | PIN_86 | PIN_85 | PIN_129 | PIN_128 |
| 电路端口/系统管脚定义 | Y10/HEX_D2 | Y11/HEX_D3 | Y12/HEX_D4 | Y13/HEX_D5 | Y14/HEX_D6 | Y15/HEX_D7 | |
| EP3C10E144C8管脚号 | PIN_127 | PIN_126 | PIN_125 | PIN_124 | PIN_121 | PIN_120 | |

4)计数器设计

利用VHDL语言设计带异步复位功能的4位二进制双向计数器,要求计数器具有两个输入时钟信号,其中一个作为加法计数脉冲,另一个作为减法计数脉冲。要求给出仿真波形并下载验证。

注意:硬件验证时输入可使用LB0的按键KEY作为模拟时钟输入,复位输入可使用拨码开关SW,输出可使用发光二极管LED灯代表,其管脚分配可参照表9.1.6。

**表9.1.6　双时钟双向计数器FPGA芯片管脚分配表**

| 电路端口/系统管脚定义 | Reset/SW0 | UpClk/KEY0 | DownClk/KEY1 | Q0/LED0 | Q1/LED1 | Q2/LED2 | Q3/LED3 |
|---|---|---|---|---|---|---|---|
| EP3C10E144C8管脚号 | PIN_23 | PIN_91 | PIN_90 | PIN_103 | PIN_101 | PIN_100 | PIN_99 |

**(6)实验报告**

①给出仿真电路的真值表或功能表,并给出实验程序。

②记录功能仿真和时序仿真波形图,并记录仿真波形时间参数。

③对仿真结果进行分析,研究输入输出波形关系。

④对实验中遇到的问题进行分析,说明采用了什么样的解决方法,写出实验心得。

**(7)思考题**

①异或门设计中,输出端口能否输出"X",怎样的情况下能够输出这种结果?

②改变波形文件输入输出的波形时间参数,记录得到的功能仿真和时序仿真波形图,分析不同输入时间参数情况下仿真波形输出结果的异同。

③if语句和case语句在综合后形成的电路有何不同,哪种电路输出结果延时较大?

④优先编码器在输入"01111111"和"11111111"时编码值相同,应该怎样改进程序?

④试将优先编码器用case语句描述,与if语句描述进行比较,并分析利弊。

## 9.2　子程序、例化语句和生成语句的应用

**(1)实验目的**

①掌握信号、变量及常量三种数据对象的特点和使用方法。

②掌握包集合的使用方法。

③掌握过程与函数的使用方法。

④掌握元件类属语句与例化语句的使用方法。

⑤掌握生成语句的使用方法。

**(2)实验环境**

1)硬件

PC机1台,LB0实验开发平台1套。

2)软件

Quartus Ⅱ 9.0。

**(3)实验原理**

1)数据对象

VHDL 语言中,数据对象有三类,即变量(variable)、常量(constant)与信号(signal)。数据对象与数据类型不同。其中,常量的使用较为简单,其主要便于程序的阅读和修改。变量是一个局部量,只能在进程和子程序中使用,变量的赋值是一种理想化的数据传输,不存在时延。信号则是描述硬件系统的基本数据对象,可作为实体中并行语句模块间的信号交流通达。信号和变量在使用过程中既有相似性,又有较大不同,单纯从仿真或语法角度去理解二者异同都是不够的,需要结合综合后的电路对这两种数据对象进行深入理解。

2)包集合

包集合是用来单纯罗列 VHDL 语言所要用到的信号定义、常数定义、数据类型、原件语句、函数定义和过程定义等。包集合本身是一个可编译的设计单元,也是库结构的一个层次。包集合的结构由其包首和包体两部分组成。一个完整的包集合,包首与包体名字必须相同。包集合结构中,包体并非必要,包首可独立定义和使用。用户开发与设计的单元和包集合存放在 WORK 库中,实际调用时不必显示说明。

3)子程序

子程序是一个 VHDL 程序模块,此模块利用顺序语句定义和完成算法,这一点与进程类似。不同的是,子程序不能像进程那样可以从本结构体的并行语句或进程结构中直接读取信号值或向信号赋值。子程序的使用方法只能是通过子程序调用及与子程序的界面端口进行通信。子程序包括过程和函数这两种形式。过程和函数的区别在于:过程的调用可通过其界面获得多个返回值,而函数只能返回一个值。子程序可以在 VHDL 程序的三个不同位置,即包集合、结构体和进程内定义。但由于只有在包集合中定义的子程序可以被其他不同的实体所调用,所以一般放在包集合中。

4)生成语句

生成语句具有复制功能,在设计中只要设定好某些条件,就可利用生成语句复制生成一组完全相同的并行元件或设计单元电路结构。

5)例化语句

9.1 节的实验一中,已经对例化语句有了初步学习。元件例化语句由两部分组成,第一部分是元件定义语句,相当于对当前设计实体进行封装,仅保留外界接口界面。第二部分即例化语句。元件定义语句除端口名外,还可以通过设计类属修改端口的属性与参数。

**(4)参考程序**

1)利用变量设计 JK 触发器

触发器是时序逻辑电路的基本单元电路,根据触发边沿、复位和预置方式等可分为不同形式。JK 触发器仿真波形图,如图 9.2.1 所示。通过设计 JK 触发器,深入理解信号与变量的差异,见例程 9.2.1。

**例程 9.2.1　JK 触发器 jk_ff. vhd**

```
library ieee;
use ieee. std_logic_1164. all;
entity jk_ff is
    port( clk  : in std_logic;
          j    : in std_logic;
```

```
            k        : in std_logic;
            reset: in std_logic;
            q,qn  : out std_logic);
end jk_ff;
architecture behav of jk_ff is
begin
    process(clk,reset)
        variable state : std_logic;
        variable tmp_a, tmp_b : std_logic;
    begin
    if(reset = '1') then
        state : = '0';
    elsif (clk'event and clk  ='1') then
        tmp_a : = j and (not state);
        tmp_b : = (not k) and state;
        state : = tmp_a or tmp_b;
    end if;
    q <= state;
    qn <= not state;
    end process;
end behav;
```

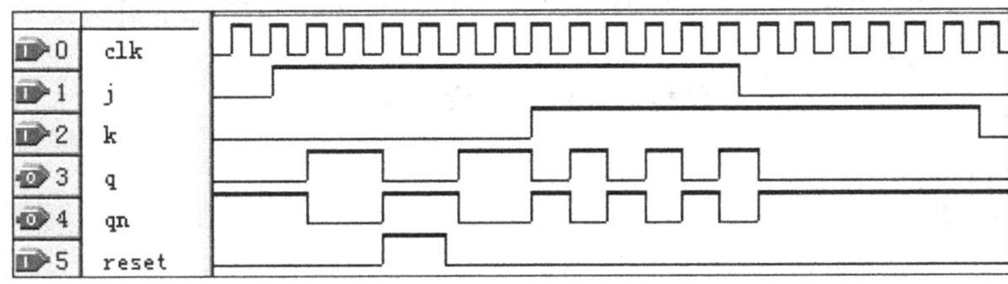


**图9.2.1　JK触发器仿真波形图**

2)包集合的使用

程序9.2.2定义的译码器是一个用于七段数码管的显示译码器,译码原理可参考前面章节相关内容,本例程主要目的是介绍包集合的定义与应用方法。译码器仿真波形图,如图9.2.2所示。

**例程9.2.2　译码器** usepack.vhd

```
package mypac is    --包集合首部
    subtype segments is bit_vector(0 to 6);   --定义数据类型
    type bcd is range 0 to 9;
end mypac;

use work.mypac.all;   --应用自定义的包集合
entity usepack is
port(datain:bcd;   --使用包集合内定义的数据类型
    drive:out segments);
end usepack;

architecture behav of usepack is
begin
process(datain)
begin
    case datain is
        when 0 => drive <= "1111110";
        when 1 => drive <= "0110000";
```

```
        when 2 => drive <= "1101101";
        when 3 => drive <= "1111001";
        when 4 => drive <= "0110011";
        when 5 => drive <= "1011011";
        when 6 => drive <= "1011111";
        when 7 => drive <= "1110000";
        when 8 => drive <= "1111111";
        when 9 => drive <= "1111011";
        when others => drive <= "0000000";
    end case;
end process;
end behav;
```

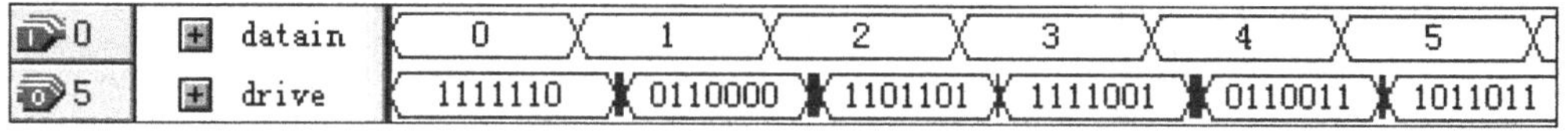


图 9.2.2　译码器仿真波形图

3)函数使用

本实验利用包集合内的函数实现数值比较,其中 pack. vhd 与 function_pack. vhd 须置入同一工程内,并且将 function_pack. vhd 设置为顶层文件,见例程 9.2.3、例程 9.2.4。比较器仿真波形图如图 9.2.3 所示。

例程 9.2.3　包集合 pack. vhd

```
library ieee;
use ieee.std_logic_1164.all;
package bpac is    --包集合首
function max(
a:std_logic_vector(4 downto 0);
b:std_logic_vector(4 downto 0))
return std_logic_vector;    --函数具有1个返回值
end bpac;

package body bpac is    --包集合体
    function max(
a:std_logic_vector(4 downto 0);
b:std_logic_vector(4 downto 0))
return std_logic_vector is
variable tmp:std_logic_vector(4 downto 0);
begin
    if a > b then
        tmp:=a;
    else
        tmp:=b;
    end if;
return tmp;    --返回函数值
end max;
end bpac;
```

例程 9.2.4　比较器 function_pack. vhd

```
library ieee;
use ieee.std_logic_1164.all;
use work.bpac.all;    --包集合引用
entity function_pack is
port(data: in std_logic_vector(4 downto 0);
    clk,set:in std_logic;
    dataout:out std_logic_vector(4 downto 0));
```

```
end function_pack;
architecture behav of function_pack is
signal tmpdata,peak:std_logic_vector(4 downto 0);
begin
dataout <= peak;
process(clk)
begin
if clk = '1' and clk'event then
    if set = '1' then
        tmpdata < = data;
    else
        peak < = max(tmpdata,peak);    --函数调用,返回值赋给 peak
    end if;
end if;
end process;
end behav;
```

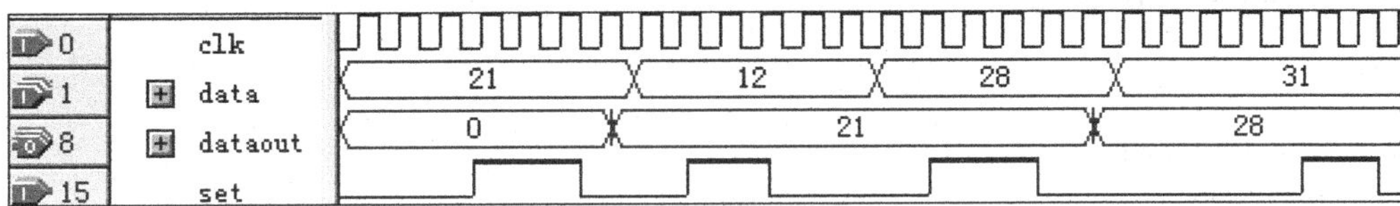


图9.2.3　比较器仿真波形图

4)过程调用

本实验利用包集合内的过程实现循环移位功能,其中 cspac.vhd 与 test_cspac.vhd 须置入同一工程内,并且将 test_cspac.vhd 设置为顶层文件,见例程9.2.5、例程9.2.6。循环移位寄存器仿真波形图如图9.2.4所示。

例程9.2.5　包集合 cspac.vhd

```
library ieee;
use ieee.std_logic_1164.all;
use ieee.std_logic_unsigned.all;
use ieee.std_logic_arith.all;

package cspac is
procedure shift(
signal din: in std_logic_vector;
signal   s: in std_logic_vector;
signal dout: out std_logic_vector);
end cspac;

package body cspac is    --定义移位过程包集合
procedure shift(
signal din: in std_logic_vector;
signal   s: in std_logic_vector;
signal dout: out std_logic_vector)is
variable sc:integer;
begin
sc: = conv_integer(s);
for i in din'ange loop
        if(sc + i < = din'left)then
            dout(sc + i) < = din(i);
        else
            dout(sc + i-din'left-1) < = din(i);
        end if;
```

```
end loop;
end shift;
end cspac;
```

例程 9.2.6　循环移位寄存器 test_cspac. vhd

```
library ieee;
use ieee. std_logic_1164. all;
use work. cspac. all;
entity test_cspac is
port(
din    :  in std_logic_vector(7 downto 0);
s      :  in std_logic_vector(2 downto 0);
clk,en:   in std_logic;
dout:out std_logic_vector(7 downto 0)
);
end test_cspac;
architecture behav of test_cspac is
begin
process(clk)
begin
    if clk = '1' and clk'event then
        if en = '0' then
            dout  <= din;
        else
            shift(din,s,dout);   --过程调用
        end if;
    end if;
end process;
end behav;
```

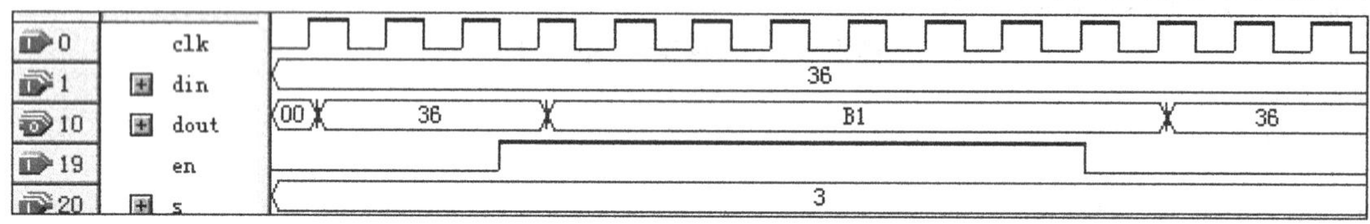


图 9.2.4　循环移位寄存器仿真波形图

5)利用例化语句与生成语句设计多位加法器

现利用 VHDL 计算式子(w + x)^2 + (y + z)^2 的值。本例需要与 9.1 节中例程 9.1.4 置入同一工程中,并且将本例程置为顶层文件,见例程 9.2.7、例程 9.2.8。乘加器仿真波形图如图 9.2.5 所示。

例程 9.2.7　多位二进制加法器 adder. vhd

```
library ieee;
use ieee. std_logic_1164. all;
entity adder is
generic(n:integer: =8);   --元件类属表
port(a,b   :in std_logic_vector(n-1 downto 0);
    c_in   :in std_logic;
    c_out  :out std_logic;
    res    :out std_logic_vector(n-1 downto 0));
end adder;
architecture behav of adder is

component full_adder
port(a_in,b_in,c_in:in std_logic;
```

```
    s_out,cn_out:out std_logic);
end component;
signal   ctmp:std_logic_vector(n downto 0);
begin
ctmp(0) <=c_in;
c_out <=ctmp(n);
add   :for iNum in 0 to 7 generate   --元件生成语句
myadd  :full_adder port map(   --元件例化语句
    a(iNum),
    b(iNum),
    ctmp(iNum),
    res(iNum),
    ctmp(iNum +1));
end generate;
end behav;
```

**例程 9.2.8　乘加器 mult_adder. vhd**

```
library ieee;
use ieee.std_logic_1164.all;
use ieee.std_logic_unsigned.all;
use ieee.std_logic_arith.all;
entity mult_add is
port(w,x,y,z:in std_logic_vector(3 downto 0);
        res:out std_logic_vector(10 downto 0));
end entity;

architecture behav of mult_add is

component adder
generic(n:integer: =8);
port(a,b   :in std_logic_vector(n-1 downto 0);
    c_in   :in std_logic;
    c_out   :out std_logic;
    res           :out std_logic_vector(n-1 downto 0));
end component;
signal ta,tb:std_logic_vector(4 downto 0);
signal tc,td:std_logic_vector(9 downto 0);
begin

u1:adder   generic map(n =>4)                          --调用元件类属设置
        port map(w,x,'0',ta(4),ta(3 downto 0));  --调用元件端口设置
u2:adder   generic map(n =>4)
        port map(y,z,'0',tb(4),tb(3 downto 0));
tc <=tt * aa;                                          --乘法运算
td <=tt * bb;
u3:adder   generic map(n = >10)
        port map(tc,td,'0',res(10),res(9 downto 0));
end behav;
```

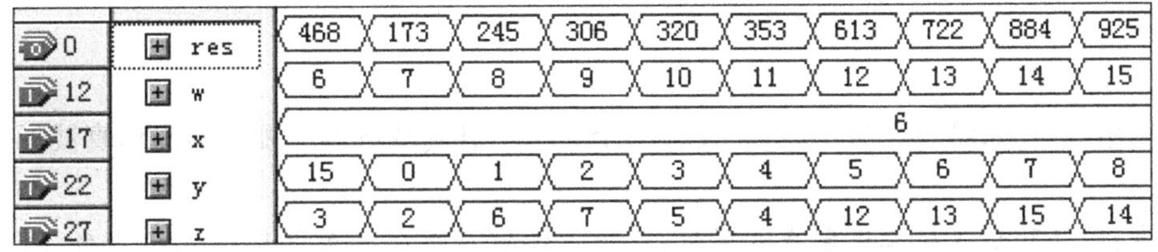


图 9.2.5　乘加器仿真波形图

(5)实验内容

1)移位寄存器设计

利用 VHDL 语言,应用过程调用和包集合设计一个 8 位循环右移移位寄存器,要求给出仿真波形并下载实现。

注意:硬件验证时,因为输入端口较少,可将 8 位移位寄存器的初值设定为一个便于观察移位效果的常量,右移位数可使用拨码开关 SW0 ~ SW2 输入,寄存器的输出可用发光二极管指示,时钟可用按键模拟,其管脚分配可参照表 9.2.1。

表 9.2.1　8 位循环右移移位寄存器 FPGA 芯片管脚分配表

| 电路端口/系统管脚定义 | S0/SW0 | S1/SW1 | S2/SW2 | Y0/LED0 | Y1/LED1 | Y2/LED2 | Y3/LED3 |
|---|---|---|---|---|---|---|---|
| EP3C10E144C8管脚号 | PIN_23 | PIN_24 | PIN_25 | PIN_103 | PIN_101 | PIN_100 | PIN_99 |
| 电路端口/系统管脚定义 | Y4/LED4 | Y5/LED5 | Y6/LED6 | Y7/LED7 | Clk/KEY0 | | |
| EP3C10E144C8管脚号 | PIN_98 | PIN_87 | PIN_86 | PIN_85 | PIN_91 | | |

2)子程序调用设计

试将例程 9.2.4 中的函数调用改为过程调用,将例程 9.2.6 中的过程调用改为函数调用,运行并仿真。

注意:硬件验证 5 位比较器时,可使用按键与拨码开关实现多位数据输入,输出可用发光二极管指示,时钟使用按键模拟,启动信号 SET 可使用拨码开关实现,其管脚分配可参照表9.2.2。

表 9.2.2　8 位循环右移移位寄存器 FPGA 芯片管脚分配表

| 电路端口/系统管脚定义 | SET/SW0 | DATA0/SW1 | DATA1/SW2 | DATA2/KEY0 | DATA3/KEY1 | DATA4/KEY2 | CLK/KEY3 |
|---|---|---|---|---|---|---|---|
| EP3C10E144C8管脚号 | PIN_23 | PIN_24 | PIN_25 | PIN_91 | PIN_90 | PIN_89 | PIN_88 |
| 电路端口/系统管脚定义 | DOUT0/LED0 | DOUT1/LED1 | DOUT2/LED2 | DOUT3/LED3 | | | |
| EP3C10E144C8管脚号 | PIN_103 | PIN_101 | PIN_100 | PIN_99 | | | |

3)减法器设计

利用生成语句,结合一位全减器,设计一个 3 位二进制减法器。要求给出仿真波形并下载实现。

注意:硬件验证 3 位二进制减法器时,可使用按键与拨码开关实现输入被减数、减数及借位,输出可用发光二极管指示,其管脚分配可参照表 9.2.3。

表9.2.3　3位二进制减法器FPGA芯片管脚分配表

| 电路端口/系统管脚定义 | A0/SW0 | A1/SW1 | A2/SW2 | B0/KEY0 | B1/KEY1 | B2/KEY2 | Cn/KEY3 |
| --- | --- | --- | --- | --- | --- | --- | --- |
| EP3C10E144C8管脚号 | PIN_23 | PIN_24 | PIN_25 | PIN_91 | PIN_90 | PIN_89 | PIN_88 |
| 电路端口/系统管脚定义 | F0/LED0 | F1/LED1 | F2/LED2 | CO/LED3 | | | |
| EP3C10E144C8管脚号 | PIN_103 | PIN_101 | PIN_100 | PIN_99 | | | |

4)触发器设计

设计一个带有异步复位和置位端的下降沿触发JK触发器。

注意:硬件实现JK触发器时,可使用拨码开关作为复位、置位输入,用按键模拟时钟输入,输出可使用发光二极管指示,其管脚分配可参照表9.2.4。

表9.2.4　触发器FPGA芯片管脚分配表

| 电路端口/系统管脚定义 | J/SW0 | K/SW1 | Reset SW2 | CLK/KEY0 | Q/LED0 | Qn/LED1 |
| --- | --- | --- | --- | --- | --- | --- |
| EP3C10E144C8管脚号 | PIN_23 | PIN_24 | PIN_25 | PIN_91 | PIN_103 | PIN_101 |

**(6)实验报告**

①给出仿真电路的功能表,并给出实验程序。

②记录得到的功能仿真和时序仿真波形图,并记录仿真波形时间参数。

③写出仿真和分析报告。

④对实验中遇到的问题进行分析,说明采用了什么样的解决方法,写出实验心得。

**思考题**

1. 能否设计一个触发器,既能在时钟上升沿工作,也能在时钟下降沿工作?
2. 例程9.2.1中的变量改为信号,分析结果有什么不同?
3. 使用子程序调用与不使用子程序调用的程序,综合之后电路结构是否不同?为什么?

## 9.3　实验系统输入输出设计

**(1)实验目的**

①学习七段LED动态显示原理与设计方法。

②学习PS/2键盘输入原理与设计方法。

③学习PWM音频输出原理与设计方法。

**(2)实验环境**

1)硬件

PC 机 1 台,LB0 实验开发平台 1 套,PS/2 小键盘 1 个,耳机 1 个(自备)。

2)软件

Quartus Ⅱ 9.0。

**(3)实验原理**

1)PS/2 键盘及普通按键原理

PS/2 通信协议是一种双向同步串行通信协议,通常用于键盘和鼠标与计算机的接口通信,通信的两端通过时钟同步,并通过数据线串行传输数据。PS 接口分为插头和插座两种接头,均为 6 脚接口,其引脚定义如表 9.3.1 所示。

**表 9.3.1　PS2 接口引脚定义**

| 插头(Plug) | 插座(Socket) | 6 脚 DIN(AT/XT) |
| --- | --- | --- |
| | | 1—数据 |
| | | 2—未使用,保留 |
| | | 3—电源地 |
| | | 4—电源 +5 V |
| | | 5—时钟 |
| | | 6—未使用,保留 |

当键盘与电脑连接好后,如果有按键按下或释放,键盘内本身的处理器会将扫描码发送至电脑。扫描码有两大类:通码与断码。当按键按下之后发送通码,当按键释放则发送断码。每个按键被定义了唯一的通码与断码,其定义方式现有 3 套标准的扫描码集,现代键盘通常默认使用第 2 套。

PS/2 设备分为主机和从机,PS/2 主机提供电源(+5 V,GND),主、从机通过一根时钟线(PS2_CLK)和一根数据线(PS2_DATA)进行双向同步串行通信,时钟和数据均为集电极开路的,且为双向端口,即它们通常保持高电平,并很容易被任意一方下拉到地(置 0)。在通信中从机负责产生时钟信号,时钟频率通常在 10 ~ 20 kHz。双向通信过程中主机具有优先控制权,可以任何时候抑制来自从机的通信。通常情况下,PS/2 键盘作为从机发送数据给主机数据告知按键状态,只有在主机需要对 PS/2 键盘进行配置的时候才需要由主机发送命令给 PS/2 键盘。下面分别给出从机给主机发送数据和主机给从机发送数据的过程。

PS/2 从机发送数据到主机的通信过程:当从机准备发送数据时首先检查时钟是否是高电平,如果不是,则是主机抑制了通信,设备可以缓冲任何要发送的数据直到重新获得总线的控制权,PS/2 键盘有 16 字节的缓冲区,如果时钟线是高电平设备就可以开始传送数据。通信使用一种每帧包含 11 位的串行协议,包括 1 个起始位(总是为 0),8 个数据位(低位在前),1 个校验位(奇校验)和 1 个停止位(总是为 1)。从机发送给主机的数据在时钟信号的下降沿被锁存,通信时序图如图 9.3.1 所示。

PS/2 主机发送数据到从机的通信过程:当主机准备发送数据时首先把时钟和数据线设置为"请求发送"状态,即通过下拉时钟线至少 100 μs 来抑制通信,通过下拉数据线来应用"请

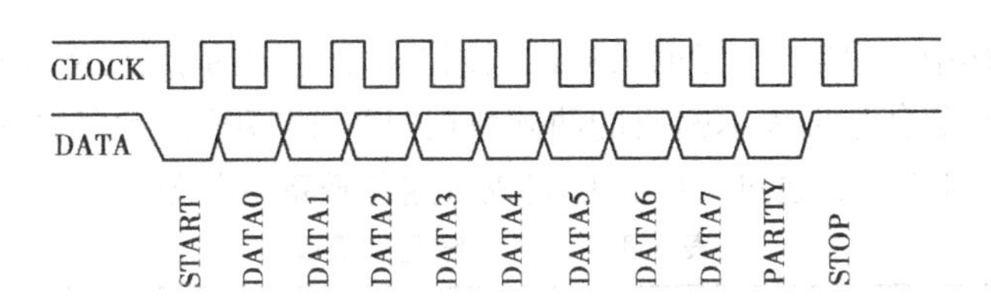


图9.3.1　PS/2从机到主机的通信时序图

求发送"然后释放时钟。从机检测到这个状态后会开始产生时钟信号,并且在时钟脉冲标记下输入8个数据位和1个停止位,通信中主机仅当时钟线为低的时候改变数据线的数据,从机在时钟脉冲的上升沿锁存数据。在停止位发送后从机要应答接收到的字节,把数据线拉低并产生最后一个时钟脉冲完成一帧数据通信。如果主机在第11个时钟脉冲后不释放数据线,从机将继续产生时钟脉冲直到数据线被释放。主机也可以通过下拉时钟线超过100 μs在第11个时钟脉冲应答位前中止一次传送。通信时序图如图9.3.2所示。图9.3.3是主、从机分开的数据和时钟线时序图,图中(a)时间段由主机通过抑制通信来请求发送,(b)时间段进行主机到从机的数据发送。

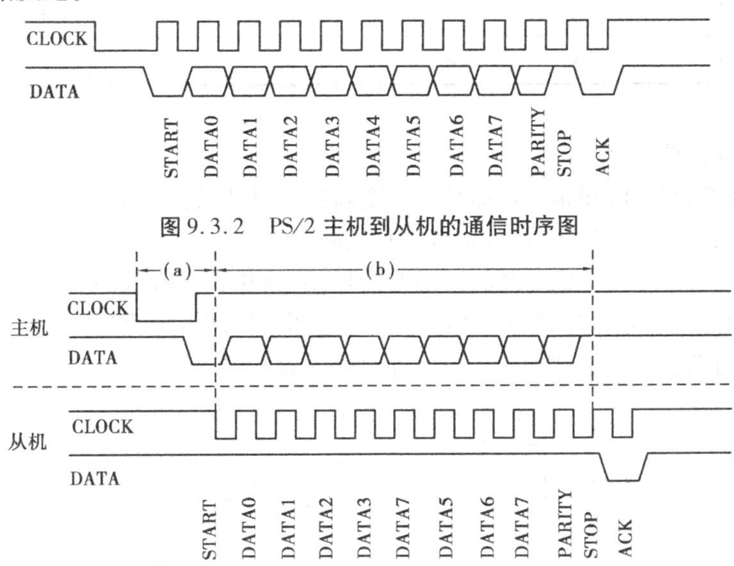


图9.3.2　PS/2主机到从机的通信时序图

图9.3.3　PS/2主、从机分开的数据和时钟线时序图

数据帧格式如表9.3.2所示,由表可知,第2~9位数据是键值,其他位可忽略。

表9.3.2　PS/2数据帧格式

| 1个起始位 | 总是逻辑0 |
|---|---|
| 8个数据位(D0~D7) | (LSB)低位在前 |
| 1个奇偶校验位(P) | 奇校验 |
| 1个停止位 | 总是逻辑1 |
| 1个应答位 | 仅用在主机对设备的通讯中 |

与LB0板配套使用的小袋鼠型PS/2小键盘共计18个按键,每个按键的通码与断码键值

如表9.3.3所示。其中,释放一个键时,键盘会输出多个连续的字节,例如释放“0”,则在相差不足1 ms时间内,键盘会输出表示断码的两帧数据“F0”和“70”。此外,ENTER键与“/”键的通码不止一个字节,因此需要通过一些技巧完成对这些按键的识别。

表9.3.3　PS/2键盘键值表

| 按　键 | 通　码 | 断　码 | 按　键 | 通　码 | 断　码 |
|---|---|---|---|---|---|
| 0 | 70 | F0 70 | 9 | 7D | F0 7D |
| 1 | 69 | F0 69 | / | E0 4A | E0 F0 4A |
| 2 | 72 | F0 72 | * | 7C | F0 7C |
| 3 | 7A | F0 7A | - | 7B | F0 7B |
| 4 | 6B | F0 6B | + | 79 | F0 79 |
| 5 | 73 | F0 73 | ENTER | E0 5A | E0 F0 5A |
| 6 | 74 | F0 74 | BKSP | 66 | F0 66 |
| 7 | 6C | F0 6C | . | 71 | F0 71 |
| 8 | 75 | F0 75 | NUM | 77 | F0 77 |

2)PWM音频播放原理

PWM(Pulse Width Modulation),即脉冲宽度调制,是利用数字电路的输出对模拟电路进行控制的一种技术,广泛应用于测量、通信等多种领域中。

PWM输出的是一个占空比可调的矩形波信号,如图9.3.4所示是一个周期为6个时钟、高电平脉冲输出为4个时钟的PWM输出波形,通过调整周期占用的时钟数可调整PWM输出信号的周期,通过调整高电平脉冲输出的时钟数可调节PWM信号的占空比。

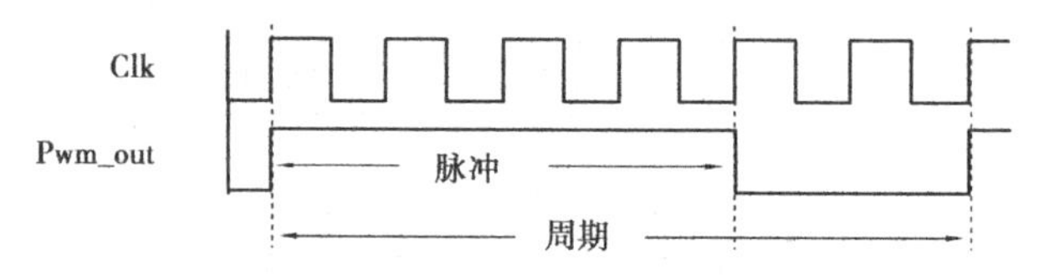


图9.3.4　PWM输出波形图

众所周知,模拟信号的值可连续变化,其时间和幅度的分辨率都没有限制,而数字信号仅有两种电压值。要将数字信号直接输入至模拟音频播放电路,可借助PWM实现。因为不同占空比的数字信号驱动喇叭或耳机,后者发音的大小是不同的,因此不同占空比的数字信号就与不同电压值的模拟电压相似,它们具有相同的效果。

例如现需要播放一个8 kHz频率,8 bit采样深度的音频,在时间上,音频数据是以8 kHz为周期输出不同的模拟电压,模拟电压的值与记录此时刻的8 bit采样数据值成正比,即:模拟电压值=采样数据值×LSB。

PWM播放音频的基本原理是:如果已知用于产生PWM波形的标准时钟信号为50 MHz,对于8 kHz的音频则可将1 s时间内的时钟信号分为8 k个时隙,其中每个时隙有50 M/8 k=6 250个时钟信号。每个时隙内PWM输出信号的占空比$q$可用公式$q=x/510$进行计算,其中$x$是模拟电压的8 bit采样数据值,其取值范围为0~255。当$x$为0时$q$也为0是静音,当$x$为

1时,$q$为1/510,此为最小的发音音量,当$x$为255时$q$为50%是最大音量。请注意喇叭发音的特殊性,占空比50%的信号对应的音量最大,也就是说,占空比40%和占空比60%的信号驱动喇叭具有相同的音量,这就是计算$q$的公式中分母为510的原因。为简化运算可将分母改为512,这样除以512就变成了右移9位,高位补9个0的运算,省去了极耗资源的除法运算。

例如对于8 kHz的音频,当采样数据值为1时,高电平的脉冲数为6 250/512≈12,即在6 250个时钟内,先输出12个时钟宽度的高电平,然后输出6 238个时钟的低电平;如果采样值为255,高电平的脉冲数为(6 250/512)×255≈3 112,则先输出3 112个时钟宽度的高电平,再输出3 138个时钟的低电平。这样对应于不同模拟电压的采样值,输出的是占空比不同但周期相同的脉冲信号,如果与耳机相连,就可听到8 kHz频率音频不同音量的声音。

由PWM播放原理可见,在标准时钟信号频率一定时,发音频率决定PWM的周期数,采样值决定占空比的大小即音量的大小,因此PWM信号不仅可以改变发音音量的大小,而且可以改变发音的频率。需要注意的是,PWM播放的音频信号的参数是有限制的,如果最高音频信号频率与采样深度(即最大采样值)之积大于标准时钟信号频率的一半时,则必须降低最高音频信号频率或采样深度,才能利用PWM正确播放。

此外,PWM播放只是一种利用数字信号播放模拟音频信号的近似方法,播放出来的声音会有一定的噪声,如果需要播放音质良好的声音,需要利用LB0板上的WM8731语言芯片实现DA转换,用模拟信号进行播放。

**(4)参考程序**

1)PS/2键盘控制原理(见例程9.3.1)

由表9.3.3不难发现,只有ENTER键与"/"键的通、断码值多一个字节"E0",因此可以屏蔽掉接收到的所有"E0"。如果键盘有按键按下,键盘将发出通码,则主机仅收到键值一个字节的数据,此时将scan_ready置1并一直保持,直到按键释放时发出断码(keyboard_data信号电平拉低)后将其置0。由于键盘发出的是断码,主机会收到"F0"和键值两个字节的数据,scan_ready在收到"F0"时会瞬间置1,在随后开始接受键值时就立即置0,并在收到断码的键值后也不会改变,如图9.3.5的仿真波形所示。

**例程9.3.1　PS/2键盘控制模块PS/2_keyb.vhd**

```
LIBRARY IEEE;
USE  IEEE.STD_LOGIC_1164.all;
USE  IEEE.STD_LOGIC_ARITH.all;
USE  IEEE.STD_LOGIC_UNSIGNED.all;
ENTITY PS2_keyb IS
    PORT(  keyboard_clk, keyboard_data, clock_25Mhz,
           reset, read   : IN  STD_LOGIC;
           scan_code     : OUT  STD_LOGIC_VECTOR(7 DOWNTO 0);
           scan_ready    : OUT  STD_LOGIC);
END PS2_keyb;

ARCHITECTURE a OF PS2_keyb IS
    SIGNAL INCNT                    : std_logic_vector(3 downto 0);
    SIGNAL SHIFTIN                  : std_logic_vector(8 downto 0);
    SIGNAL READ_CHAR                : std_logic;
    SIGNAL INFLAG, ready_set        : std_logic;
    SIGNAL keyboard_clk_filtered    : std_logic;
SIGNAL filter                       : std_logic_vector(7 downto 0);
```

```
   SIGNAL release       : STD_LOGIC : = '0';
BEGIN

--This process filters the raw clock signal coming from the keyboard using a shift register and two AND gates
Clock_filter: PROCESS
BEGIN
   WAIT UNTIL clock_25Mhz'EVENT AND clock_25Mhz = '1';
   filter (6 DOWNTO 0) <= filter(7 DOWNTO 1) ;
   filter(7) <= keyboard_clk;
   IF filter = "11111111" THEN keyboard_clk_filtered < = '1';
   ELSIF  filter = "00000000" THEN keyboard_clk_filtered < = '0';
   END IF;
END PROCESS Clock_filter;

--This process reads in serial data coming from the terminal
PROCESS
BEGIN
WAIT UNTIL (KEYBOARD_CLK_filtered'EVENT AND KEYBOARD_CLK_filtered = '1') ;
IF RESET = '1' THEN
        INCNT <= "0000";
        READ_CHAR <= '0';
        scan_ready <= '0';
ELSE
  IF KEYBOARD_DATA = '0' AND READ_CHAR = '0' THEN
  READ_CHAR <= '1';
    ready_set <= '0';
    scan_ready <= '0';
  ELSE
     -- Shift in next 8 data bits to assemble a scan code
    IF READ_CHAR = '1' THEN
        IF INCNT < "1001" THEN
        INCNT    <= INCNT + 1;
        SHIFTIN(7 DOWNTO 0) < = SHIFTIN(8 DOWNTO 1);
        SHIFTIN(8)    <= KEYBOARD_DATA;
            ready_set  <= '0';
            scan_ready <= '0';
             -- End of scan code character, so set flags and exit loop
        ELSE

          READ_CHAR   <= '0';
          ready_set    <= '1';
          INCNT    <= "0000";
          scan_code    <= SHIFTIN(7 DOWNTO 0);
          IF SHIFTIN(7 DOWNTO 0) = x"F0" THEN
                 release <= '1';
            ELSE
                 release <= '0';
            END IF;
        IF (SHIFTIN(7 DOWNTO 0)/ = X"E0") AND (release = '0') THEN
                 scan_ready            <= '1';
            END IF;
          END IF;
        END IF;
      END IF;
   END IF;
END PROCESS;
END a;
```

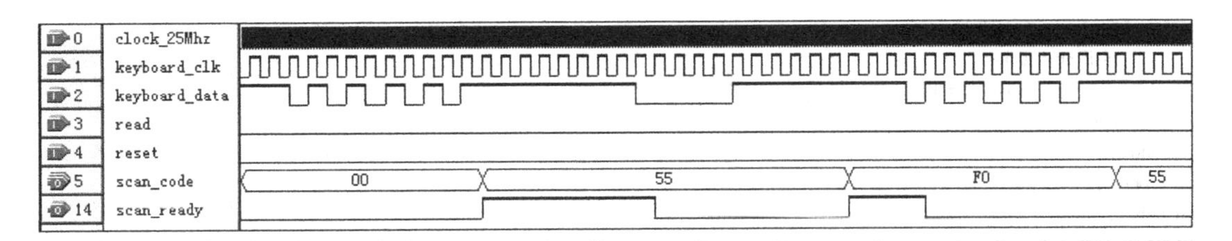


图9.3.5　键盘控制模块仿真波形图

2)PWM控制原理(见例程9.3.2)

PWM模块仿真波形图,如图9.3.6所示。

**例程9.3.2　PWM波形产生控制模块 pwm. vhd**

```
library ieee;
use ieee. std_logic_1164. all;
use ieee. std_logic_unsigned. all;
use ieee. std_logic_arith. all;
entity pwm is
port( clk:in std_logic;
cycle,highf:in std_logic_vector(19 downto 0);   -- cycle 为周期数,highf 为高电平脉冲数
    wave,err:out std_logic);    --wave 为 PWM 波形信号输出
end pwm;

architecture behav of pwm is
signal cc, a, b: std_logic_vector(19 downto 0);
begin
process(clk)   --产生 PWM 波的周期
begin
    if clk ='1' and clk'event then
        if a >1 then
            if cc < a-1 then
                cc <= cc +1;
            else
                cc <= (others =>'0');
            end if;
        else
            cc <= cc +1;
        end if;
    end if;
end process;
process(clk)   --内部信号赋值,产生 err 信号
begin
    if clk ='1' and clk'event then
            if cycle  >1 and cycle >= highf then
                a <= cycle;
                b <= highf;
                err <='0';
            else
                err  <='1';
            end if;
        end if;
end process;
process(clk)  --输出 PWM 波形信号
begin
    if clk ='1' and clk'event then
        if cc < b then
```

```
                wave  <='1';
        elsif cc < a then
                wave  <='0';
        end if;
    end if;
end process;
end behav;
```

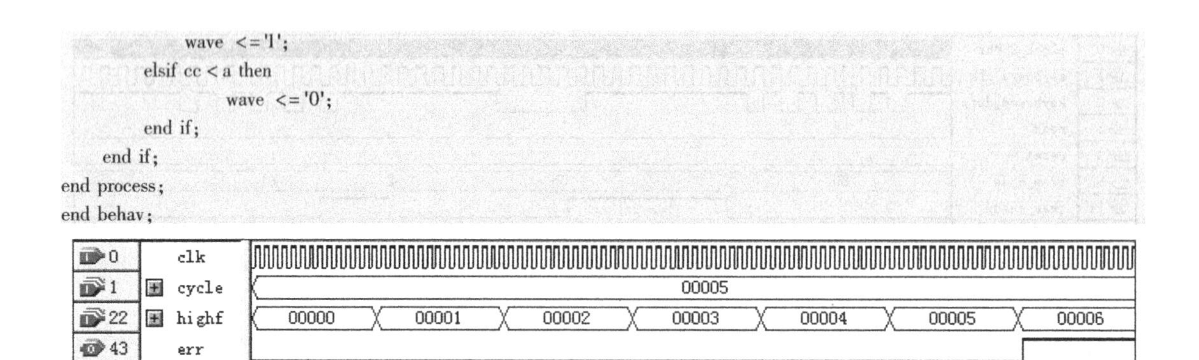


图 9.3.6　PWM 模块仿真波形图

**(5)实验内容**

1)八位七段数码管控制设计

请参照第 4 章图 4.4.8 LB0 实验系统的八位动态扫描显示器电路,设计七段数码管显示程序,给出仿真波形并下载到硬件电路上验证,要求能够在 8 个数码管上可同时显示不同数字或字母 A-F,并可利用按键或拨码开关控制显示内容,七段数码管原理可参见本书 8.1 节相关部分。

注意:硬件实现八位七段数码管控制时,需要使用按键或拨码开关作为控制输入,输入管脚与控制数码管的输出管脚分配可参照表 9.3.4。

**表 9.3.4　八位七段数码管控制 FPGA 芯片管脚分配表**

| 电路端口/系统管脚定义 | SW0 | SW1 | SW2 | KEY0 | KEY1 | KEY2 | KEY3 |
|---|---|---|---|---|---|---|---|
| EP3C10E144C8 管脚号 | PIN_23 | PIN_24 | PIN_25 | PIN_91 | PIN_90 | PIN_89 | PIN_88 |
| 电路端口/系统管脚定义 | HEX_D0 | HEX_D1 | HEX_D2 | HEX_D3 | HEX_D4 | HEX_D5 | HEX_D6 |
| EP3C10E144C8 管脚号 | PIN_129 | PIN_128 | PIN_127 | PIN_126 | PIN_125 | PIN_124 | PIN_121 |
| 电路端口/系统管脚定义 | HEX_D7 | CLK_50M | HEXSCA | HEXSCB | HEXSCC | | |
| EP3C10E144C8 管脚号 | PIN_120 | PIN_22 | PIN_132 | PIN_133 | PIN_135 | | |

2)PS/2 键盘控制设计

基于 PS/2 控制例程 9.3.1 结合如上的数码管控制程序,设计一个 PS/2 键盘按键测试电路。利用 LB0 电路板与 PS/2 键盘的接口,将输入按键的键值显示在数码管上,其顶层图如图 9.3.7 所示,其中 counter 模块用于分频以产生 PS/2 模块所需的 25 MHz 信号和 1 kHz 的显示扫描信号,LED(6)用于按键有效指示。

注意:PS/2 键盘相关接口管脚可参见管脚分配表 9.3.5。

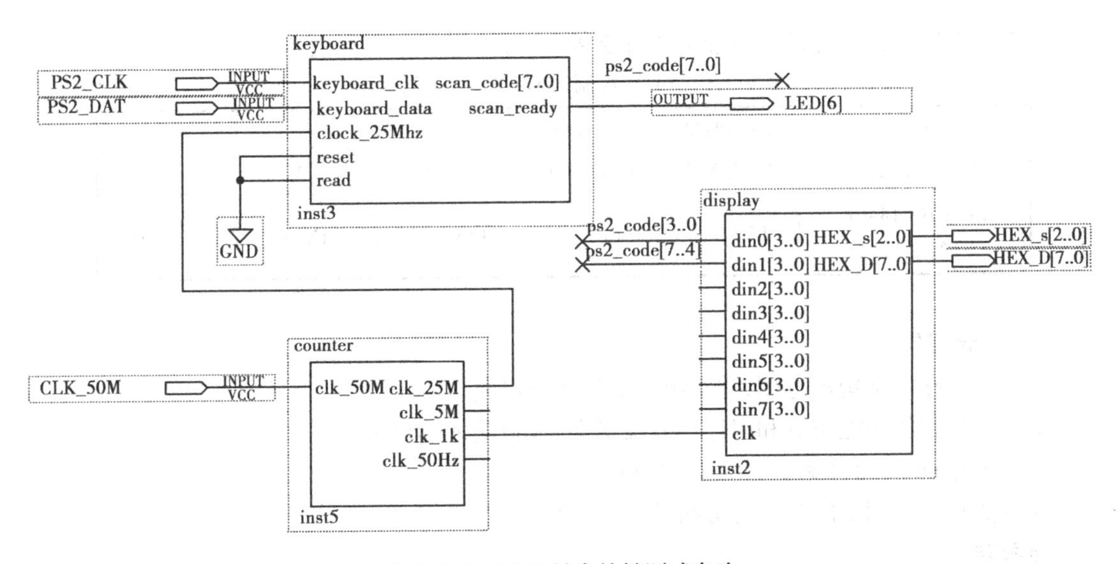


图9.3.7 PS/2键盘按键测试电路

表9.3.5 PS/2键盘控制FPGA芯片管脚分配表

| 电路端口/<br>系统管脚定义 | PS2_DAT/<br>PS2_DATA | PS2_CLK/<br>PS2_CLK | LED(6)/<br>LED6 | CLK_50M/<br>CLK_50M |
|---|---|---|---|---|
| EP3C10E144C8<br>管脚号 | PIN_136 | PIN_137 | PIN_86 | PIN_22 |

3)基于PWM控制

基于PWM控制例程9.3.2设计一个声音播放电路如图9.3.8所示,其中fenpin模块用于产生按键去抖动模块keyin所需的时钟,sel_freq_volume模块用于产生PWM模块所需的周期数和高电平脉冲数。利用LB0的J13耳机接口(AUD_XCK管脚)输出音频信号SPK_PWM驱动耳机,播放261.63 Hz、293.66 Hz、329.63 Hz、349.23 Hz、392.00 Hz、440.00 Hz、493.88 Hz、523.25 Hz、523.25 Hz、587.33 Hz、659.26 Hz、698.46 Hz、783.99 Hz、880.00 Hz、987.77 Hz、1 046.5 Hz这16个频率的声音(即C调的$\underset{\cdot}{1}\underset{\cdot}{2}\underset{\cdot}{3}\underset{\cdot}{4}\underset{\cdot}{5}\underset{\cdot}{6}\underset{\cdot}{7}$1123456$7\dot{1}$),用1个按键sel_freq实现不同声音频率的切换,用另1个按键sel_vol进行音量控制。为简单起见,只设定0、1、2、4、8、32、128、255 8个采样值。要求给出仿真波形并下载验证。

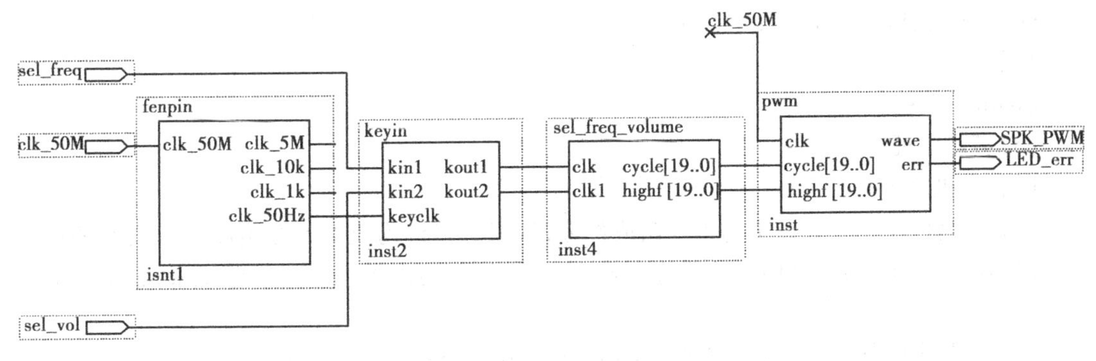


图9.3.8 基于PWM的声音播放电路

注意:PWM 输出可使用外接管脚连接至耳机,可参考管脚分配表 9.3.6。

表 9.3.6　PWM 控制 FPGA 芯片管脚分配表

| 电路端口/系统管脚定义 | SPK_PWM/AUD_XCK | clk_50M/CLK_50M | LED_err/LED1 | sel_freg/KEY1 | sel_vol/KEY2 |
|---|---|---|---|---|---|
| EP3C10E144C8 管脚号 | PIN_112 | PIN_22 | PIN_103 | PIN_91 | PIN_90 |

**(6)实验报告**

①给出电路的结构示意图,并给出核心程序或电路。

②记录得到的功能仿真和时序仿真波形图,分析输入输出关系。

③记录 Quartus Ⅱ工程编译报告并分析。

④对实验中遇到的问题进行分析,写出实验心得。

**思考题**

1. 设计 PS/2 测试程序能否实现在按下按键时显示器黑屏,当松开按键时才显示更新的键值(大多数应用程序有这样的要求)。

2. 讨论如何用 PWM 波形播放 MP3 音乐。

## 9.4　状态机与乘法器的设计与应用

**(1)实验目的**

①掌握有限状态机的设计及应用。

②通过仿真研究状态机的实现原理。

③掌握序列检测器的实现原理。

④了解乘法器的几种实现方法及原理。

⑤理解乘法器不同实现原理的性能差别及意义。

⑥掌握 VHDL 实现乘法器的方法。

**(2)实验环境**

1)硬件

PC 机 1 台,LB0 实验开发平台 1 套。

2)软件

Quartus Ⅱ 9.0。

**(3)实验原理**

1)状态机原理

状态机是数字系统设计中的重要组成部分,利用状态机构成的时序电路具有良好的可靠性。根据信号输出方式、结构及编码等方式,状态机可分为多种类型。一般说来,状态机的主要任务有:

①内部状态转换,即通过当前状态及输入信号决定下一状态(次态)。

②输出信号产生,即根据当前状态或输入信号决定输出信号值。

2）序列检测电路原理

序列检测电路是通信系统中的常见电路之一。通常用于数据传输的双方存在某种协议，比如用一串特定的数据代表一帧数据的开始，用另一串特定的数据代表一帧数据的结束，这就需要在接收方实现对序列信号的检测。

如通信双方以一组二进制码组成的脉冲序列信号表示帧头或帧尾，当检测器连续收到一组串行二进制码后，如果这组码与检测器中预先设定的码一致，则输出有效信号，否则输出无效信号。由于这种检测的关键在正确码的收到必须是连续的，这就要求检测器必须记住最近接收的若干个脉冲的信息，当接收的这组脉冲与预设的码不一致，则将回到相应的检测位，当接收到的脉冲序列与预设码一致，则输出有效信号标识检测成功。

3）乘法器设计原理

乘法器是一种常用电路，尤其在数字信号处理中，多位的加法器与乘法器是基础。乘法器的实现方法有多种，如果芯片内部已有嵌入的硬件乘法电路单元，则综合后的电路可能直接调用该乘法单元，如果没有乘法单元，也可使用PLD器件的逻辑单元实现乘法器，但这两种途径实现的乘法器因为硬件电路的不同而可能导致性能差别，尤其是电路最高工作频率的不同。

此外，乘法器也可通过查表法实现，即将乘积预先存储在存储器中，将操作数作为地址访问存储器，得到的输出数据就是乘法的结果。查询表方式的乘法器的速度等于存储器的访问速度。这种方式将会随着操作数位数的增加而导致查询表容量的快速增大。例如8位乘法器需要64 kbit的存储器，因此大型乘法器不采用这种方法。

**(4)参考程序**

1）利用状态机实现序列检测器——检测“11101”（见例程9.4.1）

序列检测器仿真波形图如图9.4.1所示。

**例程9.4.1　序列检测器模块** s_detect. vhd

```
library ieee;
use ieee. std_logic_1164. all;
use ieee. std_logic_arith. all;
use ieee. std_logic_unsigned. all;
entity s_detect is
port( data, clk, reset_n: in std_logic;
y: out std_logic);
end s_detect;

architecture behav of s_detect is
type state is( s0, s1, s2, s3, s4, s5);
signal p, n: state;
begin
process( reset_n, clk)
begin
    if reset_n = '0' then
        p <= s0;
    else
        if clk = '1' and clk' event then
            p <= n;
        end if;
    end if;
end process;

process( reset_n, data, p)
begin
```

```
        if reset_n = '0' then
            n <= s0;
        else
            case p is
            when s0 => if data = '1' then
                            n <= s1;
                       else
                            n <= s0;
                       end if;
                       y <= '0';
            when s1 => if data = '1' then
                            n <= s2;
                       else
                            n <= s0;
                       end if;
                       y <= '0';
            when s2 => if data = '1' then
                            n <= s3;
                       else
                            n <= s0;
                       end if;
                       y <= '0';
            when s3 => if data = '0' then
                            n <= s4;
                       else
                            n <= s3;
                       end if;
                       y <= '0';
            when s4 => if data = '1' then
                            n <= s5;
                       else
                            n <= s0;
                       end if;
                       y <= '0';
            when s5 => n <= s0;
                       y <= '1';
                       when others => n <= s0;
                       end case;
            end if;
end process;
end behav;
```

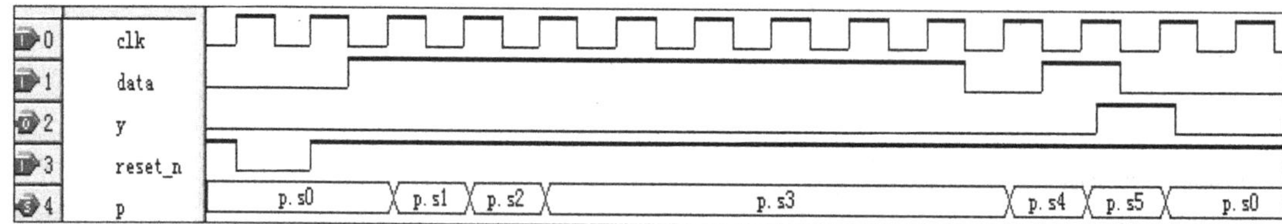


图 9.4.1　序列检测器仿真波形图

2)普通乘法器实现(见例程 9.4.2)

普通乘法器的实现可通过调用 LPM 模块或直接使用包集合中的乘法运算符实现,乘法器最终在芯片上的实现由工程配置及芯片类型决定,如果所使用的芯片已集成有硬件乘法器单元,则可配置为使用该乘法器单元实现,如果芯片没有硬件乘法器,则只能耗用 LEs 来实现。

使用硬件单元比使用 LEs 实现的乘法器有更高的上限工作频率。普通 8 位乘法器仿真波形图如图 9.4.2 所示。

**例程 9.4.2　普通 8 位乘法器 mult_8. vhd**

```
library ieee;
use ieee. std_logic_1164. all;
use ieee. std_logic_unsigned. all;
entity mult_8 is
port(
a,b       :  in   std_logic_vector(7 downto 0);
product   :  out std_logic_vector(15 downto 0)
);
end entity;

architecture behav of mult_8 is
begin
    product  <= b * a;
    end behav;
```

| | | | | | | | | | | |
|---|---|---|---|---|---|---|---|---|---|---|
| 0 | a | 35 | 36 | 37 | 38 | 39 | 40 | | | |
| 9 | b | 23 | 24 | 25 | 26 | | | | | |
| 18 | product | 805 | 828 | 864 | 888 | 950 | 975 | 1014 | 1040 | |

**图 9.4.2　普通 8 位乘法器仿真波形图**

3)利用状态机实现移位相加式乘法器(见例程 9.4.3)

基于移位加法的 8 位乘法器仿真波形图如图 9.4.3 所示。

**例程 9.4.3　基于移位加法的 8 位乘法器 mmult_8. vhd**

```
package eight_bit_int is
subtype byte is integer range -128 to 127;
subtype words is integer range -32768 to 32767;
end eight_bit_int;

library work;
use work. eight_bit_int. all;
library ieee;
use ieee. std_logic_1164. all;
use ieee. std_logic_arith. all;

entity mmult_8 is
port( clk    :in std_logic;
          x    :in byte;
          a    :in std_logic_vector(7 downto 0);
          y    :out words);
end mmult_8;

architecture behav of mmult_8 is
type state_type is(s0,s1,s2);
signal state:state_type;
begin

process(clk)
variable p,t:words;
variable count:integer range 0 to 7;
begin
```

```
    if clk = '1' and clk' event then
          case state is
          when s0 =>
              state <= s1;
              count: =0;
              p: =0;
              t: =x;
        when s1 =>
              if count =7 then
                    state <= s2;
              else
                    if a(count) ='1' then
                          p: =p +t;
                    end if;
                    t: =2 * t;
                    count: = count + 1;
                    state <= s1;
                end if;
        when s2 =>
              y <= p;
              state < = s0;
        end case;
    end if;
end process;
end behav;
```

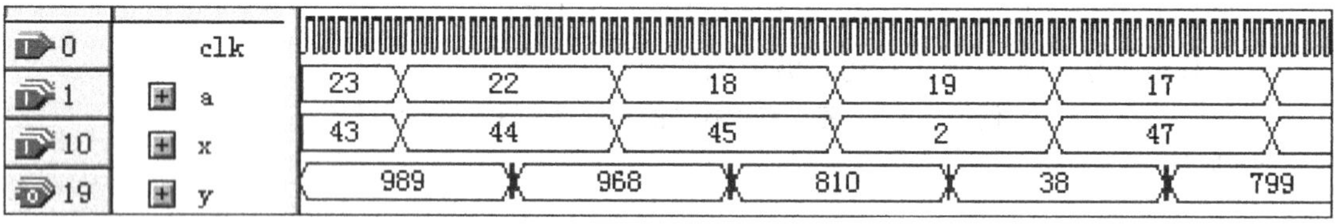

图 9.4.3　基于移位加法的 8 位乘法器仿真波形图

**(5)实验内容**

1)序列检测器

利用 VHDL 语言实现一个检测"1110010110010100001"序列的检测器,要求给出仿真波形并下载实现。

注意:硬件验证时数据输入可使用 LB0 的拨码开关 SW1,时钟输入使用按键 KEY0 模拟,复位输入可使用拨码开关 SW0,输出可使用发光二极管 LED 灯代表,其管脚分配可参照表9.4.1。

表 9.4.1　序列检测器 FPGA 芯片管脚分配表

| 电路端口/<br>系统管脚定义 | Reset/<br>SW0 | Datain/<br>SW1 | Clk/<br>KEY0 | Q3/<br>LED0 |
|---|---|---|---|---|
| EP3C10E144C8<br>管脚号 | PIN_23 | PIN_24 | PIN_91 | PIN_103 |

2)乘法器

结合七段数码管与 PS/2 键盘设计一个移位相加乘法器,乘数与被乘数均可从 PS/2 键盘输入,并且能够检测输入是否在允许的范围内,并将结果显示在数码管上。

注意:硬件验证时,须使用七段数码管与PS/2键盘,可参考上一节相关内容及管脚分配表。

**(6)实验报告**

①给出序列检测器与移位相加乘法器的状态转移图,并给出核心程序。

②记录乘法器功能仿真和时序仿真波形图,分析输入输出关系。

③记录Quartus Ⅱ工程编译报告并分析。

④对实验中遇到的问题进行分析,写出实验心得。

**思考题**

1. 设计的状态机使用的是哪种状态编码?怎样使用One-hot编码实现?

2. 利用状态机实现的移位相加式乘法器与调用包集合中的乘法运算符实现的乘法器相比较,性能与使用方式上有什么差异?

## 9.5　Quartus Ⅱ应用进阶实验

**(1)实验目的**

①掌握锁相环在PLD设计中的应用原理与使用方法。

②掌握逻辑分析仪的使用方法。

③了解FIR滤波器的原理与使用方法。

④掌握DDS的设计与应用原理。

**(2)实验环境**

1)硬件

PC机1台,LB0实验开发平台1套。

2)软件

Quartus Ⅱ 9.0。

**(3)实验原理**

1)基于PLD器件的锁相环原理

锁相环是一种以反馈路径为核心的时钟处理电路。锁相环分为模拟锁相环(PLL)和数字锁相环(DLL),在FPGA器件中,主要用于对时钟的同步、分频、倍频及相位调节等作用。

ALTERA公司的Cyclone系列及Stratix系列FPGA内部集成了一个或多个PLL,可以用这些PLL与输入的时钟信号同步,并将其用作参考信号实现锁相,输出一个或多个同步倍频或分频的片内时钟,供系统使用。

Quartus Ⅱ软件中包含许多参数化LPM模块,实际应用中,一些特定的功能块必须通过调用宏功能模块才能使用,锁相环就是这类LPM模块之一。

2)DDS基本原理

DDS(Direct Digital Synthesizer),即直接数字合成器,是一种新型的频率合成技术,它具有较高的频率分辨率,可快速实现输出频率的切换,并且在改变频率时能保持相位的连续,很容易实现频率、相位和幅度的数控调制。以正弦信号为例:

$$S_{out} = A\sin\omega t = A\sin(2\pi f_{out}t)$$

其中，$S_{out}$是指该信号发生器的输出波形，$f_{out}$是指输出信号对应的频率。$t$ 是连续的时间，为使用数值逻辑实现该式，需要对其进行离散化处理，用基准时钟 clk 进行抽样，设正弦信号相位为 $\theta$，则

$$\theta = 2\pi f_{out}t$$

在一个 clk 周期 $T_{clk}$ 内，相位 $\theta$ 变化量为：

$$\Delta_\theta = 2\pi f_{out}T_{clk} = \frac{2\pi f_{out}}{f_{clk}}$$

为了对 $\Delta\theta$ 进行量化，把 $2\pi$ 分割为 $2^N$ 份，则每个 clk 周期的相位增量 $\Delta\theta$ 用量化值 $B_{\Delta\theta}$ 描述为：

$$B_{\Delta\theta} = \frac{\Delta\theta}{2\pi} \times 2^N$$

将上两式联立可得：

$$B_{\Delta\theta} = \frac{f_{out}}{f_{clk}} \times 2^N$$

即如果当前信号频率要求为 $f_{out}$，系统时钟频率为 $f_{clk}$，可预先将一个完整周期的正弦在时间轴上获取 $2^N$ 个采样点的值存储在 ROM 中，即 ROM 中每一个地址的值对应正弦信号一个相位的振幅值，如果当前时刻输出的是 ROM 中地址为 $A_1$（相位为 $2\pi A_1/2^N$）的值，则下一个 $f_{clk}$ 时钟输出 ROM 地址 $A_1 + B_{\Delta\theta}$（相位为 $2\pi(A_1 + B_{\Delta\theta})/2^N$）的值。

3）基于 FPGA 器件的逻辑分析仪原理

随着逻辑设计复杂性的增加，计算机上完全以软件仿真的方式完成测试变得越来越耗时，而不断需要充分进行的硬件系统的测试同样变得更为困难。为解决这些问题，ALTERA 公司在 Quartus Ⅱ软件中引入嵌入式逻辑分析仪（SignalTap Ⅱ）。SignalTap Ⅱ可以随设计文件一起下载入目标 FPGA 芯片中，用于捕捉设计者感兴趣的芯片内部节点或端口信号，并且此过程不会影响硬件本身的正常工作。

SignalTap Ⅱ的原理如图 9.5.1 所示，它实际上成为了工程的一个子模块。运行时，会将探测的节点信号存储到 FPGA 片内未使用的 RAM 块上，其后，又通过 JTAG 下载线将这些存储在 RAM 中的数据反馈到计算机的 Quartus Ⅱ软件中。

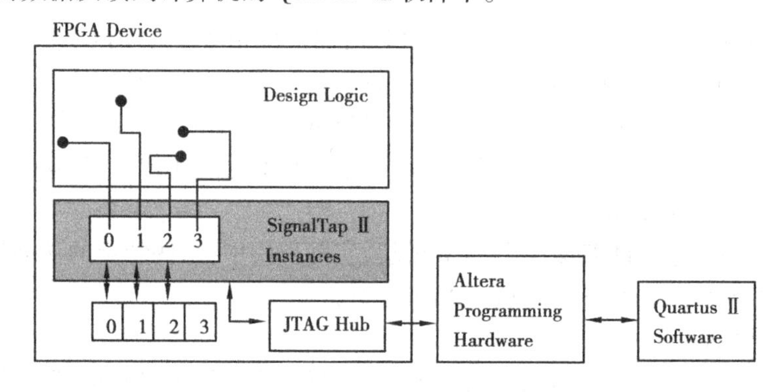


图 9.5.1　嵌入式逻辑分析仪原理图

4）FIR 滤波器基本原理

数字信号处理在通信、自动控制、雷达、医疗及航天等众多领域中得到广泛应用。而数字

信号处理应用中,数字滤波器是相当重要的一部分。数字滤波器是一种用于处理时间离散信号的数字系统,通过对抽样数据进行数学处理来达到频域滤波的效果。

数字滤波器分为无限冲击响应(IIR)和有线冲击响应(FIR)两类,其中,FIR 是非递归的、稳定的,因此其应用更加广泛。

对一个典型的 FIR 滤波器系统,其系统函数可记为:

$$H(z) = \sum_{i=0}^{k-1} b_i z^{-i}$$

如使用差分方程形式可记为:

$$y(n) = \sum_{i=0}^{k-1} x(n-i)h(i)$$

其中,$x(n)$是输入采样序列,$h(n)$是滤波器系数,$k$ 为滤波器阶数,$y(n)$为输出序列。图 9.5.2 所示为一个 $k$ 阶 FIR 数字滤波器结构框图。

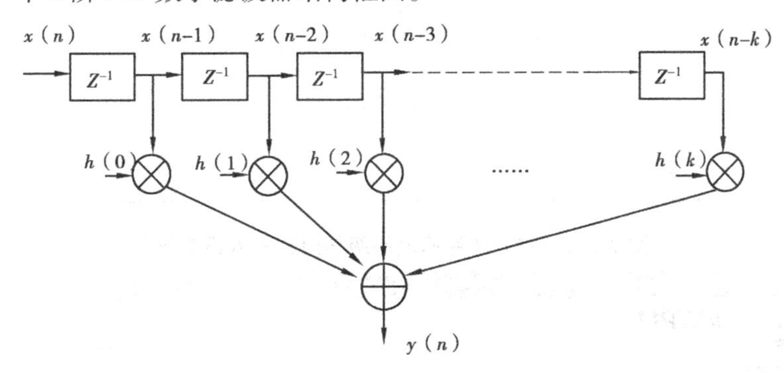


图 9.5.2 FIR 滤波器结构原理图

数字滤波器是一个采用有限精度算法实现的线性非时变离散系统,设计过程中,根据系统的性能指标要求,计算出有限精度的 $h(n)$以逼近需要的技术指标。

**(4)参考程序**

1)PLL 调用与设计

锁相环模块可在 Tools -> MegaWizard Plug-In Manager -> Create a new custom megafunction variation -> I/O 下调用 ALTPLL,新建一个锁相环模块。

在第一个界面(见图 9.5.3)中,需要结合芯片速度等级与时钟频率,修改相关参数,其他设置可保留。

之后,点击"Next"按键,如图 9.5.4 所示,这里可去掉默认的"Create an 'areset' input to asynchronously reset the PLL"选择,去除锁相环的重启功能,去掉默认"Create 'locked' output"选择,去除锁相环锁定提示功能。

接下来,可在输出时钟信号界面中根据需求设定分频与倍频参数,也可直接设定输出时钟频率,同时还可设定频率的相偏参数与占空比。锁相环模块可有多个时钟信号输出,不同的输出可设置为不同的参数。需要注意的是,锁相环输出时钟信号的参数与 FPGA 器件及输入时钟有关,特别是设置分频与倍频参数时,如果参数设置不合理,则设置界面会给出提示信息以提示使用者修改之。

如图 9.5.5、图 9.5.6 所示,这里使用了 c0 与 c4 两个输出,其中 c0 为 12 分频,c4 为 2 倍频。

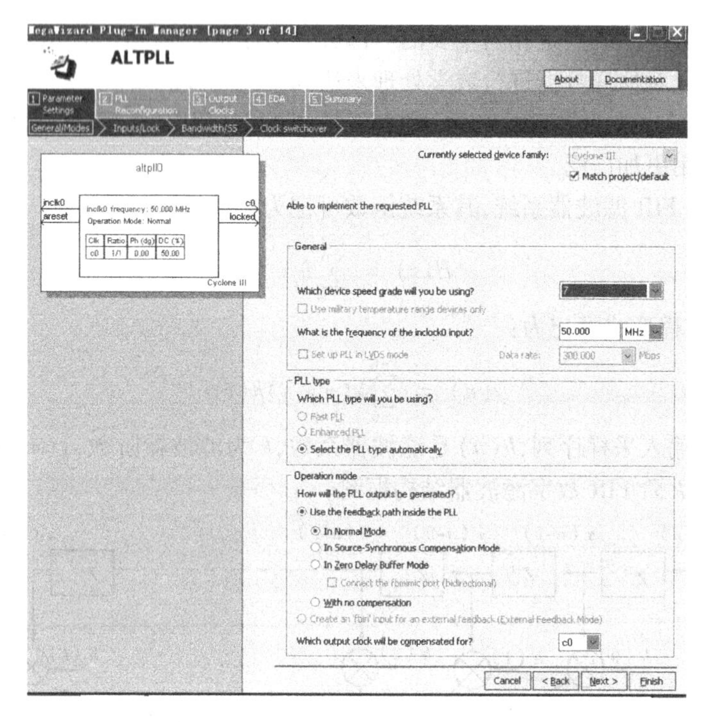


图 9.5.3　PLL 芯片速度等级与时钟输入设置界面

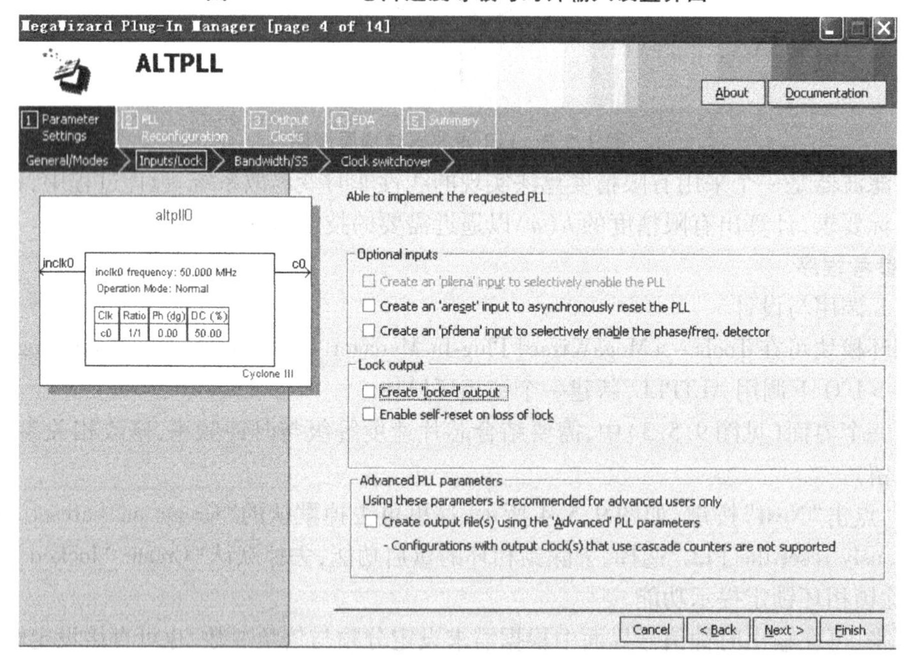


图 9.5.4　PLL 功能端口设置界面

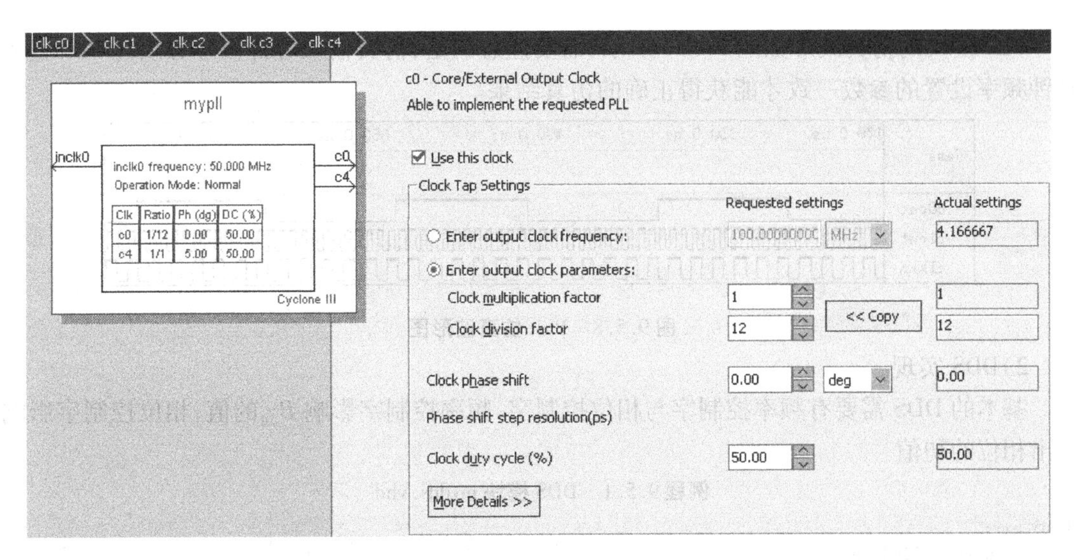


图9.5.5　PLL时钟c0设置界面

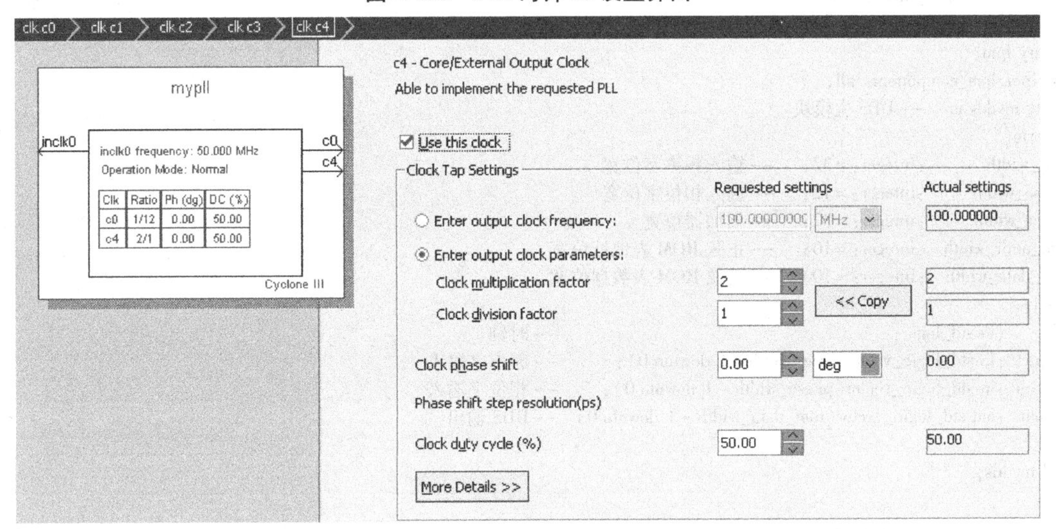


图9.5.6　PLL时钟c4设置界面

将设计好的PLL模块添加到电路图文件中，连接输入输出管脚(见图9.5.7)，然后编译工程。

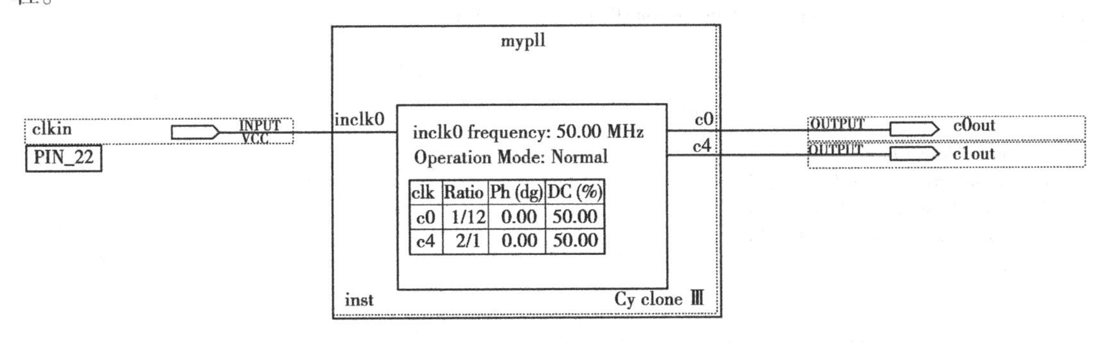


图9.5.7　PLL顶层电路原理图

PLL 模块的仿真波形如图 9.5.8 所示，需要注意的是，仿真输入时钟信号必须与 PLL 输入时钟频率设置的参数一致才能获得正确的仿真结果。

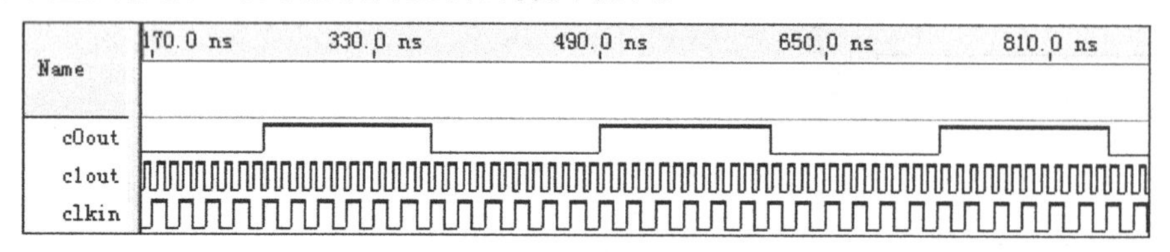


**图 9.5.8　PLL 仿真波形图**

2）DDS 实现

基本的 DDS 需要有频率控制字与相位控制字，频率控制字影响 $B_{\Delta\theta}$ 的值，相位控制字影响输出相位的初值。

**例程 9.5.1　DDS 模块 mydds.vhd**

```
library ieee;
use ieee.std_Logic_1164.all;
use ieee.std_logic_unsigned.all;
use ieee.std_logic_arith.all;
library lpm;
use lpm.lpm_components.all;
entity mydds is    --DDS 主模块
generic(
freq_width          :integer:=32;    --输入频率字位宽
phase_width         :integer:=12;    --输入相位字位宽
adder_width         :integer:=32;    --累加器位宽
rom_addr_width      :integer:=10;    --正弦 ROM 表地址位宽
rom_data_width      :integer:=10);   --正弦 ROM 表数据位宽
port(
clk      :in std_logic;                                      --时钟
freqin   :in std_logic_vector(freq_width-1 downto 0);        --频率字输入
phasein  :in std_logic_vector(phase_width-1 downto 0);       --相位字输入
ddsout   :out std_logic_vector(rom_data_width-1 downto 0)    --DDS 输出
);
end mydds;

architecture behav of mydds is
signal acc          :std_logic_vector(adder_width-1 downto 0):    =X"00000000";
signal phase_add    :std_logic_vector(phase_width-1 downto 0):    =X"000";
signal rom_addr     :std_logic_vector(rom_addr_width-1 downto 0):="0000000000";
signal freqw        :std_logic_vector(freq_width-1 downto 0):     =X"00000000";
signal phasew       :std_logic_vector(phase_width-1 downto 0):    =X"000";
begin

process(clk)
begin
if clk='1' and clk'event then
    freqw<=freqin;      --频率字同步
    phasew<=phasein;    --相位字同步
    acc<=acc+freqw;     --相位累加器
    end if;
end process;

phase_add<=acc(adder_width-1 downto adder_width-phase_width)+phasew;
rom_addr<=phase_add(phase_width-1 downto phase_width-rom_addr_width);
i_rom:lpm_rom    --LPM rom 调用
```

```
generic map(
LPM_WIDTH => rom_data_width,
LPM_WIDTHAD => rom_addr_width,
LPM_ADDRESS_CONTROL => "UNREGISTERED",
LPM_OUTDATA => "REGISTERED",
LPM_FILE => "sin_rom.mif"    --指向存储 rom 内容的 mif 文件
)
port map(outclock => clk,address => rom_addr,q => ddsout);
end behav;
```

mydds .vhd 中调用了存储正弦波形的 sin_rom. mif 文件,并将该文件内的数据作为 ROM 模块的初始化数据。可以在 Quartus Ⅱ软件中的 FILE -> NEW 栏下选择 Memory Initializzation File 类型,新建一个名为"sin_rom"的文件, mydds .vhd 即可在例化语句中生成一个 ROM 模块,并且调用 sin_rom. mif 对它进行初始化。

为了能较好的观察实际效果,需要为 mydds 模块写入频率字与相位字,相位字可直接置0,而频率字与输出频率直接相关,以下程序是 mydds 模块的外围控制模块,可通过按键调节 mydds 模块的相位控制字值,见例程 9.5.2。

**例程 9.5.2　DDS 频率字控制模块 freqdata. vhd**

```
library ieee;
use ieee.std_Logic_1164.all;
use ieee.std_Logic_unsigned.all;
use ieee.std_Logic_arith.all;
entity freqdata is
port(
clk    :in std_logic;
keyA   :in std_logic;
keyB   :in std_logic;
freqout  :buffer std_logic_vector(31 downto 0)
);
end entity;
architecture behav of freqdata is
signal s1,s2,s3,s4,lowf:std_logic;
signal cnt:std_logic_vector(19 downto 0);
begin
process(clk)
begin
    if clk = '1' and clk'event then
        cnt  <  =  cnt + '1';
    end if;
end process;
    lowf <= cnt(19);
process(lowf)
begin
    if lowf = '1' and lowf'event then
        s1 <= keyA;   s2 <= s1;
        s3 <= keyB;   s4 <= s3;
        if s1 = '1' and s2 = '0' then
        freqout <= freqout + X"00200000";
        end if;
        if s3 = '1' and s4 = '0' then
            freqout <= freqout - X"00200000";
        end if;
    end if;
end process;
end behav;
```

mydds 模块与 freqdata 连接起来，即可实现一个简单的 DDS 测试工程，mydds 模块的相位控制字这里直接置零（接地），用原理图方式连接两个模块及其他信号，如图 9.5.9 所示，即可在输出端口得到 DDS 输出的数据。

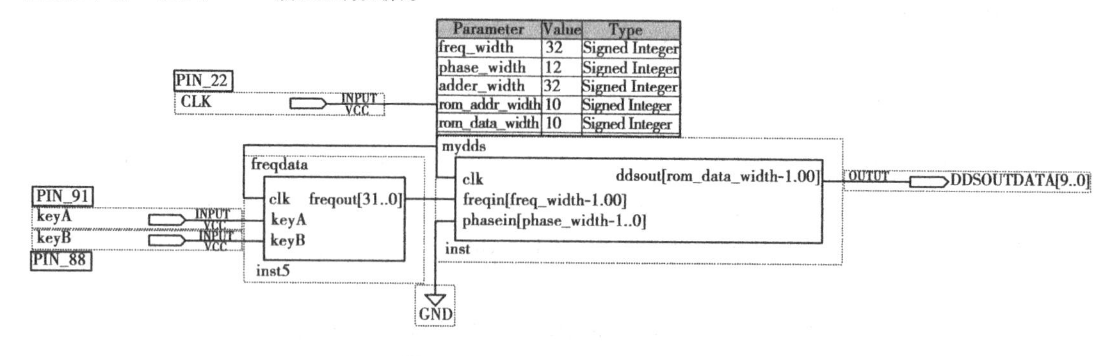


图 9.5.9　DDS 测试电路原理图

3）应用逻辑分析仪 SignalTap Ⅱ观察波形

上例介绍的 DDS 模块可在时钟的驱动下输出正弦波形，但输出的波形并非模拟电压，而是与电压幅度成正比的 10 位二进制数值，为了观察波形，可利用 Quartus Ⅱ自带的逻辑分析仪 SignalTap Ⅱ来采集并显示。

可以在 Quartus Ⅱ软件中的 FILE -> NEW 栏下选择 SignalTap Ⅱ Logic Analyzer File 类型，新建一个.stp 文件，图 9.5.10 所示就是一个打开的.stp 文件。

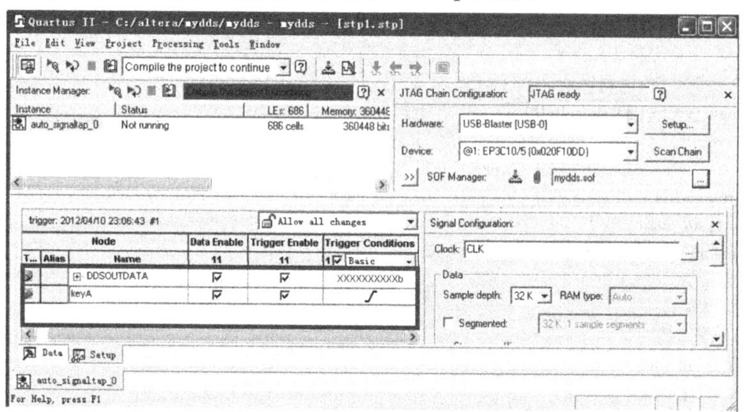


图 9.5.10　打开的 stp 文件

在图 9.5.10 中双击.stp 文件中红框范围内区域，添加需要观察的端口或内部信号。以上例 mydds 模块作为观察对象，可以添加输出端口 DDSOUTDATA 与 keyA 作为探测点，然后，在右端 Signal Configuration 中探测时钟 clock 内选择输入端口 clk 作为逻辑分析仪的采集时钟。

之后，当 FPGA 工作时，在 clk 的驱动下，逻辑分析仪可将捕获到的 DDSOUTDATA 与 keyA 输出到屏幕上，如果还希望观察到某些特定时刻的信号变化的情况，还可在待观察信号的“Trigger Condtitions”栏选择合适的触发条件，例如可选择 keyA 信号的“Rising Edge”作为触发条件，然后保存该.stp 文件。

由于逻辑分析仪实际上已成为工程新添加的一部分，因此整个工程需要在 Quartus Ⅱ中重新编译。

当.sof文件下载到FPGA内并运行后，点击图标，则逻辑分析仪将采集到的数据传输至屏幕，在窗口右击待观察信号“Name”，选择“Bus Display Format”内的“Signed Line Chart”，则可观察到类似D/A之后的波形效果，如图9.5.11所示。如果之前选择了触发条件，则逻辑分析仪只会在信号满足触发条件时更新采集结果，并且采集波形会以信号满足触发条件的时刻作为更新之后波形的第“0”个采集点。

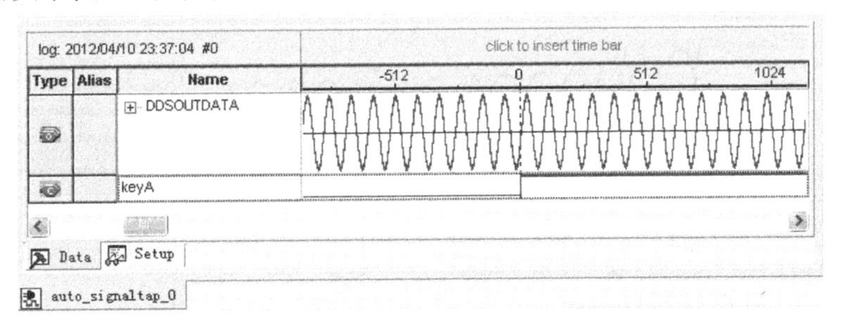


图9.5.11　利用SginalTap Ⅱ采集DDS输出波形图

4）FIR滤波器设计

FIR滤波器可在Tools －> MegaWizard Plug － In Manager －> Create a new custom megafunction variation －> DSP －> filters下调用FIR Complier启动，如图9.5.12所示，Quartus Ⅱ将启动FIR滤波器编译器。

点击“step1：parameterize”，可打开滤波器参数设置窗口，如图9.5.13所示。

数字滤波器实现过程中，实际需要两方面参数的设置，其一是数字滤波器本身的性能参数，例如是低通、高通、带通或是带阻，滤波器的截至频率等；其二是数字滤波器的位宽，在FPGA内实现滤波器时，乘加运算使用何种资源实现，滤波器系数用何种资源存储。

如果需要修改数字滤波器本身的性能参数，可点击“Edit Coefficient Set”按键进入“Coefficient Generator Dialog”，即滤波器系数生成窗口，如图9.5.14所示。

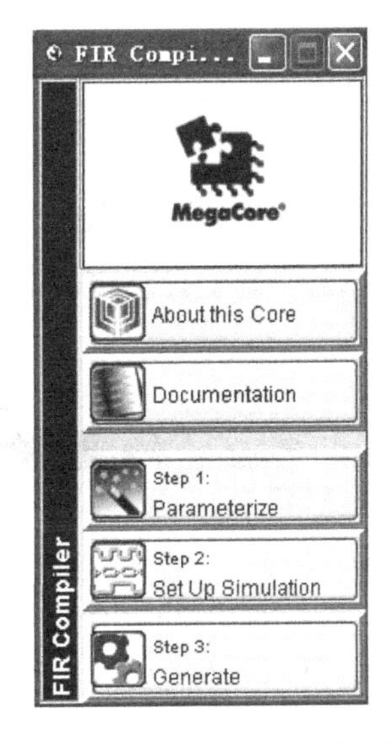


图9.5.12　FIR Complier启动界面

这里，我们可将滤波器系数修改为200阶，根据LB0时钟信号，修改采样频率为5.0E7，即50 MHz，截至频率设定为1.0E6，滤波器窗函数为Blackman类型，点击“Apply”及“OK”退出系数生成窗口，如图9.5.15所示。

可以看到，参数设置窗口中反映滤波器性能的波特图已发生变化，这里选择滤波器系数位宽与数据输入位宽均为10 bits。根据芯片类型，可修改滤波器实现的结构参数，可选择结构为Fully Serial以节约资源，也可选择Fully Parallel以提高运算效率，如果选择的Fully Serial，存储滤波器数据与系数数据的资源均可选择为片上的M9K存储器以节约芯片的逻辑单元LEs，为便于观察效果，此处选择Fully Serial。

结合之前介绍的DDS，利用DDS作为输入，产生正弦波输入到滤波器，参考电路见图9.5.16。

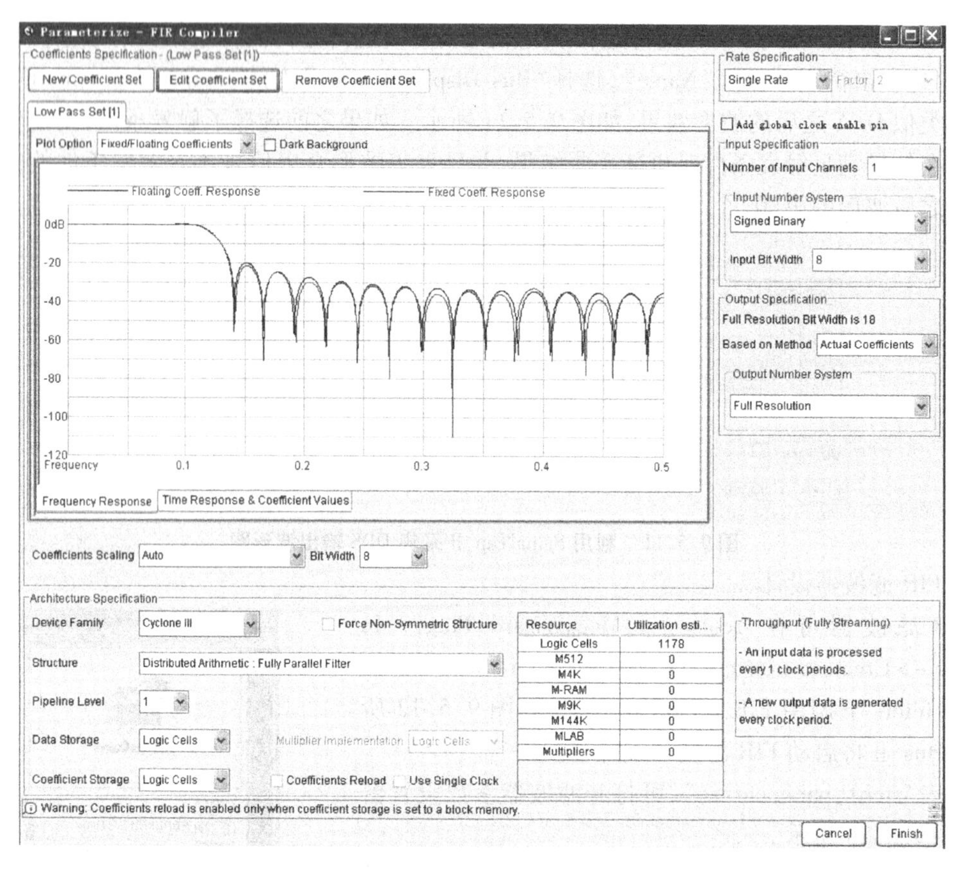


图 9.5.13　FIR 滤波器参数设置窗口

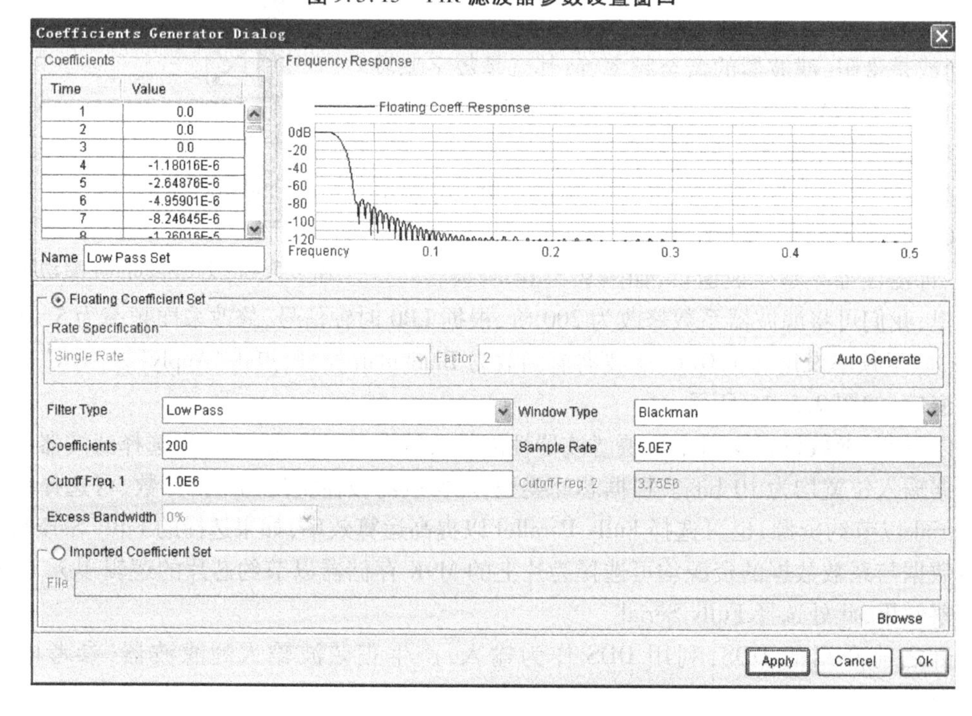


图 9.5.14　FIR 滤波器系数生成窗口

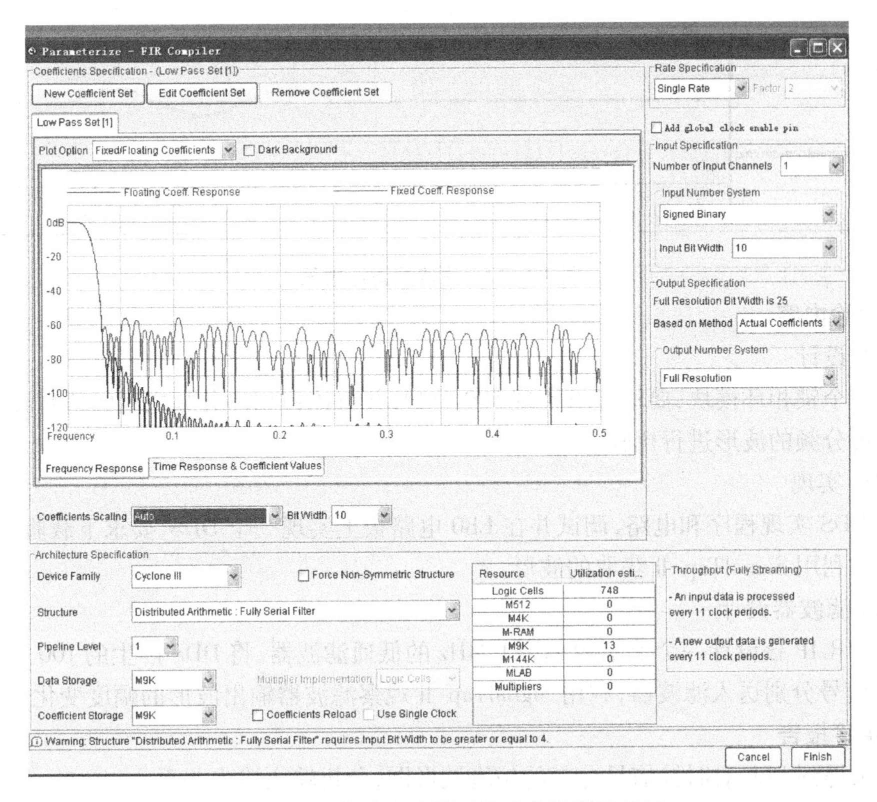

图 9.5.15 修改滤波器系数后参数设置窗口

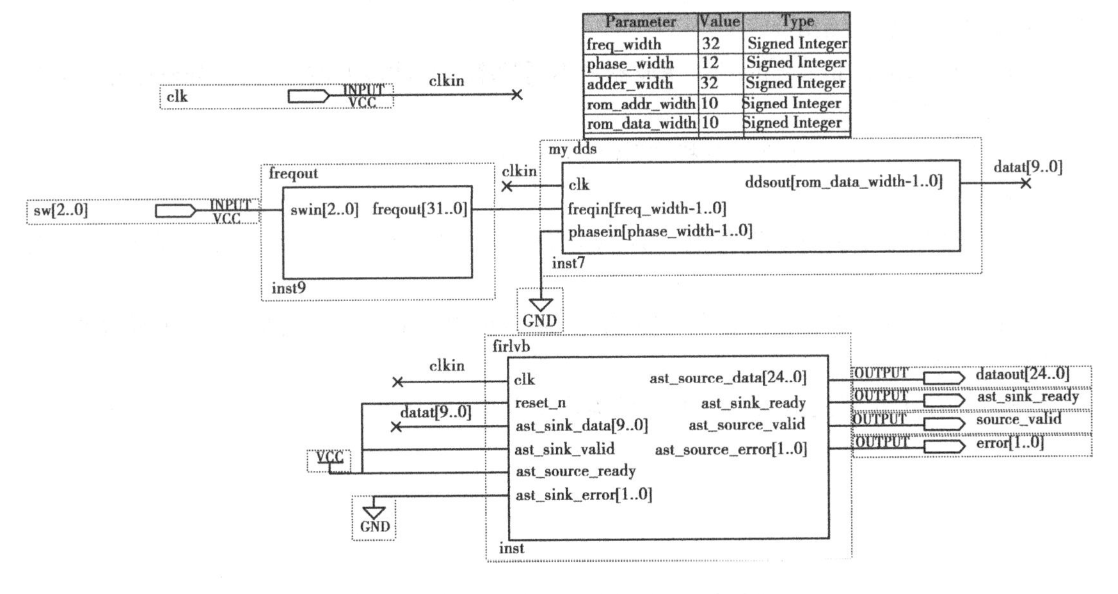


图 9.5.16 DDS 与 FIR 滤波器顶层电路图

可以用 SignalTap Ⅱ 观察滤波器对不同频率信号的不同衰减幅度，如图 9.5.17 所示，可见，在幅度不变的情况下，不同频率的正弦波输出幅度差别较大，其衰减程度与设计的滤波器的性能相关。

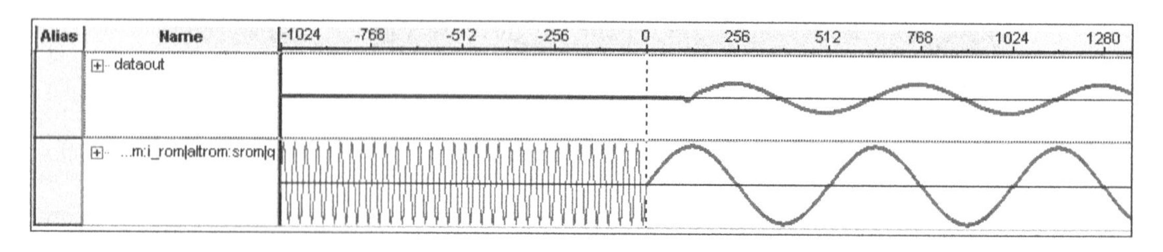


图 9.5.17　滤波器滤波效果

**(5)实验内容**

1)PLL 设计

设计一个锁相环模块,要求能够实现 500 分频,并将该锁相环分频之后的仿真波形与利用计数器实现分频的波形进行比较。

2)DDS 实现

参考 DDS 实现程序和电路,调试并在 LB0 电路板上实现一个 DDS,要求下载验证,并给出仿真波形与利用 SignalTap Ⅱ获取的波形。

3)FIR 滤波器设计

利用 FIR IP 核设计一个上限频率为 1 MHz 的低通滤波器,将 DDS 产生的 100 kHz、1 MHz 和 5 MHz 信号分别送入滤波器,利用 SignalTap Ⅱ观察滤波器输出波形的幅度变化。

**(6)实验报告**

①记录得到 PLL 对时钟信号分频的仿真波形图,分析输入输出关系。

②给出 DDS 实现实现电路的结构示意图,并给出核心程序,DDS 输出经 LB0 的 D/A 输出,并在示波器上显示输出。

③记录 SignalTap Ⅱ采集的 FIR 滤波器对不同频率信号滤波的波形图,并分析信号参数与滤波器参数的关系。

④对实验中遇到的问题进行分析,写出实验心得。

**思考题**

1. PLL 对时钟分频的效果与利用计数器实现分频的效果有何不同,各自的优缺点是什么?

2. 如果想用 SignalTap Ⅱ捕获多个信号的值是某种组合的时刻的波形,应该怎样设置. stp 文件的捕获条件?

3. 相比数字 FIR 滤波器,数字 IIR 滤波器优缺点是什么?

# 第 10 章 综合性 EDA 技术设计课题

本章的 5 个设计课题以具有一定趣味性、实用性和较强演示性的数字系统为题材，所有模块尽量采用 VHDL 语言设计实现。每一个设计课题要求读者在进行必要的仿真验证外，还必须在 EDA 硬件实验平台上完成相应的硬件测试和嵌入式逻辑分析仪的分析与验证，以掌握 FPGA 完整的开发设计流程。本章最后给出 7 个自主设计课题，读者可以根据自己的理解进行功能规划并自主完成设计。

课题要求分为 3 个层次，即基本要求、提高要求和扩展要求。基本要求在课题设计原理部分中有较详尽的描述，读者很容易根据这些描述实现设计；提高要求则没有详细的原理叙述，需要读者自行分析与设计，因此该部分内容的练习可起到督促、检验读者学习与掌握 EDA 技术的作用；扩展要求是在设计报告的问题讨论中提出的，它通常具有更大的难度，给读者以更大的想象和发挥的空间。

建议在可编程逻辑设计教学环节中把基本要求和提高要求作为课题的必做部分认真完成，而把扩展要求作为选做部分让优秀的学生进一步深入学习与实践。

## 10.1 数字钟

数字钟是可编程逻辑设计中比较有代表性的设计课题。通过该课题，设计者不仅可掌握数字系统中有关同步计数器、异步计数器、按键译码显示等方面的知识，而且还可以在此基础上进一步学习和掌握万年历的设计与实现。

**(1) 设计目的**

①掌握计时器、分频器、时间设置和模式切换电路的工作原理和设计方法。

②掌握按键去抖、BCD-七段译码器的工作原理和设计方法。

③掌握 LED 数码管动态扫描的工作原理和设计方法。

④掌握光标闪烁的产生原理和设计方法。

⑤掌握多时钟控制的原理和设计。

⑥掌握 24/12 小时数字钟的工作原理和设计方法。

⑦掌握用嵌入式逻辑分析仪 Signal Tap Ⅱ进行设计验证的方法。

⑧掌握在 EDA 系统软件 Quartus Ⅱ环境下用 FPGA 进行数字系统设计的方法,掌握该环境下程序开发、功能仿真、时序仿真、管脚锁定和芯片下载的方法。

⑨掌握用 EDA 硬件开发系统进行硬件验证的方法。

**(2)设计环境**

1)硬件

PC 机 1 台,LB0 实验开发平台 1 套,耳机 1 个(自备),电子秒表 1 个(用手机代替)。

2)软件

Quartus Ⅱ 9.0。

**(3)设计要求**

1)基本要求

①设计一个 12/24 小时制数字钟。

②利用数码管显示时、分、秒。

③具有按键时钟调整功能:左移、右移、数字加、数字减。

④具有按键有效显示功能,任意按键按下 LED 灯将瞬间闪亮一下。

⑤显示控制:动态 8 位七段 LED 显示,且要求显示稳定,数据刷新时间与闸门时间相同,扫描显示的频率大于 50 Hz,端口占用 11 位。

⑥利用拨码开关实现 12 进制计时和 24 进制计时两种模式的切换。

2)提高要求

①增加整点报时功能,即用 LB0 的 J13 耳机接口(AUD_XCK 管脚)输出音频信号驱动耳机,从 59 分 56 秒时开始报时,每一秒钟报时一次(前 0.5 秒发音、后 0.5 秒静音),当显示 00 秒时,进行整点报时,前 4 声预报时和整点报时声的频率分别为 1 kHz 和 2 kHz。

②增加闹钟功能,即具有闹钟设置和闹钟报时功能。从设置时间开始报时,报时持续 20 秒钟,闹钟报时输出音频请自行定义,但要区别于整点报时的发音。

**(4)设计内容**

①设计计时器、分频器、选择器、报警电路、时间设置电路、光标闪烁电路和译码显示电路。

②设计实现基本要求和提高要求的系统顶层电路。

③完成各电路功能模块和系统顶层模块的仿真。

④对仿真结果进行分析,确认每个模块以及顶层模块的仿真结果达到了设计要求。

⑤在 EDA 硬件开发系统上进行硬件验证与测试,确保设计电路系统能正确工作。

**(5)工作原理**

数字钟课题与第 8 章的电子秒表课题课题一样都是计时器电路的应用,不同的是:它的计时范围没有限制、而且不需要存储,但需要有校时电路和报时电路。标准输入时钟 50 MHz 由分频电路分频产生 1 Hz 的标准计时时钟信号送入计时器计时。计时器分为 3 级,第 1 级是 60 进制计数器作秒的计数,第 2 级是 60 进制计数器作分的计数,第 3 级是 12 进制或 24 进制计数器作时的计数。数字钟的计时器电路没有控制器,就是周而复始进行计数,但计时电路还必须具备两个功能,一个是计时模式切换功能,即 12 进制计时模式和 24 进制计时模式的切换;另一个是工作模式切换功能,即运行模式和设置模式的切换。这两个切换的功能均可通过实验系统的拨码开关 SW 实现。时间设置采用光标闪烁作为修改位,因此按键有 4 个,分别是对光标操作的“左移”“右移”键，对修改位操作的“数字加”“数字减”键。为了保证系统操作的可靠性，设计了按键去抖动电路，对所有按键进行去抖动处理。

**(6)设计原理**

图 10.1.1 是实现数字钟基本要求的顶层逻辑图。它由时钟分频电路 fenpin、计时模块 TimeCnt、时间设置模块 TimeSet、光标产生模块 FlashModule、工作模式选择模块 TimeMux、按键去抖动模块 key4 和译码显示器 display7 种模块组成。下面分别叙述各模块的设计原理。

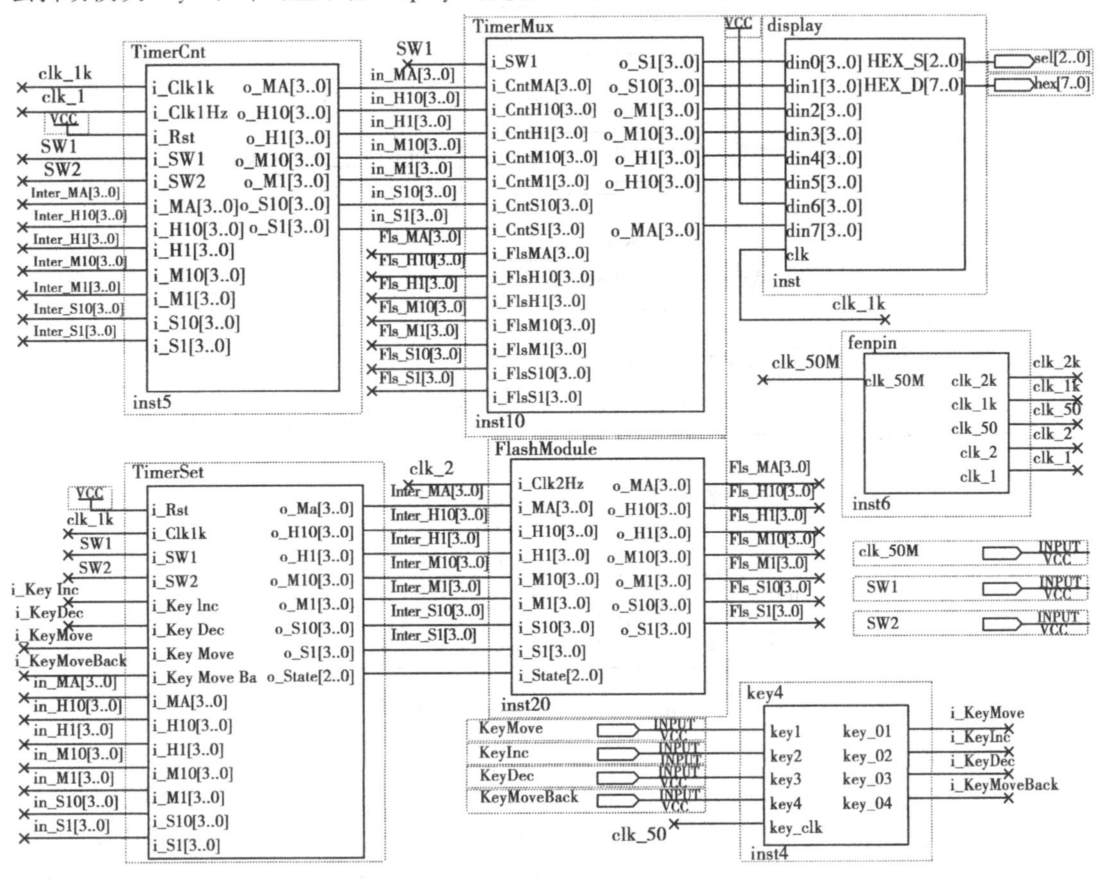


图 10.1.1　电子钟顶层逻辑图

1)按键去抖模块

按键去抖电路模块 key4 能对 4 个按键进行去抖动处理，模块包含了 4 个能对单个按键进行去抖动处理的低层次模块 keySkew 如图 10.1.2 所示，请读者参考 8.1 节的 keyin 模块的逻辑电路图 8.1.19 进行 keySkew 模块的 VHDL 设计。

2)分频器

分频器模块 fenpin 的功能是用系统板提供的 50 MHz 信号产生设计中所需的各种频率信号。本设计基本要求中需要的信号分别是 1 Hz 标准计时信号、50 Hz 按键去抖动时钟信号、2 Hz 光标闪烁信号、1 kHz 动态显示扫描时钟信号。在提高要求中还要用到 2 kHz 与 1 kHz 报时音频输出信号、1 Hz 发音控制信号。fenpin 模块的电路结构如图 10.1.3 所示，由于采用 VHDL 语言进行设计，分频器的分频范围就没有限制，由图可见该模块设计较为简单。但必须注意的是：该模块产生的信号都要作为标准的时钟信号使用，因此该模块的输出信号最好是占空比为50%的方波,同时任何输出信号都不能有毛刺存在,否则将严重影响系统的结果。所以该模块一定要经过严格的时序仿真测试,确保无毛刺存在。图10.1.3中的25分频电路输出占空比为50%的方波较为困难,可以采用输出信号高、低电平分别保持13和12个时钟周期的方式,这样输出信号占空比也接近50%,可以满足系统的要求。分频器的VHDL程序请读者参考结构图自行设计。

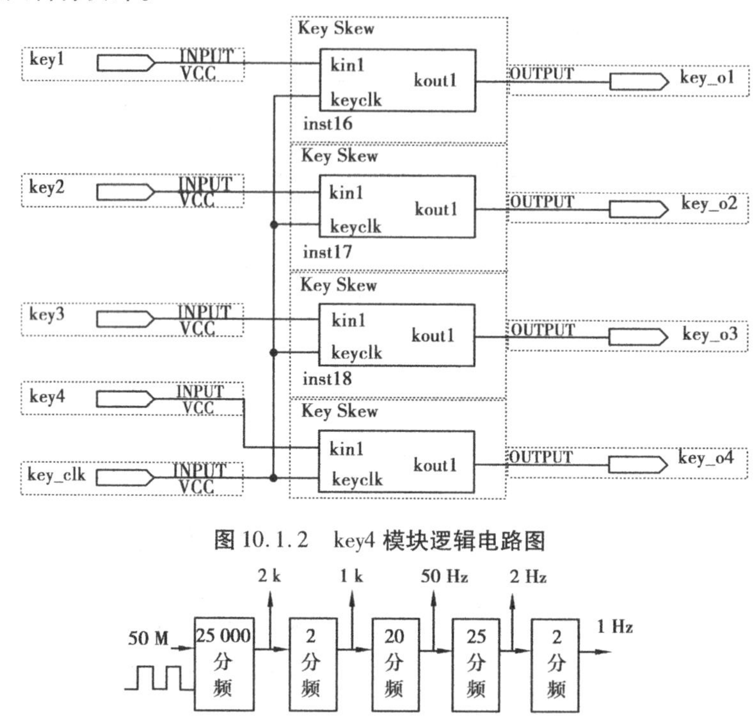


图10.1.2　key4 模块逻辑电路图

图10.1.3　fenpin 模块结构图

3)计时模块

计时模块是一种多时钟控制电路,它不仅对1 Hz时钟信号进行计数,也对SW1和SW2的上升沿或下降沿敏感。设计时采用一较高频率的时钟信号(例如1 kHz的信号)来识别这些敏感的信号各种状态,从而避免了在一个进程中出现多个边沿测试语句这种不允许的情况出现。

计时模块是系统的核心,它不仅包含有两种进制计时模式,而且还与时间设置模块、光标产生模块和工作模式选择电路紧密相关,设计时要统一规划。在阅读如下描述时,请读者务必要仔细对比、分析图10.1.1中这些模块间的连接情况。

计时模块的计时部分是对1 Hz标准时钟信号进行计数。秒、分计数均为模60计数器,小时计数为模12或24计数器,它们的计数范围分别为0~59、0~11或0~23。拨码开关SW2=0时,计时电路按12进制计时模式运行,SW2=1时,计时电路按24进制计时模式运行。该模块的计时功能部分的设计相对比较简单,用几个嵌套的IF语句就可实现这几个计数器以及它们之间的进位。

该模块的设计难点在于几种模式之间的切换。模式切换本身并不难,难就难在这里的切换并不是简单的切换,各种模式之间是有联系的,因此模式的切换就意味着数据的拷贝。比如计时模式的切换,如果将12进制计时模式转换为24进制计时模式,就必须将12进制计时模式的小时值和表示上午、下午的值转换为24进制计时模式的小时值,这种转换是在SW2的下降沿时刻完成的。反之将 24 进制计时模式转换为 12 进制计时模式,相应的转换是在 SW2 的上升沿时刻完成的。因此,计时模块不仅要对 1 Hz 的时钟信号的上升沿敏感,而且还要对控制计时模式切换的拨码开关 SW2 的上升沿和下降沿敏感,除此之外,电路还要识别 SW2 的状态值。

不仅如此,因为该模块还与时间设置模块相连,时间设置由拨码开关 SW1 控制,当 SW1 = 0 时,电路处于正常工作模式,但当 SW1 = 1 时,电路就处于时间设置工作模式。当电路识别到 SW1 的上升沿时,首先停止电路内部的计时;其次是将当前计时输出值 in_MA、in_H10、in_H1、……、in_S1 复制到时间设置模块作为时间设置的初始值(该操作由时间设置模块 TimeSet 实现),与此同时,工作模式选择电路 TimeMux 将时间输出切换为来自光标产生模块的输入 Fls_MA、Fls_H10、Fls_H1、……、Fls_S1 以便进行设置和观察,此时的时间显示输出就完全交给了时间设置模块,计时模块就只识别 SW1 的下降沿,一旦识别到 SW1 的下降沿,就将设置数据 intel_MA、intel_H10、intel_H1、……、intel_S1 复制并替代过去的计时值,以新的计时值重新开始计时。计时模块的 VHDL 程序请参见程序清单 10.1.1。

**程序清单 10.1.1　计时模块 TimerCnt. vhd**

```
library ieee;
use ieee. std_logic_1164. all;
use ieee. std_logic_unsigned. all;

entity TimerCnt is
port
(
    i_Clk1k     :   in    std_logic;
    i_Clk1Hz    :   in    std_logic;
    i_Rst       :   in    std_logic;
    i_SW1       :   in    std_logic;
    i_SW2       :   in    std_logic;
    i_MA        :   in    std_logic_vector(3 downto 0);
    i_H10       :   in    std_logic_vector(3 downto 0);
    i_H1        :   in    std_logic_vector(3 downto 0);
    i_M10       :   in    std_logic_vector(3 downto 0);
    i_M1        :   in    std_logic_vector(3 downto 0);
    i_S10       :   in    std_logic_vector(3 downto 0);
    i_S1        :   in    std_logic_vector(3 downto 0);

    o_MA        :   out   std_logic_vector(3 downto 0);
    o_H10       :   out   std_logic_vector(3 downto 0);
    o_H1        :   out   std_logic_vector(3 downto 0);
    o_M10       :   out   std_logic_vector(3 downto 0);
    o_M1        :   out   std_logic_vector(3 downto 0);
    o_S10       :   out   std_logic_vector(3 downto 0);
    o_S1        :   out   std_logic_vector(3 downto 0)
);
end TimerCnt;
architecture beh of TimerCnt is
signal  cacheSW2,cache1SW2 :        std_logic;
signal  cacheClk1Hz,cache1Clk1Hz:   std_logic;
signal  cacheSW1,cache1SW1 :        std_logic;
signal  MA,h10_24,h1_24,h10_12,h1_12,m10,m1,s10,s1:  std_logic_vector(3 downto 0);
begin
    process(i_Clk1k,i_Clk1Hz,i_Rst,i_SW1,i_SW2)
    begin
```

```
      if(i_Rst  = '0') then
        cacheSW2 <= '0';
        cache1SW2 <= '0';
        cacheSW1 <= '0';
        cache1SW1 <= '0';
        cacheClk1Hz <= '0';
        cache1Clk1Hz <= '0';
        MA <= "1011";   --最高位预置显示值"P",MA 用于显示上午(A)或下午(P)
        h10_24 <= "0000";
        h1_24 <= "0000";
        h10_12 <= "0000";
        h1_12 <= "0000";
        m10 <= "0000";
        m1 <= "0000";
        s10 <= "0000";
        s1 <= "0000";
      else
   if(i_Clk1k'event and i_Clk1k = '1') then
          cacheSW2 <= i_SW2;        --i_Clk1k 上升沿,准备 SW1、SW2、i_Clk1Hz 的状态变化信号
          cache1SW2 <= cacheSW2;
          cacheSW1 <= i_SW1;
          cache1SW1 <= cacheSW1;
          cacheClk1Hz <= i_Clk1Hz;
          cache1Clk1Hz <= cacheClk1Hz;
          if (cacheSW1  = '0' AND cache1SW1  = '1') then    --SW1 下降沿,接收更新
            if(i_SW2  = '0') then
              h10_24 <= i_H10;
              h1_24 <= i_H1;
            else
              h10_12 <= i_H10;
              h1_12 <= i_H1;
            end if;
            m10 <= i_M10;
            m1 <= i_M1;
            s10 <= i_S10;
        s1 <= i_S1;
            MA <= i_MA;
          elsif(cacheSW1  = '0' AND cache1SW1  = '0') then      --SW1 =0,正常工作
            if(cacheSW2  = '0' AND cache1SW2  = '1') then   --SW2 下降,12 进制转 24 进制
              if(MA  =  "1010") then
                  h10_24 <= h10_12;
                  h1_24 < = h1_12;
              elsif(MA  =  "1011") then
                if(h10_12  =  "0001"  AND h1_12  =  "0010") then
                  h10_24 <= "0000";
                  h1_24 <= "0000";
                elsif(h10_12  =  "0000"  AND h1_12  =  "1001") then
                  h10_24 <= "0010";
                  h1_24 <= "0001";
                elsif(h10_12  =  "0000"  AND h1_12  =  "1000") then
                  h10_24 <= "0010";
                  h1_24 <= "0000";
                else
                  h10_24 <= h10_12 + 1;
                  h1_24 <= h1_12 + 2;
                end if;
```

```
        end if;
        MA  <= "1111";
      elsif( cacheSW2  = '0' AND cache1SW2  = '0') then      -- SW2 = 0,24 进制处理
        MA  <= "1111";
        if( cacheClk1Hz  = '1' AND cache1Clk1Hz  = '0') then    -- i_Clk1Hz 上升沿
          if( s1  = "1001" ) then
            s1 <= "0000";
            if( s10  = "0101" ) then
              s10 <= "0000";
              if( m1  = "1001" ) then
                m1 <= "0000";
                if( m10  = "0101" ) then
                  m10 <= "0000";
                  if( h1_24  = "1001" AND ( h10_24  = "0000" OR h10_24  = "0001" ) ) then
                    h1_24 <= "0000";
                    h10_24 <= h10_24 + 1;
                  elsif( h1_24  = "0011" AND h10_24  = "0010" ) then
                    h1_24 <= "0000";
                    h10_24 <= "0000";
                  else
                    h1_24 <= h1_24 + 1;
                  end if;
                else
                  m10 <= m10 + 1;
                end if;
              else
                m1 <= m1 + 1;
              end if;
            else
              s10 <= s10 + 1;
            end if;
          else
            s1 <= s1 + 1;
          end if;
        end if;
      elsif( cacheSW2  = '1' AND cache1SW2  = '0') then      -- SW2 上升沿,24 进制转 12 进制
        if( ( h10_24  =  "0001"  AND h1_24  >  "0010" ) OR ( h10_24  =  "0010" ) ) then
          MA  <=  "1011";
          if( h10_24  =  "0010"  AND ( h1_24  =  "0000"  OR h1_24  =  "0001" ) ) then
            h10_12 <= h10_24 - 2;
            h1_12 <= h1_24 + 8;
          else
            h10_12 <= h10_24 - 1;
            h1_12 <= h1_24 - 2;
          end if;
        elsif( h10_24  =  "0000"  AND h1_24  =  "0000" ) then
          h10_12 <= "0001";
          h1_12 <= "0010";
          MA  <=  "1011";
        else
          MA  <=  "1010";
          h10_12 <= h10_24;
          h1_12 <= h1_24;
        end if;
      elsif( cacheSW2  = '1' AND cache1SW2  = '1') then      -- SW2 = 1,12 进制处理
        if( cacheClk1Hz  = '1' AND cache1Clk1Hz  = '0') then    -- i_Clk1Hz 上升沿
```

```
                    if(s1 = "1001") then
                      s1 <= "0000";
                      if(s10 = "0101") then
                        s10 <= "0000";
                        if(m1 = "1001") then
                          m1 <= "0000";
                          if(m10 = "0101") then
                            m10 <= "0000";
                            if(MA = "1010") then
                              if(h10_12 = "0000" AND h1_12 = "1001") then
                                h10_12 <= "0001";
                                h1_12 <= "0000";
                              elsif(h10_12 = "0001" AND h1_12 = "0010") then
                                h10_12 <= "0000";
                                h1_12 <= "0001";
                                MA <= "1011";
                              else
                                h1_12 <= h1_12 + 1;
                              end if;
                            elsif(MA = "1011") then
                              if(h10_12 = "0000" AND h1_12 = "1001") then
                                h10_12 <= "0001";
                                h1_12 <= "0000";
                              elsif(h10_12 = "0001" AND h1_12 = "0010") then
                                h10_12 <= "0000";
                                h1_12 <= "0001";
                                MA <= "1010";
                              else
                                h1_12 <= h1_12 + 1;
                              end if;
                            end if;
                          else
                            m10 <= m10 + 1;
                          end if;
                        else
                          m1 <= m1 + 1;
                        end if;
                      else
                        s10 <= s10 + 1;
                      end if;
                    else
                      s1 <= s1 + 1;
                    end if;
                  end if;
                end if;
              end if;
            end if;
          end if;
        end process;
o_H10 < = h10_24 when i_SW2 ='0' else  h10_12;
o_H1  < = h1_24  when i_SW2 = '0' else  h1_12;
o_MA <'= MA;
o_M10 <'= m10;
o_M1 <'= m1;
o_S10 <'= s10;
o_S1 <'= s1;
end beh;
```

4)时间设置模块

时间设置模块也是一种多时钟控制电路,它不仅对按键加和按键减进行加或减的计数,也对 SW1 和 SW2 的上升沿或下降沿敏感。设计时同样采用一较高频率的时钟信号(例如 1 kHz 的信号)来识别这些敏感的信号各种状态,从而避免了在一个进程中出现多个边沿测试语句这种不允许的情况出现。

时间设置模块 TimeSet 的功能是根据 SW1 的状态来确定是否进行按键处理。SW1 = 0 和 SW1 出现下降沿时,TimeSet 都不做任何处理,当出现 SW1 的上升沿时,TimeSet 将复制来自计时模块的计时数据 in_MA、in_H10、in_H1、……、in_S1,并以此作为时间设置的初始值,当 SW1 = 1 时,TimeSet 才去识别是否有按键,并根据按键的不同做相应的处理。

如果是按键“左移”或“右移”,则不会对设置数据做任何处理,而是改变当前的光标位置,光标位置由输出信号 O_state 值表示,其值是 6、5、4、3、2、1、0 时分别代表位置上/下午、时“十”位、时“个”位、分“十”位、分“个”位、秒“十”位、秒“个”位。时间设置模块的 VHDL 程序请参见程序清单 10.1.2。

**程序清单 10.1.2　时间设置模块** TimeSet. vhd

```
library ieee;
use ieee. std_logic_1164. all;
use ieee. std_logic_unsigned. all;

entity TimerSet is
port
(
    i_Rst        :  in   std_logic;
    i_Clk1k      :  in   std_logic;
    i_SW1        :  in   std_logic;
    i_SW2        :  in   std_logic;
    i_KeyInc     :  in   std_logic;
    i_KeyDec     :  in   std_logic;
i_KeyMove        :  in   std_logic;
    i_KeyMoveBa  :  in   std_logic;
    i_MA         :  in   std_logic_vector(3 downto 0);
    i_H10        :  in   std_logic_vector(3 downto 0);
    i_H1         :  in   std_logic_vector(3 downto 0);
    i_M10        :  in   std_logic_vector(3 downto 0);
    i_M1         :  in   std_logic_vector(3 downto 0);
    i_S10        :  in   std_logic_vector(3 downto 0);
    i_S1         :  in   std_logic_vector(3 downto 0);

    o_MA         :  out  std_logic_vector(3 downto 0);
    o_H10        :  out  std_logic_vector(3 downto 0);
    o_H1         :  out  std_logic_vector(3 downto 0);
    o_M10        :  out  std_logic_vector(3 downto 0);
    o_M1         :  out  std_logic_vector(3 downto 0);
    o_S10        :  out  std_logic_vector(3 downto 0);
    o_S1         :  out  std_logic_vector(3 downto 0);
    o_State      :  out  integer range 0 to 7
);
end TimerSet;

architecture beh of TimerSet is
signal cacheSW2,cache1SW2          :  std_logic;
```

```
signal cacheSW1,cache1SW1          :  std_logic;
signal cacheKeyInc,cache1KeyInc,cacheKeyDec,cache1KeyDec,cacheKeyMove,cache1KeyMove   : std_logic;
signal cacheKeyMoveBa,cache1KeyMoveBa :  std_logic;
signal MA,h10_24,h1_24,h10_12,h1_12,m10,m1,s10,s1  :  std_logic_vector(3 downto 0);
signal state   :  integer range 0 to 7;
begin
  process(i_Rst,i_Clk1k,i_SW1,i_SW2)
  begin
    if(i_Rst  ='0') then
      cacheSW2 <='0';
      cache1SW2 <='0';
      cacheSW1 <='0';
      cache1SW1 <='0';
      cacheKeyInc <='0';
      cache1KeyInc <='0';
      cacheKeyDec <='0';
      cache1KeyDec <='0';
      cacheKeyMove <='0';
      cache1KeyMove < ='0';
  cacheKeyMoveBa <='0';
      cache1KeyMoveBa <='0';
      MA <="1010";
      h10_24 <="0000";
      h1_24 <="0000";
      h10_12 <="0000";
      h1_12 <="0000";
      M10 <="0000";
      M1 <="0000";
      S10 <="0000";
      S1 <="0000";
      state <=0;
    else
      if(i_Clk1k'event and i_Clk1k  ='1') then
      cacheSW2 <=i_SW2; --i_Clk1k 上升沿,准备 SW1、SW2 和 4 个按键的状态变化信号
      cache1SW2 <=cacheSW2;
      cacheSW1 <=i_SW1;
      cache1SW1 <=cacheSW1;
      cacheKeyInc <=i_KeyInc;
      cache1KeyInc <=cacheKeyInc;
      cacheKeyDec <=i_KeyDec;
      cache1KeyDec <=cacheKeyDec;
      cacheKeyMove <=i_KeyMove;
      cache1KeyMove <=cacheKeyMove;
      cacheKeyMoveBa <=i_KeyMoveBa;
      cache1KeyMoveBa <=cacheKeyMoveBa;
      if(cacheSW1  = '1' AND cache1SW1  = '0') then    --SW1 上升沿,复制数据
        MA <=i_MA;
        m10 <=i_M10;
        m1 <=i_M1;
        s10 <=i_S10;
        s1 <=i_S1;
        if(i_SW2  = '0') then
          state <=5;   --24 进制计时模式,置初始设置位为 M10
          h10_24 <=i_H10;   --24 进制计时模式则复制给 h10_24
          h1_24 <=i_H1;
        else
```

```
        state <=6;   --12 进制计时模式,置初始设置位为 MA
        h10_12 <= i_H10;   --12 进制计时模式则复制给 h10_12
        h1_12 <= i_H1;
      end if;
    elsif (cacheSW1 = '1' AND cache1SW1 = '1') then   --SW1 = 1 设置处理
if(cacheSW2 = '0' AND cache1SW2 = '0') then   --24 进制计时模式
        case state is
          when 5 =>   --H10_24 为设置位时按键识别与处理
                  if(cacheKeyMove = '1' AND cache1KeyMove = '0') then
                    state <=4; --右移按键有效,设置位变为 H1_24
                  end if;
                  if(cacheKeyMoveBa = '1' AND cache1KeyMoveBa = '0') then
                    state <=0; --左移按键有效,设置位变为 S1
                  end if;
                  if(cacheKeyInc = '1' AND cache1KeyInc = '0') then
                    if(h10_24 = "0010") then   --数字加按键处理
                      h10_24 <= "0000";
                    else
                      h10_24 <= h10_24 + 1;
                    end if;
                  end if;
                  if(cacheKeyDec = '1' and cache1KeyDec = '0') then
                    if(h10_24 = "0000") then   --数字减按键处理
                      h10_24 <= "0010";
                    else
                      h10_24 <= h10_24 - 1;
                    end if;
                  end if;
          when 4 =>   --H1_24 为设置位时按键识别与处理
                  if(cacheKeyMove = '1' AND cache1KeyMove = '0') then
                    state <=3;
                  end if;
                  if(cacheKeyMoveBa = '1' AND cache1KeyMoveBa = '0') then
                    state <=5;
                  end if;
                  if(cacheKeyInc = '1' AND cache1KeyInc = '0') then
                    if(h10_24 = "0010") then
                      if(h1_24 = "0011") then
                        h1_24 <= "0000";
                      else
                        h1_24 <= h1_24 + 1;
                      end if;
                    else
                      if(h1_24 = "1001") then
                        h1_24 <= "0000";
                      else
                        h1_24 <= h1_24 + 1;
                      end if;
                        end if;
                  end if;
                  if(cacheKeyDec = '1' and cache1KeyDec = '0') then
                    if(h10_24 = "0010") then
                      if(h1_24 = "0000") then
                        h1_24 <= "0011";
                      else
                        h1_24 <= h1_24 - 1;
```

```
                    end if;
                  else
                    if(h1_24 = "0000") then
                      h1_24 <= "1001";
                    else
                      h1_24 <= h1_24 - 1;
                    end if;
                  end if;
                end if;
        when 3 =>        --M10 为设置位时按键识别与处理
                if(cacheKeyMove = '1' AND cache1KeyMove = '0') then
                  state <= 2;
                end if;
                if(cacheKeyMoveBa = '1' AND cache1KeyMoveBa = '0') then
                  state <= 4;
                end if;
                if(cacheKeyInc = '1' AND cache1KeyInc = '0') then
                  if(m10 = "0101") then
                    m10 <= "0000";
                  else
                    m10 <= m10 + 1;
                  end if;
                end if;
                if(cacheKeyDec = '1' and cache1KeyDec = '0') then
                  if(m10 = "0000") then
                    m10 <= "0101";
                  else
                    m10 <= m10 - 1;
                  end if;
                end if;
        when 2 =>        --M1 为设置位时按键识别与处理
                if(cacheKeyMove = '1' AND cache1KeyMove = '0') then
                  state <= 1;
              end if;
                if(cacheKeyMoveBa = '1' AND cache1KeyMoveBa = '0') then
                  state <= 3;
                end if;
                if(cacheKeyInc = '1' AND cache1KeyInc = '0') then
                  if(m1 = "1001") then
                    m1 <= "0000";
                  else
                    m1 <= m1 + 1;
                  end if;
                end if;
                if(cacheKeyDec = '1' and cache1KeyDec = '0') then
                  if(m1 = "0000") then
                    m1 <= "1001";
                  else
                    m1 <= m1 - 1;
                  end if;
                end if;
        when 1 =>        --S10 为设置位时按键识别与处理
                if(cacheKeyMove = '1' AND cache1KeyMove = '0') then
                  state <= 0;
                end if;
                if(cacheKeyMoveBa = '1' AND cache1KeyMoveBa = '0') then
```

```
                state <=2;
            end if;
            if(cacheKeyInc = '1' AND cache1KeyInc = '0') then
              if(s10 = "0101") then
                s10 <= "0000";
              else
                s10 <= s10 + 1;
              end if;
            end if;
            if(cacheKeyDec = '1' and cache1KeyDec = '0') then
              if(s10 = "0000") then
                s10 <= "0101";
              else
                s10 <= s10 - 1;
              end if;
            end if;
    when 0 =>       --S1 为设置位时按键识别与处理
            if(cacheKeyMove = '1' AND cache1KeyMove = '0') then
              state <=5;
            end if;
            if(cacheKeyMoveBa = '1' AND cache1KeyMoveBa = '0') then
              state <=1;
            end if;
            if(cacheKeyInc = '1' AND cache1KeyInc = '0') then
              if(s1 = "1001") then
                s1 <= "0000";
              else
                s1 <= s1 + 1;
              end if;
            end if;
            if(cacheKeyDec = '1' and cache1KeyDec = '0') then
              if(s1 = "0000") then
                s1 <= "1001";
              else
                s1 <= s1 - 1;
              end if;
            end if;
    when others => state <=5;
  end case;
elsif(cacheSW2 = '1' AND cache1SW2 = '1') then    --12 进制计时模式
  case state is
    when 6 =>     --MA 为设置位时按键识别与处理
            if(cacheKeyMove = '1' AND cache1KeyMove = '0') then
              state <=5;
            end if;
            if(cacheKeyMoveBa = '1' AND cache1KeyMoveBa = '0') then
              state <=0;
            end if;
            if(cacheKeyInc = '1' AND cache1KeyInc = '0') then
              if(MA = "1011") then
                MA <= "1010";
              else
                MA <= MA + 1;
              end if;
            end if;
            if(cacheKeyDec = '1' and cache1KeyDec = '0') then
```

```
                if( MA  =  "1010" ) then
                  MA <= "1011";
                else
                  MA <= MA - 1;
                end if;
              end if;
    when 5  =>    -- h10_12
              if( cacheKeyMove  =  '1' AND cache1KeyMove  =  '0') then
                state <= 4;
              end if;
              if( cacheKeyMoveBa  =  '1' AND cache1KeyMoveBa  =  '0') then
                state <= 6;
              end if;
              if( cacheKeyInc  =  '1' AND cache1KeyInc  =  '0') then
                if( h10_12  =  "0001" ) then
                  h10_12 <= "0000";
                else
                  h10_12 <= h10_12 + 1;
                end if;
              end if;
              if( cacheKeyDec  =  '1' And cache1KeyDec  =  '0') then
                if( h10_12  =  "0000" ) then
                  h10_12 <= "0001";
                else
                  h10_12 <= h10_12 - 1;
                end if;
              end if;
    when 4  =>  -- h1_12
              if( cacheKeyMove  =  '1' AND cache1KeyMove  =  '0') then
                state <= 3;
              end if;
              if( cacheKeyMoveBa  =  '1' AND cache1KeyMoveBa  =  '0') then
                state <= 5;
              end if;
              if( cacheKeyInc  =  '1' AND cache1KeyInc  =  '0') then
                if( h10_12  =  "0001" ) then
                  if( h1_12  =  "0010" ) then
                    h1_12 <= "0000";
                  else
                    h1_12 <= h1_12 + 1;
                  end if;
                else
                  if( h1_12  =  "1001" ) then
                    h1_12 <= "0000";
                  else
                    h1_12 <= h1_12 + 1;
                  end if;
                end if;
              end if;
              if( cacheKeyDec  =  '1' and cache1KeyDec  =  '0') then
                if( h10_12  =  "0001" ) then
                  if( h1_12  =  "0000" ) then
                    h1_12 <= "0010";
                  else
                    h1_12 <= h1_12 - 1;
                  end if;
```

```
                    else
                      if(h1_12 = "0000") then
                        h1_12 <= "1001";
                      else
                        h1_12 <= h1_12 - 1;
                      end if;
                    end if;
                  end if;
        when 3 => --m10
                  if(cacheKeyMove = '1' AND cache1KeyMove = '0') then
                    state <= 2;
                  end if;
                  if(cacheKeyMoveBa = '1' AND cache1KeyMoveBa = '0') then
                    state <= 4;
                  end if;
                  if(cacheKeyInc = '1' AND cache1KeyInc = '0') then
                    if(m10 = "0101") then
                      m10 <= "0000";
                    else
                      m10 <= m10 + 1;
                    end if;
                  end if;
                  if(cacheKeyDec = '1' and cache1KeyDec = '0') then
                    if(m10 = "0000") then
                      m10 <= "0101";
                    else
                      m10 <= m10 - 1;
                    end if;
                  end if;
        when 2 => --m1
                  if(cacheKeyMove = '1' AND cache1KeyMove = '0') then
                    state <= 1;
                  end if;
                  if(cacheKeyMoveBa = '1' AND cache1KeyMoveBa = '0') then
                    state <= 3;
                  end if;
                  if(cacheKeyInc = '1' AND cache1KeyInc = '0') then
                    if(m1 = "1001") then
                      m1 <= "0000";
                    else
                      m1 <= m1 + 1;
                    end if;
                  end if;
                  if(cacheKeyDec = '1' and cache1KeyDec = '0') then
                    if(m1 = "0000") then
                      m1 <= "1001";
                    else
                      m1 <= m1 - 1;
                    end if;
                  end if;
        when 1 => --s10
                  if(cacheKeyMove = '1' AND cache1KeyMove = '0') then
                    state <= 0;
                  end if;
                  if(cacheKeyMoveBa = '1' AND cache1KeyMoveBa = '0') then
                    state <= 2;
```

```
                    end if;
                    if(cacheKeyInc = '1' AND cache1KeyInc = '0') then
                      if(s10 = "0101") then
                        s10 <= "0000";
                      else
                        s10 <= s10 + 1;
                      end if;
                    end if;
                    if(cacheKeyDec = '1' and cache1KeyDec = '0') then
                      if(s10 = "0000") then
                        s10 <= "0101";
                      else
                        s10 <= s10 - 1;
                      end if;
                    end if;
            when 0 =>  --s1
                    if(cacheKeyMove = '1' AND cache1KeyMove = '0') then
                      state <= 6;
                    end if;
                    if(cacheKeyMoveBa = '1' AND cache1KeyMoveBa = '0') then
                      state <= 1;
                      end if;
                    if(cacheKeyInc = '1' AND cache1KeyInc = '0') then
                      if(s1 = "1001") then
                        s1 <= "0000";
                      else
                        s1 <= s1 + 1;
                      end if;
                    end if;
                    if(cacheKeyDec = '1' and cache1KeyDec = '0') then
                      if(s1 = "0000") then
                        s1 <= "1001";
                      else
                        s1 <= s1 - 1;
                      end if;
                    end if;
            when others => state <= 6;
          end case;
        elsif(cacheSW2 = '0' AND cache1SW2 = '1') then        --12->24
          state <= 5;
          if(MA = "1010") then
              h10_24 <= h10_12;
              h1_24 <= h1_12;
          elsif(MA = "1011") then
            if(h10_12 = "0001" AND h1_12 = "0010") then
              h10_24 <= "0000";
              h1_24 <= "0000";
            elsif(h10_12 = "0000" AND h1_12 = "1001") then
              h10_24 <= "0010";
              h1_24 <= "0001";
            elsif(h10_12 = "0000" AND h1_12 = "1000") then
              h10_24 <= "0010";
              h1_24 <= "0000";
            else
              h10_24 <= h10_12 + 1;
              h1_24 <= h1_12 + 2;
```

```
            end if;
          end if;
          MA  <=  "1111";
        elsif(cacheSW2  =  '1' AND cache1SW2  =  '0') then    --24->12
          state <=6;
          if((h10_24  =  "0001"  AND h1_24  >  "0010") OR (h10_24  =  "0010")) then
            MA  <=  "1011";
            if(h10_24  =  "0010"  AND (h1_24  =  "0000"  OR h1_24  =  "0001")) then
              h10_12 <=h10_24 -2;
              h1_12 <=h1_24 +8;
            else
              h10_12 <=h10_24 -1;
              h1_12 <=h1_24 -2;
            end if;
          elsif(h10_24  =  "0000"  AND h1_24  =  "0000") then
            h10_12 <="0001";
            h1_12 <="0010";
            MA  <=  "1011";
          else
            MA  <=  "1010";
            h10_12 <=h10_24;
            h1_12 <=h1_24;
          end if;
        end if;
      end if;
    end if;
  end if;
end process;

o_H10 <=  h10_24 when i_SW2  =  '0' else
        h10_12;
o_H1  <=  h1_24   when i_SW2  =  '0' else
        h1_12;

o_MA <=MA;
o_M10 <=m10;
o_M1 <=m1;
o_S10 <=s10;
o_S1 <=s1;
o_State <=state;
end beh;
```

5)光标产生模块

光标产生模块FlashModule的设计较为简单,其功能是对指定位产生2 Hz频率连续的亮暗处理,用于提示用户当前的操作位,这个闪烁的位定义为光标。FlashModule是一个组合电路。尽管输入信号也接入了2 Hz的时钟信号,但是这个2 Hz的信号却并没有作为时钟使用,而是作为输出端口的选择控制信号使用的。当clk2Hz =1时,输出信号与输入信号完全相同,当clk2Hz =0时,除光标位外其余位的输出信号仍然与输入信号完全相同,但光标位的输出则为“1111”值,而该值由译码显示模块处理后输出的显示内容为“空”,即没有任何显示,只要clk2Hz是占空比为50%的信号,光标位的亮暗比就是1∶1,从而达到了2 Hz频率闪烁的目的。图10.1.4是FlashModule模块的仿真波形图,由图10.1.4可清楚地看到闪烁位闪烁的过程。请读者正确理解如上描述,自行设计FlashModule模块的VHDL程序。

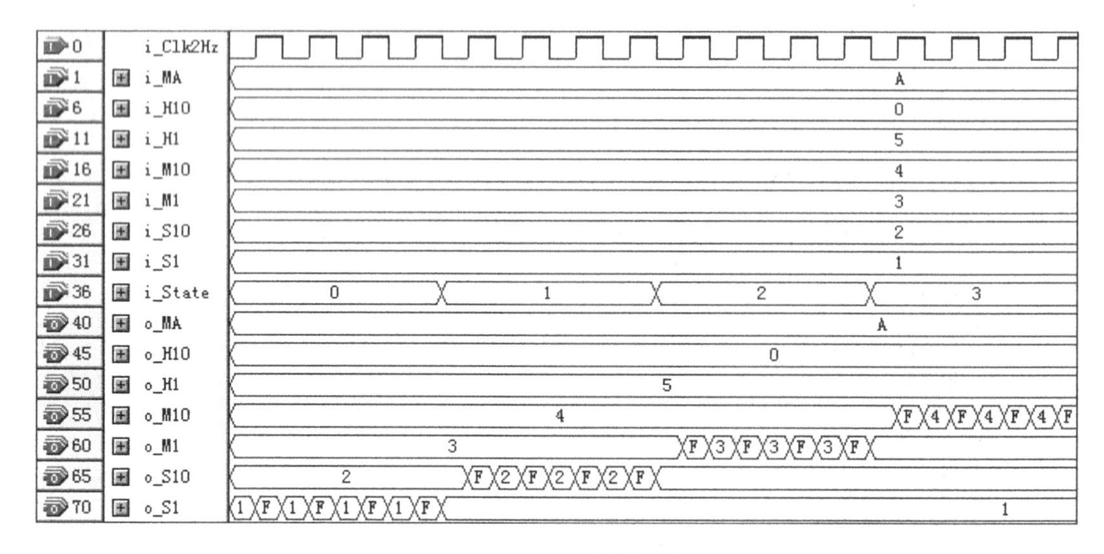


图 10.1.4 FlashModule 模块仿真波形图

6)工作模式选择电路

工作模式选择电路 TimeMux 的功能非常单一,就是对两组数据进行二选一。这里的 TimeMux 实现的并不是工作模式切换的全部内容,只是实现了工作模式切换后的显示数据的选择而已,真正工作模式的切换和选择功能是在 TimeCnt 和 TimeSet 中实现的,这也是这两个模块均接入 SW1 的原因。

当 SW1 =0 时选择计时模块的数据输出,当 SW1 =1 时选择时间设置模块的数据输出。事实上时间设置模块的数据并没有直接送给 TimeMux,而是送入了光标产生模块 FlashModule,由 FlashModule 加上了闪烁的光标后再送给 TimeMux 的,参阅图 10.1.1。请读者自行设计 TimeMux 模块的 VHDL 程序。

7)译码显示器

译码显示器的译码和动态扫描部分的工作原理请读者参考第 8 章 8.1 中的锁存译码显示器中的相关部分,这里不再赘述。

译码显示器的结构如图 10.1.5 所示。

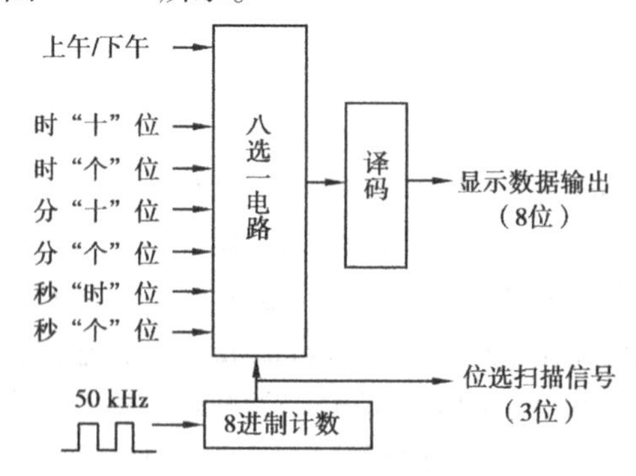


图 10.1.5 display 模块结构图

图 10.1.5 中的译码器设计要注意,除了要能显示 0 ~9 十个 BCD 数据外,还要能显示 A、P 和“空”,分别用于表示上午、下午和用于光标的闪烁。前面的模块已将 A、P 和“空”的 BCD 值分别定义为“1010”“1011”和“1111”, 这在设计七段译码时必须加以考虑。请读者参考结

构图自行设计 display 模块的 VHDL 程序。

**(7)系统仿真**

图 10.1.6 和图 10.1.7 是系统仿真波形图。为了便于分析，这里不去观察动态扫描的输出信号，而是去分析译码显示器前的模块的输出信号。图中的“...Ent:inst5|MA”等信号是 TimerCnt 模块内部的信号，只要在编译中没有被优化掉就可以作为观察信号使用。从图 10.1.6 可见秒计数、秒进位、分计数、分进位都是正确的。通过图 10.1.6 和图 10.1.7 对比分析可见时间设置的操作也是正确的。

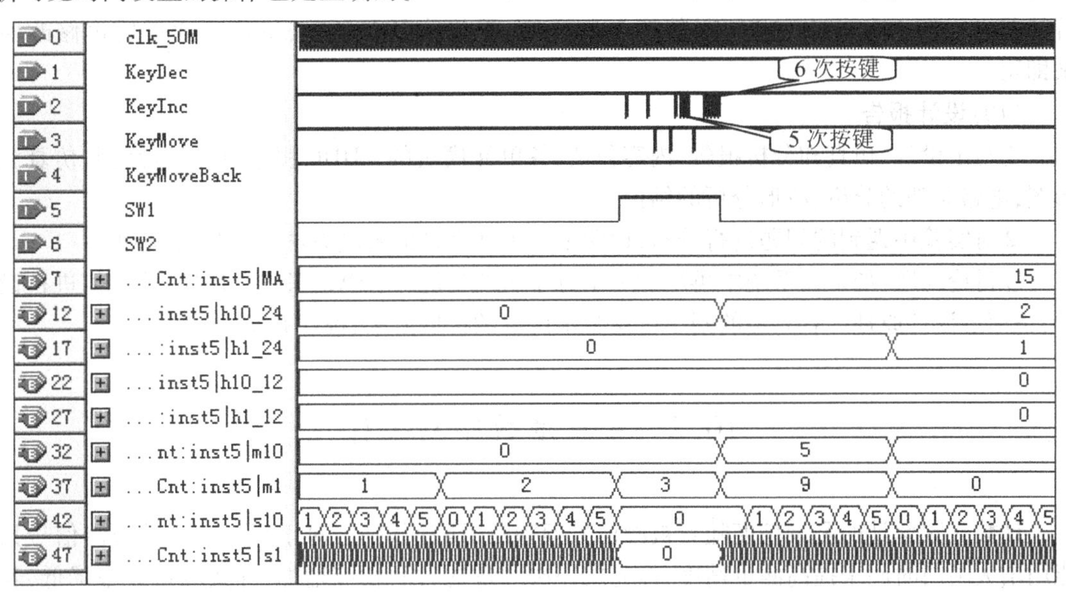


图 10.1.6　数字钟系统仿真波形图 1

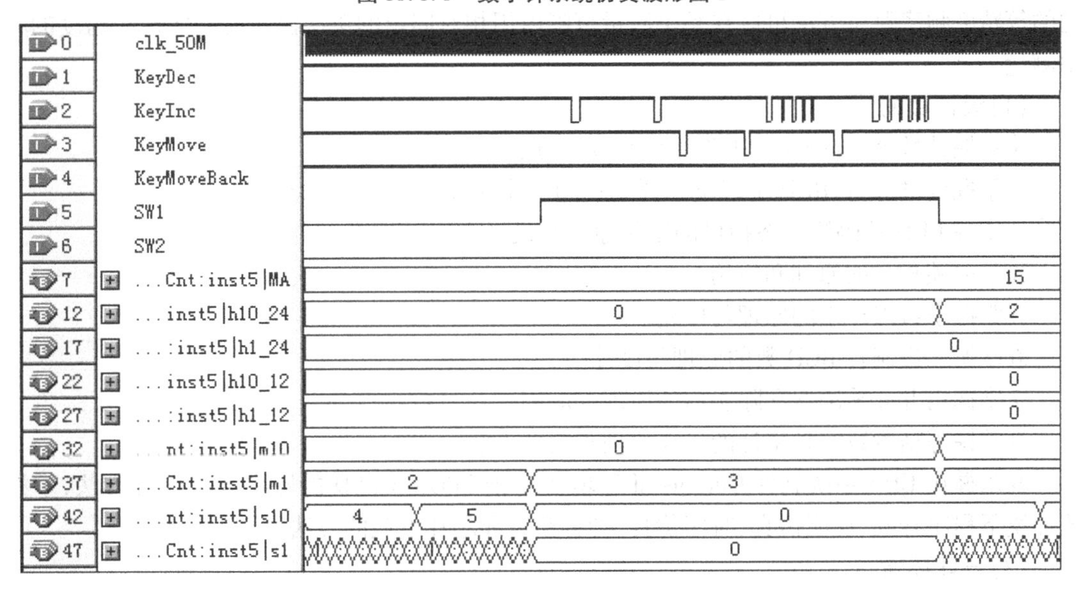


图 10.1.7　数字钟系统仿真波形图 2

**(8)硬件验证**

请读者根据 LB0 实验开发系统进行管脚锁定、硬件测试以及使用嵌入式逻辑分析仪进行验证。该部分内容可参考第8章8.1节硬件验证部分。

**(9)设计技巧**

在系统顶层电路或模块电路的仿真调试中,为了便于观察和分析一些中间结果,可以在程序中增加一些观测输出点,如图10.1.1中的in_H10、in_H1等信号,当电路调试通过后再去除这些观测输出点。

为大幅度减少仿真时间,将分频比极高的信号用分频比较低的信号代替,只要确保这样的代替对系统的工作没有原理上的影响,而只是影响仿真结果的出现的早与晚,这种代替就是可行的。本设计中可暂时修改分频模块,尽量降低分频比,待仿真通过后再修改回来即可。

**(10)设计报告**

①写出设计、仿真和分析报告,内容包括:各单元模块的VHDL程序、顶层电路图、仿真波形图,电路原理的分析、波形分析的结论。

②对实验中遇到的问题进行分析,说明采用了什么样的解决方法,写出实验心得。

③讨论问题:如果在系统中再增加一个万年历的功能,用SW3来进行切换,该如何进行设计,请简述设计原理。有兴趣的同学可作为本课题的扩展要求,设计并实现该功能。

## 10.2 等精度数字频率计

计数式频率计的测量精度随着被测信号频率的下降而降低,对于很低频率的被测信号只能用增大闸门时间来提高测量精度,但完成一次测量的时间相应增加,导致测量效率降低,若测量中结合测频法和测周法分别针对高低频信号来克服该缺陷又增加了电路的复杂度。本课题的等精度频率测量方法可以在整个测量范围内用相对固定的单次测量时间实现高精度的频率测量。

**(1)设计目的**

①掌握计数器、分频器的工作原理和设计方法。

②掌握按键去抖、BCD-七段动态译码器的工作原理和设计方法。

③掌握LED数码管动态扫描的工作原理和设计方法。

④掌握锁相环的原理和应用。

⑤掌握小数点产生的原理与应用。

⑥掌握二进制转BCD数的原理与设计。

⑦掌握用lpm乘法器和除法器的原理与应用。

⑧掌握等精度数字频率计的工作原理和设计方法。

⑨掌握在EDA系统软件Quartus Ⅱ环境下基于FPGA/CPLD的数字系统设计方法,掌握该环境下程序开发、功能仿真、时序仿真、管脚锁定和芯片下载的方法。

**(2)设计环境**

1)硬件

PC机1台,LB0实验开发平台1套,函数信号发生器1个,跳线2条。

2)软件

Quartus Ⅱ 9.0。

**(3)设计要求**

1)基本要求

①测量频率范围:1～99 999 999 Hz。

②测量相对误差:≤0.01%。

③外部测量信号:矩形波,峰峰值3～5 V(与TTL兼容)。

④内部测量信号:由PLL产生接近100 MHz和几十MHz的待测信号2个,由50 MHz信号分频产生各种频率的待测信号9个,频率从1 Hz～10 MHz,并保证有一个精确到小数点后四位的被测信号,如频率值为:1.063 8 Hz。

⑤门控时间:0.25～1 s。

⑥测量时间间隔:1.5 s,即测量结果的刷新时间是1.5 s。

⑦显示控制:8位七段LED动态显示,要求显示稳定,无闪烁。

⑧自动量程切换。

2)提高要求

增加脉宽测试功能:测试范围0.1 μs～0.999 999 9 s,测试绝对精度10 ns。

**(4)设计内容**

①设计计数器、分频器、数据处理器、控制器、代码转换器和译码显示电路。

②设计实现基本要求和提高要求的系统顶层电路。

③完成各电路功能模块和系统顶层模块的仿真。

④对仿真结果进行分析,确认每个模块以及顶层模块的仿真结果达到了设计要求。

⑤在EDA硬件开发系统上进行硬件验证与测试,确保设计电路系统能正确工作。

**(5)工作原理**

传统计数式频率计的测量精度随被测信号频率的下降而降低,为了达到较高的测量精度可用增加闸门时间的方法,但完成一次测量的时间相应增加,导致测量效率降低。例如按测量精度为$10^{-4}$的要求对10 Hz的信号进行测量,则闸门时间必须大于$10^3$ s,而测量一次的时间一般是两倍闸门时间的长度,也就是大约需要33 min,显然这极不现实。对低频信号还可以采用测周期的方法实现,但相应又增加了测周期电路和处理换算的电路,控制与切换电路也变得较为复杂。

仔细分析可知,误差产生的原因是由于计数器固有的±1误差,当计数值很大时±1误差影响很小,而当计数值较小时±1误差影响就很大。例如100 000±1的相对误差是$10^{-5}$,而10±1的相对误差就是$10^{-1}$即10%,这就是为什么低频信号测量误差大的原因。由此可见,如果通过特殊的电路控制,在相对固定的测量周期内使±1误差总是出现在一个非常大的计数值上,就可保证从低频到高频整个测量范围内具有很高的测量精度。图10.2.1就是按照这个思想设计的测量方案。设被测信号频率为$f_x$,内部高精度高频信号频率为$f_s$,门控时间为$T_C$,计数器1的计数值为$N_x$,计数器2的计数值为$N_s$,则有:

$$T_C = N_x/f_x = N_s/f_s \tag{10.1}$$

所以,有

$$f_x = f_s \times N_x/N_s \tag{10.2}$$

若通过门控信号产生模块保证 $T_C$ 为整数个被测信号周期宽度，则 $N_x$ 不存在 ±1 误差，而 $f_s$ 为固定高精度信号的频率，$N_s$ 的 ±1 误差带来的相对误差是极小的，该误差直接决定了 $f_x$ 的精度。$N_s$ 的相对误差为：$(1/f_s) \div T_C$，设 $f_s$ 为 100 MHz，则只要保证 $T_C$ 较大即可保证很高的测量精度，若取 $T_C$ 为 0.5 s，则精度可达 $2\times10^{-8}$。且在整个测量范围内保持基本一致的测量精度，因此称这种频率测量方法为等精度测量。如 10.2.1 为等精度数字频率计原理框图。

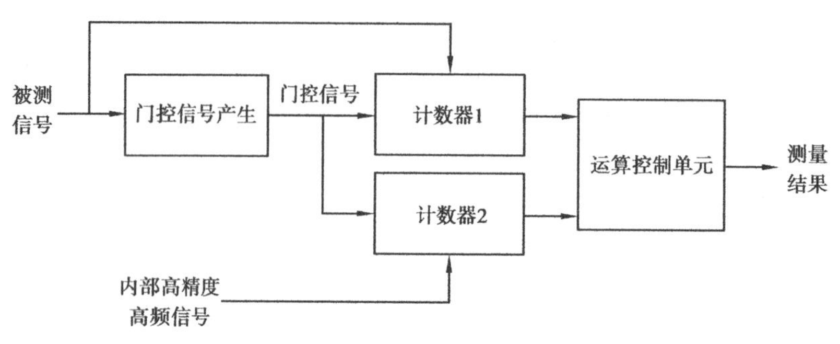


图 10.2.1　等精度数字频率计原理框图

(6)设计原理

图 10.2.2 是实现等精度数字频率计基本要求的顶层逻辑图。它由时钟分频模块 fenpin、控制器 control、计数器 cnt27、数据处理器 processor、代码转换 B_BCD、按键去抖动模块 keyin、信号选择模块 selector 和译码显示器 display 共 8 种模块组成。此外，在顶层图中还调用了一个 Quartus Ⅱ 中的模拟锁相环元件，用于产生 100 MHz 的标准高频时钟信号和两个高频的待测信号。

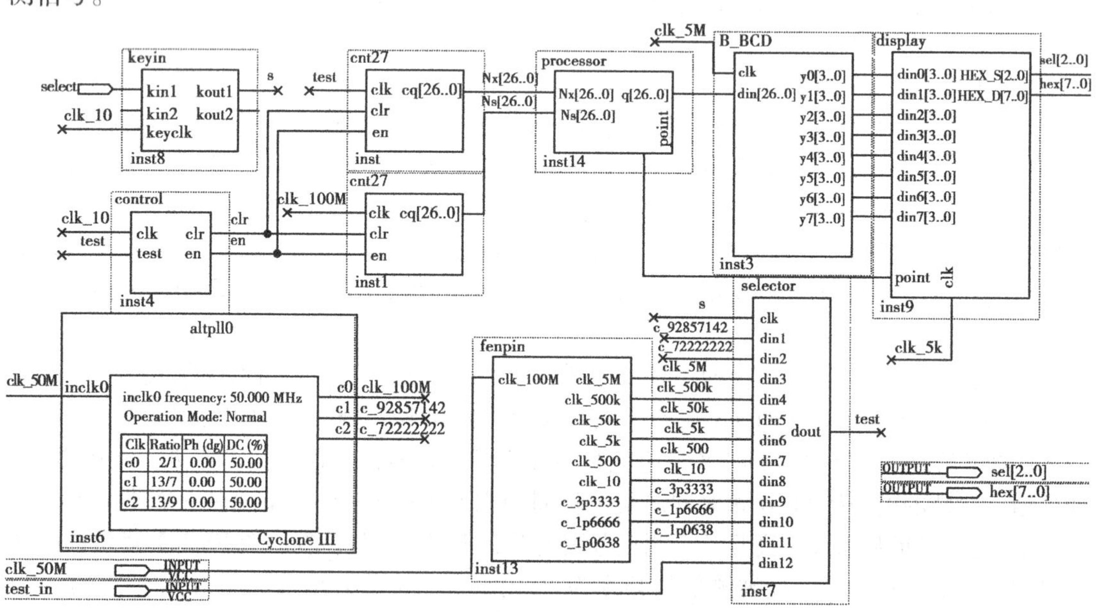


图 10.2.2　等精度数字频率计顶层逻辑图

1)控制器

控制器模块 control 是系统的核心，是实现等精度测量的关键，通过精确控制输出计数使能信号 en 的宽度来达到等精度测量的目的。

控制器有两个时钟信号输入，一个是10 Hz时钟信号，另一个是被测信号 test。10 Hz时钟信号用于产生周期性、等间隔的清零输出信号 clr 和内部使用的测量启动信号 start。clr 和 start 信号有一个不严格的时序关系，clr 输出信号用于对被控的计数器清零以便重新开始一次新的计数，clr 信号是高有效，因为是异步清零，所以 clr 有效的宽度不需要有严格的定义；start 信号也是高有效的信号，start 信号有效的开始时间也没有严格的定义，只要 start 上升沿时刻 clr 已经变为无效即可。start 信号的宽度将间接影响被控计数器的计数时间（即计数使能信号 en 的宽度，即前面讲的门控时间 $T_c$），它是影响 en 的两个因素之一，所以 start 的宽度不能太长，否则被控计数器的计数将出现溢出。如果 $f_s = 100$ MHz，考虑 LBO 实验系统的显示器是8位，测量范围是 1 ~ 99 999 999 Hz 时，en 的宽度不能超过1 s，为此 start 的宽度可取为0.5 s，从 control 模块仿真波形图10.2.3中可见，start 信号宽度固定为 clk 的5个周期刚好0.5 s，但输出的 en 信号的宽度会随着被测信号的频率和相位而改变。但不管怎么改变，en 的宽度总是当前被测信号周期的整数倍。

start 信号并不输出，start 信号只是测试启动信号，但何时真正开始计数器的计数是由输出使能信号 en 的上升沿来确定的，而 en 信号的宽度就是计数时间。en 信号是由 start 和被测信号 test 共同确定。测试开始前 start 和 en 都是低电平，此时计数器停止计数，首先出现的是 clr 信号，它将计数器清零为测试作好准备，clr 无效一定时间后，start 变为高电平，当 start 为高电平时，出现的第一个 test 信号的上升沿将 en 置为高电平，此后只要 start 保持为高电平，en 的高电平状态就永远不会改变，当 start 在某时刻变为低电平后，出现的第一个 test 信号的上升沿将 en 置为低电平，由此可见 en 的宽度总是 test 信号的整数倍。

可以证明，en 宽度在小范围内的改变对于频率测量的精度是没有影响的。

当 en 为高电平时两个被控的计数器开始计数，一个对频率为 $f_s$ 的标准的高频信号计数，另一个对频率为 $f_x$ 的被测信号计数。由于 en 的宽度正好是被测信号周期的整数倍，因此对被测信号计数得到的计数值 $N_x$ 是没有 ±1 误差的，又由于 $f_s = 100$ MHz，因此在门控时间 $T_C$ 内对标准的高频信号计数得到的计数值 $N_s$ 的 ±1 误差对精度的影响是十分微弱的，所以式(10.2)计算得到的 $f_x$ 值也将是一个精度很高的值，而且这个精度在整个测量范围内都保持不变。

该电路模块的仿真波形如图10.2.3所示。由图可以得出三个结论：首先，clr 和 start 信号是每15个 clk 周期重复出现的，这说明系统每隔1.5 s对被测信号测量一次，也就是每1.5 s系统显示器刷新一次数据；其次，当被测信号频率较高时，en 的宽度与 start 的宽度非常接近，甚至完全相等，只是向后延迟了不到一个 test 周期的时间，但当被测信号频率较低时，en 的宽度可能小于也可能大于 start 的宽度，这要由 test 信号出现的位置来决定，也就是由 test 信号的相位来决定；最后，当 test 的信号频率很低时，即接近测量范围的最低频率1 Hz时，en 的宽度将明显大于 start，这也是为什么要指定每1.5 s测量一次的原因，因为从 start 信号的下降沿到下一次 clr 信号的上升沿这一段时间就是留给测量低频信号时 en 能够变宽的区域，这个区域越大，能够测量的信号频率就越低。

尽管控制模块包含了等精度测量控制诸多关键的细节，但只要正确理解了信号间的相互关系，就能正确设计出该模块。请读者仔细阅读如上描述，并参照仿真波形图，自行设计 control 模块的 VHDL 程序。

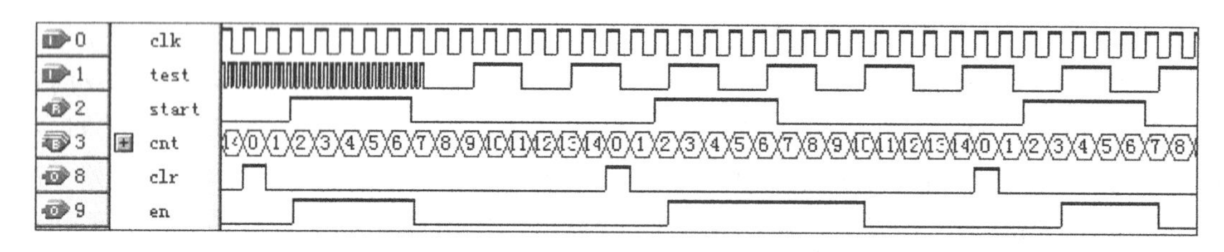


图 10.2.3　control 模块仿真波形图

2)计数器

计数器模块 cnt27 是一个普通的 27 位二进制计数器,有计数使能输入端 en,用于锁定计数值,当 en 为高电平时计数允许,低电平时禁止计数并保持当前计数值,且在 en 的下降沿将计时值输出;有异步清零端 clr,用于对计数器清零以便重新开始一次计数;计数器是上升沿敏感的。计数器的宽度设置为 27 是由测试的最低频率信号 1 Hz 决定的,27 是测试 1 Hz 信号时计数器对 $f_s$ 计数不会出现溢出的最小位宽。图 10.2.4 是 cnt27 模块的仿真波形图,图中的 cqi 是模块内部用于计数的信号。请读者参照仿真波形图,自行设计 cnt27 模块的 VHDL 程序。

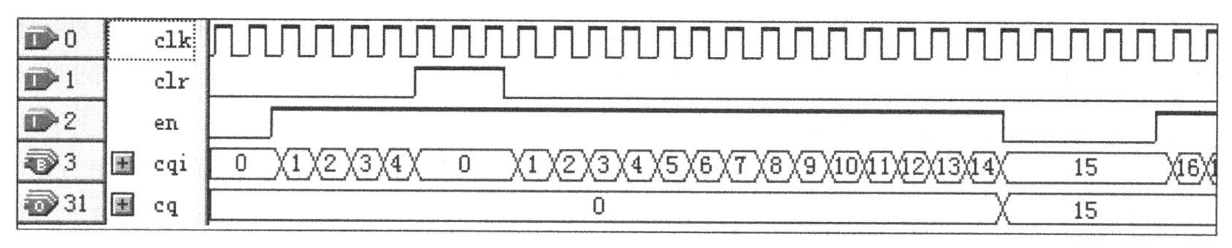


图 10.2.4　cnt27 模块仿真波形图

3)数据处理器

数据处理器 processor 模块也是系统的关键模块之一,它将前面测试得到的原始数据进行数学处理,以便得到可供输出的频率值数据。所谓的原始数据就是由两个计数器分别计数得到的相同时间区间被测信号的个数 $N_x$ 和 100 MHz 标准信号的个数 $N_s$,由式(10.2)可知,要得到被测信号的频率必须要进行一次乘法运算和一次除法运算。运算的结果不考虑小数点,是以 Hz 为单位的频率值。如果测量范围是 1 Hz ~ 99.999 999 MHz,显然它的有效值是 8 个十进制位,需要 27 个二进制位。实现该功能只需要一个 27 位的乘法器、一个 54 位的除法器和一个 27 位的常量元件即可。

如上所述的直接处理将存在严重的精度问题。当被测信号频率大于 10 000 Hz 时,其测试精度是能够满足 $10^{-4}$ 的要求的,但当被测信号频率较低时,例如 1.234 5 Hz 的信号,如上的方法将去掉小数点,所以得到的结果将是"000 000 01"Hz,显然没有达到测试相对精度 $10^{-4}$ 的要求。为此需要改进电路,当被测信号频率大于等于 10 000 Hz 时(此时 $N_x$ 的计时值是大于等于 5 000),采用如上描述的直接计算的方法;当被测信号频率小于 10 000 Hz 时,数据扩大 10 000 倍后再做相同的处理,此时数据仍然不会溢出,这样相当于保留了小数点后面 4 个有效位的数据,显示为"xxxx. xxxx",可见此时还要增加一个小数点驱动信号 point。图 10.2.5 就是按如上思想实现的 processor 逻辑电路图。图中的 move_p 是小数点移动模块,实现判断数据大小、选择是否扩大 10 000 倍的数据输出和小数点驱动输出的模块,参数化乘法器 lpm_mult1 用于实现扩大 10 000 倍的操作。图 10.2.6 是该模块的仿真波形图。

请读者参照 processor 结构图 10.2.5 调用参数化常量、参数化乘法器和参数化除法器元件进行设计，其中 move_p 模块要求用 VHDL 语言设计。

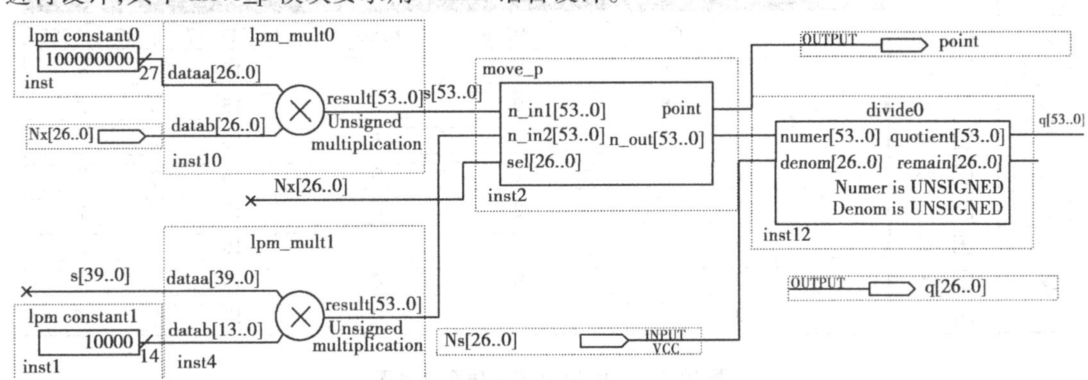


图 10.2.5　processor 模块逻辑电路图

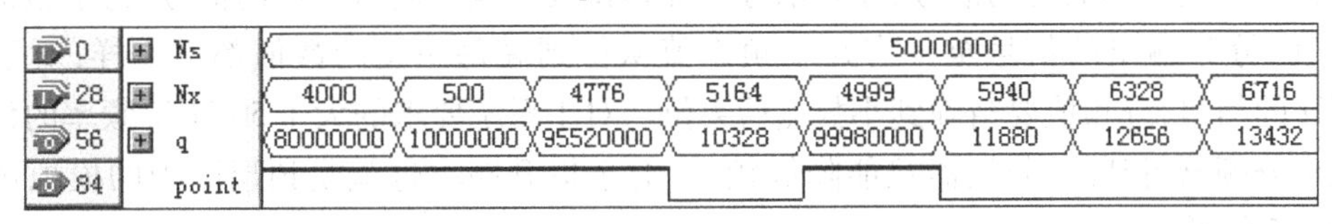


图 10.2.6　processor 模块仿真波形图

4）代码转换模块

代码转换模块 B_BCD 的功能是将二进制数转换为 BCD 数，以便后面的译码显示模块可以直接进行 BCD 译码。待转换二进制数据是 27 位，转换后的 BCD 数据是 8 个 4 位宽度的数据。该模块的另一功能是判断待转换数据的值是否为全 1（即 134217727），因为全为 1 是由于被测信号没有接入或频率太低，计数使能信号 en 不能产生而使乘法器的被除数 $N_s$ 为零所造成的。当检测到待转换数据的所有位为全 1 时，直接将 8 个 BCD 输出信号赋值为“1111”（即 15），在后面的译码显示模块设计时将“1111”译码显示为“－”，用此提示用户被测信号没有接入，或被测信号频率太低，超出了系统的测量范围。

图 10.2.7 是该模块的仿真波形图，从图中可以看出输入信号 din 只要不大于满量程值“99999999”，就能被正确地转换为 Y7 ~ Y0 表示的 BCD 数据；当 din 的值为“134217727”时，Y7 ~ Y0 的值就全为 15；当 din 的值大于“99999999”且小于“134217727”时 Y7 ~ Y0 输出的值低 7 位是能够正确转换的，但 Y7 位得到的转换值将不再是 BCD 数据了，而是一个大于 9 的二进制数据，如图 10.2.7 中的“134217726”转换后的 Y7 的值是 13，因此由于这个特性，系统的实际测量范围的上限将提高至“134217726”，不过最高位在测量值大于“99999999”时将用 A、B、C、D、E 来代表 10、11、12、13、14，当然这需要后面的译码显示电路支持 A、B、C、D、E 的显示。请读者正确理解如上的描述，参照仿真波形图，自行设计 B_BCD 模块的 VHDL 程序。

5）按键去抖模块

按键去抖电路模块 keyin 请读者参考 8.1 节的 keyin 模块的逻辑电路图 8.1.19 进行设计，但要求用 VHDL 语言设计。

6）分频器

分频器模块 fenpin 的功能是用系统板提供的 50 MHz 信号产生设计中所需的各种频率的信号。本设计中需要的信号分别是 control 模块和 keyin 模块使用的 10 Hz 信号、display 模块使用的 5 kHz 动态显示扫描时钟信号、B_BCD 模块使用的 5 MHz 的代码转换时钟信号。为了

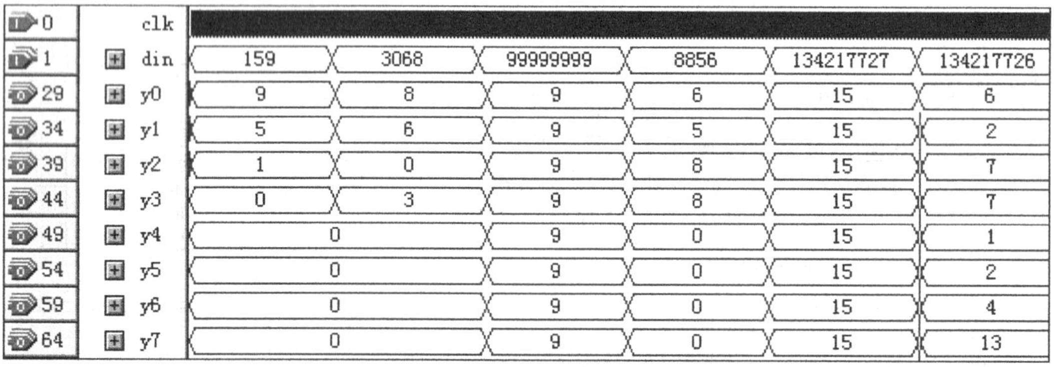

| | | | | | | | |
|---|---|---|---|---|---|---|---|
| 0 | clk | | | | | | |
| 1 | din | 159 | 3068 | 99999999 | 8856 | 134217727 | 134217726 |
| 29 | y0 | 9 | 8 | 9 | 6 | 15 | 6 |
| 34 | y1 | 5 | 6 | 9 | 5 | 15 | 2 |
| 39 | y2 | 1 | 0 | 9 | 8 | 15 | 7 |
| 44 | y3 | 0 | 3 | 9 | 8 | 15 | 7 |
| 49 | y4 | 0 | | 9 | 0 | 15 | 1 |
| 54 | y5 | 0 | | 9 | 0 | 15 | 2 |
| 59 | y6 | 0 | | 9 | 0 | 15 | 4 |
| 64 | y7 | 0 | | 9 | 0 | 15 | 13 |

图 10.2.7　B_BCD 模块仿真波形图

给系统提供不同频率的待测信号，还要求分频器提供几个频率高低不同的信号；为了验证测试的准确性，分频输出的信号至少有几个频率值从低到高每一位的数值都不一样；对于小于 5 000 Hz 的信号，分频值要精确到小数点后 4 位。对于系统要求的大于 50 MHz 频率的信号是不可能由分频器得到的，分频器只能降低频率，对于提升频率这就是顶层图中的模拟锁相环 altpll0 的任务了。

分频器模块的结构图请读者自己规划，并由此设计出 VHDL 程序。

7）多路选择器

多路选择器模块 selector 的功能是通过按键实现被测信号的选择以便观察测试系统对不同频率信号的测试结果。selector 模块的设计请参考 8.1 节的 selector 模块部分，所不同的是本课题要求的被测信号源更多，请做适当的修改，并用 VHDL 设计实现。

8）译码显示器

译码显示器的译码和动态扫描部分的工作原理请读者参考第 8 章 8.1 中的锁存译码显示器中的相关部分，这里不再赘述。

除了要能显示 0 ~ 9 十个 BCD 数据外，为了扩展测量范围，最高位还要能显示 A ~ E 分别代表 10、11、12、13、14，此外还要在没有接入测试信号时显示“ - ”以提示使用者，正如代码转换模块中描述的那样，已将“ - ”的 BCD 值定义为“1111”，在设计七段译码时必须加以考虑。请读者自行设计 display 模块的 VHDL 程序。

需要说明的是，在实际应用中很少直接采用硬件电路来实现位宽很高的乘法器、除法器以及代码转换，它将消耗大量的逻辑资源或内嵌乘法器资源。以本课题为例，processor 模块消耗的逻辑资源数 2 455 个、内嵌 9 位乘法器 13 个，B_BCD 模块消耗逻辑资源数 541 个，该两个模块消耗的逻辑资源总和为 2 996 个，占整个系统消耗逻辑资源总数 3 189 个的 94%，这显然是很不经济的。如果系统还要增加占空比测试、相位检测等功能，势必还要再增加若干乘法器和除法器，因此在实际应用中建议采用一个价格低廉的单片机或 FPGA 内嵌软核 CPU 来完成所有的数据处理和代码转换。而本课题采用硬件电路来实现是基于三点考虑，其一是为了系统的完整性和设计的一致性；其二是为了训练读者采用纯硬件电路实现数据处理和转换的方法，因为在真正需要极其高速处理的场合，这种方法是一种非常有效的加速方法；其三是 LB0 实验系统的 FPGA EP3C10 有超过一万个逻辑资源，可以非常轻松地实现本课题的全部内容。

**(7)系统仿真**

图10.2.8是系统仿真波形图,图中的Nx、Ns、en、clr和q(processor模块的输出信号)是为了便于仿真观察临时添加的输出端口。从图中可见总共进行了4次测量,每一次测量的间歇都有一次select的按键,因此四次测量的被测信号频率分别为92 857 142 Hz、72 222 222 Hz、5 MHz和500 kHz。四次测试结果分别是9 286 000 Hz、72 220 000 Hz、50 000 000 Hz和500 000 Hz。可见测量结果是正确的,但精度不够高,低4位全部为0。产生测量精度不够高的原因是为了节省仿真时间采用了本节第9小节的设计技巧(2)所造成的,测量时间只用了正常测量时间的1/5 000。尽管如此,用Intel(R) Core 2 CPU 1.83 GHz的电脑完成一次这样的仿真也耗时8 min左右,如果不采用该技巧,仿真时间将是数百个小时。

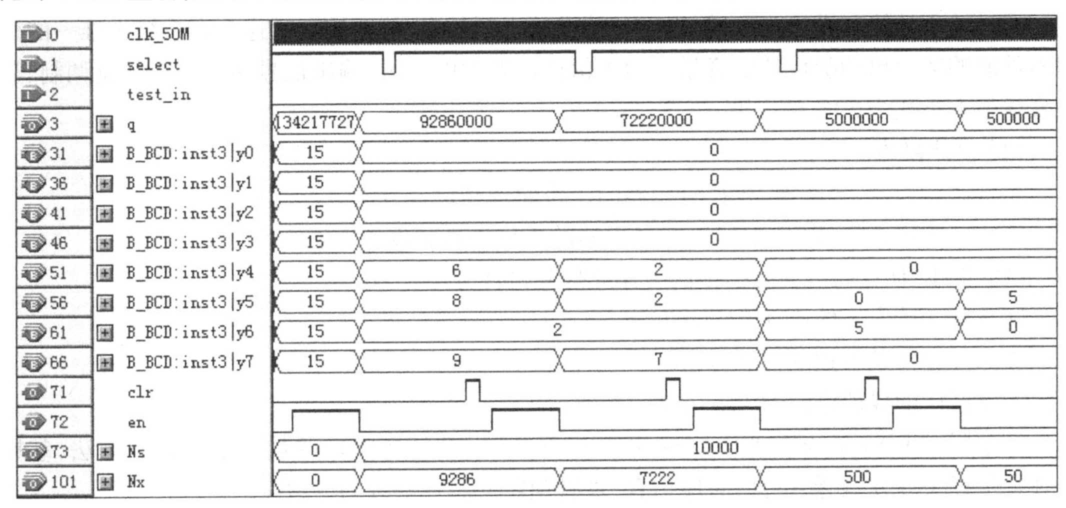


图10.2.8　等精度数字频率计系统仿真波形图

**(8)硬件验证**

请读者根据LB0实验开发系统进行管脚锁定、硬件测试以及使用嵌入式逻辑分析仪进行验证。该部分内容可参考第8章8.1节硬件验证部分。

**(9)设计技巧**

①在系统顶层电路或模块电路的仿真调试中,为了便于观察和分析一些中间结果,可以在程序中增加一些观测输出点,如图10.2.2中的Nx、Ns、en、clr和processor模块的输出信号q,电路调试通过后再去除这些观测输出点。

②为大幅度减少仿真时间,将分频比极高的信号用分频比较低的信号代替,只要确保这样的代替对系统的工作没有原理上的影响,而只是影响仿真结果出现的早与晚,这种代替就是可行的。本设计中将control模块和keyin模块的10 Hz输入信号代之以50 kHz的信号可以将仿真时间缩短为原来的1/5 000,待仿真通过后再修改回来即可。需要注意的是:由于测量时间的缩短,计数器输出的计时值$N_x$和$N_s$也将随之减小好几个数量级,一方面会影响测量的精度,另一方面会影响processor模块中的move_p子模块判断值大小的选取,所以仿真前还必须将move_p子模块判断值由5 000改小几个数量级。

**(10)设计报告**

①写出设计、仿真和分析报告,内容包括:各单元模块的VHDL程序、顶层电路图、仿真波形图,电路原理的分析、波形分析的结论。

②对实验中遇到的问题进行分析,说明采用了什么样的解决方法,写出实验心得。

③讨论问题:如果在系统中再增加占空比测试功能:精度1%,即显示范围1% ~99%,该如何进行设计,请简述设计的原理。有兴趣的同学可作为本课题的扩展要求,设计并实现该功能。

## 10.3 乐曲播放器

乐曲播放器是利用纯硬件电路控制输出信号频率按乐曲的规律连续变化来实现乐曲播放。通过精心计算与设计,可以输出十分精准的音频频率,从而使喇叭这个在系统中唯一的模拟器件能够播放出动听悦耳的音乐。为了保证足够大的音量,输出信号还要进行脉宽调制,最大音量是占空比为50%的方波。

**(1)设计目的**

①掌握计数器、分频器、数控分频器的工作原理和设计方法。

②掌握按键去抖、BCD-七段动态译码器的工作原理和设计方法。

③掌握LED数码管动态扫描的工作原理和设计方法。

④掌握音阶发生的原理及设计方法。

⑤掌握音调及节拍的控制方法。

⑥掌握乐曲播放电路的设计方法。

⑦掌握在EDA系统软件Quartus Ⅱ环境下基于FPGA/CPLD的数字系统设计方法,掌握该环境下程序开发、功能仿真、时序仿真、管脚锁定和芯片下载的方法。

**(2)设计环境**

1)硬件

PC机1台,LB0实验开发平台1套,耳机或小音箱1个(自备)。

2)软件

Quartus Ⅱ 9.0。

**(3)设计要求**

1)基本要求

①能进行流畅的乐曲播放。

②设计不少于4首完整的乐曲进行多曲循环播放,且可由按键进行快速切换,当前播放乐曲的序号用一位数码管显示。

③可播放的发音音阶为G调的整个低音组、中音组和部分高音组即1 2 3 4 5 6 7 1 2 3 4 5 6 7 1 2 3 4共18个。

④可在播放时将乐曲的简谱用两位数码管进行同步显示,一位显示发音的高低,分别用符号“_”“—”和“ - ”代表低音、中音和高音,另一位用BCD数显示简谱。

⑤设置音量控制按键用以改变系统播放的音量,总共设有10级音量,音量大小用一位数码管显示。

2)提高要求

①增加A调的发音,用一个按键进行循环选择,当前音调用一位数码管显示。

②增加单曲循环播放模式,用一拨码开关进行切换。

**(4)设计内容**

①设计乐曲节拍及音符发生器、音符查表及简谱产生电路、发音模块和动态译码及显示扫描电路。

②设计实现基本要求和提高要求的系统顶层电路。

③完成各电路功能模块和系统顶层模块的仿真。

④对仿真结果进行分析,确认每个模块以及顶层模块的仿真结果达到了设计要求。

⑤在EDA硬件开发系统上进行硬件验证与测试,确保设计电路系统能正确工作。

**(5)工作原理**

乐曲播放电路的发音原理是利用纯硬件电路产生各种音阶推动扬声器进行乐曲播放的,这也是电子琴的演奏原理。各音阶的发音频率是按12平均律定调的,表10.3.1为小字一组(低音)、小字二组(中音)和小字三组(高音)3组音阶的发音频率。每一组有12个半音,每一个半音频率的值是它低一级的半音频率的$\sqrt[12]{2}$倍,即1.059 463倍。由表可见,相邻组音阶的同名音相差8度,频率相差一倍。

**表10.3.1　平均律音调频率对照表**

| 组　别 | C | C* | D | D* | E | F | F* | G | G* | A | A* | B |
|---|---|---|---|---|---|---|---|---|---|---|---|---|
| 小字一组 | 261.63 | 277.18 | 293.66 | 311.13 | 329.63 | 349.23 | 369.99 | 392.00 | 415.30 | 440.00 | 466.16 | 493.88 |
| 小字二组 | 523.25 | 554.37 | 587.33 | 622.25 | 659.26 | 698.46 | 739.99 | 783.99 | 830.61 | 880.00 | 932.33 | 987.77 |
| 小字三组 | 1 046.5 | 1 108.7 | 1 174.7 | 1 244.5 | 1 318.5 | 1 396.9 | 1 480.0 | 1 568.0 | 1661.2 | 1 760.0 | 1 864.7 | 1 975.5 |

在国际标准音高中,以A=440 Hz为标准音高,其余各音阶的频率是按照12平均律计算出来的。

只有音阶是不能播出动听的乐曲来的。为使系统能够流畅地将乐曲播放出来,还必须将组成乐曲的每个音符的发音频率的信号按乐曲的节拍连续地送出并驱动喇叭发声。图10.3.1是系统的原理框图。

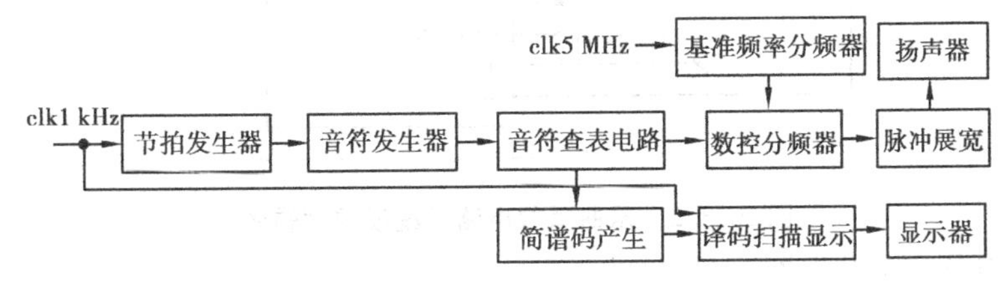


**图10.3.1　乐曲播放原理框图**

系统工作原理如下:

①1 kHz的时钟信号进入节拍发生器后被分频为4 Hz的信号输出,这就是节拍信号。

②音符发生器在节拍信号的作用下以每秒4个音符的速率将存储在该模块中的乐曲音符

连续地送出，但送出的音符是以发音代码的形式输出的。

③发音代码在音符查表电路中进行查表，查表输出分两路，一路输出该发音代码所对应的分频预置数，并将其送数控分频器，另一路输出该发音代码所对应的简谱的 BCD 码，该码经译码扫描电路后送显示器即可实时地显示乐曲的简谱和音高。

④基准频率分频器的功能是将 5 mHz 的时钟信号分频到数控分频器所要求的基准频率上，本系统所选基准频率为 500 kHz。

⑤数控分频器将按收到的分频预置数对来自于基准频率分频器的基准频率进行分频，其分频输出信号的频率就是当前发音音符的频率，但却是一个几乎无功率输出能力的窄脉冲信号，该信号经脉冲展宽电路后就得到当前发音音符频率的占空比等于 50% 的方波信号，该信号将有足够的功率去驱动扬声器或蜂鸣器，于是乐曲就这样流畅地播放出来了。

⑥如果能设计一个占空比调制电路代替脉冲展宽电路来控制输出音频信号脉冲的占空比，就等于增加了一个数控音量控制功能，占空比调制电路可以设计两个按键输入，一个增加音量，一个减小音量，也可设计一个按键循环控制音量的变化。

**(6)设计原理**

图 10.3.2 是实现乐曲播放器基本要求的顶层逻辑图。它由分频器 fenpin、按键去抖动模块 keyin、乐曲节拍及音符发生器 music_rom、音符查表及简谱产生电路 tone_rom、发音模块 speaker 和译码显示器 display 6 种模块组成。

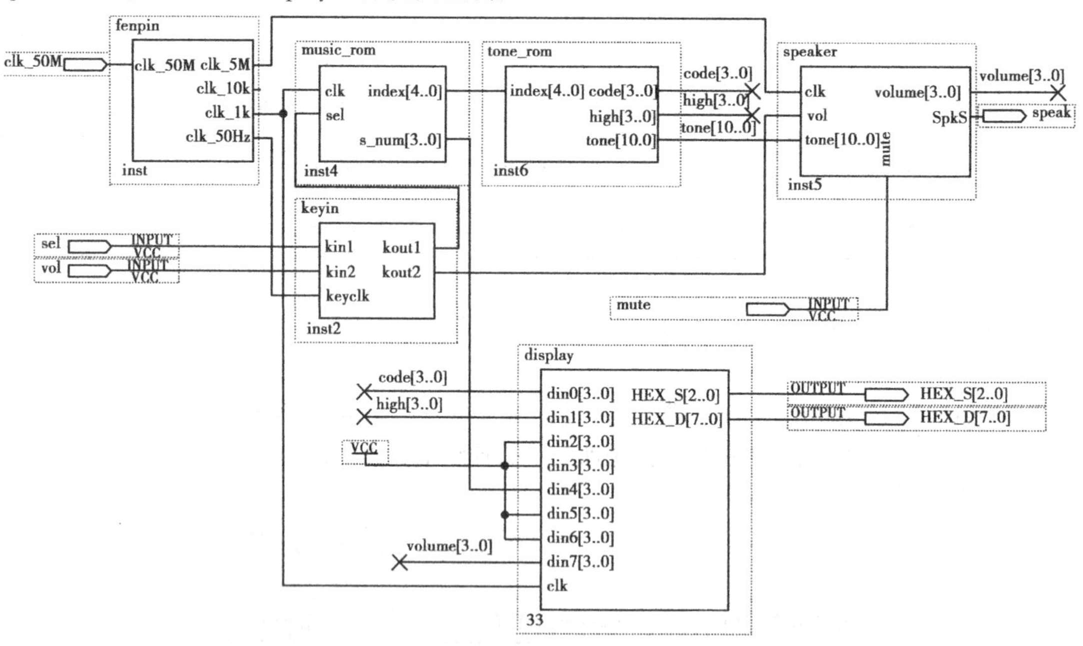


图 10.3.2 乐曲播放电路系统顶层逻辑图

1)乐曲节拍及音符发生器

乐曲节拍及音符发生器 music_rom 完成四个功能，其一是产生乐曲节拍；其二是在节拍的控制下以每秒 4 个音符的速率将存储在该模块中的乐曲以音符代码的形式连续地送出；其三是播放模式的控制；其四是输出当前播放乐曲的序号。该电路模块的仿真波形如图 10.3.3 所示，从图中数据可见，其输出数据 index 在没有 sel 按键时为如下乐谱：| 3 -| 5 5·6 | 1 1·2 |

61 5 | ,这是乐曲“梁祝”的曲首部分,当有一次sel按键后输出的乐谱为:| 6 67 | 1 16 | 1 76 | 7 30 | 7 7 1 | ,这是乐曲“喀秋莎”的曲首部分。music_rom的VHDL程序请参见程序清单10.3.1。

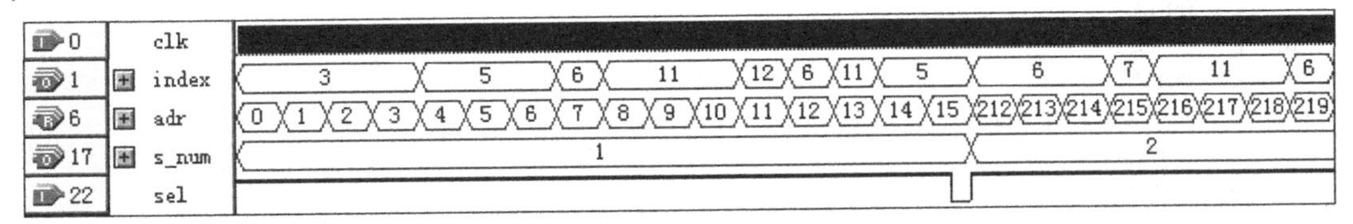


图10.3.3　music_rom模块仿真波形图

程序清单10.3.1　乐曲节拍及音符发生器music_rom.vhd

```
LIBRARY IEEE;
USE IEEE.STD_LOGIC_1164.ALL;
USE IEEE.STD_LOGIC_UNSIGNED.ALL;
USE IEEE.STD_LOGIC_ARITH.ALL;
ENTITY music_rom IS
    PORT(clk,sel: IN STD_LOGIC;
        s_num: OUT STD_LOGIC_VECTOR(3 DOWNTO 0):="0001";
        index: OUT STD_LOGIC_VECTOR(4 DOWNTO 0));
END music_rom;
ARCHITECTURE behav OF music_rom IS
SUBTYPE word IS INTEGER RANGE 0 TO 24;
TYPE memory IS ARRAY(0 TO 523) OF word;
SIGNAL rom:memory;
signal s:STD_LOGIC_VECTOR(3 DOWNTO 0):="0001";
signal clk_cnt:integer range 0 to 249;    --分频范围
signal clk_4Hz:std_logic;    --分频器输出
SIGNAL adr:INTEGER RANGE 0 TO 530;    --计数器输出
BEGIN
  ----------------------------------------------------------------
divide:process(clk)    --1 kHz~4 Hz的分频器(节拍发生)
  begin
    if (clk'event and clk='1') then
      if clk_cnt=249 then
        clk_cnt<=0;clk_4Hz<='1';
      else
        clk_cnt<=clk_cnt+1;clk_4Hz<='0';
      end if;
    end if;
end process;
----------------------------------------------------------------
cnt:process(clk_4 Hz)    --计数器(多曲循环播放模式)
  begin
    if (clk_4Hz'event and clk_4Hz='1') then
      if adr=523 then
        adr<=0;
      else
        adr<=adr+1;
      end if;
    end if;
  end process;
----------------------------------------------------------------
```

```
song_sel:process(sel,adr)   --乐曲选择
  begin
    if adr =0 then
          s <="0001";
    elsif adr =212 then
          s <="0010";
    elsif adr =308 then
          s <="0011";
    elsif(sel'event and sel ='1') then
          if s =3 then
            s <="0001";
          else
            s <=s +1;
          end if;
    end if;
  end  process;

s_num <=s;

------------------------------------------------------------
index <=CONV_STD_LOGIC_VECTOR(rom(adr),5);--存储器输出
    --"梁祝"
rom(0) <=3;  rom(1) <=3;  rom(2) <=3;  rom(3) <=3;
rom(4) <=5;  rom(5) <=5;  rom(6) <=5;  rom(7) <=6;
rom(8) <=11;  rom(9) <=11;  rom(10) <=11;  rom(11) <=12;

            ……

--"喀秋莎"
rom(212) <=6;  rom(213) <=6;  rom(214) <=6;  rom(215) <=7;
rom(216) <=11;  rom(217) <=11;  rom(218) <=11;  rom(219) <=6;
rom(220) <=11;  rom(221) <=11;  rom(222) <=7;  rom(223) <=6;

            ……

END behav;
```

2)音符查表及简谱产生电路

音符查表及简谱产生电路 tone_rom 完成音符查表和简谱码产生。设计的播放器总共可以发出 18 个音(不包括休止音),因此可以选择表 10.3.1 中任意 18 个。为了保证较小的发音误差,数控分频器的基准频率选择 500 kHz 等占空比脉冲信号,数控分频器设计为 11 位具有自动重加载功能的加法计数器,其最大计数值为 16#07ff#,通过预设不同的初始值可以得到不同频率的进位脉冲,只要进位脉冲的频率在音频范围,就可驱动喇叭发音。输出的进位脉冲是宽度非常窄的脉冲,用它直接驱动喇叭得到的声音十分微弱,甚至听不到发音,为了提高和调节音量还要增加一个脉宽调制电路以改变输出信号的占空比,则各音阶的分频预置数可用如下公式计算:

$$\text{分频预置数} = 2\,048 - \left[\frac{\text{基准频率}}{\text{音符频率}}\right] \tag{10.3}$$

图 10.3.4 是 tone_rom 模块的仿真波形图。输出 code 是音符发音的简谱,输出 high 是发音的高低音指示。从图中可见 index 取值为 1 ~7 是低音,high 输出为 C,index 取值为 11 ~17 是中音,high 输出为 D,index 取值为 21 ~24 是高音,high 输出为 E,0 是休止符。输出 tone 是

输出音符的分频预置数。tone_rom 的 VHDL 程序请参见程序清单 10.3.2。

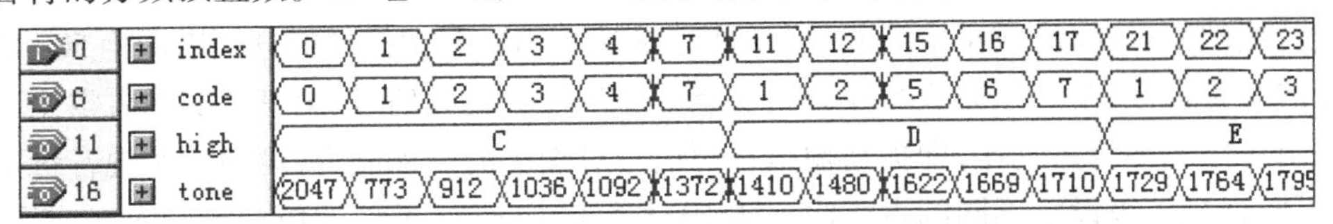


**图 10.3.4　tone_rom 模块仿真波形图**

**程序清单 10.3.2　音符查表及简谱产生电路** tone_rom.vhd

```
library ieee;
use ieee.std_logic_1164.all;
use ieee.std_logic_unsigned.all;
use ieee.std_logic_arith.all;
entity tone_rom is
  port(index: in std_logic_vector(4 downto 0);
    code : out std_logic_vector(3 downto 0);
    high : out std_logic_vector(3 downto 0);
    tone : out std_logic_vector(10 downto 0));
end;

architecture one of tone_rom is
signal index1:integer range 0 to 24;
signal tone1:integer range 0 to 16#7ff#; --即2047
signal code1:integer range 0 to 24;
begin
    index1 <= conv_integer(index);
    tone <= conv_std_logic_vector(tone1,11);
    code <= conv_std_logic_vector(code1,4);
  search:process(index)
  begin
      case index1 is  --译码电路,分频预置值查表并输出控制音调的预置数,
                      --同时由CODE输出显示对应的简谱码,由HIGH输出显示音调高低。
        when 0  => tone1 <=2047;code1 <=0; high <="1100";   --0 Hz(G调标准频率)
        when 1  => tone1 <=773 ;code1 <=1; high <="1100";   --392.16 Hz(392.00 Hz)
        when 2  => tone1 <=912 ;code1 <=2; high <="1100";   --440.14H z(440.00 Hz)
        when 3  => tone1 <=1036;code1 <=3; high <="1100";   --494.07 Hz(493.88 Hz)
        when 4  => tone1 <=1092;code1 <=4; high <="1100";   --523.01 Hz(523.25 Hz)
        when 5  => tone1 <=1197;code1 <=5; high <="1100";   --587.54 Hz(587.33 Hz)
        when 6  => tone1 <=1290;code1 <=6; high <="1100";   --659.63 Hz(659.26 Hz)
        when 7  => tone1 <=1372;code1 <=7; high <="1100";   --739.65 Hz(739.99 Hz)
        when 11 => tone1 <=1410;code1 <=1; high <="1101";   --783.70 Hz(783.99 Hz)
        when 12 => tone1 <=1480;code1 <=2; high <="1101";   --880.28 Hz(880.00 Hz)
        when 13 => tone1 <=1542;code1 <=3; high <="1101";   --988.14 Hz(987.77 Hz)
        when 14 => tone1 <=1570;code1 <=4; high <="1101";   --1 046.03 Hz(1 046.50 Hz)
        when 15 => tone1 <=1622;code1 <=5; high <="1101";   --1 173.71 Hz(1 174.70 Hz)
        when 16 => tone1 <=1669;code1 <=6; high <="1101";   --1 319.26 Hz(1 318.50 Hz)
        when 17 => tone1 <=1710;code1 <=7; high <="1101";   --1 479.29 Hz(1 480.00 Hz)
        when 21 => tone1 <=1729;code1 <=1; high <="1110";   --1 567.40 Hz(1 568.00 Hz)
        when 22 => tone1 <=1764;code1 <=2; high <="1110";   --1 760.56 Hz(1 760.00 Hz)
        when 23 => tone1 <=1795;code1 <=3; high <="1110";   --1 976.28 Hz(1 975.50 Hz)
        when 24 => tone1 <=1809;code1 <=4; high <="1110";   --2 092.05 Hz(2 093.04 Hz)
        when others => null;
          end case;
        end process;
end one;
```

3) 发音模块

发音模块 speaker 完成 4 个功能，第一是完成对 5 MHz 时钟信号的分频以产生 500 kHz 基准频率的时钟信号；第二是完成数控分频功能以产生发音音频信号；第三是实现占空比调制以提高输出音频脉冲的占空比，即提高输出音频信号对喇叭的驱动能力；第四是实现音量按键控制，对不同音量等级设定不同的占空比。图 10.3.5 是 speaker 模块的仿真波形图，由图可见信号 FullSpkS 的频率与输入预置值 tone 是紧密相关的，预置值越大输出的频率就越高。图 10.3.6 是speaker 模块的仿真波形图放大后的波形，从该图可以看出，音频信号 FullSpkS 的占空比非常小，而由音量控制电路输出的音频信号 SpkS 的占空比就明显提高了，而且每出现一次按键信号 vol，SpkS 的占空比都会改变，最大音量所对应的占空比是 50%。需要说明的是由于人耳听觉的特性，音量与占空比并不是线性的。Speaker 模块的 VHDL 程序请参见程序清单 10.3.3。

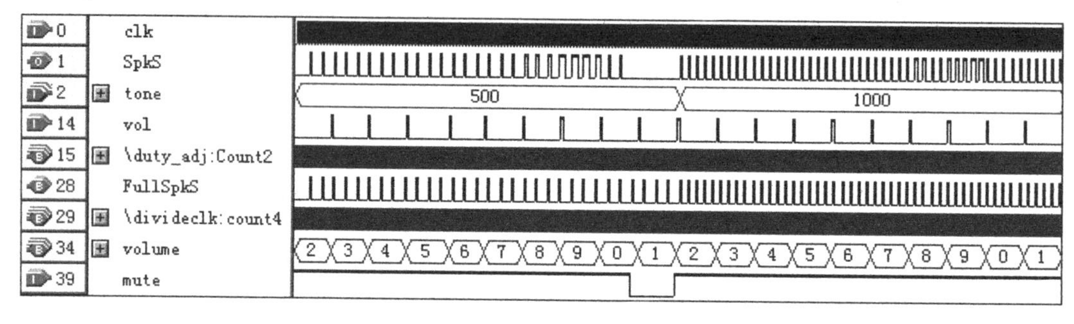


图 10.3.5　speaker 模块仿真波形图 1

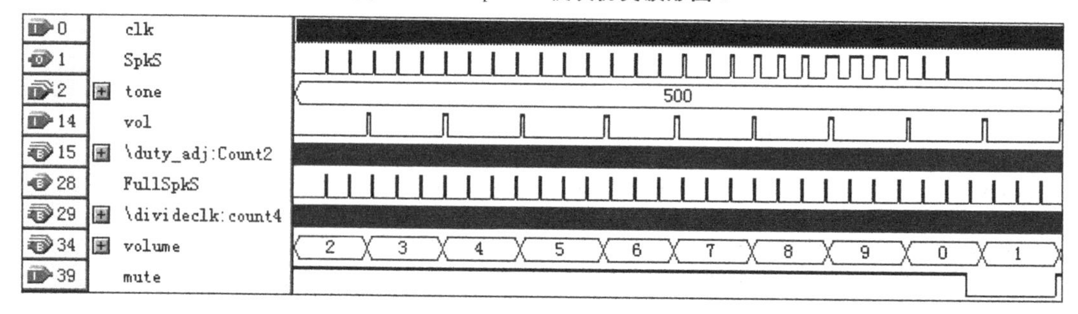


图 10.3.6　speaker 模块仿真波形图 2

**程序清单 10.3.3　发音模块 speaker. vhd**

```
library ieee;
use ieee. std_logic_1164. all;
use ieee. std_logic_arith. all;
use ieee. std_logic_unsigned. all;
entity speaker is
    PORT( clk, vol, mute : IN STD_LOGIC;
        tone: in std_logic_vector( 10 downto 0) ;
        volume: out std_logic_vector( 3 downto 0) ;
        SpkS: OUT STD_LOGIC) ;
end;

architecture one of speaker is
    signal preclk; std_logic;
    Signal FullSpkS: std_logic;
```

```
    Signal v: std_logic_vector(3 downto 0): = "0010";
    Signal duty: integer range 0 to 1024;
    signal tone1:integer range 0 to 16#7FF#;
    signal count4:integer range 0 to 15;
    signal Count11:INTEGER RANGE 0 TO 16#7FF#;
begin
        tone1 <= conv_integer(tone);

--产生 500 k 的时钟信号
divideclk:process(clk)
    begin
        if clk'event and clk = '1' then
          if count4 >= 9 then
            preclk <= '1';
            count4 <= 0;
          else
            preclk <= '0';
            count4 <= count4 + 1;
          end if;
        end if;
    end process;

--程控分频器
GenSpkS:PROCESS(preclk,tone1)
  BEGIN
   IF preclk'EVENT AND preclk = '1'THEN
      IF Count11 = 16#7FF# THEN
            Count11 <= tone1;
            FullSpkS <= '1';
      ELSE
            Count11 <= Count11 + 1;
            FullSpkS <= '0';
      END IF;
   END IF;
  END PROCESS;

-'-产生不同占空比的音频信号用以调节音量
duty_adj:PROCESS(preclk)
  VARIABLE Count2:integer range 0 to 2048;
  BEGIN
    IF preclk'EVENT AND preclk = '1' THEN
      IF FullSpkS = '1' THEN
            Count2: = 0;
            SpkS <= mute;
        ELSIF   Count2 >= duty   THEN
            Count2: = Count2 + 1;
            SpkS <= '0';
        ELSE
            Count2: = Count2 + 1;
            SpkS <= mute;
        END IF;
      END IF;
    END PROCESS;

--音量按键控制
   volume_adj:process(vol)
```

```
        begin
          if( vol'event and vol = '1') then
            if v = 9 then
              v <= "0000" ;
        else
              v <= v + 1 ;
                end if;
          end if;
    end process;

-- 查表得到相应的占空比数据值
    duty <= (2048-tone1)/1024   WHEN v = 0 ELSE
            (2048-tone1)/512    WHEN v = 1 ELSE
            (2048-tone1)/256    WHEN v = 2 ELSE
            (2048-tone1)/128    WHEN v = 3 ELSE
            (2048-tone1)/64     WHEN v = 4 ELSE
            (2048-tone1)/32     WHEN v = 5 ELSE
            (2048-tone1)/16     WHEN v = 6 ELSE
            (2048-tone1)/8      WHEN v = 7 ELSE
            (2048-tone1)/4      WHEN v = 8 ELSE
            (2048-tone1)/2;
volume <= v;
end one;
```

4)其他模块电路

系统电路除了上述3种模块外还有分频器、译码显示器和按键去抖动模块,这些模块与本章课题1中的相应模块的设计方法是一致的,差异部分稍作调整即可。请参阅课题1中相关内容,此处不再赘述。需要说明的是译码显示器显示的数据有0~9十个BCD数据;A、G二个音调;"_""—""-"3个音高符号和"空"共16个,在设计七段译码时请加以规划与考虑。

**(7)系统仿真**

图10.3.7和图10.3.8是系统仿真波形图,由图10.3.7可见在外部时钟信号clk50 MHz的作用下,系统的喇叭驱动输出信号speak的频率是在跟随乐曲"梁祝"的旋律而不断变化的,这点也可从信号code、hihg和tone的取值的变化中得到证实。图10.3.8是放大的系统仿真波形图,可见,随着音量调节按键的作用,喇叭驱动输出信号speak的占空比也在发生改变,这预示着被驱动的喇叭的音量也会发生改变。speak模块的初始音量设定为第2级,经过7次音量调节按键的作用后,音量变为第9级最大音量,speak信号占空比将变为50%,这可从图10.3.8中得到证实。

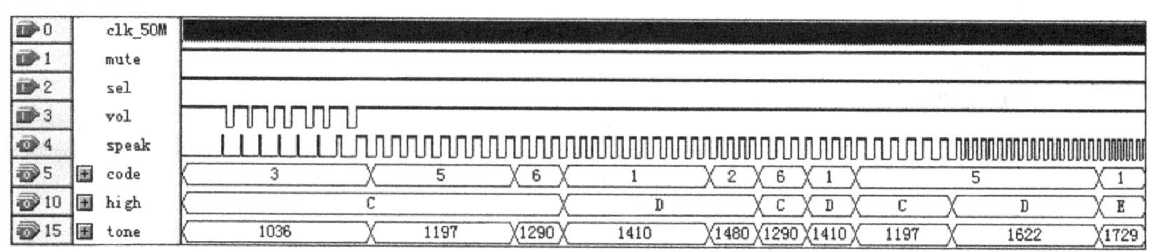


**图10.3.7 乐曲播放器仿真波形图1**

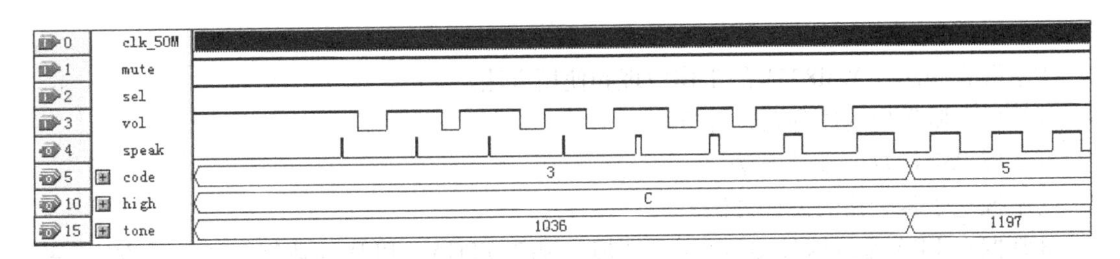


图10.3.8　乐曲播放器仿真波形图2

(8)硬件验证

请读者根据LB0实验开发系统进行管脚锁定、硬件测试以及使用嵌入式逻辑分析仪验证。该部分内容可参考第8章8.1节硬件验证部分。

(9)设计技巧

①在系统顶层电路或模块电路的仿真调试中,为了便于观察和分析一些中间结果,可以在程序中增加一些观测输出点,如图10.3.6中的code、high和tone信号线,当电路调试通过后再去除这些观测输出点。

②本系统是一个高分频比系统,为了能全面了解系统的工作情况,所做的仿真必须涵盖到所有输出信号的正常出现。为此所做仿真的时间必定是一个很大的数值,一次仿真将耗时数十分钟或几个小时,这不利于反复调试。因此在做系统仿真时可做如下调整:首先将speaker模块基准频率分频器的分频数由10分频改为2分频;其次将music_rom模块中的250分频器降低,比如降低至10分频,再次在顶层图中将music_rom模块和keyin模块的1 kHz输入改接到分频模块的10 kHz输出上。这样的修改,仿真时间只需要修改前仿真时间的1/1250,当仿真调试通过以后,再将电路还原进行硬件测试。

(10)设计报告

①写出设计、仿真和分析报告,内容包括:各单元模块的VHDL程序、顶层电路图、仿真波形图,电路原理的分析、波形分析的结论。

②对实验中遇到的问题进行分析,说明采用了什么样的解决方法,写出实验心得。

③讨论问题:如果在系统中再增加C调、D调、E调和F调的发音,用一个按键在6种音调之间进行循环选择,当前音调用一位数码管显示,应该如何修改设计,请简述设计的原理。有兴趣的同学可作为本课题的扩展要求,设计并实现该功能。

## 10.4　电子琴

电子琴课题是在乐曲播放电路的基础上,将乐曲节拍及音符发生器模块置换为键盘输入模块,利用按键来控制输出信号的频率和节拍实现乐曲演奏。为了得到更加动听的音乐,发音的音频信号用DDS产生标准的正弦波,经音频芯片WM8731 D/A转换器输出模拟信号驱动喇叭。通过精心计算与设计,可以使每个按键产生一个频率非常精准的音频信号输出。

(1)设计目的

①掌握计数器、分频器、DDS的工作原理和设计方法。

②掌握按键去抖、BCD-七段动态译码器的工作原理和设计方法。

③掌握 LED 数码管动态扫描的工作原理和设计方法。

④掌握音频芯片 WM8731 的工作原理和使用方法。

⑤掌握音阶发生的原理及设计方法。

⑥掌握 PS2 键盘的设计方法。

⑦掌握电子琴电路的设计方法。

⑧掌握在 EDA 系统软件 Quartus Ⅱ环境下基于 FPGA/CPLD 的数字系统设计方法,掌握该环境下程序开发、功能仿真、时序仿真、管脚锁定和芯片下载的方法。

**(2)设计环境**

1)硬件

PC 机 1 台,LB0 实验开发平台 1 套,耳机或小音箱 1 个(自备),PS2 小键盘 1 个。

2)软件

Quartus Ⅱ 9.0。

**(3)设计要求**

1)基本要求

①预存不少于 4 首完整的乐曲,能流畅地进行播放。

②采用 PS2 小键盘 18 个按键进行演奏,用一拨码开关进行演奏模式和播放模式的切换。

③发音音阶为 C 调的整个低音组、中音组和部分高音组,即 1 2 3 4 5 6 7 1 2 3 4 5 6 7 1 2 3 4 共 18 个。

④可在播放或演奏时将乐曲的简谱用两位数码管进行同步显示:一位显示发音的高低,分别用符号“_”“—”“ -”代表低音、中音和高音;另一位用 BCD 数显示简谱。

⑤采用 DDS 模块加专用音频芯片的方式产生模拟音频信号驱动喇叭。

⑥设置音量控制按键用以改变系统播放的音量,音量大小用两位数码管显示。

2)提高要求

增加变调功能,用一个按键进行 A、C、E、F 调的循环选择,当前音调用一位数码管显示。

**(4)设计内容**

①设计键盘扫描电路、乐曲节拍及音符发生器、音符查表及简谱产生电路、DDS 发音产生模块、音频芯片控制模块和动态译码及显示扫描电路。

②设计实现基本要求和提高要求的系统顶层电路。

③完成各电路功能模块和系统顶层模块的仿真。

④对仿真结果进行分析,确认每个模块以及顶层模块的仿真结果达到了设计要求。

⑤在 EDA 硬件开发系统上进行硬件验证与测试,确保设计电路系统能正确工作。

**(5)工作原理**

电子琴的发音原理与乐曲播放器的发音原理是一致的,不同之处为:乐曲节拍是由演奏者连续、有节奏地按键产生的,不同的按键将产生不同频率的信号驱动喇叭发声。图 10.4.1 是系统实现的一种简单方案的原理框图。由图 10.4.1 可见,电子琴电路只是将图 10.3.1 乐曲播放电路中的节拍发生器替换为键盘扫描模块,也可增加一个键盘扫描模块并用以拨码开关进行播放模式与演奏模式的选择,读者可以很容易地在乐曲播放电路的基础上实现这个简单方案的电子琴电路。

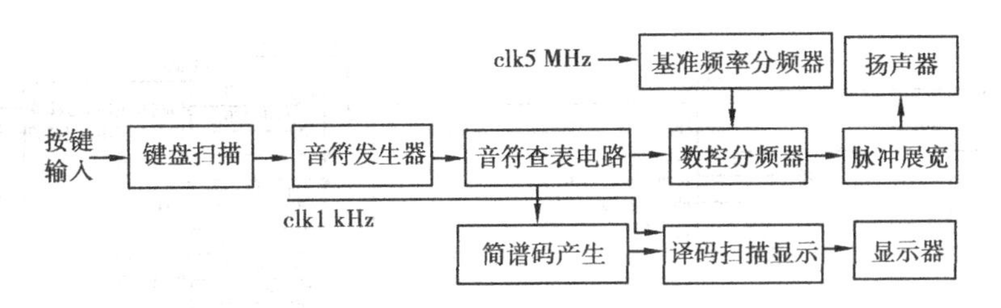


图 10.4.1　简单电子琴电路框图

为了得到更加动听、逼真的音乐，本课题发音的音频信号采用 DDS 电路模块产生标准的正弦波，经 D/A 转换器输出模拟信号驱动喇叭。图 10.4.2 是系统实现这种方案的原理框图。

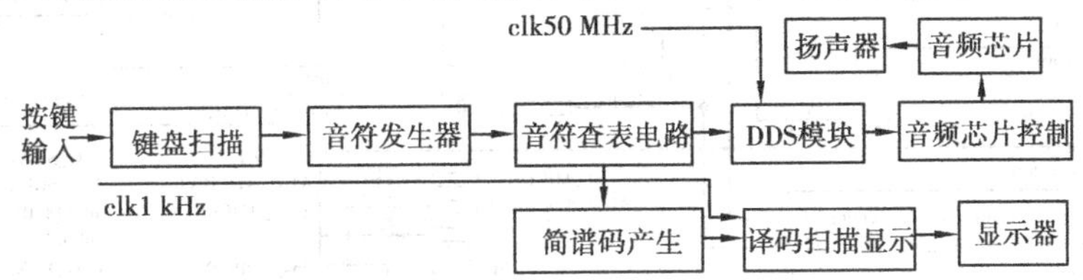


图 10.4.2　基于 DDS 电路的电子琴电路框图

系统工作原理如下：

①音符发生器在键盘作用下将根据键值送出相应的音符，但送出的音符是以发音代码的形式输出的。

②发音代码在音符查表电路中进行查表，查表输出分两路，一路输出该发音代码所对应正弦信号频率的 DDS 频率预置数，并将其送 DDS 模块；另一路输出该发音代码所对应的简谱的 BCD 码，该码经译码扫描电路后送显示器即可实时地显示乐曲的简谱和音高。

③DDS 模块将按收到的频率预置数产生当前发音音符频率的正弦信号，该信号是 10 位宽的数字信号，该信号经音频芯片控制模块串行输出给外部音频芯片完成 DA 转换，转换后的模拟正弦信号直接驱动扬声器发音，于是乐曲就这样流畅地演奏出来了。

④如果 DDS 模块产生的数字信号不是正弦信号，而是与某种乐器相对应的波形信号，比如钢琴音所对应的波形信号，经音频芯片转换放大后的模拟信号直接驱动扬声器发音，于是具有钢琴音色的乐曲就演奏出来了。

⑤音频芯片除了 DA 转换外，还具有功率放大和数字音量调节的功能，可设计一个按键循环控制音量的变化，并将音量等级用两位数码管显示。

**(6)设计原理**

图 10.4.3 是实现电子琴课题基本要求的顶层逻辑图。它由分频器 fenpin、按键去抖动模块 keyin、PS2 按键扫描模块 PS2_keyb、按键音符发生器 key_rom、音符查表及简谱产生电路 tone_rom_DDS、DDS 模块 ddsc、音频芯片控制模块 WM8731_DAC 和译码显示器 display 8 种模块组成。

1)PS2 按键扫描模块

PS2 按键扫描电路 PS2_keyb 实现的功能是针对 PS2 键盘不同的按键产生不同的键值。PS2 小键盘有 18 个按键，这些按键所对应的键值见表 9.3.3。PS2_keyb 模块的 VHDL 程序请参见第 9 章例程 9.3.1 PS2 键盘控制模块 PS2_keyb. vhd。

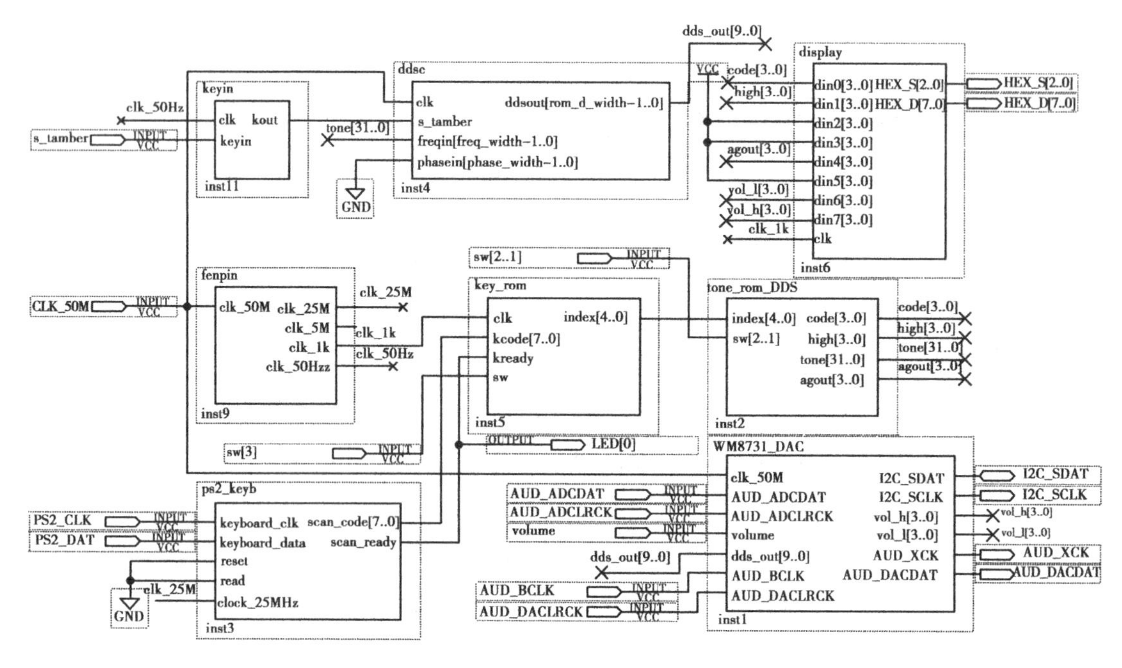

图 10.4.3　电子琴系统顶层逻辑图

2)按键音符发生器

按键音符发生器 key_rom 实现两个功能，一个是实现乐曲播放模式下乐曲节拍及音符发生，该功能与本章课题 3 中的“乐曲节拍及音符发生器”的功能一致；另一个是实现演奏模式下产生按键所对应音符。如上两个功能用一拨码开关切换。key_rom 模块的 VHDL 程序请参见程序清单 10.4.1。

**程序清单 10.4.1　按键音符发生器 key_rom. vhd**

```
LIBRARY IEEE;
USE     IEEE. STD_LOGIC_1164. ALL;
USE     IEEE. STD_LOGIC_UNSIGNED. ALL;
USE     IEEE. STD_LOGIC_ARITH. ALL;
------------------------------------------------------------------
ENTITY  key_rom IS
    PORT(
    clk   :IN  STD_LOGIC;
    kcode :IN  STD_LOGIC_VECTOR(7 DOWNTO 0);
    kready:IN  STD_LOGIC;
    sw     :IN  STD_LOGIC;
    index :OUT STD_LOGIC_VECTOR(4 DOWNTO 0));
END key_rom;
------------------------------------------------------------------
ARCHITECTURE behavior OF key_rom IS
    TYPE memory IS ARRAY(0 TO 523) OF INTEGER RANGE 0 TO 24;
    SIGNAL rom   : memory;
    SIGNAL raddr: INTEGER RANGE 0 TO 523;
    SIGNAL count: STD_LOGIC_VECTOR(7  DOWNTO 0) := X"00";
    SIGNAL clk4hz: STD_LOGIC;
    SIGNAL keep : STD_LOGIC_VECTOR(31 DOWNTO 0);
    SIGNAL knum : INTEGER RANGE 0 TO 24;
    SIGNAL kvalid:INTEGER RANGE 0 TO 24;
BEGIN
```

```
index <= CONV_STD_LOGIC_VECTOR(kvalid,5) WHEN sw = '1' ELSE
         CONV_STD_LOGIC_VECTOR(rom(raddr),5);

--acquire key code and translate it to knum;
PROCESS(kready,kcode)
BEGIN
    IF kready'EVENT AND kready = '1' THEN
        CASE kcode IS
            WHEN X"77"  => knum <= 1;     --Num Lock
            WHEN X"4A"  => knum <= 2;     --/
            WHEN X"7C"  => knum <= 3;     -- *
            WHEN X"6C"  => knum <= 4;     --7
            WHEN X"75"  => knum <= 5;     --8
            WHEN X"7D"  => knum <= 6;     --9
            WHEN X"6B"  => knum <= 7;     --4
            WHEN X"73"  => knum <= 11;    --5
            WHEN X"74"  => knum <= 12;    --6
            WHEN X"69"  => knum <= 13;    --1
            WHEN X"72"  => knum <= 14;    --2
            WHEN X"7A"  => knum <= 15;    --3
            WHEN X"70"  => knum <= 16;    --0
            WHEN X"66"  => knum <= 17;    --Back Space
            WHEN X"71"  => knum <= 21;    --. Del
            WHEN X"7B"  => knum <= 22;    --'-'
            WHEN X"79"  => knum <= 23;    --'+'
            WHEN X"5A"  => knum <= 24;    --Enter
            WHEN X"F0"  => knum <= 0;     --release code
            WHEN OTHERS => knum <= 0;
        END CASE;
    END IF;
END PROCESS;

--calculate the invalid time of knum
PROCESS(clk, kready)
BEGIN
    IF kready = '0' THEN
        keep <= X"00000000";
    ELSIF clk'EVENT AND clk = '1' THEN
        keep <= keep + 1;
    END IF;
END PROCESS;
kvalid <= knum WHEN (keep < 523) ELSE 0;

--devide clk1k to clk4hz
PROCESS(clk)
BEGIN
    IF clk'EVENT AND clk = '1' THEN
      if count = 249 then  count <= X"00"; else
        count <= count + 1;
      end if;
    END IF;
END PROCESS;
clk4hz <= count(7);
--auto play music
PROCESS(clk4hz, sw)
BEGIN
```

```
        IF sw = '1' THEN
            raddr  <= 0;
        ELSIF clk4hz'EVENT AND clk4hz = '1' THEN
            IF raddr >= 523 THEN
                raddr  <= 0;
            ELSE
                raddr  <= raddr + 1;
            END IF;
        END IF;
    END PROCESS;

------------------------------------------------------------
    rom(0) <=3;   rom(1) <=3;   rom(2) <=3;   rom(3) <=3; --"梁祝"
    rom(4) <=5;   rom(5) <=5;   rom(6) <=5;   rom(7) <=6;
    rom(8) <=11;   rom(9) <=11;   rom(10) <=11;   rom(11) <=12;

        … …

    rom(212) <=6;   rom(213) <=6;   rom(214) <=6;   rom(215) <=7; --"喀秋莎"
    rom(216) <=11;   rom(217) <=11;   rom(218) <=11;   rom(219) <=6;
    rom(220) <=11;   rom(221) <=11;   rom(222) <=7;   rom(223) <=6;
        … …
END behav;
```

3）音符查表及简谱产生电路

音符查表及简谱产生电路 tone_rom_DDS 完成音符查表和简谱码产生。设计的播放器总共可以发出 18 个音（不包括休止音），因此可以选择表 10.3.1 中任意 18 个。为了保证较小的发音误差，DDS 模块采用 50 MHz 的时钟信号作为基准频率，32 位的频率输入字，则 DDS 的频率分辨率为：基准频率/$2^{32}$ =50($10^6$/$2^{32}$ =0.011 64 Hz，可见系统具有很高的频率分辨率。各音阶的频率输入字可用如下公式计算：

$$\text{频率输入字} = \frac{\text{音符频率}}{\text{基准频率}/2^{32}} \tag{10.4}$$

tone_rom_DDS 的 VHDL 程序请参见程序清单 10.4.2。

**程序清单 10.4.2　音符查表及简谱产生模块 tone_rom_DDS.vhd**

```
LIBRARY IEEE;
USE      IEEE.STD_LOGIC_1164.ALL;
USE      IEEE.STD_LOGIC_UNSIGNED.ALL;
USE      IEEE.STD_LOGIC_ARITH.ALL;
ENTITY tone_rom_DDS IS
    PORT(
    index: IN   STD_LOGIC_VECTOR(4  DOWNTO 0);
    sw    : IN   STD_LOGIC_VECTOR(2 DOWNTO 1);
    code  : OUT STD_LOGIC_VECTOR(3   DOWNTO 0);
    high  : OUT STD_LOGIC_VECTOR(3   DOWNTO 0);
    tone  : OUT STD_LOGIC_VECTOR(31 DOWNTO 0);
    agout: OUT STD_LOGIC_VECTOR(3   DOWNTO 0));
END;

ARCHITECTURE one OF tone_rom_DDS IS
    SIGNAL index1  :INTEGER RANGE 0 TO 24;
    SIGNAL tone1    :INTEGER RANGE 0 TO 16#FFFFFF#;
    SIGNAL code1    :INTEGER RANGE 0 TO 24;
    BEGIN
```

```
index1  <= CONV_INTEGER(index);
tone    <= CONV_STD_LOGIC_VECTOR(tone1,32);
code    <= CONV_STD_LOGIC_VECTOR(code1,4);
agout   <= "0110" WHEN sw = "00" ELSE    --00 =>'G'; 01 = >'A'; 10 =>'C';
        "1010" WHEN sw = "01" ELSE
        "1100" WHEN sw = "10" ELSE
        "1100";

 --calculate code1, high and tone1
PROCESS(index)
BEGIN
    IF sw = "00" THEN    --00 =>'G 调'
    CASE index1 IS    --译码电路,分频预置值查表并输出控制音调的预置数,
  --同时由 CODE 输出显示对应的简谱码,由 HIGH 输出显示音调高低。
          WHEN 0   => code1 <=15; high <="1111"; tone1 <=0;
          WHEN 1   => code1 <=1; high <="1011"; tone1 <=33673;    --(392.00Hz)
          WHEN 2   => code1 < =2; high <="1011"; tone1 <=37796;    --(440.00Hz)
          WHEN 3   => code1 <=3; high <="1011"; tone1 <=42424;    --(493.88Hz)
          WHEN 4   => code1 <=4; high <="1011"; tone1 <=44947;    --(523.25Hz)
          WHEN 5   => code1 <=5; high <="1011"; tone1 <=50451;    --(587.33Hz)
          WHEN 6   => code1 <=6; high <="1011"; tone1 <=56630;    --(659.26Hz)
          WHEN 7   => code1 <=7; high <="1011"; tone1 <=63565;    --(739.99Hz)
          WHEN 11  => code1 <=1; high <="1101"; tone1 <=67344;    --(783.99Hz)
          WHEN 12  => code1 <=2; high <="1101"; tone1 <=75591;    --(880.00Hz)
          WHEN 13  => code1 <=3; high <="1101"; tone1 <=84849;    --(987.77Hz)
          WHEN 14  => code1 <=4; high <="1101"; tone1 <=89894;    --(1046.50Hz)
          WHEN 15  => code1 <=5; high <="1101"; tone1 <=100903;    --(1174.66Hz)
          WHEN 16  => code1 <=6; high <="1101"; tone1 <=113259;    --(1318.51Hz)
          WHEN 17  => code1 <=7; high <="1101"; tone1 <=127129;    --(1479.98Hz)
          WHEN 21  => code1 <=1; high <="1110"; tone1 <=134688;    --(1567.98Hz)
          WHEN 22  => code1 <=2; high <="1110"; tone1 <=151183;    --(1760.00Hz)
          WHEN 23  => code1 <=3; high <="1110"; tone1 <=169697;    --(1975.53Hz)
          WHEN 24  => code1 <=4; high <="1110"; tone1 <=179787;    --(2093.00Hz)
          WHEN OTHERS => NULL;
      END CASE;
    ELSIF sw = "01" THEN    --01 =>'A 调'
      CASE index1 IS    --译码电路,分频预置值查表并输出控制音调的预置数,
                        --同时由 CODE 输出显示对应的简谱码,由 HIGH 输出显示音调高低。
          WHEN 0   => code1 <=15; high <="1111"; tone1 <=0;

          … …

          WHEN OTHERS => NULL;
      END CASE;
    ELSIF sw = "10" THEN                    --10  =>'C 调'
      CASE index1 IS    --译码电路,分频预置值查表并输出控制音调的预置数,
                        --同时由 CODE 输出显示对应的简谱码,由
                        IIIGH 输出显示音调高低。
          WHEN 0   => code1 <=15; high <="1111"; tone1 <=0;

          … …

          WHEN OTHERS => NULL;
      END CASE;
    ELSE                                    --11 =>'E 调'
      CASE index1 IS    --译码电路,分频预置值查表并输出控制音调的预置数,
```

```
                --同时由 CODE 输出显示对应的简谱码,由
                  HIGH 输出显示音调高低。
            WHEN 0    => code1 <=15; high <="1111"; tone1 <=0;

            ... ...

            WHEN OTHERS => NULL;
          END CASE;
        END IF;
    END PROCESS;

END ONE;
```

4)DDS 模块

DDS 模块 ddsc 的功能是根据输入的频率输入字产生具有较高频率精度的正弦信号,正弦信号存储在 onchip memory 中,设计中用例化语句调用参数化只读存储器 lpm_rom 即可。为了得到不同音色的发音,可以将不同乐器发音的波形信号代替存储在存储器中的正弦信号,为此设计了 4 个存储器用以存储不同乐器的波形信号,用一个按键进行选择。ddsc 的 VHDL 程序请参见程序清单 10.4.3,正弦信号和各种乐器的波形文件请读者自行设计。

**程序清单 10.4.3　DDS 模块 ddsc. vhd**

```
library IEEE;
use IEEE. STD_LOGIC_1164. all;
use IEEE. STD_LOGIC_UNSIGNED. all;
use ieee. std_logic_arith. all;
library lpm;       --Altera LPM
use lpm. lpm_components. all;
entity ddsc is      --DDS 主模块
    generic( freq_width:integer: =32;      --输入频率字位宽
    phase_width:integer: =12;      --输加入相位字位宽
    adder_width:integer: =32;      --累加器位宽
    romad_width:integer: =10;      --正弦 ROM 表地址位宽
    rom_d_width:integer: =10);     --正弦 ROM 表数据位宽
    port( clk    :in std_logic;      --DDS 合成时钟
        s_tamber:in std_logic;
        freqin:in std_logic_vector( freq_width-1 downto 0);       --频率字输入
        phasein:in std_logic_vector( phase_width-1 downto 0);     --相位字输入
        ddsout:out std_logic_vector( rom_d_width-1 downto 0));    --DDS 输出
end entity ddsc;
architecture behave of ddsc is
    signal  acc      :std_logic_vector( adder_width-1 downto 0): =(OTHERS =>'0');
    signal  phaseadd:std_logic_vector( phase_width-1 downto 0): =(OTHERS =>'0');
    signal  romaddr :std_logic_vector( romad_width-1 downto 0): =(OTHERS =>'0');
    signal  freqw    :std_logic_vector( freq_width-1 downto 0): =(OTHERS =>'0');
    signal  phasew   :std_logic_vector( phase_width-1 downto 0): =(OTHERS =>'0');
    signal  mux_in0,mux_in1,mux_in2,mux_in3:std_logic_vector( rom_d_width-1 downto 0);
    signal  sel      :std_logic_vector(1 downto 0): ="00";
begin
    process( Clk)
    begin
    if( Clk'event and Clk ='1')   then
    freqw <= freqin;      --频率字输入同步
    phasew <= phasein;    --相位字输入同步
    acc <= acc + freqw;     --才目位累加器
    end if;
```

```
    end process;
    phaseadd <= acc(adder_width - 1 downto adder_width - phase_width) + phasew;
    romaddr <= phaseadd(phase_width - 1 downto phase_width - romad_width);

    PROCESS(s_tamber)
    BEGIN
      if(s_tamber'event and s_tamber = '1')   then
       sel < = sel  +  '1';
       END IF;
    END PROCESS;

    PROCESS(sel)
    BEGIN
      IF(sel = "00")THEN
    ddsout <= mux_in0;
      ELSIF(sel = "01")THEN
    ddsout <= mux_in1;
      ELSIF(sel = "10")THEN
    ddsout <= mux_in2;
      ELSE
    ddsout <= mux_in3;
      END IF;
    END PROCESS;

-- sinrom
    i_rom:lpm_rom  -- LPM rom 调用
    GENERIC MAP(LPM_WIDTH => rom_d_width,
                LPM_WIDTHAD => romad_width,
                LPM_ADDRESS_CONTROL => "UNREGISTERED",
                LPM_OUTDATA => "REGISTERED",
                LPM_FILE => "sin.mif")  -- 指向 rom 文件
    PORT MAP(outClock => Clk, address => romaddr, q => mux_in0);
    i_rom1:lpm_rom  -- LPM rom 调用
    GENERIC MAP(LPM_WIDTH => rom_d_width,
                LPM_WIDTHAD => romad_width,
                LPM_ADDRESS_CONTROL => "UNREGISTERED",
                LPM_OUTDATA => "REGISTERED",
                LPM_FILE => "cd.mif")  -- 指向 rom 文件
    PORT MAP(outClock => Clk, address => romaddr, q => mux_in1);
    i_rom2:lpm_rom  -- LPM rom 调用
    GENERIC MAP(LPM_WIDTH => rom_d_width,
                LPM_WIDTHAD => romad_width,
                LPM_ADDRESS_CONTROL => "UNREGISTERED",
                LPM_OUTDATA => "REGISTERED",
                LPM_FILE => "gq.mif")  -- 指向 rom 文件
    PORT MAP(outClock => Clk, address => romaddr, q => mux_in2);
    i_rom3:lpm_rom  -- LPM rom 调用
    GENERIC MAP(LPM_WIDTH => rom_d_width,
                LPM_WIDTHAD => romad_width,
                LPM_ADDRESS_CONTROL => "UNREGISTERED",
                LPM_OUTDATA => "REGISTERED",
                LPM_FILE => "ch.mif")  -- 指向 rom 文件
    PORT MAP(outClock => Clk, address => romaddr, q => mux_in3);
end architecture behave;
```

5）音频芯片控制模块

音频控制模块 WM8731_DAC 较为复杂，它由多个子电路模块构成，其顶层逻辑如图 10.4.4 所示。WM8731_DAC 模块的功能有 3 个，第一个功能是通过 I2C 串口通信协议配置外接的音频芯片 WM8731，配置数据包括第一次上电的初始配置和音量调节时的配置，该功能由 CLOCK_500 和 i2c 子模块实现；第二个功能是实现音量调节，该功能由 keytr 子模块实现；第三个功能是完成并串转换，将来自 DDS 模块并行的波形信号转换为串行信号送给音频芯片 WM8731，该功能由 sound 子模块实现，子模块 out_10to16 实现数据宽度变换，将 DDS 输出的 10 位宽数字信号变换为 16 位宽的数字信号以满足音频芯片对输入数据的要求。

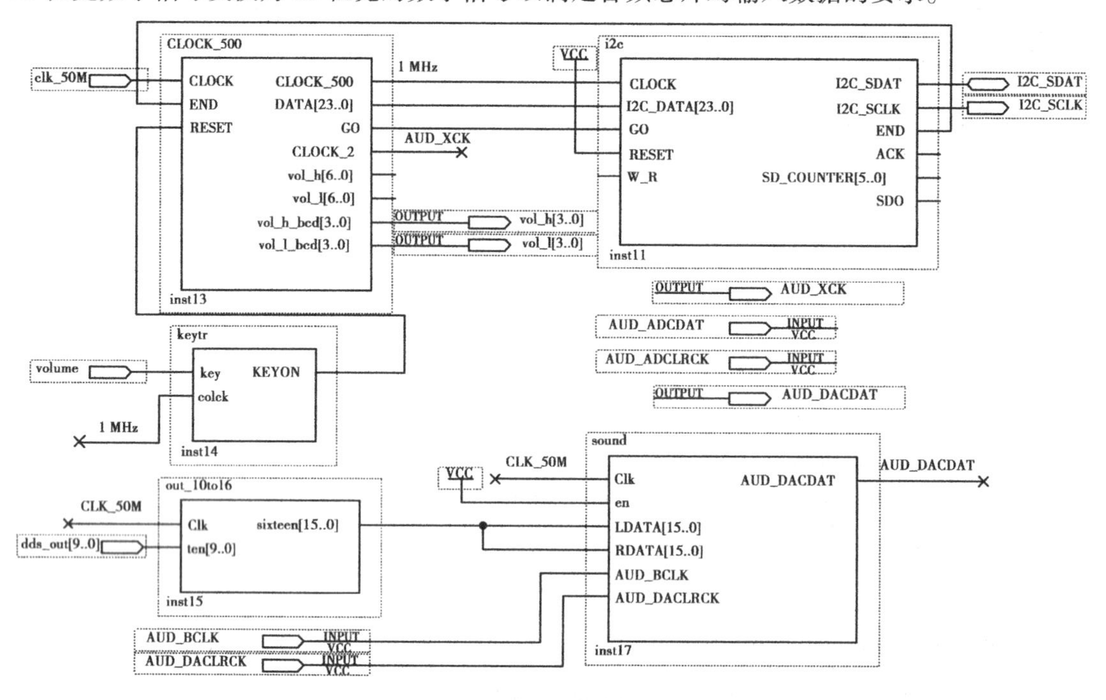


图 10.4.4　音频控制模块顶层逻辑图

WM8731_DAC 模块的子模块的 Verilog HDL 程序请参见程序清单 10.4.4。

**程序清单 10.4.4　WM8731_DAC 子模块硬件 HDL 程序**

```
//CLOCK_500 子模块 Verilog HDL 程序,实现音量调节和音量显示输出
'define rom_size 6'd10
module CLOCK_500 (
    CLOCK,
    CLOCK_500,
    DATA,
    END,
    RESET,
    GO,
    CLOCK_2,
    vol_h_bcd,
    vol_l_bcd
);
    input  CLOCK;
    input  END;
    input  RESET;
```

```
    output CLOCK_500;
    output [23:0]DATA;
    output GO;
    output CLOCK_2;
    output [3:0] vol_h_bcd,vol_l_bcd; //display

reg  [6:0] vol_h,vol_l;
wire  [3:0] vol_h_bcd,vol_l_bcd;
reg  [10:0]COUNTER_500;


wire  CLOCK_500 = COUNTER_500[9];
wire  CLOCK_2 = COUNTER_500[1];

reg  [15:0]ROM[`rom_size:0];
reg  [15:0]DATA_A;
reg  [5:0]address;
wire [23:0]DATA = {8'h34,DATA_A};
wire  GO  =((address <= `rom_size) && (END ==1))? COUNTER_500[10]:1;
always @(negedge RESET or posedge END) begin
    if (! RESET) address =0;
    else
    if (address <= `rom_size) address = address +1;
end

reg [7:0]vol;
reg [5:0]vol6;
reg [3:0]vol6_h,vol6_l;

assign vol_h_bcd = vol6_h;
assign vol_l_bcd = vol6_l;

always @(posedge RESET) begin  //include 0(mute),in all is 42steps.
    if  (vol ==215) // -34dB(101 0111),8bit is 215 =1101 0111
    vol =0;          //0 is mute,6dB(111 1111),8bit is 255 =1111 1111
    else
    vol = vol -1;end

always @(vol) begin  //display;include 0(mute),in all is 42steps.
    if  (vol >0)
            begin
            vol6 = vol -214;
            vol6_h = vol6/10;
            vol6_l = vol6%10;
            end
    else
           begin
           vol6 =0;
           vol6_h =0;
           vol6_l =0;
           end
end

always @(posedge END) begin
    ROM[0] = 16'h0c00;          // -0000 -1100 -0000 -0000 -power down
    ROM[1] = 16'h0ec2;          // -0000 -1110 -1100 -0010 -master
```

```
    ROM[2] = 16'h0815;// -0000 -1000 -0001 -0101 - sound select,mic input boost 20dB,mic input adc;only dac output

    ROM[3] = 16'h0017;    // -0000 -0000 -0001 -0111
    ROM[4] = 16'h0217;    // -0000 -0010 -0001 -0111

    ROM[5] = {8'h04,1'b0,vol[6:0]};    //
    ROM[6] = {8'h06,1'b0,vol[6:0]};           //sound vol

    ROM[7] = 16'h1000;    //mclk
    ROM[8] = 16'h0a00;    //digital sound select,dac no mute

    ROM[9] = 16'h1201;    //active
    ROM['rom_size] = 16'h1200;//inactive

    DATA_A = ROM[address];
end

always @ (posedge CLOCK ) begin
    COUNTER_500 = COUNTER_500 + 1;
end

always @ (vol6_h) begin
case(vol6_h)
    4'h0:vol_h = 7'b1000000; //0 显示
    4'h1:vol_h = 7'b1111001; //1 显示
    4'h2:vol_h = 7'b0100100; //2 显示
    4'h3:vol_h = 7'b0110000; //3 显示
    4'h4:vol_h = 7'b0011001; //4 显示

    default:vol_h = 7'b0000110;//E 显示,代表出错
endcase
end
always @ (vol6_l) begin
case(vol6_l)
    4'h0:vol_l = 7'b1000000; //0 显示
    4'h1:vol_l = 7'b1111001; //1 显示
    4'h2:vol_l = 7'b0100100; //2 显示
    4'h3:vol_l = 7'b0110000; //3 显示
    4'h4:vol_l = 7'b0011001; //4 显示
    4'h5:vol_l = 7'b0010010; //5 显示
    4'h6:vol_l = 7'b0000010; //6 显示
    4'h7:vol_l = 7'b1111000; //7 显示
    4'h8:vol_l = 7'b0000000; //8 显示
    4'h9:vol_l = 7'b0011000; //9 显示

    default:vol_l = 7'b0000110;//E 显示,代表出错
endcase
end
endmodule
-----------------------------------------------------------------------------------------------------
-------------------------------------------------
//i2c 子模块 Verilog HDL 程序,实现对音频芯片配置,包括音量调节的处理
module i2c (
    CLOCK,
    I2C_SCLK,//I2C CLOCK
    I2C_SDAT,//I2C DATA
```

```
    I2C_DATA,//DATA:[SLAVE_ADDR,SUB_ADDR,DATA]
    GO,       //GO transfor
    END,      //END transfor
    W_R,      //W_R
    ACK,       //ACK
    RESET,
    //TEST
    SD_COUNTER,
    SDO
);
    input  CLOCK;
    input  [23:0]I2C_DATA;
    input  GO;
    input  RESET;
    input  W_R;
    inout  I2C_SDAT;
    output I2C_SCLK;
    output END;
    output ACK;

//TEST
    output [5:0] SD_COUNTER;
    output SDO;


reg SDO;
reg SCLK;
reg END;
reg [23:0]SD;
reg [5:0]SD_COUNTER;

wire I2C_SCLK = SCLK | ( ((SD_COUNTER > = 4) & (SD_COUNTER < =30))? ~CLOCK :0 );
    wire I2C_SDAT = SDO? 1'bz:0 ;
reg ACK1,ACK2,ACK3;
wire ACK = ACK1 | ACK2 |ACK3;
// --I2C COUNTER
always @ (negedge RESET or posedge CLOCK ) begin
if (! RESET) SD_COUNTER =6'b111111;
else begin
if (GO ==0)
    SD_COUNTER =0;
    else
    if (SD_COUNTER < 6'b111111) SD_COUNTER = SD_COUNTER +1;
end
end
//----

always @ (negedge RESET or  posedge CLOCK ) begin
if (! RESET) begin SCLK =1;SDO =1; ACK1 =0;ACK2 =0;ACK3 =0; END =1; end
else
case (SD_COUNTER)
    6'd0  : begin ACK1 =0 ;ACK2 =0 ;ACK3 =0 ; END =0; SDO =1; SCLK =1;end
    //start
    6'd1  : begin SD = I2C_DATA;SDO =0;end
    6'd2  : SCLK =0;
    //SLAVE ADDR
```

```
    6'd3   : SDO = SD[23];
    6'd4   : SDO = SD[22];
    6'd5   : SDO = SD[21];
    6'd6   : SDO = SD[20];
    6'd7   : SDO = SD[19];
    6'd8   : SDO = SD[18];
    6'd9   : SDO = SD[17];
    6'd10 : SDO = SD[16];
    6'd11 : SDO = 1'b1;//ACK

    //SUB ADDR
    6'd12   : begin SDO = SD[15]; ACK1 = I2C_SDAT; end
    6'd13   : SDO = SD[14];
    6'd14   : SDO = SD[13];
    6'd15   : SDO = SD[12];
    6'd16   : SDO = SD[11];
    6'd17   : SDO = SD[10];
    6'd18   : SDO = SD[9];
    6'd19   : SDO = SD[8];
    6'd20   : SDO = 1'b1;//ACK
    //DATA
    6'd21   : begin SDO = SD[7]; ACK2 = I2C_SDAT; end
    6'd22   : SDO = SD[6];
    6'd23   : SDO = SD[5];
    6'd24   : SDO = SD[4];
    6'd25   : SDO = SD[3];
    6'd26   : SDO = SD[2];
    6'd27   : SDO = SD[1];
    6'd28   : SDO = SD[0];
    6'd29   : SDO = 1'b1;//ACK

    //stop
    6'd30 : begin SDO = 1'b0;  SCLK = 1'b0; ACK3 = I2C_SDAT; end
    6'd31 : SCLK = 1'b1;
    6'd32 : begin SDO = 1'b1; END = 1; end
endcase
end
endmodule
-----------------------------------------------------------------------------------------
// keytr 子模块 Verilog HDL 程序,实现音量按键的处理(长按可连续调节)
'define  OUT_BIT  14
module keytr (
    key,
    clock,
    KEYON
    );
input  key;
output KEYON;
input  clock;
reg [14:0] counter;

reg  KEYON;
wire ON = ((counter['OUT_BIT] == 1) && (key == 0)) ? 0:1;

always @ (negedge ON or posedge clock) begin
```

```
if (! ON)
    counter =0;
    else   if (counter['OUT_BIT] ==0)
    counter = counter +1;
end

always @ (posedge clock) begin
if  ((counter >=1) && (counter <5))
KEYON =0;
    else
    KEYON =1;
end
endmodule
--------------------------------------------------------------------------------
-- out_10to16 子模块 VHDL 程序,实现数据位宽的调整以匹配音频芯片
library ieee;
use ieee. std_logic_1164. all;
use ieee. std_logic_arith. all;
use ieee. std_logic_unsigned. all;
entity out_10to16 is
port( Clk              :in std_logic;
    ten             ;in integer range -511 to 511;
    sixteen         :out integer range -32767 to 32767
    );
end out_10to16;

architecture behave of out_10to16 is
signal sixteen_sig:integer range -32767 to 32767;
begin
process( Clk)
begin
    if( Clk'event and Clk ='1')    then
    sixteen_sig <= ten * 32;
    end if;
end process;
sixteen <= sixteen_sig;
end behave;
--------------------------------------------------------------------------------
-- sound 子模块 VHDL 程序,实现音频数据并串转换,并送音频芯片完成 D/A 转换
library ieee;
use ieee. std_logic_1164. all;
use ieee. std_logic_arith. all;
use ieee. std_logic_unsigned. all;
entity sound is
port( Clk,en             :in std_logic;
    LDATA, RDATA   :in std_logic_vector(15 downto 0); -- parallel external data inputs
    AUD_BCLK          :in std_logic; -- Digital Audio bit clock
    AUD_DACLRCK       :in std_logic; -- DAC data left/right select
     AUD_DACDAT       :out std_logic -- DAC data line
    );
end sound;

architecture behave of sound is
signal dack0, dack1, flag1, bck0, bck1 : std_logic: ='0';
```

```
signal Bcount : integer range 0 to 31;
signal LRDATA : std_logic_vector(31 downto 0):= X"00000000"; -- stores L&R data
begin
-- Load new L/R channel data on the rising edge of DACLRCK.
-- Decrease sample count
DACData_reg : process(Clk, en, LDATA, RDATA, dack0, dack1, flag1, Bcount)
begin
    if (en = '0') then
    LRDATA <= CONV_STD_LOGIC_VECTOR(0, 32);
    Bcount <= 31;
    elsif(Clk'event and Clk ='1') then
    if (dack0 = '1' and dack1 = '0') then -- Rising edge
    LRDATA <= LDATA & RDATA;
    Bcount <= 31;
    flag1 <= '1';
    elsif (bck0 = '1' and bck1 = '0' and flag1 = '1') then
    flag1 <= '0';
    elsif (bck0 = '0' and bck1 = '1') then -- BCLK falling edge
    Bcount <= Bcount - 1;
    end if;
    end if;
end process;

-- Sample BCLK
    BCLK_sample : process(Clk, en, AUD_BCLK)
    begin
    if (en = '0') then
    bck0 <= '0';
    bck1 <= '0';
    elsif(Clk'event and Clk ='1') then
    bck1 <= bck0;
    bck0 <= AUD_BCLK;
    end if;
    end process;

-- Sample DACLRCK
DALRCK_sample : process(Clk, en, AUD_DACLRCK)
begin
    if (en = '0') then
    dack0 <= '0';
    dack1 <= '0';
    elsif(Clk'event and Clk ='1') then
    dack1 <= dack0;
    dack0 <= AUD_DACLRCK;
    end if;
end process;
AUD_DACDAT <= LRDATA(Bcount);
end behave;
```

6)其他模块电路

系统电路除了上述5种模块外,还有分频器、译码显示器和按键去抖动模块,这些模块与本章课题1中的相应模块的设计方法是一致的,差异部分稍作调整即可。请参阅课题1中相关内容,此处不再赘述。

需要说明的是译码显示器显示的数据有0~9 10个BCD数据;A、C、E 3个音调(提高要求,由于G用6表示将不增加显示数据);"_""—""-"3个音高符号共16个,休止符用"0"

表示，因此不需要"空"的符号，在设计七段译码时请加以规划与考虑。

**(7)系统仿真**

图 10.4.5 是系统仿真波形图。由于 DDS 输出的是用于 DA 转换的数字信号，以及 PS2 键盘输入的是串行信号，这些信号都较难在仿真波形中进行验证，为此在仿真波形的验证中只进行了乐曲播放模式的验证，且只验证了产生的简谱 code、音高 high 和送入 DDS 模块的 tone 信号。由图 10.4.5 可见在外部时钟信号 CLK_50M 的作用下，信号 code、hihg 和 tone 的值随乐曲"梁祝"的旋律而不断变化的过程。

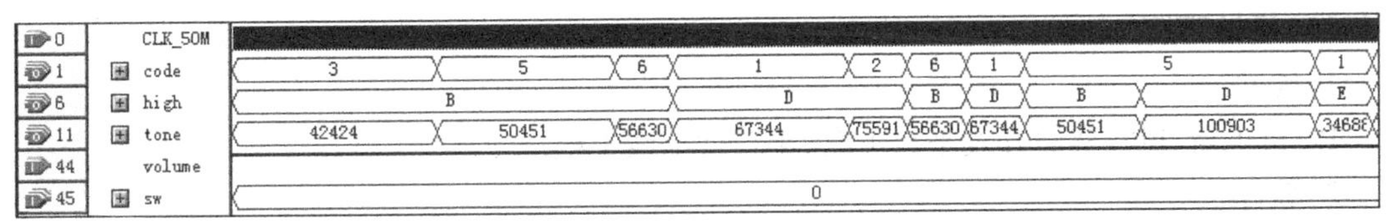


图 10.4.5　**电子琴系统仿真波形图**

**(8)硬件验证**

请读者根据 LB0 实验开发系统进行管脚锁定、硬件测试以及使用嵌入式逻辑分析仪的验证。

注意，本课题中不易仿真验证的 DDS 输出的用于 DA 转换的数字信号和 PS2 键盘输入的串行信号都十分容易用嵌入式逻辑分析仪进行验证。该部分内容可参考第 8 章 8.1 节硬件验证部分。

**(9)设计技巧**

①在系统顶层电路或模块电路的仿真调试中，为了便于观察和分析一些中间结果，可以在程序中增加一些观测输出点，如图 10.4.5 中的 code、high 和 tone 信号线，当电路调试通过后再去除这些观测输出点。

②本系统是一个高分频比系统，为了节省仿真时间，仿真时将 key_rom 模块的时钟输入由以前的 1 kHz 改接为 5 MHz 信号，这样的修改，仿真时间只需要修改前仿真时间的 1/5 000，当仿真调试通过以后，再将电路还原进行硬件测试。

**(10)设计报告**

①写出设计、仿真和分析报告，内容包括：各单元模块的 VHDL 程序、顶层电路图、仿真波形图，电路原理的分析、波形分析的结论。

②对实验中遇到的问题进行分析，采用了什么样的解决方法，写出实验心得。

③讨论问题：DDS 模块中调用了 4 个存储器，分别可以存储正弦信号和 3 种乐器发音的波形信号，不同乐器的波形信号如何获取并存储在相应的存储器初始化文件. mif 中，请读者自行考虑，讨论其实现原理。有兴趣的同学可以此作为本课题的扩展要求，设计并实现该功能。

## 10.5　异步串行接口电路

异步串行接口电路及通信系统设计是一个很有实用价值的设计，很多实际系统中都有串行通信的要求，这里的设计稍做修改就可在实际系统中使用。通过该实验，实验者可掌握数字系统中状态机、串行通信等方面的知识。

**(1)设计目的**

①掌握串行通信中的状态机的工作原理和设计方法。

②掌握参数化数据选择器、BCD-七段译码器的工作原理和设计方法。

③掌握串并转换和并串转换的工作原理和设计方法。

④掌握异步串行通信电路及系统的设计方法。

⑤掌握在 EDA 系统软件 Quartus Ⅱ 环境下基于 FPGA/CPLD 的数字系统设计方法,掌握该环境下功能仿真、时序仿真、管脚锁定和芯片下载的方法。

**(2)设计环境**

1)硬件

PC 机 1 台,LB0 实验开发平台 1 套,串口通信线 1 根。

2)软件

Quartus Ⅱ 9.0,串口调试助手,UltraEdit 文本编辑软件,字符图片生成器,字符转 16 进制软件。

**(3)设计要求**

1)基本要求

①设计一个能进行全双工串行通信的模块,该模块以固定的串行数据传送格式收发数据。每帧数据共 10 位,即 1 位启动位,8 位数据位,1 个停止位。

②波特率为 9 600 Bps。

③收/发时钟频率与波特率之比为 4。

④利用设计的异步串行通信模块设计一个全双工异步串行通信系统。

⑤误码率达到 $10^{-6}$数量级。

⑥用设计的全双工异步串行通信系统实现与 PC 机的通信。

⑦能利用 EDA 系统上的 LED 显示器显示接收的数据。

2)提高要求

①收/发时钟频率与波特率之比改为 16,数据接收时用第 7、8、9 位进行三判二以提高通信的可靠性。

②波特率提高到 115 200 位/秒。

**(4)设计内容**

①设计异步串行接口电路、计数器、分频器和译码显示电路。

②设计系统顶层电路。

③进行功能仿真和时序仿真。

④对仿真结果进行分析,确认仿真结果达到了设计要求。

⑤在 EDA 硬件开发系统上进行硬件验证与测试,确保设计电路系统能正确工作。

**(5)工作原理**

1)串行通信的基本概念

①数据传送方式。

在串行通信中,数据在通信线路上的传送有 3 种方式。

- 单工(Simplex)方式:数据只能按一个固定的方向传送。
- 半双工(Half-duplex)方式:数据可以分时在两个方向传输,但是不能同时双向传输。

• 全双工(Full-duplex)方式:数据可以同时在两个方向上传输。

②特率和收/发时钟。

• 波特率

所谓波特率,是指单位时间内传送的二进制数据的位数,以位/秒(Bps)为单位,所以有时也称数据位率,它是衡量串行数据传送速度快慢的重要指标和参量。

• 收/发时钟

在串行通信中,无论是发送还是接收,都必须有时钟信号对传送的数据进行定位和同步控制。通常收/发时钟频率与波特率之间有下列关系:

$$收/发时钟频率 = n \times 波特率$$

一般 $n$ 取 1,4,16,32,64 等。对于异步通信,常采用 $n=16$;对于同步通信,则必须取 $n=1$。

③误码率和差错控制。

• 误码率

所谓误码率,是指数据经过传输后发生错误的位数(码元数)与总传输位数(总码元数)之比。其与通信线路质量、干扰大小及波特率等因素有关,一般要求误码率达到 $10^{-6}$数量级。

• 差错控制

为了减小误码率,一方面要从硬件和软件两个面对通信系统进行可靠性设计,以达到尽量少出错的目的;另一方面就是对传输的信息采用一定的检错、纠错编码技术,以便发现和纠正传输过程中可能出现的差错。常用的编码技术有:奇偶校验、循环冗余码校验、海明码校验、交叉奇偶校验等。

④串行通信的基本方式。

串行通信的基本方式可分为两种:

• 异步串行方式:通信的数据流中,字符间异步,字符内部各位间同步。

• 同步串行方式:通信的数据流中,字符间以及字符内部各位间都同步。

通过以上介绍,读者对串口通信应该有了一定的了解。目前PC机的串行接口基本上是采用异步通信方式,因此这里也采用异步串行通信方式。下面主要对异步串行通信标准接口及其他相关知识作一个介绍。

2)异步串行通信标准接口

通信协议也称通信规程,是指通信双方在信息传输格式上的一种约定。数据通信中,在收/发器之间传送的是一组二进制的"0""1"位串,但它们在不同的位置可能有不同的含义,有的只是用于同步,有的代表了通信双方的地址,有的是一些控制信息,有的则是通信中真正要传输的数据,还有的是为了差错控制而附加上去的冗余位。这些都需要在通信协议中事先约定好,以形成一种收/发双方共同遵守的格式。

在逐位传送的串行通信中,接收端必须能识别每个二进制位从什么时刻开始,这就是位定时。通信中一般以若干位表示一个字符,除了位定时外,还需要在接收端能识别每个字符从哪位开始,这是字符定时。

异步串行通信时,每个字符作为一帧独立的信息可以随机出现在数据流中,即每个字符出现在数据流中的相对时间是任意的。然而,一个字符一旦开始出现后,字符中各位则是以预先固定的时钟频率传送。因此,异步通信方式的"异步"主要体现在字符与字符之间,至于同一字符内部的位与位间却是同步的。可见,为了确保异步通信的正确性,必须找到一种方法,使收发双方在随机传送的字符与字符间实现同步。这种方法就是在字符格式中设置起始位和停止位。

异步通信的传输格式如图 10.5.1 所示。每帧信息(即每个字符)由 4 部分组成:

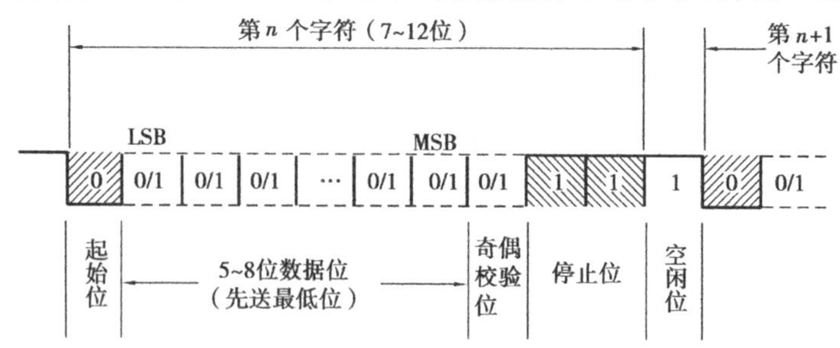


图 10.5.1　异步串行通信格式

①1 位起始位,规定为低电平“0”。

②5 ~8 位数据位,它紧跟在起始位后面,是要传送的有效信息。规定从低位至高位依次传送。

③0 位或 1 位奇偶校验位。

④1 位、$1\frac{1}{2}$位或 2 位停止位,规定为高电平。

异步通信格式中起始位和停止位起着至关重要的作用。起始位标志每个字符的开始,通知接收器开始装配一个字符,以便和发送器取得同步;停止位标志每个字符的结束。通过起始位和停止位的巧妙结合,实现异步字符传输的同步。由于这种同步只需在一个字符期间保持,下一个字符又将包含新的起始位和停止位,所以发送器和接收器不必使用同一个时钟,只需分别使用两个频率相同的局部时钟,使它们在一个字符时间内收发双方的串行位流能保持同步,即可做到正确可靠地传送。异步通信的关键是接收器必须准确地发现每个字符开始出现的时刻,为此,协议规定起始位和停止位必须采用相反的极性,前者为低电平“0”,后者为高电平“1”。利用前一个字符的高电平停止位到后一个字符的低电平起始位的负跳变,接收器便知道这是一个字符的开始,可以以此作为新字符内,位检测与采样的时间基准。正是为了保证这种从一个字符到另一个字符的转换必须以负跳变开始,通信协议规定在字符与字符之间出现空闲状态时,空闲位也一律用停止位的“1”填充。

停止位长度规定可以取 1 位、$1\frac{1}{2}$ 位或 2 位。一般有效数据为 5 位(称为五单位字符码)时停止位取 1 位或 $1\frac{1}{2}$ 位,其他单位的字符码停止位取 1 位或 2 位。至于有效数据位后面的奇偶校验位,协议规定可以有,也可以没有。

在数据通信中,按照“国际电报电话咨询委员会”(CCITT)的建议,通常将逻辑“0”称为“空号”(Space),而将逻辑“1”称为“传号”(Mark)。按这种叫法,在异步通信中,每个字符的传送都必须以“空号”开始,以“传号”结束和填充空闲位。

由于异步通信系统中接收器和发送器使用的是各自独立的控制时钟,尽管它们的频率要求选得相同,但实际上不可能真正严格相同,两者的上下边沿不可避免地会出现一定的时间偏移。为了保证数据的正确传送，不致因收发双方时钟的相对误差而导致接收端的采样错误，除了如上所述，采用相反极性的起始位和停止位/空闲位提供准确的时间基准外，通常还采用一些另外的措施。

接收器在每位码元的中心采样，以获得最大的收/发时钟频率偏差容限。这样在7~12位的整个字符传送期间，收/发双方时钟的偏差最多可允许有正、负半个位周期，只要不超过它，就不会产生采样错误。也就是说，要求收/发时钟的误差容限不超过4.17%（按每个字符最多12个码元算）即可。显然，这个要求是很容易实现的。为了保证在每个码元的中心位置采样，在准确知道起始位前沿的前提下，接收器在起始位前沿到来后，先等半个位周期采样一次，然后每过一个位周期采样一次，直至收到停止位。

接收器采用比传送波特率高的时钟来控制采样时间，以提高采样的分辨能力和抗干扰能力。图10.5.2示出了一个频率为16倍波特率的接收时钟再同步过程。从图10.5.2中可看出，利用这种经16倍频的接收时钟对串行数据流进行检测和采样，接收器能在一个位周期的1/16时间内决定出字符的开始。如果采样频率和传送波特率相同，没有这种倍频关系，则分辨率会很差。比如在起始位前沿出现前一点刚采样一次，则下次采样要到起始位结束前一点才进行，而假若在这个位周期期间因某种原因恰恰使接收端时钟往后偏移了一点点，就会错过起始位而导致整个后面各位检测和识别的错误。

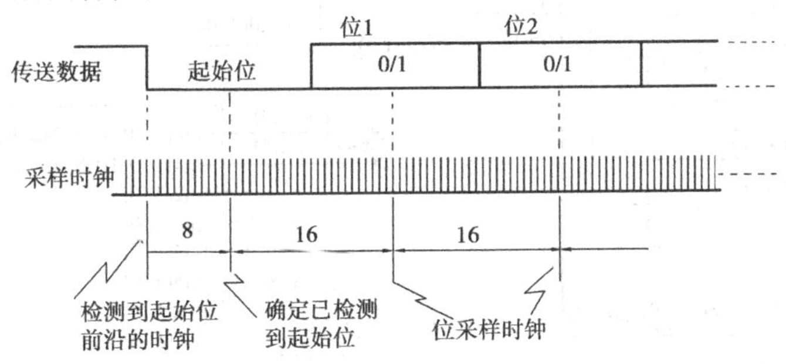


图10.5.2　用16倍波特率时钟的同步检测与采样过程

采样时钟采用16倍频后，采样、检测过程如下：停止位或任意数目空闲位的后面，接收器在每个接收时钟的上升沿对输入数据流进行采样，通过检测是否有9个连续的低电平，来确定它是否为起始位。如是9个连续的低电平，则确认是起始位，且对应的是起始位中心，然后以此为准确的时间基准，每隔16个时钟周期采样一次，检测一个数据位；如不是9个连续的低电平（即使9个采样值中有一个非“0”），则认为这一个是干扰信号，把它删除。可见，采用16倍频措施后，不仅有利于实现收发同步，而且有利于抗干扰和提高异步串行通信的可靠性。

另外还有一种采样、检测过程，如下：跳变检测器采样到RXD引脚上的电平从1到0负跳变时，启动接收控制器接收数据，控制器将1位传送时间等分为16等份，位检测器在7、8、9 3个状态也就是在位信号中央采样RXD 3次。而且3次采样中至少有两次相同的值被确认为接收数据，这样就可以减小干扰的影响。如果起始位接收到的值不是0，则为无效起始位，复位接收电路；如果起始位为0，则开始接收本帧的其他各位数据。控制器发出的内部移位脉冲将RXD上的数据移入移位寄存器，当8位数据全部移入后，就将数据锁存在接收缓存区内。本课题中的提高要求可以依照这种设计思想进行设计。

**（6）设计原理**

图10.5.3是异步串行通信系统顶层逻辑图，为简单起见，其中收/发时钟频率为4倍波特

率。它由全双工串行通信模块 SCI、分频器 fenpin、8 位二进制计数器 count8、图案存储器 tuan_rom、唐诗存储器 TS_rom 模块、参数化数据选择器 lpm_mux0 模块和译码显示器 display 7 种模块组成。clk_50M 为 50 MHz 基准时钟信号,该信号经分频器分频后得到 38.402 kHz 的信号,38.402 kHz 的信号作为 SCI 模块的时钟信号,该信号 4 分频后就是 SCI 的收/发波特率,即 9600 波特率,时钟误差为 0.006%,远小于 4.17% 的误差容限。UART_RXD 和 UART_TXD 是系统收/发端口,发送数据源有 4 个,分别是接收数据、存储器 tuan_rom 的字符图案数据、存储器 TS_rom 的唐诗、8 位二进制计数器 count8 对 4 Hz 信号的计数输出值,4 个源数据由两位拨码开关和数据选择器 lpm_mux0 进行选择。接收的数据由 SCI 的 data_out 输出经译码显示模块送本地显示。

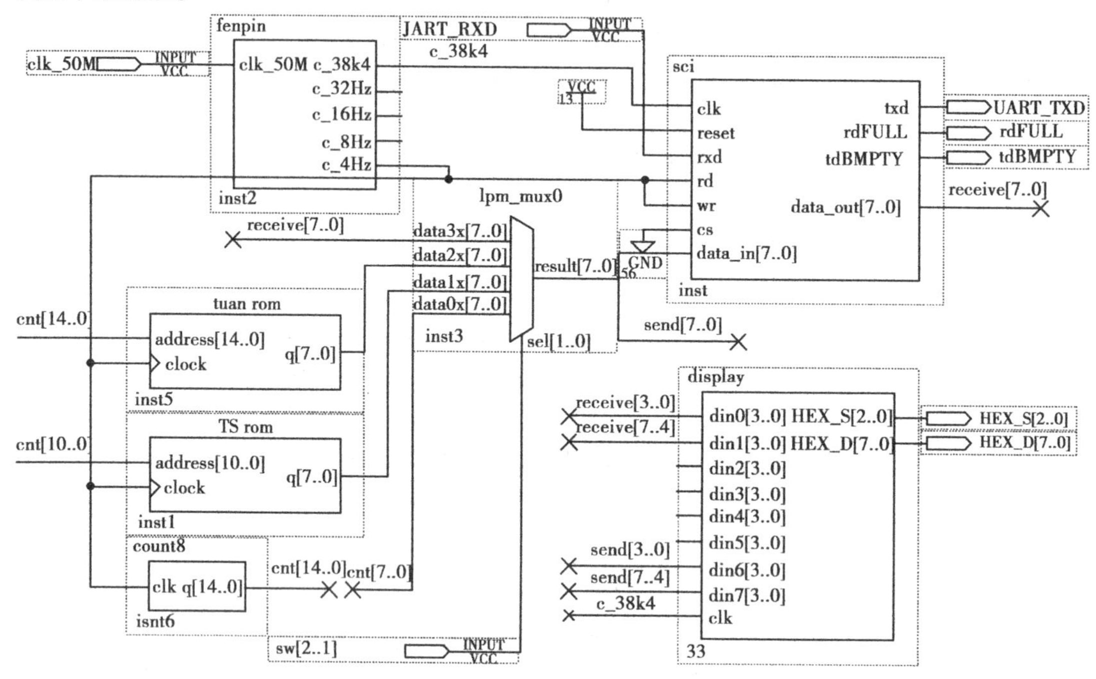


图 10.5.3　异步串行接口电路顶层逻辑图

1)全双工串行通信模块

全双工串行通信模块 SCI 具有较复杂的功能,考虑其主要用来与 CPU 接口,设计有较多的控制输入和状态输出,内部使用了两个状态机以控制数据的正确接收与发送。

①SCI 模块的端口定义。

全双工串行通信模块 SCI 的端口如定义如下:

clk ——时钟输入。

reset ——复位输入,低有效。

rxd ——串行接收数据输入。

rd ——读信号输入,低有效。

wr ——写信号输入,上升沿有效。

cs ——片选输入,低有效,当对 SCI 进行读或写控制时,cs 必须为低。

data_in ——并行数据输入,用于接收 CPU 送来的待发送的并行数据。

txd ——串行发送数据输出。

rdFULL　——接收寄存器“满”信号输出,高有效。

tdEMPTY　——发送寄存器“空”信号输出,高有效。

data_out　——并行数据输出,用于将接收到的串行数据经串并转换后送至 CPU。

②SCI 模块内部结构框图

模块 SCI 的内部结构框图如图 10.5.4 所示。它由状态发生器、串并、并串转换器、锁存器和标志修改模块组成。由图 10.5.4 可见它包含了 8 个功能模块,设计时每个功能模块用一个进程实现,因此 VHDL 程序共有 8 个进程。

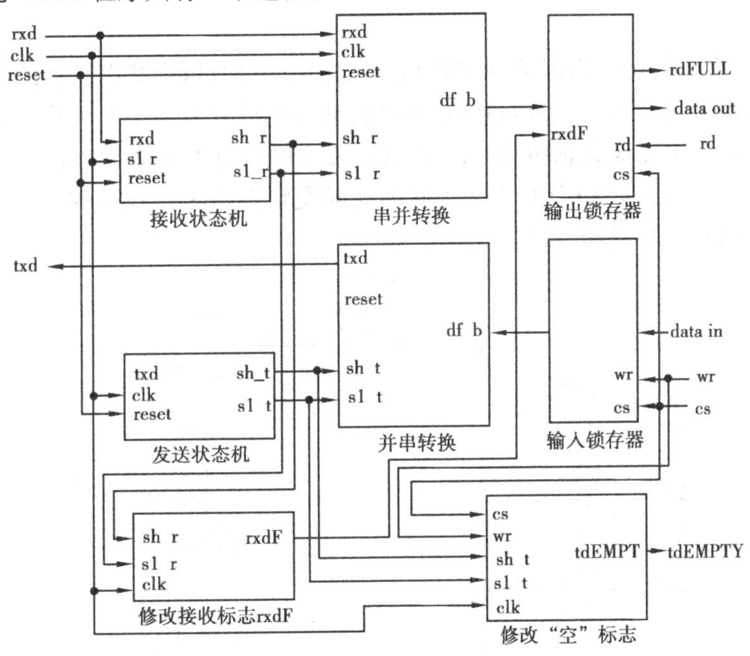


图 10.5.4　SCI 内部结构框图

工作原理为:发送时,将待发送数据由 data_in 送入输入锁存器后再进入并串转换器中进行并串转换,并串转换过程在发送状态机的控制下按异步通信的传输格式进行转换,进而输出串行数据 txd。接收时,输入串行数据 rxd 直接进入串并转换器中,在接收状态机的控制下转换为并行数据经输出锁存器输出。此外,为了输出“空”“满”标志还设计了两个子模块,即修改接收标志子模块和修改“空”标志子模块。

③串行数据接收状态机

在串行数据接收状态机中设置了 1 个 6 位计数器,高 4 位为 sh_r,低 2 位为 sl_r。利用该计数器的计数状态实现串行数据接收的同步控制。在时钟的作用下,sl_r 的计数每 4 个脉冲 1 个循环,而 sh_r 每 4 个脉冲变化 1 次,如果在每个 sh_r 的取值中接收 1 个数据位,这正好满足 4 倍波特率的串行通信的要求。因此,可用 sh_r 的取值作数据接收状态机的状态。又由于每帧通信数据只有 10 位,而 sh_r 的取值却有 16 个,所以有 6 个无效的取值。为方便设计,将 sh_r 的取值定义如下:

0　——停止位或空闲位(idle)

1 ~ 6　——无效取值(null)

7　——起始位(start)

8 ——D0 位

9 ——D1 位

A ——D2 位

B ——D3 位

C ——D4 位

D ——D5 位

E ——D6 位

F ——D7 位

有了如上定义后就可画出以 sh_r 的取值为状态值的接收数据状态转移图如图 10.5.5 所示。由图 10.5.5 可见，当 sh_r 为 null 或 idle 时，状态的转移是由 rxd 来触发的，即是靠收到 rxd 上的起始位信号来完成状态转移的，并由此引发 1 帧数据的接收，此后状态的转移是靠计数器来完成的，每当 sl_r = "11"时，下一个脉冲就触发状态的转移，即每 4 个脉冲发生一次状态转移直至接收完一帧完整的数据。

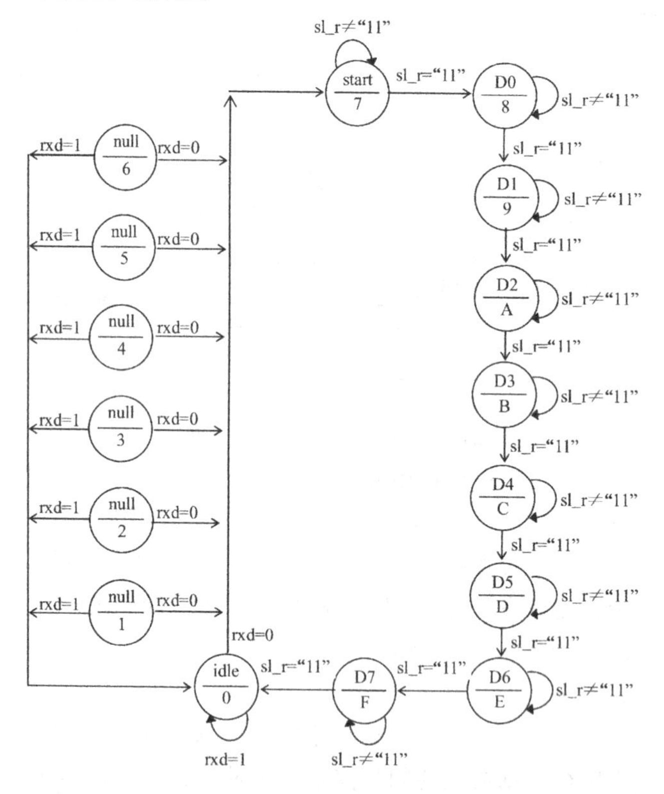


图 10.5.5 接收数据状态转移图

接收状态机在识别到 rxd 的下跳沿时开始计数，为了保证取数在每个数据的中心区域，串并转换模块不能在 sl_r = "00"或 sl_r = "11"时接收数据，本设计选择当 sl_r = "01"时接收数据，该思想体现在串并转换子模块的设计中。

④串行数据发送状态机

串行数据发送状态机与串行数据接收状态机相似，不同的是启动发送数据的条件是"空"信号 tdEMPTY。当输入锁存器空时，tdEMPTY = '1'，当外部向输入锁存器写一个发送数据后，tdEMPTY＝'0'。该信号变 0 将启动发送计数器，在 CLK 的同步下使 sh_t 置为 7H，sl_t 置为 0H。在 CLK 时钟驱动下 sh_t 从 7H 到 FH 逐个进行计数，完成一个数据的发送过程。发送数据状态转移图如图 10.5.6 所示。

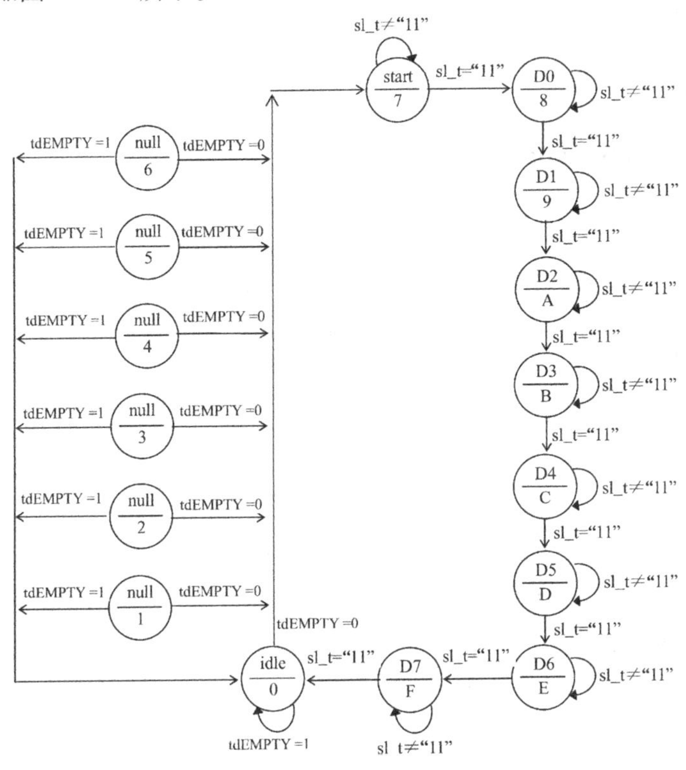


图 10.5.6　发送数据状态转移图

SCI 模块满足基本要求的 VHDL 程序请参见程序清单 10.5.1。

程序清单 10.5.1　全双工串行通信模块 sci. vhd

```
library ieee;
use ieee. std_logic_1164. all;
use ieee. std_logic_unsigned. all;

entity sci is
   port( clk, reset, rxd, rd, wr, cs: in std_logic; -- wr 是上升沿起作用, rd, cs 是低有效
         txd, rdFULL, tdEMPTY : out std_logic;    -- rdFULL, tdEMPTY 均是高有效
         data_in: in std_logic_vector(7 downto 0); -- 输入与输出分开
         data_out: out std_logic_vector(7 downto 0));
end sci;
architecture rtl of sci is
    signal  scir: std_logic_vector(5 downto 0); -- 接收控制寄存器
    signal  sh_r: std_logic_vector(3 downto 0); -- 接收数位指示器
    signal  sl_r: std_logic_vector(1 downto 0); -- 接收时钟指示器
    signal  scit: std_logic_vector(5 downto 0); -- 发送控制寄存器
    signal  sh_t: std_logic_vector(3 downto 0); -- 发送数位指示器
    signal  sl_t: std_logic_vector(1 downto 0); -- 发送数位指示器
    signal  d_fb: std_logic_vector(7 downto 0);  -- 接收移位寄存器
    signal  din_latch: std_logic_vector(7 downto 0);  -- 发送寄存器
    signal  rxdF: std_logic; -- 接收标志位
    signal  txdF: std_logic; -- 发送标志位
```

```
    signal  tdEMPTY_s: std_logic: = '1'; -- 发送寄存器“空”内部信号
    signal  rdFULL_s : std_logic: = '0'; -- 接收寄存器“满”内部信号
begin
  sh_r <= scir(5 downto 2);
  sl_r <= scir(1 downto 0);
  sh_t <= scit(5 downto 2);
  sl_t <= scit(1 downto 0);
  tdEMPTY <= tdEMPTY_s;
  rdFULL <= rdFULL_s;
--1 串口接收数据锁存和“满”标志的修改
process(clk,rd,cs)
  begin
    if(rd = '0' and cs = '0') then
       rdFULL_s <= '0';
    elsif(clk'event and clk = '1') then
      if((rxdF = '1') and (sh_r = "1111")and(sl_r = "11")) then
        data_out <= d_fb;
        rdFULL_s <= '1';
      end if;
    end if;
end process;
--2 数据写发送寄存器
process(wr,cs)
  begin
    if(wr'event and wr = '1') then --wr 的上升沿写数据
       if(cs = '0') then
          din_latch <= data_in;
       end if;
    end if;
end process;
--3 修改接收标志 rxdF
process(clk)
  begin
    if(clk'event and clk = '1') then
      if(rxd = '0') then
         rxdF <= '1';    --起始位到来时 rxdF 置 1
      elsif((rxdF = '1') and (sh_r = "1111") and (sl_r = "11")) then
         rxdF <= '0';    --接收完成时 rxdF 置 0
      end if;
    end if;
end process;
--4 修改发送标志 txdF 和 tdEMPTY
process(clk,wr)
  begin
    if(wr = '0' and cs = '0') then
        txdF <= '0';
        tdEMPTY_s < = '0';
    elsif(clk'event and clk = '1') then
        if(((txdF = '0')and(sh_t = "1111")and(sl_t = "11"))or reset = '0') then
           tdEMPTY_s <= '1';
           txdF <= '1';
        end if;
      end if;
end process;
--5 串口接收控制器
process(clk,reset)
```

```
  begin
    if( reset = '0') then
       scir <= "000000";
    elsif( clk'event and clk = '1') then
      if( ( scir <= 27) and ( rxd = '0') ) then
           scir <= "011100"; --起始位到,赋值为 28
      elsif( ( scir <= 27) and ( rxd = '1') ) then
           scir <= "000000"; --起始位未到,赋值为 0
      else
           scir <= scir + 1;
      end if;
    end if;
end process;
--6 串行发送控制器
process( clk, reset)
  begin
    if( reset = '0') then
       scit <= "000000";
    elsif( clk'event and clk = '1') then
      if( scit <= 27) then
        if tdEMPTY_s = '0' and wr = '1' then
          scit <= "011100"; --起始位到且发送寄存器空时,赋值为 28
      else
        scit <= "000000";        --否则,赋值为 0
      end if;
    else
       scit <= scit + 1;
      end if;
    end if;
end process;
--7 接收数据串并转换
process( clk, reset)
begin
    if( reset = '0') then
         d_fb <= "00000000";
    elsif( clk'event and clk = '1') then
      if( ( sh_r >= "1000") and ( sh_r <= "1111") and ( sl_r = "01") ) then
      d_fb(7) <= rxd;    --第 2 个脉冲时接收数据,且送入 d_fb(7)中
      for i in 0 to 6 loop
          d_fb(i) <= d_fb(i + 1);
        end loop;
      end if;
    end if;
end process;
--8 发送数据并串转换
process( sh_t)
begin
      case sh_t is
        when "0111" => txd < = '0'; --发起始位
        when "1000" => txd < = din_latch(0);
        when "1001" => txd <= din_latch(1);
        when "1010" => txd <= din_latch(2);
        when "1011" => txd <= din_latch(3);
        when "1100" => txd <= din_latch(4);
        when "1101" => txd <= din_latch(5);
        when "1110" => txd <= din_latch(6);
```

```
            when "1111" => txd <= din_latch(7);
            when others => txd <= '1';
        end case;
end process;
end rtl;
```

⑤仿真波形

该电路模块的时序仿真波形如图 10.5.7 所示。由图可见在 rxd 上的数据“00000010”和“01010000”被接收后 rdFULL 会产生一个数据比特的高电平，当 rdFULL = ‘1’时，就将收到的串行数据从 data_out 并行输出，其值分别为 02 H、50 H，而数据被 rd 信号读走后，rdFULL 又将变低，为下一次接收作准备；发送数据是在 wr 信号的下降沿开始的，它使 tdEMPTY 变低，以后每 4 个 CLK 脉冲发送一个比特的数据，由图中可见，两次发送的数据是 04H 和 07H，在 txd 上送出的串行数据分别为“00000100”“00000111”。该仿真结果表明，SCI 模块的设计是完全正确的。

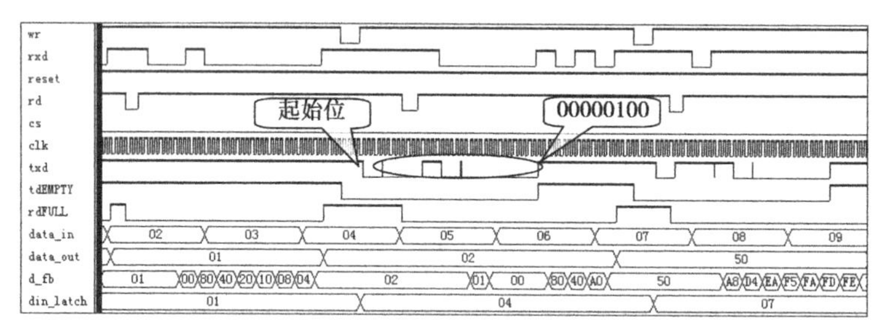


**图 10.5.7　SCI 模块时序仿真波形图**

2）存储器模块

为增加串口通信实验的趣味性，在实现串口数据传输时设置两个存储器用于存储待传送诗词和字符图案数据。存储器 TS_rom 模块存储的是若干首完整的唐诗宋词，存储器 tuan_rom 模块存储的是各种字符图案。

需要说明的是：tuan_rom 存储的字符图案数据是用不同的 ASCⅡ字符构成的图案，而 TS_rom 存储的唐诗也是字符数据，只是它是扩展 ASCⅡ代码数据即是汉字的内码。这些数据是不能直接存入存储器的，而必须转换为 16 进制数据才能存入存储器。例如字符“A4”就不能直接存入“A4”，而是存入对应的 ASCⅡ码“41 34”，再如字符“唐诗 300 首”就要存入对应的汉字内码“CC C6 CA CB 33 30 30 CA D7”，每一个汉字对应于两个扩展 ASCⅡ代码。因此在存入存储器之前应用相应的转换工具将字符文件转换为 16 进制数表示的文件。

如果用 UltraEdit 文本编辑工具来实现字符文件转 16 进制文件，在用 UltraEdit 打开字符文件后，首先单击工具栏上的“切换 Hex 模式”按钮 101/011 或单击菜单“编辑_Hex 编辑”将文本编辑视图切换到 Hex 编辑视图，然后单击菜单“编辑_全部选定”来选择文档的全部内容，接着再单击“编辑_Hex 复制选区”以 Hex 的格式复制所选内容，再单击“新建文件”按钮，在新建的文件的编辑区单击鼠标右键后选择“粘贴”将复制的内容写入新建文件的编辑区中，下一步单击“列块模式”按钮 或单击菜单“列块_列块模式”将文本编辑视图切换到列块模式视图，再在新建文件编辑区中只选择中间数据部分的全部内容如图 10.5.8 所示的高亮部分，然后单击鼠标右键选“复制”。此时复制的数据就可在 Quartus Ⅱ中的存储器编辑器中粘贴到存储器的数据区中了。

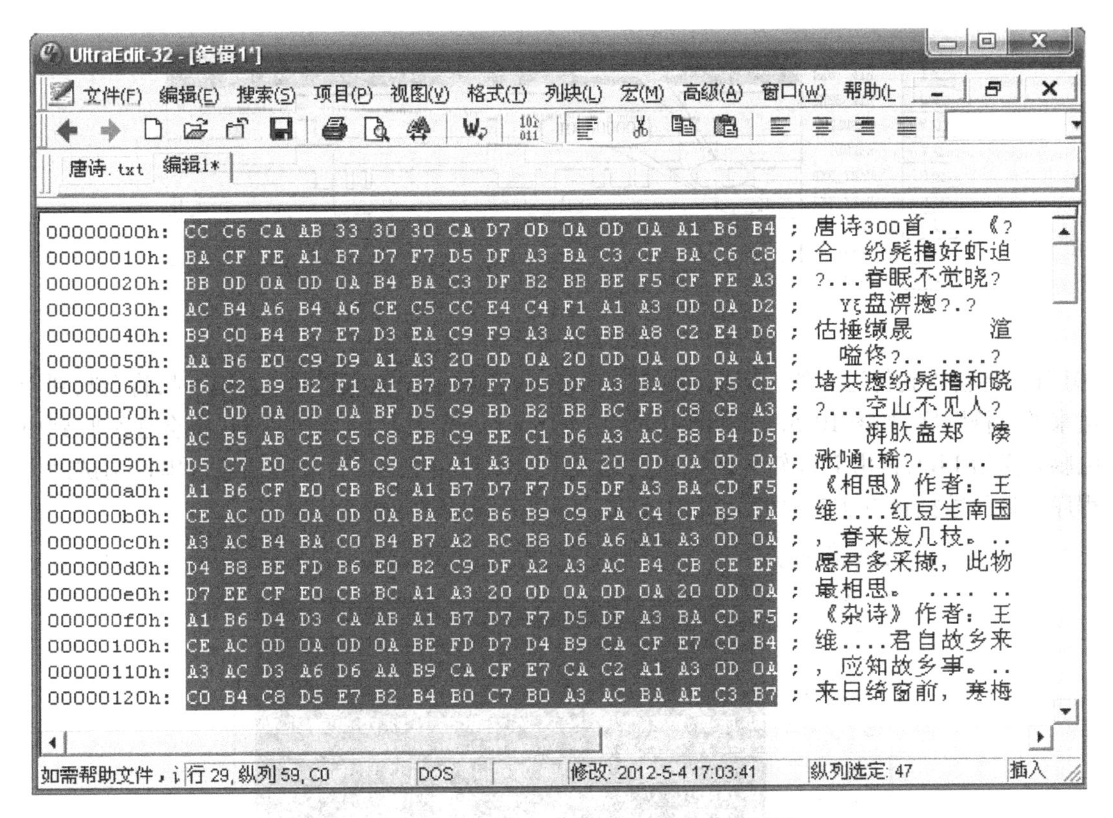


图 10.5.8　UltraEdit 文本编辑工具选择数据图

转换工具请读者自行在网上搜索并下载。这些工具文件有字符图片生成器、字符转 16 进制软件、UltraEdit 文本编辑工具等。

3)其他模块

系统电路除了 SCI 核心模块、存储器模块外还有分频器 fenpin 模块、8 位二进制计数器 count8 模块、参数化数据选择器 lpm_mux0 模块和译码显示器 display 模块共 7 种模块，这些模块与前几个课题中的相应模块的设计方法是一致的，差异部分稍作调整即可。

**(7)系统仿真**

图 10.5.9 是系统时序仿真图，由图 10.5.9 可见，clk_32Hz 为高电平时在 UART_RXD 上接收到的数据分别为 17H、02H 和 1BH，这与 rxd 上的串行数据“00010111”“00000010”和“00011011”(低位在前)是一一对应的；发送数据是在 clk_32Hz 的上升沿开始的，共发送了 01H、02H 和 03H 3 个数据，在 txd 上送出的串行数据分别为“00000001”“00000010”和“00000011”，这证明了系统收发数据均是正确的。

**(8)硬件验证**

将设计的异步串行通信系统进行管脚锁定后，下载到 EDA 实验开发系统的 FPGA 上，用9芯的串口通信线将 EDA 实验开发系统与电脑的 COM1 或 COM2 连接，并在电脑上运行串口调试助手程序，将串口号设定为电脑上实际连接的串口上，波特率设为 9 600，无效验位，8 位数据位，1 位停止位后，就可验证设计的异步串行通信系统的工作了。异步串行通信系统发送的数据被电脑接收后显示在电脑上的接收区中，如果工作正常且当 LB0 上的 SW[2..1] =“00”时，将会每隔 0.25 秒收到一个不断加 1 数据显示在接收区中如图 10.5.10 所示；当 SW[2..1] =

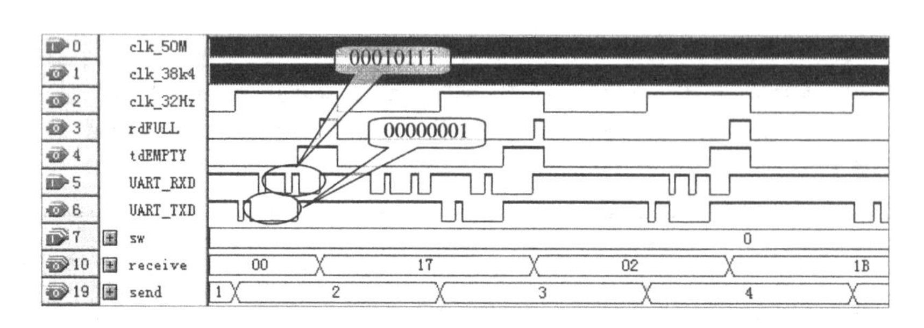


图 10.5.9 异步串行通信系统时序仿真图

“01”时,将会收到传送来的唐诗宋词,如图 10.5.11 所示;当 SW[2..1] =“10”时,将会收到传送来的字符图案,如图 10.5.12 和图 10.5.13 所示;当 SW[2..1] =“11”时,将会连续收到由电脑发送给 LB0,再由 LB0 转发回来的数据,如图 10.5.14 所示;而电脑端通过串口调试助手程序发送的数据也将实时地显示在 EDA 实验开发系统的显示器上。

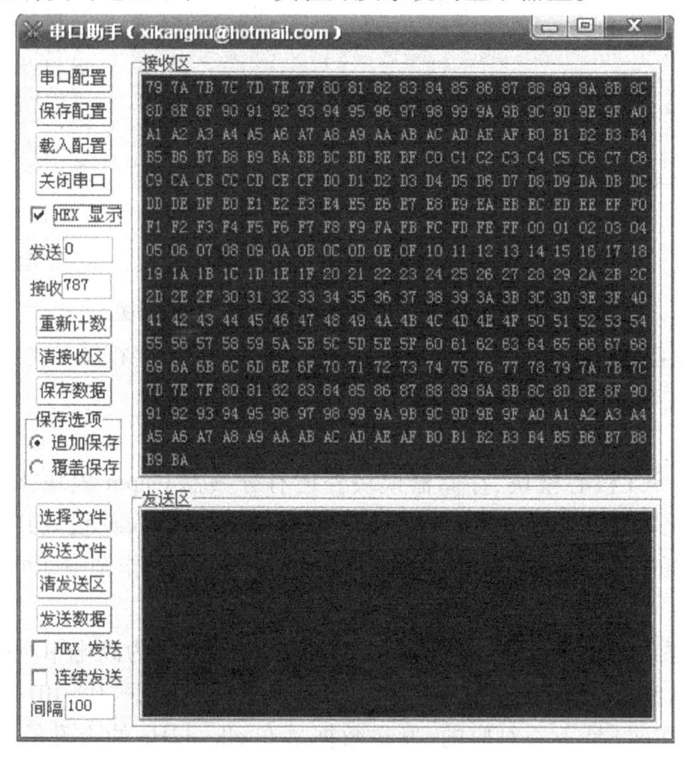


图 10.5.10 串口调试助手程序界面 1

(9)设计技巧

①在系统顶层电路的仿真调试中,为了便于观察和分析一些中间结果,可以在程序中增加一些观测输出点,如图 10.5.9 中的 clk_32Hz、clk_38k4、send 和 receive 信号,当电路调试通过后再去除这些观测输出点。

②本系统是一个高分频比系统,为节省仿真时间,仿真时将 fenpin 模块中产生 384 kHz 信号的分频数 $50\times10^6/38\ 400=1\ 302$ 的降低为 2,将产生 32 Hz 信号的分频数 $38\ 400/32=1\ 200$ 的降低为 120,并用 32 Hz 输出信号作为串口通信的启动信号,这样修改,仿真时间只需要修改前仿真时间的 1/6 510,当仿真调试通过以后,再将电路还原进行硬件测试。

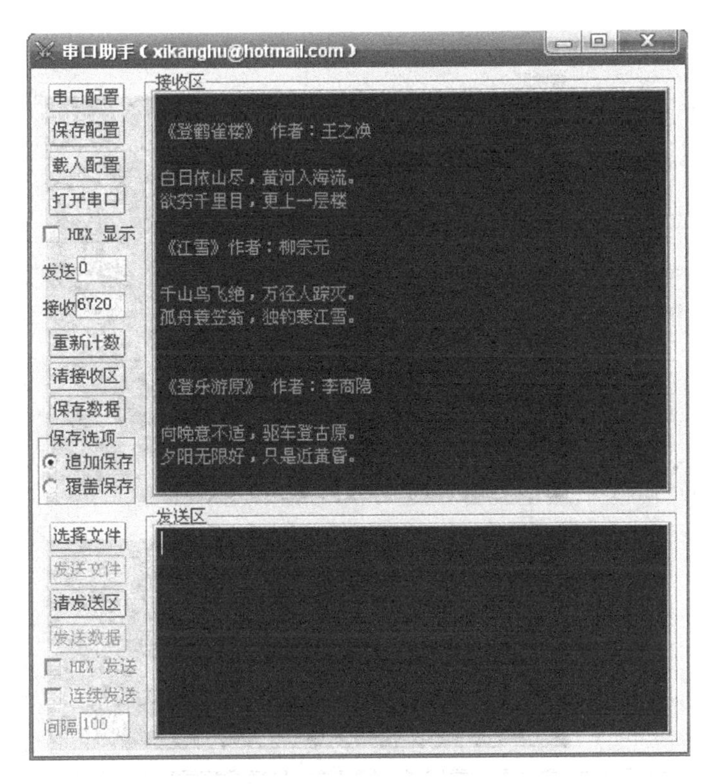


图 10.5.11　串口调试助手程序界面 2

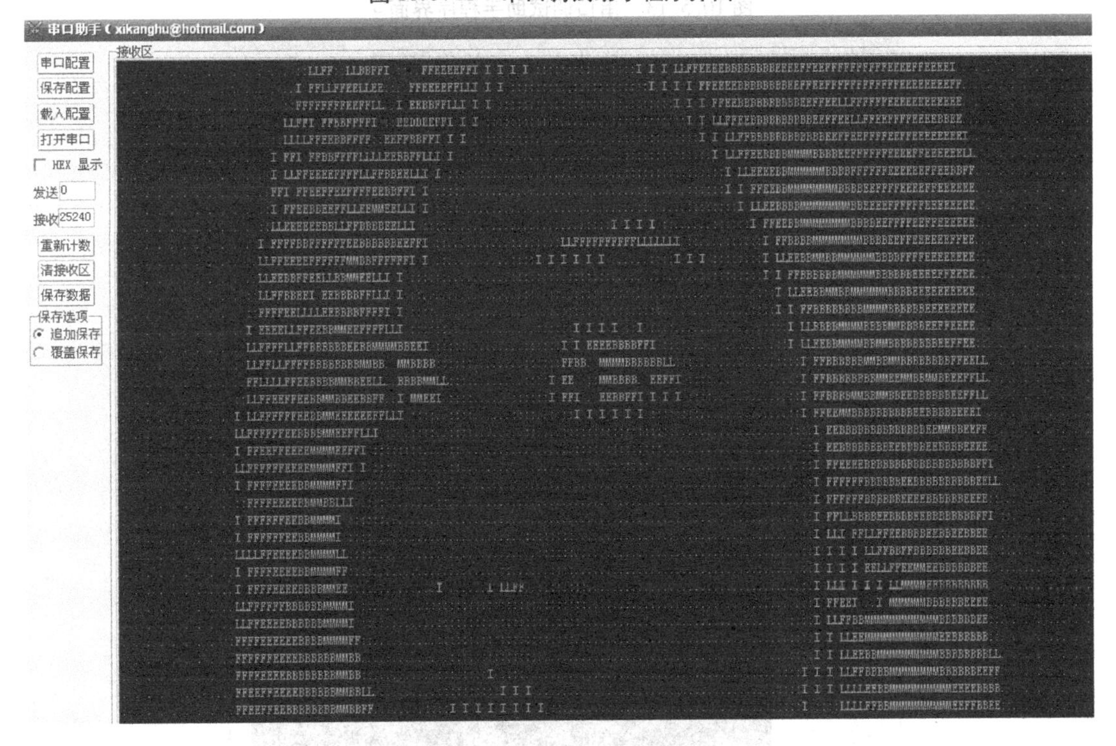


图 10.5.12　串口调试助手程序界面 3

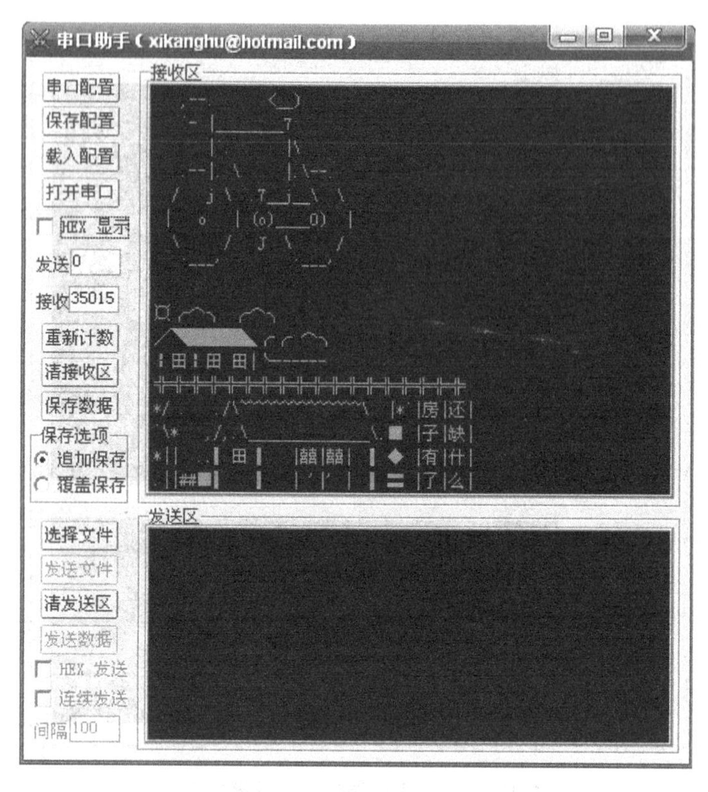


图 10.5.13　串口调试助手程序界面 4

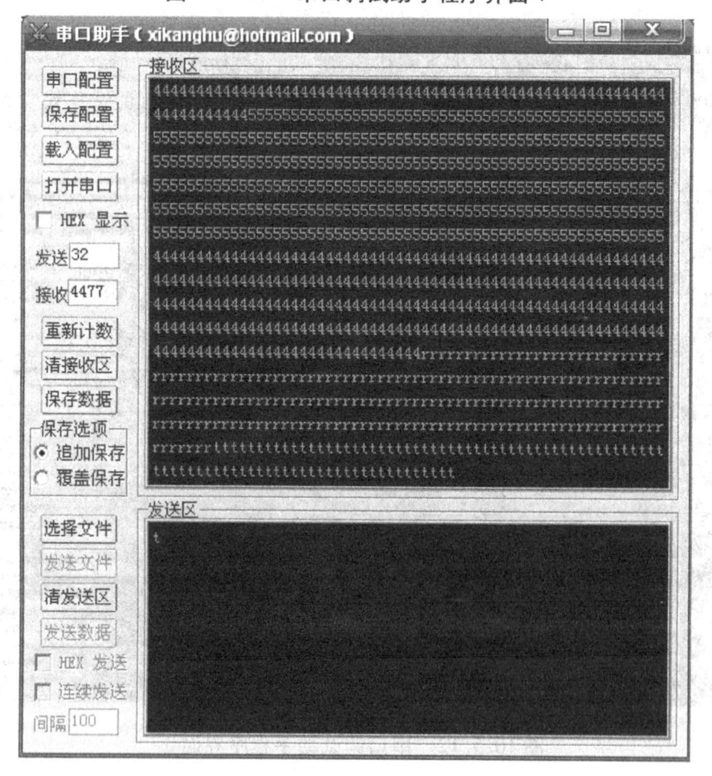


图 10.5.14　串口调试助手程序界面 5

③讨论问题：如果在系统中再增加D调和F调的发音，用一个按键在6种音调之间进行循环选择，当前音调用一位数码管显示，应该如何修改设计，请简述设计的原理。有兴趣的同学可作为本课题的扩展要求，设计并实现该功能。

**(10)设计报告**

写出设计、仿真和分析报告，内容包括：各单元模块的实现、顶层电路图、功能或时序仿真波形图，电路原理的分析、数码管动态显示的原理及实现、结论和体会。

## 10.6　自主设计课题

**(1)四人抢答器**

1)简要说明

在进行智力竞赛抢答时，需要将参赛者分为若干组进行抢答，究竟谁先谁后单凭主持人的眼睛是很难判断的；在提问或回答时，往往都要有时间限制；另外，犯规违章要发出一种特殊信号，以便主持人看得清、听得到。要完成上述功能，非专门仪器是难以实现的。因此在进行智力竞赛时，为了准确、公证、直观地判断，通常使用一种“抢答器”，通过数显、灯光及音响等多种手段准确无误地实现上述功能。该课题可完全在LB0实验开发平台上实现。

2)任务和要求

①4名参赛者在进行抢答时，当抢先者按下自己的按键，抢答器能准确地判断出抢先者，并以声、光为标志。要求声响时间为3 s，参赛者的按键用PS2键盘。

②抢答器应具有互锁功能，某人抢答后能自动封锁其他人的抢答。

③抢答器应具有限时（抢答时、回答问题时）功能。限时档次分别为3、5、10、15 s，由两位拨码开关选择，时间到时应发出声响，时间数据用数码管以倒计时的方式显示。

④设置记分电路。每人在开始时预置为10分，抢答后由主持人记分，答对一次加1分，否则减1分。

⑤设置一个主持人控制按钮用来启动抢答，启动抢答时主持人应同时说“开始抢答”，抢答者在“启动抢答”之前按动抢答按键的视为犯规，有抢答者犯规时应自动发出警告声响，且以相应的指示灯闪动为标志。

⑥系统应具有一个总复位开关。

⑦选做：一名参赛者每犯规两次扣1分。

**(2)乒乓球游戏机**

1)功能说明

乒乓球游戏机模拟乒乓球比赛的基本过程和规则，并能自动裁判和记分。两人乒乓游戏机是用8个发光二极管代表乒乓球台，用点亮的发光二极管按一定的方向移动来表示球的运动。在游戏机的两侧各设置1个按键，该按键模拟左右两个球拍，键按下代表球拍击球。甲乙两人按乒乓球比赛规则来操作按键开关。比赛开始时，当甲方按动按键时，靠近甲方的第一盏灯亮，然后发光二极管由甲向乙依次燃亮，代表乒乓球在移动。当球到达乙方最后一位发光二极管时，乙方方可击球。若乙方提前击球或在0.2 s内没击着球，则判乙方失分，甲方的记分牌自动加分。然后重新发球，比赛继续进行。比赛一直要进行到一方记分牌达到11分，该局结束。记分牌清零,可以开始新的一局比赛。该课题可完全在 LB0 实验开发平台上实现,8 个发光二极管用 8 个七段显示器的 a 段或 g 段代替。

2)任务和要求

①使用乒乓球游戏机的甲乙双方各在不同的方向发球或击球。

②设置一发球按键,比赛开始时由裁判按动发球按键决定哪方开始发球,光点应出现在发球者一方球拍位置上,该按键兼作复位按键,可清除得分重新开始比赛。

③球移动的速度为 0.1 ~0.5 s 移动一位,设置一速度调节按键。

④规定击球时间为 0.2 s,如果没在规定的时间内击球,则判失分,即对方加分。

⑤比赛以 11 分为一局,甲乙双方设置各自的记分牌,任何一方先记满 11 分,该方就胜了此局,得胜方闪烁显示,闪烁频率为 1 s。当记分牌清零后,又可开始新的一局比赛。

⑥每个球结束后自动确定下一个发球者,每方连发 2 球后自动换发球。

⑦采用 5 局 3 胜制,得胜方闪烁显示,闪烁频率为 1 s。

⑧选做:每一局胜者必须超过对方 2 分以上。

⑨选做:比赛结束后,在得胜方闪烁显示的同时播放祝贺音乐。

**(3)五层电梯控制器**

1)功能说明

电梯控制器是模拟控制电梯按顾客的要求自动上下的装置。该课题可完全在 LB0 实验开发平台上实现,所有按键用 PS2 小键盘代替,小键盘上的 5 行分别代表 5 个楼层的按键。

2)任务和要求

①5楼和 1 楼电梯入口处分别设置向下和向上各 1 个请求按键,2 ~4 楼每层电梯入口处设上和下 2 个请求按键,电梯内设有 5 位乘客到达楼层的停站请求按键和 2 个门控按键(即 1 个为开门,一个为关门),按键总和为 15 个,用 PS2 小键盘实现。

②设有电梯所处位置指示装置及电梯运行模式(上升或下降)指示装置,可用数码管实现。

③电梯每 2 s 升(降)一层楼。

④电梯到达有停站请求的楼层后,经过 1 s 电梯门打开,开门指示灯亮,开门 4 s 后,电梯门关闭(开门指示灯灭),电梯继续运行,直至执行完最后一个请求信号后停在当前层,开门指示灯灭用 LED 实现。

⑤能记忆电梯内外的所有请求信号,并按照电梯运行规则按顺序响应,每个请求信号保留至执行后消除。

⑥电梯运行规则:当电梯处于上升模式时,只响应比电梯所在位置高的上楼请求信号,由下而上逐个执行,直到最后一个上楼请求执行完毕;如更高层有下楼请求,则直接升到有下楼请求的最高楼层接客,然后便进入下降模式。当电梯处于下降模式时则与上升模式相反。

⑦电梯初始状态为一层开门。

⑧选做:到达各层时有音响提示。

**(4)数字密码锁**

1)功能说明

数字密码锁即电子密码锁,其锁内有若干位的密码,所用密码可由用户自己选定。如果输入代码与锁内密码一致时,锁被打开;否则,应封闭开锁电路,并发出告警信号。该课题可完全在 LB0 实验开发平台上实现，密码输入请用 PS2 小键盘。

2）任务和要求

①设定"＊"键为开锁按键，只有单击或双击"＊"键后方可输入数字密码，否则输入的数字无效。

②单击"＊"键开锁时将显示键入的每一位密码，双击"＊"键开锁时将不显示键入的每一位密码，而用"＊"号代替显示键入的密码以保护密码。每按下一个数字键，显示器的最右方显示出该数值或"＊"号，同时将显示器上以前的数据依次左移一位。

③开锁代码为 8 位十进制数，当输入代码之位数和位值与锁内预存的密码一致时，密码锁打开，并用开锁指示灯表示，并发出 3 声较短的提示音；否则，系统显示"错误"状态，并发出 3 声较长的报警音。

④具有密码修改功能，但必须在开锁状态下方可更改密码，设定"－"键为密码修改按键。

⑤设定"＋"键为密码锁定按键，在开锁状态下按下"＋"键将密码锁上锁。

⑥密码锁的报警方式是用报警指示灯点亮并且喇叭鸣叫来报警，直到按下"Enter"键报警才停止。然后数字锁又自动进入等待下一次开锁的状态。

**(5)自动售货机**

1）功能说明

一种自动售票机模拟电路，用数字键模拟付钱，另设购票键。先按数字键代表付邮票款，允许连续按键付款。付款后，根据需要按相应购票键，确认已付款，同时通知自动售票机付邮票。按购票键后，如果付邮票款不够，机器告警；如果付邮票款超额，则机器立即找钱，付邮票。用不同的灯亮代表付不同的邮票。

2）任务和要求

①设自动售票机可出售 4 种邮票，价格分别是：2 角、5 角、8 角、1 元。

②设 4 个发光管分别代表 4 种不同的邮票。相应的发光管亮，即表示售出相应的邮票。

③用按键模拟付款，款以角为基本单位，4 个按键分别定义为 2 角、5 角、8 角、1 元。先付款后取邮票，付款后按购票键确认已付款，通知机器付邮票。

④如果付款多于或者等于一张邮票的价格则自动售票机立即付邮票，同时退回多余的付款。用数码管显示退款额及代表退款，如果付款不够一张邮票的价格，则自动售票机立即进行声音告警并退款，告警时间 2 s。

⑤在按购票键前显示付款总额，一次只能买一张邮票。

⑥每次付款最多累积值为 3 元，多付款机器拒收，即按键付款额超过 3 元，系统只按 3 元退款。

⑦购票者按购票键，机器付邮票后，新一轮购票行为才能生效。

**(6)计算器**

1）功能说明

设计 1 个可实现 2 个十进制数的加减乘除运算的计算器。课题完全在 LB0 实验开发平台上实现，数据输入和运算控制由 PS2 小键盘实现。

2）任务和要求

①设置数字键 0～9 共 10 个。

②设置清除键、小数点、Enter 键各 1 个共 3 个。

③设置加减乘除4个运算功能键。

④所有按键均采用PS2小键盘。

⑤运算结果保留8位有效数,不足8位时前面补“空”,乘法运算出现数据溢出时给出声音和显示报警。

⑥计算器采用8位数码管显示。

⑦运算数1、运算数2和运算结果采用分时显示,例如实现运算13+5=18时,首先输入“13”,再输入“+”,这期间显示器都显示“13”,接下来再输入“5”,此时显示器显示“5”,然后键入Enter键,此时显示器显示运算后的结果“18”。

⑧设置开方运算功能键实现开方运算(提高要求)。

**(7)一个简单实用的16位计算机的设计**

1)功能说明

设计一个16位的CPU并用该CPU构建一个简单的计算机系统。图10.6.1是该简单计算机的结构示意图。计算机应由3部分组成,即微处理器CPU、存储器和I/O接口电路。微处理器是核心,完成数据处理和控制;存储器用于存储程序指令和数据;I/O接口电路完成与外部设备的数据通信。如图10.6.1所示,这3部分通过并行信号连接,这些并行信号被称为总线。考虑这里设计的简单系统只有一个输出,故增加了一个D寄存器(16位)以简化I/O设计。

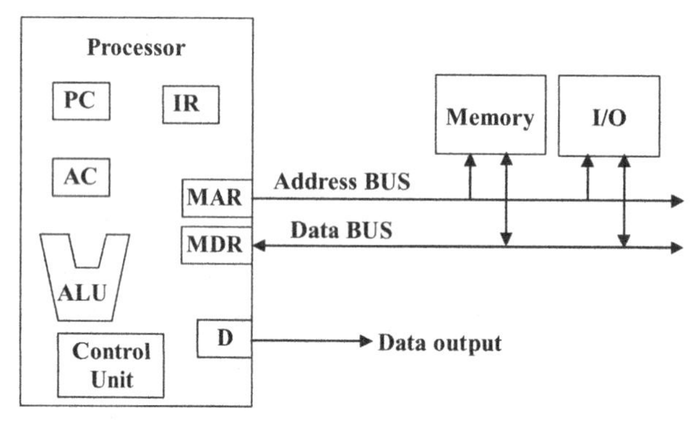


**图10.6.1 简单计算机结构示意图**

CPU中包含一组内部存储数据的寄存器,它们是PC(程序计数器)、IR(指令寄存器)、AC(累加器)、MAR(存储地址寄存器)和MDR(存储数据寄存器),它们均由D触发器构成。此外CPU还包含一个算术逻辑单元ALU。ALU用于执行对数据的算术和逻辑操作。普通的ALU操作包括加、减,逻辑与、逻辑或等。控制单元是一个控制处理器内部操作的复杂状态机。处理器完成的基本操作是按顺序执行存储在存储器中的指令,CPU首先从存储器中读取指令和操作数,然后进行译码并根据译码结果决定执行什么样的操作。CPU的工作总是在取指、译码和执行中不断循环。控制单元就是用于控制处理器的这种顺序操作的。本系统规定计算机的指令格式见表10.6.1,汇编语言指令表见表10.6.2,其中汇编指令是机器指令的助记符,其形式可以随意定义,这里给出的形式参照了单片机8051的汇编语言,操作码就是机器指令,cp数是该指令执行所占用的时钟周期数,根据cp数可以精确计算汇编程序的耗时。

表10.6.1　计算机指令格式

| 操作码 | | | | | | | | 地　址 | | | | | | | |
|---|---|---|---|---|---|---|---|---|---|---|---|---|---|---|---|
| 15 | 14 | 13 | 12 | 11 | 10 | 9 | 8 | 7 | 6 | 5 | 4 | 3 | 2 | 1 | 0 |

表10.6.2　汇编语言指令表

| 汇编指令 | 执　行 | 操作码 | T周期 |
|---|---|---|---|
| NOP | 空操作 | 00 | 3 |
| STORE　address | MDR <= AC | 01 | 3 |
| LOAD　A,@ address | AC <= MDR | 02 | 3 |
| JUMP　address | PC <= address 无条件跳转 | 03 | 3 |
| JZCY　address | 如果 cy = '0',则 PC <= address 条件跳转 | 04 | 3 |
| SUBT　A,@ address | AC < = AC - MDR,影响 cy | 05 | 3 |
| CALL　address | SP <= SP - 1,@ SP <= PC ,PC <= address | 06 | 4 |
| RET | PC <= @ SP ,SP <= SP + 1 | 07 | 3 |
| MOV　A, #XXXXH | AC <= #XXXXH | 08 | 4 |
| SUB　A,#XXXXH | AC <= AC-#XXXXH,影响 cy | 09 | 4 |
| ADD　A,@ address | AC <= AC + MDR,影响 cy | 0A | 3 |
| PUSH　A | SP <= SP - 1,@ SP <= A | 0B | 4 |
| POP　A | A <= @ SP, SP <= SP + 1 | 0C | 3 |
| LOAD　D,A | D <= AC | 10 | 3 |
| JZ　address | 如果 AC = 0,则 PC <= address | 11 | 3 |
| JNZ　address | 如果 AC/ = 0,则 PC <= address | 12 | 3 |

图10.6.2是用前面设计的CPU实现的一个简单计算机系统。符号SCOPM就是微处理器,通过设计汇编程序该系统能实现数据的加、减计数,计数的STEP也可编程设定,输出数据通过显示模块在LED数码管上显示。

2)任务和要求

①构建CPU指令:空操作NOP、数据存储指令STORE、取数指令LOAD、无条件跳转指令JUMP、条件跳转指令JZCY(标志位CY为零时跳转)、加指令ADD、减指令SUBT、端口输出指令OUT、条件跳转指令JENG(累加器小于0时跳转)、条件跳转指令JZ(累加器等于0时跳转)等如表10.6.2所示的16条指令。

②采用状态机进行CPU取指、指令译码、顺序执行的设计。

③利用FPGA内部的存储器设计一定容量的片内程序存储器和数据存储器。

④编写汇编语言程序并转换为机器指令写入程序存储器。

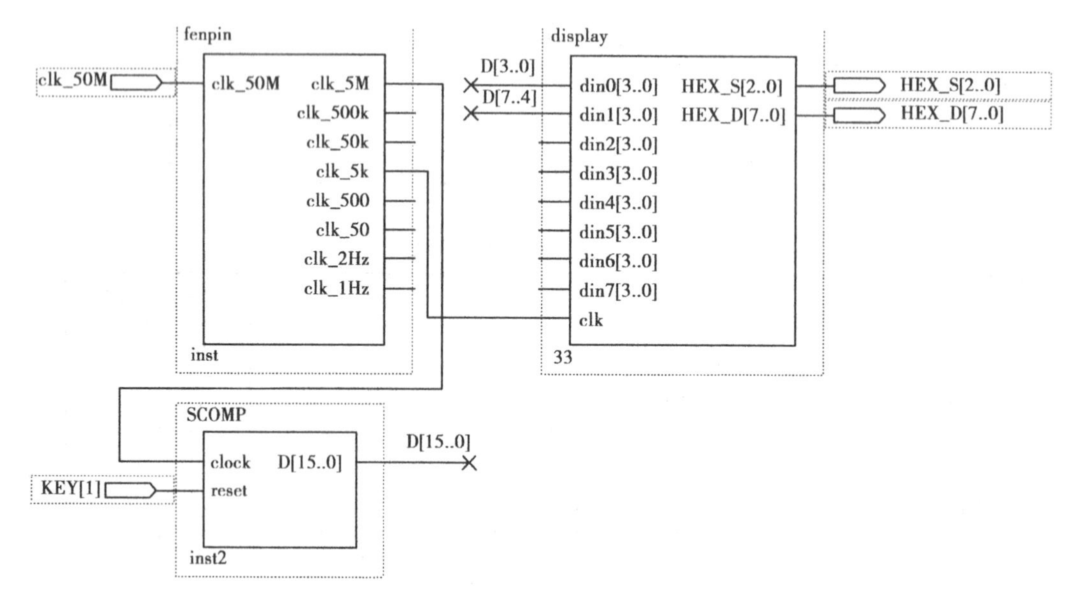


图 10.6.2　用 CPU 实现任意进制计数器顶层设计

⑤用自己设计的 CPU 和汇编程序构成一个简单计算机系统，完成加 1 计数、减 1 计数、加 2 计数、减 2 计数等功能，并设计 LED 数码管动态扫描电路将计数结果送出并显示，同时为便于观察计数结果，设计分频电路保证计数变化在 1 s 左右。

⑥在 EDA 系统软件 Quartus Ⅱ 环境下进行功能仿真、时序仿真。

⑦完成设计与仿真后，在 EDA 开发实验系统上进行芯片下载和物理验证。

⑧设计 60 到 1 计数的 60 进制减法计数器的汇编程序（提高要求）。

⑨设计 0 到 23 计数的 24 进制计数器的汇编程序（提高要求）。

SCOMP 模块的 VHDL 程序请参见程序清单 10.6.1，实现 1 ~ 60 计数的汇编语言和机器语言程序，请参见表 10.6.3。

程序清单 10.6.1　16 位 CPU 模块 SCOMP. vhd

```
LIBRARY IEEE;
USE   IEEE. STD_LOGIC_1164. ALL;
USE   IEEE. STD_LOGIC_ARITH. ALL;
USE   IEEE. STD_LOGIC_UNSIGNED. ALL;
LIBRARY lpm;
USE lpm. lpm_components. ALL;
ENTITY SCOMP IS
PORT(   clock, reset   : IN STD_LOGIC;
          D              : OUT STD_LOGIC_VECTOR(15 DOWNTO 0 ));
END SCOMP;
ARCHITECTURE a OF scomp IS
COMPONENT lpm_ram_dq0
    PORT
    (
            address   : IN STD_LOGIC_VECTOR (7 DOWNTO 0);
            clock     : IN STD_LOGIC ;
            data      : IN STD_LOGIC_VECTOR (15 DOWNTO 0);
            wren      : IN STD_LOGIC ;
            q         : OUT STD_LOGIC_VECTOR (15 DOWNTO 0)
    );
```

```
END COMPONENT;
TYPE STATE_TYPE IS ( reset_pc, fetch, decode,add,load,store,
                     jump,jz,jzcy,subt,load_D,call,call1,push,push1,pop,
                     ret,mov,mov1,sub,sub1,nop,jnz );
SIGNAL st: STATE_TYPE;
SIGNAL cy: STD_LOGIC;
SIGNAL instruction_register, memory_data_register : STD_LOGIC_VECTOR(15 DOWNTO 0 );
SIGNAL register_AC,AB   : STD_LOGIC_VECTOR(15 DOWNTO 0 ); --AB 是 A 的保护寄存器
SIGNAL program_counter    : STD_LOGIC_VECTOR( 7 DOWNTO 0 );
SIGNAL memory_address_register   : STD_LOGIC_VECTOR( 7 DOWNTO 0 );
SIGNAL memory_write    : STD_LOGIC;
SIGNAL SP   : STD_LOGIC_VECTOR( 7 DOWNTO 0 ); --堆栈指针
BEGIN
  memory: lpm_ram_dq0
    PORT MAP ( data => Register_AC, address => memory_address_register,
               wren => memory_write, clock => not clock, q => memory_data_register );
PROCESS ( CLOCK, RESET )
    BEGIN
    IF reset = '0' THEN
            st <= reset_pc;
    ELSIF clock'EVENT AND clock = '1' THEN
            CASE st IS
-- reset the computer, need to clear some registers
            WHEN reset_pc =>
            program_counter <= "00000000";
            memory_address_register <= "00000000";
            register_AC <= "0000000000000000";
            SP <= x"00";
            memory_write <= '0';
            st <= fetch;
-- Fetch instruction from memory and add 1 to PC
          WHEN fetch =>
            instruction_register <= memory_data_register;
            program_counter <= program_counter + 1;
            memory_write <= '0';
            st    <= decode;
-- Decode instruction and send out address of any data operands
          WHEN decode =>
            memory_address_register <= instruction_register( 7 DOWNTO 0);
            CASE instruction_register( 15 DOWNTO 8 ) IS
              WHEN "00000000" =>
                st <= nop;
              WHEN "00000001" = >
                st <= store;
                memory_write <= '1';   --为写存储器作准备
              WHEN "00000010" =>
                st <= load;
              WHEN "00000011" =>
                st <= jump;
              WHEN "00000100" =>
                st <= jzcy;
              WHEN "00000101" =>
                st <= subt;
              WHEN "00000110" =>
                st <= call;  SP <= SP - 1;   --修改 SP 指针
                AB <= register_AC;   --保护 A
```

```
                    register_AC <= "00000000" &program_counter;
                WHEN "00000111"  =>
                    st <= ret;
                    memory_address_register  <= SP; --为出栈作准备
                WHEN "00001000"  =>
                    st <= mov;
                WHEN "00001001"  =>
                    st <= sub;
                WHEN "00001010"  =>
                    st <= add;
                WHEN "00001011"  =>
                    st <= push;   SP <= SP - 1;    --修改 SP 指针
                WHEN "00001100"  =>
                    st <= pop;
                    memory_address_register  <= SP; --为出栈作准备
                WHEN "00010000"  =>
                    st <= load_D;
                WHEN "00010001"  =>
                    st <= jz;
                WHEN "00010010"  =>
                    st <= jnz;
                WHEN OTHERS  =>
                    st <= fetch;
            END CASE;
-- Execute the NOP instruction
        WHEN nop  =>
            memory_address_register  <=  program_counter;
            st  <=  fetch;
-- Execute the STORE instruction
        WHEN store  =>
            memory_write <= '0';
            memory_address_register  <=  program_counter;
            st <= fetch;
-- Execute the LOAD instruction
        WHEN load  =>
            register_ac <=  memory_data_register;
            memory_address_register  <=  program_counter;
            st  <=  fetch;
-- Execute the JUMP instruction
        WHEN jump  =>
            memory_address_register  <=  instruction_register( 7 DOWNTO 0 );
            program_counter  <=  instruction_register( 7 DOWNTO 0 );
            st <= fetch;
-- Execute the JENG instruction
        WHEN jzcy  =                                      >
            IF cy = '0' THEN
            memory_address_register  <=  instruction_register( 7 DOWNTO 0 );
            program_counter  <=  instruction_register( 7 DOWNTO 0 );
          ELSE
            memory_address_register  <=  program_counter;
          END IF;
            cy <= '0';
            st < =  fetch;
-- Execute the SUBT instruction
        WHEN subt  =>
          IF register_ac  >=  memory_data_register THEN
```

```
            cy <= '0';
        ELSE
            cy <= '1';
        END IF;
        register_ac  <=  register_ac-memory_data_register;
        memory_address_register  <=  program_counter;
        st  <=  fetch;
-- Execute the CALL instruction
    WHEN call  =>
            memory_address_register  <=  SP;
            memory_write <=  '1';    --为写存储器作准备
            st  <=  call1;
    WHEN call1  =>
            memory_write <=  '0';    --压栈至低 8 位
            register_AC <= AB;    --恢复 A
            memory_address_register  <=  instruction_register( 7 DOWNTO 0 );
            program_counter  <=  instruction_register( 7 DOWNTO 0 );
            st <=  fetch;
-- Execute the RET instruction
    WHEN ret  =>
            program_counter <= memory_data_register(7 DOWNTO 0); --出栈
            memory_address_register  <=  memory_data_register(7 DOWNTO 0); --出栈
            SP <= SP + 1;    --修改 SP 指针
            st <=  fetch;
-- Execute the PUSH instruction
    WHEN push  =>
            memory_address_register  <=  SP;
            memory_write < =  '1';    --为写存储器作准备
            st  <=  push1;
    WHEN push1  =>
            memory_write <=  '0';    --压栈至低 8 位
            memory_address_register  <=  program_counter;
            st <=  fetch;
-- Execute the POP instruction
    WHEN pop  =>
            register_ac <= memory_data_register; --出栈
            memory_address_register  <=  program_counter;
            SP <= SP + 1;    --修改 SP 指针
            st <=  fetch;
-- Execute the MOV instruction
    WHEN mov  =>    --修改 PC 以取出立即数
            program_counter <=  program_counter  +  1;
            memory_address_register  <=  program_counter;
            st <=  mov1;
-- Execute the MOV1 instruction
    WHEN mov1  =>
            register_ac <=  memory_data_register;
            memory_address_register  <=  program_counter;
            st  <=  fetch;
-- Execute the SUB instruction
    WHEN sub  =>    --修改 PC 以取出立即数
            program_counter <=  program_counter  +  1;
            memory_address_register  <=  program_counter;
            st <=  sub1;
-- Execute the SUB1 instruction
```

```
      WHEN sub1  =>
        IF register_ac  >=  memory_data_register THEN
          cy <= '0';
        ELSE
          cy <= '1';
        END IF;
            register_ac  <=  register_ac-memory_data_register;
            memory_address_register  <=  program_counter;
          st  <=  fetch;
-- Execute the ADD instruction
      WHEN add  =>
        IF register_ac + memory_data_register  >=  memory_data_register OR
          register_ac + memory_data_register  >=  register_ac THEN
          cy <= '0';
        ELSE
            cy <= '1';
        END IF;
        register_ac  <=  register_ac  +  memory_data_register;
        memory_address_register  <=  program_counter;
        st  <=  fetch;
-- Execute the LOAD_D instruction
      WHEN load_D  =>
          D <=  register_ac;
          memory_address_register  <=  program_counter;
          st     <=  fetch;
-- Execute the JZ instruction
      WHEN jz  =>
        IF register_ac = "0000000000000000"  THEN
          memory_address_register  <=  instruction_register( 7 DOWNTO 0 );
          program_counter  <=  instruction_register( 7 DOWNTO 0 );
        ELSE
          memory_address_register  <=  program_counter;
        END IF;
        st < =  fetch;
-- Execute the JNZ instruction
      WHEN jnz  =>
        IF register_ac/ = "0000000000000000"  THEN
          memory_address_register  <=  instruction_register( 7 DOWNTO 0 );
          program_counter  <=  instruction_register( 7 DOWNTO 0 );
        ELSE
          memory_address_register  <=  program_counter;
        END IF;
        st <=  fetch;
      WHEN OTHERS  =>
        memory_address_register  <=  program_counter;
        st  <=  fetch;
        END CASE;
      END IF;
  END PROCESS;
END a;
```

表10.6.3 实现60进制计数的汇编语言和机器语言程序

| 地 址 | 汇编程序 | 机器语言 | T周期 | 备 注 |
|---|---|---|---|---|
| 00 | LOAD A,@40H | 0240 | 3 | |
| 01 | ADD A,@41H | 0A41 | 3 | |
| 02 | LOAD D,A | 1000 | 3 | |
| 03 | STORE 43H | 0143 | 3 | |
| 04 | CALL 20H | 0620 | 3 | |
| 05 | LOAD A,@43H | 0243 | 3 | 主程序 |
| 06 | SUBT A,@42H | 0542 | 3 | |
| 07 | JZCY 0AH | 040A | 3 | |
| 08 | LOAD A,@43H | 0243 | 3 | |
| 09 | JUMP 01H | 0301 | 3 | |
| 0A | JZ 00H | 1100 | 3 | |
| 20 | PUSH A | 0B00 | | |
| 21 | MOV A,#0001H | 0800 | | |
| 22 | | 0001 | | |
| 23 | CALL 30H | 0630 | | 延时子程序入口 |
| 24 | SUB A, #0001H | 0900 | | 循环次数 |
| 25 | | 0001 | | 子程序返回 |
| 26 | JNZ 23H | 1223 | | |
| 27 | POP A | 0C00 | | |
| 28 | RET | 0700 | | |
| 30 | PUSH A | 0B00 | | |
| 31 | MOV A,#0001H | 0800 | | |
| 32 | | 0001 | | 延时子程序入口 |
| 33 | SUB A, #0001H | 0900 | | 循环次数 |
| 34 | | 0001 | | 子程序返回 |
| 35 | JNZ 33H | 1233 | | |
| 36 | POP A | 0C00 | | |
| 37 | RET | 0700 | | |
| 40 | 60进制计数器数 | 0000 | | |
| 41 | 据区 | 0001 | | |
| 42 | | 003C | | |
| 43 | | XXXX | | |

# 第 4 篇
# SOPC 技术实验及设计

# 第 11 章
# SOPC 技术基础实验

本章实验是可编程片上系统(SOPC)课程的配套实验,与理论课同步,可帮助学生在理论学习的过程中,借助实验平台加深对理论知识的学习和理解。

由于 SOPC 是一门实践性非常强的课程,因此本章实验基于 LB0 实验开发平台,并结合 Quartus Ⅱ 软件与 Nios Ⅱ 软件完成。除小部分程序可借助 Nios Ⅱ 自带的软仿真器观察,多数例程必须借助硬件平台及外接相关设备或仪器方可实现,这样有助于理解 SOPC 技术的优势和特点。

## 11.1 SOPC 系统实现

### (1)实验目的

①掌握 Quartus Ⅱ、SOPC Builder 及 Nios Ⅱ 的开发环境及原理。

②掌握 SOPC 的开发流程,基本掌握构建 Nios Ⅱ CPU 的方法。

③了解 Nios Ⅱ软件的开发流程和基本调试方法。

④掌握 PIO 端口输出控制的方法与 usleep 函数。

**(2)实验环境**

1)硬件

PC 机 1 台,LB0 实验开发平台 1 套。

2)软件

Quartus Ⅱ 9.0,Nios Ⅱ EDS9.0。

**(3)实验原理**

1)SOPC 系统与 SOPC Builder

SOPC 是 ALTERA 公司提出的一种灵活、高效的 SOC 解决方案。它可将处理器、存储器、IO 口等系统需要的功能模块集成到一个可编程器件上,而且对这些功能模块的添加与删除非常灵活,仅需要在相关的软件界面作修改即可对硬件系统完成相应调整。

SOPC Builder 是 Quartus Ⅱ软件中的一个人机界面,可方便地构建和生成设计者需要的嵌入式系统,除了可添加通用 IO 端口、存储器、各种专用接口外,还可添加相应的 MCU,这些模块的嵌入或删除都可根据用户需求灵活裁剪。

2)Nios Ⅱ处理器

Nios Ⅱ是一个 32 位的处理器 IP 软核,设计者可将它放入 FPGA 内,只占芯片内极少部分逻辑资源,成本非常低。Nios Ⅱ处理器是一个基于流水线的精简指令集通用处理器,时钟频率在 Cylone 系列可达 50 ~ 100 MHz,指令集的大部分指令可在一个时钟周期内完成。

Nios Ⅱ的开发除了需要 Quartus Ⅱ外,还需要专门的 Nios Ⅱ IDE 辅助完成设计,Nios Ⅱ IDE 主要为用户提供了工程管理器、编辑器和编译器、调试器、Flash 下载器 4 个主要的功能。

3)IOWR_ALTERA_AVALON_PIO_DATA 函数

并行输入/输出(PIO)核是 SOPC 系统中的一个存储器映射端口,SOPC 内的控制器或处理器可通过总线访问 PIO,进而通过 PIO 实现对片外设备的访问和控制。本节仅对 PIO 的输出功能进行应用。在 Nios Ⅱ工程中,可通过调用 altera_avalon_pio_regs. h 头文件,使用 IOWR_ALTERA_AVALON_PIO_DATA 函数对 PIO 核进行输出控制,此函数的完整定义在 Nios Ⅱ安装目录下的 altera_avalon_pio_regs. h 文件中。

altera_avalon_pio_regs. h 部分内容:

```
#define IORD_ALTERA_AVALON_PIO_DATA(base)                     IORD(base, 0)
#define IOWR_ALTERA_AVALON_PIO_DATA(base, data)               IOWR(base, 0, data)
#define IORD_ALTERA_AVALON_PIO_DIRECTION(base)                IORD(base, 1)
#define IOWR_ALTERA_AVALON_PIO_DIRECTION(base, data)          IOWR(base, 1, data)
#define IORD_ALTERA_AVALON_PIO_IRQ_MASK(base)                 IORD(base, 2)
#define IOWR_ALTERA_AVALON_PIO_IRQ_MASK(base, data)           IOWR(base, 2, data)
#define IORD_ALTERA_AVALON_PIO_EDGE_CAP(base)                 IORD(base, 3)
#define IOWR_ALTERA_AVALON_PIO_EDGE_CAP(base, data)           IOWR(base, 3, data)
#define IORD_ALTERA_AVALON_PIO_SET_BITS(base)                 IORD(base, 4)
#define IOWR_ALTERA_AVALON_PIO_SET_BITS(base, data)           IOWR(base, 4, data)
#define IORD_ALTERA_AVALON_PIO_CLEAR_BITS(base)               IORD(base, 5)
#define IOWR_ALTERA_AVALON_PIO_CLEAR_BITS(base, data)         IOWR(base, 5, data)
```

可以看到,altera_avalon_pio_regs. h 定义了 12 个函数端口操作函数,这些函数的实质是两个函数对不同地址的宏定义,即以 IOWR 与 IORD 为原函数的宏定义。

其中,IOWR_ALTERA_AVALON_PIO_DATA 函数是修改 PIO 端口输出数据的函数,其他几个函数,如 IORD_ALTERA_AVALON_PIO_DIRECTION 可实现获取端口的 I/O 方向,IORD_ALTERA_AVALON_PIO_EDGE_CAP 可对进入端口信号的进行边缘捕获。本节仅讨论 IOWR_ALTERA_AVALON_PIO_DATA 函数的使用,此函数的完整形式为:

```
IOWR_ALTERA_AVALON_PIO_DATA(base, data)
```

其中,base 为 PIO 模块的基地址,data 为写入到该模块的数据值。而基地址在建立的 Nios Ⅱ工程目录内的 system. h 中可以找到,并且该基地址一般被宏定义为该 PIO 模块在 SOPC 中的名称加上"_base"字符。

4)usleep 函数

usleep 是一个简单的延时函数,顾名思义可知其延时值以 us 为单位,例如 usleep(1 000),则延时时间为 1 000 us,即 1 ms。需要注意的是,usleep 函数的精度是基于 SOPC 中的 Nios Ⅱ处理器的时钟参数。如果 SOPC 中的时钟设置有错,则 usleep 延时也会相应出错。

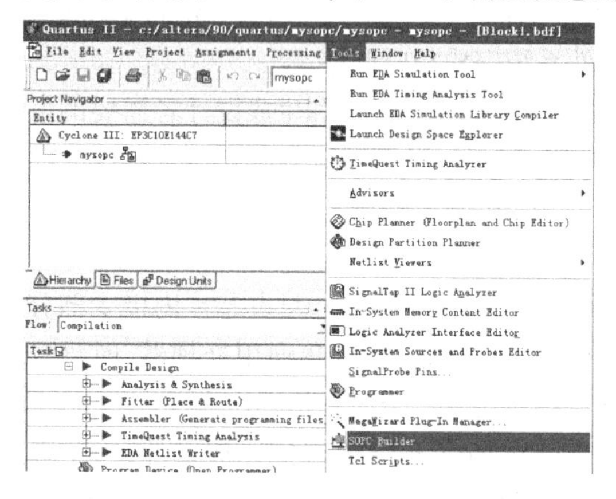


图 11.1.1 SOPC Builder 启动菜单

(4)参考程序

1)设计最基本的 SOPC 系统

启动 Quartus Ⅱ建立一个基本的工程,注意选择芯片时必须与使用的硬件平台一致。

打开 Tools - > SOPC Builder,进入 SOPC 编辑器界面,如图 11.1.1 所示,SOPC Builder 启动菜单。

接着在弹出的窗口中为自己的 SOPC 系统选择语言类型及建立名称,如图 11.1.2 所示。

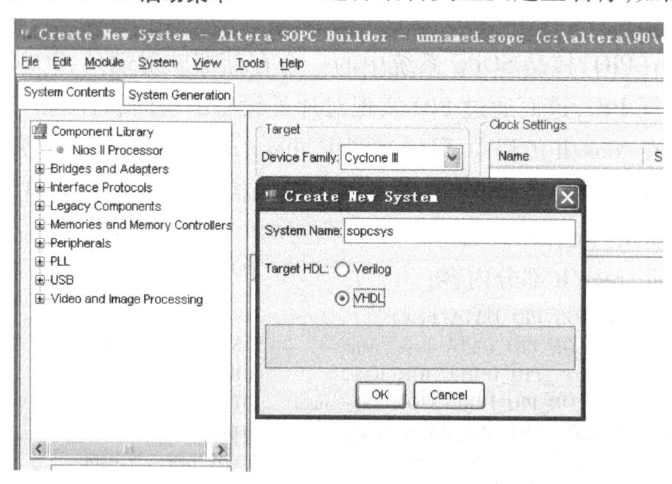


图 11.1.2 新建 SOPC 名称及语言类型选择

展开左边下拉菜单,双击左端 Memories and Memory Controllers - > On - Chip - > On - Chip Memory(RAM or ROM),为 SOPC 系统添加片内存储器 RAM,将存储器容量改为 40 kBytes,其他模块参数可不修改。添加之后右边界面内可见名称为 onchip_memory2_0,可右击名称选 Rename 修改名称,也可默认接受该名称。如图 11.1.3 所示。

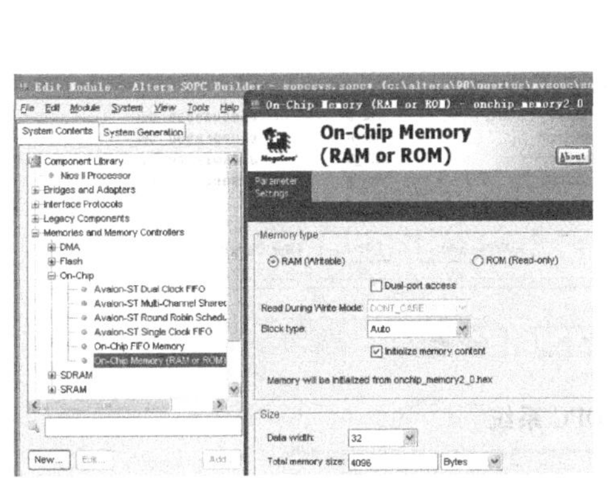


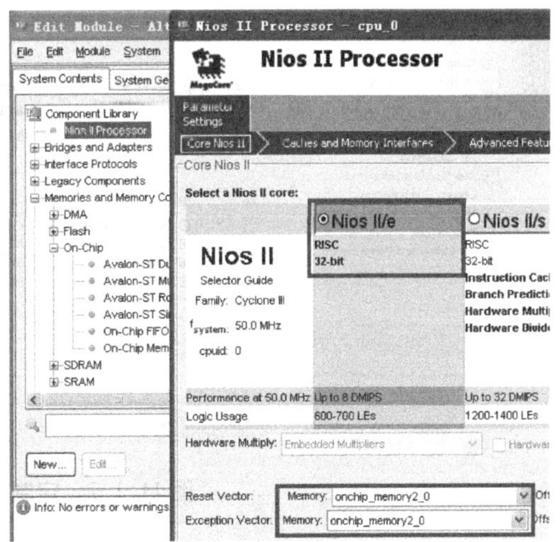


图 11.1.3　添加 SOPC 片上存储器　　　　11.1.4　SOPC 处理器类型选择及地址参数设定

双击左端 Nios Ⅱ Processor 添加 Nios Ⅱ处理器，设置处理器参数，注意选择为 Nios Ⅱ/e 型核，下方 Reset Vector 和 Exception Vector 选择之前已添加的 RAM 模块名称 onchip_memory 2_0，如图 11.1.4 所示，其余设置为默认。

双击左端 Interface protocols - > Serial - > JTAG UART 添加一个与电脑的调试接口。可不修改模块参数，如图 11.1.5 所示。

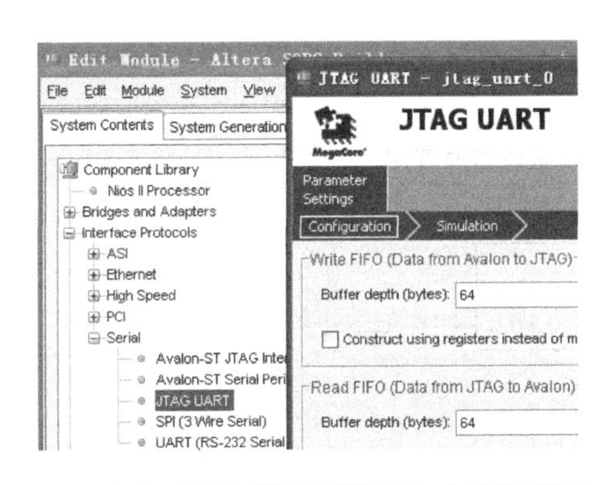


11.1.5　JTAG UART 模块添加与参数设定　　　　图 11.1.6　PIO 模块添加与参数设定

双击左端 Peripherals - > Microcontroller Peripherals - > PIO( parallel I/O)，添加一个 8 位的并行输出端口(见图 11.1.6)。在右边界面中将其名称改为 led(见图 11.1.7)。

建立完成后，可见到定制的 SOPC 系统。单击下部右下端的 Generate 按钮，生成定制的 SOPC 系统。当编译成功后窗口会出现"System generation was successful"提示，点击"EXIT"按钮退出 SOPC Builder 界面。

在 Quartus Ⅱ窗口中新建一个. bdf 文件，双击文件空白处，选择 Project 中新建立的 SOPC 模块，点击"OK"加入. bdf 文件中，如图 11.1.8 所示。

为该模块添加输入输出管脚，并分配相应管脚号如图 11.1.9 所示，存盘并编译该 Quartus Ⅱ工程。

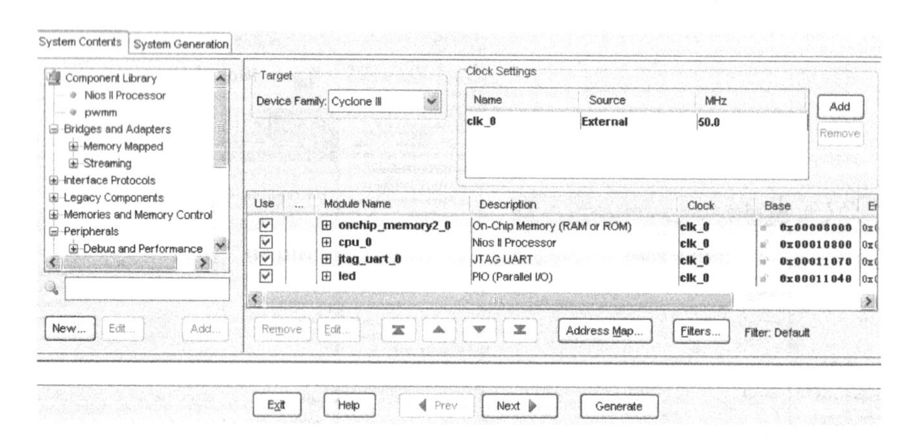

图 11.1.7　定制 SOPC 系统

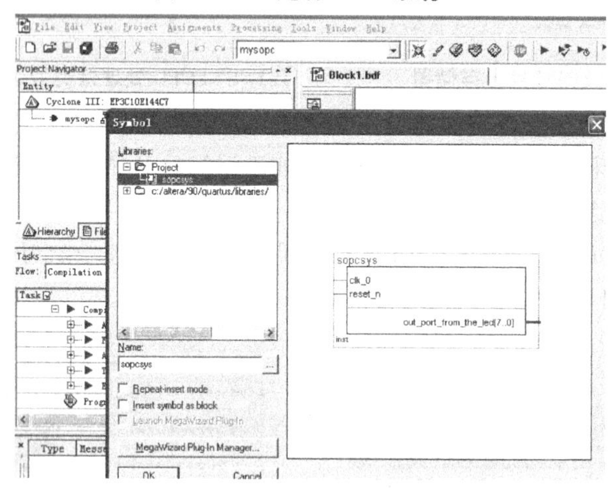

图 11.1.8　添加 SOPC 模块至电路原理图

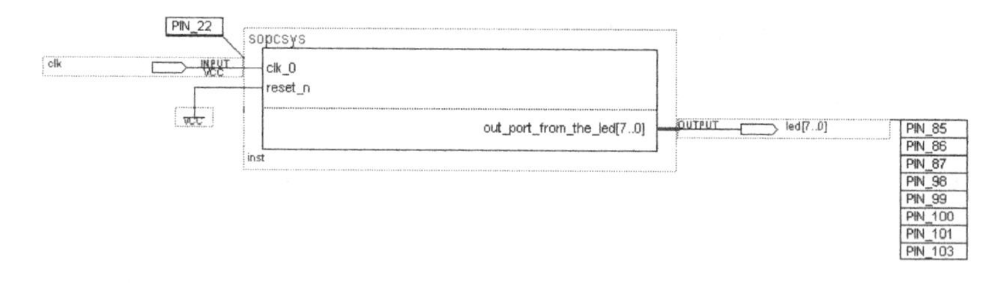

图 11.1.9　顶层电路原理图

2)建立 Nios Ⅱ软件工程

打开 Nios Ⅱ IDE,进入 Nios Ⅱ软件程序设计界面。选择 file－>New－>Nios Ⅱ C/C＋＋ Application,如图 11.1.10 所示。该操作将打开一个新的"New Project"的界面如图 11.1.11 所示。

在"New Project"的界面选择"Hello World Small"作为工程模板,可修改"Name"为自己希望的工程名称,然后在"SOPC Builder System PTF File"后单击"Browse",打开刚才建立的 Quartus Ⅱ工程目录,选中其中的.ptf 文件,然后单击"Finish"键即建立完成。

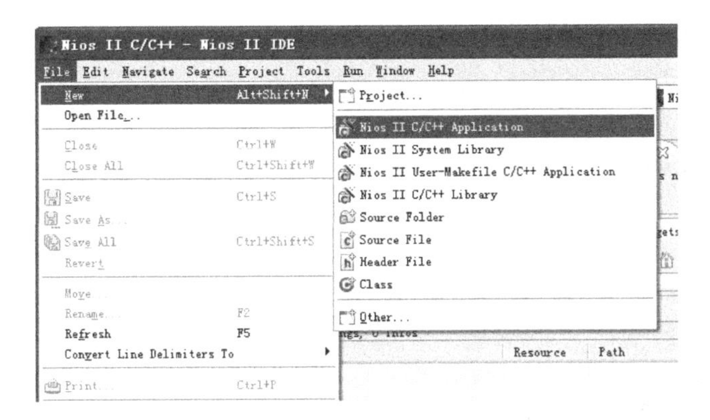


图 11.1.10　新建 Nios Ⅱ工程

图 11.1.11　Nios Ⅱ工程模板与名称设定

3)LED 指示灯加法计数程序

用例程 11.1.1 的内容覆盖工程内 hello_world_small. c 内已有的程序内容,然后进行编译。

编译时,右键点击 Nios Ⅱ IDE 左端窗口内工程文件夹,选择 Build Project。成功之后,需要在 Quartus Ⅱ软件中将 Quartus Ⅱ工程下载到 FPGA 内,然后再在 Nios Ⅱ IDE 界面中点击 Run As－＞Nios Ⅱ Hardware,如图 11.1.12 所示。经过一定时间等待后则可在 LB0 上见到发光二级管按规律点亮的效果,并可在 Nios Ⅱ IDE 的控制台(Console)窗口中看到由 printf 语句打印输出的结果,如图 11.1.13 所示。

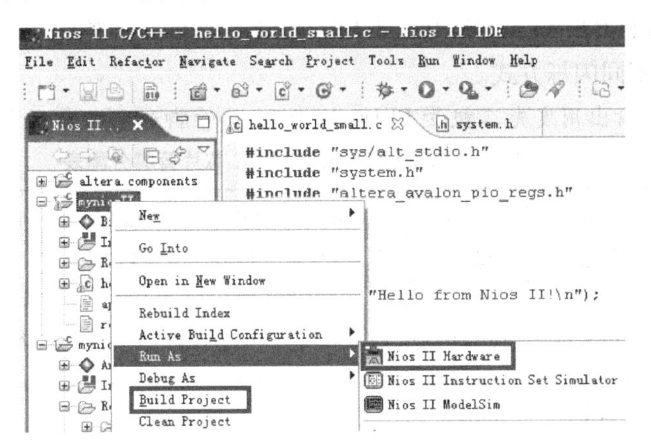


图 11.1.12　Nios Ⅱ工程编译与运行

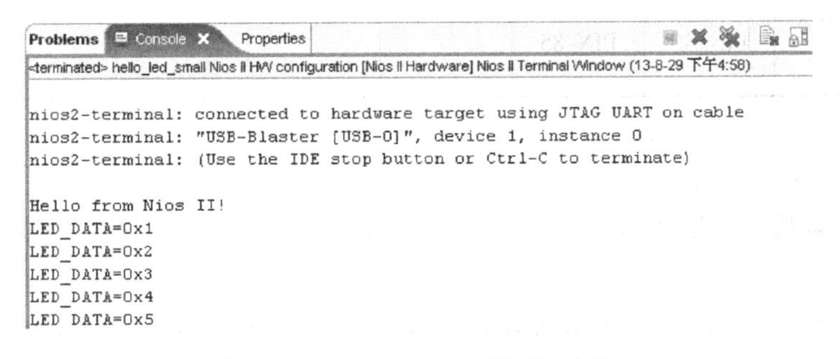


图 11.1.13　Nios Ⅱ工程运行结果

LED 指示灯显示控制程序见例程 11.1.1。

例程 11.1.1 LED 指示灯显示控制程序 hello_led.c

```
#include "stdio.h"
#include "system.h"
#include "altera_avalon_pio_regs.h"

int main()
{
  int LED =0;
  printf("Hello from Nios Ⅱ! \n");
  while (1)
    {
        usleep(1000000);
        IOWR_ALTERA_AVALON_PIO_DATA(LED_BASE,LED ++);
        printf("LED_DATA =0x%x\n",LED);
    }
  return 0;
}
```

**(5)实验内容**

1)建立 SOPC 系统

建立 SOPC 系统,要求编译成功并能够运行 Nios Ⅱ的 Hello_World_small.c 例程和如上的 hello_led.c 例程。

2)LED 闪烁控制

利用 IOWR_ALTERA_AVALON_PIO_DATA 函数与 usleep 函数完成 LED 灯的闪烁控制,要求设计至少 5 种不同闪烁方式。

注意:硬件验证输出用发光二极管 LED0 灯指示,其管脚分配可参照表 11.1.1。

表 11.1.1 LED 指示灯输出 FPGA 芯片管脚分配表

| 电路端口/系统管脚定义 | clk/CLK_50M | LED0/LED1 | LED1/LED2 | LED2/LED3 | LED3/LED4 | LED4/LED5 | LED5/LED6 |
|---|---|---|---|---|---|---|---|
| EP3C10E144C8管脚号 | PIN_22 | PIN_103 | PIN_101 | PIN_100 | PIN_99 | PIN_98 | PIN_87 |
| 电路端口/系统管脚定义 | LED6/LED7 | LED7/LED8 | | | | | |
| EP3C10E144C8管脚号 | PIN_86 | PIN_85 | | | | | |

3)基本 I/O 函数应用

利用 scanf 函数作为输入,使用 LED 与 printf 函数作为输出,设计一个简单的交互游戏程序。

注意:使用 scanf 函数需要使用的工程模板不能用 hello_world_small,而必须使用 hello_world 模板。

**(6)实验报告**

①记录设计的 SOPC 系统占用的芯片资源(包括 M9K,LEs 等)。

②记录程序运行结果,并分析SOPC系统结构。

③改变处理器的配置,观察芯片资源占用情况,分析原因。

④对实验中遇到的问题进行分析,采用了什么样的解决方法,写出实验心得。

**思考题**

1. 例程中LED_BASE可在哪里查询？能否修改？怎样修改？

2. usleep函数可实现的最大延时是多少？能否通过修改SOPC Builder内的参数,改变usleep的延时？

## 11.2　SOPC系统I/O设计

**(1)实验目的**

①掌握利用Nios Ⅱ控制PIO端口实现LED数码管显示的原理与方法。

②掌握结合Nios Ⅱ与Quartus Ⅱ模块协同控制LED数码管显示的方法。

③掌握利用PIO输入管脚接收拨码开关控制信号的方法。

**(2)实验环境**

1)硬件

PC机1台,LB0实验开发平台1套,PS/2小键盘1个,耳机1个(自备)。

2)软件

Quartus Ⅱ 9.0,Nios Ⅱ EDS 9.0。

**(3)实验原理**

1)Nios Ⅱ程序与Quartus Ⅱ模块协同工作

Nios Ⅱ虽然是一个通用的处理器,但它与其他硬核处理器不同之处在于:它是基于可编程逻辑器件实现的,在同一片器件上,设计者可以在以Nios Ⅱ为核心构成的SOPC系统外,额外添加相应的模块,这些模块的添加方式与功能设计可参考之前EDA课程及数字电路课程的仿真实践,当SOPC系统与硬件模块放置到同一个工程后,可以通过SOPC系统的PIO端口与硬件模块通信从而实现对外设的控制。

2)PIO输入端口的控制与应用

PIO端口除了作为输出,也可作为输入端口接收来自SOPC系统外的模块的逻辑信号,上一节使用了altera_avalon_pio_regs.h头文件内的IOWR_ALTERA_AVALON_PIO_DATA函数,本节主要介绍IORD_ALTERA_AVALON_PIO_DATA函数的使用,该函数的定义如下:

```
#define IORD_ALTERA_AVALON_PIO_DATA(base)            IORD(base, 0)
```

如果一个PIO模块作为输入模块,则端口信号需要被Nios Ⅱ处理器获取,处理器获取信号的方式主要有轮询与中断两类,对处理器而言,轮询是主动方式,中断是被动方式。当运行IORD_ALTERA_AVALON_PIO_DATA函数时,Nios Ⅱ处理器主动读取端口的电平信号。

此时,如果PIO端口连接到拨码开关的输入,则当拨码输入高电平时,函数回读的数据为1,如果拨码电平为低电平则数据为0。需要注意的是:拨码开关的个数即PIO模块的端口宽度,这是在SOPC Builder中添加模块时即已设置的值。

注意:为了调试以下参考程序的例程11.2.1和例程11.2.2,首先需要在实验一的基础上修改 SOPC 系统,添加4 位 PIO 输入端口将其名称改为 switchkey 以接收拨码开关的输入,添加8 位 PIO 输出端口将其名称改为 HEXOUT,添加3 位 PIO 输出端口将其名称改为 HEXSEL。为了调试以下参考程序的例程 11.2.3,又要在 SOPC 系统中删除之前添加的 HEXOUT 和 HEXSEL,重新添加 32 位 PIO 输出端口将其名称改为 hexdata,再添加 1 位 PIO 输入端口将其名称改为 ps2flag 用于查询 PS2 键盘是否有按键,以及添加 8 位 PIO 输入端口将其名称改为 ps2key 用于读取 PS2 键盘的按键数据。请参考图 11.2.2。

**(4)参考程序**

1)通过 PIO 输入端口采集拨码开关信号控制 LED

**例程 11.2.1 拨码开关输入控制程序** switch_ctrl. c

```
#include "stdio.h"
#include "system.h"
#include "altera_avalon_pio_regs.h"
main()
{
    int delaytime = 100000;
unsigned char KEY1 = 0, KEY2 = 0, swi_key = 0;
printf("system start! \n");
    while(1)
    {
        KEY1 = IORD_ALTERA_AVALON_PIO_DATA(SWITCHKEY_BASE) + 1;    //读取输入端口值
        if(KEY1! =KEY2)                                            //当拨码开关键值发生变化
            {
                swi_key = KEY1;
                KEY2 = KEY1;
            }
        usleep(delaytime * KEY2);                                  //时延与拨码开关键值成正比
        swi_key = 255 - swi_key;
        IOWR_ALTERA_AVALON_PIO_DATA(LED_BASE, swi_key);            //写入 LED 的值
    }
}
```

2)Nios Ⅱ控制七段数码管

**例程 11.2.2 七段数码管控制程序** hex_ctrl. c

```
#include <stdio.h>
#include "system.h"
#include "altera_avalon_pio_regs.h"
int hextable[17] =
{63,6,91,79,102,109,125,7,127,111,119,124,57,94,121,113,128};
//数组 hextable 为 0,1,2,3,4,5,6,7,8,9,A,B,C,D,E,F,"."的数码管映射表
unsigned long seltable[8] =
{0xF0000000,0xF000000,0xF00000,0xF0000,0xF000,0xF00,0xF0,0xF};
main()
{
    unsigned long cnt, cnt2, data = 0, showdata;
    cnt = 0;
    while(1)
    {
        usleep(1000);
        showdata = hextable[(seltable[cnt]&data) > > (4 * (7 - cnt))];  //选择 data 每一位的数值
        IOWR_ALTERA_AVALON_PIO_DATA(HEXSEL_BASE, cnt);   //选择点亮数码管的位置
        IOWR_ALTERA_AVALON_PIO_DATA(HEXOUT_BASE, showdata);   //数码管的数据
        cnt = (++cnt)%8;
```

```
        cnt2 = ( ++cnt2)%1000;
        if(cnt2 = =999)data ++ ;
    }
}
```

3)Nios Ⅱ与Quartus Ⅱ模块协同控制七段数码管

从前两例可以看到,如果需要在Nios Ⅱ中利用PIO直接对外设进行控制,则系统软件会比较复杂,并且需要大量的延时用于输入输出控制,这里两例都仅仅是对简单的IO进行控制,如果与具有比较复杂的通信时序的外设连接,可能会占用Nios Ⅱ的较多处理时间。

结合SOPC基于FPGA器件的特点,如果在SOPC系统模块外部添加适当的Quartus Ⅱ模块与Nios Ⅱ协同工作,将延时及复杂的控制逻辑交由Quartus Ⅱ模块完成,Nios Ⅱ仅需提供相应信息,则可大大提高Nios Ⅱ处理器的效率。

本例中,Nios Ⅱ通过PIO端口送出32位数据,其中0~3位数据组成的数据由第一位数码管显示,4~7是由第二位数码管显示,以此类推,28~31位由第八位数码管显示,即每4位数据为一个数码管的显示内容,而数码管的显示信号需要8位,因此还需要设计相应的译码电路实现将4位二进制数据转换为数码管需要的输入信号。这部分功能是通过底层VHDL模块实现,该模块的结构示意如图11.2.1所示,模块符号hexdatashow如图11.2.2所示。

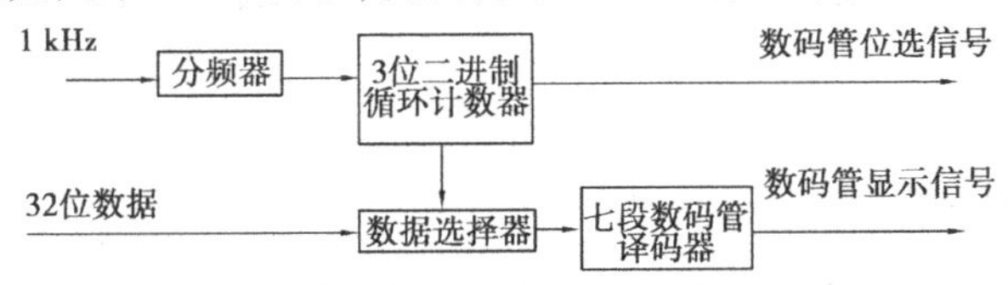


图11.2.1 PIO控制模块结构图

首先,3位二进制循环计数器循环产生0~7的二进制数据,数据选择器根据循环计数器的计数值选择将32位数据中的相应4位输出,输出的4位数据经译码器转换为七段数码管的显示信号,同时循环计数器的计数值也作为数码管位选信号,因此数码管位选信号与显示信号同步到达,就能在8个七段数码管上动态显示输入的32位数据。请读者自行设计hexdatashow模块的VHDL程序。

本例使用PS/2键盘作为输入设备,PS/2键盘的底层VHDL控制程序可参考例程9.3.1。为了检测PS/2键盘的按键,在SOPC中添加一个PIO模块,该模块仅有一个输入端口,此接口与例程9.3.1中的输出标志信号scan_ready连接如图11.2.2所示,Nios Ⅱ采用轮询方式读取该通知脉冲就可确认是否有按键按下。

图11.2.2是实现PS/2输入及数码管输出的顶层逻辑图。可根据前述原理设计数码管控制模块,PS/2控制模块参考例程9.3.1。

注意:该方法实现的Nios Ⅱ与PS/2的接口是将PS/2的电路模块作为CPU的外围模块,CPU通过PIO与外围模块实现数据交换,这并不是最好的方法。最好的方法是将PS/2的电路模块作为用户自定义模块直接添加到SOPC中去,该方法可参考第12章12.1中的相关内容。

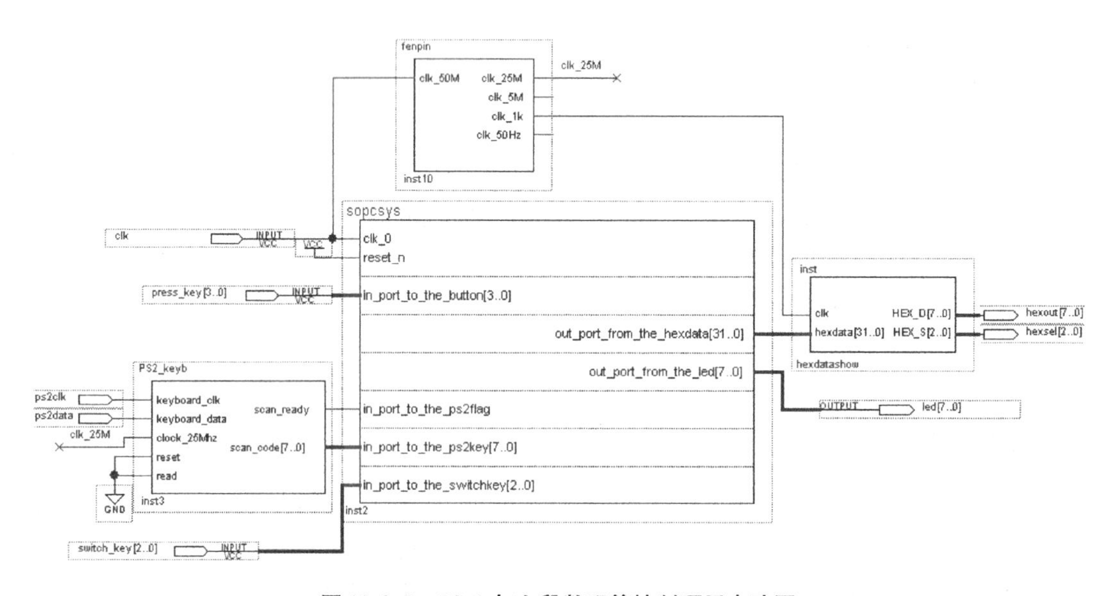


图 11.2.2　PS/2 与七段数码管控制顶层电路图

例程 11.2.3　基于底层控制模块实现的七段数码管控制程序 hex_ctrl2. c

```
#include  < stdio. h >
#include  < stdio. h >
#include " system. h"
#include " altera_avalon_pio_regs. h"

int ps2table[10] = {0x70,0x69,0x72,0x7a,0x6b,0x73,0x74,0x6c,0x75,0x7d};   //PS/2 键盘数字 0 ~9 码表
int lkt(int ps2dat)
{  int i =0;
   while((ps2table[i]! = ps2dat)&&(i! =10))
   i + +;
   return i;
}
main()
{  int a1 =0,a2 =0,showdata =0,flag =0;
   unsigned long data =0,res;
   while(1)
   {  usleep(1000);  //轮询时间间隔为 1 ms
      a1 = IORD_ALTERA_AVALON_PIO_DATA(PS2KEY_BASE);
      a2 = IORD_ALTERA_AVALON_PIO_DATA(PS2FLAG_BASE);
      if(a2)
      {  if(a1 = =0x5a)
            flag =1;
         else
            if(a1 = =0x66)
            {  showdata =0;
               flag =0;
            }
         else
         {  if(((res = lkt(a1))! =0xA)&&(! flag))
            showdata = (showdata < <4) + res;
         }
      }
   IOWR_ALTERA_AVALON_PIO_DATA(HEXDATA_BASE,showdata);
   }
}
```

**(5)实验内容**

1)拨码开关控制LED显示

参考例程实现利用LB0电路板上的三位拨码开关控制8个LED指示灯,要求编译成功并能够运行Nios Ⅱ程序。

注意:三位拨码开关输入可参考表11.2.1,LED输出与时钟输入可参考管脚分配表11.1.1。

**表11.2.1 拨码开关输入FPGA芯片管脚分配表**

| 电路端口/<br>系统管脚定义 | SW0/<br>SW1 | SW1/<br>SW2 | SW2/<br>SW3 |
|---|---|---|---|
| EP3C10E144C8<br>管脚号 | PIN_23 | PIN_24 | PIN_25 |

2)七段数码管显示控制

根据示意图完善数码管显示控制VHDL程序,添加到相应的Quartus Ⅱ工程中,并结合拨码开关和数码管控制模块,利用拨码开关控制七段数码管的显示数据或显示模式,要求数码管有闪烁功能。

3)PS/2键盘输入控制

将实现PS/2键盘输入控制的VHDL程序添加到相应的Quartus Ⅱ工程中,实现Nios Ⅱ获取键盘控制信号,然后在七段数码管上显示信息,要求实现简单的计算器功能。

注意:PS/2键盘相关接口管脚可参见管脚分配表11.2.2。

**表11.2.2 PS/2键盘控制FPGA芯片管脚分配表**

| 电路端口/<br>系统管脚定义 | PS/2data/<br>PS/2_DATA | PS/2clk/<br>PS/2_CLK | Clk/<br>CLK_50M |
|---|---|---|---|
| EP3C10E144C8<br>管脚号 | PIN_136 | PIN_137 | PIN_22 |

**(6)实验报告**

①记录工程占用的芯片资源(包括M9K,LEs等),并记录Quartus Ⅱ时序分析结果给出的系统Fmax。

②给出七段数码管显示的VHDL实现核心程序。

③给出结合PS/2键盘实现的简单计算器的相关程序。

④对实验中遇到的问题进行分析,采用了什么样的解决方法,写出实验心得。

**思考题**

1. 如果希望Nios Ⅱ能接收PS/2键盘的所有通码、断码信息,应该怎样修改工程?

2. 除了定时查询并获取通过PIO到来的外设信息,还有什么方法可实现对外设的实时检测?

## 11.3 中断与定时器设计

**(1)实验目的**

①掌握定时器的原理。

②掌握看门狗模块的添加与应用。

③掌握计时器模块的添加与应用。

④掌握中断的添加与中断处理程序的实现。

**(2)实验环境**

1)硬件

PC 机 1 台,LB0 实验开发平台 1 套。

2)软件

Quartus Ⅱ 9.0,Nios Ⅱ EDS 9.0。

**(3)实验原理**

1)定时器原理

在嵌入式系统中,定时器是一个非常重要的外设。它可以最为系统的周期性时钟源;也可作为计时器测定时间发生的时刻;同时,还可通过配置为“看门狗”实现对系统的监管。定时器功能结构如图 11.3.1 所示。

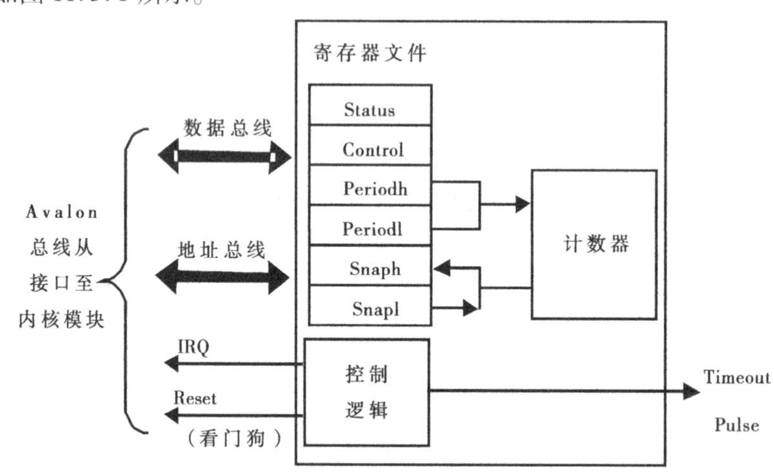


图 11.3.1　定时器功能结构图

定时器内,Periodh 和 Periodl 寄存器保存定时器的计数上限,Snaph 和 Snapl 保存每个时刻的计时器计数值,定时器可配置为中断源(IRQ)及系统复位信号(Reset)至片内逻辑,此外,还可输出周期脉冲(Timeout Pulse)至片外。

2)SOPC 系统中断原理

Nios Ⅱ 支持 32 个外部中断,每个中断对应一个独立的中断通道,针对每个中断,处理器有相应的 ienable 中断控制寄存器使能或禁止中断源。同时,处理器也可通过 status 控制寄存器的 PIE 位使能或禁止所有中断。因此,一个中断发生需要有 Status 控制寄存器 PIE 位为 1,中断 irqn 有效与 ienable 寄存器相应位为 1 这 3 个必要条件。

SOPC 中的 PIO 模块,如果要使用其中断功能,通常要有如下一些操作:

①完成中断注册。即使用 alt_irq_register 函数,此函数完整定义为:

```
int alt_irq_register (alt_u32 id,void * context,void ( * isr)(void * , alt_u32))
```

其中,第一个参数为中断注册号,该中断号在 SOPC 中可修改,但需要注意的是中断号不能超过 31;第三个参数为中断响应函数;第二个参数为中断响应函数的第一个参数。

②定义中断响应函数。此函数名可自行定义,中断响应函数需要完成系统对中断要求的操作。中断响应函数不宜过长,以避免影响系统实时性,此外,中断响应函数在完成相应操作后一般还需要重新开启中断。

③使能中断。一般情况下,外部中断一旦定义后是开启的,但也可以通过函数实现单独开关某个中断号的中断或开关所有中断。

```
int alt_irq_disable(alt_u32 id)
int alt_irq_enable(alt_u32 id)
alt_irq_context alt_irq_disable_all(void)
void alt_irq_enable_all( alt_irq_context context)
```

其中 alt_irq_disable 和 alt_irq_enable 是对单个中断进行处理,参数为中断注册号,alt_irq_disable_all 为关闭所有中断,alt_irq_enable_all 为开启所有中断。

**(4)参考程序**

1)按键中断控制 LED

参考图 11.3.2,在 SOPC 中添加 PIO 模块,设定为输入端口。该 PIO 模块的参数定义可参考图 11.3.3,其中,width 表示 PIO 模块的宽度,Direction 表示选择的端口方向,Edge capture register 选项是否采用同步边沿捕获,已经同步边沿捕获的是哪一种边沿。Interrupt 选项表示该输入端口表示是否以中断方式通知处理器,已经产生中断的条件是 level(电平敏感)还是 Edge(边沿敏感),根据需要,这里选择的是输入信号的上升沿产生中断。

设定 PIO 参数作为输入中断端口之后,将该 PIO 模块添加到 SOPC 系统,可修改其名称为“BUTTON”,然后点击“Generate”完成对 SOPC 系统的编译。

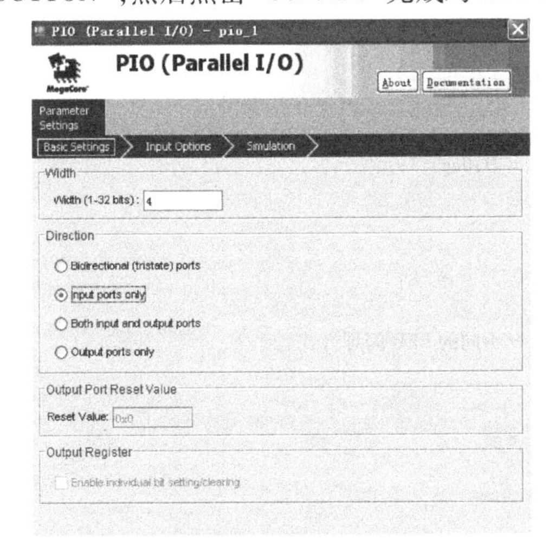


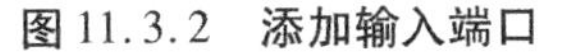
图 11.3.2　添加输入端口

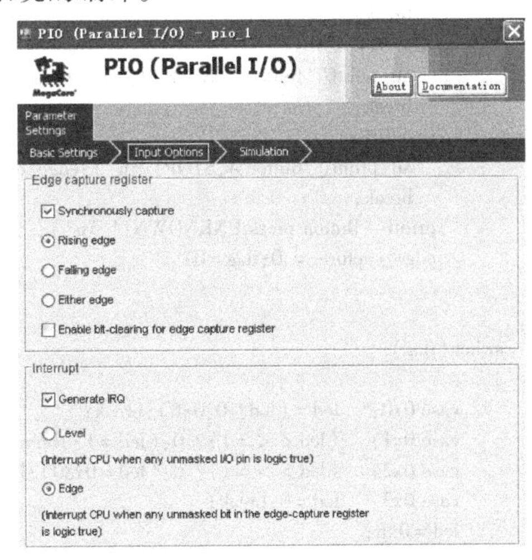


图 11.3.3　设定输入端口参数

例程 11.3.1 是基于按键中断控制 LED 显示的程序,可下载至 LB0 电路板并观察运行效果。

**例程 11.3.1 按键中断控制程序 button_ctrl. c**

```
#include "sys/alt_stdio.h"
#include "system.h"
#include "sys/alt_irq.h"
#include "altera_avalon_pio_regs.h"
volatile int edge_capture;      //注意 volatile 意义
static void handle_button_interrupts(void * context, alt_u32 id)
{
  volatile int * edge_capture_ptr = (volatile int *) context;
  * edge_capture_ptr = IORD_ALTERA_AVALON_PIO_EDGE_CAP(BUTTON_BASE);
  //获取按键边缘中断寄存器的结果,即可获知哪个按键被按下的信息
  IOWR_ALTERA_AVALON_PIO_EDGE_CAP(BUTTON_BASE, 0);        //复位按键边缘寄存器
}
static void init_button_pio()                               //按键中断初始化函数
{
  void * edge_capture_ptr = (void *) & edge_capture;
  IOWR_ALTERA_AVALON_PIO_IRQ_MASK(BUTTON_BASE, 0xf);      //使能按键中断
  IOWR_ALTERA_AVALON_PIO_EDGE_CAP(BUTTON_BASE, 0x0);      //复位按键中断寄存器
  alt_irq_register(BUTTON_IRQ, edge_capture_ptr, handle_button_interrupts);
                                                            //中断函数注册
}
main()
{
    init_button_pio();
    unsigned char led =1,flag =0;
    while(1)
    {
        if(edge_capture)
        {
            switch (edge_capture)
            {
              case 0x1:
                alt_printf("Button 1,BLINK! \n");edge_capture = 0;flag =0;
                break;
              case 0x2:
                alt_printf("Button 2,LEFT! \n");edge_capture = 0;flag =1;
                break;
              case 0x4:
                alt_printf("Button 3,RIGHT! \n");edge_capture = 0;flag =2;
                break;
              case 0x8:
                alt_printf("Button 4,STOP! \n");edge_capture = 0;flag =3;
                break;
              printf("Button press UNKNOWN!! \n");
              edge_capture = 0;flag =0;
            }
        }
        switch(flag)                                        //不同的 LED 闪烁方式
        {
            case 0x0:   led = (led? 0:0xff);break;
            case 0x1:   (led < < =1)? 0:(led =1);break;
            case 0x2:   (led > > =1)? 0:(led =0x80);break;
            case 0x3:   led =0;break;
            led =0xff;
        }
        IOWR_ALTERA_AVALON_PIO_DATA(LED_BASE,led);
        usleep(500000);
    }
}
```

2) 利用计时器记录程序运行时间

计时器模块的添加需要在 SOPC 系统中添加一个 Timer 模块，该模块的路径在 SOPC Builder 内 Component Library 中的“Perpherals－>FPGA Perpherals－>Interval Timer”。

可预设该 Timer 模块为“Full-Featured”，计时周期为 1 us，设置可参见图 11.3.4。在 SOPC Builder 中将添加的 Timer 重命名为“ustimer”。

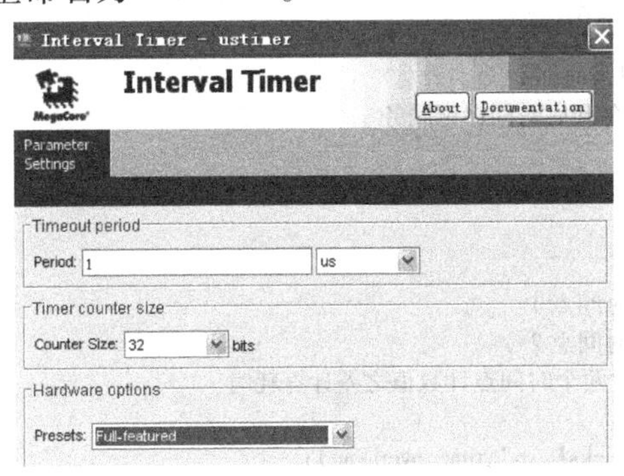


**图 11.3.4　添加定时器**

如果希望将该定时器作为 Nios Ⅱ 内的计时器，还需要在 Nios Ⅱ 中作相关设置。在 Nios Ⅱ 中“Nios Ⅱ C/C++ Projects”界面内鼠标右击工程，然后在弹出的菜单中选择“System Library Properities”，打开工程属性配置窗口。如图 11.3.5 所示。

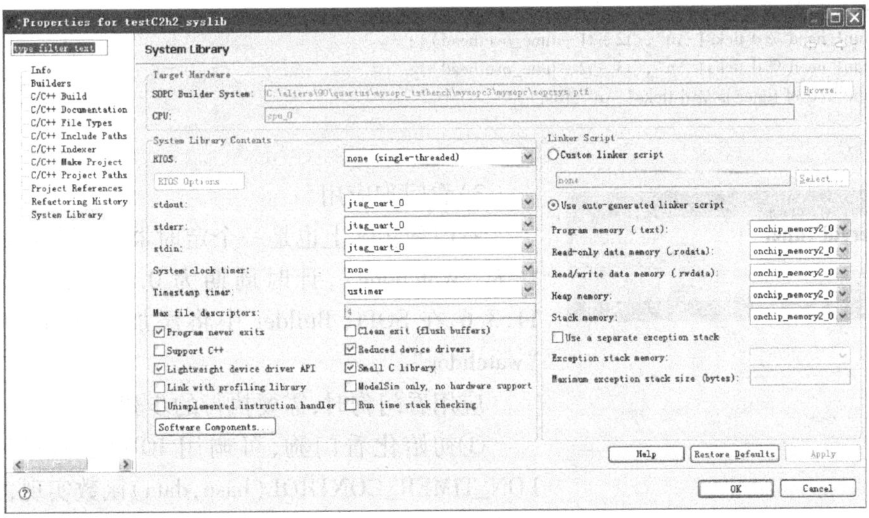

**图 11.3.5　工程属性配置**

在其中的 Timestamp timer 的下拉列表中，选择已加入的“ustimer”定时器，则该定时器配置为当前工程的计时器。见例程 11.3.2。

**例程 11.3.2　定时器控制程序 timer_ctrl. c**

```
#include "stdio. h"
#include "system. h"
#include "sys/alt_timestamp. h"   //时间标记服务头文件
#include <time. h>
#include "altera_avalon_timer_regs. h"
void fun1()   //测试函数 1
{   int cnt = 10000;
```

```
    while( cnt -- );
}
void fun2( )   //测试函数 2
{   int cnt = 20000;
    while( cnt -- );
}

    int main( )
{

    unsigned t1,t2,t3,time_overhead,freq;
    if( alt_timestamp_start( ) <0)   //开启时间标记服务
    {
        printf( "timer init failed! \n" );
        exit(0);
    }
    t1 = alt_timestamp( );   //测量时间点 1
    t2 = alt_timestamp( );   //测量时间点 2
    time_overhead = t2 - t1;   //通过两个时间点计数值之差计算耗时

    printf( "time_overhead need %d ticks! \n",time_overhead);

    t1 = alt_timestamp( );
    fun1( );
    t2 = alt_timestamp( );
    fun2( );
t3 = alt_timestamp( );
freq = alt_timestamp_freq( );
    printf( "fun1 need %d ticks! \n",(t2 - t1 - time_overhead));
    printf( "fun1 need %d ticks! \n",(t3 - t2 - time_overhead));
    printf( "the freq of timer is %d ticks! \n",freq);
    return 0;
}
```

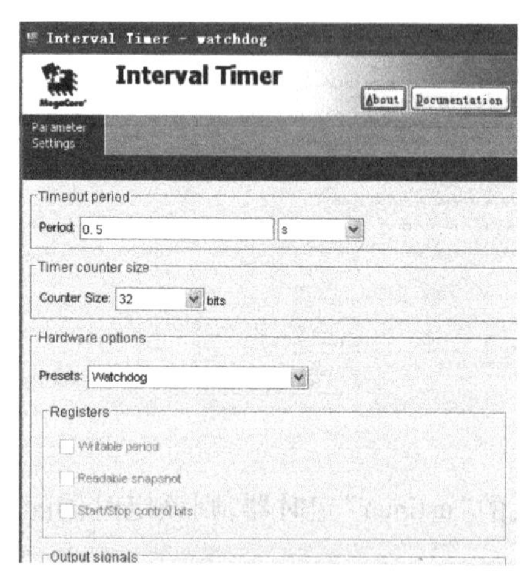


图 11.3.6　添加看门狗定时器

3)看门狗应用

看门狗实际上也是一个定时器,可预设该 Timer 模块为“Watchdog”,计时周期为 0.5 s,设置可参见图 11.3.6。在 SOPC Builder 中将添加的 Timer 重命名为“watchdog”。

应用看门狗时,需要执行的步骤是:

①初始化看门狗,可调用 IOWR_ALTERA_AVALON_TIMER_CONTROL(base,data)函数实现,该函数第一个参数为看门狗的基地址,该地址可在 Nios Ⅱ 工程中的 System.h 文件内查询到,函数第二个参数为写入定时器内控制寄存器的值,这里可直接调用宏 ALTERA_AVALON_TIMER_CONTROL_START_MSK,该宏的作用是将控制寄存器内的 START 位置 1。

②定时喂狗,可调用 IOWR_ALTERA_AVALON_TIMER_PERIODL(base,data)函数实现,函数第一个参数同样为看门狗基地址,第二个参数为写入周期寄存器的值,由于看门狗的周期已在 SOPC 中设定,此处并无意义,因此可为任意值。

如果喂食时间超过预先设定的看门狗计时周期,则系统会重启。见例程 11.3.3。

例程 11.3.3　看门狗控制程序 watchdog_ctrl. c

```
#include "sys/alt_stdio.h"
#include "system.h"
#include "sys/alt_timestamp.h"
#include <time.h>
#include "altera_avalon_timer_regs.h"
#include "sys/alt_irq.h"
#include "altera_avalon_pio_regs.h"
volatile int edge_capture;
static void handle_button_interrupts(void * context, alt_u32 id)
{
  volatile int * edge_capture_ptr = (volatile int *) context;
  * edge_capture_ptr = IORD_ALTERA_AVALON_PIO_EDGE_CAP(BUTTON_BASE);
  //获取按键边缘中断寄存器的结果,即可获知哪个按键被按下的信息
  IOWR_ALTERA_AVALON_PIO_EDGE_CAP(BUTTON_BASE, 0);          //复位按键边缘寄存器
}
static void init_button_pio()                               //按键中断初始化函数
{
  void * edge_capture_ptr = (void *) &edge_capture;
  IOWR_ALTERA_AVALON_PIO_IRQ_MASK(BUTTON_BASE, 0xf);        //使能按键中断
  IOWR_ALTERA_AVALON_PIO_EDGE_CAP(BUTTON_BASE, 0x0);        //复位按键中断寄存器
  alt_irq_register(BUTTON_IRQ, edge_capture_ptr, handle_button_interrupts);
                                                            //中断函数注册
}
#define FEEDDOG IOWR_ALTERA_AVALON_TIMER_PERIODL(WATCHDOG_BASE,0x1234)
//FEEDDOG 定义为喂狗

#define INITDOG
IOWR_ALTERA_AVALON_TIMER_CONTROL(WATCHDOG_BASE,ALTERA_AVALON_TIMER_CONTROL_START_MSK)

//INITDOG 定义为初始化看门狗

int main()
{
    alt_printf("BEGIN! \n");
    init_button_pio();
    unsigned char led = 1;

    while(edge_capture! = 1)NULL; //当第一个按键被按下,进入看门狗监控状态
    INITDOG;
    alt_printf("watchdog start! \n");

    while(1)
    {
        led = (led < < = 1)? led:1;
        IOWR_ALTERA_AVALON_PIO_DATA(LED_BASE,led);
        usleep(350000); //看门狗时钟为 0.5s,暂停 0.35s 再喂狗不会引发系统重启
        FEEDDOG;
        if(edge_capture == 0x8)
        usleep(350000); //如果第 4 个按键被按下,则暂停时间增加 0.35s,喂狗时间超过预设值,系统重启
    }
}
```

### (5)实验内容

1)函数运算耗时测试

利用定时器对程序运行的计时功能,测试 Nios Ⅱ处理器对浮点数进行对数运算和开平方根运算,以及对整数进行位运算的平均耗时。

2)按键控制

利用 PIO 的按键中断,实现对七段数码管的显示控制,并结合拨码开关可实现对不同位的数码管的显示数据进行修改或闪烁。

注意:七段数码管控制及按键输入管脚可参考管脚分配表 11.3.1。

**表 11.3.1　8 位七段数码管控制 FPGA 芯片管脚分配表**

| 电路端口/系统管脚定义 | KEY0/KEY0 | KEY1/KEY1 | KEY2/KEY2 | KEY3/KEY3 | HEX_D0/HEX_D0 | HEX_D1/HEX_D1 | HEX_D2/HEX_D2 |
|---|---|---|---|---|---|---|---|
| EP3C10E144C8/管脚号 | PIN_91 | PIN_90 | PIN_89 | PIN_88 | PIN_129 | PIN_128 | PIN_127 |
| 电路端口/系统管脚定义 | HEX_D3/KEY0 | HEX_D4/KEY1 | HEX_D5/KEY2 | HEX_D6/KEY3 | HEX_D7/HEX_D0 | CLK_50M/HEX_D1 | HEXSCA/HEX_D2 |
| EP3C10E144C8/管脚号 | PIN_126 | PIN_125 | PIN_124 | PIN_121 | PIN_120 | PIN_22 | PIN_132 |
| 电路端口/系统管脚定义 | HEXSCB/KEY0 | HEXSCC/KEY2 | | | | | |
| EP3C10E144C8/管脚号 | PIN_133 | PIN_135 | | | | | |

3)看门狗设计

设计一个看门狗应用,要求使用七段数码管和按键等外设。

**(6)实验报告**

①给出定时器实现函数运算耗时测试的 C 代码核心程序。

②给出按键通过中断控制七段数码管显示效果的 C 代码核心程序,并与轮询获取拨码开关的方式代码进行比较,分析优缺点。

③给出应用看门狗的 C 代码核心程序。

④对实验中遇到的问题进行分析,采用了什么样的解决方法,写出实验心得。

**思考题**

1. 如果希望获取 Nios Ⅱ处理器的中断耗时,该怎样设置测试时间点实现?

2. 试分析定时器的时间精度是怎样实现的?

## 11.4　基于 Avalon 总线的用户定制外设设计

**(1)实验目的**

①掌握用户定制外设的原理。

②了解用户定制外设 VHDL 模块的设计方法。

③掌握用户定制外设 Nios Ⅱ驱动程序的设计方法。

**(2)实验环境**

1)硬件

PC 机 1 台,LB0 实验开发平台 1 套,耳机 1 个(自备)。

2)软件

Quartus Ⅱ 9.0,Nios Ⅱ EDS 9.0。

**(3)实验原理**

1)用户定制外设原理

SOPC 系统作为一个开放的硬件系统,可以方便地添加硬件模块,只要这些硬件模块按照 Avalon 总线规定的协议与总线连接,即可根据需要完成控制与协作工作,事实上,Nios Ⅱ作为一个建立在 FPGA 上的嵌入式软核处理器,也可视为一个定制外设。

在 SOPC 中添加用户定制外设的方法,一是利用 SOPC Builder 内已提供的元件,通过修改参数实现用户需求,比如 PIO 和 SDRAM 控制模块;二是自行设计 HDL 模块,通过将 HDL 模块添加到 SOPC Builder 中以创建自己的元件,第二种方式更为复杂,但设计也更灵活,充分体现了基于 PLD 器件的 SOPC 系统的优势。

SOPC Builder 提供了一个元件编辑器,可通过此编辑器在 GUI(图形用户界面)下将 HDL 模块封装为一个 SOPC Builder 元件,并且随时可编辑修改。

一般地,一个用户定制外设元件应包括:

①描述元件逻辑的 HDL 文件。

②定义元件寄存器的 C 语言头文件,此文件便于软件程序员设计该元件驱动。

③元件描述文件(class. ptf),该文件定义了元件的架构,并提供了 SOPC Builder 将该元件集成到一个系统时所需的各种信息。在定制用户外设时,该文件是由元件编辑器根据用户提供的硬件和软件文件以及用户在图形用户见面设置的各选项和参数自动生成的。

其中,描述定制外设的 HDL 文件一般应包括下列功能模块:

①任务逻辑。即该模块的基本功能描述。

②寄存器文件。寄存器提供了任务逻辑与外界交换信息的途径,用户可通过 Avalon 总线以基地址+偏移地址的方式访问这些寄存器。

③Avalon 接口。Avalon 接口为寄存器文件提供一个标准的 Avalon 前端。它使用 Avalon 必须的信号来访问寄存器文件。

图 11.4.1 给出一个带 Avalon Slave 接口的典型元件框图。

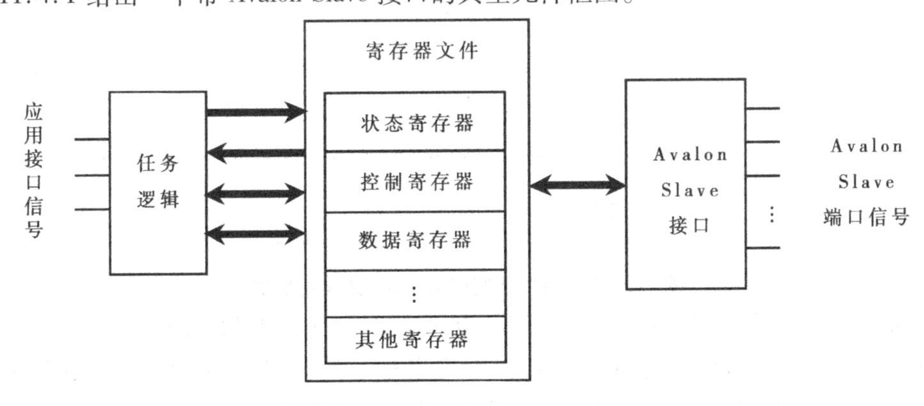


图 11.4.1　Avalon Slave 端口元件框图

2)Avalon 总线规范

Avalon 总线是构成 SOPC 系统的一种总线规范,主要用于连接片内处理器与外设,具有多种传输模式并可适应不同外设的要求,这种总线结构支持多总线主外设,为构建 SOPC 系统提供了极大的灵活性,并能适应不同带宽的外设。

基于 Avalon 总线结构的 SOPC 系统能对多路数据同时处理,对总线上的主设备而言,均有自己的专用互联,主设备抢占的是从设备,而不是总线。因为 Avalon 接口规范已定义了外设与互联结构之间的传输方式,因此,任何一个 Avalon 上的主类型外设都可以动态地与任何一个从设备连接,在 Nios Ⅱ处理器中编程使用时甚至无须知道主从接口的机制。

Avalon 总线基本传输模式是在一个主外设和一个从外设之间进行不同位宽的数据传输。因此,可从对主端口与从端口之间通过总线模块传输数据所需的信号与时序来理解 Avalon 总线规范。

**(4)参考程序**

1)PWM 用户定制模块

添加用户定制模块时,需要在 SOPC Builder 内实现。首先,可点击"File - > New Component..."打开"Component Editor"窗口。

进入"Component Editor"窗口后,进入"HDL Files"栏,然后点击"Add..."添加已预先设计好的用户定制指令 HDL 文件 pwmm. vhd。如图 11.4.2 所示。

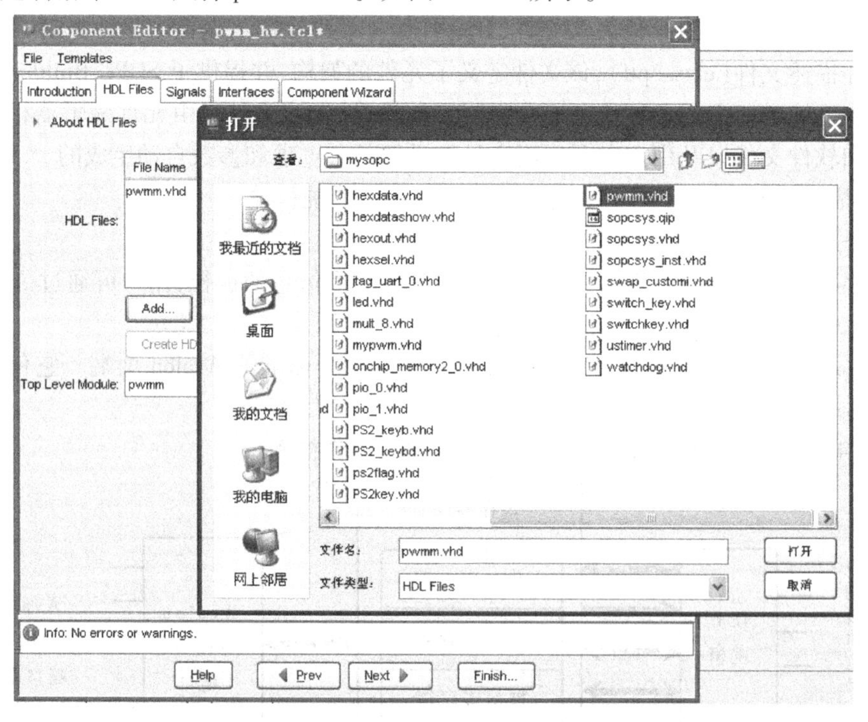


图 11.4.2　**用户定制模块 HDL 文件添加窗口**

添加的 HDL 程序先经过后台的处理,结束之后进入"Signals"栏作信号映射,如果添加的 HDL 文件中的模块端口命名与 Avalon 接口标准名称一致,SOPC Builder 可自动帮助完成映射,如果不一致,则需要用户手动完成映射过程。其中,定制模块的外接接口需要定制为"conduit_end",如果设计的是从模块,中断申请信号需要定制为"interrupt_sender",时钟信号定制为"clock_reset",这些端口一般必须手动设置。如图 11.4.3 所示。

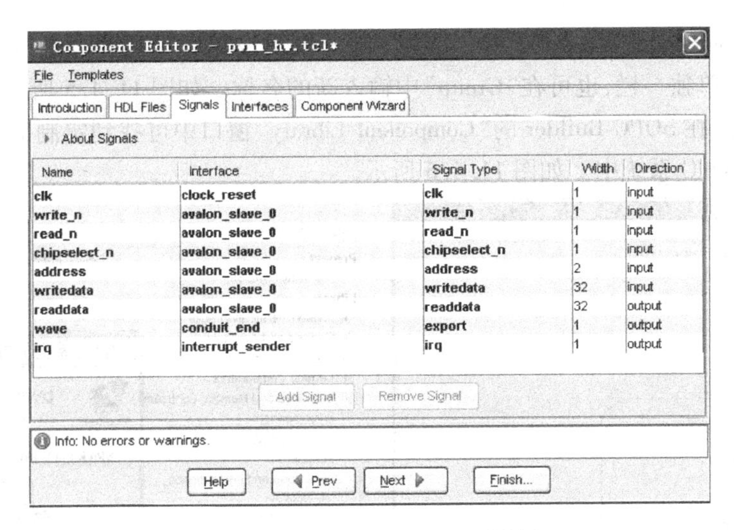


图 11.4.3　用户定制模块接口映射窗口

根据用户对定制模块的设计还需要设定相关接口参数,如果设计的是从接口,需要修改接口的时序信息,即建立时间、保持时间、读写等待时间及读延时等参数。如果定制的从模块有中断请求功能,需要在"Interrupt Sender"部分设定中断的工作时钟"Associated Clock",如果需要通过某个 Avalon 接口控制中断,还需要指定"Associated addressable interface"。如图 11.4.4 所示。

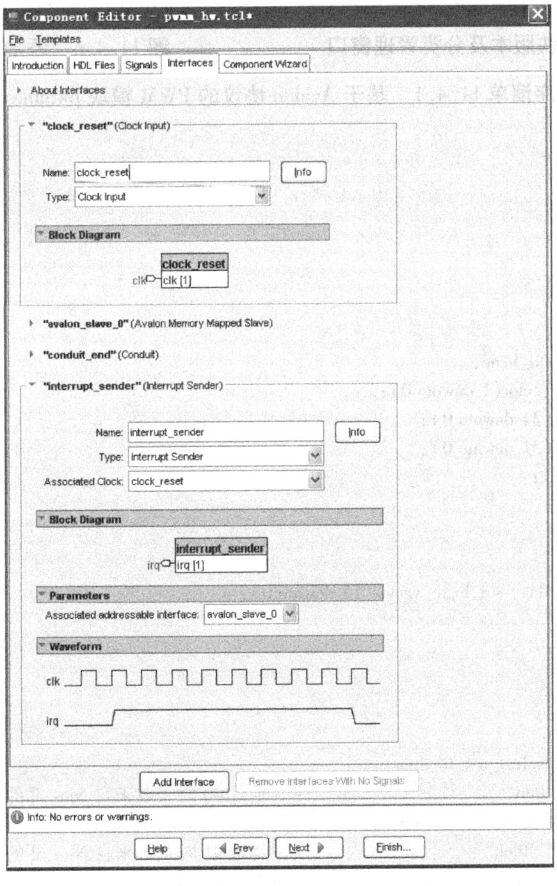

图 11.4.4　用户定制模块参数设置窗口

最后，在“Component Wizard”栏中，可为定制的模块设定版本号并分类，如果希望将用户定制的模块归入单独一栏，也可在“Group”中输入新的名称。如图 11.4.5 所示。

定制成功后，在 SOPC Builder 的“Component Library”窗口中可找到定制的模块，双击即可添加到现有的 SOPC 系统中。如图 11.4.6 所示。

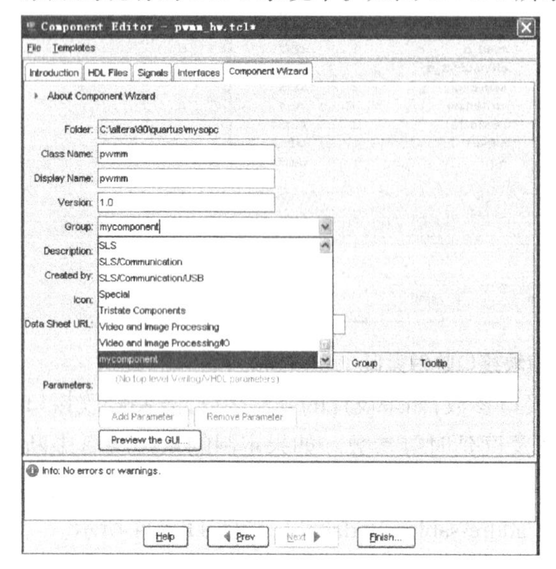


图 11.4.5　用户定制模块版本及分类管理窗口

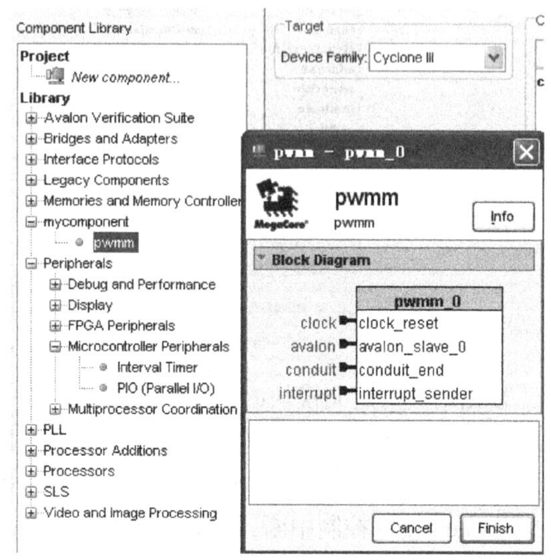


图 11.4.6　添加用户定制模块

程序清单 11.4.1　基于 Avalon 协议的 PWM 模块 pwmm.vhd

```
library ieee;
use ieee.std_logic_1164.all;
use ieee.std_logic_unsigned.all;
use ieee.std_logic_arith.all;
entity pwmm is
port( clk     :in    std_logic;
wave    :out   std_logic;

write_n,read_n,chipselect_n:in std_logic;
address          :in    std_logic_vector(1 downto 0);
writedata    :in   std_logic_vector(31 downto 0);
readdata     :out  std_logic_vector(31 downto 0);
irq              :out    std_logic);
end pwmm;

architecture behav of pwmm is
signal cc,datai,a,b,cycle,highf,flag: std_logic_vector(15 downto 0);
begin

process(clk)
begin
    if clk = '1' and clk'event then
        if write_n = '0' and chipselect_n = '0' then
            if address = "00" then                        --地址 00 时获取来自 Nios Ⅱ的单个 PWM 周期
                cycle <= writedata(15 downto 0);              --的时钟数值
            elsif address = "01" then                     --地址 01 时获取来自 Nios Ⅱ的单个周期内高
                highf <= writedata(15 downto 0);          --电平时钟数值
            end if;
```

```
            end if;
        end if;
end process;

flag < = '0'&a(15 downto 1);
process(clk)
begin
    if clk = '1' and clk'event then
        if write_n = '0' and chipselect_n = '0' and address = "01"  then
            irq < = '0';                                    - - 写入新的高电平时钟数值时,取消中断信号
        elsif cc = flag then
            irq < = '1';                                    - - 当 PWM 周期时钟计数过半时,发出中断申
                                                            - - 请获取下一周期内高电平数值
        end if;
    end if;
end process;

process(clk)
begin
    if clk = '1' and clk'event then
        if a > 1 then
            if cc < a - 1 then
                cc <= cc + 1;
            else
                cc <= (others => '0');
            end if;
        else
            cc <= cc + 1;
        end if;
    end if;
end process;

process(clk)
begin
    if clk = '1' and clk'event then
            if cc = a - 1 then                              - - 当 PWM 周期计数结束并且新获取的 PWM
        if cycle  > 1 and cycle > = highf then              - - 周期时钟数与高电平时钟数合理时,更新这
                a < = cycle;                                - - 两个数值
                b < = highf;
            end if;
        end if;
    end if;
end process;
process(clk)
begin
    if clk = '1' and clk'event then
        if cc < b then
            wave  < =  '1';
        elsif cc < a then
            wave  < =  '0';
        end if;
    end if;
end process;
end behav;
```

2)音频播放程序

**程序清单 11.4.2　基于 PWM 的音频播放程序 pwm_play. c**

```
#include "sys/alt_stdio. h"
#include "system. h"
#include "altera_avalon_pio_regs. h"
volatile int edge_capture;
char music[30000] = {12,22,23,…,12};            //此数列存放 30000 个 8 位编码的语音数据
int X = 0;
void irq_deal( void * context, alt_u32 id)
{
  X = (X <29999)? (X ++) :0;
IOWR(MYPWM_BASE,1,music[X]);                    //向 MYPWM 基地址偏移量为 1 的地址写数据
                                                //该语句提供 pwmm. vhd 中 irq < = '0' 的赋值条件
}

int main()
{
unsigned long clkfreq = 50000000;               //系统时钟频率
unsigned long wavfreq = 8000;                   //语音采样频率
  alt_printf( "Hello from Nios Ⅱ! \n");
  void * edge_capture_ptr = (void *) & edge_capture;
  alt_irq_register( MYPWM_IRQ, edge_capture_ptr, irq_deal);
  IOWR( MYPWM_BASE,0, clkfreq/wavfreq);         //30000 个采样数据以 8K 的播放频率播放,约为
                                                //3.75 秒时长的语音,程序将连续播放这段语音
  IOWR( MYPWM_BASE,1,1);
  while(1);
  return 0;
}
```

**(5)实验内容**

1)PWM 控制

参考例程,实现基于 Nios Ⅱ的 PWM 播放控制,要求可以通过按键实现 PWM 的声音不同频率、不同音量的播放,即发音音阶为 C 调的整个低音组、中音组和部分高音组,即 1 2 3 4 5 6 7 1 2 3 4 5 6 7 1 2 3 4,其发音频率可参考 8.3 节的相关内容。

提高要求:进一步将一段语音用 8 bit,8 KHz 采样频率的格式保存,然后利用 PWM 原理播放,要求能够结合按键中断实现暂停、重播等功能(见表 11.4.1)。

**表 11.4.1　PWM 控制 FPGA 芯片管脚分配表**

| | PWM_out/<br>AUD_XCK | Clk/<br>CLK_50M |
|---|---|---|
| EP3C10E144C8 | PIN_112 | PIN_22 |

2)用户定制模块设计

自行设计一个简单的用户定制从模块,并且能够在 Nios Ⅱ对其进行访问,要求该模块至少有 4 个不同的寄存器。

**(6)实验报告**

①给出利用按键控制 PWM 播放语音的 C 代码核心程序。

②给出自行设计的用户定制模块的 HDL 代码。

③对实验中遇到的问题进行分析，采用了什么样的解决方法，写出实验心得。

**思考题**

1. 用户定制模块分主和从两类，这两类模块使用上有什么差异？

2. SOPC中，能否不通过Nios Ⅱ直接发出控制指令实现对从模块的控制？

## 11.5 用户定制指令与C2H应用

**(1)实验目的**

①掌握用户定制指令设计原理。

②掌握C2H设计原理。

**(2)实验环境**

1)硬件

PC机1台，LB0实验开发平台1套。

2)软件

Quartus Ⅱ 9.0，Nios Ⅱ 9.0。

**(3)实验原理**

1)用户定制指令原理

使用Nios Ⅱ嵌入式处理器时，设计者也可以通过添加定制指令至Nios Ⅱ指令集以实现对数据处理的加速。使用定制指令，用户可将一个包含多条标准指令的指令序列减少为硬件实现的一条指令。在数字信号处理、数字通信等多种应用领域都可以利用用户定制指令以有效提高系统处理速度。Nios Ⅱ IDE提供图形化用户界面最多可添加256条定制指令至Nios Ⅱ处理器中。

添加用户定制指令在SOPC中的Nios Ⅱ处理器配置界面实现，添加成功后需要在SOPC Builder及Quartus Ⅱ中重新编译系统。在Nios Ⅱ IDE中调用时，需要调用定义于system.h文件内定义的宏来实现。

表11.5.1给出了定制指令体系接口的类型、应用及端口。可见，Nios Ⅱ支持不同的定制指令体系来满足不同的应用，其中，有些结构类型的部分端口并非必须，详细细节需参考ALTERA公司相关开发文档。

2)C2H原理

C2H是ALTERA公司提供的一种将C语言函数转换为用FPGA内的逻辑资源实现的电路的编译器，利用C2H可有效提升对时间性能要求较高的ANSI C函数的运行效率。

C2H支持标准ANSI C代码，它利用Avalon互联架构可成功处理外部存储器操作，如指针和数组的访问等，C2H分析程序生成硬件加速器逻辑及合适的Avalon主机及从及接口，以实现与存储器延时的匹配。C2H适用于多种软件应用，如自相关、位分配、卷积编码及快速傅立叶变换(FFT)等。

使用C2H也有需要注意的地方，例如C2H对浮点数处理无法优化，使用C2H的函数不能直接调用全局变量，否则无法实现C2H加速。此外，C2H不能对递归实现优化，对printf、malloc及IOWR等函数也无法实现优化。

表 11.5.1　定制指令体系接口类型

| 结构类型 | 应　用 | 端　口 |
| --- | --- | --- |
| 组合逻辑 | 单时钟周期定制逻辑模块 | dataa[31..0]<br>datab[31..0]<br>result[31..0] |
| 多时钟周期(Multi - cycle) | 多时钟周期定制逻辑模块,固定或可变的执行时间 | dataa[31..0]<br>datab[31..0]<br>result[31..0]<br>clk<br>clk_en<br>start<br>reset<br>done |
| 扩展的(Extended) | 能执行多个操作的定制逻辑模块 | dataa[31..0]<br>datab[31..0]<br>result[31..0]<br>clk<br>clk_en<br>start<br>reset<br>done<br>n[7..0] |
| 内部寄存器文件(Internal Register File) | 访问内部寄存器作为输入和/或输出的定制逻辑模块 | dataa[31..0]<br>datab[31..0]<br>result[31..0]<br>clk<br>clk_en<br>start<br>reset<br>done<br>n[7..0]<br>a[4..0]<br>readra<br>b[4..0]<br>readrb<br>c[4..0]<br>writerc |
| 外部接口 | 同 Nios Ⅱ 处理器数据路径外部的逻辑相接口的定制逻辑模块 | 标准的定制指令端口加上用户定义的与外部逻辑的接口 |

**(4)参考程序**

1)字节交换与位交换指令 VHDL 程序

swap_customi 指令功能为:参数 dataa 获取一个 32 位数据,参数 datab 获取数据处理方式,假设 dataa 由高到低的 4 个字节值为 Byte3、Byte2、Byte1、Byte0,当 datab = 0 时,输出一个 32 位数,数据为 Byte0、Byte1、Byte2、Byte3;当 datab = 2 时,输出数据为 Byte1、Byte0、Byte3、Byte2;当 datab = 3 时,输出数据为 Byte2、Byte3、Byte0、Byte1;当 datab = 1 时,将 dataa 的高位与低位数据交换,即第 31 位与第 0 位数据交换,第 30 位与第 1 位交换,直至第 16 位与第 15 位交换,共计相互交换 16 次。

**程序清单 11.5.1　位处理指令** swap_customi.vhd

```
library ieee;
use ieee.std_logic_1164.all;

entity swap_customi is
port(
clk,clk_en,reset,start    :in    std_logic;
dataa,datab                   :in    std_logic_vector(31 downto 0);
result                        :out   std_logic_vector(31 downto 0)
);
end swap_customi;
architecture behav of swap_customi is
begin
process(clk)
begin
if clk = '1' and clk'event then
  if start = '1' and clk_en = '1' then
      case datab(1 downto 0) is
      when "00" =>
                    result(31 downto 24) <= dataa(7  downto 0 );
                    result(23 downto 16) <= dataa(15 downto 8 );
                    result(15 downto 8 ) <= dataa(23 downto 16);
                    result(7  downto 0 ) <= dataa(31 downto 24);
      when "01" =>
                    for i in 0 to 31 loop
                        result(i) <= dataa(31 - i);
                    end loop;
      when "10" =>
                    result(31 downto 16) <= dataa(15 downto 0 );
                    result(15 downto 0 ) <= dataa(31 downto 16);
      when "11" =>
                    result(31 downto 24) <= dataa(23 downto 16);
                    result(23 downto 16) <= dataa(31 downto 24);
                    result(15 downto 8 ) <= dataa(7  downto 0 );
                    result(7  downto 0 ) <= dataa(15 downto 8 );
      when others =>
                    result   <= dataa;
      end case;
  end if;
end if;
end process;
end behav;
```

2)C2H、用户定制指令测试程序

添加用户定制指令时,需要在 SOPC Builder 内的 CPU 设置界面中进行。首先,打开 CPU

设置窗口，进入"Custom Instruction"栏，然后单击"Import"按钮添加新的定制指令。如图11.5.1所示。

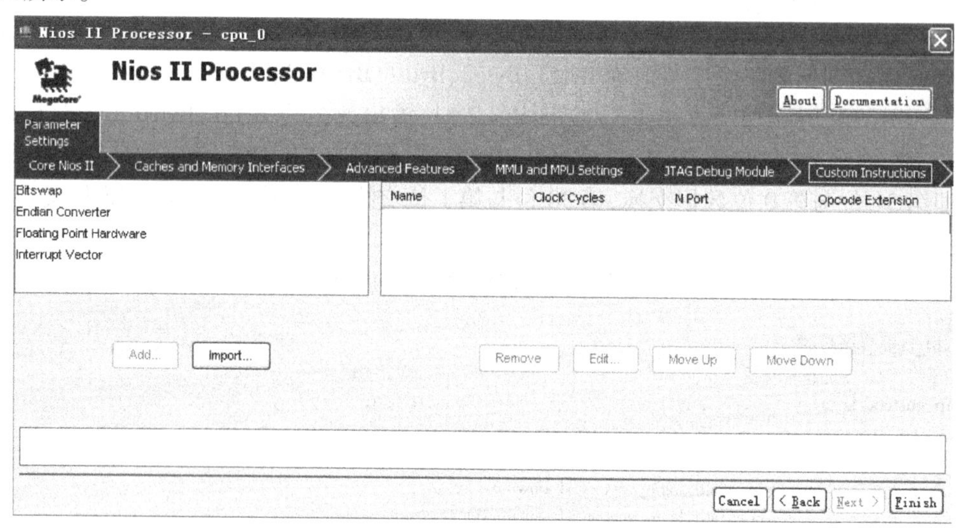


图 11.5.1　用户定制指令添加窗口

点击"Import"按钮后进入"Component Editor"窗口，然后单击"Add…"添加用户定制指令HDL文件。如图11.5.2所示。

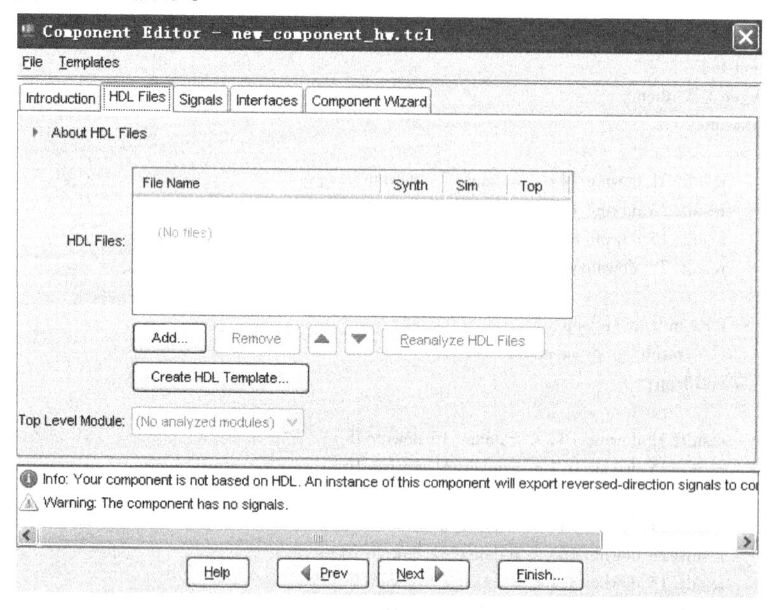


图 11.5.2　用户定制指令 HDL 文件添加窗口

如果设计的文件端口与标准接口的名称相同，则可以不需要在"Signal"栏中作信号映射，否则还需要对实现用户定制指令的模块管脚与定制指令的标准接口进行映射。如图11.5.3所示。

根据用户对定制指令的设计，可设定指令的相关参数，主要是指令的运行周期，即"Clock Cycles"与指令的操作数个数"Operands"，如果添加的指令是例程 swap_customi. vhd，则这两个参数均可设定为2，即指令运行周期为2个时钟，指令是双参数指令。如图11.5.4所示。

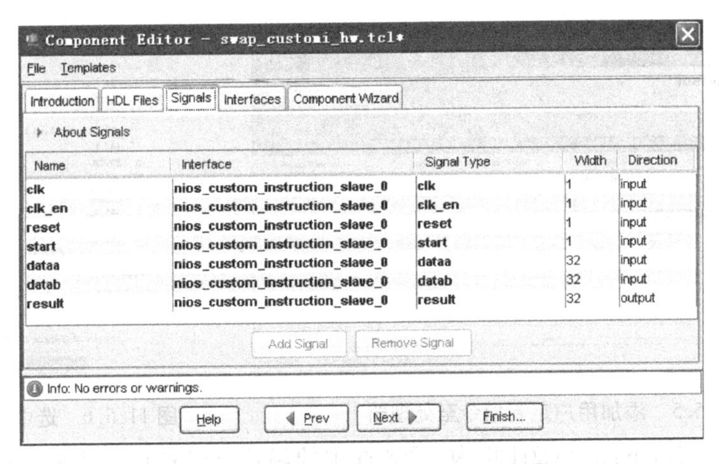


图11.5.3　用户定制指令接口映射窗口

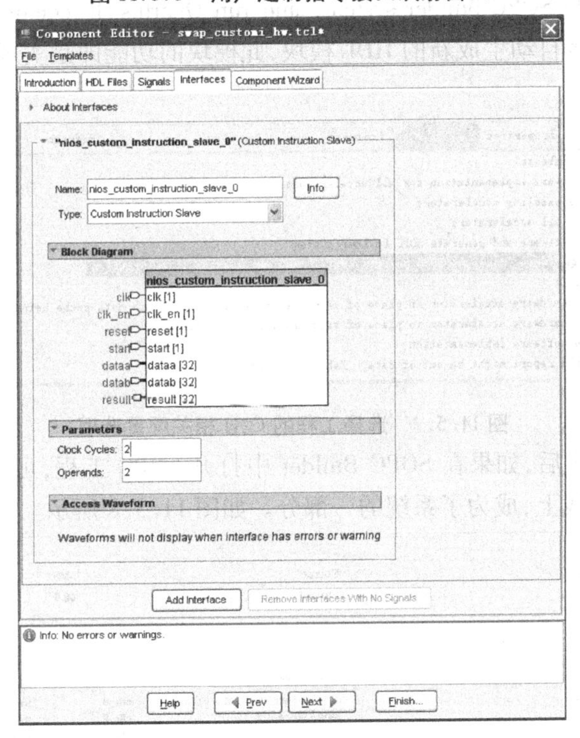


图11.5.4　用户定制指令参数设置窗口

指令添加成功后单击“Finish…”退出，然后可在CPU设置窗口的“Custom Instruction”栏左边窗口看到新的定制指令，选中，然后单击“Add…”即可成功添加到处理器中。如图11.5.5所示。

C2H的使用相对简单，只需要在Nios Ⅱ的工程中选中需要C2H加速的函数，右击选择“Accelerate with the Nios Ⅱ Compiler”，则选中的函数即设定为使用C2H加速。如图11.5.6所示。

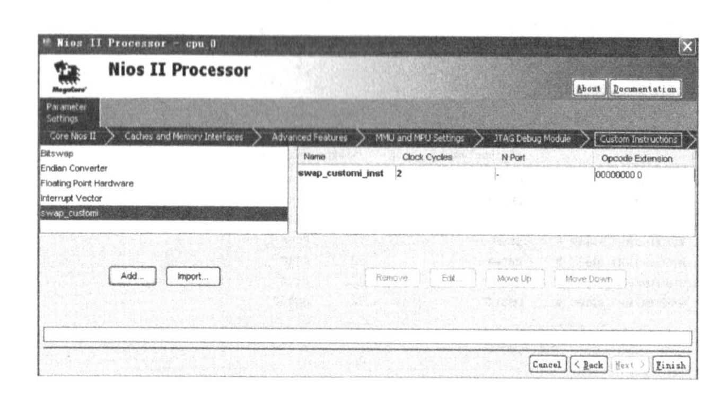


图 11.5.5　添加用户定制指令至处理器

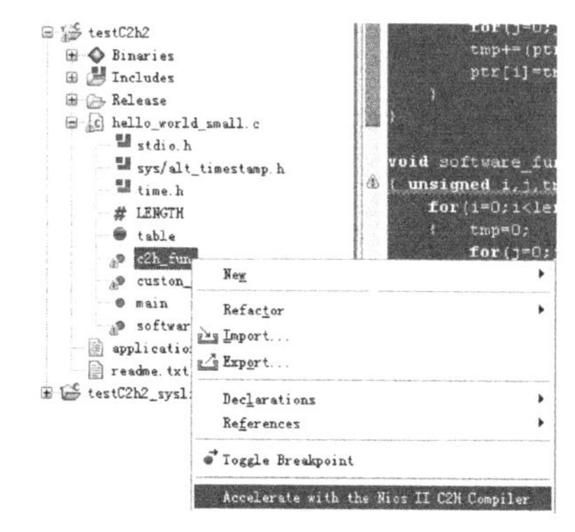


图 11.5.6　选中需要加速的函数

同时,可以在窗口下部的 C2H 栏内,看到选中的函数已经被设定为使用硬件加速。点选"Build software,generate SOPC builder system, and run Quartus Ⅱ compilation",然后重新编译 Nios Ⅱ工程, Nios Ⅱ将自动生成新的 HDL 模块,此模块的功能即是实现的需加速的函数的功能。如图 11.5.7 所示。

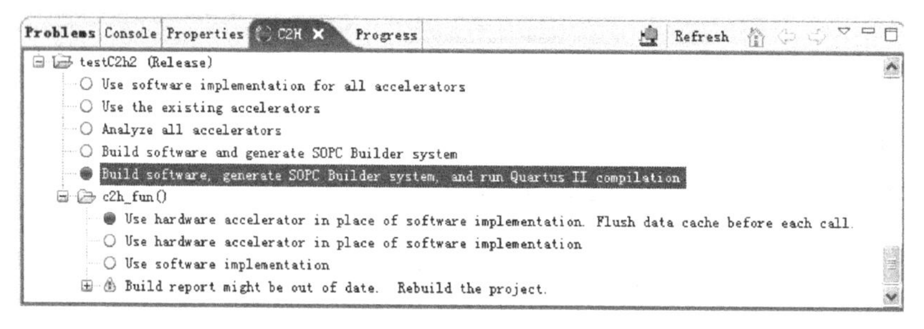


图 11.5.7　选择工程的 C2H 相关配置选项

Nios Ⅱ编译成功之后,如果在 SOPC Builder 中打开 SOPC 工程,可看到 Nios Ⅱ新生成的 HDL 模块已添加到总线上,成为了系统的一部分。如图 11.5.8 所示。

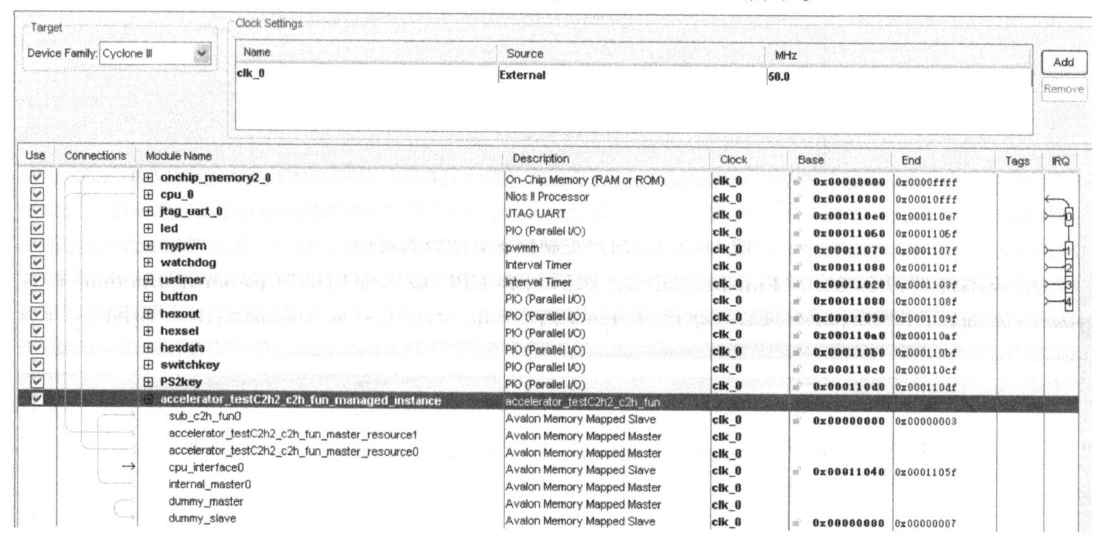


图 11.5.8　成功添加 C2H 模块的 SOPC 系统

重新编译 Quartus 工程,然后即可运行工程并观察效果。

**程序清单 11.5.2　定制指令与 C2H 测试程序 hello_world_small. c**

```
#include <stdio.h>
#include "sys/alt_timestamp.h"
#include <time.h>
#include"system.h"
#define LENGTH 1000
unsigned table[32] = {
0x80000000,0x40000000,0x20000000,0x10000000,0x08000000,0x04000000,0x02000000,0x01000000,
0x00800000,0x00400000,0x00200000,0x00100000,0x00080000,0x00040000,0x00020000,0x00010000,
0x00008000,0x00004000,0x00002000,0x00001000,0x00000800,0x00000400,0x00000200,0x00000100,
0x00000080,0x00000040,0x00000020,0x00000010,0x00000008,0x00000004,0x00000002,0x00000001};

void c2h_fun(unsigned *ptr,unsigned *lkt,unsigned len)
{ unsigned i,j,tmp,f;
    for(i=0;i<len;i++)
    {   tmp=0;
        for(j=0;j<32;j++)
        tmp+=(ptr[i]&lkt[j])? lkt[31-j]:0;
        ptr[i]=tmp;
    }
}

void software_fun(unsigned *ptr,unsigned *lkt,unsigned len)
{ unsigned i,j,tmp,f;
    for(i=0;i<len;i++)
    {   tmp=0;
        for(j=0;j<32;j++)
        tmp+=(ptr[i]&lkt[j])? lkt[31-j]:0;
        ptr[i]=tmp;
    }
}

void custon_instruction_fun(unsigned *ptr,unsigned len)
{   unsigned i=0,j,tmp;
    for(i=0;i<len;i++)
        ptr[i]=ALT_CI_SWAP_CUSTOMI_INST(ptr[i],1);
}
int main(){
    unsigned j,t1,t2,t3,time_overhead,freq;
    unsigned words[LENGTH];
    if(alt_timestamp_start()<0)
    {   printf("timer init failed! \n");
        exit(0);
    }
    t1=alt_timestamp();
    t2=alt_timestamp();
    time_overhead=t2-t1;
     for(j=0;j<LENGTH;j++)words[j]=j;

    t1=alt_timestamp();
    software_fun(words,table,LENGTH);
    t2=alt_timestamp();
    printf("software_fun need %d ticks! \n",(t2-t1-time_overhead));

    t1=alt_timestamp();
    c2h_fun(words,table,LENGTH);
```

```
    t2 = alt_timestamp( );
    printf( "c2h_fun need %d ticks!  \n", (t2 - t1 - time_overhead) );
    t1 = alt_timestamp( );
    custon_instruction_fun( words, LENGTH);
    t2 = alt_timestamp( );
    printf( "custon_instruction_fun need %d ticks!  \n", (t2 - t1 - time_overhead) );
}
```

运行例程 11.5.2,该例程利用计时器测定利用不同方式处理相同数组的耗时效果,可在 Nios Ⅱ的"Console"窗口中得到运行结果,根据结果可分析,用户定制指令与 C2H 都有良好的加速效果。如图 11.5.9 所示。

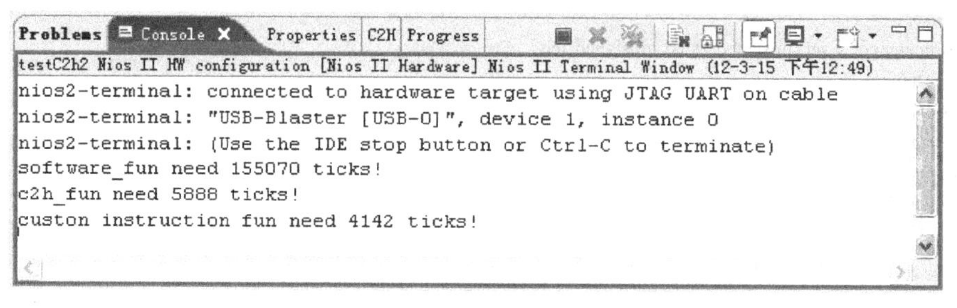


图 11.5.9　用户定制指令与 C2H 运行效果

**(5)实验内容**

1)用户定制指令实现

参考例程,实现位操作用户定制指令,并用计时器分别记录使用用户定制指令与不使用定制指令实现位操作的运行时间。

2)C2H 实现

自行设计一个简单的非浮点数运算函数,利用 C2H 实现优化,用计时器测试优化前与优化后的运行时间。

3)用户定制指令设计

自行设计一个简单的用户定制指令 HDL 模块,添加到 Nios Ⅱ处理器中,调用该指令并测试其对运行时间的优化效果。

**(6)实验报告**

①给出使用计时器测试用户定制指令运行时间的测试程序。

②给出 C2H 函数及运行时间测试程序代码。

③给出自行设计的用户定制指令的 HDL 代码。

④对实验中遇到的问题进行分析,采用了什么样的解决方法,写出实验心得。

**思考题**

1. 用户定制指令与 C2H 的优化分别有何优势,哪些情况下适合用户定制指令,哪些情况适合 C2H?

2. 用户定制指令与 C2H 优化对 PLD 器件有何要求?

# 第12章 综合性SOPC设计课题

本章较为详细地介绍了3个SOPC技术应用系统开发实例。本章以前面章节为基础,用设计实例的方式,通过先提出课题设计要求,然后给出课题需求分析,确定软硬件设计方案,最后给出具体实现的过程,为读者展示SOPC技术应用系统的设计步骤和设计方法。

## 12.1 基于SOPC的液晶显示贪食蛇游戏机

本课题的目标是采用SOPC技术开发一个采用液晶显示屏为显示设备,PS/2键盘为输入设备的小型贪食蛇游戏机。本课题拟以LB0为硬件设计平台,搭建一个具有TFT液晶显示屏和PS/2键盘等外设的SOPC系统,然后设计相应的显示控制程序、按键控制程序以及贪食蛇游戏程序,最终完成贪食蛇游戏机的设计。

**(1)课题要求**

1)基本要求

①在LB0学习板上扩展液晶显示屏和键盘搭建一个基于SOPC的小型游戏系统硬件平台。

②完成各外设驱动,并设计简易贪食蛇游戏软件,实现贪食蛇游戏流畅运行。

2)提高要求

①美化游戏界面显示效果。

②增加游戏算法复杂度,如增加游戏等级、游戏模式等。

③在完成的游戏系统上增加如俄罗斯方块等其他游戏。

**(2)课题需求分析与系统设计方案**

根据课题设计要求和LB0学习板上的资源情况,可确定如图12.1.1所示的贪食蛇游戏机系统结构图。NiosⅡ处理器作为核心控制单元实现对显示屏、键盘等外设的控制,DRAM作为NiosⅡ处理器运行时的程序空间和数据空间。为了达到较好的显示效果,系统须采用分辨率较高的彩色液晶显示屏,此处选用一款分辨率为220×176的2.2寸真彩TFT液晶显示屏。另外LB0上自带的按键较少,且用于游戏控制较为不便,因此系统有必要扩展一个游戏控制键盘,此处利用LB0上自带的PS/2接口扩展PS/2接口的数字小键盘。

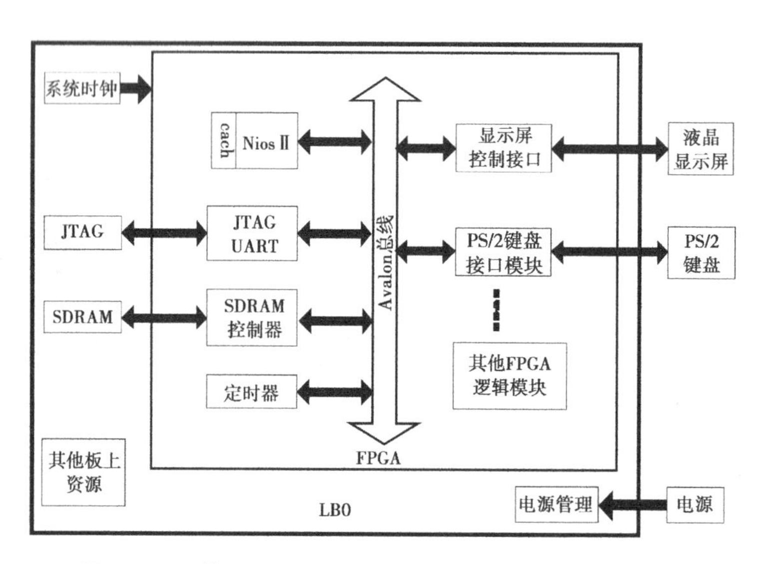


图 12.1.1 基于 SOPC 的液晶显示贪食蛇游戏机系统结构图

(3)系统实现

完成本课题设计须先搭建系统硬件平台,然后设计系统软件。根据图 12.1.1,要搭建本课题的硬件系统要完成系统需要的各个标准组件的添加以及液晶显示屏接口自定义模块和 PS/2 键盘接口自定义模块的设计和添加。其中液晶显示屏接口自定义模块设计和 PS/2 键盘接口自定义模块设计较为复杂,下面分别对液晶显示屏自定义模块设计、PS/2 键盘接口自定义模块的设计、完整 SOPC 系统构建以及系统软件设计进行详细说明。

1)液晶显示屏接口自定义模块设计

本课题选用并行接口的 2.2 寸真彩 TFT 液晶显示屏模块,分辨率为 220×176。要将该模块接入 LB0,需要一个扩展板,图 12.1.2 是为此设计的扩展板的电路图。图中的 JP1 用于连接 LB0 的扩展接口,U1 为液晶屏的焊接接口。液晶显示屏模块各端口信号及含义见表 12.1.1。

表 12.1.1 液晶显示模块端口信号表

| 信号名 | 信号功能 |
| --- | --- |
| nCS | 片选信号。低电平时,液晶处于选中可操作状态;高电平时,液晶处于非选中不可操作状态 |
| RS | 寄存器选择信号。低电平时,选中索引或状态寄存器;高电平时,选中控制寄存器 |
| nRESET | 复位信号。低电平时,重新初始化液晶芯片 |
| DB[17:0] | 18 位并行双向数据总线信号,用于 MPU 与液晶的数据通信。当选择 8 bit 模式时,只使用 DB[15:8] |
| nRD | 用作读选通脉冲信号。低电平时,可以液晶进行读操作 |
| nWR | 用作写选通脉冲信号。低电平时,可对液晶进行写操作 |
| LEDK[3:1] | 背光信号。5 V 供电可点亮液晶背光 |
| IM0 | MPU 模式选择信号。高电平时,选择 8 bit 通信模式(本课题选择 8 bit 模式) |

注:表中信号名前带 n 表示该信号低有效。

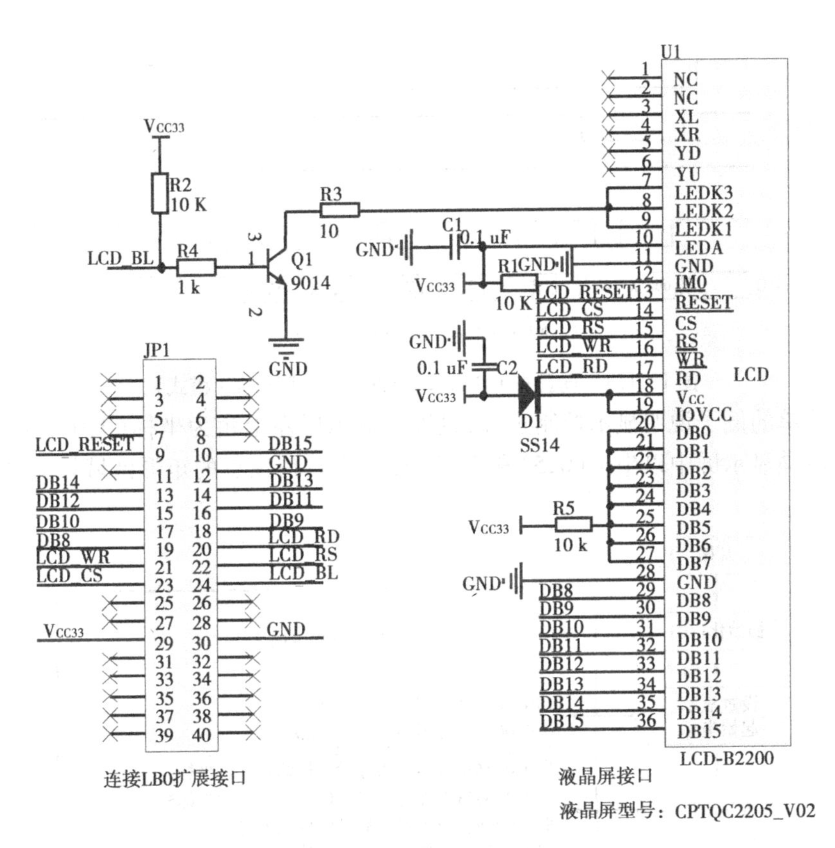


图 12.1.2　液晶屏扩展板原理图

要实现液晶显示屏的显示控制，需要根据各控制操作的控制时序设计相应程序。主要的控制操作包括写寄存器、读寄存器、写显存、读显存，其中写寄存器和写显存操作对应的时序图如图 12.1.3 和图 12.1.4 所示。读寄存器和读显存操作在显示控制中没有直接作用，限于篇幅，此处省略。从时序图中可以看出，写寄存器操作过程是先向液晶写入寄存器的 index 索引地址，再写入需要给寄存器赋的值。写显存操作过程是先写入数据 0x0022，再写入显示数据。显示数据即 RGB 信息，占两个字节，高 5 位表示 R（红色），低 5 位表示 B（蓝色），中间 6 位表示 G（绿色）。

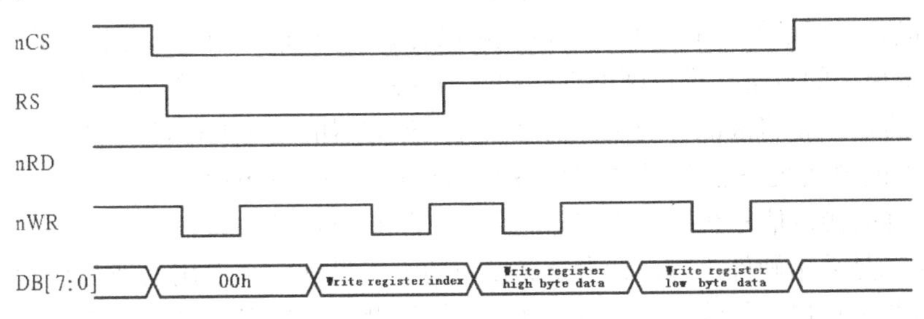


图 12.1.3　向寄存器写数据的时序图（8 bit 模式）

基本的液晶显示屏的显示控制过程是先配置相关的寄存器对液晶显示屏进行初始化，再通过写寄存器操作设置显示更新区域，最后通过写显存操作写入对应的显示数据。寄存器初始化配置主要包括显示控制、电源控制、显示窗口设置等，限于篇幅，此处不介绍液晶显示模块的内部寄存器配置和显存配置等，详细内容请参考液晶显示控制芯片 ILI9225 的数据手册。

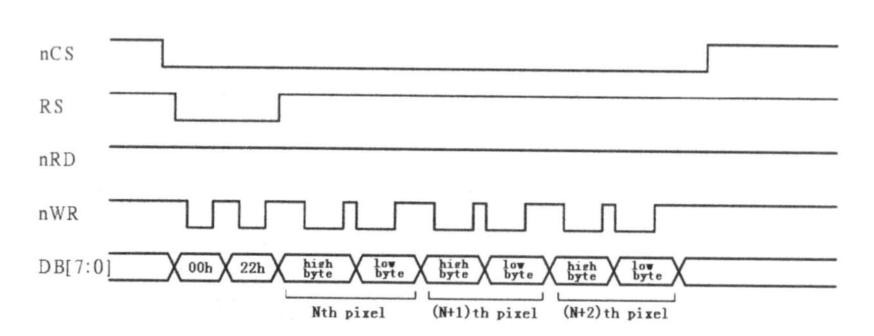


图 12.1.4　向显存 GRAM 写数据的时序图(8 bit 模式)

下面以一个简单的例子说明显示控制过程,设液晶显示屏左上角为坐标(0,0),图 12.1.5 是一个实现在液晶显示屏中以坐标(0,5)和坐标(9,9)为对角顶点的矩形区域填充红色控制过程的例子。

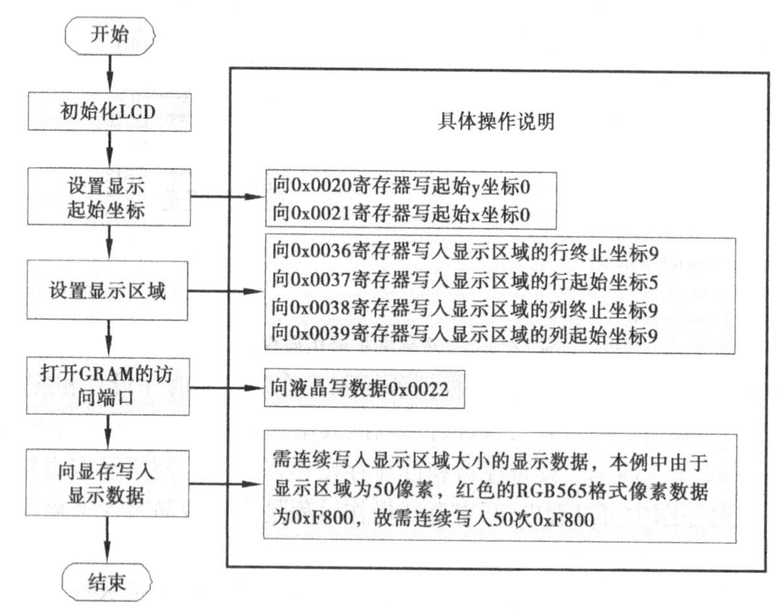


图 12.1.5　液晶屏显示控制示例流程图

了解液晶显示屏的接口和控制过程后就可以开始进行该模块的相关设计了,此处的设计包括液晶显示模块的自定义模块硬件设计和驱动软件设计。在一般的嵌入式系统中使用此类液晶显示屏,方法一是将液晶屏的接口信号线接入处理器的通用 I/O 接口,然后通过处理器中的软件程序来模拟实现各控制时序实现液晶的显示控制,在 SOPC 系统中可通过添加多组 GPIO 将液晶屏的接口信号线接入 Avalon 总线,然后在 Nios Ⅱ 中设计软件程序实现液晶的显示控制;方法二是采用硬件语言设计自定义模块的方式设计一个专用的液晶显示屏接口自定义模块,将液晶屏接口信号线接入 Avalon 总线,并且设计的自定义接口模块还可以实现部分的时序控制,然后设计对应软件程序对液晶显示屏进行显示控制,提高液晶显示屏的控制效率。本设计采用自定义模块的方法二实现显示屏的接口控制。程序清单 12.1.1是液晶显示屏接口自定义模块硬件设计,将程序清单 12.1.1 的代码文件 lcd_avalon_interface. v 在 SOPC Builder 中用 File-New Component 打开 Component Editor 添加后,创建为自定义模块,具体信号线设置如图 12.1.6 所示。

**程序清单 12.1.1　液晶显示屏接口自定义模块硬件设计代码** lcd_avalon_interface. v(Verilog)

```
module lcd_avalon_interface(
input csi_clk,                    - -模块的时钟信号,用于给模块提供时钟
input csi_reset_n,                - -模块的复位信号,低有效,用于复位模块
                                  - -Avalon - MM Slave 信号,用于同 Avalon 总线通信
input          avs_chipselect,    - -片选信号
input[2:0]     avs_address,       - -地址线信号
input          avs_write,         - -写使能信号
input[31:0]    avs_writedata,     - -avalon 总线向模块写数据的接口
input          avs_read,          - -读使能信号
output[31:0]   avs_readdata,      - -avalon 总线从模块读数据的接口
output reg coe_reset,             - -液晶屏接口信号
output reg coe_cs_n,
output reg coe_rs_n,
output reg coe_rd_n,
output reg coe_wr_n,
output reg coe_bl,
inout [7:0] coe_data_io
);
- -向液晶显示屏写数据的进程,用于通过 avs_address 地址总线来选择对液晶的哪一信号端写入数据
reg [7:0] coe_data_o;
always@ (posedge csi_clk, negedge csi_reset_n)
begin
    if(! csi_reset_n)
    begin
        coe_cs_n        < =1'b0;
        coe_rs_n        < =1'b0;
        coe_rd_n        < =1'b1;
        coe_wr_n        < =1'b0;
        coe_data_o      < =8'b0;
    end
    else if(avs_chipselect & avs_write)
    begin
        case(avs_address)
            0:coe_reset     < =avs_writedata[0];
            1:coe_cs_n      < =avs_writedata[0];
            2:coe_rs_n      < =avs_writedata[0];
            3:coe_rd_n      < =avs_writedata[0];
            4:coe_wr_n      < =avs_writedata[0];
            5:coe_bl        < =avs_writedata[0];
            6:coe_data_o    < =avs_writedata[7:0];
        endcase
    end
end
- -从液晶显示屏读入数据的进程,用于在片选和读使能信号有效时从数据口读入 8bit 数据
reg  [7:0] readdata_r;
wire [7:0] coe_data_i;
always@ (posedge csi_clk)
    if(avs_chipselect & avs_read)
    begin
        if(avs_address == 6)
            readdata_r <= coe_data_i;
        else
            readdata_r <= 8'b0;
    end
    else
```

```
        readdata_r <= 8'b0;
assign avs_readdata = {24'b0, readdata_r};
--双向口控制进程,用于判断当前是读使能还是写使能,根据不同情况分别对液晶显示屏进行读写操作
reg coe_data_o_en;
always@(posedge csi_clk)
    if(avs_chipselect & avs_write)
    coe_data_o_en <= 1'b0;
    else if(avs_chipselect & avs_read)
    coe_data_o_en <= 1'b1;
assign coe_data_i = coe_data_io;
assign coe_data_io = coe_data_o_en ? 8'bz :coe_data_o;
endmodule
```

| ... Name | Interface | Signal Type | Width | Direction |
|---|---|---|---|---|
| csi_clk | clock_reset | clk | 1 | input |
| csi_reset_n | clock_reset | reset_n | 1 | input |
| avs_chipselect | avalon_slave_0 | chipselect | 1 | input |
| avs_address | avalon_slave_0 | address | 3 | input |
| avs_write | avalon_slave_0 | write | 1 | input |
| avs_writedata | avalon_slave_0 | writedata | 32 | input |
| avs_read | avalon_slave_0 | read | 1 | input |
| avs_readdata | avalon_slave_0 | readdata | 32 | output |
| coe_reset | conduit_end_0 | export | 1 | output |
| coe_cs_n | conduit_end_0 | export | 1 | output |
| coe_rs_n | conduit_end_0 | export | 1 | output |
| coe_rd_n | conduit_end_0 | export | 1 | output |
| coe_wr_n | conduit_end_0 | export | 1 | output |
| coe_bl | conduit_end_0 | export | 1 | output |
| coe_data_io | conduit_end_0 | export | 8 | bidir |

图 12.1.6　液晶显示屏接口自定义模块信号设置

以上硬件模块仅实现了将液晶显示模块信号接入 Avalon 总线使得 Nios Ⅱ 处理器可以通过软件进行控制,接下来就可以根据各液晶显示屏控制操作时序设计相应的软件程序进行液晶显示控制了,程序清单 12.1.2 是对应的液晶显示屏接口自定义模块软件驱动代码,主要包括 LCD_WriteData、LCD_WriteCmd、SetLcdReg、LCD_SetWindow、LCD_DispOnePixel 函数。函数 LCD_WriteData 实现写入数据的功能,LCD_WriteCmd 实现写入寄存器的索引 index 的功能,SetLcdReg 实现向指定寄存器写入相应数据的功能,LCD_DispOnePixel 完成在液晶显示屏中一个指定位置像素显示特定颜色,即实现在指定坐标画点的功能,是绘制曲线或其他不规则图形的基本函数,结合字库点阵信息还可以实现字符和汉字的显示。

程序清单 12.1.2　液晶显示屏接口自定义模块软件驱动代码

```
#include "system.h"
//液晶显示屏接口自定义模块基地址,注意 LCD_IP 为 SOPC Builder 中该自定义模块的名字
#define lcd_addr LCD_IP_BASE
//寄存器映射,根据不同的地址去控制不同的液晶接口
#define IOWR_LCD_RESET(base, data)   IOWR(base, 0, data)
#define IOWR_LCD_CS(base, data)      IOWR(base, 1, data)
#define IOWR_LCD_RS(base, data)      IOWR(base, 2, data)
#define IOWR_LCD_RD(base, data)      IOWR(base, 3, data)
#define IOWR_LCD_WR(base, data)      IOWR(base, 4, data)
#define IOWR_LCD_BL(base, data)      IOWR(base, 5, data)
#define IOWR_LCD_DATA(base, data)    IOWR(base, 6, data)
#define IORD_LCD_DATA(base)          IOWR(base, 6)
//宏定义关键管脚的置 0 置 1 操作,方便调用
#define SET_RESET   IOWR_LCD_RESET(lcd_addr, 1)
#define CLR_RESET   IOWR_LCD_RESET(lcd_addr, 0)
```

```
#define SET_CS          IOWR_LCD_CS(lcd_addr, 1)
#define CLR_CS          IOWR_LCD_CS(lcd_addr, 0)
#define SET_RS          IOWR_LCD_RS(lcd_addr, 1)
#define CLR_RS          IOWR_LCD_RS(lcd_addr, 0)
#define SET_RD          IOWR_LCD_RD(lcd_addr, 1)
#define CLR_RD          IOWR_LCD_RD(lcd_addr, 0)
#define SET_WR               IOWR_LCD_WR(lcd_addr, 1)
#define CLR_WR               IOWR_LCD_WR(lcd_addr, 0)
#define SET_BL               IOWR_LCD_BL(lcd_addr, 1)
#define CLR_BL               IOWR_LCD_BL(lcd_addr, 0)
#define WR_DATA(data)        IOWR_LCD_DATA(lcd_addr, data)
#define RD_DATA              IORD_LCD_DATA(lcd_addr)
/*********************************
函数名称: LCD_WriteData
功    能: 模拟时序向液晶写入数据
参    数: val:向液晶写入的数据
返 回 值: 无
*********************************/
static void LCD_WriteData(unsigned int val)
{
    CLR_CS;
    SET_RS;
    SET_RD;
    CLR_WR;
    WR_DATA((unsigned char)(val>>8));     //写高 8 位
    SET_WR;
    CLR_WR;
    WR_DATA((unsigned char)(val));    //写低 8 位
    SET_WR;
    SET_CS;
}
/*********************************
函数名称: LCD_WriteCmd
功    能: 模拟时序向液晶写入寄存器的索引 index
参    数: cmd:需要配置的寄存器的索引 index
返 回 值: 无
*********************************/
static void LCD_WriteCmd(unsigned int cmd)
{
    CLR_CS;
    CLR_RS;
    SET_RD;
    CLR_WR;
    WR_DATA((unsigned char)(cmd>>8));     //写高 8 位
    SET_WR;
    CLR_WR;
    WR_DATA((unsigned char)(cmd));    //写低 8 位
    SET_WR;
    SET_CS;
}
/*********************************
函数名称: SetLcdReg
功    能: 用于配置液晶的寄存器
参    数: reg:需要配置的液晶寄存器的索引
          data:需要写入液晶寄存器的值
返 回 值:无
*********************************/
```

```
static inline void  SetLcdReg (uint reg,uint  data)
{
    LCD_WriteCmd(reg);      //向液晶写入需要配置寄存器的索引 index
    LCD_WriteData(data);     //向液晶写入需要配置寄存器的值
}
/********************************
函数名称: LCD_SetDispAddr
功    能: 设置显示的起始坐标原点
参    数: x:起始像素点 x 坐标
          y:起始像素点 y 坐标
返 回 值: 无
********************************/
void LCD_SetDispAddr(unsigned int x,unsigned int y)
{
    SetLcdReg(0x0020,y);     //设置液晶显示起始 y 坐标
    SetLcdReg(0x0021,x);     //设置液晶显示起始 x 坐标
}
/********************************
函数名称: LCD_SetWindow
功    能: 设置液晶显示的区域
参    数: x0:显示区域的起始 x 坐标
          y0:显示区域的起始 y 坐标
          x1:显示区域的结束 x1 坐标
          y1:显示区域的结束 y1 坐标
          color:填充像素所用颜色的 RGB 值
返 回 值:无
********************************/
void LCD_SetWindow( unsigned int x0, unsigned int y0, unsigned int x1, unsigned int y1)
{
LCD_SetDispAddr(x0, y0);     //设置显示起始坐标原点
//设置显示窗口区域
    SetLcdReg(0x0036,y1);
    SetLcdReg(0x0037,y0);
    SetLcdReg(0x0038,x1);
    SetLcdReg(0x0039,x0);
    LCD_WriteCmd(0x0022);     //更新 0x0022 寄存器,打开 GRAM 的访问端口,准备写入 RGB 数据
}
/********************************
函数名称: LCD_DispOnePixel
功    能: 显示一个像素点
参    数: xAddr:像素点 x 坐标
          yAddr:像素点 y 坐标
          color:填充像素所用颜色
返 回 值:无
********************************/
void LCD_DispOnePixel(unsigned int xAddr,unsigned int yAddr,unsigned long color)
{
    LCD_SetWindow(xAddr,yAddr,xAddr,yAddr);     //设置显示的区域,此时为(x,y)一个点
    LCD_WriteData(color);     //设置当前点的 RGB 数据
}
```

表 12.1.2 是该液晶显示模块在 LB0 上使用时的管脚分配表。

2)PS/2 键盘接口自定义模块的设计

要完成 PS/2 键盘接口自定义模块的设计首先需要了解 PS/2 键盘协议。该部分内容请参见 9.3 节相关内容。

表 12.1.2　LB0 对应液晶模块的管脚分配表

| 液晶管脚 | LB0 管脚 | 液晶管脚 | LB0 管脚 | 液晶管脚 | LB0 管脚 |
|---|---|---|---|---|---|
| LCD_RESET | PIN_135 | DB15 | PIN_133 | DB14 | PIN_132 |
| DB13 | PIN_129 | DB12 | PIN_128 | DB11 | PIN_127 |
| DB10 | PIN_126 | DB9 | PIN_125 | DB8 | PIN_124 |
| LCD_RD_N | PIN_121 | LCD_CS_N | PIN_86 | LCD_WR_N | PIN_120 |
| LCD_RS_N | PIN_85 | LCD_BL | PIN_87 | | |

注意：在 11.2 节中也用到了 PS/2 键盘与 SOPC 系统的接口控制，此时 PS/2 键盘只是作为 SOPC 系统之外的逻辑模块与 SOPC 系统接口和通信的，本节将介绍使用用户自定义模块的方法实现 PS/2 键盘与 SOPC 系统的接口控制。

根据 PS/2 键盘通信协议可以设计相应的硬件语言接口模块实现 PS/2 键盘和 LB0 间的通信。下面介绍 PS/2 键盘接口自定义模块的具体设计。程序清单 12.1.3 是 PS/2 键盘接口自定义模块硬件设计的一个例子。将程序清单 12.1.3 的代码文件 keyboard. vhd 在 SOPC Builder 中用 File-New Component 打开 Component Editor 添加后，创建为自定义模块，具体信号线设置如图 12.1.7 所示。

**程序清单 12.1.3　PS/2 键盘接口自定义模块硬件设计代码 keyboard. vhd(VHDL)**

```
LIBRARY IEEE;
USE   IEEE.STD_LOGIC_1164.all;
USE   IEEE.STD_LOGIC_ARITH.all;
USE   IEEE.STD_LOGIC_UNSIGNED.all;

ENTITY keyboard IS
  PORT(
    --avalone bus common port
          CLK        :IN   STD_LOGIC; --模块的时钟信号,用于给模块提供时钟
          write_n    :IN   STD_LOGIC; --写使能信号,低位有效
          read_n     :IN   STD_LOGIC; --读使能信号,低位有效
          irq        :OUT STD_LOGIC; --中断信号
          chipselect:IN   STD_LOGIC; --片选信号
          address    :IN   STD_LOGIC_VECTOR(3 DOWNTO 0); --地址线信号
          writedata :IN   STD_LOGIC_VECTOR(31 DOWNTO 0); --avalon 总线向模块写数据的接口
          readdata  :OUT STD_LOGIC_VECTOR(31 DOWNTO 0); --avalon 总线从模块读数据的接口
          keyboard_clk     : IN   STD_LOGIC; --键盘时钟
          keyboard_data    : INOUT STD_LOGIC); --键盘数据信号
END keyboard;
ARCHITECTURE a OF keyboard IS
  SIGNAL INCNT    : std_logic_vector(3 downto 0);
  SIGNAL SHIFTIN    : std_logic_vector(8 downto 0);
  SIGNAL scan_code    : std_logic_vector(7 downto 0);
  SIGNAL READ_CHAR,clock_25Mhz    : std_logic;
  SIGNAL INFLAG, ready_set    : std_logic;
  SIGNAL scan_ready,reset     : std_logic;
  SIGNAL Ikeyboard_data,RD_WR        : std_logic;
  SIGNAL keyboard_clk_filtered    : std_logic;
  SIGNAL filter    : std_logic_vector(7 downto 0);
  SIGNAL COMSEND_CNT            : INTEGER RANGE 0 TO 15;
```

```
  SIGNAL BIT_CNT                    : INTEGER RANGE 0 TO 15;
  SIGNAL irq_a,irq_b                  : std_logic;
  CONSTANT COMMAND: std_logic_vector(7 downto 0):=X"FF"; --复位键盘的命令字
BEGIN
keyboard_data <= lkeyboard_data WHEN RD_WR='1' ELSE
                 'Z';
irq <= irq_a XOR irq_b;
----avalone 总线读写
PROCESS(CHIPSELECT,write_n,read_n,CLK,address,writedata)
   BEGIN
     IF  CHIPSELECT='1' THEN
      IF  CLK'EVENT AND CLK='1' THEN
         IF write_n='0' THEN
            CASE address IS
              WHEN "0000" => reset <= '1'; -- RESET KEYBOARD
              WHEN "0001" => reset <= '0';
              WHEN OTHERS => NULL;
            END CASE;
         ELSIF read_n='0' THEN
            CASE address IS
              WHEN "0000" => readdata <= x"000000"&scan_code;
                                  irq_a <= irq_b;
              WHEN "1111" => readdata <= x"12345678";
              WHEN OTHERS => NULL;
            END CASE;
         END IF;
      END IF;
     END IF;
END PROCESS;
--该进程用于上电,或模块复位给键盘发送命令
PROCESS (CLK,reset)
BEGIN
  IF reset='1' THEN
     COMSEND_CNT <= 0;
     RD_WR <= '1';
  ELSIF CLK'EVENT AND CLK= '1' THEN
   case COMSEND_CNT is
   when 0 => lkeyboard_data <= '0';
            COMSEND_CNT <= 1;
            BIT_CNT <= 0;
   when 1 => IF keyboard_clk='0' THEN
               lkeyboard_data <= COMMAND(BIT_CNT);
               COMSEND_CNT <= 2;
            END IF;
   when 2 => IF keyboard_clk='1' THEN
              IF BIT_CNT<7 THEN
               COMSEND_CNT <= 1;
               BIT_CNT <= BIT_CNT+1;
              ELSE
               COMSEND_CNT <= 3;
               RD_WR <= '0';
              END IF;
            END IF;
   when 3 => NULL;
   when OTHERS  => COMSEND_CNT <= 0;
   end case;
```

```
  END IF;
END PROCESS;
PROCESS (CLK)
BEGIN
  IF CLK'EVENT AND CLK = '1' THEN
    clock_25Mhz <= not clock_25Mhz;
  END IF;
END PROCESS;
PROCESS (RD_WR, ready_set)
BEGIN
  IF RD_WR = '1' THEN scan_ready <= '0';
  ELSIF ready_set'EVENT and ready_set = '1' THEN
  scan_ready <= '1';
  END IF;
END PROCESS;
--这个进程通过使用一个移位寄存器和两个与门来滤除键盘的原始时钟信号
Clock_filter: PROCESS
BEGIN
  WAIT UNTIL clock_25Mhz'EVENT AND clock_25Mhz = '1';
  filter (6 DOWNTO 0) <= filter(7 DOWNTO 1) ;
  filter(7) <= keyboard_clk;
  IF filter = "11111111" THEN keyboard_clk_filtered <= '1';
  ELSIF  filter = "00000000" THEN keyboard_clk_filtered <= '0';
  END IF;
END PROCESS Clock_filter;
--这个进程读入终端的串行信号
PROCESS
BEGIN
WAIT UNTIL (KEYBOARD_CLK_filtered'EVENT AND KEYBOARD_CLK_filtered = '1');
IF RESET = '1' THEN
      INCNT <= "0000";
      READ_CHAR <= '0';
ELSE
  IF KEYBOARD_DATA = '0' AND READ_CHAR = '0' THEN
      READ_CHAR <= '1';
      ready_set <= '0';
  ELSE
  --移入后 8 位数据得到扫描的键值
    IF READ_CHAR = '1' THEN
      IF INCNT < "1001" THEN
        INCNT              <= INCNT + 1;
        SHIFTIN(7 DOWNTO 0) <= SHIFTIN(8 DOWNTO 1);
        SHIFTIN(8)    <= KEYBOARD_DATA;
    ready_set <= '0';
  --结束扫描键值,设置标志信号并结束循环
      ELSE
       scan_code    <= SHIFTIN(7 DOWNTO 0);
       irq_b              <= NOT irq_a;
       READ_CHAR   <= '0';
      ready_set    <= '1';
      INCNT      <= "0000";
      END IF;
    END IF;
  END IF;
 END IF;
END PROCESS;
END a;
```

| ... Name | Interface | Signal Type | Width | Direction |
|---|---|---|---|---|
| write_n | avalon_slave_0 | write_n | 1 | input |
| read_n | avalon_slave_0 | read_n | 1 | input |
| chipselect | avalon_slave_0 | chipselect | 1 | input |
| address | avalon_slave_0 | address | 4 | input |
| writedata | avalon_slave_0 | writedata | 32 | input |
| readdata | avalon_slave_0 | readdata | 32 | output |
| CLK | CLK | clk | 1 | input |
| irq | interrupt_sender | irq | 1 | output |
| keyboard_clk | conduit_end | export | 1 | input |
| keyboard_data | conduit_end | export | 1 | bidir |

**图 12.1.7　PS/2 键盘接口自定义模块信号设置**

将以上创建的自定义模块添加到 SOPC 系统后即可实现在 Nios Ⅱ处理器中对 PS/2 键盘的操作,相关软件代码见程序清单 12.1.4。程序中通过中断服务函数 Keyboard_irq 实现按键检测和键值读取,通过函数 PS2_Scanf 进行键值映射。

**程序清单 12.1.4　PS/2 按键相关软件程序代码**

```
 int keyFlag = 0;                    /* 键盘标志变量 */
 int pushFlag = 0;                   /* 键盘标志变量 */
 alt_u8 scan_code;                   /* 键盘中断响应变量 */
 int ps2_cntflag =0;                 /* 中断服务程序判断信号 */
/ * * * * * * * * * * * * * * * * * * * * * * * * * * * * * * * * * * *
    函数名称:Keyboard_irq
    函数功能:中断服务函数,并且置位中断标志位 keyFlag
      返回值:中断标志位
* * * * * * * * * * * * * * * * * * * * * * * * * * * * * * * * * * * /
void Keyboard_irq (void * context,alt_u32 id)
{
    scan_code = IORD(KEYBOARD_0_BASE,0);
    if((scan_code = =74)||(scan_code = =90))
    {
            ps2_cntflag ++;
            if(ps2_cntflag ==2)
            {
               ps2_cntflag =0;
               keyFlag =1;
            }
    }
if((scan_code = =119)||(scan_code ==124)||(scan_code ==123)||(scan_code ==121)||(scan_code ==102)||(scan_
code ==113)||(scan_code ==112)||(scan_code ==105)||(scan_code ==114)||(scan_code ==122)||(scan_code ==107)
||(scan_code ==115)||(scan_code ==116)||(scan_code ==108)||(scan_code ==117)||(scan_code ==125))
    {
            ps2_cntflag ++;
            if(ps2_cntflag ==2)
            {
                ps2_cntflag =0;
                keyFlag =1;
            }
    }
 }
/ * * * * * * * * * * * * * * * * * * * * * * * * * * * * * * * * * * *
    函数名称:InitKeyboard
    函数功能:初始化 PS2 键盘,注册键盘中断
* * * * * * * * * * * * * * * * * * * * * * * * * * * * * * * * * * * /
```

```
void InitKeyboard( )
{
    void * keyPtr = ( void * )&keyFlag;
    alt_irq_register( KEYBOARD_0_IRQ, keyPtr, Keyboard_irq);              /* 注册键盘中断 */
    IOWR( KEYBOARD_0_BASE, 0, 0);
    IOWR( KEYBOARD_0_BASE, 1, 0);
}
/* * * * * * * * * * * * * * * * * * * * * * * * * * * * * * * *
    函数名称:PS2_Scanf
    函数功能:根据 scan_code 的值确定按键的按下值
    返回值  :返回按键按下值
* * * * * * * * * * * * * * * * * * * * * * * * * * * * * * * */
int PS2_Scanf( )
{
    alt_u8 x = 10;
    if (keyFlag == 1)
    {
        keyFlag = 0;
        switch( scan_code)
        {
            case 90 : x = 10; break;    //Enter
            case 124: x = 42; break;    // " * "
            case 123: x = 45; break;    // " - "
            case 121: x = 43; break;    // " + "
            case 102: x = 66; break;    // "BackSpace"
            case 113: x = 46; break;    //"."
            case 112: x = 0; break;     //"0"
            case 105: x = 1; break;     //"1"
            case 114: x = 2; break;     //"2"
            case 122: x = 3; break;     //"3"
            case 107: x = 4; break;     //"4"
            case 115: x = 5; break;     //"5"
            case 116: x = 6; break;     //"6"
            case 108: x = 7; break;     //"7"
            case 117: x = 8; break;     //"8"
            case 125: x = 9; break;     //"9"
            default: break;
        }
      //printf( "code = %d\n", scan_code);
      pushFlag = 1;
    }
    return (x);
}
```

3)SOPC 系统构建

根据系统需要建立 Quartus Ⅱ 工程,在 SOPC Builder 中添加各组件,如图 12.1.8 所示,其中组件 lcd 为自行设计的液晶显示屏接口自定义模块,组件 PS/2 是自行设计的 PS/2 键盘接口自定义模块。

其中,系统时钟 clk_50M 为 50 MHz 的外部输入信号,Nios Ⅱ CPU Core 选择的是Nios Ⅱ/f,Nios Ⅱ 处理器中的"Reset Vector"和"Exception Vector"选项分别指向 EPCS 和 SDRAM。

完成组件添加和各项相关设置后即可进行系统生成。系统成功生成后,可将生成的 SOPC 系统与系统其他逻辑整合得到完整的硬件系统,由于本课题没有其他逻辑模块,只需要添加一个 PLL 模块为 SDRAM 提供一个与系统时钟同频异相的刷新时钟,完整的硬件系统顶层图如

图 12.1.9 所示。

| Use | Con... | Module Name | Description | Clock | Base | End | Tags | IRQ |
|---|---|---|---|---|---|---|---|---|
| ☑ | | ⊞ sdram | SDRAM Controller | clk_50M | 0x02000000 | 0x03ffffff | | |
| ☑ | | ⊟ cpu_snake | Nios II Processor | | | | | |
| | | instruction_master | Avalon Memory Mapped Master | clk_50M | | | | |
| | | data_master | Avalon Memory Mapped Master | | IRQ 0 | IRQ 31 | | |
| | | jtag_debug_module | Avalon Memory Mapped Slave | | 0x04001000 | 0x040017ff | | |
| ☑ | | ⊞ PS2 | PS2_KEYBOARD | clk_50M | 0x04002000 | 0x0400203f | | 0 |
| ☑ | | ⊞ jtag_uart | JTAG UART | clk_50M | 0x04002060 | 0x04002067 | | 1 |
| ☑ | | ⊟ flash | EPCS Serial Flash Controller | | | | | |
| | | epcs_control_port | Avalon Memory Mapped Slave | clk_50M | 0x04001800 | 0x04001fff | | 2 |
| ☑ | | ⊟ lcd | lcd_avalon_interface | | | | | |
| | | avalon_slave_0 | Avalon Memory Mapped Slave | clk_50M | 0x04002040 | 0x0400205f | | |

**图 12.1.8　贪吃蛇游戏 SOPC 系统组件结构图**

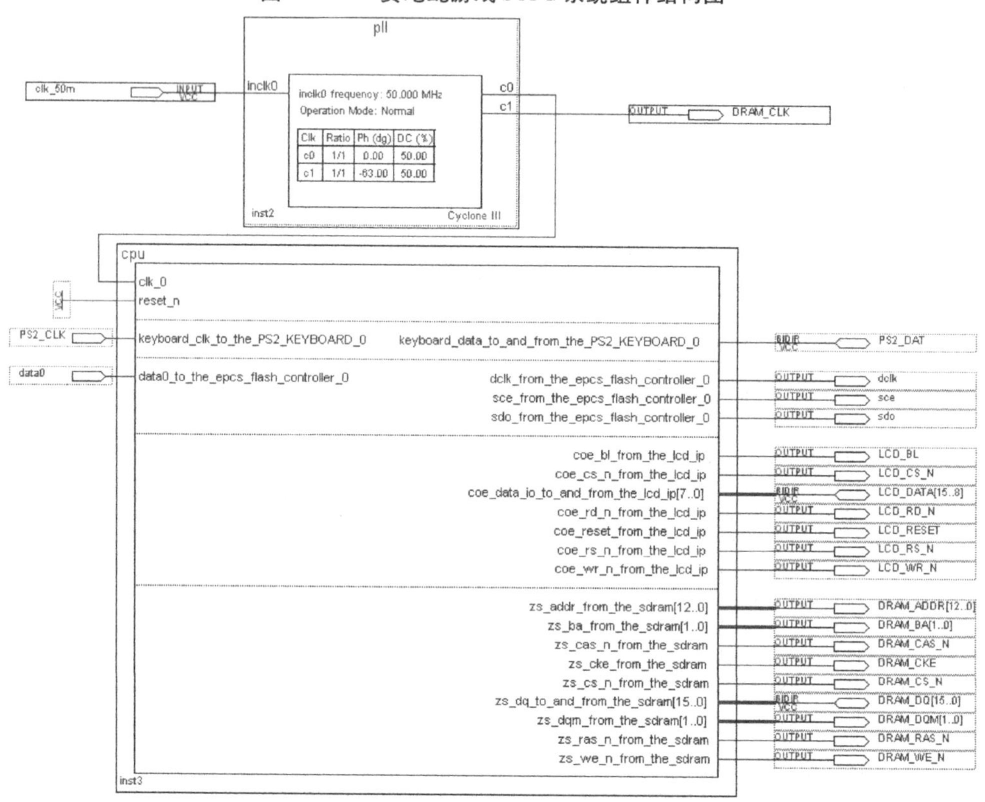


**图 12.1.9　贪食蛇游戏系统顶层模块图**

得到以上完整的硬件设计后还需选择芯片、添加管脚分配等约束条件并对 Quartus Ⅱ 工程进行编译即可完成硬件系统的设计。该硬件工程在 LB0 上的管脚分配见表 12.1.3。

**表 12.1.3　引脚分配表**

| 端口名称 | FPGA 引脚号 | 类　型 | 端口名称 | FPGA 引脚号 | 类　型 |
|---|---|---|---|---|---|
| CLK_50M | 22 | 输入 | DRAM_DQ[8] | 54 | 双向 |
| DRAM_CLK | 43 | 输入 | DRAM_CLK | 43 | 输出 |
| LCD_BL | 87 | 输出 | DRAM_DQM[1] | 59 | 输出 |
| LCD_CS_N | 86 | 输出 | DRAM_DQM[0] | 55 | 输出 |
| LCD_RD_N | 121 | 输出 | DRAM_WE_N | 58 | 输出 |

续表

| 端口名称 | FPGA引脚号 | 类　型 | 端口名称 | FPGA引脚号 | 类　型 |
|---|---|---|---|---|---|
| LCD_RESET | 135 | 输出 | DRAM_CAS_N | 60 | 输出 |
| LCD_RS_N | 85 | 输出 | DRAM_CKE | 64 | 输出 |
| LCD_WR_N | 120 | 输出 | DRAM_RAS_N | 65 | 输出 |
| LCD_DATA[15] | 133 | 双向 | DRAM_ADDR[12] | 66 | 输出 |
| LCD_DATA[14] | 132 | 双向 | DRAM_ADDR[11] | 67 | 输出 |
| LCD_DATA[13] | 129 | 双向 | DRAM_ADDR[9] | 68 | 输出 |
| LCD_DATA[12] | 128 | 双向 | DRAM_ADDR[8] | 69 | 输出 |
| LCD_DATA[11] | 127 | 双向 | DRAM_ADDR[7] | 70 | 输出 |
| LCD_DATA[10] | 126 | 双向 | DRAM_ADDR[6] | 71 | 输出 |
| LCD_DATA[9] | 125 | 双向 | DRAM_ADDR[5] | 72 | 输出 |
| LCD_DATA[8] | 124 | 双向 | DRAM_ADDR[4] | 73 | 输出 |
| DRAM_DQ[0] | 30 | 双向 | DRAM_ADDR[0] | 79 | 输出 |
| DRAM_DQ[1] | 31 | 双向 | DRAM_ADDR[1] | 80 | 输出 |
| DRAM_DQ[2] | 32 | 双向 | DRAM_ADDR[2] | 83 | 输出 |
| DRAM_DQ[15] | 33 | 双向 | DRAM_ADDR[3] | 84 | 输出 |
| DRAM_DQ[14] | 34 | 双向 | DRAM_ADDR[10] | 77 | 输出 |
| DRAM_DQ[13] | 38 | 双向 | DRAM_CS_N | 74 | 输出 |
| DRAM_DQ[3] | 39 | 双向 | DRAM_BA[0] | 75 | 输出 |
| DRAM_DQ[12] | 42 | 双向 | DRAM_BA[1] | 76 | 输出 |
| DRAM_DQ[4] | 44 | 双向 | data0 | 13 | 输入 |
| DRAM_DQ[11] | 46 | 双向 | dclk | 12 | 输出 |
| DRAM_DQ[5] | 49 | 双向 | sdo | 6 | 输出 |
| DRAM_DQ[10] | 50 | 双向 | sce | 8 | 输出 |
| DRAM_DQ[9] | 51 | 双向 | PS2_CLK | 137 | 输入 |
| DRAM_DQ[6] | 52 | 双向 | PS2_DAT | 136 | 双向 |
| DRAM_DQ[7] | 53 | 双向 | | | |

4)系统软件设计

贪食蛇游戏软件设计主要包括外设的响应和控制软件以及游戏算法软件。外设的响应和控制软件主要包括PS/2键盘、液晶显示屏的初始化设置和PS/2键盘中断响应等。游戏算法软件主要是根据游戏规则编写程序代码实现游戏过程控制等。现设定简易的游戏规则如下：

- 游戏界面背景色为绿色。
- 游戏界面顶部是得分显示区域，其下为墙体包围的矩形蛇体运行区域，墙体厚度为2个

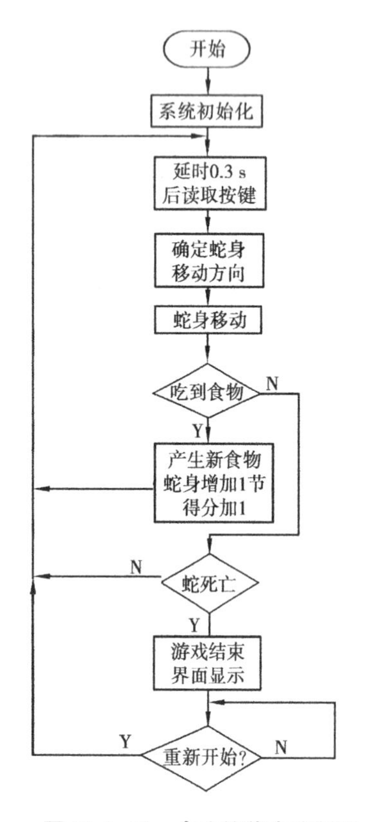


图 12.1.10　贪吃蛇游戏流程图

像素,颜色为棕色。

- 用 10×10 像素的黑色方块表示一节蛇。
- 食物在屏幕随机位置产生,用 10×10 像素的蓝色方块表示,在被蛇吃到后再次产生。
- 蛇每 0.3 秒前进一步(10×10 像素)。
- 使用 PS/2 键盘上的按键控制蛇的前进方向。
- 蛇每吃到一颗食物加长一节,并得一分,并在屏幕左上方显示得分,字体为白色。
- 蛇撞到墙或自己,蛇死亡,游戏结束。

根据以上规则设计贪食蛇游戏软件的软件整体流程图如图 12.1.10 所示。

由软件流程图可知贪食蛇软件的总体过程,下面对每个过程进行简要说明。

系统初始化过程主要对液晶显示屏、PS/2 键盘进行设备初始化,并初始化各系统参数和游戏界面。液晶显示屏和 PS/2 键盘初始化过程和代码在上文中有详细描述;系统参数初始化包括蛇体对象、食物等参数初始化;游戏界面初始化包括墙体、蛇体和食物以及得分显示框等对象的绘制。其中蛇体、食物对象用结构体方式定义如程序清单 12.1.5 所示。另外,游戏界面初始化主要调用矩形绘制函数 LCD_rectangle 实现,其代码见程序清单 12.1.6。

**程序清单 12.1.5　蛇体、食物结构体定义代码**

```
/*定义食物的结构体*/
struct Food
{
    int x;//食物的横坐标
    int y;//食物的纵坐标
    int need;//判断是否要出现食物的变量
};
/*定义蛇的结构体*/
struct Snake
{
    int x[NODE]; //蛇第 NODE 节 x 坐标
    int y[NODE]; //蛇第 NODE 节 y 坐标
    int node;//蛇的节数
    int direction;//蛇移动方向
    int life;//蛇的生命,0 活着,1 死亡
};
```

**程序清单 12.1.6　LCD_rectangle 函数代码**

```
/**********************************
函数名称:LCD_rectangle
功    能:画一个矩形
参    数: xAddr:  左上角像素点 X 坐标
```

```
        yAddr:  右上角像素点 Y 坐标
        cnt_x:  图形 X 方向宽度
        cnt_y:  图形 Y 方向宽度
        color:  填充像素所用颜色
返 回 值:无
* * * * * * * * * * * * * * * * * * * * * * * * * * * * * * * * * * * * * * * /
void LCD_rectangle(unsigned int xAddr,unsigned int yAddr,unsigned int cnt_x,unsigned int cnt_y,unsigned long color)
{
    int x,y;
   for(x = 0;x < cnt_x;x ++)
        {
          LCD_DispOnePixel(xAddr + x,yAddr,color);//显示一个像素点
          LCD_DispOnePixel(xAddr + x,yAddr + cnt_y,color);
        }
    for(y = 0;y < cnt_y + 1;y ++)
    {
          LCD_DispOnePixel(xAddr,yAddr + y,color);
          LCD_DispOnePixel(xAddr + cnt_x,yAddr + y,color);
    }
}
```

系统初始化完成后,即可进入游戏控制过程,主要是周期性地根据按键情况进行身体移动控制并判断是否吃到食物和蛇是否死亡,这里称这样一个完整的控制周期为一个游戏控制周期。例程中设定每个游戏周期中有一个 0.3 S 是延时,这个延时决定了整个游戏节奏,可以通过调整这个延时量来调整游戏节奏,也可以通过根据游戏级数参数设定这个延时量增加游戏的趣味性。延时结束后判断按键情况,并根据蛇身原来的移动方向来确定蛇身移动方向。其中 PS/2 按键输入采用中断方式,当有按键按下情况下进入中断服务程序设置按键标志位 keyFlag 为 1,并通过 PS/2_Scanf( )函数完成按键通断码与游戏自定义方向的映射,并赋值给全局变量 key,主程序中每个游戏控制周期判断一次按键是否按过,若按过则读取按键值供游戏控制使用,并清除按键标志位。按键判断和蛇身移动方向确定部分代码如程序清单 12.1.7 所示。

**程序清单 12.1.7　按键判断代码**

```
/ * 按键判断读取 * /
if(keyFlag == 1) //有键按下
{
    keyFlag = 0;//清除按键标志位
    key = PS2_Scanf();//读取按键值
    / * 1,2,3,4 表示左,右,下,上四个方向 * /
    if(key == 4&&snake. direction! = 2)
    snake. direction = 1; //左移
    else if(key == 6&&snake. direction! = 1)
    snake. direction = 2; //右移动
    else if(key == 8&&snake. direction! = 3)
    snake. direction = 4; //上移动
    else if(key == 2&&snake. direction! = 4)
    snake. direction = 3; //下移动
}
```

每次蛇移动后需要判断蛇是否吃到食物和蛇是否死亡。判断是否吃到食物过程只需要判断蛇头坐标是否与食物坐标重合。若吃到食物,则蛇身长度加一节,得分加 1,并马上调用随机位置产生函数重新产生食物位置并在液晶屏中绘制食物,然后进入下一个游戏周期。若未吃到食物则进行蛇是否死亡判断,可根据游戏规则判断蛇身各节的中心坐标是否有重合或与

墙体重合实现蛇是否死亡判断,若未死亡则进入下一个游戏周期,死亡则显示游戏结束界面,游戏结束界面显示内容为 GAME OVER 指示语和最终得分,并提示按 Enter 键重新开始游戏。在显示游戏结束界面下循环读取按键,当用户按下 Enter 键可重新进入游戏。程序清单 12.1.8是系统软件的主函数。程序运行效果如图 12.1.11 所示。

**程序清单 12.1.8　主函数程序代码**

```
main()
{
    SET_RESET;
    delay_nms(1);
    CLR_RESET;
    delay_nms(10);
    SET_RESET;
    delay_nms(50);
    CPU_LCDPowerOn();//LCD 初始化设置,上电
    InitKeyboard();//PS/2 键盘初始化
    while(1)
    {
        DrawFence();//画墙
        while(snake.life==0)
        {
            PlayGame();//开始游戏
        }
        key=PS2_Scanf();
        if(key==69)//Enter 按下,重新开始
        {
            snake.life=0;
            Clear_GameOver();
        }
    }
}
```

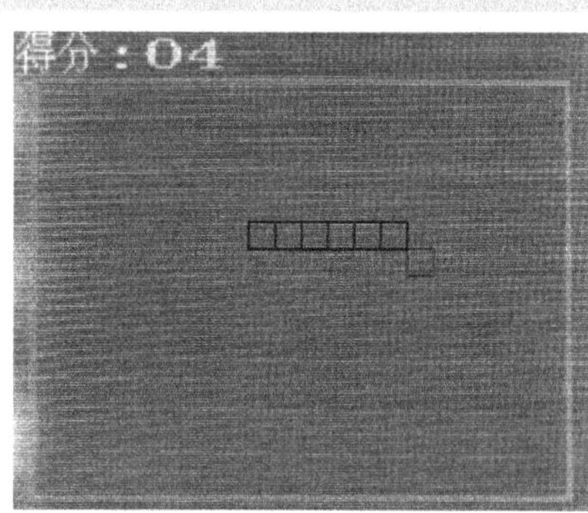


图 12.1.11　贪吃蛇游戏程序运行效果

## 12.2　基于 SOPC 的任意波形发生器

随着众多领域对于各种复杂测试信号的强烈需求,近年来波形发生器发展迅速,性能指标不断提高。它的主要特点是可以产生各种波形,且波形频率可调、幅度可调、相位可调,甚至是任意形状的波形。本课题拟以 LB0 为设计平台,扩展 PS/2 键盘和 TFT 液晶显示屏,设计一个基于

SOPC 的任意波形发生器，系统以 PS/2 键盘为输入设备，TFT 液晶显示屏为显示设备，在 FPGA 内部编程实现任意波形发生并通过 LB0 上的高速 DA 实现波形输出。为简单起见，模拟信号波形也可用 Quartus Ⅱ 自带的逻辑分析仪的总线显示格式 Unsigned Line Chart 进行观看。

**(1)课题要求**

1)基本要求

①在 LB0 学习板上扩展键盘和液晶显示屏，设计 DDS 模块搭建一个基于 SOPC 的任意波形发生器系统。

②系统通过结合 PS/2 键盘和 TFT 液晶显示屏实现参数设置。

③可输出正弦波、方波、三角波以及锯齿波，波形无明显失真。

④输出信号频率 0.1 Hz ~ 10 MHz 连续可调，最小步进为 0.1 Hz。

⑤输出信号幅度连续 16 级可调。

⑥输出信号相位 0 ~ 360°连续可调，最小步进为 1°。

2)提高要求

①美化界面显示效果。

②在显示屏中图形化显示输出波形。

③实现自定义的任意波形输出。

**(2)课题需求分析与系统设计方案**

根据课题设计要求和 LB0 学习板上的资源情况，可确定如图 12.2.1 的系统结构图。系统利用 Nios Ⅱ 处理器实现按键管理、显示控制、波形配置。SDRAM 作为 Nios Ⅱ 处理器运行时的程序空间和数据空间。另外设计可配置的任意波形发生模块实现信号发生，Nios Ⅱ 处理器可通过配置该模块实现输出信号频率、相位和幅度的调整。由于液晶显示器接口和 PS/2 键盘接口这两个自定义模块与本章第一节内容重复，这里就不再赘述。

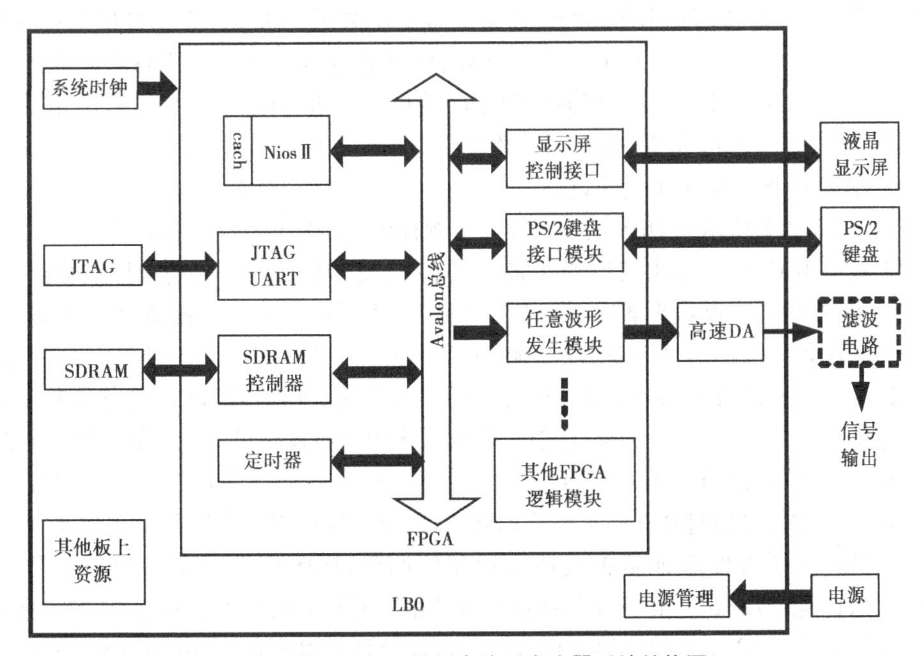


图 12.2.1　基于 SOPC 的任意波形发生器系统结构图

根据课题要求,任意波形发生模块可采用直接数字频率合成(DDS)技术进行设计,DDS技术的实现原理如图12.2.2所示。

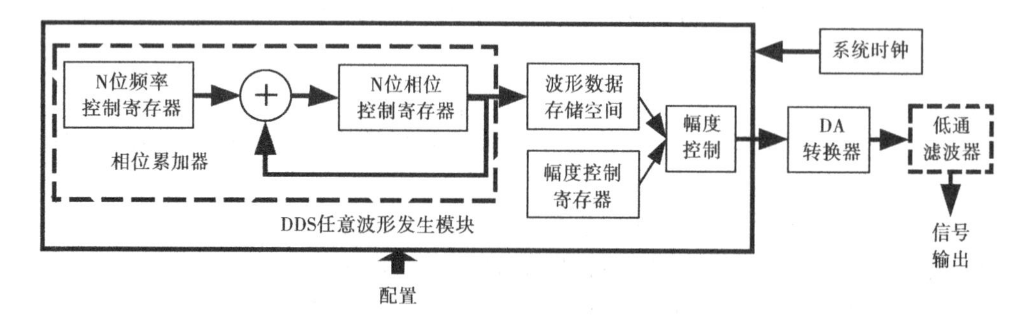


图12.2.2　DDS原理结构框图

DDS电路通常由相位累加器、波形存储器、DA转换器、低通或带通滤波器构成,任意波形数据存放在波形存储器中,相位累加器的作用是根据输入的频率控制字对参考振荡器输出的时钟相位进行采样。当相位累加器的步长为$K$(即频率控制字)时。任意波形的输出频率为:

$$F_o = K\frac{F_S}{2^N} \tag{12.1}$$

式(12.1)中,$F_s$为系统采样时钟频率,$N$为相位累加器长度,故可通过配置接口改变频率控制字$K$,就可以改变DDS的输出频率。另外,改变DDS输出信号的相位可以通过配置接口调整相位控制寄存器的值实现,改变DDS输出信号的幅度可以通过增加一个可控的模块对波形存储器输出数据进行调整实现。

各模块的具体实现见下文。

**(3)系统实现**

根据图12.2.1,要搭建本课题的硬件系统需要在课题一的硬件系统基础上在SOPC系统中添加一个基于DDS的波形发生模块,该模块可以通过Nios Ⅱ处理器对其内部的频率控制字、相位累加器控制字以及波形存储空间中的波形数据进行配置。因此,以下主要对可配置DDS波形发生模块设计、完整SOPC系统构建以及系统软件设计这几部分内容进行详细介绍。

1)可配置DDS波形发生模块设计

根据图12.2.2所示的DDS结构图设计示例程序。示例程序见程序清单12.2.1。程序中定制片上双口RAM用于输出波形的存储。设计中,波形数据一个周期采样点数设为256,采样点数值用16位的整型数来表示,所以在定制RAM时地址线宽度配置为8,数据宽度设为16。为了实现各种波形信号的输出,定制的双口RAM中的数据可以通过上层软件进行修改,即想要输出什么样的波形都可以通过软件将想要波形的数据写入RAM实现波形发生。为了实现对输出信号的频率、相位和幅度进行调节,程序中对应设定可由上层软件进行修改的频率控制寄存器、相位控制寄存器和幅度控制寄存器。其中幅度控制是将输出的幅度控制字与DDS模块产生的信号通过独立的乘法器相乘实现,故幅度控制寄存器并未在程序清单12.2.1中体现。另外为了方便验证是否成功实现相位调整,DDS模块中多添加了一个内部信号phaseadd_s,该地址没有与相位控制字相加,可做相位调整时的标准相位以便进行相位比较和查看。将程序清单12.2.1的代码文件ddsc.vhd在SOPC Builder中用File-New Component打开Component Editor添加后,创建为自定义模块,具体信号线设置如图12.2.3所示。

**程序清单 12.2.1　DDS 自定义模块硬件设计代码 ddsc. vhd**

```
library IEEE;
use IEEE.STD_LOGIC_1164.all;
use IEEE.STD_LOGIC_UNSIGNED.all;
use ieee.std_logic_arith.all;
entity ddsc is        --DDS 主模块
    generic(freq_width:integer:=32;      --输入频率字位宽
    phase_width:integer:=12;      --输加入相位字位宽
    adder_width:integer:=32;      --累加器位宽
    ramad_width:integer:=8;      --正弦 ROM 表地址位宽
    ram_d_width:integer:=16);    --正弦 ROM 表数据位宽
    port(clk    :in std_logic;      --DDS 合成时钟
        ddsout:out std_logic_vector(ram_d_width-1 downto 0);   --DDS 输出
        am_cnt:out std_logic_vector(3 downto 0);   --幅度调制控制信号
  --avalon slave
      chipselect:in std_logic;
      address:in std_logic_vector(8 downto 0);
      write0:in std_logic;
      writedata:in std_logic_vector(31 downto 0);
      read0:in std_logic;
      readdata:out std_logic_vector(31 downto 0));
end entity ddsc;
architecture behave of ddsc is
COMPONENT ram_2port
  PORT
  (
  rdclock   : IN STD_LOGIC;
  wrclock   : IN STD_LOGIC;
  data    : IN STD_LOGIC_VECTOR (15 DOWNTO 0);
  rdaddress   : IN STD_LOGIC_VECTOR (7 DOWNTO 0);
  wraddress   : IN STD_LOGIC_VECTOR (7 DOWNTO 0);
  wren   : IN STD_LOGIC   := '1';
  q   : OUT STD_LOGIC_VECTOR (15 DOWNTO 0)

  );
END COMPONENT;
    signal  acc         :std_logic_vector(adder_width-1 downto 0):=(others => '0');
    signal  phaseadd    :std_logic_vector(phase_width-1 downto 0):=(others => '0');
    signal  phaseadd_s   :std_logic_vector(phase_width-1 downto 0):=(others => '0');
    signal  ramwraddr   :std_logic_vector(ramad_width-1 downto 0):=(others => '0');
    signal  ramrdaddr   :std_logic_vector(ramad_width-1 downto 0):=(others => '0');
    signal  freqw      :std_logic_vector(freq_width-1 downto 0) :=(others => '0');
    signal  phasew     :std_logic_vector(phase_width-1 downto 0):=(others => '0');
    signal  ramdata    :std_logic_vector(ram_d_width-1 downto 0):=(others => '0');
    signal  wr_en      :std_logic:='0';
begin
process(clk)
begin
  if clk'event and clk='1' then
    if write0 ='1' and chipselect ='1' and    address = "000000001" then
        freqw <= writedata(freq_width-1 downto 0);
    elsif write0 ='1' and chipselect ='1' and address = "011111111" then
        phasew <=writedata(phase_width-1 downto 0);
    elsif write0 ='1' and chipselect ='1' and address = "000001111" then
        wr_en <=writedata(0);
    elsif write0 ='1' and chipselect ='1' and address = "000000011" then
```

```
            am_cnt <= writedata(3 downto 0);
    end if;
    acc <= acc  +  freqw;
    phaseadd_s <= acc(adder_width - 1 downto adder_width - phase_width);
    phaseadd <=    phaseadd_s  +  phasew;
    ramrdaddr <= phaseadd(phase_width - 1 downto phase_width - ramad_width);
    end if;
end process;
process(clk)
begin
    if clk'event and clk = '1'  then
          if write0  = '1' and chipselect  = '1' and address(8)  =  '1' and wr_en = '1' then
    ramwraddr <= address(7 downto 0);
    ramdata <= writedata(ram_d_width - 1 downto 0);
          end if;
    end if;
end process;
process(clk)
begin
    if clk'event and clk = '1'  then
               if read0  = '1' and chipselect  = '1' and      address  =  "000000111" then
                readdata(7 downto 0) <= ramrdaddr;
             else
                readdata(7 downto 0) <= "00000000";
             end if;
    end if;
end process;

u1: ram_2port PORT MAP(wraddress => ramwraddr,
             rdaddress => ramrdaddr,
             rdclock    => not clk,
             wrclock  => clk,
             data => ramdata,
             wren => wr_en,
             q => ddsout);
end architecture behave;
```

| ... | Name | Interface | Signal Type | Width | Direction |
|---|---|---|---|---|---|
| | write0 | avalon_slave_0 | write | 1 | input |
| | chipselect | avalon_slave_0 | chipselect | 1 | input |
| | writedata | avalon_slave_0 | writedata | 32 | input |
| | address | avalon_slave_0 | address | 9 | input |
| | read0 | avalon_slave_0 | read | 1 | input |
| | readdata | avalon_slave_0 | readdata | 32 | output |
| | clk | clock_sink | clk | 1 | input |
| | ddsout | conduit_end | export | ram_d_... | output |
| | am_cnt | conduit_end | export | 4 | output |

图 12.2.3　DDS 自定义模块信号设置

2)完整 SOPC 系统构建

完成 DDS 波形发生模块设计后,即可搭建完整的 SOPC 系统如图 12.2.4 所示,系统中主要包含 Nios Ⅱ内核、SDRAM 控制器、EPCS 控制器、DDS 波形发生模块、PS/2 键盘模块、液晶显示屏接口模块等。

| Use | Conne... | Module Name | Description | Clock | Base | End | Tags | IRQ |
|---|---|---|---|---|---|---|---|---|
| ☑ | | cpu_0 | Nios II Processor | | | | | |
| | | instruction_master | Avalon Memory Mapped Master | clk_0 | | | | |
| | | data_master | Avalon Memory Mapped Master | | IRQ 0 | IRQ 31 | | |
| | | jtag_debug_module | Avalon Memory Mapped Slave | | 0x04003000 | 0x040037ff | | |
| ☑ | | epcs_flash_controller | EPCS Serial Flash Controller | | | | | |
| | | epcs_control_port | Avalon Memory Mapped Slave | clk_0 | 0x04003800 | 0x04003fff | | 0 |
| ☑ | | jtag_uart | JTAG UART | | | | | |
| | | avalon_jtag_slave | Avalon Memory Mapped Slave | clk_0 | 0x04004860 | 0x04004867 | | 1 |
| ☑ | | sdram | SDRAM Controller | | | | | |
| | | s1 | Avalon Memory Mapped Slave | clk_0 | 0x02000000 | 0x03ffffff | | |
| ☑ | | onchip_memory | On-Chip Memory (RAM or ROM) | | | | | |
| | | s1 | Avalon Memory Mapped Slave | clk_0 | 0x04001000 | 0x04001fff | | |
| ☑ | | LCD_IP | lcd_avalon_interface | | | | | |
| | | avalon_slave_0 | Avalon Memory Mapped Slave | clk_0 | 0x04004840 | 0x0400485f | | |
| ☑ | | KEYBOARD_IP | KEYBOARD | | | | | |
| | | avalon_slave_0 | Avalon Memory Mapped Slave | clk_0 | 0x04004800 | 0x0400483f | | 2 |
| ☑ | | DDS_IP | ddsc | clk_0 | | | | |
| | | avalon_slave_0 | Avalon Memory Mapped Slave | clk_0 | 0x04004000 | 0x040047ff | | |

图 12.2.4　任意波形发生器 SOPC 系统组件结构图

其中,系统时钟 clk_0 为 50 MHz 的外部输入信号,Nios Ⅱ CPU Core 选择的是 Nios Ⅱ/s,Nios Ⅱ处理器中的“Reset Vector”和“Exception Vector”选项分别指向 EPCS 和 SDRAM。

完成组件添加和各项相关设置后即可进行系统生成。系统成功生成后,可将生成的 SOPC 系统与系统其他逻辑整合得到完整的硬件系统。系统中添加了一个用于幅度调节的乘法器模块和一个用于为 SDRAM 提供一个与系统时钟同频异相的刷新时钟的 PLL 模块后,完整的硬件系统顶层图如图 12.2.5 所示。

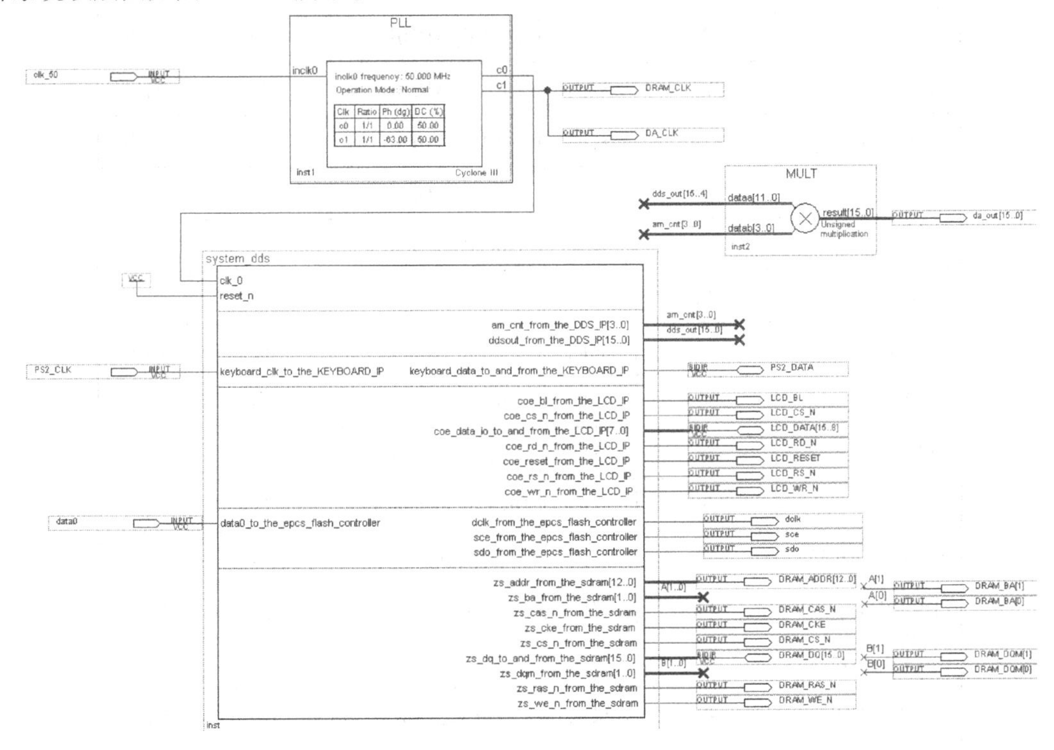


图 12.2.5　任意波形发生器系统顶层模块图

得到以上完整的硬件设计后还需选择芯片、添加管脚分配等约束条件并对 Quartus Ⅱ工程进行编译即可完成硬件系统的设计。该硬件工程在 LB0 上的管脚分配见表 12.2.1。

表 12.2.1 引脚分配表

| 端口名称 | FPGA 引脚号 | 类型 | 端口名称 | FPGA 引脚号 | 类型 |
| --- | --- | --- | --- | --- | --- |
| clk_50 | 22 | 输入 | DRAM_DQ[6] | 52 | 双向 |
| DRAM_CLK | 43 | 输入 | DRAM_DQ[7] | 53 | 双向 |
| LCD_BL | 87 | 输出 | DRAM_DQ[8] | 54 | 双向 |
| LCD_CS_N | 86 | 输出 | DRAM_CLK | 43 | 输出 |
| LCD_RD_N | 121 | 输出 | DRAM_DQM[1] | 59 | 输出 |
| LCD_RESET | 135 | 输出 | DRAM_DQM[0] | 55 | 输出 |
| LCD_RS_N | 85 | 输出 | DRAM_WE_N | 58 | 输出 |
| LCD_WR_N | 120 | 输出 | DRAM_CAS_N | 60 | 输出 |
| LCD_DATA[15] | 133 | 双向 | DRAM_CKE | 64 | 输出 |
| LCD_DATA[14] | 132 | 双向 | DRAM_RAS_N | 65 | 输出 |
| LCD_DATA[13] | 129 | 双向 | DRAM_ADDR[12] | 66 | 输出 |
| LCD_DATA[12] | 128 | 双向 | DRAM_ADDR[11] | 67 | 输出 |
| LCD_DATA[11] | 127 | 双向 | DRAM_ADDR[9] | 68 | 输出 |
| LCD_DATA[10] | 126 | 双向 | DRAM_ADDR[8] | 69 | 输出 |
| LCD_DATA[9] | 125 | 双向 | DRAM_ADDR[7] | 70 | 输出 |
| LCD_DATA[8] | 124 | 双向 | DRAM_ADDR[6] | 71 | 输出 |
| DRAM_DQ[0] | 30 | 双向 | DRAM_ADDR[5] | 72 | 输出 |
| DRAM_DQ[1] | 31 | 双向 | DRAM_ADDR[4] | 73 | 输出 |
| DRAM_DQ[2] | 32 | 双向 | DRAM_ADDR[0] | 79 | 输出 |
| DRAM_DQ[15] | 33 | 双向 | DRAM_ADDR[1] | 80 | 输出 |
| DRAM_DQ[14] | 34 | 双向 | DRAM_ADDR[2] | 83 | 输出 |
| DRAM_DQ[13] | 38 | 双向 | DRAM_ADDR[3] | 84 | 输出 |
| DRAM_DQ[3] | 39 | 双向 | DRAM_ADDR[10] | 77 | 输出 |
| DRAM_DQ[12] | 42 | 双向 | DRAM_CS_N | 74 | 输出 |
| DRAM_DQ[4] | 44 | 双向 | DRAM_BA[0] | 75 | 输出 |
| DRAM_DQ[11] | 46 | 双向 | DRAM_BA[1] | 76 | 输出 |
| DRAM_DQ[5] | 49 | 双向 | PS2_CLK | 137 | 输入 |
| DRAM_DQ[10] | 50 | 双向 | PS2_DAT | 136 | 双向 |
| DRAM_DQ[9] | 51 | 双向 | DA_CLK | 113 | 输出 |

3)系统软件设计

由于系统的主要功能是根据用户的设定输出对应的波形,这个过程包含了大量的人际交互过程,因此在设计系统软件之前需要从操作简单,使用方便出发拟定系统操作规则,现拟定简易的操作规则如下:

- 使用“NumLock”按键循环设定调整模式,调整模式包括波形调整、频率调整、相位调整和幅度调整。
- 波形调整模式中,使用“+”或“-”循环选择波形,波形包括正弦波、方波、三角波、锯齿波等。
- 在频率调整和相位调整模式中,使用“*”键切换更改调整对象,频率模式中的调整对象有频率值、单位和步进,相位模式中的调整对象有相位值和步进,频率值、相位值可以直接输入设定数值,也可以使用“+”或“-”按键按步进调整,步进值通过直接输入设定数值进行设定,单位通过“+”或“-”按键进行调整。
- 在幅度调整模式中直接通过“+”或“-”按键进行调整。
- 根据设计要求,频率值精确到小数点后一位,频率值的调整范围为:0.1 Hz到10 MHz,频率单位可调,分别为Hz、kHz和MHz;相位值精确到1度,调整范围为:0度到360度;幅度16级可调。
- 当数值超出范围或误操作时系统弹出提示信息。

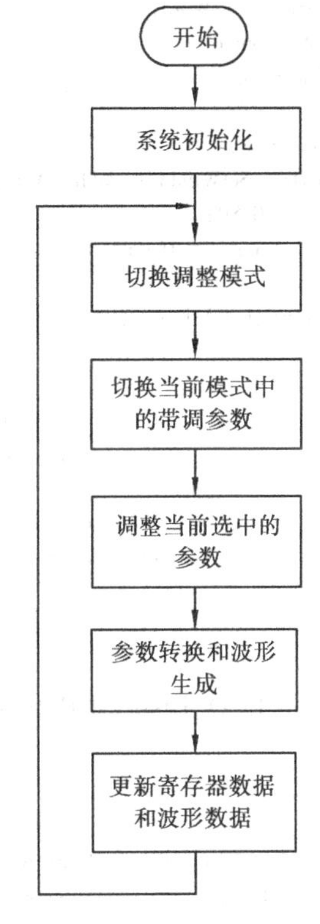


图12.2.6　波形调整发生流程图

整体软件流程图如图12.2.6所示。其中系统初始化过程包括系统参数初始化以及外设初始化,完成初始化后,液晶屏显示和PS/2键盘都会准备就绪,相关参数处于初始状态。切换调整模式、切换当前模式中的待调参数以及调整当前选中的参数都是根据上文拟定的操作规则通过结合显示屏和按键实现用户参数设定过程。每次设定完成后,系统调用参数转换和波形生成过程将用户设定的参数转换为系统中对应的寄存器数据和波形数据,然后通过更新寄存器数据和波形数据过程实现输出更新。

其中液晶显示屏控制中的字符显示和汉字显示是通过调用字符和汉字显示函数LCD_DispASCII和LCD_DispChinese实现。限于篇幅,现给出LCD_DispASCII的代码见程序清单12.2.2。

**程序清单12.2.2　LCD_DispASCII函数代码**

```
/*****************************************
函数名称: LCD_DispASCII
功    能:在指定位置显示一个字符
参    数: ptr:   汉字取模所得数组的地址.
          xAddr:  左上角像素点X坐标
          yAddr:  右上角像素点Y坐标
          fColor:  字符前景色
          bColor:  字符背景色
返 回 值:无
*****************************************/
```

```
void LCD_DispASCII(const unsigned char * ptr,unsigned int xAddr,unsigned int yAddr,unsigned long fColor,unsigned long bColor)
{
    unsigned char i,j,k;
    unsigned char nCols;
    unsigned char nRows;
    unsigned char PixelRow;
    unsigned char Mask;
    unsigned long Word;
    const unsigned char * pChar;
    pChar = ptr;
    nCols = 16;
    nRows = 8;
    LCDDEV_SetWindow(xAddr,yAddr,xAddr + nCols - 1,yAddr + nRows - 1);
    Mask = 0x80;
    for (i = 0; i < 16; i++)
    {
    for(k=0;k<2;k++)
        for (j = 0; j < 8; j++)
        {
                if ((ptr[i] & (Mask >> j)) == 0)
                    Word = bColor;
                else
                    Word = fColor;
                SetIndex_cpu(Word);
        }
    }
}
```

调用 LCD_DispASCII 显示“OUT OF RANGE”的函数 show_out 的代码见程序清单 12.2.3。

**程序清单 12.2.3　show_out 函数代码**

```
void show_out()
  {
        LCD_DispASCII(FONT8x16[48],POS_Xex,20,RED,BLUE);//显示“OUT OF RANGE”
        LCD_DispASCII(FONT8x16[54],POS_Xex,30,RED,BLUE);
        LCD_DispASCII(FONT8x16[53],POS_Xex,40,RED,BLUE);
        LCD_DispASCII(FONT8x16[48],POS_Xex,60,RED,BLUE);
        LCD_DispASCII(FONT8x16[39],POS_Xex,70,RED,BLUE);
        LCD_DispASCII(FONT8x16[51],POS_Xex,90,RED,BLUE);
        LCD_DispASCII(FONT8x16[34],POS_Xex,100,RED,BLUE);
        LCD_DispASCII(FONT8x16[47],POS_Xex,110,RED,BLUE);
        LCD_DispASCII(FONT8x16[40],POS_Xex,120,RED,BLUE);
        LCD_DispASCII(FONT8x16[38],POS_Xex,130,RED,BLUE);
  }
```

更新寄存器数据和波形数据过程主要通过写寄存器和写波形数据存储器实现,系统中设定频率、相位以及幅度控制寄存器地址分别为 0x001、0x0ff、0x003,波形数据存储器地址为 0x100 ~ 0x355,具体代码见程序清单 12.2.4。

**程序清单 12.2.4　刷新波形数据**

```
  IOWR(DDS_IP_BASE ,0x001, freq_cnt);   //写频率控制寄存器
  IOWR(DDS_IP_BASE ,0x0ff, pha_cnt);    //写相位控制寄存器
  IOWR(DDS_IP_BASE ,0x003, am_cnt);     //写幅度控制寄存器
for(i=0;i<=255;i++)                          //写波形数据存储器
        {
        fun=round(32767 * sin(pi * i/128)) +32767;
        IOWR(DDS_IP_BASE ,0x100 +i, fun);
        }
```

为了能够在液晶显示屏中实现汉字和字符的显示，需要在系统加入字库。但由于本项目需要显示的字符和汉字相对固定，而 ASCII 代码字库的总量较小，所以将本项目使用到的所有汉字和全部 ASCII 代码的点阵信息写入文件 Disp_Lib. c 中，作为本项目的字库使用。系统的英文字符采用 16 × 8 的 ASCII 字符，中文汉字从宋体 16 × 16 的 HZK16 字库中提取。Disp_Lib. c 中的部分点阵信息见程序清单 12. 2. 5。

**程序清单 12. 2. 5　ASCII 字符和汉字点阵数据 Disp_Lib. c**

```
//字库
//实际用 8 * 16 点阵
const unsigned char FONT8x16[][16] = {
0x08,0x10,0x10,0x00,0x00,0x00,0x00,0x00,0x00,0x00,0x00,0x00,0x00,0x00,0x00,0x00, // columns, rows, num_bytes_per_char
0x00,0x00,0x00,0x00,0x00,0x00,0x00,0x00,0x00,0x00,0x00,0x00,0x00,0x00,0x00,0x00, // space 0x20
0x00,0x00,0x18,0x3C,0x3C,0x3C,0x18,0x18,0x18,0x00,0x18,0x18,0x00,0x00,0x00,0x00, // !
0x00,0x63,0x63,0x63,0x22,0x00,0x00,0x00,0x00,0x00,0x00,0x00,0x00,0x00,0x00,0x00, // "
0x00,0x00,0x00,0x36,0x36,0x7F,0x36,0x36,0x36,0x7F,0x36,0x36,0x00,0x00,0x00,0x00, // #
0x0C,0x0C,0x3E,0x63,0x61,0x60,0x3E,0x03,0x03,0x43,0x63,0x3E,0x0C,0x0C,0x00,0x00, // $
0x00,0x00,0x00,0x00,0x00,0x61,0x63,0x06,0x0C,0x18,0x33,0x63,0x00,0x00,0x00,0x00, // %
0x00,0x00,0x00,0x1C,0x36,0x36,0x1C,0x3B,0x6E,0x66,0x66,0x3B,0x00,0x00,0x00,0x00, // &
0x00,0x30,0x30,0x30,0x60,0x00,0x00,0x00,0x00,0x00,0x00,0x00,0x00,0x00,0x00,0x00, // '
0x00,0x00,0x0C,0x18,0x18,0x30,0x30,0x30,0x30,0x18,0x18,0x0C,0x00,0x00,0x00,0x00, // (
… …
/* --  文字： 频  --*/
/* --  宋体 12；  此字体下对应的点阵为：宽 × 高 = 16 × 16   --*/
const unsigned char pin[32] = {
0x10,0x00,0x11,0xFE,0x50,0x20,0x5C,0x40,0x51,0xFC,0x51,0x04,0xFF,0x24,0x01,0x24,
0x11,0x24,0x55,0x24,0x55,0x24,0x55,0x44,0x84,0x50,0x08,0x88,0x31,0x04,0xC2,0x02,
};
/* --  文字： 率  --*/
/* --  宋体 12；  此字体下对应的点阵为：宽 × 高 = 16 × 16   --*/
const unsigned char lv[32] = {
0x02,0x00,0x01,0x00,0x7F,0xFC,0x02,0x00,0x44,0x44,0x2F,0x88,0x11,0x10,0x22,0x48,
0x4F,0xE4,0x00,0x20,0x01,0x00,0xFF,0xFE,0x01,0x00,0x01,0x00,0x01,0x00,0x01,0x00,
};
/* --  文字： 波  --*/
/* --  宋体 12；  此字体下对应的点阵为：宽 × 高 = 16 × 16   --*/
const unsigned char bo[32] = {
0x00,0x20,0x20,0x20,0x10,0x20,0x13,0xFE,0x82,0x22,0x42,0x24,0x4A,0x20,0x0B,0xFC,
0x12,0x84,0x12,0x88,0xE2,0x48,0x22,0x50,0x22,0x20,0x24,0x50,0x24,0x88,0x09,0x06,
};
/* --  文字： 形  --*/
/* --  宋体 12；  此字体下对应的点阵为：宽 × 高 = 16 × 16   --*/
const unsigned char xing[32] = {
0x00,0x00,0x7F,0x84,0x12,0x04,0x12,0x08,0x12,0x10,0x12,0x22,0x12,0x02,0xFF,0xC4,
0x12,0x08,0x12,0x10,0x12,0x22,0x12,0x02,0x22,0x04,0x22,0x08,0x42,0x10,0x82,0x60,
};
```

图 12. 2. 7 是在 LCD 上显示的人机交互界面，通过 PS/2 键盘就可以设置产生的信号的波形、频率、相位。图 12. 2. 8 至图 12. 2. 13是用逻辑分析仪抓取到的各种输出波形图。

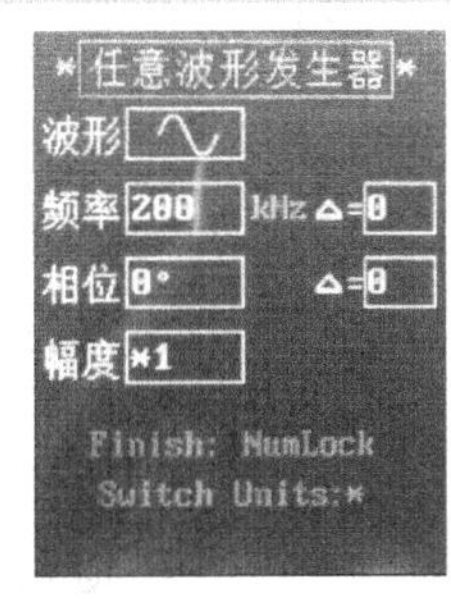


图 12. 2. 7　LCD 人机交互界面

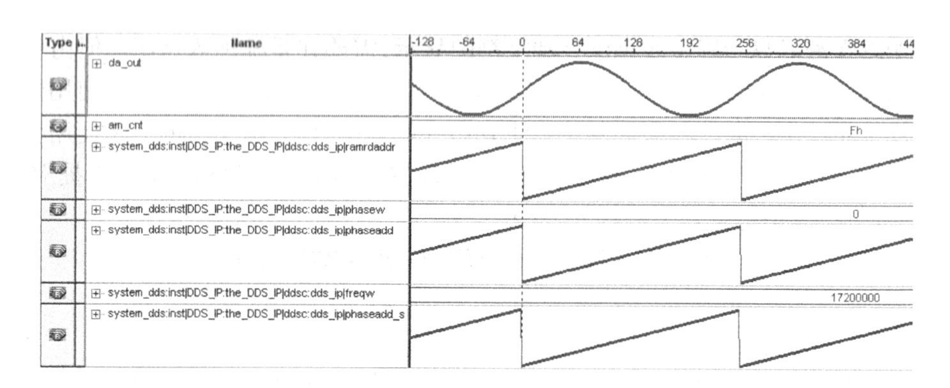


图 12.2.8　正弦波输出(频率 =200 kHz 幅度值 =15 相位值 =0°)

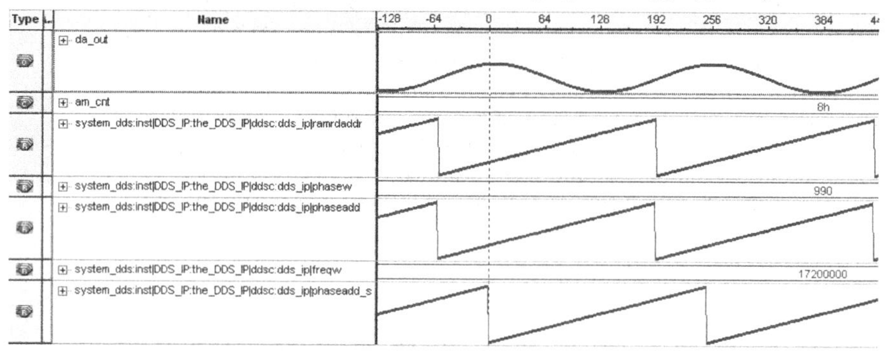


图 12.2.9　正弦波输出(频率 =200 kHz 幅度值 =8 相位值 =90°)

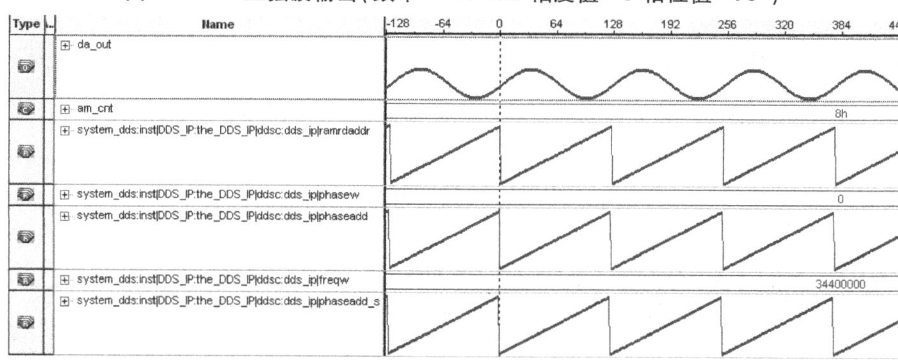


图 12.2.10　正弦波输出(频率 =400 kHz 幅度值 =8 相位值 =0°)

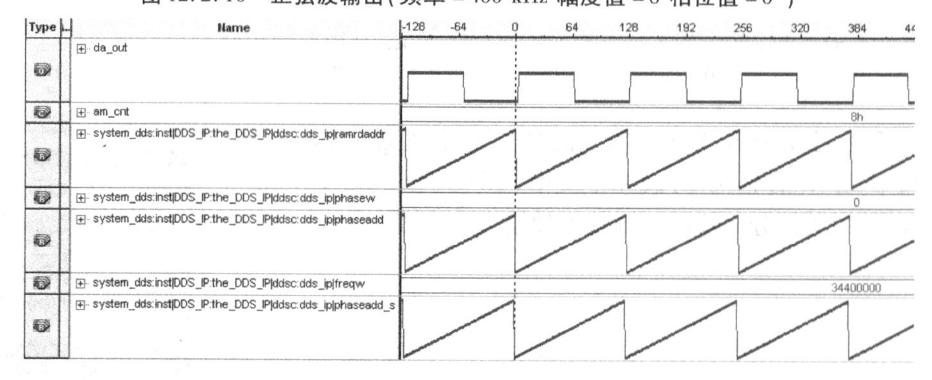


图 12.2.11　方波输出(频率 =400 kHz 幅度值 =8 相位值 =0°)

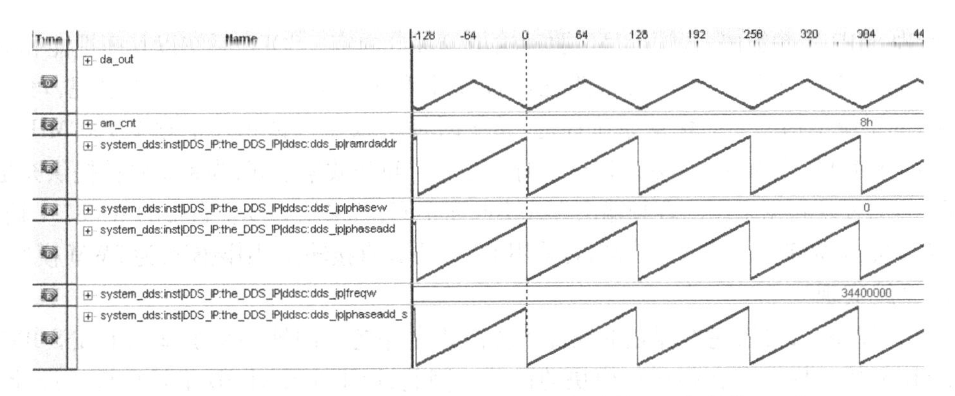


图 12.2.12　**三角波输出(频率 =400 kHz 幅度值 =8 相位值 =0°)**

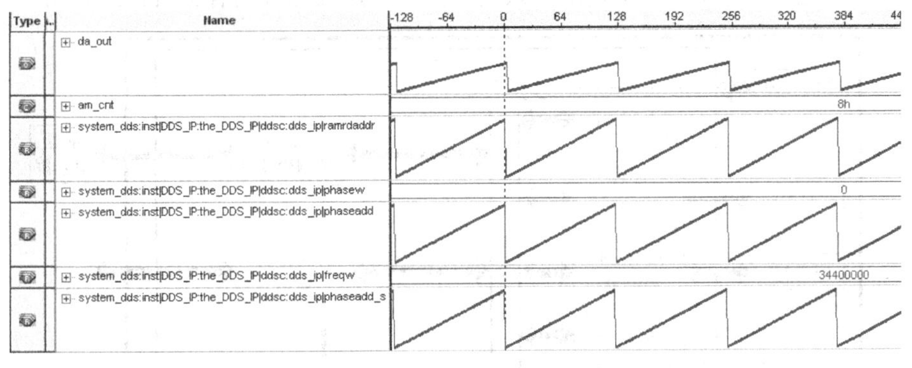


图 12.2.13　**锯齿波输出(频率 =400 kHz 幅度值 =8 相位值 =0°)**

## 12.3　基于 SOPC 的 MP3 播放器

随着电子技术的发展,音乐播放已经成为许多电子产品非常普通的一个附加功能。但对于一个电子设计的初学者,完全独立地设计一个音乐播放器还是一件非常具有挑战性的任务。本课题拟以 LB0 为设计平台,介绍设计一个基于 SOPC 的 MP3 播放器的完整过程,供读者参考学习。

**(1)课题要求**

1)基本要求

①在 LB0 学习板上设计一个基于 SOPC 的 MP3 播放器。

②采用 SD 卡作为音乐存储器,可播放 WAV、MP3 格式的音乐。

③采用 PWM 方式输出音乐。

④音乐播放时可以进行暂停、重唱、下一曲等操作。

⑤实现歌词关联,在液晶显示屏上同步显示歌词。

2)提高要求

①使用 LB0 上的 WM8731 芯片取代 PWM 方式进行音乐输出。

②音量 10 级可调。

**(2)课题需求分析与系统设计方案**

要完成课题要求的音乐播放器需要实现 SD 卡读写及文件系统管理、中文字库管理、液晶显示界面管理、MP3 音频解码、音频信号的驱动输出等部分内容。SOPC 系统以其高性能和灵活性完全可以满足本课题的需要。根据课题设计要求和 LB0 学习板上的资源情况，可确定如图 12.3.1的系统结构图。为保证系统性能，系统时钟可以通过锁相环倍频至 100 MHz。板上 32 Mbyte的 SDRAM 作为 Nios Ⅱ处理器运行时的程序空间和数据空间，为系统软件提供充足的内存空间。音频模块根据采用的音频输出方式不同而不同，若采用 LB0 上自带的 WM8731 输出，则该模块需要完成 WM8731 的读写控制，若采用 PWM 方式直接输出，则该模块为 PWM 模块。

(3)系统实现

根据图 12.3.1，要搭建本课题的硬件系统需要在课题一的硬件系统基础上在 SOPC 系统中添加 SD 卡接口模块和音频接口模块的设计。因此，以下主要对 SD 卡接口模块设计、音频接口模块设计、完整 SOPC 系统构建以及系统软件设计这几部分内容进行详细介绍。

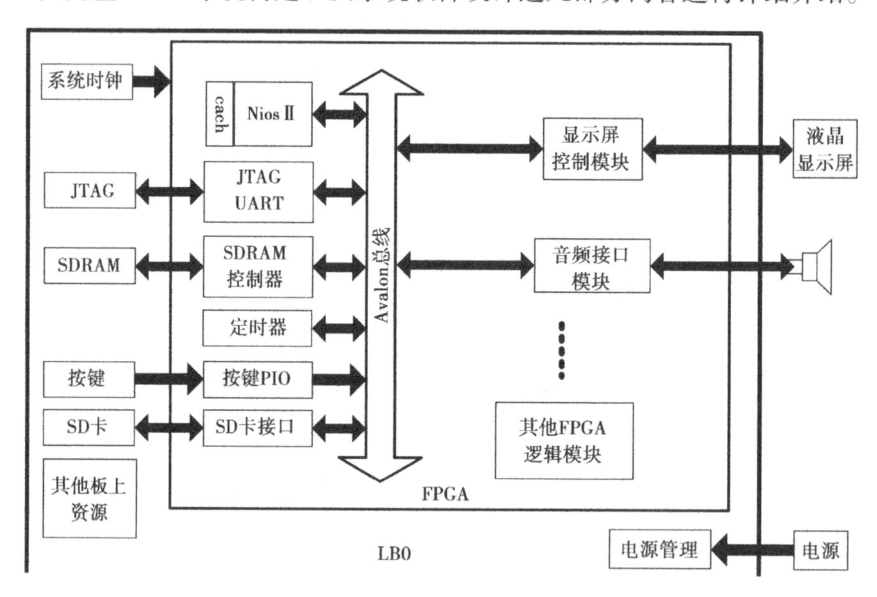


图 12.3.1　基于 SOPC 的音乐播放器系统结构图

1)SD 卡接口模块设计

SD 卡支持 SD 和 SPI 两种工作模式，SPI 模式接口协议相对简单，SD 模式传输速度较快，本课题选用 SD 模式。SD 模式下的管脚意义见表 12.3.1。

表 12.3.1　SD 模式下的管脚意义表

| 针　脚 | 名　称 | 类　型 | 功　能 |
|---|---|---|---|
| 1 | DAT3 | I/O | 数据位 3 |
| 2 | CMD | I/O | 命令/回复 |
| 3 | $V_{SS}$ | S | 地 |
| 4 | $V_{CC}$ | S | 供电电压 |
| 5 | CLK | I | 时钟 |
| 6 | $V_{SS2}$ | S | 地 |
| 7 | DAT0 | I/O | 数据位 0 |
| 8 | DAT1 | I/O | 数据位 1 |
| 9 | DAT2 | I/O | 数据位 2 |

SD 卡在 SD 模式下可以通过单根数据线(DAT0)或四根数据线(DAT0-DAT3)两种方式进行数据传输,单根数据线传输最大传输速率为 25 Mbit/s,四根数据线最大传输速率为 100 Mbit/s,由于 LB0 学习板的硬件限制,此处选择单数据线 SD 模式,单数据线 SD 模式完全可以满足课题速度需求。要实现 SD 卡的 SD 模式,就需要在 SOPC Builder 中添加的三个 PIO 分别作为时钟线(CLK)、命令线(CMD)、数据线(DAT)。CLK 由主机产生,作为数据通信的时钟信号;CMD 为双向信号线,用于主机发命令给 SD 卡或 SD 卡进行命令响应;DAT 也为双向信号线,用于主机与 SD 卡间的数据通信。

根据 SD 卡 SD 模式的规范设计对应的驱动程序如程序清单 12.3.1 所示,其中用 Ncr 函数是为软件模式向 SD 卡发送命令时序,Ncc 函数为软件模式接收 SD 卡反馈信息时序,SD_card_init 函数实现对 SD 卡的初始化,response_R 函数实现接受 SD 卡的反馈信息,send_cmd 函数实现向 SD 卡发送指令,SD_read_lba 函数实现从 SD 卡中读取指定扇区中的内容。

程序中使用到的 SD 卡相关命令的含义见表 12.3.2。

**程序清单 12.3.1　SD 卡驱动程序(SD 模式)sd_card.c**

```
//变量类型宏定义
#define BYTE unsigned char
//函数声明
BYTE response_R(BYTE);
BYTE send_cmd(BYTE *);
BYTE SD_read_lba(BYTE *,UINT32,UINT32);
BYTE SD_card_init(void);
//需要用到的变量
BYTE read_status;
BYTE response_buffer[20];
BYTE RCA[2];
BYTE cmd_buffer[5];
//用数组存放指令
//cmd0:重置所有卡到 Idle 状态
const BYTE cmd0[5]   = {0x40,0x00,0x00,0x00,0x00};
//cmd55:告诉 SD 卡接下来的命令是应用相关命令,而非标准命令
const BYTE cmd55[5]  = {0x77,0x00,0x00,0x00,0x00};
//cmd2:要求所有卡发送 CID 号
const BYTE cmd2[5]   = {0x42,0x00,0x00,0x00,0x00};
//cmd3:要求所有卡发布一个新的相对地址 RCA
const BYTE cmd3[5]   = {0x43,0x00,0x00,0x00,0x00};
//cmd7:将 SD 卡在待命状态和传输状态之间切换
const BYTE cmd7[5]   = {0x47,0x00,0x00,0x00,0x00};
//cmd9:寻址卡并让其发送卡定义数据 CSD
const BYTE cmd9[5]   = {0x49,0x00,0x00,0x00,0x00};
//cmd16:为接下来的块操作指令设置块长度
const BYTE cmd16[5]  = {0x50,0x00,0x00,0x02,0x00};
//cmd17:读取一个块
const BYTE cmd17[5]  = {0x51,0x00,0x00,0x00,0x00};
//acmd6:设置总线宽度
const BYTE acmd6[5]  = {0x46,0x00,0x00,0x00,0x02};
//acmd41:要求访问的卡发送它的操作条件寄存器(OCR)内容
const BYTE acmd41[5] = {0x69,0x40,0xff,0x80,0x00};
//ACMD51:读取 SD 配置寄存器 SCR
const BYTE acmd51[5] = {0x73,0x00,0x00,0x00,0x00};
//cmd8:取得 SD 卡支持工作电压范围数据
const BYTE cmd8[5]   = {0x48,0x00,0x00,0x01,0xaa};
//设置 SD 卡接口的输入输出状态的宏定义
```

```
#define SD_CMD_IN   IOWR(SD1_CMD_BASE, 1, 0)
#define SD_CMD_OUT  IOWR(SD1_CMD_BASE, 1, 1)
#define SD_DAT_IN   IOWR(SD1_DAT_BASE, 1, 0)
#define SD_DAT_OUT  IOWR(SD1_DAT_BASE, 1, 1)
//SD 卡各接口信号置 0 置 1 的宏定义,方便调用
#define SD_CMD_LOW  IOWR(SD1_CMD_BASE, 0, 0)
#define SD_CMD_HIGH IOWR(SD1_CMD_BASE, 0, 1)
#define SD_DAT_LOW  IOWR(SD1_DAT_BASE, 0, 0)
#define SD_DAT_HIGH IOWR(SD1_DAT_BASE, 0, 1)
#define SD_CLK_LOW  IOWR(SD1_CLK_BASE, 0, 0)
#define SD_CLK_HIGH IOWR(SD1_CLK_BASE, 0, 1)
//读入信号的宏定义
#define SD_TEST_CMD IORD(SD1_CMD_BASE, 0)
#define SD_TEST_DAT IORD(SD1_DAT_BASE, 0)
//软件模式向 SD 卡发送命令时序
void Ncr(void)
{
   SD_CMD_IN;
   SD_CLK_LOW;
   SD_CLK_HIGH;
   SD_CLK_LOW;
   SD_CLK_HIGH;
}
//软件模式接收 SD 卡反馈信息时序
void Ncc(void)
{
  int i;
  for(i =0;i <8;i + +)
  {
    SD_CLK_LOW;
    SD_CLK_HIGH;
  }
}
//SD 卡初始化函数
BYTE SD_card_init(void)
{
    BYTE x,y;
    SD_CMD_OUT;
    SD_DAT_IN;
    SD_CLK_HIGH;
    SD_CMD_HIGH;
    SD_DAT_LOW;
    read_status =0;
usleep(74 * 10);
//发送指令 cmd0, 重置 SD 卡
    for(x =0;x <40;x ++)
    Ncr();
    for(x =0;x <5;x ++)
    cmd_buffer[x] =cmd0[x];
    y = send_cmd(cmd_buffer);
    for(x =0;x <40;x ++);
      //发送指令 cmd8,取得 SD 卡支持工作电压范围数据
      Ncc();
      for(x =0;x <5;x ++)
      cmd_buffer[x] =cmd8[x];
      y = send_cmd(cmd_buffer);
```

```
    Ncr();
    if(response_R(7) >1)      //响应时间太长或者 crc 错误
    return 1;
  do
  {
    //发送指令 cmd55,告诉 SD 卡接下来的命令是应用相关命令,而非标准命令
    Ncc();
    for(x =0;x <5;x ++)
    cmd_buffer[x] = cmd55[x];
    y = send_cmd(cmd_buffer);
    Ncr();
    if(response_R(1) >1)
    return 1;
    //发送 acmd41,要求访问的卡发送它的操作条件寄存器(OCR)内容
    Ncc();
    for(x =0;x <5;x ++)
    cmd_buffer[x] = acmd41[x];
    y = send_cmd(cmd_buffer);
    Ncr();
  } while(response_R(3) = =1);
  //发送 cmd2, 要求所有卡发送 CID 号
  Ncc();
  for(x =0;x <5;x ++)
  cmd_buffer[x] = cmd2[x];
  y = send_cmd(cmd_buffer);
  Ncr();
  if(response_R(2) >1)
  return 1;
  //发送 cmd3, 要求所有卡发布一个新的相对地址 RCA
  Ncc();
  for(x =0;x <5;x ++)
  cmd_buffer[x] = cmd3[x];
  y = send_cmd(cmd_buffer);
  Ncr();
  if(response_R(6) >1)
  return 1;
  RCA[0] = response_buffer[1];
  RCA[1] = response_buffer[2];
  //发送 cmd9,寻址卡并让其发送卡定义数据 CSD
  Ncc();
  for(x =0;x <5;x ++)
  cmd_buffer[x] = cmd9[x];
  cmd_buffer[1] = RCA[0];
  cmd_buffer[2] = RCA[1];
  y = send_cmd(cmd_buffer);
  Ncr();
  if(response_R(2) >1)
  return 1;
  //发送 cmd7,将 SD 卡再设置为传输状态
  Ncc();
  for(x =0;x <5;x ++)
  cmd_buffer[x] = cmd7[x];
  cmd_buffer[1] = RCA[0];
  cmd_buffer[2] = RCA[1];
  y = send_cmd(cmd_buffer);
  Ncr();
```

```
    if(response_R(1) >1)
    return 1;
    //cmd16,为接下来的块操作指令设置块长度
    Ncc();
    for(x =0;x <5;x ++)
    cmd_buffer[x] = cmd16[x];
    y = send_cmd(cmd_buffer);
    Ncr();
    if(response_R(1) >1)
    return 1;
    read_status =1;     //SD 卡准备就绪
    return 0;
}
//读取 SD 信息的函数,用于从 SD 卡的第 lba 扇区读取数据到 buff
BYTE SD_read_lba(BYTE *buff,UINT32 lba,UINT32 seccnt)
{
  BYTE c =0;
  UINT32  i,j;
  UINT32 read_back =0;
  for(j =0;j < seccnt;j ++)
  {
    {
      Ncc();
      cmd_buffer[0] = cmd17[0];
      cmd_buffer[1] = (lba > >24)&0xff;
      cmd_buffer[2] = (lba > >16)&0xff;
      cmd_buffer[3] = (lba > >8)&0xff;
      cmd_buffer[4] = lba&0xff;;

      lba + +;
      send_cmd(cmd_buffer);
      Ncr();
    }
    while(1)
    {
      SD_CLK_LOW;
      SD_CLK_HIGH;
      if(! (SD_TEST_DAT))
      break;
    }
    for(i =0;i <512;i ++)
    {
      BYTE j;
      for(j =0;j <8;j ++)
      {
        SD_CLK_LOW;
        SD_CLK_HIGH;
        c < < = 1;
        if(SD_TEST_DAT)
        c | = 0x01;
      }
      *buff = c;
      buff + +;
    }
    for(i =0; i <16; i ++)
    {
```

```
        SD_CLK_LOW;
        SD_CLK_HIGH;
    }
  }
  read_status = 1;
  return 0;
}
//接收 SD 反馈信息的函数
BYTE response_R(BYTE s)
{
  BYTE a = 0,b = 0,c = 0,r = 0,crc = 0;
  BYTE i,j = 6,k;
  while(1)
  {
    SD_CLK_LOW;
    SD_CLK_HIGH;
    if(!(SD_TEST_CMD))
    break;
    if(crc++ >100)
    return 2;
  }
  crc =0;
  if(s == 2)
  j = 17;
  //用于 crc 校验
  for(k =0; k<j; k++)
  {
    c = 0;
    if(k > 0)
    b = response_buffer[k - 1];
    for(i =0; i<8; i++)
    {
      SD_CLK_LOW;
      if(a > 0)
      c <<= 1;
      else
      i++;
      a++;
      SD_CLK_HIGH;
      if(SD_TEST_CMD)
      c |= 0x01;
      if(k > 0)
      {
        crc <<= 1;
        if((crc ^ b) & 0x80)
        crc ^= 0x09;
        b <<= 1;
        crc &= 0x7f;
      }
    }
    if(s ==3)
    {
      if( k ==1 &&(!(c&0x80)))
      r=1;
    }
    response_buffer[k] = c;
  }
```

```
  if(s = =1 || s = =6)
  {
    if(c ! = ((crc < <1) +1))
    r =2;
  }
  return r;
}
//向 SD 卡发送指令的函数
BYTE send_cmd(BYTE *in)
{
  int i,j;
  BYTE b,crc =0;
  SD_CMD_OUT;
  for(i =0; i < 5; i + +)
  {
    b = in[i];
    for(j =0; j <8; j + +)
    {
      SD_CLK_LOW;
      if(b&0x80)
      SD_CMD_HIGH;
      else
      SD_CMD_LOW;
      crc < < = 1;
      SD_CLK_HIGH;
      if((crc ^ b) & 0x80)
      crc ^= 0x09;
      b< < =1;
    }
    crc & = 0x7f;
  }
  crc = ((crc < <1) |0x01);
  b = crc;
  for(j =0; j <8; j + +)
  {
    SD_CLK_LOW;
    if(crc&0x80)
    SD_CMD_HIGH;
    else
    SD_CMD_LOW;
    SD_CLK_HIGH;
    crc < < =1;
  }
  return b;
}
```

SD_card_init 函数对 SD 卡执行初始化操作的流程为:发送标准命令 cmd0 重置 SD 卡,发送标准命令 cmd8 取得 SD 卡工作电压,发送标准命令 cmd55 通知 SD 卡接下来发送应用命令,发送应用命令 acmd41 取得操作条件寄存器的内容,发送标准命令 cmd2 取得 SD 卡 CID 号,发送标准命令 cmd3 得到 SD 卡的相对地址 RCA,发送标准命令 cmd9 取得卡定义数据 CSD,发送标准命令 cmd7 将 SD 卡切换为传输状态,发送标准命令 cmd16 设置块操作的块长度。

SD_read_lba 函数实现读取指定扇区的内容是通过向 SD 卡发送标准命令 cmd17,再从数据线 DAT 读取数据,存入数组 buff。

表 12.3.2　SD 卡相关命令的含义

| 命令索引 | 描　述 |
| --- | --- |
| cmd0 | 重置所有卡到 Idle 状态 |
| cmd2 | 要求所有卡发送 CID 号 |
| cmd3 | 要求所有卡发布一个新的相对地址 RCA |
| cmd7 | 将 SD 卡在待命状态和传输状态之间切换 |
| cmd8 | 取得 SD 卡支持工作电压范围数据 |
| cmd9 | 寻址卡并让其发送卡定义数据 CSD |
| cmd16 | 为接下来的块操作指令设置块长度 |
| cmd17 | 读取一个块 |
| cmd55 | 告诉 SD 卡接下来的命令是应用相关命令,而非标准命令 |
| acmd6 | 设置总线宽度 |
| acmd41 | 要求访问的卡发送它的操作条件寄存器(OCR)内容 |
| acmd51 | 读取 SD 配置寄存器 SCR |

2)音频接口模块设计

音频接口模块是将音频文件解码得到的数字声音信号转换为扬声器驱动信号,通常采用专用的 DA 实现,也可以将输出的数字信号通过脉冲宽度调制(PWM)模块后直接送扬声器实现。

此处以 PWM 的方式为例进行设计。用 PWM 产生声音的基本原理是:使用解码得到的音频采样数据来控制 PWM 模块的频率和占空比,然后将转换得到的 PWM 信号,这样就等效地将音频数据进行了 DA 转换,最后将得到的信号送给扬声器发声。

因此,此处设计了一个周期、占空比可调的带 FIFO 的 PWM 自定义模块,整个模块由 PWM 控制模块和 FIFO 模块组成,此处的 FIFO 起到数据缓存的作用,具体代码如程序清单 12.3.2 所示。添加两个 PWM 自定义模块 lpwm 和 rpwm 分别作为左右声道音频输出接口。

程序清单 12.3.2　带 fifo 的 pwm 模块

```
pwm_with_fifo. vhd 文件的源代码:
- - - - - - - - - - - - - - - - - - - - - - - - - - - - - - - - - - - - - - - -
- -带 fifo 的 pwm 顶层模块,包含 fifo 模块和 pwm 控制模块
- - - - - - - - - - - - - - - - - - - - - - - - - - - - - - - - - - - - - - - -
LIBRARY ieee;
USE ieee. std_logic_1164. all;
LIBRARY work;
ENTITY pwm_with_fifo IS
    port
    (
        clk :  IN   STD_LOGIC;
        rst :  IN   STD_LOGIC;
        wren :  IN   STD_LOGIC;
        rden :  IN   STD_LOGIC;
        address :  IN   STD_LOGIC_VECTOR(7 downto 0);
        writedata :  IN   STD_LOGIC_VECTOR(31 downto 0);
```

```
        pwm :  OUT  STD_LOGIC;
        readdata :  OUT  STD_LOGIC_VECTOR(31 downto 0)
    );
END pwm_with_fifo;
ARCHITECTURE bdf_type OF pwm_with_fifo IS
component fifo1
    PORT(wrreq : IN STD_LOGIC;
        rdreq : IN STD_LOGIC;
        clock : IN STD_LOGIC;
        aclr : IN STD_LOGIC;
        data : IN STD_LOGIC_VECTOR(15 downto 0);
        full : OUT STD_LOGIC;
        empty : OUT STD_LOGIC;
        q : OUT STD_LOGIC_VECTOR(15 downto 0);
        usedw : OUT STD_LOGIC_VECTOR(10 downto 0)
    );
end component;
component pwf_control
    PORT(clk : IN STD_LOGIC;
        rst : IN STD_LOGIC;
        wren : IN STD_LOGIC;
        rden : IN STD_LOGIC;
        full : IN STD_LOGIC;
        empty : IN STD_LOGIC;
        addr : IN STD_LOGIC_VECTOR(7 downto 0);
        fifout : IN STD_LOGIC_VECTOR(15 downto 0);
        usedw : IN STD_LOGIC_VECTOR(10 downto 0);
        wdata : IN STD_LOGIC_VECTOR(31 downto 0);
        fifowe : OUT STD_LOGIC;
        fifore : OUT STD_LOGIC;
        fifoclr : OUT STD_LOGIC;
        pwm : OUT STD_LOGIC;
        fifoin : OUT STD_LOGIC_VECTOR(15 downto 0);
        rdata : OUT STD_LOGIC_VECTOR(31 downto 0)
    );
end component;
signal  SYNTHESIZED_WIRE_0 :  STD_LOGIC;
signal  SYNTHESIZED_WIRE_1 :  STD_LOGIC;
signal  SYNTHESIZED_WIRE_2 :  STD_LOGIC;
signal  SYNTHESIZED_WIRE_3 :  STD_LOGIC_VECTOR(15 downto 0);
signal  SYNTHESIZED_WIRE_4 :  STD_LOGIC;
signal  SYNTHESIZED_WIRE_5 :  STD_LOGIC;
signal  SYNTHESIZED_WIRE_6 :  STD_LOGIC_VECTOR(15 downto 0);
signal  SYNTHESIZED_WIRE_7 :  STD_LOGIC_VECTOR(10 downto 0);
BEGIN
b2v_inst : fifo1
PORT MAP(wrreq => SYNTHESIZED_WIRE_0,
        rdreq => SYNTHESIZED_WIRE_1,
        clock => clk,
        aclr => SYNTHESIZED_WIRE_2,
        data => SYNTHESIZED_WIRE_3,
        full => SYNTHESIZED_WIRE_4,
        empty => SYNTHESIZED_WIRE_5,
        q => SYNTHESIZED_WIRE_6,
        usedw => SYNTHESIZED_WIRE_7);
b2v_inst1 : pwf_control
```

```
PORT MAP(clk => clk,
        rst => rst,
        wren => wren,
        rden => rden,
        full => SYNTHESIZED_WIRE_4,
        empty => SYNTHESIZED_WIRE_5,
        addr => address,
        fifout => SYNTHESIZED_WIRE_6,
        usedw => SYNTHESIZED_WIRE_7,
        wdata => writedata,
        fifowe => SYNTHESIZED_WIRE_0,
        fifore => SYNTHESIZED_WIRE_1,
        fifoclr => SYNTHESIZED_WIRE_2,
        pwm => pwm,
        fifoin => SYNTHESIZED_WIRE_3,
        rdata => readdata);
END;
-------------------------------
pwf_control. vhd 文件的源代码:
-------------------------------
--带 FIFO 的 PWM 主控制模块
-------------------------------
--write address
--0   : duty(pcm data)
--2   : period
--32 : clear the fifo
-------------------------------
--read address
--0   : read duty value
--2   : read period value
--4   : read the use dw
--8   : read full flag
--16 : read empty flag
-------------------------------
LIBRARY ieee;
USE      ieee. std_logic_1164. all;
USE      ieee. std_logic_unsigned. all;
-------------------------------
ENTITY pwf_control IS
    PORT(
    --Avalon 总线信号
    clk       :IN   STD_LOGIC;
    rst       :IN   STD_LOGIC;
    addr      :IN   STD_LOGIC_VECTOR(7 DOWNTO 0);
    wren      :IN   STD_LOGIC;
    wdata     :IN   STD_LOGIC_VECTOR(31 DOWNTO 0);
    rden      :IN   STD_LOGIC;
    rdata     :OUT STD_LOGIC_VECTOR(31 DOWNTO 0);
    --FiFo 信号
    fifout :IN    STD_LOGIC_VECTOR(15 DOWNTO 0);
    full    :IN   STD_LOGIC;
    empty    :IN   STD_LOGIC;
    usedw    :IN   STD_LOGIC_VECTOR(10 DOWNTO 0);
    fifoin :OUT STD_LOGIC_VECTOR(15 DOWNTO 0);
    fifowe :OUT STD_LOGIC;
    fifore :OUT STD_LOGIC;
```

```
    fifoclr:OUT STD_LOGIC;
    - -PWM 输出信号
    pwm    :OUT STD_LOGIC);
END pwf_control;
- - - - - - - - - - - - - - - - - - - - - - - - - - - - -
ARCHITECTURE behavior OF pwf_control IS
    SIGNAL per   : STD_LOGIC_VECTOR(15 DOWNTO 0);
    SIGNAL duty  : STD_LOGIC_VECTOR(15 DOWNTO 0);
    SIGNAL count: STD_LOGIC_VECTOR(15 DOWNTO 0);
    SIGNAL off   : STD_LOGIC;
    SIGNAL fwe   : STD_LOGIC;
BEGIN
- -Avalon 总线进程- - - - - - - - - - - - - - - - - - - - - - - - -
    PROCESS(clk, rst, addr, wren, wdata, rden)
    BEGIN
        IF clk'EVENT AND clk = '1' THEN
            IF rden =  '1' THEN
                CASE addr IS
                    WHEN "00000000"  = > rdata < = X"0000"&duty;
                    WHEN "00000010"  = > rdata < = X"0000"&per;
                    WHEN "00000100"  = > rdata < = X"00000"&'0'&usedw;
                    WHEN "00001000"  = > rdata < = X"0000000"&"000"&full;
                    WHEN "00010000"  = > rdata < = X"0000000"&"000"&empty;
                    WHEN OTHERS       = > NULL;
                END CASE;
            ELSIF wren = '1' THEN
                CASE addr IS
                    WHEN "00000000"  = > fifoin < = wdata(15 DOWNTO 0);
                    WHEN "00000010"  = > per    < = wdata(15 DOWNTO 0);
                    WHEN OTHERS       = > NULL;
                END CASE;
            END IF;
        END IF;
    END PROCESS;
    fwe    < = wren WHEN (addr = "00000000") ELSE '0';
    fifoclr < = wren WHEN (addr = "00100000") ELSE '0';
    PROCESS(clk)
    BEGIN
        IF clk'EVENT AND clk = '1' THEN
            fifowe < = fwe;
        END IF;
    END PROCESS;
- -PWM 产生进程- - - - - - - - - - - - - - - - - - - - - - - - -
    PROCESS(clk, rst)
    BEGIN
        IF clk'EVENT AND clk = '1' THEN
            IF count > = per THEN
                count < = X"0000";
            ELSE
                count < = count + 1;
            END IF;
        END IF;
    END PROCESS;
    PROCESS(clk, rst)
    BEGIN
        IF clk'EVENT AND clk = '1' THEN
```

```
            IF count  > =  duty THEN
                off  < =  '1';
            ELSE
                    IF count = X"0000" THEN
                        off  < =  '0';
                ELSE
                        off  < =  off;
                END IF;
            END IF;
        END IF;
    END PROCESS;
    fifore  < =  '1' WHEN ( count  =  X"0000" ) ELSE '0';
    duty     < =  fifout WHEN ( count  =  X"0001" ) ELSE duty;
    pwm       < =  NOT off;
END behavior;
- - - - - - - - - - - - - - - - - - - - - - - - - - - - -
```

fifo1. vhd 文件的源代码：

```
- - - - - - - - - - - - - - - - - - - - - - - - - - - - -
- - FIFO 模块
- - - - - - - - - - - - - - - - - - - - - - - - - - - - -
LIBRARY ieee;
USE ieee. std_logic_1164. all;
LIBRARY altera_mf;
USE altera_mf. all;
ENTITY fifo1 IS
  PORT
  (
        aclr         : IN STD_LOGIC ;
        clock        : IN STD_LOGIC ;
        data         : IN STD_LOGIC_VECTOR (15 DOWNTO 0);
        rdreq        : IN STD_LOGIC ;
        wrreq        : IN STD_LOGIC ;
        empty              : OUT STD_LOGIC ;
        full         : OUT STD_LOGIC ;
        q            : OUT STD_LOGIC_VECTOR (15 DOWNTO 0);
        usedw              : OUT STD_LOGIC_VECTOR (10 DOWNTO 0)
    );
END fifo1;
ARCHITECTURE SYN OF fifo1 IS
    SIGNAL sub_wire0  : STD_LOGIC_VECTOR (10 DOWNTO 0);
    SIGNAL sub_wire1  : STD_LOGIC ;
    SIGNAL sub_wire2  : STD_LOGIC_VECTOR (15 DOWNTO 0);
    SIGNAL sub_wire3  : STD_LOGIC ;
    COMPONENT scfifo
    GENERIC (
        add_ram_output_register        : STRING;
        intended_device_family         : STRING;
        lpm_hint    : STRING;
        lpm_numwords          : NATURAL;
        lpm_showahead         : STRING;
        lpm_type    : STRING;
        lpm_width     : NATURAL;
        lpm_widthu          : NATURAL;
        overflow_checking          : STRING;
        underflow_checking         : STRING;
        use_eab         : STRING
```

```
    );
    PORT (
        usedw       : OUT STD_LOGIC_VECTOR (10 DOWNTO 0);
        rdreq : IN STD_LOGIC ;
        empty       : OUT STD_LOGIC ;
        aclr  : IN STD_LOGIC ;
        clock : IN STD_LOGIC ;
        q     : OUT STD_LOGIC_VECTOR (15 DOWNTO 0);
        wrreq : IN STD_LOGIC ;
        data  : IN STD_LOGIC_VECTOR (15 DOWNTO 0);
        full  : OUT STD_LOGIC
    );
    END COMPONENT;
BEGIN
    usedw    <= sub_wire0(10 DOWNTO 0);
    empty    <= sub_wire1;
    q     <= sub_wire2(15 DOWNTO 0);
    full     <= sub_wire3;

    scfifo_component : scfifo
    GENERIC MAP (
        add_ram_output_register => "OFF",
        intended_device_family => "Cyclone Ⅱ",
        lpm_hint => "RAM_BLOCK_TYPE=M4K",
        lpm_numwords => 2048,
        lpm_showahead => "OFF",
        lpm_type => "scfifo",
        lpm_width => 16,
        lpm_widthu => 11,
        overflow_checking => "ON",
        underflow_checking => "ON",
        use_eab => "ON"
    )
    PORT MAP (
        rdreq => rdreq,
        aclr => aclr,
        clock => clock,
        wrreq => wrreq,
        data => data,
        usedw => sub_wire0,
        empty => sub_wire1,
        q => sub_wire2,
        full => sub_wire3
    );
END SYN;
```

将程序清单 12.3.2 的代码文件 fifo1.vhd、pwf_control.vhd 和顶层文件 pwm_with_fifo.vhd 在 SOPC Builder 中用 File-New Component 打开 Component Editor 添加后，创建为自定义模块，具体信号线设置如图 12.3.2 所示。

完成了 PWM 自定义模块的设计之后，需要设计其软件驱动程序，根据解码得到的音频数据来设置 PWM 自定义模块的周期和脉宽来实现音频数据到 PWM 信号的转换和 PWM 信号输出功能，如程序清单 12.3.3 所示。其中，set_rate 函数实现对 PWM 自定义模块的周期进行设置，set_left_channle 函数实现对左声道的脉宽进行设置，set_right_channle 函数实现对右声道脉宽进行设置。

| ... Name | Interface | Signal Type | Width | Direction |
|---|---|---|---|---|
| wren | avalon_slave_0 | write | 1 | input |
| rden | avalon_slave_0 | read | 1 | input |
| address | avalon_slave_0 | address | 8 | input |
| writedata | avalon_slave_0 | writedata | 32 | input |
| readdata | avalon_slave_0 | readdata | 32 | output |
| clk | clock_reset | clk | 1 | input |
| rst | clock_reset | reset | 1 | input |
| pwm | conduit_end | export | 1 | output |

图 12.3.2　pwm 自定义模块信号设置

程序清单 12.3.3　pwm 自定义模块的软件驱动程序

```
typedef signed long mad_fixed_t;
typedef unsigned int   uINT;
#define PWMOUT
#define DUTY_OFFSET 0
#define PERIOD_OFFSET 2
#define PWM_CLOCK   100000000
#define MAD_F_FRACBITS 28
#define MAD_F(x) ((mad_fixed_t)
#define MAD_F_ONE MAD_F(0x10000000)
//以下子函数为简单的四舍五入操作,将 MAD 的高分辨率样本消减到 16 位
inline signed int scale(mad_fixed_t sample)
{
  /* round 近似 */
  sample += (1L << (MAD_F_FRACBITS - 16));
  /* clip 消减 */
  if (sample >= MAD_F_ONE)
    sample = MAD_F_ONE - 1;
  else if (sample < -MAD_F_ONE)
    sample = -MAD_F_ONE;
  /* quantize 量化 */
  return sample >> (MAD_F_FRACBITS + 1 - 16);
}
//设定输出 PWM 波的周期
uINT set_rate(uINT rate,uINT nchannels)
{
    uINT period;
    period = PWM_CLOCK / rate;          //100000000/采样频率
    IOWR(LPWM_BASE, PERIOD_OFFSET, period);
    if(nchannels==2)
    {
      IOWR(RPWM_BASE, PERIOD_OFFSET, period);
    }
    return period;
}
//设定左声道输出 PWM 波的脉宽
int set_left_channle(mad_fixed_t const *nleft_ch,uINT nperiod)
{
    signed int sample;
sample = scale(*nleft_ch);

    #ifdef PWMOUT
      sample = ((sample>>4) + 0x7fff);
      sample = ((sample*nperiod)>>16);
```

```
        IOWR(LPWM_BASE,DUTY_OFFSET,sample);
    #endif
    return 0;
}
//设定右声道输出 PWM 波的脉宽
int set_right_channle(mad_fixed_t const * nright_ch,uINT nperiod)
{
    signed int sample;
    sample = scale( * nright_ch);
    #ifdef PWMOUT
        sample = ((sample > >4) + 0x7fff);
        sample = ((sample * nperiod) > >16);
        IOWR(RPWM_BASE,DUTY_OFFSET,sample);
    #endif
    return 0;
}
```

3)完整 SOPC 系统构建

完成以上模块设计后,完整的 SOPC 系统搭建如图 12.3.3 所示,主要包含 Nios Ⅱ内核、SDRAM 控制器、SD 卡接口模块、音频接口模块、EPCS 控制器、按键、液晶显示屏接口模块等。添加完成后自动分配基地址和中断。

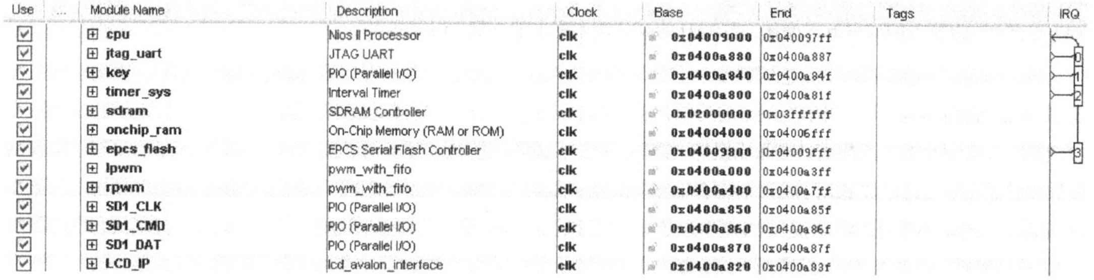

| Use | ... | Module Name | Description | Clock | Base | End | Tags | IRQ |
|---|---|---|---|---|---|---|---|---|
| ☑ | | ⊞ cpu | Nios Ⅱ Processor | clk | 0x04009000 | 0x040097ff | | |
| ☑ | | ⊞ jtag_uart | JTAG UART | clk | 0x0400a880 | 0x0400a887 | | 0 |
| ☑ | | ⊞ key | PIO (Parallel I/O) | clk | 0x0400a840 | 0x0400a84f | | 1 |
| ☑ | | ⊞ timer_sys | Interval Timer | clk | 0x0400a800 | 0x0400a81f | | 2 |
| ☑ | | ⊞ sdram | SDRAM Controller | clk | 0x02000000 | 0x03ffffff | | |
| ☑ | | ⊞ onchip_ram | On-Chip Memory (RAM or ROM) | clk | 0x04004000 | 0x04006fff | | |
| ☑ | | ⊞ epcs_flash | EPCS Serial Flash Controller | clk | 0x04009800 | 0x04009fff | | 3 |
| ☑ | | ⊞ lpwm | pwm_with_fifo | clk | 0x0400a000 | 0x0400a3ff | | |
| ☑ | | ⊞ rpwm | pwm_with_fifo | clk | 0x0400a400 | 0x0400a7ff | | |
| ☑ | | ⊞ SD1_CLK | PIO (Parallel I/O) | clk | 0x0400a850 | 0x0400a85f | | |
| ☑ | | ⊞ SD1_CMD | PIO (Parallel I/O) | clk | 0x0400a860 | 0x0400a86f | | |
| ☑ | | ⊞ SD1_DAT | PIO (Parallel I/O) | clk | 0x0400a870 | 0x0400a87f | | |
| ☑ | | ⊞ LCD_IP | lcd_avalon_interface | clk | 0x0400a820 | 0x0400a83f | | |

图 12.3.3　MP3 播放器 SOPC 系统组件结构图

其中,系统时钟 clk 为 100 MHz 的外部输入信号,Nios Ⅱ CPU Core 选择的是全功能型 CPU 核(Nios Ⅱ/f),Nios Ⅱ处理器中的“Reset Vector”和“Exception Vector”选项分别指向 EPCS 和 SDRAM。

完成组件添加和各项相关设置后即可进行系统生成。系统成功生成后,可将生成的 SOPC 系统与系统其他逻辑整合得到完整的硬件系统,本课题还需要添加一个 PLL 模块为 SDRAM 提供一个与系统时钟同频异相的刷新时钟以及一个按键去抖动模块(keyin)来对按键进行延时去抖处理,完整的硬件系统顶层图如图 12.3.4 所示。

该硬件工程在 LB0 上的管脚分配如表 12.3.3 所示。

4)系统软件设计

通过以上步骤完成了 MP3 播放器硬件的设计,接下来就要进行软件设计。本课题软件较为复杂,需要完成从 SD 卡中读入音频文件和歌词文件,对音频文件进行解码,从音频接口输出 PWM 波形驱动耳机发声,另外需要利用按键来对 MP3 进行下一首、暂停等控制操作,最后还要对 LRC 歌词文件进行解析,结合烧写到 EPCS 中字库文件实现在 LCD 液晶显示屏上显示当前播放的歌曲的信息以及同步显示歌词。整个 MP3 播放器软件流程图如图 12.3.5 所示。

下面对流程图中每一部分内容进行详细说明。

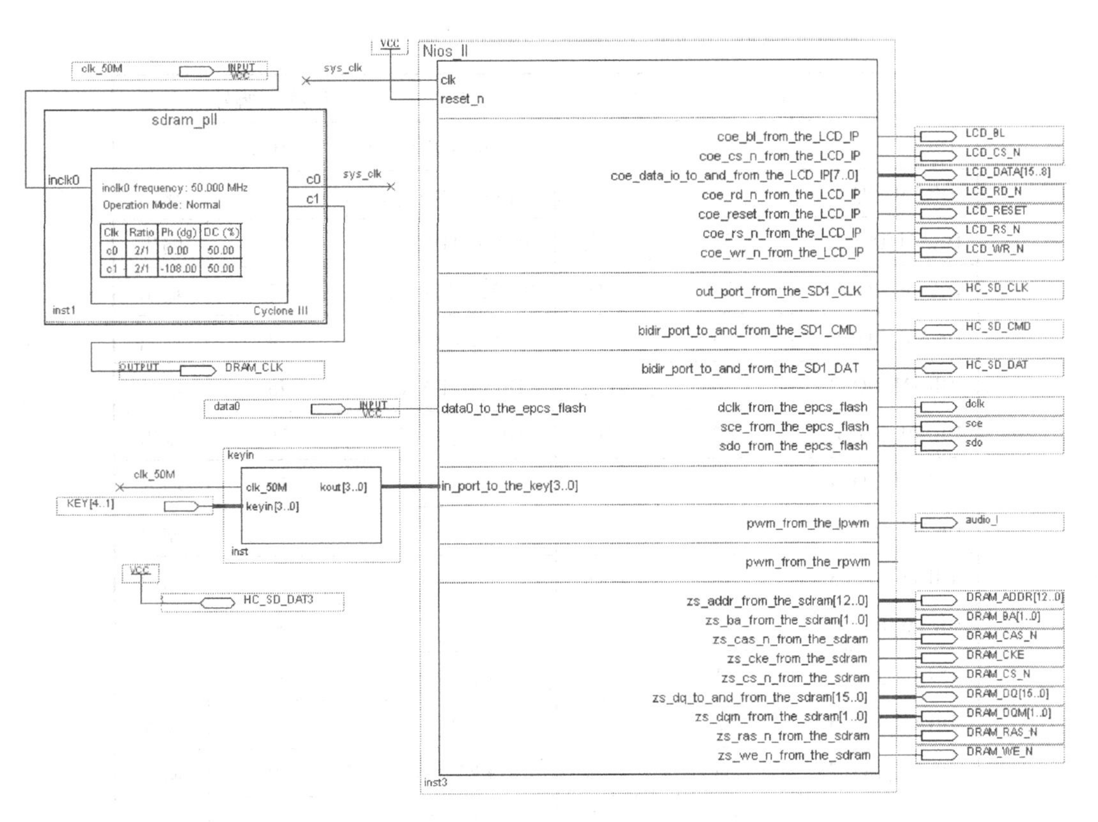


图 12.3.4　MP3 播放器系统顶层图

表 12.3.3　MP3 工程管脚分配表

| 引脚名称 | FPGA 引脚号 | 类型 | 引脚名称 | FPGA 引脚号 | 类型 |
|---|---|---|---|---|---|
| CLK_50M | 22 | 输入 | DRAM_DQ[8] | 54 | 双向 |
| DRAM_CLK | 43 | 输入 | DRAM_CLK | 43 | 输出 |
| LCD_BL | 87 | 输出 | DRAM_DQM[1] | 59 | 输出 |
| LCD_CS_N | 86 | 输出 | DRAM_DQM[0] | 55 | 输出 |
| LCD_RD_N | 121 | 输出 | DRAM_WE_N | 58 | 输出 |
| LCD_RESET | 135 | 输出 | DRAM_CAS_N | 60 | 输出 |
| LCD_RS_N | 85 | 输出 | DRAM_CKE | 64 | 输出 |
| LCD_WR_N | 120 | 输出 | DRAM_RAS_N | 65 | 输出 |
| LCD_DATA[15] | 133 | 双向 | DRAM_ADDR[12] | 66 | 输出 |
| LCD_DATA[14] | 132 | 双向 | DRAM_ADDR[11] | 67 | 输出 |
| LCD_DATA[13] | 129 | 双向 | DRAM_ADDR[9] | 68 | 输出 |
| LCD_DATA[12] | 128 | 双向 | DRAM_ADDR[8] | 69 | 输出 |
| LCD_DATA[11] | 127 | 双向 | DRAM_ADDR[7] | 70 | 输出 |
| LCD_DATA[10] | 126 | 双向 | DRAM_ADDR[6] | 71 | 输出 |
| LCD_DATA[9] | 125 | 双向 | DRAM_ADDR[5] | 72 | 输出 |
| LCD_DATA[8] | 124 | 双向 | DRAM_ADDR[4] | 73 | 输出 |
| DRAM_DQ[0] | 30 | 双向 | DRAM_ADDR[0] | 79 | 输出 |

续表

| 引脚名称 | FPGA 引脚号 | 类型 | 引脚名称 | FPGA 引脚号 | 类型 |
|---|---|---|---|---|---|
| DRAM_DQ[1] | 31 | 双向 | DRAM_ADDR[1] | 80 | 输出 |
| DRAM_DQ[2] | 32 | 双向 | DRAM_ADDR[2] | 83 | 输出 |
| DRAM_DQ[15] | 33 | 双向 | DRAM_ADDR[3] | 84 | 输出 |
| DRAM_DQ[14] | 34 | 双向 | DRAM_ADDR[10] | 77 | 输出 |
| DRAM_DQ[13] | 38 | 双向 | DRAM_CS_N | 74 | 输出 |
| DRAM_DQ[3] | 39 | 双向 | DRAM_BA[0] | 75 | 输出 |
| DRAM_DQ[12] | 42 | 双向 | DRAM_BA[1] | 76 | 输出 |
| DRAM_DQ[4] | 44 | 双向 | data0 | 13 | 输入 |
| DRAM_DQ[11] | 46 | 双向 | dclk | 12 | 输出 |
| DRAM_DQ[5] | 49 | 双向 | sdo | 6 | 输出 |
| DRAM_DQ[10] | 50 | 双向 | sce | 8 | 输出 |
| DRAM_DQ[9] | 51 | 双向 | KEY[1] | 91 | 输入 |
| DRAM_DQ[6] | 52 | 双向 | KEY[2] | 90 | 输入 |
| DRAM_DQ[7] | 53 | 双向 | KEY[3] | 89 | 输入 |
| audio_l | 112 | 输出 | KEY[4] | 88 | 输入 |

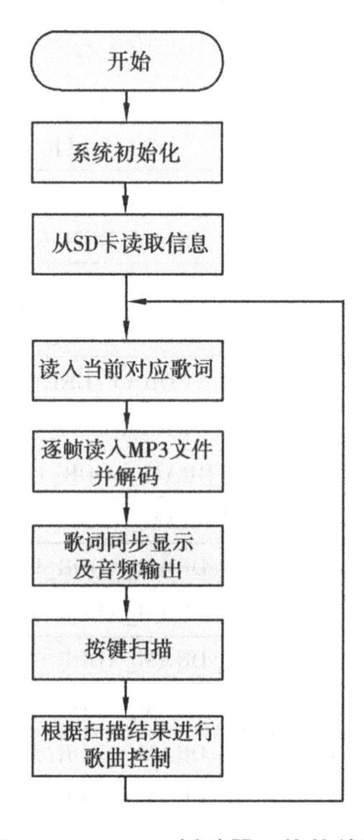


图 12.3.5　MP3 播放器总体软件流程图

①系统初始化

初始化部分的软件设计包括 SD 卡初始化、按键中断初始化、液晶显示屏的初始化及显示初始化界面。SD 卡进行初始化通过调用程序清单 12.3.1 中的 SD_card_init( ) 函数完成。按键中断的初始化程序如程序清单 12.3.4 所示。完成按键中断初始化后，在有按键被按下时，程序会通过中断服务程序更新 edge_capture 变量的值，判断 edge_capture 的值即可知道哪个键被按下，然后根据按键值做出相应的歌曲控制。液晶显示屏的初始化通过函数 CPU_LCDPowerOn 实现，液晶显示屏初始化操作包括初始化液晶接口以及对液晶的寄存器进行配置。主要配置寄存器实现对液晶显示屏的电源、显示模式、显示窗口进行配置。CPU_LCDPowerOn 函数有关的代码如程序清单 12.3.5 所示。

**程序清单 12.3.4　按键初始化及按键中断服务程序**

```
#define KEY_IRQ_REG 0x02
#define EN_KEY_IRQ 0x0f
#define KEY_CAP_REG 0x03
#define RESET_KEY_CAP 0x00
volatile int edge_capture;      //通过此变量来判断 4 个键中的哪个键按下
//按键中断服务程序
static void handle_key_interrupts( void * context, alt_u32 id)
{
    volatile int * edge_capture_ptr = (volatile int * ) context;
    * edge_capture_ptr = IORD( KEY_BASE,KEY_CAP_REG);
    IOWR( KEY_BASE,KEY_CAP_REG,RESET_KEY_CAP);
}
//按键初始化
int keyInit( )
{
    int val;
    void * edge_capture_ptr = ( void * ) &edge_capture;
    IOWR( KEY_BASE,KEY_IRQ_REG,EN_KEY_IRQ);
    IOWR( KEY_BASE,KEY_CAP_REG,RESET_KEY_CAP);
    val = alt_irq_register( KEY_IRQ,edge_capture_ptr,handle_key_interrupts);
    return val;
}
```

**程序清单 12.3.5　液晶初始化相关代码**

```
//延时 n 毫秒的子程序
void   delay_nms( unsigned   int n)
{
    volatile unsigned int i;
    for( i =0;i < n;i + + )
    {
        usleep(1000);
    }
}
//LCD 寄存器配置子函数，设置 LCD 一系列相关的控制寄存器
void LCD_init( void)
{
SetLcdReg(0x0001, 0x011C);     //驱动输出控制
SetLcdReg(0x0002, 0x0100);     //液晶驱动波形控制
SetLcdReg(0x0003, 0x1030);     //数据进入模式控制，设置为 GRAM 水平方向更新
//显示控制
SetLcdReg(0x0007, 0x1017);     //显示控制 1
SetLcdReg(0x0008, 0x0808);     //显示控制 2
```

```
SetLcdReg(0x000F, 0x0901);      //振荡器控制
//电源控制
SetLcdReg(0x0010, 0x0000);
SetLcdReg(0x0011, 0x1B41);
delay_nms(50);
SetLcdReg(0x0012, 0x200E);
SetLcdReg(0x0013, 0x0052);
SetLcdReg(0x0014, 0x4B5C);
//设置显示窗口,默认为整个屏幕
SetLcdReg(0x0030, 0x0000);      //门扫描控制
SetLcdReg(0x0031, 0x00DB);      //垂直滚动控制
SetLcdReg(0x0032, 0x0000);      //垂直滚动控制
SetLcdReg(0x0033, 0x0000);      //垂直滚动控制1
SetLcdReg(0x0034, 0x00DB);      //部分屏幕驱动位置
SetLcdReg(0x0035, 0x0000);      //部分屏幕驱动位置
SetLcdReg(0x0036, 0x00AF);      //水平与垂直RAM地址位置
SetLcdReg(0x0037, 0x0000);      //水平与垂直RAM地址位置
SetLcdReg(0x0038, 0x00DB);      //水平与垂直RAM地址位置
SetLcdReg(0x0039, 0x0000);      //水平与垂直RAM地址位置
//Gamma控制
SetLcdReg(0x0050, 0x0000);
SetLcdReg(0x0051, 0x0705);
SetLcdReg(0x0052, 0x0C0A);
SetLcdReg(0x0053, 0x0401);
SetLcdReg(0x0054, 0x040C);
SetLcdReg(0x0055, 0x0608);
SetLcdReg(0x0056, 0x0000);
SetLcdReg(0x0057, 0x0104);
SetLcdReg(0x0058, 0x0E06);
SetLcdReg(0x0059, 0x060E);
delay_nms(50);
//默认显示坐标原点为(0,0)
SetLcdReg(0x0020, 0x0000);      //RAM地址设置,设定地址计数器的初始值
SetLcdReg(0x0021, 0x0000);      //RAM地址设置,设定地址计数器的初始值
delay_nms(15);
LCD_WriteCMD(0x0022);//这个寄存器是GRAM的访问端口,当通过该寄存器更新显示数据时,地址计数器AC会自动自增(或自减)
delay_nms(15);
}
//初始化液晶各接口的函数
void ResetIO(void)
{
    CLR_RESET;
    SET_BL;     //设置背光控制管脚,0为关背光,1为开背光
    delay_nms(10);
    SET_CS;
    SET_RS;
    SET_RD;
  SET_WR;
    delay_nms(20);
    SET_RESET;
}
//LCD初始化函数,完成接口的重置和寄存器的配置
void CPU_LCDPowerOn(void)
{
    ResetIO();     //初始化LCD接口各信号
    delay_nms(100);
```

```
    LCD_init();     //初始化 LCD,设置相关的控制寄存器
}
```

初始化完成后,即可对各外设进行后续操作。另外,课题所设计的 MP3 播放器的初始化界面背景色为蓝色,界面的顶部显示“MP3 播放器”,故初始化完成后液晶显示屏显示界面如图 12.3.6 所示。

M P 3 播放器
按键一：进入目录
按键二：播放暂停
按键三：上一首歌
按键四：下一首歌

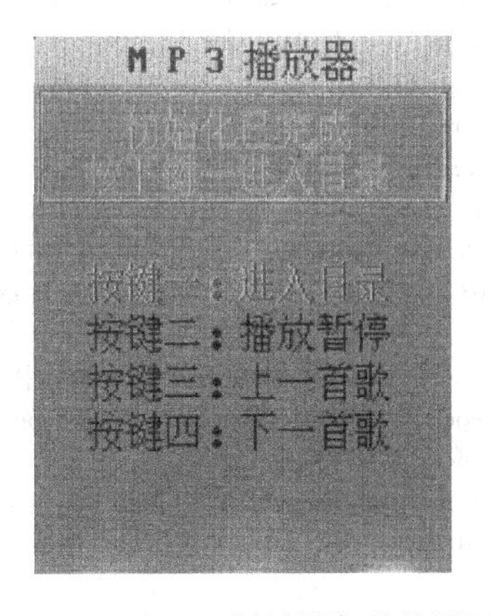

图 12.3.6 MP3 播放器初始化界面

为了能够在液晶显示屏中实现汉字和字符的显示,需要在系统加入字库,此时可利用 EPCS 的多余空间存储字库文件实现。系统的英文字库采用 16×8 的 ASC16 字库,中文字库采用 16×16 的 HZK16 字库。

首先需要将字库烧写到 EPCS 中。先通过 Tools - > Flash Programmer 将 ASK16 英文字库烧写到 EPCS 中,偏移地址为 0x60000,再将 HZK16 中文字库烧写到 EPCS 中,偏移地址为 0x10000。需要注意的是要进行 EPCS 的烧写工作,硬件工程中必须添加有 EPCS 控制器模块。烧写字库的设置如图 12.3.7 和 12.3.8 所示。

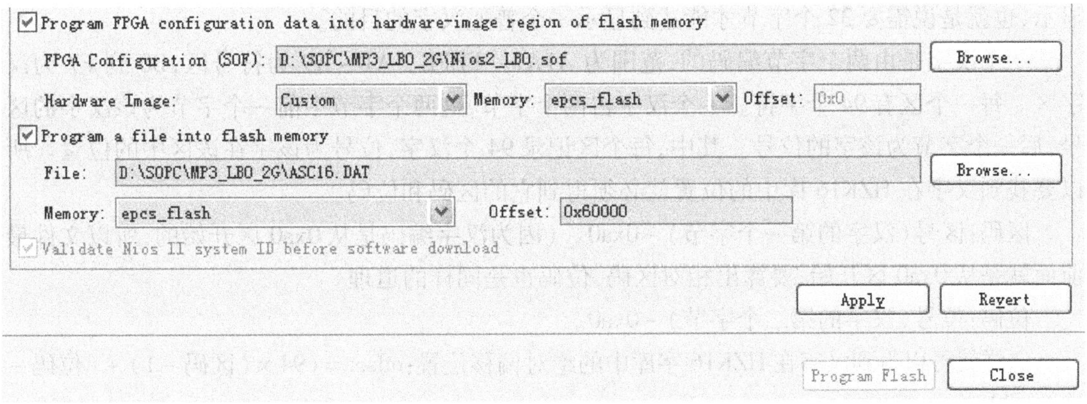

Program FPGA configuration data into hardware-image region of flash memory
FPGA Configuration (SOF): D:\SOPC\MP3_LBO_2G\Nios2_LBO.sof
Browse...
Hardware Image: Custom
Memory: epcs_flash
Offset: 0x0
Program a file into flash memory
File: D:\SOPC\MP3_LBO_2G\ASC16.DAT
Browse...
Memory: epcs_flash
Offset: 0x60000
Validate Nios II system ID before software download
Apply
Revert
Program Flash
Close

图 12.3.7 烧写 ASC16 字库设置

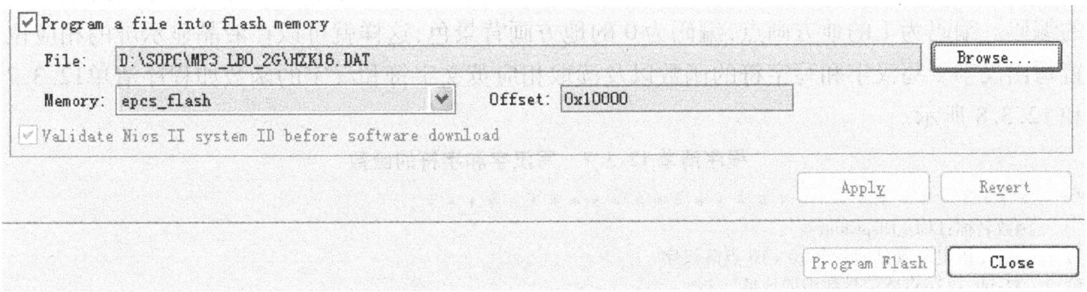

Program a file into flash memory
File: D:\SOPC\MP3_LBO_2G\HZK16.DAT
Browse...
Memory: epcs_flash
Offset: 0x10000
Validate Nios II system ID before software download
Apply
Revert
Program Flash
Close

图 12.3.8 烧写 HZK16 字库设置

烧写完成后,使用时需要将储存在 EPCS 中的字库信息读入到数组中以备调用。可将 HZK16 字库读入到 hzk 数组中,将 ASC16 字库读入到 ASCII 数组中,读入 EPCS 中字库信息的代码如程序清单 12.3.6 所示。

**程序清单 12.3.6　读入 EPCS 中字库信息**

```
#include "sys/alt_flash.h"
#include "sys/alt_flash_dev.h"
alt_flash_fd *my_epcs;    //定义句柄
flash_region *regions;
int number_of_regions;
int ret_code;    //epcs 的状态
alt_u8 hzk[300000];    //存放汉字库的数组
alt_u8 ascii[5000];    //存放英文字库的数组
...
    //注意 epcs_flash 为 SOPC Builder 中给 epcs 组件所取的名字
my_epcs = alt_flash_open_dev("/dev/epcs_flash");    //打开 FLASH 器件,获取句柄
//获取配置芯片信息
ret_code = alt_epcs_flash_get_info (my_epcs, &regions, &number_of_regions);
    if(my_epcs)    //如果信息获取成功
    {
        ret_code = alt_epcs_flash_read(my_epcs, regions->offset+0x10000, hzk, 300000);    //读汉字库到 hzk 数组
        ret_code = alt_epcs_flash_read(my_epcs, regions->offset+0x60000, ascii, 5000);    //读英文字库到 ascii 数组
    }
```

HZK16 字库是符合 GB 2312 标准的 16 × 16 点阵字库,16 ×16 汉字一共需要 256 个点来显示,也就是说需要 32 个字节才能达到显示一个普通汉字的目的。

一个汉字是由两个字节编码的,范围为 A1A1 ~ FEFE。A1 ~ A9 为符号区,B0 到 F7 为汉字区。每一个区有 94 个字符。一个汉字占两个字节,这两个字节中前一个字节为该汉字的区号,后一个字节为该字的位号。其中,每个区记录 94 个汉字,位号为该字在该区中的位置。所以要找到汉字在 HZK16 库中的位置就必须得到它的区码和位码。

区码:区号(汉字的第一个字节) -0xa0。(因为汉字编码是从 0xa0 区开始的,所以文件最前面就是从 0xa0 区开始,要算出相对区码,位码也是同样的道理)

位码:位号(汉字的第二个字节) -0xa0。

这样就可以得到汉字在 HZK16 字库中的绝对偏移位置:offset = (94 ×(区码 -1) +(位码 -1)) ×32。

本设计中,字库已经从 EPCS 中读入到名为 hzk 的数组中,结合偏移地址就可以读取汉字的编码。编码为 1 的地方画点,编码为 0 的地方画背景色,这样就可以在液晶显示屏的相应位置写出汉字。写汉字和写字符的函数以及读取相应英文字符和汉字的函数如程序清单12.3.7 和 12.3.8 所示。

**程序清单 12.3.7　写汉字和字符的函数**

```
/*************************************
/*   函数名称:LCD_DispChinese
功    能:在指定位置显示一个 16*16 点阵汉字
参    数:ptr:汉字点阵信息数组的地址
         xAddr:x 坐标
         yAddr:y 坐标
         chr_width:显示汉字点阵宽度(12 或 16)
         fColor:字符前景色
         bColor:字符背景色
返 回 值:无
*************************************/
void LCD_DispChinese(const unsigned char *ptr, unsigned int xAddr, unsigned int yAddr, unsigned char chr_width, unsigned long fColor, unsigned long bColor)
```

```
{
    unsigned char i,j,k;
    unsigned char nCols;
    unsigned char nRows;
    unsigned char PixelRow;
    unsigned char Mask;
    unsigned long Word;
    const unsigned char * pChar;
    pChar = ptr;      //得到需要打印汉字的第一个字节的指针
    nCols = chr_width;      //给列的像素赋值
    nRows = chr_width;      //给行的像素赋值
    //设置 LCD 上的显示区域
    LCD_SetWindow(xAddr,yAddr,xAddr + nCols -1,yAddr + nRows-1);
    //利用双重循环来打印汉字
    for (i = 0; i < nRows; i++)
    {
        for (j = 0; j < chr_width/8; j++)
        {
            PixelRow = *pChar;
            *pChar++;
            //从左到右扫描每一行的每一个像素
            Mask = 0x80;
            for (k = 0; k < 8; k++)
            {
                //汉字对应字库为0的地方,在LCD上打印字符色,为1的地方打印背景色
                if ((PixelRow & Mask) == 0)
                        Word = bColor;
                else
                    Word = fColor;
                Mask = Mask >> 1;
                LCD_WriteData(Word);
            }
        }
    }
}
/*****************************
/*  函数名称:LCD_DispASCII
功    能:在指定位置显示一个16*8英文字符
参    数:ptr:英文字符点阵信息数组的地址
        xAddr:x坐标
        yAddr:y坐标
        fColor:字符前景色
        bColor:字符背景色
返 回 值:无
*****************************/
void LCD_DispASCII(const unsigned char * ptr,unsigned int xAddr,unsigned int yAddr,unsigned long fColor,unsigned long bColor)
{
    unsigned char i,j,k;
    unsigned char PixelRow;
    unsigned char Mask;
    unsigned long Word;
    const unsigned char * pChar;
    pChar = ptr;      //得到需要打印英文字符的指针
    //设置 LCD 上的显示区域
    LCD_SetWindow(xAddr,yAddr,xAddr + nCols -1,yAddr + nRows-1);
    Mask = 0x80;
```

```
    //利用双重循环来打印汉字
    for (i = 0; i < 16; i++)
    {
        for(k =0;k <2;k++)
{
            for (j = 0; j < 8; j++)
            {
                //英文字符对应字库为0的地方,在LCD上打印字符色,为1的地方打印背景色
                if ((ptr[i] & (Mask >>j)) == 0)
                    Word = bColor;
                else
                    Word = fColor;
                LCD_WriteData(Word);
            }
}
    }
}
```

**程序清单 12.3.8　从字库读取相应英文字符和汉字点阵信息的函数**

```
/*************************************
/*  函数名称:getHzkCode
功    能:根据汉字的高字节和低字节在字库中找到相应的点阵存入数组
参    数:buffer;该汉字的点阵字库存放的数组
        c_high:需要显示汉字的高字节
        c_low: 需要显示汉字的低字节
返 回 值: 无
*************************************/
void getHzkCode(uchar *buffer, uchar c_high, uchar c_low)
{
    int n = (c_high - 0xa1) * 94 + (c_low - 0xa1);
    int i,j;
    for(i =0;i <32;i++)
    {
        buffer[i] = hzk[(n*32) + i];      //把这个汉字的点阵存入 buffer 数组
    }
}
/*************************************
/*  函数名称:getAscCode
功    能:根据汉字的高字节和低字节在字库中找到相应的点阵存入数组
参    数:buff:该英文字符的点阵字库存放的数组
        c_high:需要显示汉字的高字节
        c_low: 需要显示汉字的低字节
返 回 值: 无
*************************************/
void getAscCode(char a,char buff[])
{
    unsigned long offset;
    int i;
    offset = a*16+1;      //通过 ASCII 码算出偏移量
    for(i =0;i <16;i++)
    {
        buff[i] = ascii[offset + i];      //把这个英文字符的点阵存入 buff 数组
    }
}
```

②SD 卡信息读取及歌词与音频文件的读取

SD 卡信息读取过程主要实现 MP3 歌曲文件和 LRC 歌词文件数据的定位,课题采用

FAT32 文件系统对 SD 以卡中文件进行管理。FAT32 文件系统下对 SD 卡中信息的读取包含读取 BPB 表(bios 参数表)和 FDT 文件目录表、FAT 文件分配表内容,并根据这些信息去进一步确定 MP3 歌曲文件和 LRC 歌词文件的位置,备按需读取。

要想从 SD 卡中读取数据,就必须知道数据是如何存储的。FAT32 文件系统用“簇”作为数据单元,一个簇由一组连续的扇区组成。利用程序清单 12.3.1 里 SD 卡驱动程序的 SD_read_lba函数可以读取指定扇区的数据,结合数据在 FAT32 文件系统中的存放格式,即可按需读取到想要的数据。

FAT 文件分配表和 FDT 目录项是 FAT32 文件系统的数据结构中两个重要的结构。文件和文件夹内容存储在簇中,如果一个文件或文件夹需要多余一个簇的空间,则用 FAT 表来描述如何找到另外的簇。FAT32 文件系统的每一个文件和文件夹都被分配到一个目录项,目录项中记录着文件名、大小、文件内容起始地址等。

首先来了解一下 FAT32 文件系统的整体布局,如图 12.3.9 所示。

**图 12.3.9　FAT32 文件系统的整体布局**

FAT32 文件系统的保留区由若干个扇区组成,其中第一个扇区称为引导扇区,即 DBR 扇区,它包含一些文件系统的基本信息,其中记录文件系统参数的部分称为 BPB( BIOS Parameter Block)。

位于保留区后的 FAT 区,有两个完全相同的 FAT( File Allocation Table)文件分配表组成,它描述簇的分配状态以及标明文件或目录的下一簇的簇号,FAT32 中每个簇的簇地址,是由 32 bit(4 字节)记录在 FAT 表中。一个文件的起始簇号记录在它的目录项中,该文件的其他簇则用一个簇链结构记录在 FAT 表中。如果要寻找一个文件的下一簇,只需要查看该文件的目录项中描述的起始簇号所对应的 FAT 表项。

数据区紧跟在 FAT2 之后,被划分为一个个的簇,是真正用于存放用户数据的区域。其中 FDT 文件目录表也在数据区里。

利用设计好的 SD 卡接口和驱动程序可对相应扇区中的内容进行读取。为了获得每一个 MP3 文件和 LRC 歌词文件在 SD 卡中的位置,先是读取包含文件信息的相关表,即 BPB 表、FDT 表、FAT 表。获得了各个文件在 SD 卡中的位置后即可在后续播放过程中循环读取音频文件数据和歌词进行解码和显示。读取 SD 卡的代码如程序清单 12.3.9 所示,其中,read_lyrics 函数用于读取歌词,read_file_yo 函数用于读取一簇音频数据。更多关于 FAT32 的内容请读者自行查阅相关资料。

**程序清单 12.3.9　读取 SD 卡中重要信息的代码**

```
struct music0
{
  char m_name[50];
  unsigned int cluster;
};
struct lyric0
{
  char l_name[50];
```

```
  unsigned int cluster;
  unsigned int size;
};
FDTLIST first;     //FDT 表的一个节点
struct music0 music[30];     //存放歌曲名和起始簇
struct lyric0 lyric[30];     //存放歌词名和起始簇
    while(SD_card_init())     //SD 卡初始化
    usleep(500000);
    bpb = (BPB *)malloc(sizeof(BPB));
file_list(music,lyric,&num_music,&num_lyric,&clupsec_num,&data_sect,&fat_addr,bpb);     //获取 bpb 表,music 数组存放歌曲名以及首簇地址,lyric 数组存放歌词名和起始簇
get_fdt_table(fdt);     //获得 fdt 表
get_fat_table(mp3 - >fat);     //获得 fat 表,mp3 即是程序清单 12.3.6 中的 struct buffer
get_files_info(&(mp3 - >flist), fdt);     //根据 fdt 表构建 MP3 结构体中的文件目录链表
first = mp3 - >flist;     //first 指针指向第一首歌, mp3 - >flist - >next 即可跳到下一首歌
```

这部分的设计中,需要定义 BPB 和 FDT 这两个数据结构,详细定义如程序清单 12.3.10 所示。

**程序清单 12.3.10　BPB 及文件目录的数据结构定义**

```
struct _bpb_{
    UINT16  bytes_per_sec;   /* BPB_BytesPerSec */
    char    sec_per_chus;    /* BPB_SecPerChus */
    UINT16  rsvd_sec_cnt;    /* BPB_RsvdSecCnt */
    char    num_fats;        /* BPB_NumFATs */
    UINT16  root_ent_cnt;    /* BPB_RootEntCnt */
    UINT16  tot_sec16;       /* BPB_TotSec16 */
    char    media_type;      /* BPB_MediaType */
    UINT32  fat_size16;      /* BPB_FATSize16 */
    UINT16  sec_per_trk;     /* BPB_SecPerTrk */
    UINT16  num_heads;       /* BPB_NumHeads */
    UINT32  hidd_secs;       /* BPB_HiddSec */
    UINT32  tot_sec32;       /* BPB_TotSec32 */
    UINT32  fat1sta;         /* The first sector of FAT1 */
    UINT32  fat2sta;         /* The first sector of FAT2 */
    UINT32  fdtsta;          /* the first sector of FDT */
    UINT32  fdtsec;          /* the total number of FDT sectors */
    UINT32  datasta;         /* the first sector of DATA sector */
};
typedef struct _bpb_ BPB;
struct _fdt_{
    char    main_name[8];    /* The main name of file or dir */
    char    expa_name[3];    /* The expand name of file or dir */
    char    attr;            /* Attribute */
    char    rsvd_data[10];   /* Reserved data */
    UINT16  wrt_time;        /* The last update time */
    UINT16  wrt_date;        /* The last update date */
    UINT16  fst_clu;         /* The first cluster of file or dir */
    UINT32  file_size;       /* File size */
};
typedef struct _fdt_ FDT;
```

③MP3 解码

MP3 音频格式是以帧为单位对音频数据进行编码和解码的,音频帧按照特定的格式存储。MP3 解码程序的算法是:通过对数据流解包获得每一帧的同步字,根据对起始位置信息的解析获得实际一帧的音频数据,分析头信息获得相应的解码参数,同时对边信息和主数据实

现分流,边信息部分码流通过解码得到Huffman解码信息和逆量化信息,而主数据码流根据Huffman解码信息在Huffman模块中解出量化前数据,结合逆量化信息在逆量化模块中得到频域数据流。由于MP3格式文件支持多种声道模式,所以根据帧头的立体声信息(单双声道、联合立体声强度、立体声)对逆量化结果进行立体声处理,最后通过频域到时域的映射变换模块重建数字音频信号,将此信号通过PWM自定义模块经过脉冲宽度调制方式转换后,直接送给扬声器,即可播放该MP3音频。

课题中MP3解码部分的软件可直接采用libmad库函数实现。libmad是一个开源MP3解码库,内含完整的MP3解码API函数,这使得课题开发避开了烦琐的MP3解码算法设计。有关MP3解码的具体算法请读者自行查找其他参考资料。

在调用libmad中的mad_decoder_run()实现播放时,首先检查待解码缓存区中有没有数据,有则解码,没有则调用input()函数一次以填充数据(填充多少可以自己指定,本设计中是从SD卡读入的一簇数据),然后开始解码,解码后的数据交给output()函数处理,解码过程中,一旦待解码缓存区中的解码数据不够则再次调用input()函数。整个解码过程的流程图如图12.3.10所示。另外此处还要提一下struct buffer结构体,这个结构体是在input、output和decoder之间传送数据的载体,可以自行定义。本设计定义的struct buffer如程序清单12.3.11所示。

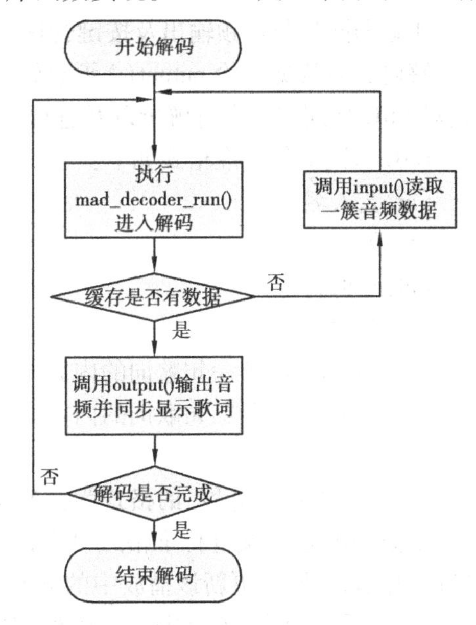


图12.3.10 libmad解码流程图

**程序清单12.3.11 struct buffer结构体的设计**

```
#define BUFFER_SIZE  9216  //9k
struct buffer {
FDTLIST flist;   //文件目录表的一个节点,主要用来记录当前播放MP3文件的信息
UINT32  fat[963328];   //文件分配表
uCHAR   buffer[BUFFER_SIZE];   //用来作libmad中input()函数读入数据的缓存
uLONG   length;   //当前歌曲文件的大小
uCHAR   lrc[8192];   //读入的当前歌曲的LRC歌词文件
UINT32  change;   //当前歌曲对应LRC歌词文件的大小
};
typedef struct buffer my_struct;
my_struct *mp3;

//文件目录表FDT的链表,通过此链表可将各个MP3文件连接起来,方便歌曲切换操作的控制
struct FdtNode{
FDT fdt_data;
struct FdtNode *next;
struct FdtNode *last;
};
typedef struct FdtNode FDTNODE, *FDTLIST;
//文件目录表FDT的结构体
struct _fdt_{
```

```
char     main_name[8];   //文件名或目录名
char     expa_name[3];   //文件或目录的扩展名
char     attr;           //属性
char     rsvd_data[10];  //保留数据
UINT16   wrt_time;       //最近更新时间
UINT16   wrt_date;       //最近更新日期
UINT16   fst_clu;        //文件或目录的起始簇
UINT32   file_size;      //文件大小
};
typedef struct _fdt_ FDT;
```

④歌词同步与音频输出及按键管理

解码后的数据交给 output( )函数处理,在 output 函数中需要完成对解码后的音频进行输出、对 LRC 歌词文件进行解析以及进行歌词显示的工作。

LRC 歌词文件标准格式如下:

[ar:艺人名]

[ti:歌曲名]

[al:专辑名]

[by:编者]

[分:秒:毫秒]第一句歌词的内容

[分:秒:毫秒]第二句歌词的内容

...

其中[分钟:秒:毫秒]的格式为:[XX:XX:XX]

根据 LRC 歌词文件标准格式可设计对应的程序在液晶显示屏对当前歌曲的歌名和艺人名进行显示,并同步更新该播放中的歌曲对应时刻的歌词。本程序实现了同步显示当前句以及前一句、后一句共 3 句歌词,显示效果如图 12.3.11 所示。具体实现请参考程序代码。

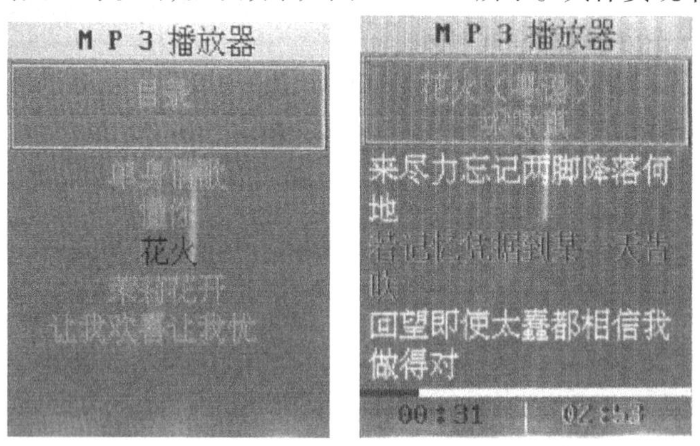


图 12.3.11　歌词同步显示效果图

结合程序清单 12.3.3 中为 PWM 自定义模块所设计的软件驱动程序,可以在 output( )函数中将 libmad 库解码后的 PCM 码流通过从 PWM 自定义模块输出给耳机。具体代码如程序清单 12.3.12 所示。

**程序清单 12.3.12　malib 的 output 函数中输出 PCM 码流的程序**

```
#define USEDW_OFFSET 4
unsigned int nchannels, nsamples;
mad_fixed_t const *left_ch, *right_ch;
unsigned int nperiod;
```

```
//此结构体为 libmad 中解码后的 PCM 流的结构体
struct mad_pcm {
    unsigned int samplerate;  /* sampling frequency (Hz) */
    unsigned short channels;  /* number of channels */
    unsigned short length;       /* number of samples per channel */
    mad_fixed_t samples[2][1152];   /* PCM output samples [ch][sample] */
};
#ifdef PWMOUT
    nperiod = set_rate(pcm->samplerate,nchannels);   //对 PWM 自定义模块的周期进行设置
    while(IORD(LPWM_BASE,USEDW_OFFSET) >800)
    {
        ;
    }
#endif
    nchannels  = pcm->channels;     //声道
    nsamples   = pcm->length;     //每声道的采样点数
    left_ch    = pcm->samples[0];     //左声道采样数据
right_ch   = pcm->samples[1];     //右声道采样数据
  set_left_channle(left_ch,nperiod);    //设置左声道 PWM 脉宽
    left_ch++;
    if (nchannels == 2)
    {
        set_right_channle(right_ch,nperiod);    //设置右声道 PWM 脉宽
        right_ch++;
    }
```

歌曲控制部分主要采用按键中断的方式来实现，通过中断服务程序来判断是哪个键按下，Key1、Key2、Key4 分别用作暂停、重唱、下一首操作，Key3 保留用于实现扩展功能。

利用 prindf( )语句还可以通过连接 JTAG_UART 将歌词打印到电脑中运行的 Nios Ⅱ IDE 的控制台上，如图 12.3.12 所示。如果电脑没有运行 Nios Ⅱ IDE，也可通过点击开始-所有程序-Altera-Nios Ⅱ EDS 9.0-Nios Ⅱ Command Shell 打开 Altera 命令行工具，键入 nios2-terminal 也可在不运行 Nios Ⅱ IDE 的情况下单独打开与硬件通信的控制台界面，从而接受 Nios Ⅱ 通过 JTAG_UART 传送来的歌词数据如图 12.3.13 所示。

图 12.3.12　控制台上歌词同步显示效果图 1

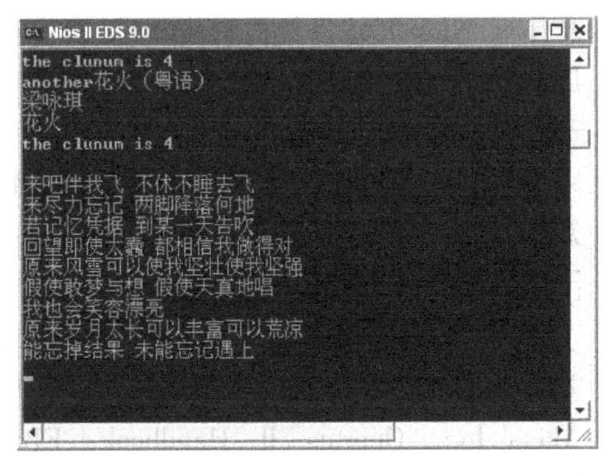


图 12.3.13　控制台上歌词同步显示效果图 2

# 参考文献

[1] 王毓银.数字电路逻辑设计[M].2版.北京:高等教育出版社,2007.
[2] 阎石.数字电子技术基础[M].5版.北京:高等教育出版社,2006.
[3] 潘松,黄继业.EDA技术与VHDL[M].北京:清华大学出版社,2009.
[4] 褚振勇.FPGA设计及应用[M].2版.西安:西安电子科技大学出版社,2007.
[5] 侯伯亨.VHDL硬件描述语言与数字逻辑电路设计[M].3版.西安:西安电子科技大学出版社,2009.
[6] 宋烈武 EDA技术与实践教程[M].北京:电子工业出版社,2009.
[7] 罗杰.VerilogHDL与数字ASIC设计基础[M].武汉:华中科技大学出版社,2009.
[8] CharlesH. Roth. Jr,Lizy Kurian John. Digital Systems Design with VHDL[M].梁松海,译.北京:电子工业出版社,2010.
[9] 刘延飞,郭锁利,王晓戎.基于Altera FPGA/CPLD的电子系统设计及工程实践[M].北京:人民邮电出版社,2009.
[10] 张志刚.FPGA与SOPC设计教程-DE2实践[M].西安:西安电子科技大学出版社,2007.
[11] 胡国庆.电工电子实践教程[M].北京:清华大学出版社,2007.
[12] 蔡伟纲.Nios Ⅱ软件架构解析[M].西安:西安电子科技大学出版社,2007.
[13] 周润景,图雅,张丽敏.基于Quartus Ⅱ的FPGA/CPLD数字系统设计实例[M].北京:电子工业出版社,2007.
[14] 陈欣波.Altera FPGA工程师成长手册[M].北京:清华大学出版社,2012.
[15] 郑燕,赫建国,党剑华.基于VHDL语言与Quartus Ⅱ软件的可编程逻辑器件应用与开发[M].北京:国防工业出版社,2007.
[16] 丁镇生.电子电路设计与应用手册[M].北京:电子工业出版社,2013.
[17] 刘畅生,于臻,宋亮.通用数字集成电路简明速查手册[M].北京:人民邮电出版社,2011.
[18] Altera Inc. Quartus Ⅱ Handbook [EB/OL]. http://www.altera.com.cn/literature/litqts.jsp.
[19] Altera Inc. SOPC Builder System Development[EB/OL]. http://www.altera.com.cn/literature/lit-sop.jsp.
[20] Altera Inc. Nios Ⅱ Processor Reference Handbook[EB/OL]. http://www.altera.com.cn/

literature/lit-nio2. jsp.
[21] Altera Inc. Nios Ⅱ Software Developer's Handbook[EB/OL]. http://www. altera. com. cn/ literature/lit-nio2. jsp.
[22] Altera Inc. Cyclone Ⅲ Device Handbook[EB/OL]. http://www. altera. com. cn/literature/ lit-cyc3. jsp.